Fritz Klocke · Günter Pritschow (Hrsg.)

Autonome Produktion

Springer
Berlin
Heidelberg
New York
Hongkong
London
Mailand
Paris
Tokio

Fritz Klocke · Günter Pritschow (Hrsg.)

Autonome Produktion

Mit 296 Abbildungen

Springer

Professor Dr.-Ing. Fritz Klocke
RWTH Aachen
Werkzeugmaschinenlabor
Steinbachstr. 53
52074 Aachen

Professor Dr.-Ing. Dr. h.c. Günter Pritschow
Universität Stuttgart
Institut für Steuerungstechnik der Werkzeugmaschinen – ISW
Seidenstr. 36
70174 Stuttgart

Bibliografische Information Der Deutschen Bibliothek
Die Deutsche Bibliothek verzeichnet diese Publikation in der Deutschen Nationalbibliografie: detaillierte bibliografische Angaben sind im Internet über <http://dnb.ddb.de> abrufbar.

ISBN 3-540-00518-8 Springer-Verlag Berlin Heidelberg New York

Springer-Verlag Berlin Heidelberg New York
ein Unternehmen der BertelsmannSpringer Science+Business Media GmbH

http://www.springer.de

Einband-Entwurf: deblik Berlin
Satz: medio Technologies AG, Berlin
Gedruckt auf säurefreiem Papier 7/3020 Rw– 5 4 3 2 1 0

Vorwort

Manfred Weck wird 66 Jahre alt und übergibt seinen Lehrstuhl an seinen Nachfolger. Das gibt vielen Weggefährten Anregung und Gelegenheit, auf besondere Weise ihre Wertschätzung für einen ihrer ganz Großen als Lehrer und Forschungspioniere auszudrücken, der sich über ein ganzes Berufsleben höchst erfolgreich und mit Leidenschaft um die Entwicklung der Werkzeugmaschine verdient gemacht hat und international hochgeachtet unter dem Ehrentitel „Mister Machine Tool" bekannt ist.

Als einer der Nachfolger des großen Herwart Opitz wurde er 1973 für das Lehrgebiet der Werkzeugmaschinen berufen und dieser Aufgabe widmete er sich ganzheitlich von der Konstruktion und Berechnung über das thermische und dynamische Verhalten bis zu steuerungs- und regelungstechnischen Fragestellungen dieser Maschinengattung. Unter seiner Leitung präsentierten engagierte Assistentengenerationen auf den berühmten Aachener Werkzeugmaschinenkolloquien ihre gewonnenen Forschungsergebnisse der staunenden Fachwelt des In- und Auslands und mehrten damit den Ruhm Aachens als Zentrum der Werkzeugmaschinenentwicklung in alle Welt. Und so gibt es kaum ein Industrieunternehmen von Bedeutung auf diesem Gebiet, das nicht schon in Projekten mit dem WZL erfolgreich zusammengearbeitet hätte. Die Technik mit wissenschaftlichen Methoden voranbringen und die erzielten Erkenntnisse in die Praxis umsetzen war stets der Leitfaden für sein Handeln. Zahlreiche Veröffentlichungen, ein fünfbändiges Standardwerk über Werkzeugmaschinen und 213 Dissertationen belegen sein erfolgreiches Wirken als Hochschullehrer und Forschungsmotor.

Manfred Weck ist darüber hinaus bekannt für seine offene Art, mit Menschen umzugehen sowie für sein Engagement für die wissenschaftliche Gemeinschaftsarbeit und Kooperation mit anderen Forschern. So pflegten wir seit Mitte der achtziger Jahre auch als Stuttgarter ISW'ler einen intensiven Gedankenaustausch zum Thema Automatisierungstechnik, nicht zuletzt auch über die wiederbelebten sogenannten ABS-Treffen zur gegenseitigen jährlichen Unterrichtung über Forschungsergebnisse, vorgetragen durch unsere Assistenten. Diese Treffen fanden bis heute ohne Unterbrechung unter Anwesenheitspflicht der beteiligten Professoren ihre Fortsetzung, wobei ABS für Aachen – Berlin – Stuttgart steht.

Gemeinsame Forschungsinteressen und persönliche Sympathien führten zu andauernden Freundschaften über viele Universitätsgrenzen hinweg und so auch zu erfolgreichen Forschungskooperationen zwischen dem WZL und dem ISW in den 90er Jahren. An dieser Stelle seien nur die bedeutendsten genannt, wie das internationale Projekt OSACA (Open System Architecture for Controllers within Automation Systems), das der steuerungstechnischen Entwicklung auf dem Gebiet „Offene Steuerungen" für alle Beteiligten große Impulse gab, sowie das nationale Projekt Dynamil (Dynamische Maschinen in Leichtbauweise), das mit als ein Wegbereiter der Parallelkinematiktechnik für Werkzeugmaschinen in Deutschland gelten kann, mit den unter „Dyna-M" oder „Linapod" bekannten Namen für maschinentechnische Lösungen.

Erfolgreiche Teams finden bei gepflegter Freundschaft immer neue Herausforderungen, die am besten gelöst werden können, wenn beide Seiten ihre Stärken einbringen. In diesem Geist werden Kooperationen mit dem WZL wohl ihre Fortsetzung finden, wenn auch die Biologie nun dafür Sorge trägt, dass in der Zukunft einem Jüngeren diese Chancen und Herausforderungen geboten werden.

Die vielen Alten, die hier das Wort ergriffen haben, hoffen sehr, dass der Nachfolger die großen Schuhe von Manfred Weck bald ausfüllen und das WZL mit dem gleichen Elan voranbringen wird, wie der „Altmeister" es vorgelebt hat. Mit den vorliegenden Beiträgen aus der Feder vieler guter Freunde aus Wirtschaft und Wissenschaft wünschen wir Dir, lieber Manfred, alles Gute für Deinen nächsten Lebensabschnitt und hoffen, dass Du Deinen Ruhestand mit gleicher Leidenschaft pflegst wie „Dein" WZL.

Günter Pritschow

PROF. DR.-ING. DR.-ING. E.H. MANFRED WECK

Grußwort

Ein kreativer Kopf an der Nahtstelle zwischen Wissenschaft und industrieller Praxis

Zwischen dem Werkzeugmaschinenlabor Aachen (WZL), verkörpert durch die Person von Prof. Manfred Weck, und dem VDW (Verein Deutscher Werkzeugmaschinen e.V.), Frankfurt am Main, besteht eine lange und vertrauensvolle Zusammenarbeit. Drei Schwerpunkte in der Forschungstätigkeit von Prof. Weck waren für den VDW von besonderer Bedeutung:

1. die Konstruktion, Analyse und Optimierung von Werkzeugmaschinen,
2. alle Themen rund um die Verzahnung sowie
3. die Automatisierung von Werkzeugmaschinen und Mehrmaschinensystemen.

Der Titel des ersten Forschungsprojekts, das der VDW gemeinsam mit Prof. Weck im Jahr 1973 nach seiner Übernahme der Professur am Lehrstuhl für Werkzeugmaschinen und Betriebslehre am WZL durchführte, lautete „Analyse eines breiten Spektrums spanender Werkzeugmaschinen und deren einzelne Bauelemente". Damit war der Grundstein gelegt für die fast 30jährige erfolgreiche Zusammenarbeit zwischen dem Institut und dem Verband. Bis heute vergaben der VDW und die Forschungsvereinigung Werkzeugmaschinen (FWF) über 70 Projekte an die Aachener.

Professor Weck ist zweifellos einer der führenden Köpfe in der deutschen Werkzeugmaschinenindustrie. Wie kaum ein anderer hat er Funktionsweise und Aussehen moderner Fertigungstechnologie maßgeblich mit geprägt. Durch sein unermüdliches Engagement, seine Kreativität und Kompetenz hat er unsere Industrie weit vorangebracht und zweifellos dazu beigetragen, dass die Deutschen die weltweite Technologieführerschaft bei den Werkzeugmaschinen und Fertigungssystemen übernehmen, halten und ausbauen konnten. Sein Wirken war auf das Wohl beider Seiten ausgerichtet: Es ist ihm gelungen, dem WZL in Aachen zur heutigen Größe und zu weltweiter Bekanntheit zu verhelfen. Und: Als unermüdlicher Botschafter unserer Branche hat er auch ihren guten Ruf in der Welt verbreitet und gefestigt.

Professor Weck gilt unter seinen Mitarbeitern, aber auch bei Kollegen und bei den Partnern aus der Industrie, als unermüdlich, interessiert am Detail und ausgestattet mit einem phänomenalen Gedächtnis. Obwohl ein ausgezeichneter Forschungsmanager, hat er als Forscher nie den inhaltlichen Bezug zu den Projekten und den Themen verloren. Er hat sich immer auch für Einzelheiten interessiert und nie geruht, bis er anstehenden Fragen auf den Grund gegangen ist. Das hat ihn zum gesuchten Gesprächspartner für seine Auftraggeber in der Industrie gemacht, aber auch für seine Mitarbeiter am Lehrstuhl.

Den Zugang zur Industrie bekam Prof. Weck in erster Linie durch seine erfolgreiche wissenschaftliche Tätigkeit. Erleichtert wurde er ihm jedoch auch dadurch, dass er lange Jahre eigene Industrieerfahrung und die Kenntnisse aus Forschung und Lehre in seiner Person vereinte. Angefangen mit einer Lehre als Werkzeugmacher über die Tätigkeit als Konstruktionsingenieur bis hin zur technischen Leitung in der Industrie halfen ihm, diese vielfältigen Erfahrungen, den Bedarf in der Industrie und den Unternehmen richtig einzuschätzen.

Neben der Forschung hat die Lehre einen hohen Stellenwert für Prof. Weck. Dabei ist er kein bequemer Lehrer, sondern legt die gleichen Qualitätsmaßstäbe wie an sich selbst auch an seine Mitarbeiter und Studenten an. Das fünfbändige Kompendium „Werkzeugmaschinen" ist Pflichtlektüre für jeden Studierenden des Maschinenbaus. Generationen von Studenten haben mit diesem Werk die Grundlagen unserer Disziplin erlernt. Seine Bemühungen um den Nachwuchs sind aus heutiger Sicht angesichts der rückläufigen Interessenten für technische Studiengänge besonders verdienstvoll, wird es doch für unsere Branche eine Frage des Überlebens in Deutschland sein, wie wir den besten und qualifiziertesten Nachwuchs für uns interessieren können.

Diese Festschrift beschäftigt sich mit dem Thema „Autonome Produktion". Dazu haben WZL Aachen und andere im Auftrag des VDW bereits 1995 eine Studie[1] durchgeführt. Damals kam die Untersuchung zu dem Ergebnis, „dass bei zukünftigen Systemen vom Benutzer zum System ein Wissenstransfer stattfinden muss, z.B. im Hinblick auf Mechanismen zur Behandlung auftretender Störungen, die von den Systemen selbständig eingesetzt werden können. Der Benutzer muss stärker entlastet werden, z.B. durch … weiter ausgereifte Ansätze zur selbständigen Störungsbehandlung durch die Systeme."[1] An diesem Ziel arbeiten wir auch heute noch intensiv. Ein Verdienst von Prof. Weck liegt darin, dass wir der Lösung auch dieser Herausforderung ein gutes Stück näher gekommen sind.

Berndt Heller

[1] Pritschow, G. u.a., Reinhart, G. u.a., Tönshoff, H.K. u.a., Weck, M. u.a.: „AKPS – Autonome, Kooperative PoduktionsSysteme", Studie des Vereins Deutscher Werkzeugmaschinenfabriken e.V. (VDW), Abschlussbericht, Frankfurt am Main 1995

Foreword

It is my pleasure to offer congratulations and best wishes to a great machine tool engineer and Professor, Manfred Weck.

Prof. Weck chose a career aimed at helping machine tool companies. This is a most difficult task. Machine tool companies have terrible business cycles, intense worldwide competition, difficult technical problems and often, not enough engineers. These problems cause the industry to be secretive and difficult to work with.

In spite of these negative factors, Prof. Weck has been a real help to the struggling companies of the machine tool industry. He has trained young engineers to solve practical machine tool problems and at the same time made his students look beyond today's designs and technologies. He has helped to begin rationalizing the machine tool design process. He has developed and tested innovative ideas which were too risky for small companies to try. For all of this, we engineers of the machine tool industry thank him.

The research of Manfred Weck's WZL has become famous throughout the worldwide machine tool industry. Many fine professors from around the world have come to Aachen to study in the WZL under the well-known Prof. Weck.

Manfred's contributions to CIRP STC Ma have been outstanding. When his CIRP colleagues contributed stories and beliefs about machine tool problems, he often contributed solid engineering data. Many times in CIRP we have debated machine tool problems when the only real engineering facts were from the work of WZL. For this we thank him.

Finally, I have some news for Prof. Weck from the "world of retirement" which I, myself, entered four years ago.

First, Manfred, I can tell you that it is very easy to reserve a tennis court at mid-morning, in the middle of the week, when others must be at work. The tennis club is not crowded at this time. And when you go to the do-it-yourself store for lumber or hardware in the middle of the afternoon, there is no crowd and the sales people have plenty of time to help you. These are great advantages of retirement

Second, I have news about your continuing career as an engineer. There is good news and bad news.

The good news is that, since you have acquired great wisdom, many people in government and industry will seek your advice. The bad news is that they will not pay you for your wisdom and no one in the whole world is under any obligation to actually follow your advice.

Machine Tool companies throughout the world honor Prof. Manfred Weck for the accomplishments of his career and we wish him a long and happy retirement.

January, 2003

RICHARD L. KEGG
Vice President, Technology and
Manufacturing Development (retired)

Inhaltsverzeichnis

Elemente

Simulation

Organisation

Anwendungen

Einleitung

Über den Wandel der Produktionskultur

Prof. Dr. h. c. mult. Dr.-Ing. E. h.
Dr.-Ing. Günter Spur

»Produktionsforschung tut Not«

Günter Spur

Günter Spur ist emeritierter Professor der Technischen Universität Berlin. Über Jahrzehnte leitete er das Institut für Werkzeugmaschinen und Fabrikbetrieb der TU Berlin sowie das Fraunhofer-Institut für Produktionsanlagen und Konstruktionstechnik. In der Zeit von 1991–1996 war er Gründungsrektor der Brandenburgischen Technischen Universität Cottbus. Günter Spur hat bedeutende Beiträge zur Produktionswissenschaft geleistet – vor allem auf den Gebieten der Werkzeugmaschinen und der Fertigungstechnik, des Fabrikbetriebs sowie der rechnerintegrierten Produktion. Über 800 Zeitschriften- und Buchveröffentlichungen sowie zahlreiche Vorträge im In- und Ausland sind Bestandteil seiner Forschungsarbeiten. Günter Spur ist Mitglied in zahlreichen wissenschaftlichen Institutionen und Akademien. Seine Verdienste als Wissenschaftler und Hochschullehrer wurden auch international durch hohe Auszeichnungen und Ehrungen gewürdigt.

Über den Wandel der Produktionskultur

Günter Spur

Am Anfang die Kunstfertigkeit

Mit der Aneignung einer Werktechnik erweiterte der Mensch seine natürlichen körperlichen und geistigen Kräfte. Er entwickelte unter Nutzung seiner handwerklichen Befähigung Kunstfertigkeiten zur Erzeugung von Gebrauchsgütern und zur baulichen Gestaltung seiner Lebenswelt.

Zur Ausübung solcher Kunstfertigkeiten bedarf es eines besonderen Könnens, das neben einer mentalen Befähigung auch von ausgeprägter Sinneswahrnehmung begleitet ist. Durch Übung und Erfahrung verbessert, durch Überlieferung weitergegeben und verbreitet, wurden werktechnische Kunstfertigkeiten des Menschen zu einer Quelle seines gesellschaftlichen Fortschritts. Als „Schöne Künste" folgen sie den Gesetzen der Ästhetik, als „Nützliche Künste" sind sie pragmatisch auf gewerblichen Nutzen und Wohlstand gerichtet.

In allen Entwicklungsphasen der Werktechnik hat das meisterliche Können eine stimulierende, aber auch beherrschende Rolle gespielt. Die handwerklichen Zünfte erhoben sich zum Bewahrer ihres Standes: Kunstwerken besteht in Können und Wissen und führt damit zur Bewusstwerdung der eigenen Befähigung.

Der meisterlichen Führung des Handwerks kommt eine hohe gesellschaftliche Bedeutung zu. Werken will gelernt und geübt sein, muss also erworben werden. Jede Werkzeugtechnik beginnt mit der Lehre und vollendet sich im Können des Meisters. Sie wirkt insgesamt produktiv und fördert den wirtschaftlichen Wohlstand.

Mit Werkzeugen macht sich der Mensch die ihn umgebende Natur zu eigen, indem er seine eigene Natur, seine körperlichen und geistigen Kräfte, zielgerichtet für den Fortschritt einbringt. Die Innovationen seiner Werktechnik gründen sich in seinen individuellen Fähigkeiten ebenso, wie im bewussten Erleben seiner Einbindung in die Bedürfnisse einer marktorientierten Gesellschaft.

Werktechnik als Hilfswelt

Durch Erfindungsreichtum im praktischen Gestalten, aber auch durch den Zeitgeist des kulturellen Fortschritts angeregt, hat sich über einen stetigen Wandlungsprozess die Werktechnik des Menschen als Hilfswelt zur Natur entwickelt.

Von dynamischer Kreativität beschleunigt, beruht dieser Prozess zunehmend auf bewusster Anwendung wissenschaftlicher Erkenntnisse.

Mit werktechnischen Verfahren betreiben wir eine produktive Hilfswelt, die solche Produkte erzeugen kann, die uns die Natur nicht liefert. Die gesellschaftliche Orientierung des technischen Handelns hat das Marktgeschehen tiefgreifend beeinflusst und damit auch zunehmend die Lebensgestaltung der Menschen verändert. Mit ihrem technischen Wissen und Können verfügt die Gesellschaft über ein Nutzungspotenzial zur Dienstbarmachung der Natur, das fortwährend zu höchster Qualität weiter entwickelt wird. Es handelt sich um eine Hilfswelt, die zwar von der Natur abhängig ist, aber auch in sie hineindrängt und ihr Gleichgewicht beeinflusst.

Die Werktechnik ist als Handlungssystem zweckorientiert und zielgerichtet gestaltet. Ihre Wirkprozesse greifen geordnet in die Stoffwelt der Natur. Nach ihren Eigenschaften und Anforderungen bestimmt, bilden Werkzeug und Werkstück als werktechnisches Wirkpaar die Grundlage für jede materielle Gütererzeugung.

Es handelt sich um eine gebaute Hilfswelt, deren frühe mechanische Umsetzung auf eine Anwendung von Wirkprinzipien der Elemente Keil, Hebel, Feder, Rad und Feuer zurückzuführen ist. Durch den Wirkverbund mit Energie, Material und Information entstanden Funktionsprozesse zur nützlichen Verwendung, deren kontinuierliche Weiterentwicklung zu einer breiten Differenzierung dessen führte, was man zunächst Künste und dann Technik nannte.

Trug das im Dienste der Landwirtschaft stehende dörfliche Handwerk zur praktischen Verbreitung bei, so förderte die Herausbildung einer städtischen Kultur das meisterliche Aufblühen des Handwerks. Es ist bis zum Ausgang des Mittelalters die bestimmende Quelle wirtschaftlich-technischer und gesellschaftlicher Entwicklung geblieben. Mit der damit verbundenen kreativen Aktivität ging eine breite Entfaltung der mit Handgeschick geführten Werktechnik einher.

Die sich entwickelnde Verfeinerung der Kunstfertigkeiten des Handwerks war mit einer Spezialisierung und Teilung der Arbeit verbunden. Dies führte zu gespreizten Innovationsprozessen großen Ausmaßes: Das Zeitalter der Entdeckungen und Erfindungen war gekommen.

Die Entwicklung der Technik war zunächst eng mit der Naturforschung, aber auch mit der gestaltenden Kunst, vor allem im Bauwesen, verbunden. Schwerpunkte früher Ingenieurtätigkeiten lagen in der Werktechnik, Waffentechnik, Gießtechnik, aber auch im Befestigungswesen, Wasserbau, Tiefbau und in der Gebäudetechnik. Von letzterem Gebiet war der Weg zur künstlerischen Entfaltung nicht weit. Kunst und Technik bildeten eine kreative Einheit. Vom Lateinischen *ingenium* abgeleitet entstand die Berufsbezeichnung Ingenieur, allerdings nur für eine kleine Gruppe von Eliten, die in der Literatur auch unter dem Begriff „Künstler-Ingenieure" zitiert werden.

Man könnte geneigt sein, von der Ingenieurtechnik der Renaissance zu sprechen. Der Begriff ist möglicherweise erst später im Sinne einer Zusammenfassung des technischen Wissens geprägt worden. Abgeleitet aus dem Lateinischen hatte sich der Begriff Ingenieur in allen Sprachen zur Beschreibung von spezifischen Tätigkeiten in der Entwicklung und Anwendung von Technik mehr und mehr durchgesetzt. Allerdings wurde bis ins 18. Jh. hinein unter einem Ingenieur sehr eingeengt ein „Rüstner oder Feld- und Landvermesser" sowie ein „Kriegs- oder Festungsbaumeister" verstanden. Im Wörterbuch der Gebrüder Grimm heißt es unter dem Stichwort Ingenieur: „Heute eingebürgertes Fremdwort für Kriegsbaumeister oder Feldmesser". Es folgt ein Hinweis, dass im 17. Jh. der Begriff Ingenieur „als Bild für einen fein berechnenden Menschen überhaupt" verwendet wurde. Schließlich findet sich an gleicher Stelle das folgende Zitat aus Weidners Zinkgref: „Wer die Teutschen in ein Verstand bringen woll, muß ein kluger und sehr guter Ingenieur sein".

Im Zeitraum des 16. und 17. Jh. hatten die Ergebnisse der theoretischen und experimentellen Naturwissenschaft noch wenig Durchschlagskraft auf die überwiegend handwerklich betriebene Produktionswirtschaft. Die langsame Verbreitung von Erkenntnissen, Entdeckungen und Erfindungen hat sicherlich auch etwas mit Kommunikation zu tun. Erst die Überwindung des Analphabetentums, insbesondere die Einführung der Schulpflicht und damit die Einleitung eines breiten Bildungsprozesses, hat den Fortschritt der Technik wesentlich beschleunigt, auch im Sinne einer Begründung der Technikwissenschaft.

Mechanisierung durch Werkzeugmaschinen

Den auf Muskelkraft beruhenden Leistungspotenzialen der handwerklichen Arbeitsgeräte waren natürliche Grenzen gesetzt. Eine erste Überwindung dieses Engpasses der technologischen Entwicklung begann im Mittelalter mit der Verbreitung wirtschaftlich einsatzfähiger Wasser- und Windmühlen.

Der mit hohen Kosten und Privilegien verbundene Bau und Betrieb werktechnischer Mühlen führte zur Ansiedlung von Gewerbebetrieben und Gründung von Siedlungen. Auch Klöster waren Mittelpunkte gewerblicher Tätigkeit. Die von natürlichen Bedingungen abhängigen Mühlen waren unmittelbar mit Arbeitsmaschinen gekoppelt. Für bestimmte Aufgaben mussten Mechanismen zur Bewegungsumwandlung gefunden werden. Damit wurden die elementaren Grundlagen für eine gezielte Mechanisierung der handwerklichen Gütererzeugung geschaffen. Aus der Hilfswelt der Werktechnik entwickelte sich die Hilfswelt der Maschinentechnik.

Der erste Schritt zur Mechanisierung ist gegeben, wenn ein Werkzeug nicht mehr von Hand, sondern von einem Mechanismus geführt wird. Dies ist der Wandel vom Handwerkzeug zum Maschinenwerkzeug, verbunden mit Kraftverstärkungen und Genauigkeitsverbesserungen. Maschinen erfüllen allerdings ihre wirtschaftliche Aufgabe erst, wenn sie funktionszuverlässig gebaut und produktiv verwendet werden. Sie müssen organisch dem Arbeitssystem des Menschen angepasst sein.

Die entscheidende Entwicklungsphase auf dem Weg zur Industrialisierung der Wirtschaft lag in der zweiten Hälfte des 18. Jh.. Die Umgestaltung der

Produktionstechnik von Handarbeit auf Maschinenarbeit nahm mit der Verbreitung der Dampfmaschinen ihren Anfang. Die Einführung kraftgetriebener Arbeitsmaschinen, der Bau neuer Verkehrswege und Transportmittel sowie die Expansion der Roheisenerzeugung und die Fortschritte im Gießereiwesen beflügelten die Mechanisierung der Güterproduktion. Textilmaschinen, Werkzeugmaschinen und Dampfmaschinen befruchteten wechselseitig den schnellen technologischen Wandel zu Beginn des 19. Jh. Das Fabrikwesen erhielt durch die Einführung maschineller Arbeit eine neue Organisationsstruktur. Der Bedarf an Metallbearbeitungsmaschinen wuchs durch die Entwicklung der Eisenbahn und der Dampfschifffahrt sprunghaft an.

Die Industrialisierung hat in England ihren Anfang genommen. Bis Mitte des 19. Jh. war England „die Werkstatt der Welt“, in der zweiten Hälfte hatten aber auch die USA, Frankreich und Deutschland eine wettbewerbsfähige Industriewirtschaft entwickelt.

Zunächst noch geprägt vom „Siegeszug des Maschinenbaus“ kamen mit dem 20. Jh. neue große Innovationsschübe aus der Elektrotechnik. Mit der Fließfertigung im Automobilbau erhielt die Fabriktechnik erweiterte Dimensionen. Vom Schwermaschinenbau über die Kraftwerkstechnik zur Elektrizitätswirtschaft, von der Einzelfertigung zur Massenfertigung, von der Handarbeit zur Maschinenarbeit, von der Meisterwirtschaft zur Fabrikorganisation, vom Kleinbetrieb zum Großbetrieb: Die Welt der Arbeit wurde tief greifend verändert, eine andere Hilfswelt der Technik war entstanden.

Es wurde eine Arbeitswelt von Mensch-Maschine-Systemen, eine Kopplung von Mechanisierung und Bedienung. Der Maschinenbau einer Volkswirtschaft entwickelte sich zum Gradmesser des industriellen Fortschritts. Die Werkzeugmaschine wurde als Produkt meisterlichen Könnens, als Produkt der Werkstatt geadelt zur „Königin des Maschinenbaus“.

Rationalisierung durch Automatisierung

Mit der Weiterentwicklung der Industrie veränderten sich Arbeitswelt und Lebenswelt grundlegend. In immer kürzeren Zeitabständen wurden Erfindungen gemacht. Der Glaube an eine Aufwärtsentwicklung, an einen Fortschritt zum Wohle der Menschheit beflügelte die Technik. Die industrielle Revolution führte zu einer Vermehrung der Gütererzeugung und zur Entwicklung von Wohlstand und Reichtum, allerdings nicht für alle.

Die zunächst noch qualitativ überlegene Handarbeit wurde durch Verfeinerung der Produktionsmittel an Genauigkeit und Zuverlässigkeit überboten. Mit Einführung von Normung und Austauschbau war der Weg frei zur Massenfertigung.

War besonders die zweite Hälfte des 19. Jh. die Gründerzeit vieler unserer heutigen Fabriken, so war die erste Hälfte des 20. Jh. die Zeit der großen Umorganisation. Der Produktionsprozess wurde durch den Druck des wirtschaftlichen Wettbewerbs mehr und mehr mechanisiert und zur Erhöhung der Produktivität arbeitsteilig organisiert. Eine neue Arbeitswelt entwickelte sich, der Mensch hatte sich der Maschine beizuordnen, sich einzureihen. Er musste lernen, im Takt der Maschine zu arbeiten. Der Mensch bediente die als Schrittmacher wirkende Maschine, er musste fürchten, ein Teil der Maschine zu werden.

Dieses arbeitsteilige Zusammenspiel von Mensch, Maschine und Organisation verursachte einen Arbeitsdruck in der Fabrik, der den Produktionsprozess noch immer als schwere körperliche Belastung wirken ließ. Die Produktionsleistung war wesentlich von der Arbeitsgeschwindigkeit des Menschen abhängig. In dem Maße, wie sich der Bedarf an Massenteilen weiter steigerte, waren erste Schritte zur Automatisierung der Teilefertigung zu verzeichnen.

Dies geschah zuerst in der Schraubenfertigung, ausgelöst durch den Massenbedarf im Eisenbahnbau. Automatisierung führte zu neuen Formen der Werkstattorganisation. Es war der erste Schritt in eine neue Arbeitswelt – in eine Arbeitswelt mit Automaten.

Es war die Phase der starren Automatisierung, die wegen des hohen zeitlichen und technischen Aufwands beim Einrichten und Umrüsten der Maschinen aus wirtschaftlichen Gründen an hohe Stückzahlen gebunden war. Solche Systeme entwickelten hohe technologische Leistungsfähigkeit. Verkettungen von Maschinenfließreihen, Transferstraßen und Spezialmaschinen mit weitgehender Arbeitsteilung führten zu Einzwecksystemen mit kurzen Stückzeiten und niedrigen Fertigungskosten.

Mit der Automatisierung von Produktionsprozessen wurde aber auch erstmals eine Wunschvorstellung realisiert, die die Menschheit über Jahrtausende begleitet hatte.

Automaten sind in ihrer historisch abgeleiteten Definition sich selbst bewegende Artefakte. Vielgestaltig waren die zahlreich erfundenen mechanischen Kunstwerke zur Nachahmung von Menschen und Tieren. Der Wunsch nach Bewegungsautomaten, Schreibautomaten und Sprechautomaten brachte viele Mechaniker zu originellen Erfindungen, aber alle verblieben in Spiel, Zauber und Kunst. Sie hatten keine wirtschaftliche Bedeutung. Über Jahrtausende verkörperte der Android einen Traum der Menschheit.

Der Anteil automatisierbarer Arbeit blieb zunächst noch verhältnismäßig gering. Es dominierten die Maschinenarbeitsplätze mit dem Zwang eines organisierten Zusammenspiels von manueller und maschineller Arbeit. Die Fabriken wurden durchorganisiert, Arbeitsteilung und Fließfertigung eingeführt und mit Taylor das „Scientific Management“ begründet. In Deutschland entstand die Betriebswissenschaft als Wissenschaft von der betrieblichen Arbeit. Gleichzeitig wurde in den 20er-Jahren eine bedeutende Rationalisierungsbewegung ausgelöst, die sich besonders der Wechselwirkung zwischen Maschinensystemen und Arbeitswelt widmete. Organisation war alles. Die total organisierte Fabrik mit total organisierten Menschen wurde das Schreckensbild einer totalen Arbeitswelt. Eine durch Formularisierung und Bürokratisierung geprägte manuell betriebene Fabrikorganisation musste sich erschöpfen. Aus dem Wildwuchs der Karteianlagen, in der große Datenmengen auf Nimmerwiedersehen verschwanden, entwickelte sich die Hollerith-Technik, entwickelte sich die maschinelle Datenverarbeitung. Die Automatisierung von Arbeitsprozessen im Verwaltungs- und Dienstleistungsbereich hatte begonnen.

Flexibilisierung durch Rechnerintegration

Eine echte Überwindung der traditionell aus der Gründerzeit gewachsenen Fabrikstrukturen konnte erst durch die elektronische Datenverarbeitung erreicht werden. Durch die Verknüpfung digitaler Rechenautomaten mit Arbeitsmaschinen wurde eine neue Produktionstechnologie eingeleitet, die neue Fabrikstrukturen zur Folge hatte und damit auch das Arbeitssystem unserer Industriegesellschaft veränderte.

Dieser Wandlungsprozess ist noch nicht abgeschlossen. Produktivität, Produktionsgeschwindigkeit, Flexibilität, Qualität und Zuverlässigkeit haben ein Niveau erreicht, das auf der Grundlage konventioneller Produktionsstrukturen nicht realisierbar war. Der sehr differenzierte und verfeinerte technologische Anspruch industriell gefertigter Güter führte zur vermehrten Produktvariation und schnellen Produktsubstitution. Durch gleichzeitige Steigerung der Arbeitskosten kanalisierte sich die Entwicklung der Produktionsstrukturen auf eine Automatisierung mit hoher Flexibilität und Produktivität zugleich. Die Konsequenz war die rechnerintegrierte, automatisierte Fabrik.

Ihre Einführung hat die Ablaufbedingungen der traditionellen Produktion so grundlegend verändert, dass auch die Vertriebsstrategien umgestaltet wurden. Eine größere Vielfalt von Produkten musste in kleineren Losen oder in beliebiger Reihenfolge wirtschaftlich hergestellt werden können. Die Vorlaufzeiten für die Einführung neuer Produkte wurden stark verkleinert, Zwischenlagerbestände wurden erheblich reduziert, eine Endlagerung von Fertigprodukten zur Anpassung an die kontinuierliche Marktnachfrage musste entfallen. Manuelle Fertigungsarbeiten wurden weitgehend flexibel automatisiert, planende und steuernde Fertigungsaufgaben auf Mensch-Rechner-Interaktionen übertragen. Die Rechnerintegration stellte den Kern der Produktionserneuerung dar. Sie verfolgte das Ziel

- einer automatischen Fertigung von variablen Produktprogrammen,
- einer kontinuierlichen Optimierung der Ablaufsteuerung,
- einer direkten Regelung von Materialfluss und Bearbeitung sowie
- einer dynamischen Disposition aller Fertigungsmittel.

Durch die Verknüpfung von Energiefluss, Materialfluss und Informationsfluss entstand als konzentrierte Aktion eine neue Produktionsstruktur, die aus einzelnen Produktionszellen zusammengewachsen als maschineller Organismus mit programmierter und damit gespeicherter Intelligenz zu flexibel automatisierter Gütererzeugung fähig ist.

Diese Entwicklung entkoppelte den Bediener von der Bindung an den Arbeitstakt der Maschinen. Die in solchen Fertigungsstrukturen arbeitenden Beschäftigten benötigen eine veränderte Qualifikation. Sie lernten, als Mannschaft zu arbeiten, ähnlich wie auf Schiffen und in Flugzeugen Dienst zu tun und die Produktion mit ihrem Können zuverlässig abzufahren. Um diese Systeme der Exekutive ohne Störungen bei Erfüllung des Qualitätsanspruchs in ihrer Produktion schrittweise optimieren zu können, werden Virtuosen gebraucht. Sie bestimmen den Leistungsgrad im Orchester dieser kapitalintensiven Arbeitsmaschinen.

An dieser Stelle sei jedoch deutlich vermerkt, dass nicht alle Fabriken diesen Entwicklungsverlauf genommen haben. Er galt zunächst für marktstarke, kapitalkräftige und vom Produktspektrum her geeignete Unternehmen.

Eine andere, parallel verlaufende Entwicklung der Produktionstechnik zielte auf die Aufwärtsqualifizierung der Werkzeugmaschine zur flexibel automatisierten autonomen Fertigungszelle. Derartige Systeme sind werkstattprogrammierbar und dialogfähig. Die Maschine lässt den Bediener nicht allein und führt ihn bei der Programmierung auf einem Wissensniveau, das die Arbeitsperson selbst bestimmt. Falsche Eingaben nimmt die Maschine nicht an. Durch Simulationsläufe wird das Risiko der Maschinenprogrammierung gemindert und die Zuverlässigkeit der Betriebsläufe erhöht. Eingebaute Diagnosesysteme können zusätzlich den Maschinenzustand überwachen und Wartungsanweisungen am Bildschirm anzeigen.

Aus der produktionstechnischen Forschung werden in naher Zukunft neue Impulse durch Innovationsschübe erwartet, die auch aus einer fachübergreifenden Wechselwirkung zwischen Maschinenbau, Informatik und Arbeitwissenschaften entstehen. Diese Entwicklung geht über die Integration von Mechanik und Elektronik hinaus, sie ist also mehr als Mechatronik. Sie wird durch die Explosion der Kommunikationstechnik den kreativen Gestaltungskräften von Mensch-Maschine-Systemen ein weit reichendes neues Entwicklungsfeld eröffnen.

Für die Optimierung der Systemauslegung ist eine hohe Qualität aller konstruktiven Entscheidungen von Bedeutung. Konstruktive Teillösungen mit eingeschränkter Funktionsqualität gefährden die Gesamtfunktion. Ein Dilemma der Konstruktion ist dann gegeben, wenn sich das Lösungsmodell nicht durch eine formulierbare Handlungsvorschrift ableiten lässt. Hier kann ein autonomes System hilfreich sein, das über die Kompetenz zur Parameterregulierung durch eingespeicherte Prozessstrategien verfügt.

Autonome Fertigungszellen

Der heutige Stand der digitalen Automatisierungstechnik hat seine Ursprünge in den sechziger Jahren. Er begann mit dem Einsatz numerisch gesteuerter Maschinen, zunächst nur zögernd und probeweise, dann doch stark zunehmend.

Nach 15 Jahren NC-Technik in der Bundesrepublik war der Bestand an NC-Maschinen im Jahre 1975 auf erst 4 400 gewachsen. Werkzeugmaschinen-Kolloquien jener Zeit befassten sich intensiv mit Fragen der Automatisierung. Es wurde mehr und mehr deutlich, dass die Entwicklung auf eine neue Fabrikstruktur hinauslief. Die Erhaltung der Wirtschaftskraft war von der Reform der Fabriken abhängig, damit war der Einzug der Rechnertechnik in die Produktionstechnik aufbereitet. Die Datenverarbeitung erfasste das gesamte Betriebsgeschehen und wandelte die Fabriken zu einem vernetzten System von Fertigungszellen.

Der Begriff der flexibel automatisierten Fertigungszelle wurde in den siebziger Jahren geboren. Fertigungszellen sind autonom arbeitende Produktionsmittel mit hohem Automatisierungsgrad, die auch zur Verkettung innerhalb höher geordneter Produktionssysteme geeignet sind.

Im Trend liegt eine periphere Automation, liegt die Dezentralisierung mit autonomen Entscheidungskompetenzen. Dezentral operierende Zellensysteme sind besser überschaubar und weniger störanfällig.

Die Vernetzungstechnik hat die Kommunikation in der Arbeitswelt entscheidend verändert. Dieser Wandlungsprozess ist unter verschiedenen Gesichtspunkten zu sehen. Der Arbeitswissenschaft eröffnen sich aktuelle Fragestellungen, die über das Schlagwort „Software-Ergonomie" hinaus gehen. Der arbeitende Mensch übernimmt durch seine informationstechnische Integration als Planer und Programmierer eine höhere Verantwortungsstufe. Bedienfunktionen haben sich in autonome Überwachungsfunktionen gewandelt. Die Datenverarbeitung hat sich zur Wissensverarbeitung erweitert. Eine solche Entwicklung zielt auf intelligente Automatisierung, sie führt vom Rechnen zum Denken.

Um autonome Fertigungszellen zu optimieren, bedarf es geeigneter Modelle. Diese müssen sowohl die strukturelle Komplexität als auch die Dynamik ihrer Prozesse digital abbilden. Eine qualitätsorientierte Systemtheorie hätte ein Modellkonzept zu entwickeln, das empirisch aufbereitet zu einem systemtheoretischen Ansatz der perfekten Funktionsüberwachung führt.

Eine solche Modellierung autonomer Systeme wird mit zunehmender Komplexität schwieriger. Um trotzdem eine hohe Zuverlässigkeit zu erreichen, muss die Gesamtfunktion auf die zuverlässige Wirksamkeit von Teilfunktionen einschließlich ihrer Schnittstellen zurückgeführt werden.

Technische Systeme geben nur Sinn, wenn sie funktionieren. Funktionalität ist aber letztlich nur gegeben, wenn sie am realen Objekt praktisch dargestellt werden kann.

Das Arbeitsergebnis einer Werkzeugmaschine entscheidet über ihren Wert. Dabei stehen technische und wirtschaftliche Einflüsse in enger Wechselwirkung.

Wird für komplexe Fertigungsprozesse auf Werkzeugmaschinen ein hoher Automatisierungsgrad angestrebt, muss ein entsprechend höher entwickeltes Informationssystem zugeordnet werden, das sich vom steuernden und regelnden System schließlich zum lernenden System steigern kann.

Eine Optimierung ist nur möglich, wenn alle Voraussetzungen in Konstruktion, Planung und Prozessführung erfüllt werden. Letztlich ist dies die Forderung nach absoluter Störungsfreiheit.

Eine autonome Produktion wird somit vom ökonomischen Imperativ einer permanenten Optimierung begleitet. Zwischen Qualität und Produktivität besteht eine integrative Wechselwirkung. Ihre ständige Verbesserung ist eine Herausforderung jeder autonomen Produktion.

In dem Maße, wie der Aufwand zur Erfüllung der Qualitätsbedingungen steigt, muss Kompetenz zur Optimierung der Prozessverläufe als instrumentalisiertes Wissen zur Verfügung stehen.

Damit ist ein System kognitiver Überwachung der Prozessführung gefordert, das als Hilfswelt der Qualitätssicherung fungiert. Ein solcher Wandel der Automatisierungstechnik führt zu einer dynamischen Aktivierung aller verfügbaren Wissenspotenziale. Er geht über die materielle Welt hinaus und schließt immaterielle Wirkmedien ein.

Die autonome Produktion basiert auf einem vernetzten Zellenwerk verdichteten Wissens. Es kommt entscheidend auf eine hohe Zuverlässigkeit der Wirksysteme an. Autonome Produktionssysteme umfassen begrifflich die Gesamtheit aller Produktivitäts- und Qualitätssysteme im Leistungsprozess. Zur Optimierung ist eine Koordinierung der verschiedenen teilautonomen Prozesse notwendig, die an Überwachungstätigkeiten gebunden sind.

Die Zuverlässigkeit der Produktionsmittel gewinnt zunehmende Bedeutung für ihre Bewertung. Sie steht in einem funktionalen Zusammenhang zur Optimierung von Teilprozessen.

Die Verbesserung der Prozessfähigkeit erfolgt durch einen gezielten Eingriff in den Wirkzustand, also durch Beeinflussung der Prozessparameter. Hierzu ist eine integrative Überwachung der Wirkprozesse notwendig, die durch intelligente Sensortechnik in Verbindung mit offenen NC-Systemen ermöglicht wird. Dabei können vorbeugende Instandhaltungsarbeiten einbezogen sein. Die Nutzung steuerungsinterner Signale ermöglicht eine Voraussicht auf das Prozessverhalten und damit eine rechtzeitige Einleitung geeigneter Maßnahmen zur Optimierung der Prozessparameter. Dieser Fortschritt der Automatisierungstechnik erfordert die Einbeziehung intelligenter Systeme mit der Fähigkeit, gespeichertes Wissen im Bedarfsfall folgerichtig anzuwenden.

Autonome Systeme lernen von außen nach innen und informieren von innen nach außen. Ihre Maschinenintelligenz basiert auf einem digitalen Gedächtnispotenzial, das durch menschliche Intelligenz versorgt wird. Durch Informationsspeicherung und Wissensverarbeitung mit Schlussfolgerungstechnik kann eine Maschine Gelerntes bei Bedarf aktualisieren. Eine solche Steigerung der Gedächtnisfähigkeit bedeutet für den Menschen eine Erweiterung seiner Denkmöglichkeiten. Maschinengedächtnisse unterstützen das Gedächtnis des Menschen und bereichern damit die Sicherheit des Handelns.

Autonome Systeme ermöglichen einen Funktionsablauf auf der Grundlage komplexer Handlungsanweisungen, die einen definierten, durch Erfahrung angereicherten Qualitätsanspruch einschließen. Dies gilt insbesondere für die Forderung nach höherer Zuverlässigkeit.

Wandel der Produktionskultur durch Bildung

Eine solche Entwicklung basiert auf einer konsequent vernetzten Produktionswirtschaft. Die Dezentralisierung von Entscheidungskompetenzen ist mit einer erheblicher Steigerung von Selbständigkeit des Handelns, also auch mit höherem Verantwortungsbewusstsein verbunden. Der Arbeitserfolg hängt insbesondere bei komplexer Automatisierung zunehmend vom individuellen Können, vom fachlichen Wissen und Handeln, aber auch vom allgemeinen Bildungsgrad der Arbeitspersonen ab. Das Bildungssystem der zukünftigen Industriegesellschaft erhält die herausragende Schlüsselrolle zur Entwicklung einer gewandelten Arbeitskultur in der Güterproduktion.

Das schon heute verfügbare Netzwerk kommunikativer Selbstbildungsmöglichkeiten verkürzt und intensiviert nicht nur den Bildungsprozess, sondern befreit das Lernen auch von Routinen. Schnell verfügbares Wissen regt zur eigenen Denkaktivität an und mindert die Last von Lernprozessen.

Produktionskulturen der Zukunft entwickeln sich aus einer umfassenden Akkumulation von Wissen, Erfahrung und Handlungsbedarf, aber auch von einer Einfühlung in den inneren Zusammenhang der gesellschaftlichen Entwicklung. Durch den komplexen Verbund von Wissenschaft und Technik werden sich mit Hilfe der Informations- und Kommunikationstechnik in Zukunft Entfaltungsmöglichkeiten ergeben, die eine neue Phase von Produktinnovationen einleiten. Die hierzu benötigte Kreativität wird vermutlich den Engpass für den Fortschritt bilden. Eine mentale Kunstfertigkeit ist gefragt. Der Ingenieur braucht die Kreativität des Künstlers. Technik und Kunst konvergieren in einer komplexen Kulturwelt zur Schaffung von Wohlstand in einer fortgeschrittenen Gesellschaft.

Die Schlüsselfunktion der Produktionstechnik kann nicht mehr allein von einer einzigen Wissenschaftsdisziplin getragen werden. Der Ruf nach einer fachübergreifenden Forschung ist deutlicher geworden. Dabei stoßen wir auf ungelöste Strukturfragen.

Interdisziplinarität erfordert die Integration höchst qualifizierter Wissenschaftspotenziale. Ungewöhnliche Aufgaben stellen einen hohen Kreativitätsanspruch, beinhalten aber auch hohe Risiken.

Die Produktionswissenschaften haben durch ihren unmittelbaren Bezug zur Produktionswirtschaft eine besondere Verantwortung. Die Sicherung der Marktpositionen erfordert Innovationsschübe, die durch hohe Dynamik, aber auch durch höhere Zuverlässigkeit gekennzeichnet sind. In diesem Sinne müssen die Produktionswissenschaften zur Erneuerung unserer Industriegesellschaft beitragen. Allerdings kann sich ein solcher Paradigmenwechsel nicht ohne Begünstigung durch die Gesellschaft vollziehen.

Die Produktionswirtschaft von heute sichert den Wohlstand der Menschen von morgen. Ihre Leistungsfähigkeit gründet auf dem integrativen Wirkpotenzial wissenschaftlicher Forschung. Angesichts der zunehmenden Dimension von gesellschaftlicher Verantwortung ist die Frage zwingend, ob das heutige Wissenschaftssystem auf die zukünftige Inanspruchnahme seiner Leistungserbringung vorbereitet ist.

Die Produktionswissenschaft der Zukunft wird an der Produktivität ihrer Forschungsprozesse und an der Flexibilität ihrer Forschungsprogramme zu messen sein. Die Bündelung eines differenzierten Forschungspotenzials ermöglicht eine schnelle Konzentration auf aktuelle Aufgaben der Wirtschaft.

Ein Wirkverbund von Theorie und Praxis, von Forschung und Entwicklung ist für die Produktionswirtschaft von morgen unverzichtbar. Es geht nicht nur darum, technologische Innovationen in gesellschaftlichen Nutzen umzusetzen, sondern auch um die Sicherung des erreichten Wohlstands. Kontinuität und Stabilität sind unverzichtbare Kriterien für die strategische Orientierung der Technologiepolitik.

Die Initiative sollte aus der Wissenschaft kommen. Sie ist der Motor, der den Fortschritt der Gesellschaft antreibt. Wir benötigen bei aller Rationalität im verantwortungsbewussten Handeln mehr Innovationen aus Wissenschaft und Technik, auch die Kreativität der Künste, wir brauchen eine neue Arbeitskultur als Grundlage unseres Handelns.

Die Arbeitskultur wird durch die Lebenskultur der Menschen geprägt. Die Bildungskultur verbindet beide. Es ist die Arbeit des Menschen, es ist seine Bildung, es sind seine Maschinen, die auch künftig helfen, die Lebenskultur zu entwickeln und den Wohlstand zu mehren, für alle Menschen auf dieser Welt.

Literatur

Spur, G. (1998) Technologie und Management. Carl Hanser Verlag, München

Von der Produktionslinie zum Netzwerk – Die Entwicklung der Produktion in den letzten vier Jahrzehnten

PROF. MULT. DR.-ING. DR. E.H.
DR. H.C. MULT. HANS-JÜRGEN WARNECKE

»Produktion ist als Dienstleistung total auf den Kundennutzen auszurichten.«

HANS-JÜRGEN WARNECKE

Hans-Jürgen Warnecke studierte Maschinenbau an der TH Braunschweig. Danach war er erst Forschungsingenieur, dann Oberingenieur und Leiter des Versuchsfelds am Institut für Werkzeugmaschinen und Fertigungstechnik. 1963 promovierte er zum Dr.-Ing. Von 1965–1970 war er als Direktor der Hauptabteilung „Zentrale Fertigungsvorbereitung" der Rollei-Werke Franke & Heidecke in Braunschweig tätig. Von 1971–1993 war er ordentlicher Professor und Inhaber des Lehrstuhls für Industrielle Fertigung und Fabrikbetrieb der Universität Stuttgart sowie Leiter des Fraunhofer-Instituts für Produktionstechnik und Automatisierung (IPA). Aus dem Arbeitsgebiet sind besonders die Unternehmensplanung und -steuerung, Automatisierung, Montage und Handhabungstechnik, Instandhaltung, Qualitätswesen sowie Mess- und Sensortechnik zu nennen. Aus dem IPA sind das Fraunhofer-Institut für Arbeitswirtschaft und Organisation und die Fraunhofer-Arbeitsgruppe Technologie-Entwicklung hervorgegangen. Seit Oktober 1993 ist Hans-Jürgen Warnecke Präsident der Fraunhofer- Gesellschaft zur Förderung der angewandten Forschung e.V. in München. Von 1995–1997 war er Präsident des Vereins Deutscher Ingenieure (VDI) in Düsseldorf.

Hans-Jürgen Warnecke erhielt eine Reihe von Ehrungen, so die Ehrendoktorwürde der Universitäten Magdeburg, Ljubljana, Timisoara und Zilina. Ferner erhielt er Ehrenprofessuren der Jiao Tong Universität Shanghai und der Baotou Universität für Eisen- & Stahl-Technologie. Er erhielt das Verdienstkreuz Erster Klasse und das Große Verdienstkreuz des Verdienstordens der Bundesrepublik Deutschland, das Verdienstkreuz Erster Klasse des Niedersächsischen Verdienstordens, die Ehrenmedaille des Landes Baden-Württemberg sowie die Grashof-Denkmünze des VDI. Er ist Mitglied in verschiedenen Gremien, Aufsichtsräten und Beiräten in Wissenschaft und Wirtschaft. Bis 1998 hatte er die wissenschaftliche Leitung der „Werkstatt-Technik" Fachzeitschrift für Produktion und Management inne.

Von der Produktionslinie zum Netzwerk – Die Entwicklung der Produktion in den letzten vier Jahrzehnten

Hans-Jürgen Warnecke

Dieser Beitrag enthält einige Gedanken zur jüngsten Vergangenheit und voraussichtlichen Zukunft der Produktion. Manfred Weck war genau so wie ich in die letzten 40 Jahre Entwicklung der Produktionstechnik in Wissenschaft und Wirtschaft involviert, so dass es sicher interessant ist, einige Eindrücke daraus festzuhalten. Jede Generation ist vermutlich der Ansicht, dass gerade in ihrer aktiven Zeit nennenswerte Änderungen stattgefunden haben. Wir können das mit einiger Berechtigung für uns sagen, denn es gab nicht nur eine kontinuierliche Fortentwicklung, sondern es gab auch Paradigmenwechsel, ermöglicht vor allem durch die rasante Entwicklung der Informationstechnik und ihren Eingang auch in Produkte und Prozesse der Produktionsunternehmen.

Bis in die 60er Jahre des vergangen Jahrhunderts beschränkte sich die Automatisierung in der Fertigung vor allem auf die Massenfertigung. Sofern die Werkzeugmaschinen Automaten waren, hatten sie analoge Kurvensteuerung sowie Endanschläge bzw. Endschalter. In der Montage wurde die manuelle Arbeit in kleine Taktzeiten je Arbeitsplatz zerlegt und der Materialfluss durch Fließband oder Rundtisch automatisiert und die einzelnen Arbeitsstationen miteinander zwangsläufig verbunden. Auch in der Montagetechnik gab es kurvengesteuerte Automaten, wenn man z.B. an die Verpackungstechnik denkt. Derartige mechanische Zwangssteuerungen sind auch noch bis heute und vermutlich auch noch in der Zukunft dann sinnvoll, wenn es um Geschwindigkeit und Zuverlässigkeit geht, man denke nur an die Ventilsteuerung des Kolbenmotors. Hier denkt man schon seit einiger Zeit an die elektronische Steuerung und macht auch entsprechende Versuche, muss jedoch noch einen längeren Weg gehen, bis zur totalen Funktionssicherheit. In allen Fällen handelt es sich um eine „starre Automatisierung“, die in der Serienfertigung, wenn sich die Abläufe ändern, nicht angewendet werden kann, da dort zu hohe Zeiten und Kosten für das Umrüsten anfallen würden. Der damalige Traum der Fertigungstechniker war also die „flexible Automatisierung“. Dieses Schlagwort wurde eine lösbare Aufgabe, insbesondere in den 70er Jahren.

Eine Lösung für die Teilefertigung begann Ende der 60er Jahre in Großbritannien mit dem flexiblen Fertigungssystem Molins 24, das schneller umrüstbar sein sollte, eine Verkettung und automatisierte Be- und Entladung der Arbeitsstationen hatte und somit 24 Stunden am Tag arbeiten können sollte. Die Realisierung hatte natürlich etliche Unzulänglichkeiten, so dass kein Durchbruch am

Markt für dieses System kam, es begannen aber etliche Werkzeugmaschinenunternehmen entsprechende Überlegungen anzustellen und Konzepte für flexible Fertigungssysteme zu entwickeln. Man tat sich schwer, denn für einen Kunden waren die Investitionen sehr hoch und damit die Wirtschaftlichkeit nicht einfach nachzuweisen. Im marktwirtschaftlich orientierten Westen schaute man dann verwundert auf das Geschehen im Osten (in der ehemaligen DDR), wo erste Konzepte flexibler Fertigungssysteme realisiert und in Betrieb genommen wurden. Dort musste man nicht so sehr auf die Wirtschaftlichkeit schauen, und man sah sicher den guten Absatzmarkt für Werkzeugmaschinen und solche Systeme in der Sowjetunion.

Ein Nachteil solcher verketteter Systeme war und ist, dass die Komplexität und damit Störanfälligkeit stark ansteigt und die Nutzung entsprechend reduziert wird. Natürlich war unzureichende Nutzung ebenfalls kein öffentliches Thema im Ostblock. Die Flexibilität der einzelnen Werkzeugmaschine mit Bearbeitungsstation konnte enorm gesteigert werden durch die Entwicklung der numerischen Steuerung, bei der die Weg- bzw. Lageinformation als Programm in einem Lochstreifen gespeichert wurden und die Position des Werkzeuges über Wegmessgeber erfasst und geregelt werden konnte. Die dadurch geforderte Verbesserung der Antriebs- und Steuerungstechnik war ein beherrschendes Thema der vergangenen Jahrzehnte bis heute, wobei heute ein sehr hoher Stand erreicht worden ist. Die Codierung des Lochstreifens und damit der Steuerinformationen fand in einem darauf spezialisierten Bereich der Fertigungsplanung statt. Der Mitarbeiter an der Werkzeugmaschine selbst hatte zunehmend weniger Eingriffsmöglichkeiten, sondern musste notwendige Korrekturen durch den Fertigungsplaner vornehmen lassen. Die Entwicklungen in der Rechentechnik zu rechnergesteuerten Werkzeugmaschinen haben diesen Engpass behoben, es entwickelte sich die Werkstattprogrammierung und die direkte Zugriffsmöglichkeit durch den Facharbeiter an der Maschine. Etliches, was damals zur Arbeitsorganisation heiß diskutiert wurde, ist damit einfach obsolet geworden.

Die Möglichkeiten der Antriebs- und Steuerungstechnik ließen Ende der 60er Jahre des vergangenen Jahrhunderts auch eine Entwicklung zu, von der die Menschheit schon lange geträumt hatte: den Roboter. Der erste Industrieroboter entstand in den USA bei der Firma Unimation, und in Deutschland wurde die erste Schweißstraße zum Punktschweißen von Rohkarossen im Mercedes-Werk in Sindelfingen mit diesen Unimates installiert. Damit wurde eine flexible Automatisierung der Werkstück- und Werkzeughandhabung möglich, wenn auch die notwendige „Vor-Ort-Programmierung" des Industrieroboters mit Handeingabe der einzelnen Positionen und damit des gesamten Ablaufes viel Zeit zum Einrichten erforderte und bei einem notwendigen Austausch eines defekten Industrieroboters wegen der unzureichenden Austauschmöglichkeit stark störende Stillstände eintraten. So kostete es Mercedes erhebliche Anstrengungen, bis die Schweißstraße einigermaßen zufriedenstellend lief. Die Erfahrungen waren Anlass z. B. für das Volkswagenwerk, eine eigene Entwicklung von

Industrierobotern aufzunehmen, was erst dann wieder aufgegeben wurde, als von der Firma Kuka in Augsburg elektrisch angetriebene Industrieroboter in Serie hergestellt und angeboten wurden. Neben Kuka hat in Europa insbesondere die Firma ABB erfolgreich Produktion und Geschäft von Industrierobotern aufgebaut. Natürlich kann ein Industrieroboter, weil er über Sensoren zwar zunehmend Erkennungs- und Anpassfähigkeiten bekommt, nur dann effektiv arbeiten, wenn sein Arbeitsumfeld entsprechend hergerichtet ist, so dass damals die Daumenregel existierte, dass genau so viel wie in den Industrieroboter nochmals in die Herrichtung seines Arbeitsumfeldes zu investieren ist. Diese Relation ist trotz zunehmender Fähigkeiten der Industrieroboter heute noch ungünstiger geworden, da sein Preis stark gesunken ist.

Wenn man eine Fertigungslinie starr verkettet, wirken sich Störungen an den einzelnen Stationen auf die Ausbringung der ganzen Linie aus. Je größer die Störanfälligkeit einer Station ist, desto größer müssen Puffer vor den Stationen nach ihr sein und dementsprechend der Teilfertigbestand in der Linie. Ziel muss also sein, Störungen zu vermeiden oder sehr schnell zu beheben oder die andere Strategie in der losen Verkettung die Puffer in ihrem Umfang zu optimieren. Entsprechende Simulationsrechnungen gestatten das.

In den 80er Jahren des vergangenen Jahrhunderts war aufgrund der zunehmenden Leistungsfähigkeit der Rechner und des Aufbaues von Rechnernetzen die Automatisierung des Informationsflusses zunehmend möglich. Automatisierung des Materialflusses und des Informationsflusses ließen die Vorstellung von der automatischen oder „mannlosen" Fabrik entstehen. Die Vision war, dass in einer Rechner-Hierarchie die Bestellung des Kunden für ein Produkt in einen innerbetrieblichen Auftrag umgewandelt wird, der anhand der Auflösung der Stückliste des Produktes in die Einzelteile und dann Arbeitsgänge aufgelöst wird. Daraus wird der Auftrag an das Lager zur Halbzeugbereitstellung generiert und ein innerbetrieblicher Transport durch automatische Flurförderzeuge, die sich selbst in der Werkstatt orientieren können, ausgelöst. Nach dem automatischen Beladen der Maschine erfolgt deren Steuerung und damit die Bearbeitung durch den Rechner, danach erfolgt der automatische Transport zur nächsten Maschine und schließlich in den Montage-Bereich, der ebenfalls so hoch wie möglich mit Industrierobotern automatisiert ist. Nach der Montage erfolgt die automatisierte Verpackung, und dann die Bereitstellung zum Versand. Selbstverständlich ist die Sicherung der Qualität in die Prozesse integriert. An dieser Vision haben wir in dem damals von mir geleiteten Fraunhofer-Institut für Produktionstechnik und Automatisierung (IPA) in Stuttgart bis hin zum Aufbau einer Pilotfabrik gearbeitet. Diese Pilotfabrik haben wir allerdings nie so zum Laufen gebracht, dass ein Modellprodukt in dieser Fabrik einige Stunden störungsfrei lief und ohne Eingriff produziert werden konnten. Das System wird zu komplex. Daran und an den damit verbundenen Investitionen ist diese Vision gescheitert.

Es wurde aber in der Zeit auch eine andere Erkenntnis gewonnen, die zu einem Paradigmenwechsel führte: Ein Unternehmen ist nicht eine Maschine, die wir früher oder später automatisiert haben werden, sondern ein lebender Organismus, der lernen und sich anpassen kann, der agiert und reagiert. Damit rückte in den 90er Jahren des vergangenen Jahrhunderts der Mensch, der Mitarbeiter in den Mittelpunkt und es wurde allen bewusst, dass ein qualifizierter Mitarbeiter, der kreativ und motiviert ist, das größte Anlagevermögen, das allerdings nicht quantifizierbar bewertbar ist, eines Unternehmens ist. Eine „mannlose“ Fabrik kann keine Innovation betreiben. Dabei denke ich nicht nur an neue Produkte, sondern an die vielen kleinen Maßnahmen in den Abläufen und am Arbeitsplatz, die zu einer ständigen Verbesserung der Produktivität und Qualität führen. Vor allem aber wurde erkannt, dass Produktion eine Dienstleistung ist, die sich voll den Wünschen der Kunden unterordnen muss. Dagegen wurde bis dahin von der Produktion der Kunde eher als Störfaktor im Produktionsplan empfunden.

Weitere Erwartungen in die Automatisierung traten auch nicht ein, die wir an den Fortschritt der Automatisierung gestellt hatten. Ich denke in der Arbeitsvorbereitung an die automatische Herstellung von Arbeitsplänen oder als anderes eklatantes Beispiel, die Automatisierung der Montage, die weit hinter den Erwartungen zurückblieb, da das Übertragen komplexerer manueller Abläufe auf den Industrieroboter häufig zu hohe Investitionen und unzureichende Kapitalproduktivität erbrachte, wenn es überhaupt technisch sinnvoll lösbar war. Ein damals viel genanntes Beispiel war die hochautomatisierte Halle 54 im Volkswagenwerk in Wolfsburg zur Montage des Golf. Man war in Vorstellungen und Realisierungen zu weit gegangen. In den 90er Jahren des 20. Jh. wurde klar, dass Automatisierung nur in der Unterstützung des Menschen, aber nicht im Sinne seiner Verdrängung in der Produktion gesehen werden muss. Wir werden wegen steigender Automatisierung und damit steigender Produktivität mit immer weniger Menschen die Gesellschaft mit Gütern versorgen können und damit wird sich unsere Gesellschaft von einer Industriegesellschaft zu einer Dienstleistungs-, Informations- oder Wissensgesellschaft wandeln.

Eine Produktion muss entlang der Wertschöpfungskette organisiert, geführt und verantwortet werden. Sie muss aus vielen kleinen Regelkreisen aufgebaut sein, um möglichst schnell auf entstehende Probleme reagieren zu können. In Stuttgart entwickelten wir dazu das Bild des Fraktalen Unternehmens, das nach dem Prinzip Selbstähnlichkeit funktioniert. Damit ist das Ganze aus kleinen Einheiten – die kleinste Einheit ist der Mitarbeiter – aufgebaut, die jede in ihrem Denken und Handeln dem Ganzen entspricht und Themen wie Selbstorganisation, Selbstoptimierung und Dynamik wesentliche Merkmale sind. In Aachen entstand das Bild von der autonomen Produktion, das mehr aus technischer Sicht der einzelnen Einheit – die kleinste Einheit ist die Arbeitsmaschine – möglichst hohe Autonomie gibt. Wenn damit, und das ist m. E. in beiden Fällen gleich, Arbeitsgruppen entlang der Wertschöpfungskette gebildet werden mit Zielen und entsprechenden Budgets aber ansonsten großen Freiräumen den optimalen Weg zur Zielerreichung zu finden, so sind wir auf dem besten Weg, über die zusammenarbeitenden Menschen ein gutes Wissensmanagement zu betreiben und die Einflussfaktoren Mensch-Technik-Organisation gut zu verknüpfen.

Weiterhin wurde bewusst, dass die Erledigung einer Aufgabe aus zwei wesentlichen Bestandteilen besteht, nämlich der eigentlichen Wertschöpfung, bei der Veränderung z.B. am Material stattfindet, und der Logistik, die zwar als solche keine Werterhöhung schafft, aber notwendig ist, damit überhaupt ein Nutzen entsteht. Es ist notwendig, beides gemeinsam zu betrachten und zu optimieren. Das führte zum Überdenken der Arbeitsteilung mit entsprechend spezialisierten Stationen oder Spezialisten einerseits, oder Komplettbearbeitung aufgrund universellerer Fähigkeiten von Maschinen oder Mitarbeitern/Mitarbeitergruppen. Meine genannten Extreme sind sowohl in der Arbeitsorganisation wie aber auch bei Bearbeitungsmaschinen realisiert. In jeder Produktion gilt es, die optimale Arbeits- und Maschinengestaltung in der jeweiligen Produktionssituation zu finden. Kann z.B. ein Bauteil in einer Aufspannung fertig bearbeitet werden, so werden Logistik, Transport, Aufspannfehler usw. vermieden, andererseits werden nicht alle verfügbaren Funktionen der Maschine ständig ausgelastet.

Natürlich drängt sich jetzt die Frage auf: Wie geht es weiter? Neben der technischen Weiterentwicklung von Produkten und Prozessen, insbesondere durch die in der Verschmelzung von mechanischen Funktionen und Informationsverarbeitung, wird die Produktion in den Unternehmen bewertet, ob sie ein Kerngebiet ist, das zum Erfolg des Unternehmens am Markt und seiner Wettbewerbsfähigkeit entscheidend beiträgt. Wenn das bejaht wird, dann wird man auch in Zukunft selbst produzieren und sein Know-how auf diesem Gebiet weiterentwickeln. Falls das nicht der Fall ist, wird man die Produktion an Zulieferanten geben und entsprechend die eigene Fertigungstiefe senken, oder es entwickeln sich Betreibermodelle, die das Produzieren übernehmen und als Produktionsspezialisten das Know-how auf diesem Gebiete konzentrieren und international führend werden können.

Sicher wird die Produktionslinie, wie wir sie uns vor vier Jahrzehnten vorgestellt und angestrebt haben, in einer kontinuierlich laufenden Massenfertigung auch in Zukunft technisch und wirtschaftlich die beste Lösung sein. Die Betonung liegt aber auf „kontinuierlich laufende Massenfertigung“, die es immer weniger geben wird. Internationalisierung, die Forderungen nach mehr „local content“ beim Export, die Turbulenz der Märkte mit ihrem Auf und Ab sowie die ständige Innovation im Wettbewerb lassen eine derartige Kontinuität immer weniger zu. Viel entscheidender ist, dass man schnell Innovationen, insbesondere also neue Produkte und deren Varianten in eine fehlerarme Produktion bringt und schnell auf Kundenwünsche reagieren kann. Letztlich bezahlt der Kunde Unternehmen und Arbeitsplätze, damit muss sein Interesse bei einem Produktionsunternehmen im Vordergrund stehen, das sich mehr und mehr als Dienstleister versteht. Produktion als nur eine Funktion im Leistungsangebot „Kundennutzen“ des Unternehmens wird also deswegen – wie es schon heute immer mehr zu finden ist – in einem Netzwerk mehrerer interner Gruppen von kommunizierenden Spezialisten wie auch in einem Netzwerk des Unternehmens mit anderen Unternehmen, insbesondere Zulieferern, oder nennen wir sie Partner in der Leistungsherstellung, stattfinden. Ein Unternehmen muss sich im Fokus um das passende Leistungsangebot an die Endkunden kümmern, seine Leistungserstellung muss und kann aber aus einem Netzwerk von Spezialisten bzw. spezialisierten Unternehmen kommen. Immer wieder wird man sich dabei bemühen müssen, dass eine intensive Kommunikation und Zusammenarbeit entlang der Wertschöpfung des Leistungsangebotes stattfindet, so müssen und werden auch Entwicklung und Konstruktion des Produktes sowie dessen Fertigungsplanung mehr und mehr zusammenrücken, ja man ist sogar bei international tätigen Unternehmen auf dem Wege, die Entwicklung und Konstruktion durch entsprechende Aufteilung in Gruppen in Europa, Amerika und Asien rund um die Uhr zu betreiben und vorhandenes Wissen möglichst gut zu nutzen. Dieses wird ergänzt durch eine begleitende Kalkulation, so dass gesetzte Kostenziele erreicht werden können.

Fertigungsprozesse

Machining Processes in Precision Engineering

PROF. PH.D. DR.-ING. E.H.
ICHIRO INASAKI

»The importance of considering the machining process as a closed loop, consisting of the machine tool and the cutting process, will be introduced. In other words, the interaction between the cutting process and the machine tool should be carefully considered in order to optimise the performance of the manufacturing system.«

ICHIRO INASAKI

Ichiro Inasaki has studied at the Keio University where he made his Bachelor, Master and Doctor of Engineering. Afterwards he started a career as Professor at the Keio University where he was assistant, assistant professor, associated professor and then professor. Today he is dean of the faculty of Science and Technology at the Keio University.

He has been a member of several Japanese and American societies and has published numerous scientific articles and presentations in national and international Congresses. He has been awarded by several Japanese societies as well as the Machine tool Engineering Foundation.

Machining Processes in Precision Engineering

Ichiro Inasaki

Introduction

Manufacturing technology has made significant progress in terms of accuracy, precision, and productivity since machine tools adopted numerical control technology around 50 years ago. Because machine tools have become much more autonomous, tasks can be achieved with far less worker intervention, thereby relieving the factory workers from much of their physical and mental stresses. In order to continue to improve the reliability and autonomy of the production system as a whole, it is necessary to make further improvements to the autonomy of machine tools, because the machine tools play a central role in production systems.

In typical machining processes, such as cutting and grinding, it is now possible to achieve both accuracy and precision on the order of sub-microns and even nanometers (Fig. 1) (Weck 1998). The motivation behind additional development is the strong demand to produce products with both high performance and high quality. Machining processes are conducted with a variety of machine tools. These machine tools should exhibit high accuracy and precision under such disturbances as static and dynamic forces, heat, tool wear, and so on. In other words, machine tools should possess high stiffness against forces and

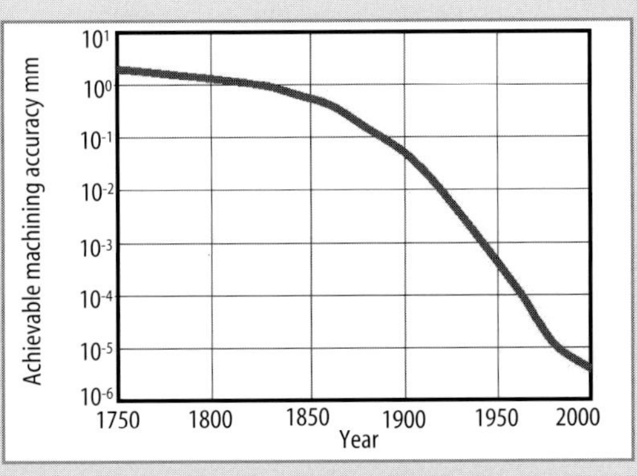

Fig. 1 Development in machining accuracy (Weck 1998)

thermal influences, in addition to high kinematic accuracy and precision. These are some of the essential factors required for machine tools used in autonomous production systems.

In this paper, the importance of considering the machining process as a closed loop, consisting of the machine tool and the cutting process, will be introduced. In other words, the interaction between the cutting process and the machine tool should be carefully considered in order to optimize the performance of the manufacturing system.

Machining Process as a Closed Loop

The material removal process generates a cutting force that acts upon the machine tool structure and induces elastic deformation. This elastic deformation changes the actual depth of cut that, in turn, affects the cutting force. The cutting process generates both static and dynamic forces. In addition, it also generates a heat that causes the thermal distortion of the cutting tool, the workpiece, and the machine tool. Therefore, the cutting process and the machine tool can be modeled as a closed loop, which interconnect by the forces, the heat, and the deformation (Fig. 2) that are generated by their interaction. According to this model, in order to improve machining accuracy, attention should be paid to both the machine tool and the process.

Using a simple example, the effect of the cutting process and the machine tool on the accuracy of the cut will be shown. Assuming that the static stiffness of the machine tool in the direction normal to the machined surface is k and the cutting stiffness is k_c, the actual depth of cut h_a is given by the following equation:

$$\frac{h_a}{h_n} = \frac{1}{1+\frac{k_c}{k}} \tag{1}$$

where h_n is the nominal depth of cut and F_n is the normal cutting force assumed to be given by:

$$F_n = k_c h_a \tag{2}$$

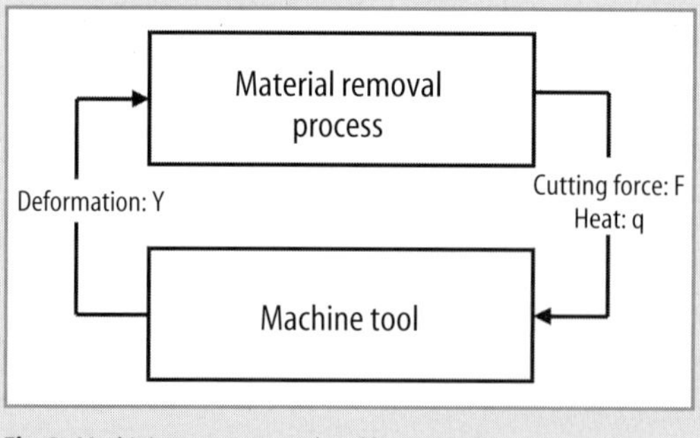

Fig. 2 Machining process as a closed loop system

From these equations it is evident that the static stiffness of the machine tool structure should be infinitively high in order to completely eliminate the residual depth of cut. Through the optimization of the cutting parameters to decrease the cutting stiffness, and increase in the static stiffness of the structure, the difference between the nominal and actual depth of cut would be reduced and the machining error would be minimized.

Generating Motion of Machine Tools

The relative motion between the cutting tool and the workpiece is a "generating motion," which makes it possible to machine products with complex shapes. Any error in the generating motion results in a machine tool machining error. A machine tool can be modeled as a link mechanism having numerous degrees of freedom in general, as shown in Fig. 3. A mathematical model for describing the generating motion represented by the link mechanism has been proposed based upon the coordinate transformation matrices A (Reshetov and Portman 1988):

$$r_0 = A^{j1} A^{j2} A^{j3} \ldots\ldots\ldots A^{jn-1} A^{jn} r_n \tag{3}$$

Equation (3) is a form shaping function that represents the shape of the machined part by the vector form r_0. This equation can also take the component and assembly errors of the machine tool into consideration. Therefore, the form shaping function is a vital tool for determining the sources of the machine tool errors and for designing a machine tool that takes the influence of these errors on machined parts into account.

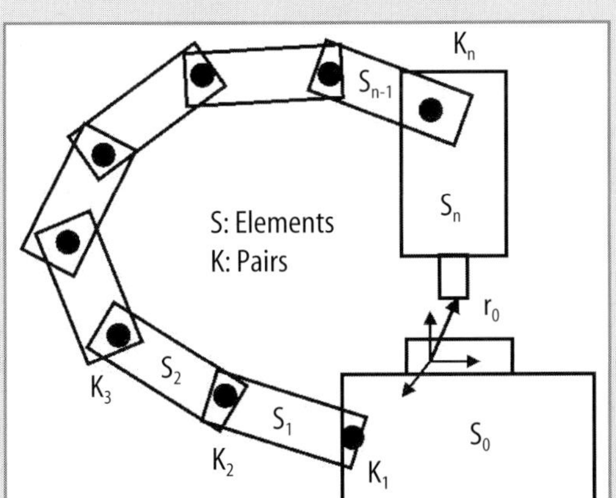

Fig. 3 Machine tool structure as a link mechanism

Static Stiffness

The elastic deformation of the machine tool structure is generated in either the mechanical elements or the contact points between these elements that exist in the "force flow" of the machine tool structure (Fig. 4). It would, therefore, be advantageous to design a machine tool structure so that the length of the force flow is minimized.

Assuming that all of the elements and contact points in the structure are connected in series, and their deformations are small, the resultant static stiffness k_T of the whole machine tool structure is given by:

$$\frac{1}{k_T} = \frac{1}{k_{e1}} + \frac{1}{k_{p1}} + \ldots + \frac{1}{k_{en}} + \frac{1}{k_{pn}} \tag{4}$$

Equation 4 depicts an important principle in machine tool design: When trying to achieve a high stiffness, the element or contact point that has the lowest stiffness has the decisive influence on decreasing resultant stiffness. In other words, it is essential to design a structure with equally distributed stiffnesses in order to obtain a high resultant stiffness for the system.

Dynamic Stiffness

Vibrations during machining processes can be classified according to their oscillation mechanism, either forced vibration or self-excited vibration. Regardless of the mechanism, vibrations adversely affect the surface integrity of machined parts, the cutting tool edges, and the machine tools themselves. Because of these damaging characteristics, vibrations should be suppressed with some sort of countermeasure.

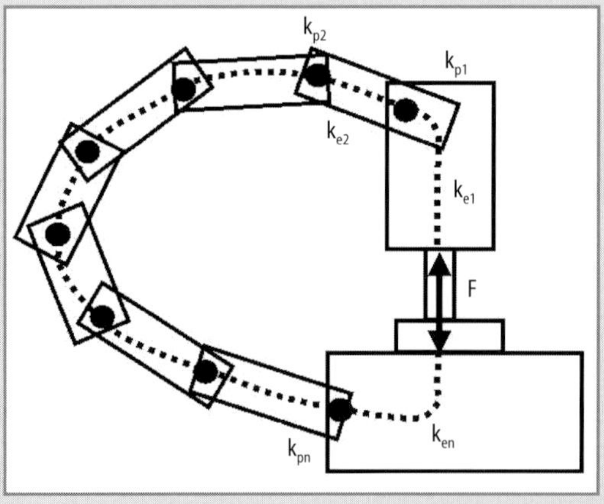

Fig. 4 Force flow in the machine tool structure

Self-excited vibration in the machining processes, called chatter vibration, has attracted a lot of interest from manufacturing engineers, not only due to the fact that the vibration deteriorates the surface quality of the machined parts, but also the vibration reduces the material removal rate. Chatter vibration is an instability in the machining system that is affected by the machine tool dynamics and the material removal process. A block diagram of this phenomenon is given in Fig. 5 (Merrit 1965). In this figure, the secondary feedback loop is called the regenerative effect, which causes the instability in the cutting process. It has been determined through stability analysis that the minimum real part of the machine tool dynamic compliance should be as large as possible (Fig. 6) in order to avoid chatter.

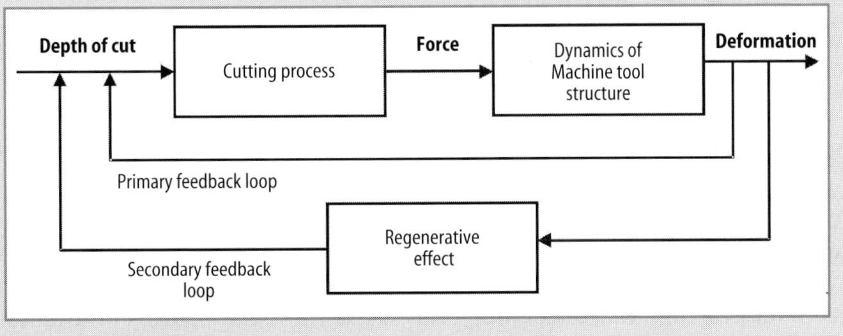

Fig. 5 Block diagram for dynamic cutting process

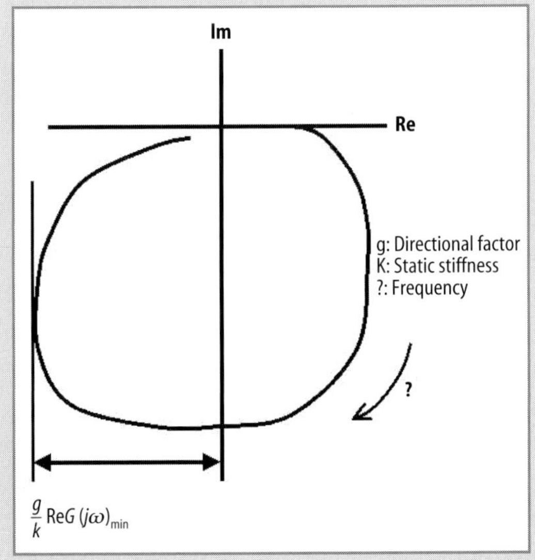

Fig. 6 Vector locus of machine tool dynamic compliance

The machine tool structural parameters that affect dynamic compliance are static stiffness, damping, and the direction of the natural vibration modes. In order to maximize the minimum real part of the dynamic compliance, the static stiffness and the damping characteristics of the machine tool structure should be increased. In addition, the natural vibration mode should also be considered because it has a significant influence on the dynamic cross compliance of the machine tool structure. The relationship among the direction of the dynamic cutting force, the direction normal to the machined surface, and the direction of the natural vibration mode of the machine tool structure has a decisive influence on the process stability. This fact reiterates the strong interaction between the cutting process and the structural dynamics of the machine tool.

In order to make machine tools more robust against instability, design modifications and additional countermeasures have been proposed. These countermeasures are summarized in Fig. 7 in terms of how the minimum real part of the dynamic compliance can be increased.

Thermal Rigidity

It is widely believed that the most critical issue in machining error today is the thermal deformation of the machine tools. There are three major heat sources in the machining process: the internal heat sources of the machine tools such as motors, bearings, etc., the cutting process itself, and the change of the ambi-

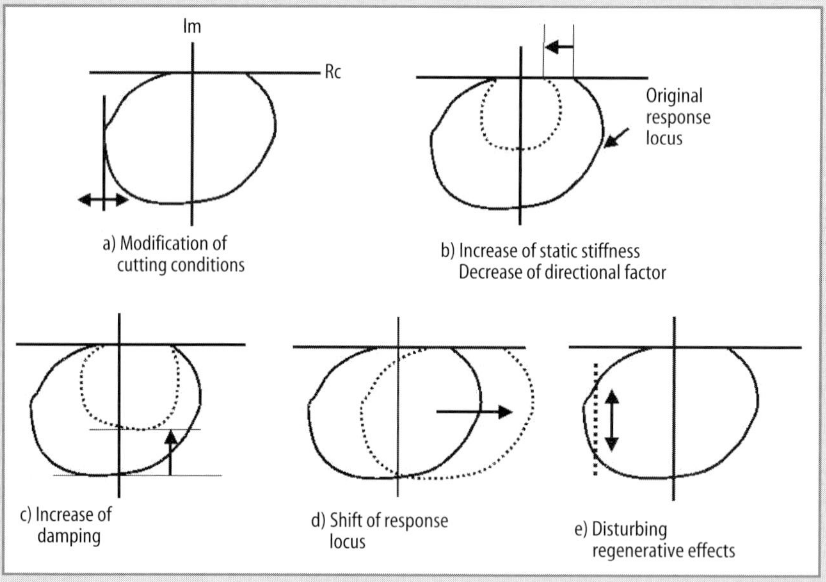

Fig. 7 Strategies for suppressing regenerative chatter

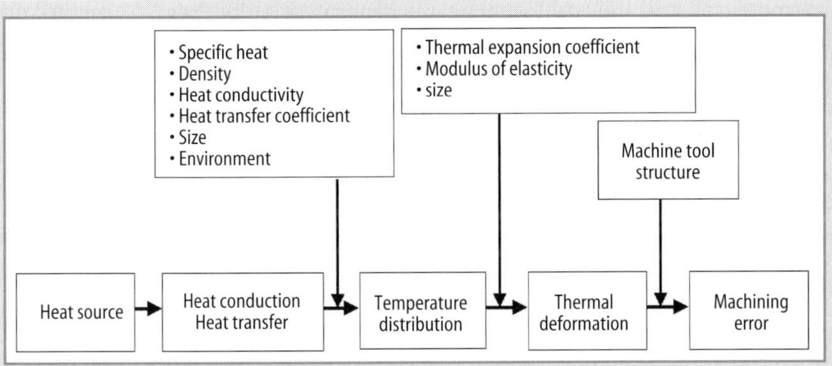

Fig. 8 Factors affecting the thermal deformation of machine tools

ent temperature. Machine tools should have a high rigidity against all of these thermal effects.

Identification of the internal heat sources and the targeted reduction of their heat generation are essential for the reduction in the thermal deformation of the machine tools. Room temperature control is a straightforward method for suppressing the influence of the surroundings. Dry cutting and semi-dry cutting, a recent trend in machining technology that focuses on decreasing the cutting oil supply, makes it difficult to suppress the heat generation in the cutting processes. A mechanism showing how machining errors are induced from generated heat is illustrated in Fig. 8. From this figure it is evident that the thermal errors can be suppressed by breaking the chains in the error generating mechanism.

An ideal countermeasure for suppressing thermal deformation is to use a material that has an extremely small thermal expansion coefficient, such as super invar, for the structural elements. Such materials are, however, too expensive and not practical for the construction of the entire machine tool. Because of this, more practical methods should be developed. Some types of feedback control appear to be promising because of their flexibility. In this method, either the relative position of the cutting tool to the workpiece or the temperature distribution in the machine tool structure can be fed back to better control the system.

Toward Higher Autonomy of Machine Tools

A machine tool that has a high static and dynamic stiffness and high thermal rigidity can achieve a higher machining accuracy and productivity at a higher chip removal rate. However, these modifications alone are not sufficient to meet the requirements of a highly autonomous production system. The cutting tools used in these processes wear with time and eventually reach the end of their tool life. As the tool wears, the position of the cutting edge changes, the cutting force increases, and the additional heat is generated. All of these characteristics affect machining accuracy. In addition, cutting tools occasionally break during the cutting process, which is almost impossible to predict in advance. The possibility of these malfunctions in the process should be continuously monitored so that the process can be immediately stopped whenever any kind of trouble occurs. In addition, the machining process should also be optimized in terms of machining time or machining cost, which needs to monitor the wear of the cutting tool. The role of the necessary monitoring system is summarized in Fig. 9 (Toenshoff and Inasaki 2001). Machine tools that have highly sophisticated monitoring functions are indispensable in a highly autonomous production system.

When a human being controls machining processes, the systems are monitored with senses such as vision and hearing. The information obtained through multiple sense organs is fused together in order to make a decision. The brain, the sensory center of the body, plays an important role in processing the information obtained by the sense organs. In order to automate the monitoring process, it is necessary to replace these sense organs with electronic sensors. Although sensing devices do not have 100 % reliability, reliability could be significantly enhanced by using multiple sensors. In addition, having multiple sensors increases the flexibility of the monitoring system, allowing for a variety of process malfunctions to be detected.

Significant developments in sensor technology, along with fast data processing technology, are aiding the development of a monitoring system that can be practically applied to a manufacturing environment. Soft computing technolo-

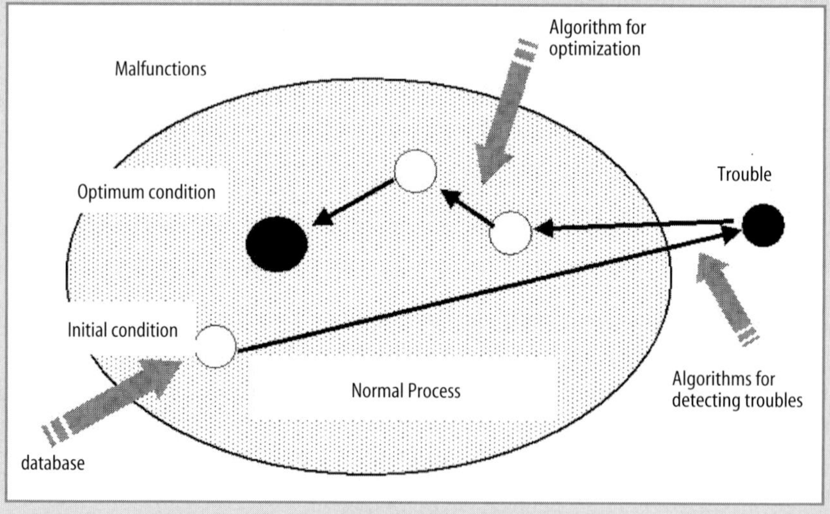

Fig. 9 Roles of monitoring system in machining processes (Toenshoff and Inasaki 2001)

gies, such as fuzzy logic, artificial neural networks, and genetic algorithms, that to some extent imitate the human brain, could possibly contribute to making the monitoring system more intelligent and autonomous.

Conclusions

In this short contribution, the technological requirements for machine tools in autonomous production systems were explored. The primary function of these systems is to machine parts with both high accuracy and high productivity. In order to meet these requirements, machine tools should have high motion accuracy and high rigidity against force and heat generation. Machine tools have made significant progress in this direction in recent years. Recently, a monitoring function for detecting malfunctions during a machining process has become increasingly important for achieving a fully autonomous production system. Ultra-precision and high-speed machining requires much higher machine tool performance in terms of accuracy, rigidity, and reliability. In addition, further development is necessary to minimize the physical and mental stresses on the workers.

The development of NC machine tools has made a considerable contribution to the automation of production systems. What future innovations will replace and surpass NC technology?

References

Merrit HE (1965) Theory of Self-Excited Machine Tool Chatter, Contribution to Machine Tool Chatter Research-1, ASME Journal of Engineering for Industry, November. Vol. 87, 447–454

Reshetov DN, Portman VT (1988) Accuracy of Machine Tools, ASME Press

Toenshoff HK, Inasaki I (2001) Sensors in Manufacturing, Wiley-VCH

Weck M (1998) Werkzeugmaschinen Maschinenarten und Anwendungsbereiche, Springer-Verlag Berlin Heidelberg

Critical Review of Chatter Vibration Models for Milling

Prof. Dr-Ing. Yusuf Altintas

»This article summarizes the fundamental theories used in milling vibrations, and it was written to celebrate Professor Weck's life long contributions to every aspect of Machine Tool Engineering throughout his academic and engineering career.«

YUSUF ALTINTAS

Yusuf Altintas obtained his Bachelor of Mechanical and Aeronautical Engineering from the Istanbul Technical University (Turkey, 1975), M.Sc. from the University of New Brunswick (Canada, 1980), and Ph.D. from the McMaster University (Canada, 1987). He joined University of British Columbia as an Assistant Professor in 1986, and subsequently promoted to Associate Professorship in 1991 and full Professorship in 1996. Professor Altintas spent sabbatical study leaves at the Technical University of Aachen, WZL (1992-1993) and Machine Tool Research Center at the University of Florida (1999-2000). He is directing the Manufacturing Automation Laboratory at UBC where metal cutting mechanics, machine tool vibrations, CAM, precision machining and CNC design topics are investigated. The technology created by Prof. Altintas's research group has been licensed to more than sixty companies world wide, especially in Virtual Machining Process Simulation. He has published more than one hundred and forty refereed articles and a widely used text book in metal cutting, machine tool vibrations and CNC design.

Critical Review of Chatter Vibration Models for Milling

Yusuf Altintas

Introduction

The pioneering scalar chatter stability models were introduced by Tlusty and Polacek (1957), and Tobias and Fiswick (1958) almost at the same period but independent of each other. Tlusty proposed the following chatter stability expression:

$$a_{\lim} = \frac{-1}{2K_s G_0(\omega)} \tag{1}$$

where $a_{\lim}$ is the critical depth of cut without chatter, $K_s[N/m^2]$ is the cutting coefficient representing the hardness of the material and the tool geometry influence, and $G_0[m/N]$ is the negative real part of the frequency response function of the structure oriented in the direction of chip thickness. Tobias's (Tobias and Fiswick 1958; Tobias 1965) model is similar except that he considered the cutting coefficient as a complex number with dependency on effective cutting speed and chip thickness. Tobias also introduced the stability lobes (Tobias and Fiswick 1958) which show the stable spindle speed and depth of cut combinations using the phase relationship between the vibration waves left on the cut surface and natural modes of the structure. The basic chatter theory presented by Tlusty and lobes introduced by Tobias had a fundamental impact in guiding the design of machine tools and the selection of productive cutting conditions. Although the theory was based on orthogonal cutting conditions, where the machining system is continuous without time varying dynamics, researchers and engineers used it with great success by simple adjustments based on intuitions and experience. (Merritt 1965) reformulated the orthogonal chatter theory based on Nyquist's Stability law. Tlusty (Koenigsberger and Tlusty 1967) introduced orientation of the cutting forces, average number of teeth in cut and flexibilities in the direction of chip which allowed application of the scaler chatter theory to practical turning, milling and shaping operations.

Unlike turning, milling has rotating cutting force vectors which sweep the structural modes of the machine located in various directions. Therefore, the dynamic milling process is time varying, which leads to coupled, delayed differential equations governing the dynamics in each axis of the machining system.

At the technical University of Aachen, Machine Tool Research Laboratory (WZL) an analog computer solution technique to predict the time varying dynamic milling process was developed (Opitz 1969). Opitz proposed a simplification by orienting all the cutting forces and vibrations in an average direction and used Tlusty's method to solve the chatter stability. Professor Weck has conducted significant amount of research in chatter of turning, milling and grinding and pioneered the application of theory in building chatter resistant machine tools (Weck 2002). Weck and Teipel (1977) modeled the coupled dynamics of milling most accurately, but resorted to numerical solution due to difficulty in solving a set of coupled, delayed differential equations governing the system dynamics. The research conducted in later years has been dedicated to improve the relationship between the machine tool structural modes and chatter (Weck and Teipel 1977; Tlusty 1986). Considering the difficulty in obtaining an analytical solution to the milling chatter, Tlusty and Ismail (Tlusty and Ismail 1981; Tlusty 1986) introduced numerical, time domain simulation of the milling process which considered tool disengaging from the cut due to excessive vibrations as well as time varying force directions. Montgomery and Altintas (1991) considered trochoidal kinematics of milling in a time domain simulation of milling chatter, which considers the true kinematics of the process. Smith and Tlusty (1993) overviewed time domain simulation approaches, and Weck showed the use of chatter vibration free process planning of milling operations in CAD environment (Weck 2002; Weck et al. 1994). There has been significant activity in predicting the milling forces, chatter vibrations and dimensional form errors which can be found in the literature. Professor J. Tlusty both at McMaster University and at the University of Florida (Tlusty 1986), and Professor Weck at WZL have been the most effective and active academic leaders in designing machine tools based on chatter resistance laws (Weck 2002).

Minis and Yanushevsky (1993) revisited the analytical model of Sridhar (Sridhar et al. 1968), and solved the coupled milling chatter stability by using Floquet theory. This work was a fundamental step forward although the stability was evaluated using numerical search of depth of cut and spindle speed. Altintas and Budak (1995) used a direct method in solving the chatter stability in milling. They have also considered the harmonics of regenerative cutting forces and varying dynamics of the machine tool-workpiece structure along the spindle axis (Budak and Altintas 1998a, b;). The method has been compared very favorably against computationally lengthy time domain simulations which consider the exact dynamics of the system without any approximation. The model of various cutters and three dimensional dynamic systems has been successfully extended (Altintas and Lee 1998; Altintas and Engin 2001; Jensen and Shin 1999). Recently, new approaches are introduced in handling cases where the radial immersion is too small to use average directional factors (Davies et al. 2002). Since the identification of chatter vibration free speed and depth of cut is very important in planning milling operations, and designing spindles, machine tools and fixtures, the research in chatter vibrations will continue.

This paper compares the early scalar chatter theory (Tlusty and Polacek 1957; Tobias and Fiswick 1958), and improved models (Opitz 1969) against the specific milling chatter stability theory (Altintas and Budak 1995). The enhancement to the scalar theory is considered in the comparison. All methods were benchmarked against, experimentally proven comprehensive time domain simulation of milling system where true kinematics of milling, vibration frequency and amplitude, nonlinearities, time varying directional factors are accounted.

Mathematical Modeling of Dynamic Milling Process-One Dimensional Model

Consider the diagram of milling shown in Fig. 1. Assume that there is only one tooth which is at radial immersion position ϕ measured clockwise from the y axis. The feed direction is aligned with the x axis of the machining system. Neglecting the axial force, there are two rotating force vectors acting on the tooth, tangential force (F_t) and radial force (F_r) which are expressed as follows (Altintas 2000):

$$F_t = K_t a h(\phi), \quad F_r = K_r F_t = K_r K_t a h(\phi), \quad \theta = \tan^{-1}\frac{F_r}{F_t} = \tan^{-1} K_r \tag{2}$$

where $\boldsymbol{K_r}$ is the ratio of radial to tangential cutting force and does not have any unit. The resultant cutting force on the tooth becomes:

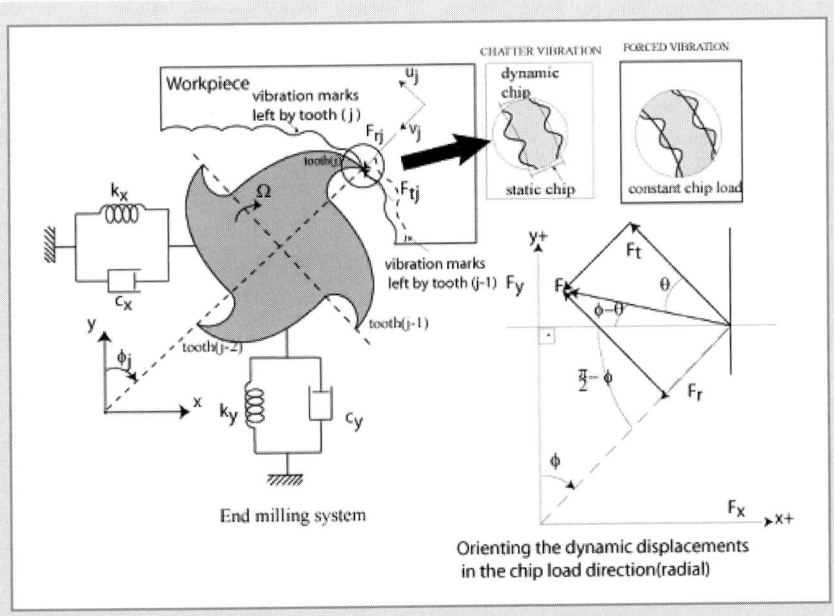

Fig. 1 Diagram of a dynamic milling process with flexibilities in two orthogonal directions

$$F(\phi), K_t\sqrt{1+K_r^2}ah(\phi) = K_s ah(\phi) \tag{3}$$

where the resultant cutting force coefficient is $K_s = K_t\sqrt{1+K_r^2}$. The cutting forces in the feed and normal directions can be resolved as follows:

$$F_x(\phi) = -F\cos(\phi-\theta), \quad F_y(\phi) = F\sin(\phi-\theta) \tag{4}$$

The regenerative chip load created by the tooth and vibrations is:

$$h[\phi(t)] = c\sin\phi(t) + \Delta x(t)\sin\phi(t) + \Delta y(t)\cos\phi(t) \tag{5}$$

where the angular position of the tooth is $\phi(t) = \Omega t$ for a spindle speed of Ω (rad/s). Note that the static chip load $c\sin\phi(t)$ is an input to the closed loop dynamics of the chatter system, and does not affect the critical stability of the linear dynamic machining system, which is assumed here. Both vibration components $(\Delta x, \Delta y)$ are dominated by the chatter vibration frequency (ω_c); hence the resultant cutting force can be represented by a harmonic function $F(t) = Fe^{i\omega_c t}$, where F is the amplitude of the dynamic force. The vibrations at present (t) and previous tooth $(t\text{-}T)$ periods can be expressed by (Altintas 2000),

$$\begin{aligned} x &= \Phi_{xx}(j\omega_c)F_x(\omega_c), \quad x_0(\omega_c) = e^{-\omega_c T}\Phi_{xx}(j\omega_c)F_x(\omega_c), \quad \Delta x(\omega_c) = x - x_0 \\ x &= \Phi_{yy}(j\omega_c)F_y(\omega_c), \quad y_0(\omega_c) = e^{-\omega_c T}\Phi_{yy}(j\omega_c)F_y(\omega_c), \quad \Delta y(\omega_c) = y - y_0 \end{aligned} \tag{6}$$

where Φ_{xx} and Φ_{yy} are direct frequency response functions (FRF) of the structure in x and y directions, respectively. Since the cutting forces F_x and F_y are both dependent on the vibrations in the directions (x,y), the system has coupled dynamics. However, Tlusty (Koenigsberger and Tlusty 1967) simplified the process by orienting the cutting forces from the directions of orthogonal springs to the direction of resultant cutting force as follows:

$$\begin{aligned} \Delta x &= -(e^{-\omega_c T} - 1)\Phi_{xx}F_x = +(e^{-\omega_c T} - 1)\Phi_{xx}\cos(\phi-\theta)Fe^{i\omega_c t} \\ \Delta y &= -(e^{-\omega_c T} - 1)\Phi_{yy}F_y = -(e^{-\omega_c T} - 1)\Phi_{yy}\sin(\phi-\theta)Fe^{i\omega_c t} \end{aligned} \tag{7}$$

Substituting in the dynamic chip thickness equation,

$$\begin{aligned} h(t) &= -(e^{-\omega_c T} - 1)\{\sin\phi\cos(\phi-\theta)\}F\begin{Bmatrix}\Phi_{xx} \\ \Phi_{yy}\end{Bmatrix} e^{i\omega_c t} \\ &= (e^{-\omega_c T} - 1)\{A_i(\phi(t))\}\begin{Bmatrix}\Phi_{xx} \\ \Phi_{yy}\end{Bmatrix} Fe^{i\omega_c t} \end{aligned} \tag{8}$$

The formulation given here orients vibrations and cutting forces from x,y spring directions to the direction of chip load(ϕ). $A_i(\phi(t))$ is a periodic function and valid only between the start (ϕ_{st}) and exit angles (ϕ_{ex}) of cut. Tlusty (2000) uses geometric mean of the immersion angle, rather than taking an average value of $\{A_i(\phi(t))\}$ as apparently used by Opitz (1969). The tooth is oriented in the middle of the immersion (Tlusty 2000).

$$\phi_0 = \phi_{st} + \frac{\phi_{ex} - \phi_{st}}{2} \tag{9}$$

The orientation factors then become constant

$$u_x = \sin\phi_0 \cos(\phi_0 - \theta), \quad u_y = -\cos\phi_0 \sin(\phi_0 - \theta) \tag{10}$$

The oriented transfer function becomes time invariant and constant,

$$\Phi_{0,1} = u_x \Phi_{xx} + u_y \Phi_{yy} \tag{11}$$

However, the orientation factors change as a function of spindle rotation, and they are periodic at cutter pitch angle $\phi_p = \frac{N}{2\pi}$. (Opitz 1969) used the average of the periodic orientation function of the resultant force as opposed to geometric mean adopted by Tlusty (2000).

$$\{A_0\} = \frac{1}{\phi_p} \int_{\phi_{st}}^{\phi_{ex}} \{+\sin\phi \cos(\phi d\theta) - \cos\phi \sin(\phi - \theta)\} \ \phi$$

$$= \frac{N}{2\pi} \left\{ \left| \frac{1}{2}(\sin\theta)\phi - \frac{1}{4}\cos(2\phi + \theta) \right|_{\phi_{st}}^{\phi_{ex}} \left| \frac{1}{2}(\sin\theta)\phi \quad \frac{1}{4}\cos(2\phi - \theta) \right|_{\phi_{st}}^{\phi_{ex}} \right\} \tag{12}$$

$$= \{v_x \quad v_y\}$$

The oriented transfer function becomes time invariant and constant, but different than Tlusty's approach.

$$\Phi_{0,2} = v_x \Phi_{xx} + v_y \Phi_{yy} \tag{13}$$

Hence, the time dependency from the chip thickness is still removed, and the chatter stability problem becomes a one-dimensional scalar problem since it is oriented in a fixed single direction like in turning. It can be solved by classical chatter theory presented earlier in 1950s (Tlusty and Polacek 1957; Tobias and Fiswick 1958). The mean dynamic chip thickness becomes:

$$h_m = (e^{-\omega_c T} - 1)\Phi_0 F^{i\omega_c t} \tag{14}$$

The average of the periodic function corresponds to the average of the dynamic chip thickness, which leads to an average dynamic resultant cutting force,

$$Fe^{i\omega_c t} = K_s a h_m = K_s a(e^{-\omega_c T} - 1)\Phi_0 F e^{i\omega_c t} \tag{15}$$

For the critical borderline stability analysis, the characteristic function of the dynamic milling becomes,

$$1 + (1 - e^{-j\omega_c T})K_s a_{\lim}\Phi_0(j\omega_c) = 0 \tag{16}$$

where $a_{\lim}$ is the maximum axial depth of cut for chatter vibration free machining. The oriented transfer function ($\Phi_0(j\omega_c)$) can be partitioned into real and imaginary parts, i.e. $\Phi_0(j\omega_c) = G_0 + jH_0$. By applying classical one dimensional chatter theory (Tlusty and Polacek 1957), the chatter free axial depth of cut and spindle speeds can be found (Altintas 2000):

$$a_{\lim} = \frac{-1}{2K_s G_0(\omega_c)m_e}, \quad T = \frac{2k\pi + \varepsilon}{2\pi f_c} \quad \rightarrow n = \frac{60}{NT} \tag{17}$$

where f_c [Hz] is the chatter frequency, T [s] is the tooth passing period, N is the number of teeth of the cutter, $n[rev/\text{min}]$ is the spindle speed. $G_o(w_c)$ is the real part of the oriented transfer function that can be evaluated either by the approximations given in Eq. (11) or (13). The stability limit is adjusted by scaling the system by an average number of teeth in cut, $m_e = N(\phi_{ex} - \phi_{st})/(2\pi)$. The phase shift of the chatter waves can be found from $\varepsilon = 3\pi + 2\psi$. $\psi = \rightarrow \tan^{-1}\frac{H_0}{G_0}$. The stability lobes can be predicted by scanning the lobe numbers, or the number of vibration waves left per tooth period, i.e. k = 0, 1, 2, …k.

Remark 1. The expression given in Eq. (17) has been widely used as an extension of the orthogonal chatter theory applied to milling. It is inevitable to have some approximations in solving chatter stability in milling, which exhibits time delayed differential equations. However, the question is whether the approximations made cover the basic mechanism of milling chatter sufficiently so that reasonably close matches are obtained in real machining cases experienced in industry. While the approach given above has been the first step in tackling the problem, the author argues that the solution would fail in some cases where the modes in x,y directions may be affected differently depending on how the orientation is modeled. Orienting the Frequency Response function in a fixed direction, whether using geometric mean of the immersion (Opitz 1969) or average of the dynamic resultant force directions (Koenigsberger and Tlusty 1967; Tlusty 2000) within the cut, approximates the coupled system dynamics to a one dimensional scalar problem. Furthermore, forcing the orientation to a particular geometric direction may not place the excitation energy at the right location, which is possible only if the multi-degree of freedom system is treated as an eigenvalue problem. The author's group has developed an alternative chatter theory for milling which treats the process as a coupled eigenvalue problem as explained in the following section.

Mathematical Modeling of Dynamic Milling Process-Two Dimensional Dynamic Milling Model

The fundamental difference between the one and two dimensional models is in the modeling of the dynamic milling process. Instead of orienting the dynamic cutting forces and the vibrations in one average direction, they are resolved in x and y direction (Altintas and Budak 1995; Altintas 2000),

$$F_{xj} = -F_{tj}\cos\phi_j - F_{rj}\sin\phi_j, \quad F_{yj} = -F_{tj}\sin\phi_j - F_{rj}\cos\phi_j, \tag{18}$$

where $j = 0, 1, \ldots, N\text{-}1$ is the tooth index number. Summing the cutting forces contributed by all (N) teeth, the total dynamic milling forces acting on the cutter are found as,

$$F_x = \sum_{j=0}^{N-1} F_{xj} \quad F_y = \sum_{j=0}^{N-1} F_{yj} \tag{19}$$

where $\phi_j - \phi + j\phi_p$, and cutter pitch angle is $\phi_p = 2\pi/N$. Substituting the chip thickness (5) and tooth forces (2) into (18), and rearranging the resulting expressions in matrix form (Altintas and Budak 1995) yields,

$$\begin{Bmatrix} F_x \\ F_y \end{Bmatrix} = \frac{1}{2} a K_{tc} \begin{bmatrix} a_{xx} & a_{xy} \\ a_{yx} & a_{yy} \end{bmatrix} \begin{Bmatrix} \Delta x \\ \Delta y \end{Bmatrix} \tag{20}$$

where time varying directional dynamic milling force coefficients are given as,

$$a_{xx} = \sum_{j=0}^{N-1} -g_j[\sin 2\phi_j + K_r(1-\cos 2\phi_j)] \quad a_{xy} = \sum_{j=0}^{N-1} -g_j[(1+\cos 2\phi_j) + K_r \sin 2\phi_j]$$

$$a_{yx} = \sum_{j=0}^{N-1} -g_j[(1-\cos 2\phi_j) - K_r \sin 2\phi_j] \quad a_{yy} = \sum_{j=0}^{N-1} g_j[\sin 2\phi_j - K_r(1+\cos 2\phi_j)]$$

Considering that the angular position of the parameters changes with the time and angular velocity, i.e. $\phi_j(t) = j\phi_p + \Omega t$, Eq. (20) can be expressed in the time domain in matrix form as,

$$\{F(t)\} = \frac{1}{2} a K_t [A(t)]\{\Delta(t)\} \tag{21}$$

The directional matrix $[A(t)]$ is time varying as the cutter rotates, and also couples the vibrations in each direction with the machining process. $[A(t)]$ is a periodic function at tooth passing frequency ($\omega_t = n/(60N)$) and its harmonics distributed away from the chatter frequency $\omega_c \pm \omega_t, \omega_c \pm 2\omega_t \ldots$). However, the objective of the stability theory is to find the spindle speed, hence the tooth passing frequency (ω_t) is not known prior to the solution. Budak and Altintas (1998 a) considered the harmonics by proposing an iterative solution of Eq. (21). Altintas et al. (1999) also showed that the harmonics are low pass filtered by the dynamics of the system if the radial immersion is not too small. The time variation of the directional matrix $[A(t)]$ is therefore eliminated by taking the mean value while neglecting the harmonics of its Fourier Series components (Budak and Altintas 1998). Since $[A(t)]$ is valid only between the entry (ϕ_{st}) and exit (ϕ_{ex}) angles of the cutter (i.e. $g_j(\phi_j) = 1$, and the process is periodic at pitch angle ($\phi_p = 2\pi/\mathrm{N}$), the average value of the periodic function becomes,

$$[A_0] = \frac{1}{\phi_p} \int_{\phi_{st}}^{\phi_{ex}} [A(\phi)] d\phi = \frac{N}{2\pi} \begin{bmatrix} \alpha_{xx} & \alpha_{xy} \\ \alpha_{yx} & \alpha_{yy} \end{bmatrix} \tag{22}$$

where the integrated functions are given as:

$$\alpha_{xx} = \frac{1}{2}[\cos 2\phi - 2K_r\phi + K_r \sin 2\phi]_{\phi_{st}}^{\phi_{ex}}, \alpha_{yx} = \frac{1}{2}[-\sin 2\phi - 2\phi + K_r \cos 2\phi]_{\phi_{st}}^{\phi_{ex}}$$

$$\alpha_{yx} = \frac{1}{2}[-\sin 2\phi + 2\phi + K_r \cos 2\phi]_{\phi_{st}}^{\phi_{ex}}, \alpha_{yy} = \frac{1}{2}[-\cos 2\phi - 2K_r\phi - K_r \sin 2\phi]_{\phi_{st}}^{\phi_{ex}}$$

An approximation of the time varying directional coefficient by taking the average was acceptable, since the majority of the energy was at the chatter frequency (Altintas et al. 1999). However, Budak and Altintas (1998) considered the higher harmonics of the Fourier coefficients, which spread from the chatter frequency at integer multiples of tooth passing frequency. If there is any mode, which lies at the chatter frequency plus any harmonics of the tooth passing frequency, the approximation may suffer. This occurs only at low radial depth of cuts where the dynamic cutting forces have many harmonics of the tooth passing frequency. The dynamic milling expression (21) is reduced to the following

$$\{F(t)\} = \frac{1}{2} a K_t [A_0] \{\Delta(t)\} \tag{23}$$

where $[A_0]$ is the time invariant but immersion dependent directional cutting coefficient matrix, as opposed to a scalar value (Koenigsberger and Tlusty 1967; Tlusty 2000; Opitz 1969). Since the average cutting force per tooth period is independent of the helix angle, $[A_0]$ is valid for helical end mills as well.

The frequency response function matrix ($[\Phi(iw)]$) identified at the cutter-workpiece contact zone,

$$[\Phi(i\omega)]=\begin{bmatrix}\Phi_{xx}(i\omega) & \Phi_{xy}(i\omega)\\ \Phi_{yx}(i\omega) & \Phi_{yy}(i\omega)\end{bmatrix} \tag{24}$$

where $\Phi_{xx}(iw)$ and $\boldsymbol{\Phi}_{yy}(iw)$ are the direct frequency response functions in x and y direction, and $\Phi_{xy}(iw)$ and $\Phi_{yx}(iw)$ are the cross frequency response functions. The regenerative vibrations vector $\{\Delta\}=\{(x-x_0)(y-y_0)^T\}$ at chatter vibration frequency ω_c is a harmonic function and leads to,

$$\{\Delta(i\omega_c)\}=[1-e^{-i\omega_c T}]e^{i\omega_c t}[\Phi(i\omega_c)]\{F\} \tag{25}$$

where $\omega_c T$ is the phase delay between the vibrations at successive tooth periods T. Substituting $\{\Delta(i\omega_c)\}$ into the dynamic milling equation (23) gives,

$$\{F\}e^{i\omega_c t}=\frac{1}{2}aK_{tc}[1-e^{-i\omega_c T}][A_0][\Phi(i\omega_c)]\{F\}e^{i\omega_c t} \tag{26}$$

which has a non-trivial solution when its determinant is zero,

$$\det[[I]-\frac{1}{2}aK_{tc}[1-e^{-i\omega_c T}][A_0][\Phi(i\omega_c)]]=0 \tag{27}$$

Equation (27) is the characteristic equation of the closed loop dynamic milling system, which can be organized as

$$\det[[I]+\Lambda[A_0][\Phi(i\omega_c)]]=0 \quad \Lambda=-\frac{N}{4\pi}aK_{tc}(1-e^{-i\omega_c T}) \tag{28}$$

The stability equation (28) is a two dimensional eigenvalue problem, as opposed to a scaler expression (Tlusty and Polacek 1957; Tobias and Fiswick 1958). If the system has structural flexibility and cutting force in the third direction, the eigenvalue problem becomes three dimensional (Altintas 2001). The eigenvalue (Λ) of the above equation can either be solved using iterative techniques (Minis and Yanushevsky 1993), or a direct solution based on the physics of chatter (Altintas and Budak 1995). Budak and Altintas solved the stability as follows. For a given chatter frequency ω_c, material and tool geometry dependent cutting coefficients (K_t, K_r) (Davies et al. 2002), radial immersion (ϕ_{st}, ϕ_{ex}) and frequency response function of the structure (Eq. (24)) are known apriori, which are either measured or predicted from a structural model of the machine. If two orthogonal degrees of freedom in feed (X) and normal (Y) directions are considered and cross coupling is neglected (i.e. $\phi_{xy}=\phi_{yx}=0$) as considered in the one dimensional model, the characteristic equation becomes just a quadratic function

$$a_0\Lambda^2+a_1\Lambda+1=0 \tag{29}$$

where

$$a_0 = \Phi_{xx}(i\omega_c)\Phi_{yy}(i\omega_c)(\alpha_{xx}\alpha_{yy} - \alpha_{xy}\alpha_{yx})$$

$$a_1 = \alpha_{xx}\Phi_{xx}(i\omega_c) + \alpha_{yy}\Phi_{yy}(i\omega_c)$$

Then, the eigenvalue (Λ) is obtained as:

$$\Lambda = -\frac{1}{2a_0}\left(a_1 \pm \sqrt{a_1^2 - 4a_0}\right) \tag{30}$$

As long as the plane of cut (x,y) is considered, the characteristic equation is still a quadratic function regardless of the number of the modes considered in the machine tool structure. Since the frequency response functions are complex, the eigenvalue has a real and an imaginary part, $\Lambda = \Lambda_R + i\Lambda_I$. Substituting the eigenvalue and $e^{-i\omega_c T} = \cos\omega_c T - i\sin\omega_c T$ in equation (25) gives the critical axial depth of cut at chatter frequency ω_c,

$$a_{\lim} = -\frac{2p}{NK_{tc}}\left[\frac{\Lambda_R(1-\cos\omega_c T) + \Lambda_I \sin\omega_c T}{(1-\cos\omega_c T)} + i\frac{\Lambda_I(1-\cos\omega_c T) + \Lambda_R \sin\omega_c T}{(1-\cos\omega_c T)}\right] \tag{31}$$

Since $a_{\lim}$ is a real number, the imaginary part of the equation (31) must vanish,

$$\Lambda_I(1-\cos\omega_c T) - \Lambda_R \sin\omega_c T = 0 \tag{32}$$

By substituting,

$$\kappa = \frac{\Lambda_I}{\Lambda_R} = \frac{\sin\omega_c T}{1-\cos\omega_c T} \tag{33}$$

into the real part of Eq. (31) (imaginary part vanishes), the final expression for chatter free axial depth of cut is found as:

$$a_{\lim} = \frac{2\pi\Lambda_R}{NK_{tc}}(1+\kappa^2) \tag{34}$$

Therefore, given the chatter frequency ω_c, the chatter limit in terms of the axial depth of cut can directly be determined from Eq. (34). From Eq. (33), the angular distance traveled by the tooth due to chatter frequency ω_c at tooth period T is found as

$$\omega_c T = \cos^{-1}\frac{\kappa^2 - 1}{\kappa^2 + 1} = \cos^{-1} - (\cos 2\psi) \tag{35}$$

Note that $\kappa = \Lambda_I / \Lambda_R = \tan\psi$ and ψ is the phase shift of the eigenvalue. Thus if κ is the integer number of full vibration waves (i.e. lobes) imprinted on the cut,

$$\omega_c T = \pi - 2\psi + 2k\pi = \varepsilon + 2k\pi \tag{36}$$

where $\psi = \tan^{-1}\kappa$ and $\varepsilon = \pi - 2\psi$ is the phase shift between inner and outer modulations (i.e. present and previous vibration marks). The spindle speed $n(rev/\mathrm{min})$ is simply calculated by finding the tooth passing period $T(s)$,

$$T = \frac{1}{\omega_c}(\varepsilon + 2k\pi) \;\rightarrow\; n = \frac{60}{NT} \tag{37}$$

The stability lobes are graphed (Davies et al. 2002) by varying the number of vibration waves left per tooth period, i.e. k = 0, 1, 2, ... Although only a two dimensional chatter model is presented here, the approach has been extended to a three dimensional chatter by simply adding the dynamic flexibility and dynamic cutting forces in the z direction (Altintas 2001). Face milling with an inclination angle (Jensen and Shin 1999), and milling with circular inserts and flexible spindle axis (Altintas 2001) can be given as examples of the three dimensional version of the milling chatter theory presented here. The theory has also been experimentally verified for a significant number of applications ranging from helical end milling to ball end milling, milling with indexed cutters, variable pitch cutters and tapered ball ends (Altintas and Lee 1998; Jensen and Shin 1999).

Remark 2. Averaging the time varying constants in direct and cross directions takes the maximum energy in exciting the structural modes, and the coupling between the vibrations in two directions via cutting process is maintained by Altintas et al. (1995). The coupling treats the dynamic milling as an eigenvalue problem. Averaging the dynamic resultant force (Opitz 1969) or forcing the resultant force to act at the geometric mean of the cut (Tlusty and Polacek 1957; Koenigsberger and Tlusty 1967; Tlusty 2000) reduces the eigenvalue problem into a scalar one, hence the stability results can not be the same as in Altintas and Budak (1995). It is argued here that taking the average of individual components and formulating the chatter problem as an eigenvalue model supposes to give more accurate results than the other approximation which reduces the 2-D coupled dynamics to a one dimensional scalar problem. Furthermore, averaging the strength of each directional factor considers the energy imparted to the system more than just a geometric average of the immersion. Depending on the strength of modes in x and y direction, geometric averaging may shift the energy towards only one direction more than the other, hence it may not lead to accurate results when the modes in both directions are equally strong or weak. The accuracy of the scalar solution becomes random. When the structure is considerably more rigid in one direction than in the other, the two dimensional stability law (Altintas and Budak 1995) is reduced to the one dimensional stability law (Tlusty and Polacek 1957). For example, if $\Phi_{xx} = \Phi_{xy} = 0$, $\Phi_{yy} \neq 0$, the two dimensional chatter theory becomes (Budak and Altintas 1998):

$$a_{\lim} = \frac{2\pi}{NK_t \alpha_{yy} G_{yy}} \tag{38}$$

This resembles Tlusty's theory (Tlusty and Polacek 1957) except that the directional factor is still different than geometric mean or mean of the resultant force used by (Opitz 1969; Weck and Teipel 1977; Weck 2002).

Results

The analytically predicted chatter stability lobes are compared against time domain simulations. The time domain simulation engine considers exact kinematics of milling with the presence of structural modes in two orthogonal directions (CUTPRO 2000). The cutter rotates at the spindle speed and vibrates under cutting forces while the workpiece is fed linearly at the feed speed. The surface generated by each tooth is digitized and subtracted from the previously generated surface for the instantaneous evaluation of the dynamic chip thickness. The cutting forces are calculated using constant cutting coefficients according to the Eqs. (2)–(5), and applied to the structural model of the cutter in both feed (x) and normal (y) direction. The equation of motion is solved in discrete time domain using bilinear transformations. The nonlinearities of the system, such as the tool jumping out of cut due to excessive vibrations and the influence of feedrate on the ship thickness are considered. Although the dependence of cutting coefficients on the chip thickness and cutting speed can be considered in the time domain simulations, they are ignored here for the purpose of comparing frequency domain, linear solutions against numerical simulations. The chatter stability lobe in the time domain is predicted when the resulting vibrations are more than 120% of the equivalent forced vibrations at the same conditions. The details of the accurate time domain model, which has been extensively verified experimentally, can be found in (Altintas and Lee 1998; Altintas et al. 1999; Altintas and Engin 2001).

The stability lobe prediction models are compared in slot, half and quarter immersion milling with a four fluted end mill. The cutting coefficients and structural dynamic parameters of the tool are the same for all models and time domain simulations, and given in Table 1. The feed (x) and normal (y) direction are based on the non-rotating workpiece coordinates.

Table 1. Simulation Conditions for all cases with 4 fluted cutter with zero helix angle. A feed rate c = 0.1 mm/tooth is used in the time domain simulations of milling cases

Direction	Natural Frequency ω_n (Hz)	Stiffness $k \times 10^6$ [N/m]	Damping Ratio ζ
X	510	96.15	0.04
Y	802	47.5	0.05
Cutting Constants: $K_t = 900$ [N/mm^2], $K_r = 0.3$. (Aluminum 7050T6)			

Case 1 – Slot milling (Fig. 2): The stability lobes predicted with the time domain simulations are compared against the lobes predicted using the frequency domain methods proposed by Tlusty, Opitz and Altintas and Budak. The frequency domain solution proposed by Altintas and Budak closely matches the exact, time domain solution, while Tlusty's and Opitz's approximations over predict

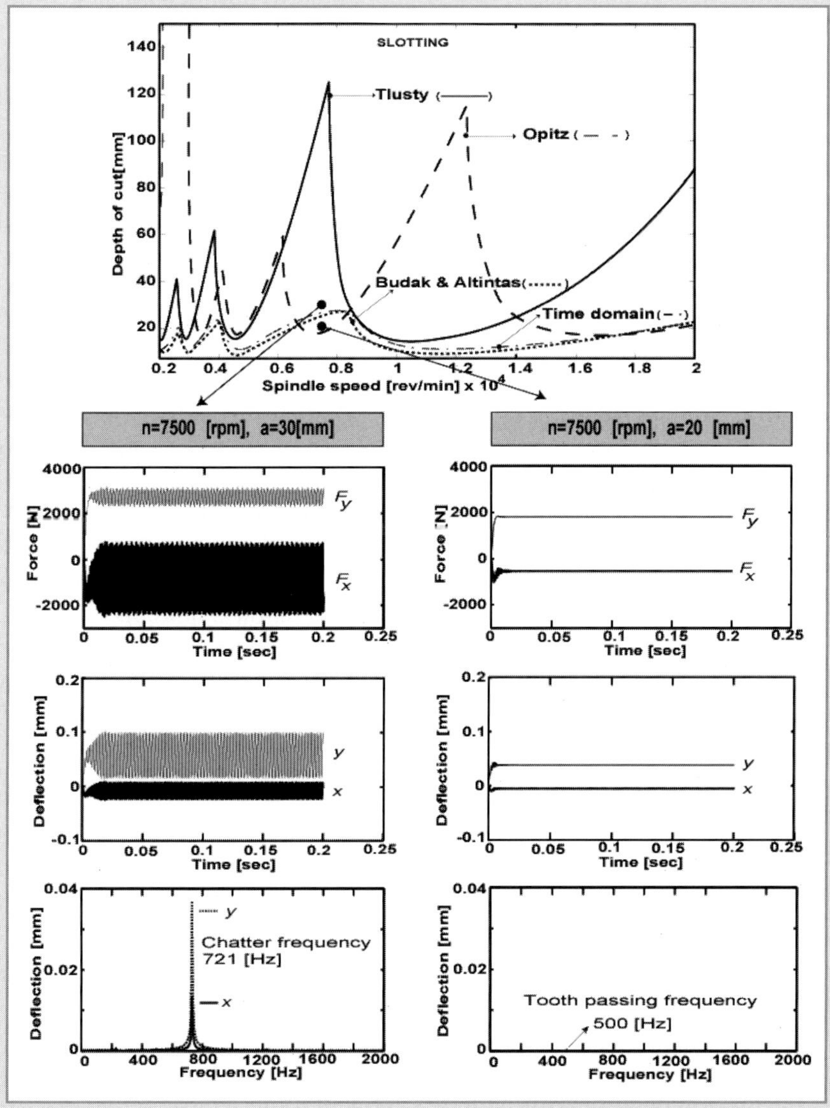

Fig. 2 Slot Milling ($\phi_{st}=0, \phi_{ex}=\pi$). Comparison of stability lobes predicted with exact solution in time domain, and frequency domain solutions proposed by Tlusty, Opitz and Altintas et. al. Cutting Conditions: see Table 1 for cutting coefficients and parameters of the structure.

the stability. While Tlusty's model predicts the location of spindle speed pockets with large depth of cut, Opitz's prediction shifts them along the speed axis due to dynamics being reoriented or shifted by the average directional factor obtained from dynamic resultant force. As argued earlier, vibrations in both directions affect the chip load generation and hence the system has coupled dynamics, which should be treated as an eigenvalue problem. Two sample time domain solutions are presented at stable ($a = 20$ mm) and unstable ($a = 30$ mm) depth of cuts while keeping the spindle speed same at $n = 7500$ [rev/min]. The Fourier Spectrum of the vibrations indicates that the chatter occurs at $\omega_c = 741$ Hz with 0.1 mm amplitude vibrations in y directions. Although the modes are at 510 Hz in x and 802 Hz in y directions, the chatter occurs at 741 Hz due to the influence of directional factors. The stable cut gives low amplitude, constant forces with a static deflection of only about 0.040 mm in y direction. The spectrum of vibrations at the stable cut is not visible since the cutting forces are constant without any fluctuation in slot milling when four or even more number of teeth. When the teeth have uneven radial run out, the spectrum would have been dominated at the spindle speed frequency.

Case 2 – Half Immersion Up Milling (Fig. 3): The three models predict the chatter stability lobes at the same spindle speed locations. Tlusty's method underpredicts while Opitz's method over predicts the depth of cuts. However, Altintas and Budak's model has close agreement with the time domain solution due to its ability to capture the eigenvalues in the coupled dynamic milling problem. Sample time domain simulations at an unstable (n = 6200 rev/min with axial depth of cut $a = 28$ mm) and stable ($n = 6200$ rev/min, $a = 20$ mm) are shown in the figure. The machine chatters at $\omega_c = 613$ Hz with vibration amplitudes saturating at 0.04 mm in feed (x) and 0.06 mm in y directions. The stable cut is dominated by low amplitude forced vibrations at the tooth passing frequency of 413.3 Hz.

Case 3 – Half Immersion Down Milling (Fig. 4): All three models predict the chatter stability lobes reasonably well, except that Altintas and Budak's method predict the lobe shapes similar to the exact solution in time domain. The effect of the second mode between spindle speed range of 10,000 and 13,000 is well predicted by Altintas and Budak's method due to its eigenvalue solution as opposed to uni-directional scalar approach approximations used by the other two methods. However, considering the simplicity of the scalar solution, Tlusty's method as well as Opitz's modification with average orientation factors give a reasonable lobe diagram for practical use in industry. It can be noticed that the lobes are totally different than the up milling case, although the width of cut is the same. The difference is totally due to directional factors. It can be also noted that the magnitude of the cutting forces and vibrations almost double relative to the beginning of the cut where the chatter has not developed yet. Only the saturation, or the feed rate allowed, limits the unstable growth of the forces and vibrations when the process chatters.

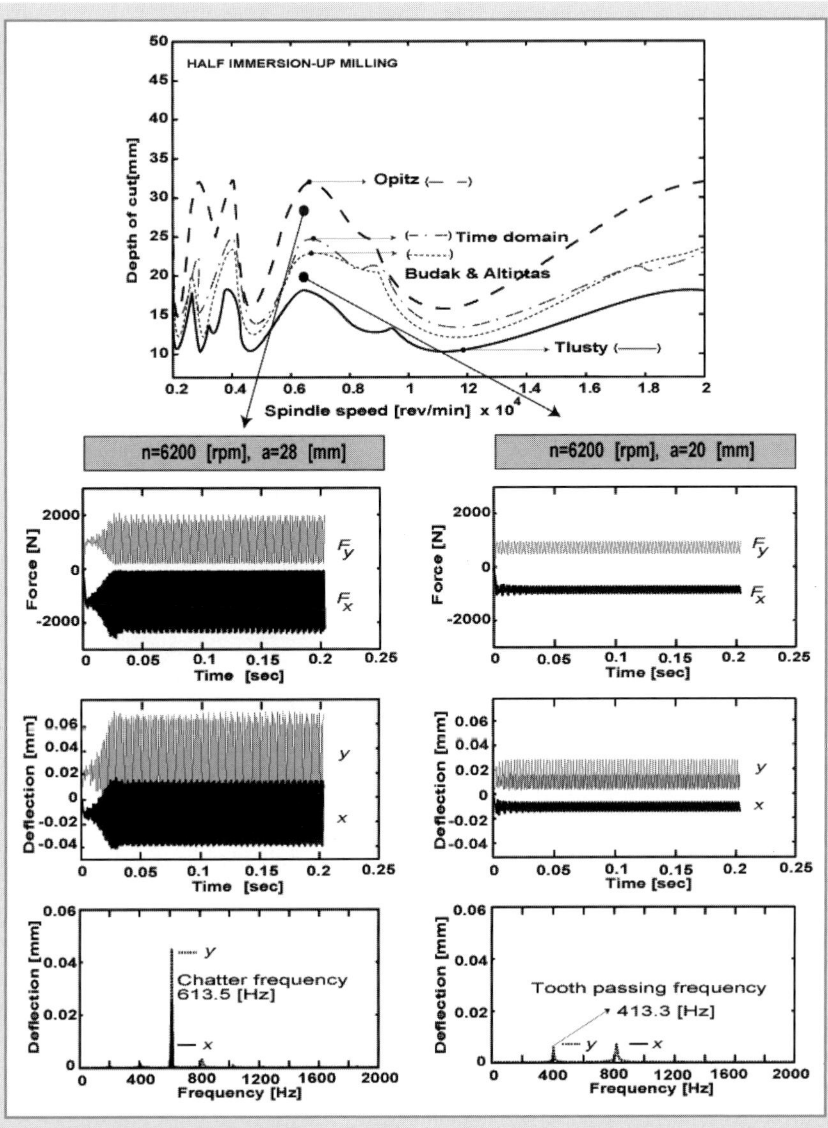

Fig. 3 Half Immersion Up Milling ($\phi_{st}=0, \phi_{ex}=\pi/2$). See Table 1 for the simulation parameters.

Case 4 – Quarter Immersion Milling (Fig. 5): The three models gave almost identical stability lobes, which all closely agree with the time domain solutions. Both Tlusty's and Opitz's models under-predict the chatter free depth of cut as evidenced by the time domain simulations. The chatter is dominated by the mode in *y* direction (871 Hz) as can be seen by the Fourier Spectrum of the vibrations. The directional factor and the damping of the mode moves the chatter frequency

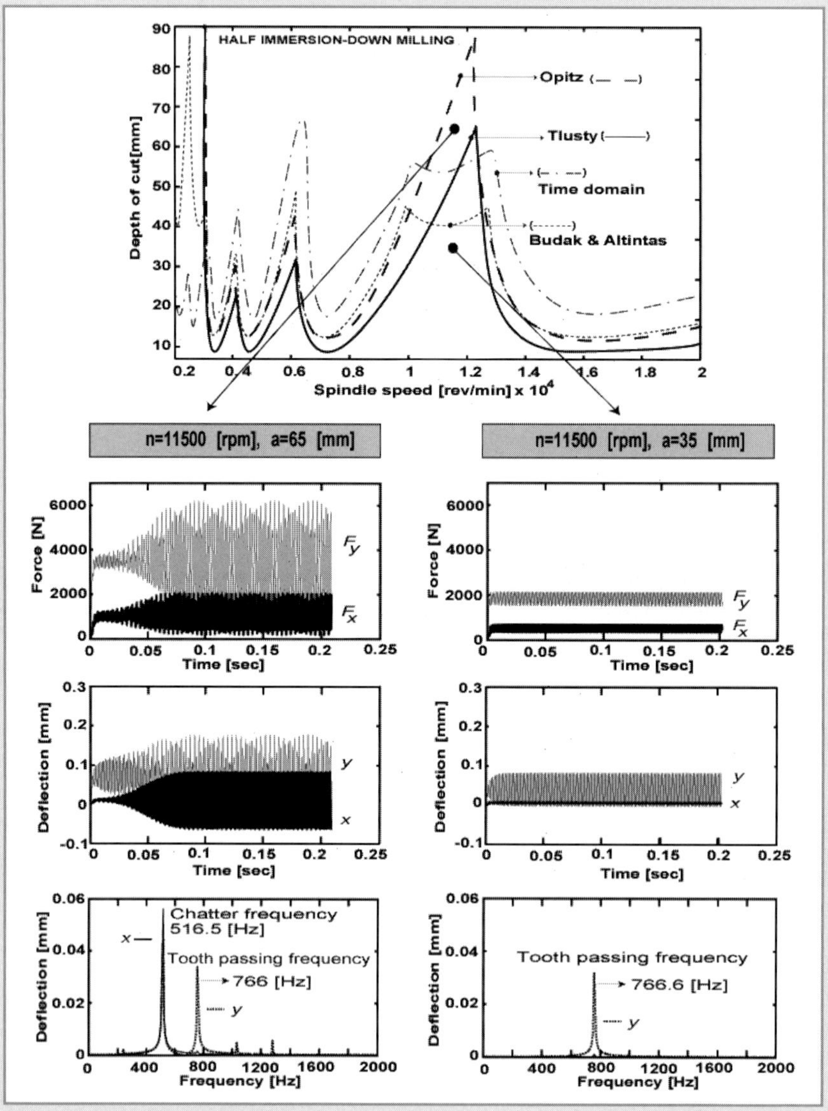

Fig. 4 Half Immersion Down Milling ($\phi_{st}=\pi/2, \phi_{ex}=\pi$). See Table 1 for simulation parameters.

to a higher value than the dominant natural frequency of y-axis at 802 Hz. When the immersion is low, the dynamics are dominated by one direction (i.e. y in this case), which reduces the eigenvalue problem to the scalar solution, hence both scalar and eigenvalue models yield to the same stability solution. However, when the radial immersion is selected in such a way that the structural dynamics in both directions affect the chip regeneration strongly, as in the case of slotting,

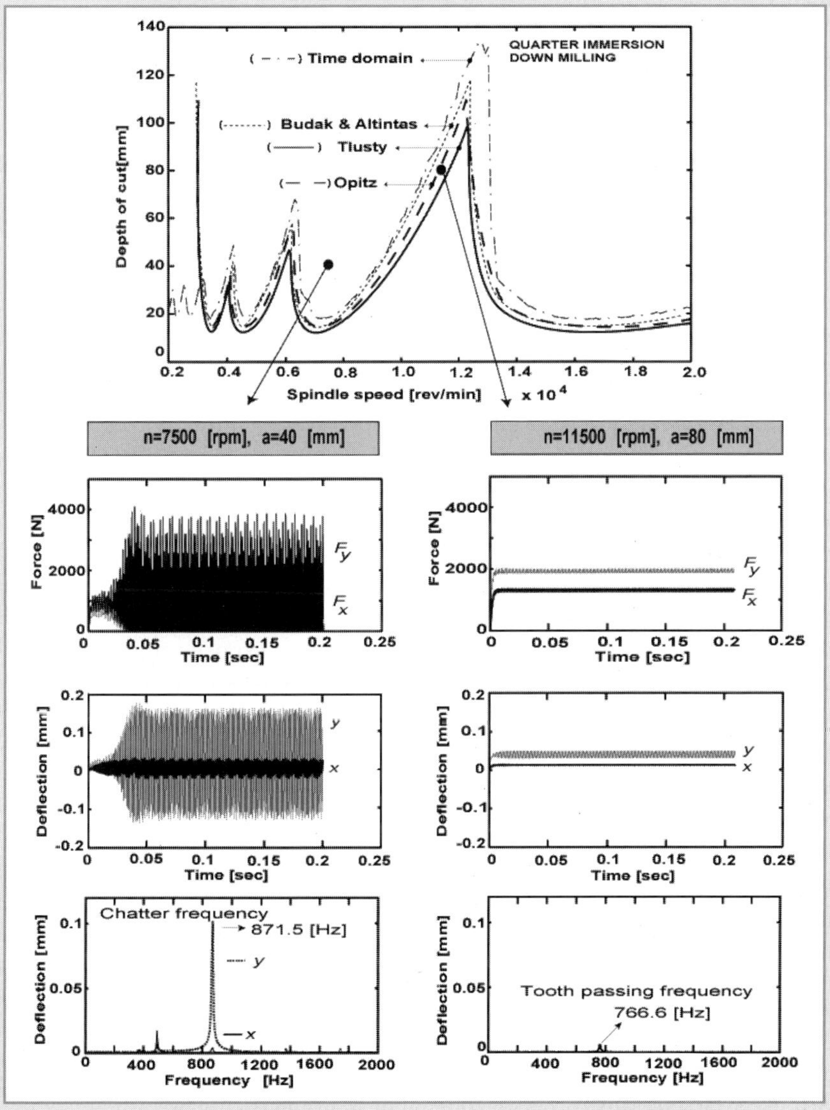

Fig. 5 Quarter Immersion ($\phi_{st}=2\pi/3, \phi_{ex}=\pi$) Down Milling. See Table 1 for simulation parameters.

the dynamics become strongly coupled, and the eigenvalue approach proposed by Altintas and Budak yields more accurate predictions.

Conclusions

A critical comparison of three frequency domain chatter stability solutions was presented. Tlusty and Tobias independently proposed the first fundamental chatter theory. Tlusty applied his theory to milling by considering that the resultant cutting force acts at the geometric mean of the cut. Opitz proposed a mathematical average direction of the dynamic resultant force, and applied Tlusty's theory to solve the chatter stability in milling. Altintas and Budak formulated the milling as a coupled system, and proposed an eigenvalue solution. The three models are compared againts exact time domain solutions. It is shown that when the radial immersion is small and lumped towards one of the structural modal direction, Tlusty's and Opitz's scalar solutions lead to reasonably acceptable stability lobes and their computation is simple to implement by practicing engineers. Altintas and Budak's eigenvalue model is comparatively most accurate in all cases, however it requires solution of a complex eigenvalue problem which can be most effectively used if it is coded into a stability program.

Acknowledgement: This paper is dedicated to my distinguished senior colleague Prof. M. Weck. I was fortunate to work at his institute (WZL, RWTH) during my first sabbatical study leave (1992–1993), where I was exposed to all aspects of machine tool engineering from design, dynamic analysis to controls. I changed my research philosophy based on the experience I gained at WZL. Prof. M. Weck put his permanent marks in the manufacturing field as a brilliant machine tool engineer and academic.

References

Altintas Y, Budak E (1995) Analytical Prediction of Stability Lobes in Milling, Annals of CIRP, Vol. 44/1, pp. 357–362, 1995

Altintas Y, Lee P (1998) Mechanics and Dynamics of Ball End Milling Transactions of ASME, Journal Manufacturing Science and Engineering,vol. 120, pp. 684–692

Altintas Y, Shamoto E, Lee P, Budak E (1999) Analytical Prediction of Stability Lobes in Ball End Milling, Transactions of ASME Journal of Manufacturing Science, Transactions of ASME Journal of Manufacturing Science and Engineering, vol. 121, pp. 586–592

Altintas Y, Engin S, Budak E (1999) Analytical Prediction of Chatter Stability and Design for Variable Pitch Cutters, Trans. ASME, Manufacturing and Engineering and Science, vol. 121, pp. 173–178

Altintas Y (2001) Analytical Prediction of Three Dimensional Chatter Stability in Milling, Japan Society of Mechanical Engineers, International Vol. 44/3, pp. 717–723

Altintas Y (2000) Manufacturing Automation: Principles of Metal Cutting and Machine Tool Vibrations, Cambridge University Press

Altintas Y, Engin S (2001) Generalized Modeling of Mechanics and Dynamics of Milling Cutters, CIRP Annals, vol. 50/1, pp. 25–30

Budak E, Altintas Y (1998) Analytical Prediction of Chatter Stability Conditions for Multi-Degree of Systems in Milling. Part I: Modeling, Transactions of ASME, Journal of Dynamic Systems, Measurement and Control, vol. 120, pp. 22–30

Budak E, Altintas Y (1998) Analytical Prediction of Chatter Stability Conditions for Multi-Degree of Systems in Milling. Part II: Applications, Transactions of ASME, Journal of Dynamic Systems, Measurement and Control, vol. 120, pp. 31–36

CUTPRO (2000) Advanced Milling Process Simulation System, Time Domain Simulations Module, University of British Columbia

Davies M, Pratt JR, Dutterer, Burns TJ (2002) Stability Prediction for Low Radial Immersion Milling, Trans. ASME, J. Manufacturing Science and Engineering, vol. 124, pp. 217–225

Jensen SA, Shin YC (1999) Stability Analysis in Face Milling Operations, Trans. ASME, J. Manuf.Sc. and Eng., vol. 121, pp. 600–605

Koenigsberger F, Tlusty J (1967) Machine Tool Structures-Vol.I: Stability Against Chatter, Pergamon Press

Merritt HE (1965) Theory of Self-Excited Machine Tool Chatter Trans. ASME Journal of Engineering for Industry, 87:447–454

Minis I, Yanushevsky T (1993) A New Theoretical Approach for the Prediction of Machine Tool Chatter in Milling, Trans. ASME Journal of Engineering for Industry, 115:1–8

Montgomery D, Altintas Y (1991) Mechanism of Cutting Force and Surface Generation in Dynamic Milling, Trans. ASME Journal of Engineering for Industry, vol. 113: 160–168

Opitz H, (1969) Investigation and Calculation of the Chatter Behavior of Lathes and Milling Machines, Annals of the CIRP, vol. 18, pp. 335–342

Smith S, Tlusty J (1993) Efficient Simulation Programs for Chatter in Milling, Annals of the CIRP, 42/1:463–466

Sridhar R, Hohn RE, Long GW (1968) A Stability Algorithm for the General Milling Process, Trans. ASME Journal of Engineering for Industry, vol. 90, pp. 330–334

Tlusty J (2000) Personal Communications, September 1999-May 2000, Machine Tool Research Center, University of Florida, Gainesville.

Tlusty J, Ismail F, (1981) Basic Nonlinearity in Machining Chatter, Annals of the CIRP, 30:21–25

Tlusty J (1986) Dynamics of High Speed Milling, Trans. ASME, J. Eng. Industry, vol. 108, pp. 59–67

Tlusty J, Polacek M, (1957) Besipiele der behandlung der selbsterregten Schwingung der Werkzeugmaschinen, FoKoMa, Hanser Verlag, Munchen.

Tobias SA, Fiswick W (1958), Theory of Regenerative Machine Tool Chatter, Engineering, London, vol. 258

Tobias SA, (1965) Machine Tool Vibrations. Blackie and Sons Ltd.
Weck M, Altintas Y, Beer C (1994) CAD Assisted Chatter Free NC Tool Path Generation in Milling, International Journal of Machine Tool Design and Research, 34(6):879–891
Weck M (2002) Werkzeugmaschinen - Fertigungssysteme 2 Konstruktion und Berechnung, VDI-Verlag GmbH, Düsseldorf
Weck M, Teipel K (1977) Dynamisches Verhalten spanender Werkzeugmaschinen: Einflussgroben, Beurteilungsverfahren, Messtechnik, Berlin, Heidelberg, New York, Springer

Prozessüberwachung

Prof. Dr.-Ing. Fritz Klocke
Dipl.-Ing. Heinz-Hubert Kratz

»Prozessüberwachung ist eine zentrale Aufgabe im Betrieb autonomer Produktionssysteme.«

FRITZ KLOCKE

HEINZ-HUBERT KRATZ

Fritz Klocke ist seit 1995 Inhaber des Lehrstuhls für Technologie der Fertigungsverfahren und Mitglied des Direktoriums am Laboratorium für Werkzeugmaschinen und Betriebslehre (WZL) an der RWTH Aachen sowie Direktor des Fraunhofer-Instituts für Produktionstechnologie (IPT) in Aachen.

Heinz-Hubert Kratz ist wissenschaftlicher Mitarbeiter am Lehrstuhl für Technologie der Fertigungsverfahren in der Arbeitsgruppe Zerspanung mit geometrisch bestimmter Schneide. In seiner Forschungstätigkeit beschäftigt er sich mit der Konzeption und Implementierung von Systemen zur Prozessdiagnose und Prozessüberwachung.

Prozessüberwachung

Fritz Klocke, Heinz-Hubert Kratz

Einleitung

Den sicheren Ablauf eines Fertigungsprozesses zu garantieren, ist eine der wichtigsten Anforderungen an autonome Fertigungssysteme. Aus diesem Grund ist die Prozessüberwachung eine zentrale Automatisierungsfunktion.
Konkrete Ziele der Fertigungsprozessüberwachung sind insbesondere die Sicherstellung der Werkstückqualität, wie z.B. die Gewährleistung einer bestimmten Oberflächengüte oder Form- und Maßhaltigkeit, und die Senkung der Fertigungskosten, z.B. höhere Mengenleistung, weniger Ausschuss, geringere Stillstandzeiten oder die Ausdehnung der Betriebszeiten (Golz at al. 1995).

Bei der Überwachung des Fertigungsprozesses müssen häufig Prozesseigenschaften, d.h. Wirkgrößen des Prozesses, untersucht werden, deren direkte Messung nicht möglich ist. In diesem Fall werden dann messbare, mit den gesuchten Wirkgrößen korrelierte Hilfsgrößen – sog. Prozessgrößen – kontinuierlich erfasst.

Das Prozessverhalten ist häufig nichtlinear und dynamisch, wobei eindeutige funktionale Zusammenhänge zwischen Ein- und Ausgangsgrößen des Prozesses nicht oder nur teilweise bekannt sind (Sick 2000; Tönshoff et al. 1988).

Prozessparameter haben direkte und rückkoppelnde Wirkung auf die Prozessgrößen. Steigt z.B. der Vorschub, nehmen die Zerspankräfte zu und gleichzeitig beschleunigt sich die Verschleißbildung an der Schneide, wodurch die Zerspankräfte wiederum ansteigen.

Experimentelle Untersuchungen zeigen, dass die Entwicklung verschiedener Wirkgrößen des Prozesses, wie z.B. des Werkzeugschneidenverschleißes, stark von den Anfangsbedingungen, d.h. den Startwerten der Prozessparameter abhängt. Außerdem können sich bereits kleine Änderungen der Zerspanbedingungen während des Prozesses extrem auf die Ausgangsgrößen auswirken. Bei vermeintlich identischen Zerspanbedingungen können Streuungen der Werkzeugstandzeit von weit mehr als 100 % beobachtet werden. Deshalb wird das Verhalten von Zerspanprozessen zuweilen auch als chaotisch bezeichnet.

Für eine kontinuierliche Schätzung oder Klassifikation einer Prozesseigenschaft, wie z.B. Werkzeugverschleiß, werden neben Messungen der Prozessgrößen auch Prozessparameter (Informationen über die Zerspanbedingungen) als Eingangsgrößen verwendet werden müssen.

Die Komplexität der Überwachungsaufgabe

Einfache Prozessüberwachungssysteme berücksichtigen die nichtlineare, dynamische Prozesscharakteristik nicht. So verzichtet eine Reihe von Verfahren auf den Einsatz von Prozessgrößen oder auf die Verwendung von Parameterinformationen. Herkömmliche Vorgehensweisen führen nur dann zu nutzbaren Aussagen, wenn in den überwachten Prozessen keine oder nur wenige Prozessparameter variiert werden oder wenn in den Signalen der Prozessgrößen Merkmale entdeckt werden, die Störungen unabhängig von der Wahl der Prozessparameter anzeigen. Die genauesten Aussagen liefern im Allgemeinen diejenigen Verfahren, die sowohl mit Prozessgrößen als auch mit Prozessparametern arbeiten. Das Verhalten des Zerspanprozesses, das durch instationäre, dynamische Prozesswirkungen geprägt ist, kann auch heute nicht umfassend beurteilt werden, da die hohe Zahl der Eingangsvariablen und deren kombinatorische Verflechtungen von keinem Modell umfassend abgebildet werden.

Prinzipiell lassen sich Überwachungsverfahren in analytische und empirische Verfahren einteilen. Analytische Modelle setzen ein Verständnis der Physik des Zerspanvorgangs voraus, d.h. es wird beispielsweise eine mathematische Beschreibung des physikalischen Verschleißvorgangs benötigt. Empirische Ansätze nutzten experimentell erworbenes Wissen bei der Modellbildung. Grundsätzlich ist der Einsatz analytischer Modelle vorzuziehen, soweit sie ausreichend präzise und zuverlässig sind. Die Erfahrungen mit analytischen Modellen sind allerdings nicht umfangreich, da Modellkonstanten nur für bestimmte Zerspanbedingungen gelten und Eingangsdaten oft nicht oder nur sehr schwer messbare Prozessgrößen darstellen (Kamarthi 1994).

Nicht zuletzt wegen des großen Interesses an der Entwicklung erweiteter Modellfähigkeiten entwickelte sich die Künstliche Intelligenz (KI) im Laufe der Zeit zu einem wichtigen interdisziplinären Gebiet mit Einflüssen aus der kognitiven Psychologie, der Linguistik, Neurobiologie sowie der klassischen Informatik (Görz 1993).

Anmerkungen zu Expertensystemen

Expertensysteme sind eine Form von wissensbasierten Systemen (also Programme), die spezifisches Wissen und Schlussfolgerungsfähigkeiten maschinenverarbeitbar nachbilden, um damit Schlüsse durchzuführen und in diesem Bereich (Routine-)Probleme zu lösen. Das Anwendungsfeld von Expertensystemen ist auf scharf abgegrenzte, schmale Gebiete beschränkt. Ihre Arbeitsweise beruht auf interaktiver oder automatischer Lösung von Problemen durch syntaktische Manipulationen an kodiertem Wissen in mehrstufigen Such- und Entscheidungsprozessen. Kernstück eines jeden Expertensystems ist die Wissensbasis (Puppe 1991). Die Entwicklung, Wartung und Erweiterung bringt aber auch die meisten Probleme mit sich. Der Idealfall einer konsistenten, transparenten und möglichst vielseitig einsetzbaren Wissensbasis ist kaum praktisch realisierbar. Die Praxis zeigt, dass auch die Wissensakquisitation einen Flaschenhals darstellt. Es erweist sich als ausgesprochen schwierig, menschliches Wissen in einer symbolischen Notation zu repräsentieren und es mangelt immer noch an hinreichend geklärten Methoden zur formalen Erhebung des Wissens von Experten.

Für Schlussfolgerungen verwenden Expertensysteme oft Fallbeispiele oder sogar nur „plötzliche" Intuition anstelle von Regeln. Bei dem Versuch, Wissen oder Vorgehensweisen rational zu erklären, geht meistens Information verloren. Dies liegt teilweise an der natürlichen Begrenzung der Sprache, aber auch an dem Unvermögen, unterbewusstes oder verstecktes Wissen zu extrahieren. Die Existenz von nicht-formalisierbaren Regeln für effektives Verhalten wird oft auch als implizites Wissen bezeichnet. Menschen können Klassifikationsprobleme aus einer Vielzahl unterschiedlicher Bereiche lösen, sind aber auf der anderen Seite unfähig, die Signale intern selbst zu erzeugen, die dieses Verhalten hervorgerufen haben. Rasches Handeln setzt Wissen voraus, aber im Moment des Handelns wird kein bewusster Bezug auf das Wissen erlebt.

Diese Überlegungen führen zu der Vermutung, dass ein großer Teil unseres Wissens in einem nicht wortbasierten Teil unseres Gehirns liegt. Es ist daher nicht nur unerkundbar mittels Interviews, sondern auch generell ungeeignet für programmierbare Expertensysteme (Melcher 1996; Schäfer 1997). Weitere Probleme liegen in der Wissensverarbeitung. Dazu gehören vor allem die Fähigkeiten von Inferenzverfahren, aus dem gegebenen Wissen unter angemessenem Aufwand sinnvolle Schlussfolgerungen zu ziehen. Während ein Mensch viele – vor allem unbekannte Probleme – durch Assoziation mit seinem „Allgemeinwissen" meistert, führt das Fehlen dieses schwer und – wenn überhaupt – sehr aufwendig kodierbaren Wissens dazu, dass Expertensysteme an den Rändern ihres Kerngebietes einen drastischen Leistungsabfall aufweisen. Man spricht hier vom „Kliff-Plateau-Effekt", der auch durch Modellierung großer Wissensmengen nicht überwunden werden kann (Mechler 1996; Puppe 1991). Auch die Verarbeitung von vagem, unvollständigem und unsicherem Wissen, welches in der Realität eher der Normalzustand ist, kann mit herkömmlicher Expertensystemtechnik nur unzureichend gelöst werden. Der menschliche Schritt, mit der Vagheit die Komplexität einer Situation zu reduzieren und nur die wichtigen Dinge zu extrahieren, konnte bis jetzt noch nicht übertragen werden (Mechler 1996; Puppe 1991; Schäfer 1997). Selbst wenn es gelingt, das Wissen eines Experten über ein Spezialgebiet wie die Fertigungsprozessüberwachung in Form von Regeln zu fassen, so ist es immer noch das Wissen und die Meinung eines Experten, und daher subjektiv. Der Versuch, durch die Befragung mehrerer Personen Unabhängigkeit zu erreichen, zieht leider auch eine steigende Komplexität der Wissensbasis mit redundanten oder inkonsistenten Regeln nach sich. Eine Verifikation wird somit immer schwieriger. Es handelt sich um implizites Wissen oder die unzugänglichen Regeln, die sich nur unter großem Informationsverlust auf Expertensysteme übertragen lassen (Abb. 1).

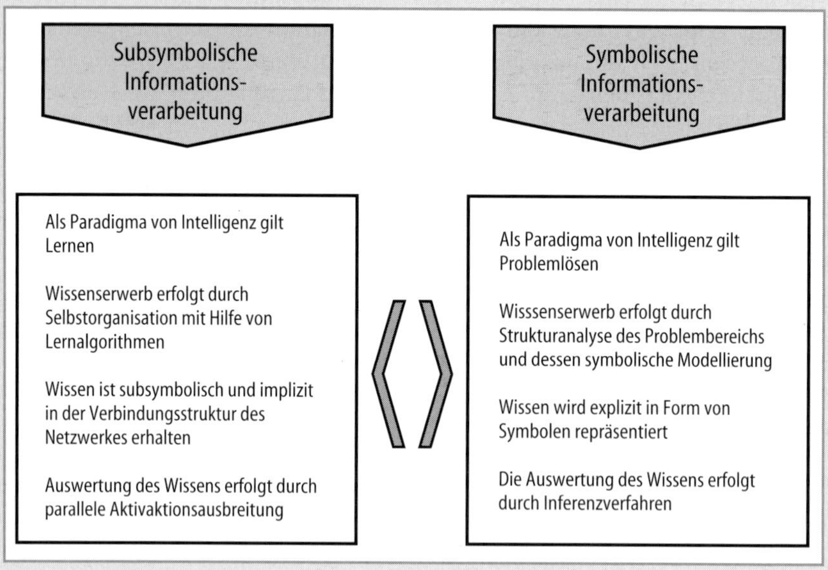

Abb. 1 Subsymbolischer Ansatz versus symbolischer Ansatz der KI (Schäfer 1997)

Konnektionistische Modelle

Bei der Forderung nach adaptiven Systemen wird es erforderlich, die Fähigkeit zu Lernen in einem Modell zu fassen und auf eine Maschine zu übertragen. Kognition wird i. Allg. durch massiv parallele Interaktion einer großen Anzahl von hochgradig vernetzten einfachen Verarbeitungseinheiten erklärt. Das Wissen wird nicht lokal gespeichert, sondern über die gesamte Architektur verteilt und durch Aktivierungszustände repräsentiert (Nauck et al. 1996). Es ist daher subsymbolisch und implizit in der Struktur enthalten und wird nicht mehr explizit in Form von Symbolen repräsentiert. Somit soll es möglich werden, auch das implizite Wissen auf die Maschine zu übertragen.

Gefragt ist die Entwicklung eines adaptiven Überwachungssystems, welches zusätzlich durch automatischen Wissenserwerb auch implizites Wissen fassen kann und durch Funktionen zur Selbstanpassung auf eine dynamische Umgebung reagiert. Bei zahlreichen Problemen ist eine vollständige nummerische Beschreibung zu komplex oder gar unmöglich, weil nur qualitative Information verfügbar ist. Die Reduzierung von umfangreichen Suchräumen beruht oft auf Abstraktion und qualitativen Konzepten. Eine vollständige nummerische Simulation hilft nur bei der Untersuchung mit eingeschränkten Parameterintervallen und Anfangsbedingungen.

In subsymbolischen Systemarchitekturen erfolgt Wissenserwerb durch Selbst-Organisation einfacher Verarbeitungseinheiten mit Hilfe von Lernalgorithmen. Wendet man diese Methodik auf Zerspanprozesse an, ersetzt sie die Strukturanalyse und symbolische Modellierung. Durch die Simulation von Funktions- und Organisationsprinzipien wird versucht, intelligentes Verhalten zu erzeugen. Die bekanntesten Modelle, die aus diesem Ansatz hervorgegangen sind, sind Neuronale Netze (NN). Die Idee des neuronalen Netzes ist bereits 1943, basierend auf Erkenntnissen der Neurophysiologie, entworfen worden. Erst in den letzten 25 Jahren fanden diese Modelle größeres Interesse (Bukkapatnam el al. 2000; Dimla 2000; Du 1999; Kamarthi 1994; Li u. Elbestawi 1996; Liu u. Altintas 1999; Monostori 1993; Rangwala u. Dornfeld 1990; Ghasempoor 2000; Scheffer u. Heyns 2000; Sick 2000; Silva et al. 1998). Begünstigt durch die steigende Rechnerleistung und die Beseitigung einiger grundlegender Probleme, werden heute große Erwartungen mit diesem Ansatz verknüpft. Derzeit existieren eine Vielzahl von Architekturen dieser konnektionistischen Modelle. Wichtige Vorzüge der Neuronalen Netze sind:

- Die Lernfähigkeit und die Fähigkeit zur Selbstorganisation, weshalb sie sich besonders zur Bearbeitung unbekannter Ursache-Wirkungs-Zusammenhänge eignen, die sich einer expliziten Modellierung entziehen.
- Die Generalisierungs- und Assoziationsfähigkeit (ähnlich wie beim Menschen), die eine korrekte Verarbeitung untrainierter, verrauschter oder unvollständiger Eingabedaten ermöglicht, sofern eine gewisse Ähnlichkeit zu gelernten Daten vorliegt.
- Das Fehlen des „Kliff-Plateau"-Effekts, – selbst beim Ausfall einiger Teile des Systems wird die Gesamtleistung kaum beeinflusst – woraus sich eine hohe Zuverlässigkeit (bei Parallelimplementierung) ergibt.

Der sich hieraus initiierenden Hoffnung, praktische Probleme ohne großen Aufwand und ohne detaillierte Beschäftigung mit theoretischen Modellen zu lösen, stehen bei Verwendung von NN entgegen, dass:

- geeignete Daten über den betrachteten Prozess beschafft und kodiert werden müssen,
- Parameter wie Netztopologie oder Lernverfahren durch „geschicktes" Ausprobieren gefunden werden müssen,
- auf Grund fehlender Verifizierbarkeit und Transparenz der Ergebnisse weder Wissen im Voraus eingebracht noch nach dem Training extrahiert werden kann.

In der trainierten Form verhält sich jedes Neuronale Netz wie eine „Black Box". Weder die verfolgten Ziele noch das erlernte Wissen, noch die gemachten Annahmen über den betrachteten Prozess, sind explizit ersichtlich. Sie sind in der Struktur verborgen und können nicht direkt für einen Lernprozess genutzt werden.

Existierende Modelle, basierend auf NN im Bereich der Fertigungsprozessüberwachung, haben den Schritt zu erfolgreich industriell eingesetzten Systemen noch nicht vollzogen. Dies liegt vor allem an der immer noch unzureichenden Genauigkeit, aber auch an fehlenden universellen Einsatzmöglichkeiten, wenn z. B. Prozessparameter nicht variiert werden können oder wenn jeweils Lernschnitte zur Anpassung an neue Prozessbedingungen erforderlich sind. Als Kritikpunkte an bestehenden Modellen erkennt man hauptsächlich (Sick 2000):

- Eine unzureichende Berücksichtigung von spezifischem Prozesswissen, wobei Informationen über Prozessparameter meist nur als Eingangsgrößen verwendet und deren Einfluss auf die verwendeten Prozessgrößen nur unzureichend abgebildet oder kompensiert wird.
- Eine unzureichende Berücksichtigung zeitlicher Entwicklungen, obwohl der Zerspanprozess dynamische Eigenschaften aufweist.

Überwachung spanender Fertigungsprozesse in der Zukunft – Berücksichtigung von Prozesswissen und dynamischen Eigenschaften

Die Tatsache, dass Zerspanprozesse durch sehr viele unterschiedliche Parameter beeinflusst werden und meist mehrere Prozessgrößen zur Überwachung verwendet werden müssen, führt zu einem mehrdimensionalen Eingaberaum. Eine genaue Zahl der Parameter des Zerspanprozesses lässt sich dabei nicht angeben, weil vielfach die Wirkung mehrerer Einflussgrößen in einem Parameter ausgedrückt werden. Die möglichen Zustände des Zerspanprozesses müssen deshalb durch eine ausreichende Zahl von Beispieldaten beschrieben werden. Zudem müssen nicht nur einzelne Zustände, sondern im Rahmen eines dynamischen Modells mögliche Zustandsfolgen berücksichtigt werden. Abhängig von den verwendeten Prozessgrößen müssen Signale bis in den Bereich einiger MHz verarbeitet werden, wobei geeignete (d.h. insbesondere schnelle) Verfahren der Signalvorverarbeitung Grundvoraussetzung sind. Eine Modellbildung sollte ohne zuvor erworbenes Wissen möglich sein. Mit Hilfe eines geeigneten Modells zur Interpretation der Prozessgrößensignale müssen dann Rückschlüsse auf die gesuchten Prozesseigenschaften gezogen werden. Derartige Aufgabenstellungen der indirekten Überwachung sind meist dadurch charakterisiert, dass der Prozess nicht nur durch verschiedenste Parameter, sondern auch durch teilweise erhebliche Störungen, z. B. geometrische Toleranzen des Werkzeugs, beeinflusst ist. In aktuellen Ansätzen der Prozessüberwachung werden deshalb Informationen über mehrere Prozessgrößen zur Überwachung fusioniert.

Hierarchische Systemarchitektur auf Basis der Sensor- und Datenfusion

Multisensorfusion ist (nach einer Definition der Arbeitsgruppe zur Sensorfusion des Verteidigungsministeriums der USA) ein mehrschichtiger, vielgestaltiger Prozess, der sich grundsätzlich mit der automatischen Erfassung, der Assoziation, der Korrelation und der Kombination von Daten aus mehreren Quellen beschäftigt.

Als Gründe für eine Fusion von Sensorsignalen zur Prozessüberwachung werden verschiedene Vorteile genannt, wie z.B. (Brooks u. Iyengar 1998; Varma u. Kline 1995):

- Eine verbesserte Genauigkeit resultiert aus einer erweiterten räumlichen und zeitlichen Auflösung oder einer geringeren Abhängigkeit von Messfehlern einzelner Sensoren.
- Die Ableitung von Informationen, die mit einzelnen Sensoren nicht verfügbar sind, erfolgt durch Informationsergänzung, d.h. durch die Nutzung eines räumlich erweiterten Erfassungsbereichs oder einer erhöhten Dimensionalität.
- Eine erhöhte Zuverlässigkeit und Robustheit des Systems basiert auf der Möglichkeit der Informationsauswahl bei der Erkennung von Inkonsistenzen oder degenerierten Systemen bei Ausfall einzelner Sensoren.

Eingaben eines solchen Systems der hierarchischen Datenfusion müssen nicht nur die mit Hilfe von Sensoren gemessenen Prozessgrößen, sondern auch Informationen über Prozessparameter und die Signalerfassungshardware sein.

Die Gesamtheit der sich ergebenden Aufgabenstellungen in einer solchen Systemarchitektur lassen sich auf 5 Ebenen gliedern (Sick 2000, Sick et al. 1996) (Abb. 2). Zur Fertigungsprozessüberwachung wird üblicherweise ein lokales Multisensorsystem bestehend aus passiven Sensoren zur Messung von Prozessgrößen verwendet (*Ebene 0*). Prozessgrößen, wie z.B. Zerspankräfte, Temperaturen am Werkstück oder Werkzeug, Schall oder Schwingungen, beschreiben mechanische, thermische oder chemische Vorgänge während des Zerspanens und können als Zustände des Prozesses betrachtet werden. Aus der Vielzahl an

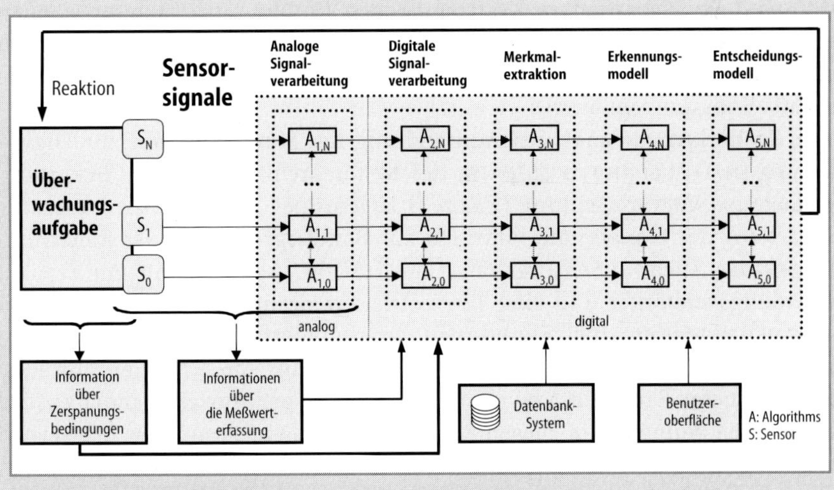

Abb. 2 Systemarchitektur für Überwachungsaufgabe (Sick 2000)

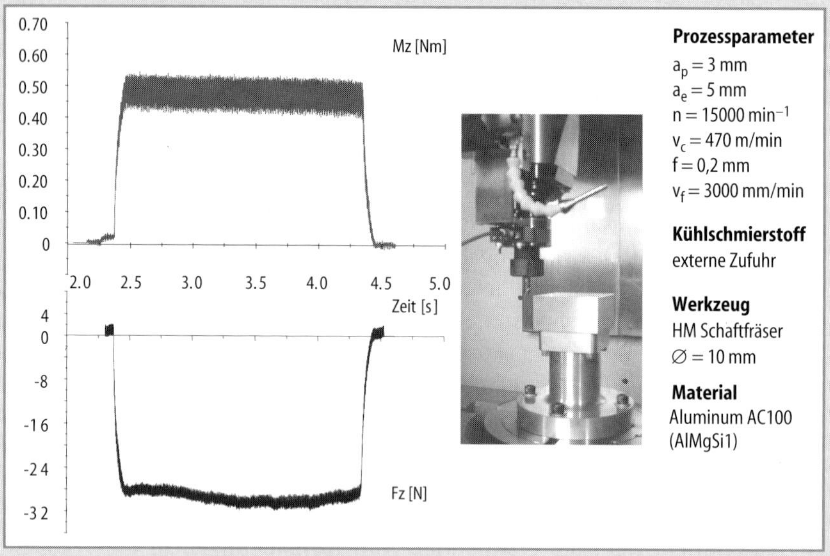

Abb. 3 Werkzeughalterintegrierte Kraft- und Drehmomentmessung (Stirnimann 2001)

Sensorlösungen wird in Abb. 3 ein werkzeughalterintegrierter Kraft- und Drehmomentsensor mit telemetrischer Datenübertragung vorgestellt (Stirnimann et al. 2001).

Das rotierende Hochgeschwindigkeitsschnittkraftdynamometer (HSC-RCD) ermöglicht die Messung der Kraft und des Momentes in der Spindelachse bis zu einer maximalen Drehzahl von 25.000 min^{-1}. Die wesentlichen Gründe dafür, weshalb insbesondere Kraftmessungen für die Überwachung genutzt werden, sind die hohe Interpretierbarkeit der Signale und das günstige Signal/Rausch(S/N)-Verhältnis im Spandickenbereich größer 0,1 μm (im Vergleich zu Acoustic Emission Signalen).

Alle Techniken zur analogen Aufbereitung der Signale bis hin zur Digitalisierung (A/D-Wandler) werden in der Systemarchitektur nach (Sick 2000) der analogen Vorverarbeitung (*Ebene 1*) zugeordnet. Hierzu zählen auch die Verstärkung der Signale und Filterung zur Bandbegrenzung oder Rauschunterdrückung. Auch im Sensorgehäuse des HSC-RCD sind bereits ein Zweikanal-Ladungsverstärker und eine Telemetrie zur drahtlosen Übertragung der Messdaten integriert, d.h. Funktionen der Signalerfassung werden mit der Signalvorverarbeitung kombiniert. Die Erarbeitung von Kriterien zur Auswahl geeigneter Sensoren bzw. der Signalerfassungshardware gehört zu den wesentlichen Aufgaben in dieser Ebene 1. Beispielsweise müssen Messmittel für Hochgeschwindigkeitsbearbeitung, wie das HSC-RCD, Eigenfrequenzen besitzen, die oberhalb der auftretenden Anregungsfrequenzen durch den betrachteten Zerspanprozess liegen, und reproduzierbare Signale bei kleinsten Bearbeitungskräften liefern. Der Aufbau des HSC-RCD spiegelt deshalb anhand verschiedener Merkmale die Wichtigkeit einer kompakten Bauweise wider. Der Durchmesser $D_{Gehäuse} = 72$ mm wird aufgrund der hohen Drehzahlen klein gehalten, um die Zentrifugalkräfte zu begrenzen, die Baulänge ist mit $l = 106$ mm kurz gehalten, um eine hohe Biegesteifigkeit zu erzielen, und durch die direkte Adaption an einen HSK-Werkzeughalter wird eine hohe Rundlaufgenauigkeit und Steifigkeit gewährleistet. Die Vorteile des rotierenden Dynamometers sind:

- Die Messung einer Aktionskraft am Werkzeug, d.h. die Messung erfolgt nahe am Zerspanprozess während des Schneideneingriffs und erfasst keine Reaktionskraft am Werkstück.
- Die gleichbleibende Masse des Messgeräts während des Zerspanungsvorgangs und somit die gleichbleibende Eigenfrequenz (wogegen beim stationären Dynamometer die Werkstückmasse und damit die Masse des Messgerätes durch die Zerspanung kontinuierlich abnimmt).
- Geringe und während der Zerspanung konstante Massenträgheitskräfte.
- Beliebige räumliche Lage des Dynamometers während der Zerspanung.

Ziel jeder digitalen Vorverarbeitung (Ebene 2) in einem Überwachungssystem ist es, den Informationsgehalt der Signale durch verschiedene Maßnahmen zu steigern. Von zentraler Bedeutung ist die Nutzung von hardware- und prozessspezifischem Wissen, beispielsweise eine datenbankbasierte Linearisierung von Sensorkennlinien (hardwarespezifisch) oder eine auf analytische Prozessmodelle gestützte Normierung von Prozessgrößen (prozessspezifisch).

Als Beispiel aktueller Forschungsergebnisse wird hierzu in Abb.4 ein Modell zur Normierung der Zerspankraft unter Berücksichtigung des Einzelschneidenversatzes beim Messerkopffräsen vorgestellt.

Der dargestellte Signalausschnitt zeigt, wie das tatsächlich im Prozess gemessene Summensignal des Drehmoments (Abb. 4, oben) mit den in einem Zerspankraftmodell berechneten Drehmomenten der einzelnen Werkzeugschneiden überlagert wird (Abb. 4, unten) und zur Erkennung von Schneidenfehlstellungen als Ursache für signifikante Signaländerungen genutzt werden kann. In Bearbeitungssituationen, in denen Schneiden eine axiale Fehlstellung aufweisen, kommt es wegen des zusätzlichen Materialabtrags zu einer Verschlechterung der Oberflächengüte, da sowohl während der Bearbeitung in Vorschubrichtung als auch im rückwärtigen „Leerschnitt“ Material abgenommen und die Oberflächengüte nachhaltig negativ beeinflusst wird.

Während der Merkmalextraktion (*Ebene* 3, Abb. 2) werden störungssensitive Signaleigenschaften in Form geeigneter Kenngrößen verdichtet. Verschiedenste Verfahren werden zur Berechnung von Merkmalen z.B. im Zeit- und Frequenzbereich angewandt. Beispielsweise werden im Zeitbereich kurzfristige Trends in Signalen beschrieben, im Frequenzbereich wird die Signalenergie in bestimmten Spektrumsbereichen betrachtet. Die Berechnung der Hauptkomponenten mehrerer Signale kann auf dieser Ebene als Beispiel für Datenfusion betrachtet

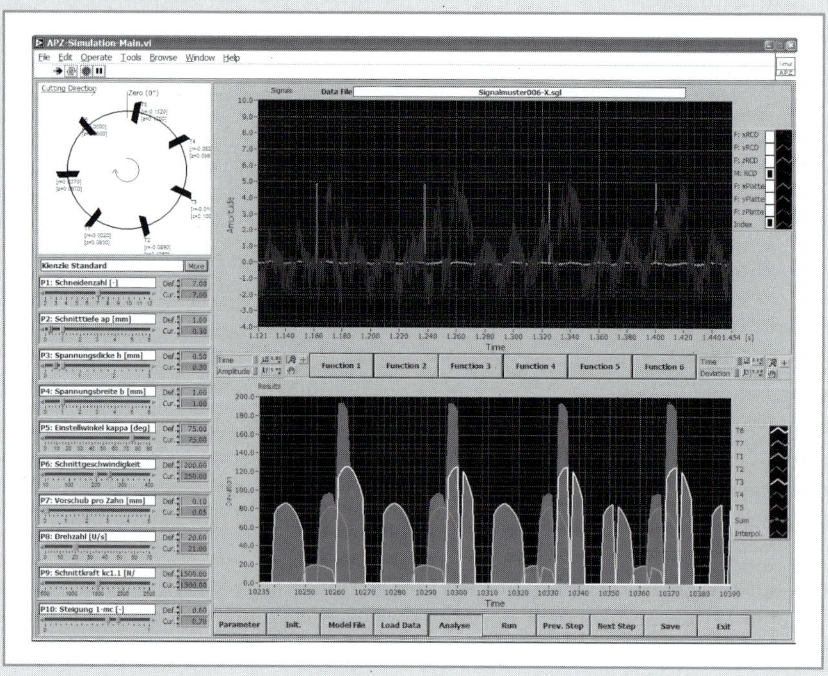

Abb. 4 Erkennung des Einzelschneidenversatzes durch modellbasierte Signalinterpretation

werden. Aussagekräftige Formen der Kennwertbildung können am Beispiel der Rattererkennung veranschaulicht werden (Govekar 2002; Klocke et al. 2000; Weck u. Alldieck 1989; Weck et al. 2000). Beim Außenrundschleifen erweist sich beispielsweise eine Abwandlung der Entropierate als Möglichkeit zur Merkmalbeschreibung (Govekar et al. 2002; Klocke et al. 2000). Die Entropierate ist grundsätzlich ein Maß für den zeitlichen Informationsverlust und beschreibt die (Teil-)menge an Information, die zur vollständigen Rekonstruktion eines vergangenen Prozesszustandes fehlt.

Repräsentiert X_i einen Kandidaten aus einer Grundmenge von zeitabhängigen Prozessgrößen des betrachteten dynamischen Systems Werkzeugmaschine-Werkzeug-Werkstück, kann die durch X_i berücksichtigte Prozesseigenschaft messbar oder nicht messbar sein. Die Kennwertbildung erfasst diese Randbedingung der Nichtmessbarkeit, indem nichtmessbare Prozessgrößen X_j durch zeitlich verschobene Werte messbarer Prozessgrößen ersetzt werden. Eine messbare Prozessgröße, die die Dynamik des Systems beschreibt, ist im betrachteten Fall der Merkmalextraktion die Schleifnormalkraft F_n. Es gilt:

$$X_j(t) = F_n(t-(j-1)\,\tau) \qquad (1)$$

mit τ als Zeitkonstante.

Bereits in einer zweidimensionalen Merkmalsebene $X_1 - X_2$, wobei $X_1(t) = F_n(t)$ und $X_2(t) = F_n(t - 0{,}4\,\text{ms})$ gewählt wurde, zeigt sich beim Auftreten von Rattern eine signifikante Beziehung zwischen den Merkmalen, d.h. ein deutlicher Anteil der Prozessinformationen im Merkmal X_2 ist redundant zu X_1. Die Information über die Prozessgröße X_m, die in den m-1 Prozessgrößen enthalten ist $X_1, X_2, \ldots, X_{m-1}$ wird dabei allgemein durch die Redundanz beschrieben:

$$R'(X_1,\ldots,X_{m-1};X_m) = \sum_{x_1 \in \Omega_1} \cdots \sum_{x_m \in \Omega_m} p(x_1,\ldots,x_m) \log \frac{p(x_1,\ldots,x_m)}{p(x_1,\ldots,x_{m-1})\,p(x_m)} \tag{2}$$

Während die Redundanz den durchschnittlichen Informationsgehalt einer Prozessgröße zu einem bestimmten Zeitpunkt bestimmt, kodiert die Entropierate h den durchschnittlichen Informationsverlust zeitlich veränderlicher Prozessgrößen und wird durch

$$h \approx \frac{R'(m,0) - R'(m,\tau)}{\tau} \tag{3}$$

approximiert.

In Abhängigkeit vom Signal/Rausch-Verhältnis der Sensorsignale wird die Approximation deutlich genauer, falls die Entropierate h durch die sog. „grobkörnige" Entropierate CER substituiert wird, die als Maß für die Vorhersagbarkeit oder Regularität eines dynamischen Systems interpretiert werden kann (Govekar 2002).

$$CER(m) = \frac{R'(m,\tau_0) - \|R'(m)\|}{\|R'(m)\|}$$

wobei

$$\|R'(m)\| = \frac{\sum_{\tau_0}^{\tau_{\max}} R'(m,\tau)}{\tau_{\max} - \tau_0} \tag{4}$$

Abbildung 5 verdeutlicht, dass normierte CER-Werte im ratterfreien Prozess deutlich größere Werte annehmen. Eine Reihe von Experimenten mit variierenden Prozessparametern lässt die Festlegung eines festen Grenzwertes von NCER = 0,05 zu, der eine frühzeitige Erkennung von Rattererscheinungen beim Außenrundschleifen in einem weiten Prozessfenster ermöglicht.

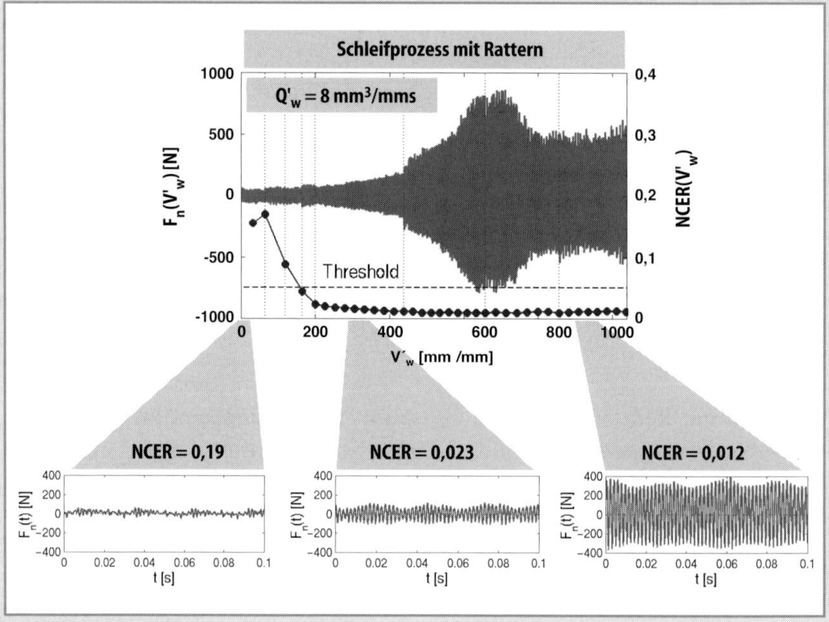

Abb. 5 NCER-Werte aufgetragen über dem spezifischen Zerspanvolumen für einen ratterbehafteten Schleifprozess ($Q'_w = 8\ mm^3/mms$) (Klocke et al. 2000)

Der nichtlineare Zusammenhang zwischen den aus verschiedenen Signalen extrahierten Merkmalen auf der einen Seite und Störungsgrößen oder -klassen auf der anderen Seite wird auf der *Ebene 4* (Modellierung und Diagnose) (Abb. 2.) mit Hilfe geeigneter empirischer Modelle beschrieben. Aktuelle Ergebnisse findet man hierzu beispielsweise zur Prozessüberwachung beim Hartdrehen (Scheffer et al. 2002). Unter Berücksichtigung der Stabilitätsprobleme, die rein dynamische NN bei der Überwachung eines Zerspanprozesses zeigen, wird in (Scheffer und Heyns 2000; Scheffer et al. 2002) ein Modellierungsansatz vorgestellt, der sich als Kombination eines statischen und eines dynamischen NN beschreiben lässt. Das NN wird als nicht-linearer Beobachter für die Vorhersage der Verschleißausprägung an der Werkzeugschneide genutzt, wobei Merkmale der gemessenen Zerspankräfte das tatsächliche Modellierungsergebnis darstellen. Ähnlich wie im Realprozess wird der Werkzeugschneidenverschleiß als systeminterne Zustandsgröße betrachtet. Aufgabe der Entscheidungs- oder Strategieebene ist die Berechnung einer Reaktion des Überwachungssystems, die an die NC-Steuerung weitergeleitet wird. Eine Fusion auf dieser Ebene erfolgt bspw. dann, wenn die Ausgaben mehrerer Modelle aus *Ebene 5* zu einer Aussage verknüpft werden.

Im gesamten Konzept wird die Fusion unterschiedlicher Informationen in einem komplementären Sinne durchgeführt, d.h. die Daten werden fusioniert, um insgesamt ein vollständiges und umfassendes Bild des Zerspanprozesses zu erhalten. Die zunehmende Komplexität industrieller Fertigungsprozesse – höchste Bearbeitungsgeschwindigkeiten, Präzisionszerspanung und Kleinlosfertigung – sorgt für die fortwährende Erweiterung der Methoden der Aufbereitung (z.B. Kennlinienlinearisierung), Analyse (z.B. Wavelet-Transformation) und Interpretation (z.B. dynam. zeitverzögerte Neuronale Netze (TDNN)) der Sensorsignale.

Skalierbarkeit, System- und Technologieneutralität

Die Kombination von analytischen und empirischen Modellen erweist sich als richtungsweisender Ansatz. Durch das Verfahren der Kombination können eher makroskopische und statische Zusammenhänge zwischen Prozessparametern und bestimmten Prozessgrößen analytisch erfasst werden, wogegen eher mikroskopische und dynamische Zusammenhänge zwischen Prozess- und Wirkgröße empirisch in das Gesamtmodell eingebunden werden.

Bei der Wahl der Architektur und der Art der möglichen Schnittstellen nach außen muss stets eine Vorauswahl getroffen werden. Als zukunftsweisender Schritt in der Gestaltung von Überwachungssystemen erscheint eine Weiterentwicklung gemäß dem biologischen Vorbild des sich selbstorganisierenden Organismus möglich. In der industriellen Praxis ist es wichtig, nicht nur einige wenige, ausgesuchte Prozessinformationen, sondern möglichst den kompletten Informationshaushalt zu validieren. Die Skalierbarkeit der anzuwendenden Methoden, von einfachen bis zu komplexen, macht dies erst möglich. Die Forderung nach einer Systemneutralität sichert die Realisierung des Konzepts auf unterschiedlichen Maschinenplattformen. Sie wird durch den Einsatz von modularen Systemen mit Hard- und Softwarekomponenten als Realisierungsgrundlage gewährleistet. Dies lässt sich bei einer Werkzeugmaschine nur auf Basis einer offenen Steuerungsarchitektur durchführen (Weck et al. 2000, 2001). Im Rahmen des Sonderforschungsbereichs SFB-368 „Autonome Produktionszellen" sind wesentliche Anforderungen für eine echtzeitfähige Lösung der Prozessüberwachung definiert worden. Bei den Eingangsinformationen ist dabei zwischen zyklischen Prozessdaten, die aus dem NC-Kern übertragen werden, und Konfigurationsdaten, die auf der Grundlage des NC-Programms bereitgestellt werden, unterschieden worden. Die Fülle an erforderlichen Datenschnittstellen wird in Abb. 6 angedeutet.

Um die Adaptionsfähigkeit an sich verändernde Bearbeitungsbedingungen zu gewährleisten, müssen alle wesentlichen Konfigurationsdaten über den NC-Kern ausgelesen und an Überwachungsmodule transferiert werden können.

Die Gestaltung der unterschiedlichen Ebenen der Prozessüberwachung in einem autonomen Fertigungssystem ist zukünftig auch eine Frage der verfügbaren Infrastruktur im betrachteten Fertigungssystem (Kommunikations- und Funktionsbausteinsystem).

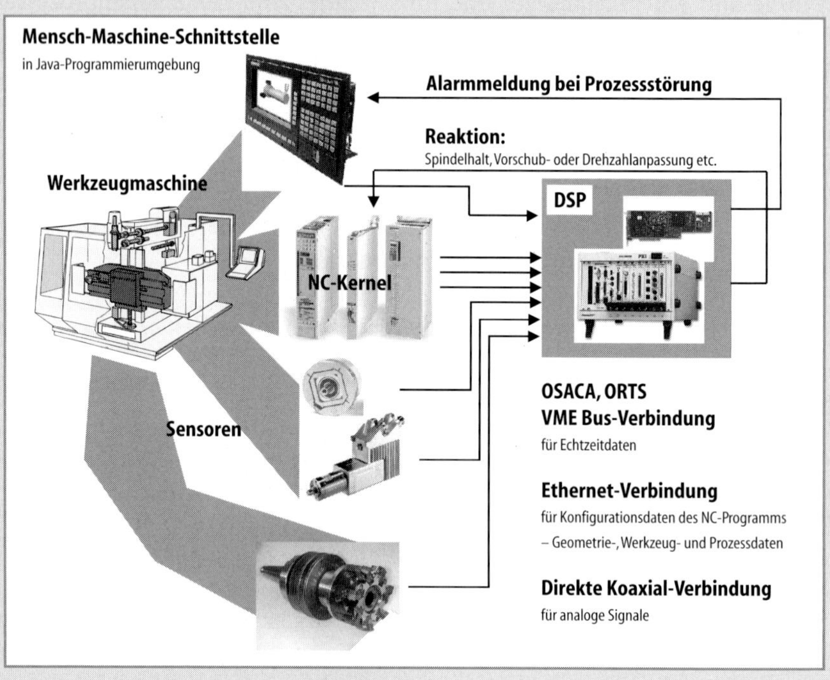

Abb. 6 Datenschnittstellen für Prozessüberwachungssysteme

Literatur

Brooks R, Iyengar S (1998) Multi-Sensor Fusion – Fundamentals and Applications with Software; Prentice Hall PRT Upper Saddle River

Bukkapatnam STS, Kumara SRT, Lakhtakia A (2000) Fractal estimation of flank wear in turning using time-delay neural networks Journal of Dynamic Systems Measurements and Control (Transactions of the ASME) 122: 89–94

Dimla DE Snr (2000) Sensor signals for tool wear monitoring in metal cutting operations – a review of methods International Journal of Machine Tools & Manufacture 40: 1073–1098

Du R (1999) Signal understanding and tool condition monitoring Engineering Applications of Artificial Intelligence 12: 585–597

Ghasempoor A, Moore TN, Jeswiet J (2000) Tool wear prediction in turning In: Proceedings of the 13th International Congress and Exhibition on Condition Monitoring and Diagnostic Engineering Management (COMADEM) Houston

Golz H-U, Schillo E, Wolf A, Kaufeld M, Sprengel P, Johannsen P, Heinek D (1995) Bewertung von Werkzeugüberwachungssystemen aus Sicht der Anwender in DDI-Gesellschaft Produktionstechnik (ADB): Überwachung von Zerspan- und Umformprozessen VDI-Bericht 1179 S 309–317 VDI-Verlag Düsseldorf

Görz G (Hrsg.) (1993) Einführung in die Künstliche Intelligenz, Addison-Wesley
Govekar E, Baus A, Gradišek J, Klocke F, Grabec I (2002) A New Method for Chatter Detection in Grinding, Annals of the CIRP
Kamarthi SV (1994) On-line tool wear estimation in turning through sensor data fusion and neural network PhD thesis Pennsylvania State University Department of Industrial and Manufacturing Engineering
Klocke F, Baus A, Gradišek J, Govekar E, Grabec I (2000) Prozessüberwachung mit nicht-linearer Dynamik – Eine neue Methode zur Rattererkennung im Schleifprozess, wt-Werkstattstechnik Online, 91/5:275–279.
Li S, Elbestawi MA (1996) Tool condition monitoring in machining by fuzzy neural networks Journal of Dynamic Systems Measurement and Control (Transactions of the ASME) 118: 665–672
Liu Q, Altintas Y (1999) On-line monitoring of flank wear in turning with multilayered feed-forward neural network International Journal of Machine Tools and Manufacture 39, 12: 1945–1959
Mechler B (1996) Intelligente Informationssysteme, Addison-Wesley
Monostori L (1993) A step towards intelligent manufacturing: Modelling and monitoring of manufacturing processes through artificial neural networks Annals of the CIRP 42, 1: 485–488
Nauck D, Klawonn F, Kruse R (1996) Neuronale Netze und Fuzzy-Systeme, Vieweg
Puppe F (1991) Einführung in Expertensysteme, Springer Verlag Berlin Heidelberg New York
Rangwala S, Dornfeld D (1990) Sensor integration using neural networks for intelligent tool condition monitoring Journal of Engineering for Industry (Transactions of the ASME) 112: 219–228
Schäfer S (1997) Neuronale Netze zum Erlernen taktischen Verhaltens in Gefechtssimulation Seminararbeit Universität der Bundeswehr München
Scheffer C, Heyns PS (2000) Monitoring of turning tool wear using vibration measurements and neural network classification Proceedings of the 13th International Congress and Exhibition on Condition Monitoring and Diagnostic Engineering Management (COMADEM) Houston: 361–370
Scheffer C, Kratz H, Heyns PS, Klocke F (2002) Development of a tool wear monitoring system for hard turning submitted to International Journal on the Science and Technology of Friction Lubrication and Wear
Sick B (2000) Signalinterpretation mit Neuronalen Netzen unter Nutzung von modellbasiertem Nebenwissen am Beispiel der Verschleißüberwachung von Werkzeugen in CNC-Drehmaschinen, VDI-Verlag, Düsseldorf
Sick B, Fuchs E, Bender A (1996) Verschleißerkennung mit Neuronalen Netzen – Überwachung von CNC-Drehmaschinen, wt (Werkstattstechnik) Produktion und Management, 86, 6: 315–319
Silva RG, Reuben RL, Baker KJ, Wilcox SJ (1998) Tool wear monitoring of turning operations by neural network and expert system classification of a feature set generated from multiple sensors, Mechanical Systems and Signal Processing, 12 , 2: 287–298

Stirnimann J, Tschanz P, Unzicker K (2001) Neues Rotieendes Dynanometer für die Analyse von High Speed Zerspanungsprozessen, Industrial Tooling, Kistler Instrumente AG Winterthur

Tönshoff HK, Wolfsberg JP, Kals HJJ, König W, Luttervelt CA (1988) Developments and trends in monitoring and control of maching process, Annals of the CIRP 37 (2): 611–62

Varma H, Kline A (1995) MultiSensor Tool Monitoring – Applications Experinces and Future Trends in Industry and Education; in: Überwachung von Zerspan- und Umformprozessen (Hrsg VDI-Gesellschaft Produktionstechnik (ADB)); S 23–233, VDI Verlag Düsseldorf (Tagungsband zur CIRP/VDI Konferenz, Düsseldorf; VDI Bericht Nr 1179)

Weck M, Alldieck J (1989) The originating mechanisms of wheel regenerative grinding vibrations, Annals of the CIRP 38 (1): 381

Weck M (2001) Werkzeugmaschinen – Automatisierung von Maschinen und Anlagen. Springer, Berlin Heidelberg New York

Weck M, Platen S, Kahmen A (2001) Vereinigung von NC-Steuerung und Prozessüberwachung, wt Werkstattstechnik 91, 5: 290–294

Weck M, Platen S, Kaever M (2000) Integrierte Multisensorsysteme zur Prozessüberwachung an Werkzeugmaschinen. VDI Fortschrittsbericht Zukunftsweisende Anwendungen integrierter Sensorsysteme. Reihe 8, Nr. 846. Düsseldorf: VDI 2000

Schleifprozessüberwachung mit sensorbestückten Werkzeugen

Prof. Dr.-Ing. habil.
Ekkard Brinksmeier
Dipl.-Ing. Lüder Meyer

»Mit werkzeugseitiger Kraft- und Temperaturerfassung Schleifprozesse regeln.«

Ekkhard Brinksmeier

Lüder Meyer

Ekkard Brinksmeier absolvierte das Studium des Maschinenbaus mit der Studienrichtung Werkstofftechnik an der Universität Hannover. Nach mehrjähriger Tätigkeit als wissenschaftlicher Mitarbeiter promovierte er 1982 am Institut für Fertigungstechnik und Spanende Werkzeugmaschinen der Universität Hannover. Ab 1982 arbeitete er hier als Oberingenieur und Leiter des Forschungsbereichs Fertigungsverfahren, wo er sich 1991 auch habilitierte. Seit 1992 ist Ekkard Brinksmeier Professor für Fertigungsverfahren an der Universität Bremen sowie Direktor der Hauptabteilung Fertigungstechnik der Stiftung Institut für Werkstofftechnik in Bremen.

1990 wurde er mit der F.W.-Taylor-Medaille der Internationalen Forschungsgemeinschaft für mechanische Produktionstechnik CIRP und 1999 mit dem Förderpreis im Gottfried-Wilhelm-Leibniz-Programm der Deutschen Forschungsgemeinschaft DFG ausgezeichnet. Außerdem ist er Autor von mehr als 250 wissenschaftlichen Publikationen und in zahlreichen nationalen und internationalen Gremien wissenschaftlich tätig.

Lüder Meyer studierte Produktionstechnik an der Universität Bremen. Seit 2000 ist er Wissenschaftlicher Mitarbeiter an der Hauptabteilung Fertigungstechnik der Stiftung Institut für Werkstofftechnik in Bremen.

Schleifprozessüberwachung mit sensorbestückten Werkzeugen

Ekkhard Brinksmeier, Lüder Meyer

Einleitung und Motivation

Schleifen ist ein komplexes Fertigungsverfahren, bei dem vielfältige Faktoren Einfluss auf das Arbeitsergebnis nehmen. Neben den Prozessparametern, der Schleifscheibenspezifikation oder dem dynamischen Verhalten der Werkzeugmaschine, zeigt eine Vielzahl von Größen, insbesondere die Veränderung der Schleifscheibentopographie, eine meist unerwünschte Wirkung auf das Schleifergebnis. Um dennoch die notwendige Prozesssicherheit gewährleisten zu können, werden Schleifprozesse oftmals unterhalb ihrer optimalen Leistungsfähigkeit eingestellt, wodurch Potenziale zur Zeit- und Kostenersparnis ungenutzt bleiben. In-Prozess-Messtechniken erlauben zwar die Überwachung der erzeugten Werkstückgeometrie, nicht jedoch die Erfassung des momentanen Prozesszustands und damit auch dessen Einfluss auf die Bauteilrandzone. Bislang lässt sich die durch thermische Einwirkung verursachte Beeinflussung der Werkstückrandschicht nur durch aufwändige Post-Prozess-Analyseverfahren ermitteln. Die Verfahren der In-Prozess-Messung von Schleifkräften und Spindelleistungen ermöglichen zwar für einige Fälle eine indirekte Beurteilung der Randzonenbeeinflussung, die integrierende Wirkung, die allen diesen Messprinzipien zugrunde liegt, erlaubt dennoch keine sicheren Aussagen über die eventuell lokal vorliegenden Randzonenschädigungen. Die in den letzten Jahren entwickelten mikromagnetischen oder fotothermischen Sensoren bieten zwar den Vorteil einer schnellen und zuverlässigen Erfassung der vorliegenden Bauteilqualität, sind jedoch mit dem Nachteil behaftet, dass ein Korrektureingriff erst nach Prozessende möglich ist (Karpuschewski 2001).

Im Bereich der geometrisch bestimmten Zerspanung wurden in den vergangenen Jahren zahlreiche Anstrengungen unternommen, die Prozesssicherheit durch den Einsatz sog. „intelligenter" Werkzeuge zu optimieren. Entwickelt wurden hier sowohl sensorische als auch aktorische Werkzeuge (Barthelmä 2001; N.N. 2002; Schulz et al. 2001). Während bei den sensorischen Werkzeugen eine genauere Ermittlung von Prozessdaten an oder in der Nähe der Zerspanstelle im Vordergrund steht, mit deren Hilfe das Leistungsvermögen des gesamten Bearbeitungssystems ausgereizt werden soll, kann mittels aktorischer Werkzeuge direkt Einfluss auf den Zerspanprozess genommen werden. Beispielsweise kann durch die Verstellung von Schneiden der Werkzeugverschleiß kompensiert und eine Maßkonstanz über den gesamten Prozesszeitraum gewährleistet werden, was eine Erhöhung der Standzeit zur Folge hat (N.N. 2002; Barthelmä et al. 2001; BMBF 2001).

Im Bereich der geometrisch unbestimmten Zerspanung stellt die Integration von Sensoren etwa in eine Schleifscheibe die Messung von Kräften, Temperaturen und Schwingungen ohne aufwändige Eingriffe in Maschine oder Werkstück in Aussicht. Der Aufbau eines solchen Werkzeugs gestaltet sich im Vergleich zur geometrisch bestimmten Zerspanung ungleich schwerer, da hier neben der Datenübertragung vom rotierenden Werkzeug zum stationären Teil der Werkzeugmaschine die Zugänglichkeit der Kontaktzone, in der die interessierenden mechanischen und thermischen Vorgänge ablaufen, für konventionelle Sensoren praktisch nicht zugänglich ist und über die Lebensdauer des Werkzeugs die Relativposition der Sensoren aufgrund des Verschleißes verändert bzw. Sensoren durch Verschleiß und Abrichten zerstört werden (Tönshoff et al. 2002).

Diese Randbedingungen sind der Ausgangspunkt der derzeitigen Untersuchungen zur Entwicklung „intelligenter" Schleifwerkzeuge. Hier sollen mikrosystemtechnisch hergestellte Sensoren die Messgrößen an der Zerspanstelle detektieren, die für herkömmliche Sensoren unzugänglich ist oder an der diese aufgrund der Einsatzbedingungen versagen.

Die mit dem Werkzeug zu ermittelnden Prozessdaten schaffen die Grundlage für den Aufbau einer In-Prozess-Regelung für automatisierte Fertigungsabläufe, wie sie bislang noch nicht existiert, und bilden damit einen wichtigen Baustein einer autonomen Produktion. Über die Messung der Temperatur und der Prozesskräfte in unmittelbarer Nähe zur Zerspanstelle wird es möglich, den Verschleißzustand des Werkzeugs, die erzeugte Oberflächengüte und die durch die Bearbeitung induzierte Werkstoff-Randzonenveränderung im Werkstück zu charakterisieren und einzustellen. Die direkte Messung der Kontaktzonentemperatur soll es ermöglichen, thermische Schädigungen bereits vor ihrem Entstehen zu vermeiden. Auf diese Weise könnte eine „intelligente" Schleifscheibe neue Freiheitsgrade in der Optimierung von Schleifprozessen unter technologischen und wirtschaftlichen Gesichtspunkten eröffnen, sowie zur Prozesssicherheit „ausgereizter" Schleifprozesse und damit zur Wirtschaftlichkeit des Verfahrens beitragen (Böhm 2002).

Aufbau des Messsystems

Zur Integration von Sensoren wurden segmentierte, keramisch gebundene Schleifscheiben verwendet, deren modularer Aufbau genutzt wird.

Im Rahmen einer Machbarkeitsstudie wurden makroskopische Demonstratoren aufgebaut, mit deren Hilfe die Realisierbarkeit einer sensorbestückten Schleifscheibe überprüft wurde. Für diesen Zweck wurden konventionelle, kommerziell erhältliche Sensoren, wie ein piezoelektrischer 3-Komponenten-Kraftsensor, Drahtthermoelemente sowie ein Acoustic-Emission-Sensor, in den

Schleifbelag bzw. den Grundkörper einer Schleifscheibe integriert (Böhm u. Seedorf 2001; Brinksmeier et al. 2002).

Eine Telemetrieeinheit, die am Schleifscheibengrundkörper befestigt wurde, ermöglicht dabei die Signalkonditionierung und sendet die Daten an einen stationären Empfänger. Die Telemetrie besteht aus zwei Komponenten: der auf der Schleifscheibe befindliche Sender und der stationäre Empfänger auf der Maschinenseite. Die Stromversorgung der in der Schleifscheibe integrierten Elektronik (Vorverstärker, V/F-Konverter, Multiplexer, Transmitter) erfolgt induktiv über eine Spule. Im ersten Schritt der schleiftechnischen Untersuchungen stellt ein analoger, makroskopischer Telemetriesender mit einer Übertragungsbandbreite von 40 kHz eine ausreichende Auflösung der Messsignale in der Kontaktzone sicher. Dieser ist in einem an die Schleifscheibe angeflanschten Senderträger untergebracht. Abbildung 1 zeigt den Messaufbau in einer Außenrundschleifmaschine.

In einem ersten Schritt wurde der in Abb. 2 dargestellte Aufbau zur werkzeugseitigen Temperaturmessung realisiert. Hier wurden drei Drahtthermoelemente konventioneller Bauweise an die Stirnseite eines Schleifbelagsegments appliziert. Diese Drahtthermoelemente sind in einer definierten Tiefe zur Schleifbelagoberfläche innerhalb des Klebespaltes zwischen zwei Schleifbelagsegmenten eingeklebt. Neben der durch die Geometrie der Warmlötstelle

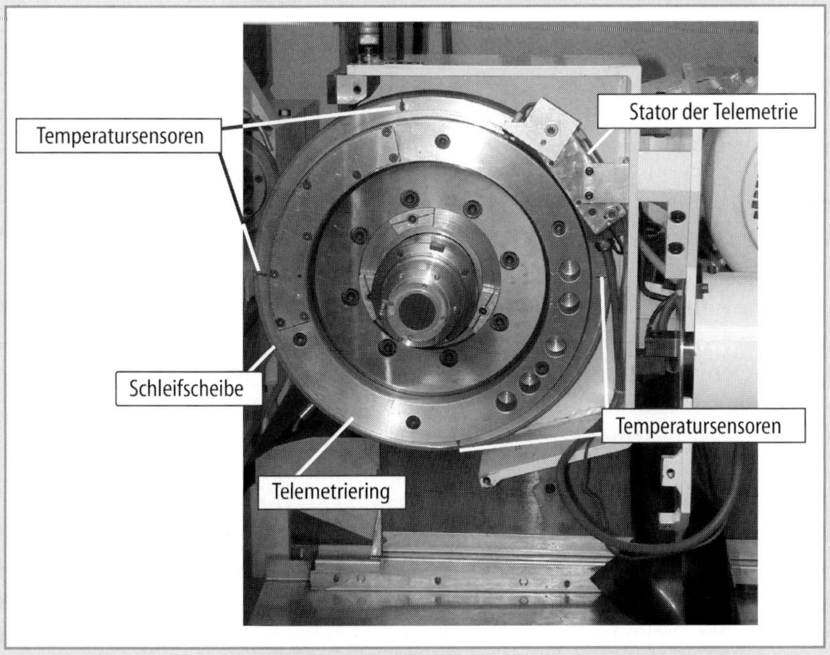

Abb. 1 Prinzipieller Messaufbau mit sensorbstückter Schleifscheibe

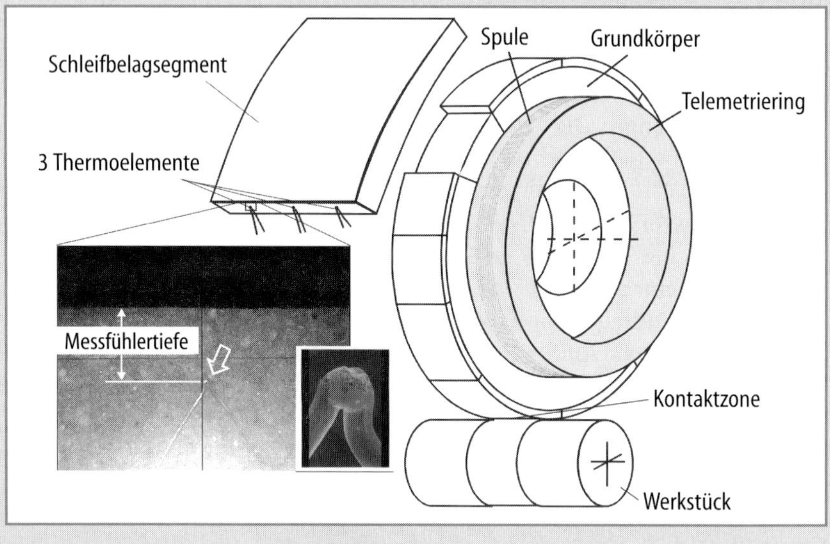

Abb. 2 Integration von Drahtthermoelementen in den Schleifbelag

und deren Einbindung bedingten langen Ansprechzeit, weisen konventionelle Drahtthermoelemente für die Anwendung im Schleifprozess weitere nachteilige Eigenschaften auf. Hier ist insbesondere die Abhängigkeit des Messwertes von der Einbautiefe im Schleifbelag zu nennen, die sich mit zunehmendem Scheibenverschleiß verringert. Aus diesem Verschleiß resultiert schließlich die Zerstörung des Temperatursensors.

Diesen Nachteilen wird im Weiteren durch die Verwendung eines modifizierten Sensoraufbaus begegnet, der am Institut für Mikrosensoren, -aktuatoren und -systeme (IMSAS) der Universität Bremen entwickelt wird. Der Temperatursensor ist als Dünnschichtthermopaar ausgebildet und nutzt ebenfalls den Seebeck-Effekt. Für den Einbau werden dabei die Vorteile des modularen Aufbaus der verwendeten Schleifscheibe genutzt, der Spalt zwischen den Stirnseiten zweier benachbarter Schleifsegmente bietet den notwendigen Raum zur Integration. Die Innovation des Ansatzes liegt in der kontinuierlichen Neukontaktierung des Thermopaares. Die Wahl der Dünnschichten mit einer Nickel-Chrom (NiCr)-Legierung und einer Nickel-Aluminium(NiAl)-Legierung als Thermopaar entspricht der Werkstoffzusammensetzung üblicher Thermoelemente vom Typ K. Diese Schichten werden durch eine geeignete Passivierung ganzflächig elektrisch voneinander getrennt. Die Schichtenfolge erstreckt sich über die gesamte Höhe der Schleifbelagsegmente, wohingegen an der unteren Stirnseite der Spannungsabgriff der temperaturproportionalen Spannung erfolgt. Der Spannungsabgriff an der unteren Stirnseite stellt somit zu der nachfolgenden Signalaufbereitung und der telemetrischen Einheit die Schnittstelle dar, während an der Oberseite durch den physikalischen Kontakt zur äußeren Schleifscheibenperipherie die Temperaturmessung erfolgt. Aufgrund der thermomechanischen Einflüsse während des Schleifprozesses findet mit jeder Werkzeugumdrehung ein fortwährender Abtrag im äußeren Bereich des Belags statt. Durch die Einbindung dünner Funktionsschichten in den Schleifbelag wird die Stirnseite der NiAl-Schicht über die elektrische Isolation mit der NiCr-Schicht in einen elektrischen Kontakt gebracht. Es findet ein „Verschmieren" der NiAl-Schicht innerhalb der Kontaktzone statt, ein Effekt, der einer kontinuierlichen Neukontaktierung und augenblicklichen Zerstörung dieser Thermopaarverbindung entspricht. Abbildung 3 verdeutlicht das Funktionsprinzip des Dünnschichtthermoelements.

Der Herstellprozess für die Thermopaare besteht aus einem Verdampfungsprozess für die thermoelektrischen Schichten und der Abscheidung der Isolierschicht. Jedem Schritt schließen sich Strukturierungsvorgänge an. Als Substrat wird Silizium verwendet. Nachteilig ist die Verwendung von Silizium als Substratwerkstoff aufgrund des spröden Bruchverhaltens. In Schleifversuchen entstanden Ausbrüche des Substrats, die auch die abgeschiedenen thermoelektrischen Schichten zerstörten. Für die Sensorherstellung ist jedoch der Einsatz der Silizium-Dünnschicht-Technologie unumgänglich, da alle Herstellprozesse für diesen Substratwerkstoff optimiert sind. Die Entwicklung von Sensoren auf der Basis anderer Substrate (z. B. Metalle) würde einen zu hohen Aufwand zur Optimierung der Prozessschritte nach sich ziehen.

Neben Sensoren in reiner Dünnschichttechnik wurden Thermoelemente in so genannter Hybridbauweise aufgebaut. Dabei ist der zweite Thermopartner nicht als Dünnschicht ausgeführt, sondern als makroskopische Folie einer Dicke von 25 µm auf den Schichtstapel aufgelegt. Dieser Aufbau verspricht zum einen eine höhere Isolation zwischen den Thermoelementpartnern, zum anderen eine verbesserte Möglichkeit der Neukontaktierung während des Schleif-

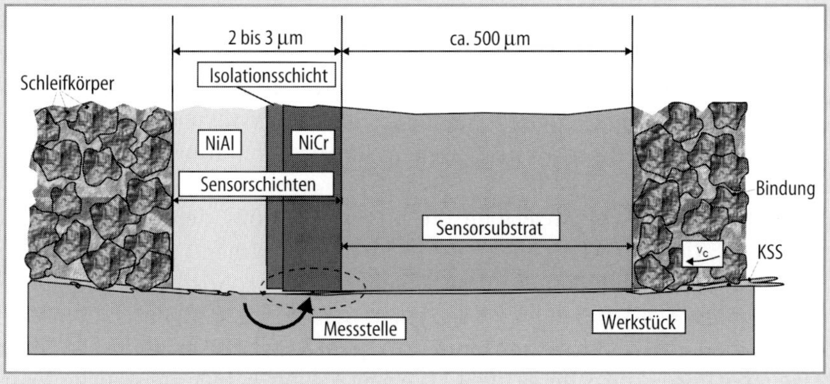

Abb. 3 Funktionsprinzip des Dünnschichtthermoelements

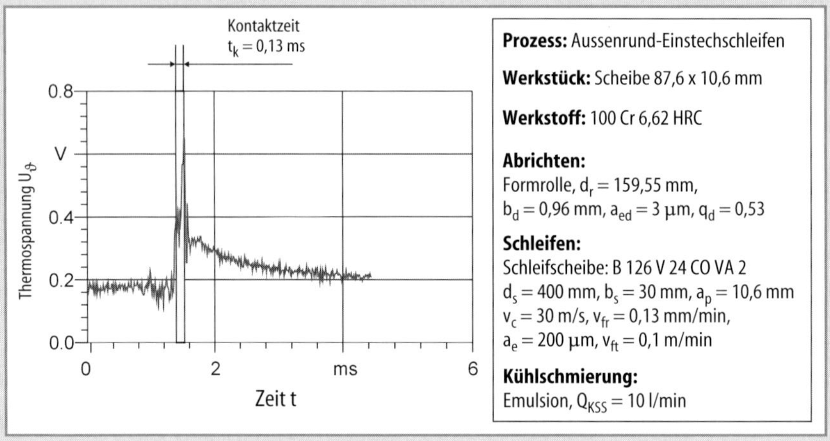

Abb. 4 Thermospannung beim Tiefschleifen (ein Sensorkontakt)

prozesses. Sensoren dieser Bauart wurden im Rahmen der Untersuchungen in Schleifprozessen untersucht.

Abbildung 4 zeigt einen Ausschnitt des während eines Tiefschleifzyklus beim Außenrundschleifen aufgezeichneten Thermospannungsverlaufes. Die Auflösung eines einzelnen Signalpeaks zeigt, dass dessen Dauer der berechneten Kontaktzeit zwischen Thermoelement und Werkstück zugeordnet werden kann.

Auch die Realisierbarkeit der werkzeugseitigen Messung der Schleifkräfte wurde zunächst mit Hilfe eines makroskopischen Kraftsensors überprüft. Für diese Messaufgabe wurde ein piezoelektrischer 3-Komponenten-Kraftsensor der Fa. Kistler ausgewählt und in das Schleifwerkzeug integriert. Aufgabe des Sensors ist es, die auf ein diskretes Schleifbelagsegment wirkenden Kräfte möglichst kontaktzonennah zu erfassen (Abb. 5).

Abbildung 6 zeigt beispielhaft einen Vergleich der mit diesem Aufbau werkzeugseitig gemessenen mit den maschinenseitig gemessenen Kraftverläufen während eines Hubs beim Abrichten einer stark verschlissenen Schleifscheibe. Zum einen bildet sich deutlich das Profil der Schleifscheibe über die Amplitude der Kräfte ab, zum anderen ist zu erkennen, dass die Hüllkurve der vom werkzeugseitigen Kraftsensor gemessenen Signale der stationären Vergleichsmessung entspricht.

In einem weiteren Schritt erfolgt die Miniaturisierung der Sensoren sowie deren Integration direkt unter einem Schleifbelagsegment, wobei die dafür erforderlichen Modifikationen des Schleifscheibengrundkörpers möglichst gering gehalten werden. Aufgrund der guten dynamischen Eigenschaften wird für die miniaturisierten Kraftsensoren das piezoelektrische Prinzip verwendet. Ein weiterer Vorteil liegt im aktiven Messprinzip, das keiner zusätzliche Energiequelle bedarf. Wegen des hohen piezoelektrischen Koeffizienten, der einfa-

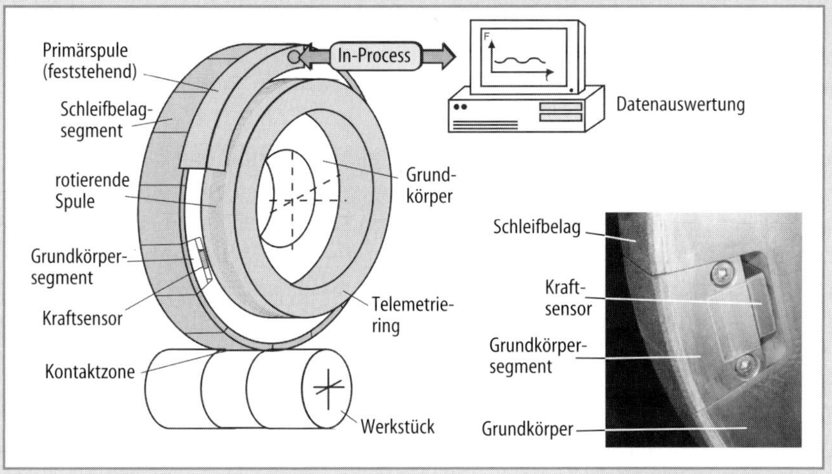

Abb. 5 Versuchsaufbau zur werkzeugseitigen Kraftmessung

chen Herstellbarkeit und Ausrichtbarkeit des Sensorelementes in nahezu jeder Geometrie, soll die Piezokeramik PZT (Blei-Zirkon-Titanat) verwendet werden. Versuche zur Strukturierung und Polarisierung von PZT werden derzeit durchgeführt. Zur Überprüfung des Einflusses der Einbauumgebung auf das

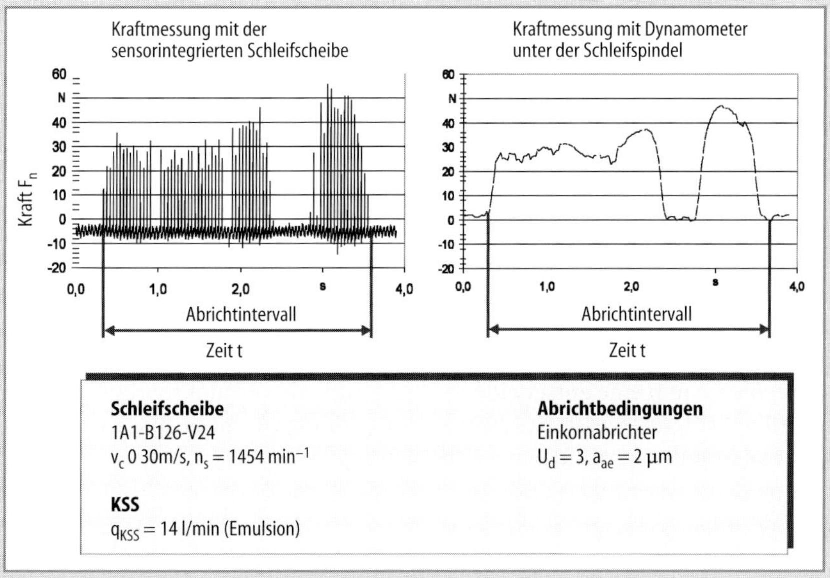

Abb. 6 Werkzeugseitige Bestimmung der Prozesskräfte beim Abrichten

Sensorverhalten werden momentan erste Untersuchungen mit miniaturisierten Sensoren in einem Prüfstand durchgeführt.

Zusammenfassung und Ausblick

Vorgestellt wurde ein System zur werkzeugseitigen Erfassung der Prozessgrößen beim Schleifen, dessen Funktionstüchtigkeit zunächst unter Einsatz konventioneller Sensoren überprüft wurde. Verwendet wurden dabei Drahtthermoelemente sowie ein piezoelektrisches 3-Komponenten-Dynamometer. In einem weiteren Schritt wurden Dünnfilm-Thermoelemente entwickelt und hergestellt, die den geforderten Messbereich und das notwendige dynamische Verhalten für die Messungen am Schleifprozess aufwiesen. Erste Versuche mit diesem Messaufbau bestätigen die Funktionstüchtigkeit des neuentwickelten Sensors.

Um die Integration der Kraftsensorik zu erleichtern, werden derzeit durch das IMSAS piezoelektrische Dünnschichtsensoren für die Kraftmessung entwickelt.

In einem nächsten Projektschritt sollen die von den Temperatur- und Kraftsensoren in der Schleifscheibe ermittelten Prozessgrößen in einem Monitoring-System dargestellt und so dem Maschinenbediener als Hilfe zur Prozessgestaltung zugänglich gemacht werden. Der Maschinenbediener kann mit Hilfe dieser Werte den Schleifprozess detailliert analysieren und eine gezielte Optimierung der Parameter durchführen oder Störeinflüsse schneller erkennen. Das System ermöglicht es auch, mittels frei einstellbarer Schwellwerte Signale an die CNC-Steuerung der Schleifmaschine zu geben, mit denen z. B. der Abrichtzyklus oder ein Abbruch des Schleifvorganges ausgelöst werden kann. Das Speichern der Messwerte erlaubt eine effiziente Dokumentation und die Beurteilung des Schleifprozesses über einen längeren Zeitraum. Das langfristige Ziel ist der Aufbau einer In-Prozess-Regelung von Schleifkraft und -temperatur, wie er in Abb. 7 dargestellt ist.

Ziel ist es, mit geeigneten Algorithmen aus den gemessenen Werten den Schleifprozess zu charakterisieren und ggf. Veränderungen der Prozessparameter, wie Schnittgeschwindigkeit, Vorschubgeschwindigkeit und Zustellung, vorzunehmen. Zudem verspricht die Auswertung der Prozessgrößen die Bestimmung eines optimalen Zeitpunkts zum Auslösen des Abrichtvorgangs, so dass der Schleifvorgang prozesssicher an seiner Leistungsgrenze und somit mit maximaler Wirtschaftlichkeit betrieben werden kann. Damit ist durch das vorgestellte System eine entscheidende Steigerung der Produktivität der derzeit etablierten Schleifprozesse zu erwarten und eröffnet darüber hinaus Möglichkeiten zur Gestaltung völlig neuer Schleifstrategien.

Danksagung

Die Autoren danken dem BMBF sowie der AiF für die Förderung der Arbeiten zur Entwicklung sensorintegrierter Schleifwerkzeuge.

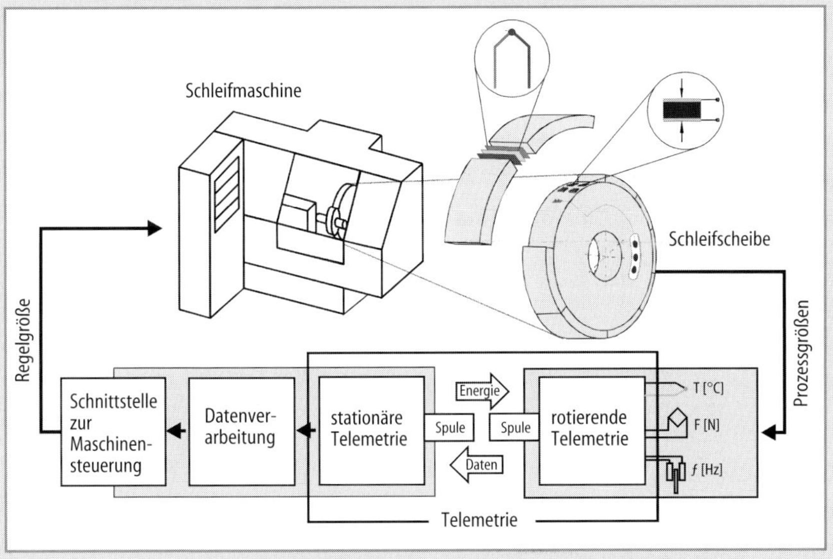

Abb. 7 Aufbau zur In-Prozess-Regelung von Schleifkraft und -temperatur

Literatur

Barthelmä F (2001) Intelligente Zerspanungstools, Fräsen. Tagungsband zum Seminar des Deutsches Industrieforums für Technologie „Produktivitätssteigerung in der spanenden Bearbeitung, Würzburg 22./23. November

Barthelmä F, Aschenbach B, Schulz H, Versch A (2001) Werkzeuge im Projekt „Accomat" – eine Bilanz. Werkstatt und Betrieb 3/2001

BMBF (2001) Verbundprojekt Intelligenter Drehmeißel IDEE (Tagungsunterlagen zum ersten öffentlichen Statusseminar am 8. Mai 2001 in Nürnberg)

Böhm C (2002) Entwicklung und Erprobung sensorintegrierter Schleifwerkzeuge. Dr.-Ing. Dissertation, Universität Bremen

Böhm C, Seedorf T, Meyer L, Brinksmeier E, Binder J (2001) Temperature and force sensor integrated grinding wheel for process monitoring. Abrasives Magazine, October/November 2001

Brinksmeier E, Benecke W, Rucker J, Seedorf T, Meyer L (2002) Process Monitoring by Microsensor Integrated Grinding Wheels. MST news, No. 3/02

Karpuschewski B (2001) Sensoren zur Prozessüberwachung beim Spanen. Habilitationsschrift, Universität Hannover

N.N. (2002) Wenn das Werkzeugsystem selbst entscheidet, was zu tun ist. Industrieanzeiger 32/33

Schulz H, Versch A, Fiedler U (2001) Process Monitoring with Mechatronic Tool Holders. Production Engineering, VIII/2

Tönshoff H K, Friemuth T, Becker J C (2002) Process Monitoring in Grinding. Annals of the CIRP Vol. 51/2/2002.

Autonome Produktion am Beispiel der Materialbearbeitung mit Laserstrahlung

Prof. Dr. rer. nat.
Reinhart Poprawe

»Ein beherrschter Prozess bildet die Grundlage der autonomen Produktion.«

Reinhart Poprawe

Reinhart Poprawe studierte Physik zunächst an der Universität Mainz, setzte das Studium an der California State University in Fresno/Kalifornien fort (Abschluss Master of Arts) und beendete sein Studium mit dem Diplom an der Technischen Hochschule Darmstadt. Nach vierjähriger Tätigkeit als wissenschaftlicher Mitarbeiter promovierte er 1984 an der TH Darmstadt. Von 1985–1989 war er Abteilungsleiter im neu gegründeten Fraunhofer-Institut für Lasertechnik Aachen. In der Zeit von 1989 bis Anfang 1996 oblag ihm die Geschäftsführung der Thyssen Laser-Technik GmbH Aachen. Nach dem Ruf an die RWTH Aachen übernahm er sowohl die Leitung des Lehrstuhls für Lasertechnik als auch die des Fraunhofer-Instituts für Lasertechnik Aachen. In zahlreichen Publikationen und Vorträgen auf nationaler und internationaler Ebene zeigt Prof. Poprawe neue Wege in der Lasertechnik auf. Als Aufsichtsrats- und Beiratsmitglied wurde er in zahlreiche Gremien berufen und ist als Gutachter und Berater auf dem Gebiet der Lasertechnik national und international intensiv tätig.

Autonome Produktion am Beispiel der Materialbearbeitung mit Laserstrahlung

Reinhart Poprawe

Einleitung

Die Situation der Produktions- und Fertigungstechnik ist heute geprägt von kleinen und mittleren Losgrößen bei zunehmender Variantenvielfalt. Gleichzeitig unterliegen die Produkte stetig steigenden Qualitätsanforderungen, verbunden mit wachsenden Ansprüchen an die wirtschaftliche Fertigung. Diese Bedingungen erfordern wiederum zunehmend komplexere und mit hoher Präzision ablaufende Produktionsprozesse, die aus technologischen und wirtschaftlichen Gründen über einen hohen Automatisierungsgrad verfügen, gleichzeitig aber auch einen hohen Grad an Flexibilität aufweisen müssen. Mit dieser Entwicklung einher geht die Forderung nach autonomen Produktionsanlagen, die in der Lage sind, komplexe Produktionsprozesse mit einem maximalen Grad an Selbstständigkeit über einen längeren Zeitraum zuverlässig und störungsfrei durchzuführen.

Hohe Präzision und Geschwindigkeit, die charakteristisch für die Bearbeitung mit Laserstrahlung sind, stellen gegenüber konventionellen Verfahren erweiterte Anforderungen an das Bearbeitungssystem. Eine wesentliche Aufgabe liegt in der Einhaltung einer gleichbleibend hohen Qualität und der Erkennung von auftretenden Bearbeitungsfehlern. Die autonome Produktion beinhaltet die Komponenten Planung, Bearbeitung, Überwachung und Visualisierung des Bearbeitungsprozesses. Im Bereich der Planung wird offline die Bahn- und Prozessplanung durchgeführt. Die Überwachung und Regelung des Bearbeitungsprozesses wird von geeigneten Sensoren und Aktoren durchgeführt. Für die Visualisierungsaufgaben und zur Interaktion zwischen Mensch und Maschine steht ein Leitstand zur Verfügung, der mit einem ergonomischen Benutzer-Interface ausgestattet ist.

Aus dem breiten Spektrum der lasergestützten Fertigungsverfahren wird im Folgenden die autonome Produktion am Beispiel des industriell weit verbreiteten Laserstrahlschweißens vorgestellt. Dies erfolgt speziell vor dem Hintergrund des Bedarfs an Systemen zur Online-Qualitätsprüfung und -regelung des Bearbeitungsergebnisses.

Lasermaterialbearbeitung

Die industrielle Lasertechnik bietet die Möglichkeit, große Strahlungsleistungen auf kleinste Strahlquerschnittsflächen zu fokussieren. Verbunden mit der schnellen Steuerbarkeit von Position und Leistung der Laserstrahlung steht ein einzigartiges Präzisionswerkzeug für die Materialbearbeitung zur Verfügung (Benzinger und Stockinger 1995; Tamaschke 1996).

Prinzipiell eignet sich der Laser für eine Vielzahl an thermischen und photoinduzierten Bearbeitungsverfahren, wobei das Schweißen, wie auch das Schneiden, Bohren und Löten, zu den thermischen Verfahren gehört. Im Unterschied zu gängigen Wärmequellen kann mit Laserstrahlung in extrem kurzen Zeiten hohe Energie in kleinste Volumina eingebracht werden. Hierdurch können kurzzeitig sehr hohe Temperaturen ohne Erwärmung der Umgebung erzeugt werden.

Die Vielseitigkeit des Einsatzes von Laserstrahlung wird durch die Tatsache verdeutlicht, dass durch die Einstellung von gerade zwei Parametern bei Verwendung eines einzigen Lasersystems das gesamte Spektrum der Bearbeitungsverfahren abgedeckt wird. Diese beiden Laserparameter sind die Leistungsdichte und die Einwirkungsdauer. Hierdurch ist es möglich, ohne Werkzeugwechsel verschiedene Arbeitsabläufe wie Bohren, Schneiden, Schweißen und Härten nacheinander mit minimalem Zeitverzug durchzuführen. Die wichtigsten Merkmale der Materialbearbeitung mit Laserstrahlung lassen sich in den folgenden Punkten zusammenfassen:

- Universelles Werkzeug zum berührungslosen und abnutzungsfreien Bearbeiten einer Vielzahl von Werkstoffen
- Hohe erreichbare Prozessgeschwindigkeiten
- Minimale Wärmeeinbringung und Bauteilverzug
- Festlegung der Bearbeitungsverfahren durch Wahl der Laserparameter, kein Werkzeugwechsel erforderlich
- Hohe Flexibilität in allen Kategorien (Mengen-, Verfahrens-, Produktflexibilität)
- Einfache Integration in betriebliche Abläufe mit Anbindung an CAD- und CIM-Strukturen
- Makro- und Mikrobearbeitung in einem Arbeitsgang
- Kostengünstige Fertigung bei lasergerechter Konstruktion und Werkstoffwahl
- Hervorragende Disposition für präventive Methoden der Qualitätssicherung

Bei der Materialbearbeitung von Metallen kommen sowohl CO_2- als auch Festkörperlaser (Nd:YAG) zum Einsatz. Zu den industriell eingesetzten Verfahren zählen insbesondere das Schweißen, Schneiden (Abb. 1), Beschichten und Härten.

Im Bereich der Festkörperlaser werden zunehmend die lampengepumpten Systeme von diodengepumpten Lasersystemen abgelöst (NN 2000). Dabei lässt

Abb. 1 Materialbearbeitung mit Laserstrahlung

sich bei vergleichbarer Laserausgangsleistung die Strahlqualität um einen Faktor 1,5–2 steigern. Ein weiterer wirtschaftlicher Vorteil ist die höhere Standzeit der Diodenlaser. Der Leistungsbereich erstreckt sich bis hin zu 4,4 KW, wobei in naher Zukunft bis zu 8 KW Laserleistung erwartet werden (Hoffmann 1999; NN 2002 b).

Laserstrahlschweißen

Unter den „stoffverbindenden" Fertigungsverfahren hat das Schweißen die weitaus größte Bedeutung erlangt. Die Technik des Laserstrahlschweißens hat in den letzten 20 Jahren durch die Entwicklung immer leistungsfähigerer Laser eine stetig steigende Resonanz gefunden. Im Bereich des industriellen Schweißens werden fast ausschl. CO_2-Gas- und Neodym-Ytrium-Aluminium-Granat-Festkörperlaser (kurz: Nd:YAG) verwendet.

Das Laserstrahlschweißen kann in das Wärmeleitungsschweißen und das Tiefschweißen unterteilt werden. Beim Wärmeleitungsschweißen entsteht die Schweißnaht durch Energietransport von der Werkstückoberfläche ins Werkstück. Dieser erfolgt durch Wärmeleitung.

Das Prinzip des Tiefschweißens beruht darauf, dass die Laserstrahlung auf die Nahtstelle fokussiert und die Intensität der Laserstrahlung so eingestellt wird, dass lokal Verdampfungstemperatur an der Werkstückoberfläche erreicht wird. Dies hat zur Folge, dass sich zum einen die Schmelzoberfläche deformiert und zum anderen der Laserstrahl ein feines Loch in das Werkstück bohrt.

Der Energietransport von der Werkstückoberfläche in die Tiefe des Werkstückes erfolgt überwiegend optisch, d.h. die Laserstrahlung dringt durch eine Kapillare ins Werkstück ein. Die Strahlung wird von den Kapillarwänden absorbiert und in Wärme umgewandelt. Die Schmelzgeometrie entsteht durch einen Energietransport, der von der Kapillarwand und nicht von der Werkstückoberfläche ausgeht.

Beides führt zur Ausbildung einer Dampfkapillare. Durch diese Dampfkapillare kann die Laserstrahlung entsprechend tief in das Werkstück eindringen. Die Dampfkapillare ist von Schmelze umgeben. Durch den Druck des verdampfenden Materials wird das Schließen derselben verhindert. Aufgrund der Vorschubbewegung wird die Kapillare wie eine feine Röhre durch den Werkstoff geführt, wobei die Schmelze zum größten Teil um die Kapillare herumströmt. So werden die für das Laserschweißen typischen tiefen und schlanken Nähte ermöglicht.

Während des Tiefschweißprozesses wird aus der Wechselwirkungszone, von dem heißen, durch die Laserstrahlung angeregten Metalldampf, sowie von der Metallschmelze eine Sekundärstrahlung emittiert. Diese Prozess-Strahlung besitzt ein sehr breites Frequenzspektrum. Für die Auswertung des Prozesses ist dabei vor allem die von dem Metalldampf innerhalb der Kapillare emittierte Strahlung von Bedeutung. Dieser Metalldampf weist eine sehr viel höhere Dichte auf als an der Oberfläche. Die Intensität der Prozess-Strahlung ist dadurch in erster Näherung nur von der Höhe der Dampfsäule innerhalb der Kapillare abhängig, so dass die Strahlungsintensität einen Indikator für die Einschweißtiefe darstellt (Abels et al. 1999).

Schweißnähte können mit dem Laserstrahl schneller und exakter gefertigt werden als mit konventionellen Schweißverfahren. Durch reduzierte Wärmeeinbringung in das Material entsteht geringerer Verzug der Bauteile. Nacharbeiten wie Entgraten, Schleifen oder Richten werden vermindert oder entfallen ganz.

Technologieplanung

Durch die Vielzahl an veränderlichen Prozessparametern beim Laserstrahlschweißen werden hohe Anforderungen an den Anwender zur Beherrschung des Bearbeitungsverfahrens gestellt. Hinzu kommt, dass für die Ausführung einer Fertigungsaufgabe komplexe Laserbearbeitungsanlagen eingesetzt werden, die durch ein NC-Programm gesteuert werden. Offline-Programmiersysteme stellen ein Werkzeug dar, das den Anwender bei der NC-Programmerstellung unterstützt, entlastet und den Zeitaufwand bei komplexen Bauteilen reduziert (NN 1999). Technologische Aspekte werden bei kommerziellen Systemen in der Regel nur in geringem Umfang berücksichtigt und müssen manuell ergänzt werden.

Die Beseitigung dieses Defizites durch die Verknüpfung der Bauteilgeometrie mit technologischen Informationen in einem Planungsmodul ist eine wesentliche Voraussetzung für die autonome Produktion. Dieses Planungsmodul ist als fertigungsnahes Offline-Planungswerkzeug für das Laserstrahlschweißen in eine Ebene zwischen Planung und Bearbeitung eingebettet.

Die Planung benötigt als Eingangsinformation die CAD-Daten der zu schweißenden Bauteile mit entsprechender Fertigungsorder. Zur Verknüpfung der Geometriedaten mit technologischen Informationen wird ein Feature-Modell implemetiert. Dieses Modell beruht auf der Beschreibung der Bearbeitung

durch fertigungsorientierte Bearbeitungsobjekte. Zur Generierung eines CNC-Programms müssen folgende Schritte ausgeführt werden:
- Analyse und Segmentierung der Schweißbahn
- Erzeugung einer Featureliste
- Ermittlung der mit den Features korrespondierenden Prozessparameter durch Abfrage des Prozessplanungsmoduls
- Simulation, Kollisionskontrolle, Kinematiküberwachung sowie bei Bedarf benutzergestützte Veränderung der Schweißaufgabe
- Erzeugung des CNC-Programms im steuerungsspezifischen Format

Nach Übergabe der Auftragsdaten und des CAD-Datensatzes werden die Geometriedaten in dem Planungssystem aufbereitet. Zuerst wird die Schweißbahn analysiert und in Basisgeometrielemente (BGE) unterteilt. Auf deren Basis wird anschließend die „Featureliste" erstellt, die Konstellation der BGE zueinander bestimmt dann den „Feature-Typ" (Abb. 2).

Für jedes Element dieser Featureliste werden durch Abfrage des Prozessplanungsmoduls die Prozessparameter, wie Laserleistung und Vorschub ermittelt. Die dynamische Einbindung der Prozessparameter in die Features erfolgt über ein Softwaremodul zur Prozessmodellierung, dem eine physikalische Beschreibung zur analytischen Berechnung des Laserstrahlschweißprozesses zugrunde liegt (Fürst et al. 1997). Das Modell basiert gegenüber anderen, re-

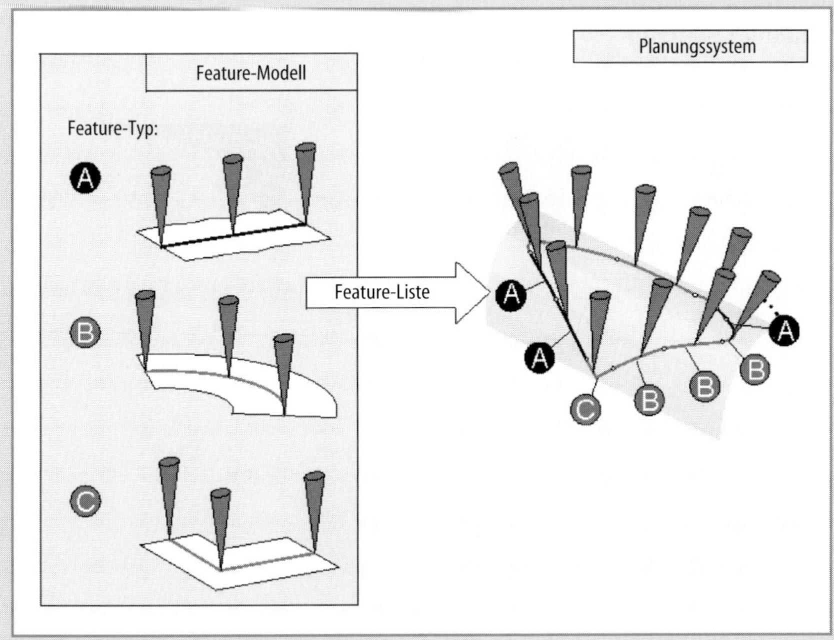

Abb. 2 Feature-Modell (Beispiel)

chenintensiven Modellen, die meist auf Finite-Elemente-Methoden beruhen, auf einem analytischen Ansatz. Das hat den Vorteil, dass kurze Rechenzeiten erzielt werden können, so dass die Prozessparameter für eine Schweißaufgabe, die sich aus etwa 100 Features zusammensetzt, innerhalb einiger Minuten berechnet werden können. Zur Berechnung von Einschweißtiefe und Nahtbreite lassen sich die Materialeigenschaften, die Laserleistung, die Vorschubgeschwindigkeit, die Fokuslage, der Strahldurchmesser im Fokus, die Brennweite sowie die Apertur als variable Parameter vorgeben. Das Ergebnis der Berechnung, die Kapillargeometrie kann in 2D- und 3D-Ansichten dargestellt werden (Abb. 3).

In einem zweiten Schritt wird eine Kollisionskontrolle sowie eine dynamische Bewegungsanalyse durchgeführt und der Prozess im CAD-System simuliert. Der Bediener ist in der Lage, die Prozessparameter zu überprüfen und zu verändern um das Bearbeitungsergebnis zu optimieren. Wenn die Prozessparameter alle Anforderungen erfüllen, wird der NC-Datensatz generiert.

Das CNC-Programm wird in die Steuerung transferiert, um die Bearbeitungsaufgabe auszuführen. Während der Bearbeitung sind Prozessüberwachung und Störungsmanagement aktiv, die Informationen für die Benutzungsschnittstelle aufbereiten und im Fehlerfall entsprechende Nachrichten in die Planungsebene rückführen.

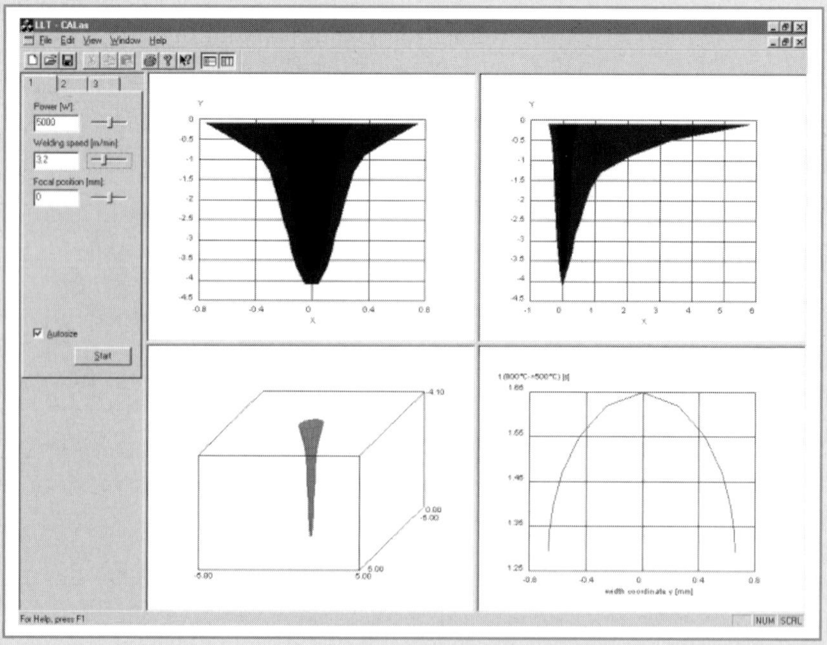

Abb. 3 Prozessplanungsmodul

Prozessüberwachung

Aufgrund steigender Anforderungen an die Qualität von Bauteilen und Prozessen gewinnt die prozessintegrierte Qualitätsprüfung eine stärkere Bedeutung. Die Einbindung des Laserstrahlschweißprozesses in die Methodik moderner Qualitätssicherung unterstützt systematisch die Verfahrensentwicklung und hat daher eine frühzeitige Erkennung von Fehlern zur Folge. Dies erfolgt speziell vor dem Hintergrund des Bedarfs an Systemen zur Online-Qualitätsprüfung und -regelung des Bearbeitungsergebnisses, um eine nachträgliche, zerstörende Prüfung durch Erzeugen von Schliffbildern überflüssig zu machen und die Qualität der Bearbeitung dokumentieren zu können.

Voraussetzung ist dabei die Kenntnis von Ursachen-Wirkungsbeziehungen des gesamten Prozesses, die quantitativ erfassbar sein müssen. Prozessintegrierte Prüfverfahren bieten dabei im Gegensatz zu Post-Prozess-Prüfungen die Möglichkeit, Einflussgrößen frühzeitig zu erfassen und zu bewerten. Dies bedeutet einen erhöhten Aufwand bei der kontinuierlichen Überwachung und Bewertung der Prozessmessgrößen, jedoch kann auf eventuelle Sollwert- bzw. Grenzwertüberschreitungen anwendungs- und zeitgerecht reagiert werden. Neben der Kenntnis der Systemstruktur müssen auch die Qualitätsmerkmale eindeutig definiert werden. Eine vorausgehende grundlegende systematische Untersuchung des Schweißprozesses erhöht das Prozessverständnis. Hierzu werden die Eingangs- und Ausgangsgrößen definiert und die Relevanz der Einflüsse auf Basis der DIN EN ISO 13919-1 bestimmt. Mit ausgewählten Methoden des Qualitätsmanagements werden die wichtigsten Eingangsgrößen identifiziert. Zur Überwachung des Laserschweißprozesses während der Bearbeitung wird eine Vielzahl unterschiedlicher Sensorsysteme eingesetzt.

Als Sensorik wird ein System aus Sensor und Auswertealgorithmik bezeichnet. Der Sensor selbst besteht im Wesentlichen aus einem Messwertaufnehmer und -wandler. In der Auswerteeinheit werden die aufgenommenen Signale verarbeitet und die errechneten Messgrößen über geeignete Schnittstellen verfügbar gemacht. Beim Laserstrahlschweißen kommen vor allem photodiodenbasierte und auf CCD-/CMOS-Kameras basierende Sensoren zum Einsatz.

Die nicht ortsauflösenden Photodioden empfangen die vom Prozess emittierte Strahlung und transformieren diese in elektrische Signale (Pauly und Engel 1999). Diese in den Bearbeitungskopf integrierten Detektoren sind durch Vorsatzfilter für unterschiedliche Wellenlängen der Strahlung empfindlich (Abb. 4). Somit lassen sich die Intensitäten der prozessrelevanten Größen Plasmastrahlung (300–700 nm), Rückreflexstrahlung (800–1200 nm) sowie Temperaturstrahlung (1200–2300 nm) während der Bearbeitung messen.

Die Sensorsignale von Schweißungen werden mit den Kurven von Referenzschweißungen unter Berücksichtigung bestimmter Toleranzen verglichen. Anschließend kann nach Auswertung dieser Daten eine Aussage über die Qualität der Bearbeitung getroffen werden. Desweiteren können die Korrelationen der Einzelsignale analysiert werden. Durch Auswertung und Korrelation der Einzel-

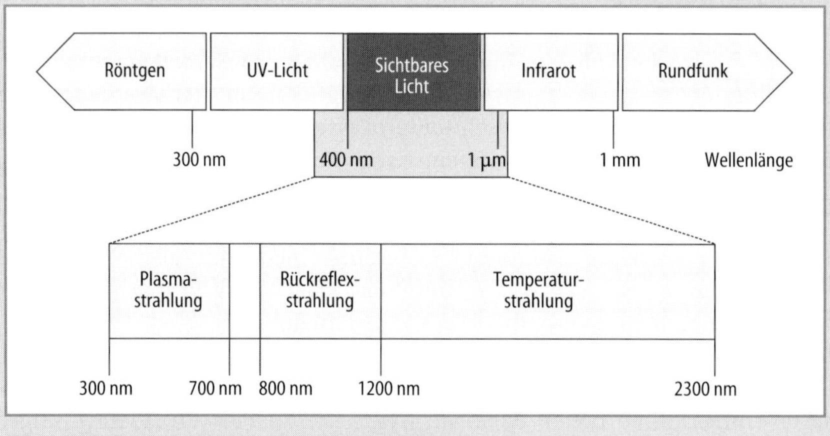

Abb. 4 Wellenlängenspektrum (NN 2002 a; Paul und Engel 1999)

signale sollen auftretende Fehler erfasst und Fehlerklassen zugeordnet werden, um so eine Rückführung in die Planungsebene zu ermöglichen. So lassen sich bspw. die Fehlerklassen Spaltbreite und Nahtversatz durch den Signalverlauf des Plasma-, Rückreflex- und Temperatursignals identifizieren.

Als zentrale Komponente zur Kopplung der vernetzten Module der autonomen Produktion fungiert ein Prozessrechner. Während des Schweißprozesses werden die unterschiedlichen Sensorsignale vom Prozessrechner über entsprechende Datenleitungen erfasst und weiterverarbeitet. Hierbei steht eine schnelle, mehrkanalige Datenerfassung und eine flexible, auf die Bearbeitungsaufgabe anpassbare Weiterverarbeitung im Vordergrund. Zusätzlich werden Informationen vom Handhabungssystem und der CNC-Steuerung akquiriert. In einem breiten Zeitraster werden die Daten aufgezeichnet, vorverarbeitet und schließlich auf einem Prozessrechner analysiert und archiviert. Weitere Komponenten des Prozessrechners umfassen die Datenhaltung und die Benutzerschnittstelle. Betrachtet man die Einzelkomponenten getrennt und bewertet sie in Bezug auf Echtzeitfähigkeit, so zeigt sich, dass zwar die Datenerfassung und -weiterverarbeitung zwingend echtzeitfähig realisiert sein müssen, dies aber für die Benutzerschnittstelle und Datenhaltung nicht zutrifft. Die Kommunikation zwischen den Einzelkomponenten erfolgt über das Protokoll TCP/IP. Sensoren und Aktoren sind mit geeigneten Schnittstellen ausgerüstet und hinsichtlich der Anforderungen an den Multisensor-Betrieb angepasst.

Prozessregelung

Da der Prozess des Laserstrahlschweißens nur bedingt fehlertolerant ist, können bauteil-, werkstoff- und umgebungsbedingte Störungen, die sich größtenteils einer Kontrolle entziehen, zu einer Abweichung vom optimalen Bearbeitungsergebnis führen. Um die Prozessfähigkeit der autonomen Produktion zu realisieren ist eine Prozessüberwachung und -regelung daher zwingend. Die Anwendung von regelungstechnischen Verfahren auf das Schweißen mit Laserstrahlung erfordert eine systemtechnische Betrachtungsweise und die Modellierung des Prozesses. Unter Betrachtung des Prozesses als „Black Box" werden alle Einflussgrößen als Eingangsgrößen sowie alle Qualitätsanforderungen an das Prozessergebnis als Ausgangs- oder Zielgrößen bezeichnet. Die Einschweißtiefe stellt ein wesentliches Kriterium für die Qualität einer Schweißnaht dar und wird von den Prozesseingangsgrößen Laserleistung und Vorschubgeschwindigkeit bestimmt. Nicht in jedem Anwendungsfall, wie z.B. beim Schweißen von 3D-Bauteilen, kann eine konstante Vorschubgeschwindigkeit gewährleistet werden. Dies erfordert eine Regelung für die Einschweißtiefe, die bei einer zeitlich veränderlichen Schweißgeschwindigkeit den gewünschten Verlauf der Einschweißtiefe sicherstellt.

Ein für diese Aufgabenstellung prädestiniertes Verfahren stellt das prädiktive Regelungskonzept dar, das auf den Laserstrahlschweißprozess angewendet wird. Hierbei wird ein Modell genutzt, um das Verhalten relevanter Prozessgrößen in der Zukunft zu bestimmen. Dieses dynamische Prozessmodell wird als ein wesentlicher Bestandteil eines Modellbasierten Prädiktiven Reglers (MPC) bei diesem Ansatz experimentell ermittelt. Als Stellgröße wird hierbei die Laserleistung und als Regelgröße die Einschweißtiefe verwendet. Da diese nicht direkt gemessen werden kann, wird das den Tiefschweißeffekt begleitende Plasmaleuchten ausgewertet.

Bei diesem Messverfahren werden die optischen Emissionen des in der Kapillare entstehenden Dampfes, sowie des oberhalb vom Werkstück sichtbaren Plasmas koaxial zum Bearbeitungslaserstrahl aufgenommen. Da die Dampfkapillare während des Schweißprozesses ihre Position relativ zur Achse des Bearbeitungslaserstrahls ändert, ist eine ortsaufgelöste Messung der optischen Emission erforderlich. Diese lässt sich durch die Verwendung einer CCD-Kamera realisieren, die derart in den Versuchsaufbau integriert wird, dass sie sich mit dem Bearbeitungskopf bewegt. Die CCD-Kamera verfügt über ein räumliches Auflösungsvermögen von 64×64 Pixeln, ihre Bildwiederholrate liegt bei 3 bzw. 6 kHz. Das aufgenommene Bild des Bearbeitungsprozesses wird mit Methoden der Bildverarbeitung ausgewertet (Abb. 5).

Spektroskopische Messungen haben ergeben, dass die optische Emission des in der Kapillare angeregten Dampfes einen wesentlich größeren Beitrag zum Signal liefert, als das oberhalb des Werkstücks sichtbare Plasma. Folglich kann die Leistungsdichte des Oberflächenplasmas gegenüber der Leistungsdichte des Dampfes in der Kapillare über einen weiten Parameterbereich vernachlässigt werden. Ist das Bearbeitungsplasma für die Wellenlänge des beobachtenden Detektors optisch dünn, so liegt ein über die gesamte Kapillartiefe integriertes Strahlungssignal vor. Neben dem Plasmazustand, der die lokale Strahlungsintensität bestimmt, hängt das detektierte Signal noch von der Ausdehnung des beobachteten Volumens ab. Ist die Geometrie des Beobachtungsbereiches

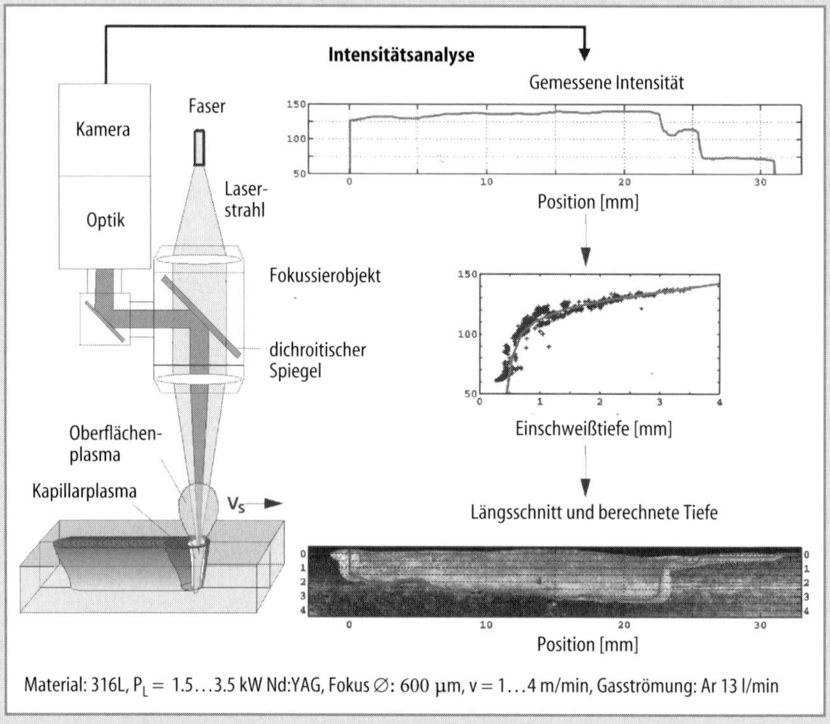

Abb. 5 Einschweißtiefenregelung durch koaxiale Prozesskontrolle

bekannt, kann auf die Kapillartiefe geschlossen werden. Da die Ausdehnung des Schmelzfilms am Kapillarboden klein gegenüber der Kapillartiefe ist, wird die Einschweißtiefe gleich der Kapillartiefe angenommen. Die Intensitätsverteilung der optischen Emission des in der Kapillare angeregten Dampfes ändert sich bei konstanter Laserleistung in Abhängigkeit von der Vorschubgeschwindigkeit.

Neben der Prozessregelung führt ein Qualitätsregelkreis zu einer schrittweisen Verbesserung der Bearbeitung (Abb. 6). Die Dokumentation und Rückführung des Ergebnisses für Bearbeitungsstrategien und Technologiedaten in die Planungsebene fördert die Qualität des Fertigungsprozesses.

Die während des Bearbeitungsprozesses aufgenommenen Prozessparameter werden an die Planungsebene weitergeleitet und dort in einem Datenbankarchiv abgelegt. Durch den direkten Vergleich spezifischer Messgrößen mehrerer Werkstücke einer Charge lassen sich sowohl systematische als auch statistische Abweichungen ermitteln.

Zusätzlich wird der Zustand der Bearbeitungsmaschine und des Werkzeugs „Laserstrahlung" überwacht, dokumentiert und die Daten der Planung zur Verfügung gestellt. Ziel ist, optimale Prozess- und Anlagenparameter für eine

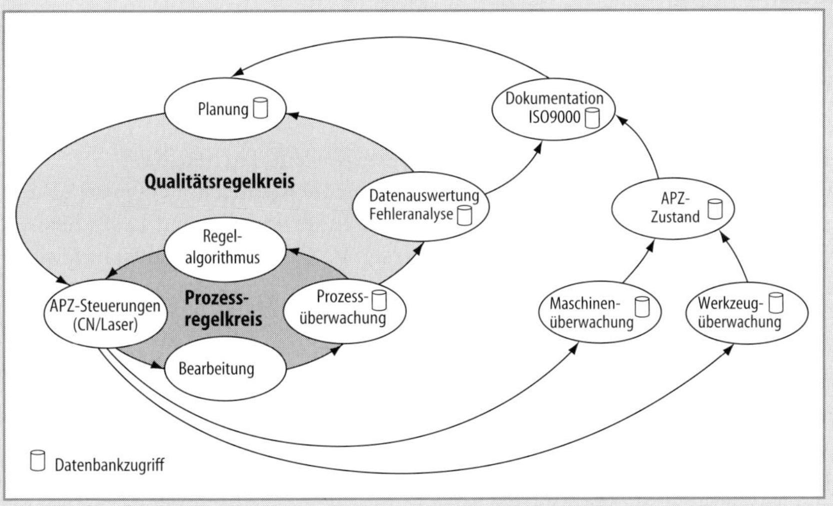

Abb. 6 Ebenenübergreifender Qualitätsregelkreis für die autonome Laserbearbeitung

Bearbeitungsaufgabe bereitzustellen, um die Anzahl der notwendigen Vorversuche zu reduzieren.

Zusammenfassung

Das Schweißen mit Laserstrahlung ist ein Fügeverfahren, das in vielen Fertigungsbereichen einen starken Zuwachs aufgrund der hohen erreichbaren Schweißgeschwindigkeiten und der hohen Qualität der Verbindung verzeichnet. Die Realisierung der autonomen Produktion für diesen komplexen Prozess erfordert Maßnahmen zur Bearbeitungsplanung sowie Prozessüberwachung und -regelung.

Das Planungsmodul übernimmt die Auftragsdaten aus der übergeordneten Planungsebene, um Bearbeitungsstrategien sowie Technologiedaten festzulegen und das Bearbeitungsprogramm zu erzeugen. Außer dem CNC-Programm wird eine Datenbank gestützte Planungsdokumentation generiert.

Während der Bearbeitung beobachten verschiedene Sensoren den Prozess und liefern online Daten über den Verlauf der Bearbeitung. Diese werden zum einen im Prozessregelkreis, z.B. für die Regelung der Einschweißtiefe, und zum anderen im Qualitätsregelkreis für die Verbesserung des Bearbeitungsergebnisses beim nächsten Bauteil genutzt. Hierzu werden qualitätsrelevante Informationen ausgewertet und einer Fehleranalyse unterzogen.

Eine anwendergerechte Protokollierung und Datenbank gestützte Dokumentation erleichtert die Umsetzung eines Qualitätsmanagementsystems.

Literatur

Abels P, Kaierle S, Kreutz EW, Proprawe R (1999) Failure Recognition in Tailored Blank Welding by Image Processing. Fraunhofer Institut für Lasertechnik und Lehrstuhl für Lasertechnik der RWTH-Aachen Aachen.

Benzinger M, Stockinger F (1995) Baukastensystem ermöglicht individuelles Laser-Schneiden und -Schweißen. In: Werkstatt und Betrieb, Nr. 3

Fürst B, Dahmen M, Kaierle S, Kreutz EW, Poprawe R, Turichin G (1997) CALAS – A Process Model for Laser Beam Welding. In: Proceedings of Laser Assisted Net Shape Engineering (LANE '97), Hrsg: M. Geiger, F. Vollertsen, Maisenbach-Verlag, Bamberg (1997) S. 193–201

Hoffmann HD (1999) Diodengepumpte Festkörperlaser mit CW-Ausgangsleistungen im kW-Bereich-erste Schneid- und Schweißanwendungen, LaserOpto-31(1) 1999, pp. 53–55

NN (1999) Mehr Zeit für das Wesentliche. In: Produktion, Ausgabe Nr.18

NN (2000) Perspectives of Laser Processing, Volume I: Market Analysis and Forecast. OPTECH CONSULTING, Bisingen

NN (2002a) Internetseiten von precitec.de (http://www.precitec.de). Precitec KG, Gaggenau

NN (2002b) Internetseiten von *rofin-sinar.com* (http://www.rofin-sinar.com), Rofin Sinar Laser GmbH, Hamburg

Pauly H, Engel F (1999) Das Pyrometer-Kompendium. Firmenschrift. IMPAC Electronic GmbH

Tamaschke W (1996) Cutting and welding large sheets. In: Industrial Laser Review 1

Autonome Spritzgießfertigung – eine ingenieurtechnische Herausforderung

Professor Dr.-Ing. Dr.-Ing. E.h.
Walter Michaeli

»Die durchgängige Automatisierung von der Werkzeugkonzeption bis hin zum Endprodukt ermöglicht eine optimierte Produktion spritzgegossener Bauteile.«

WALTER MICHAELI

Walter Michaeli studierte Fertigungsmesstechnik an der Rheinisch-Westfälischen Technischen Hochschule Aachen und promovierte dort. Von 1971–1979 gehörte er dem Institut für Kunststoffverarbeitung an der RWTH Aachen zunächst als wissenschaftlicher Mitarbeiter, später als Leiter der Abteilung Extrusion und Spritzgießen an. Von 1979–1987 war er in leitenden Funktionen bei der Firma Freudenberg in Weinheim und Kaiserslautern tätig. Zum Direktor des Instituts für Kunststoffverarbeitung an der RWTH Aachen und zum Geschäftsführer der Vereinigung zur Förderung des Instituts für Kunststoffverarbeitung in Industrie und Handwerk an der RWTH Aachen e V. wurde er 1988 ernannt. Walter Michaeli ist ordentliches Mitglied der Berlin-Brandenburgischen Akademie der Wissenschaften. In zahlreichen Vorständen, Beiräten, Kuratorien, Foren und Arbeitskreisen wirkt er mit, so u. a. im VDI-W-Vorstand und im Kuratorium der BAM, Berlin. Die Friedrich-Alexander-Universität Erlangen-Nürnberg ernannte ihn 1998 zum Dr.-Ing. E. h.

Autonome Spritzgießfertigung – eine ingenieurtechnische Herausforderung

Walter Michaeli

Einleitung

Sieht man sich heute zuhause einen Film an oder genießt Musik über die Hifi-Anlage, werden meist unscheinbare Kunststoffscheiben verwendet, auf denen die Daten in digitaler Form gespeichert sind. Mit bloßem Auge unterscheiden sich die verschiedenen Datenträger nicht sonderlich voneinander – vom bunten Aufdruck einmal abgesehen. Betrachtet man eine solche CD oder DVD jedoch einmal unter einem Mikroskop, so stellt man fest, dass sie winzige Strukturen – sog. „pits" und „lands" – beinhaltet, welche die Daten enthalten. Die einfache „Scheibe", die für uns einen gewöhnlichen Gegenstand darstellt, ist ein Präzisionsbauteil, welches höchste Ansprüche an die Produktion stellt.

Die Fertigung solcher optischer Datenträger verdeutlicht die beständig steigenden Anforderungen an den Spritzgießprozess. Diese äußern sich beispielsweise in sinkenden Formteilwanddicken. Weisen Compact Disk (CD) noch Wanddicken von 1,2 mm auf, erfordern Digital Versatile Disk (DVD) Wanddicken von 0,6 mm. Zukünftige Datenträger, wie die Blu-Ray-Disk, die die sechsfache Datenkapazität einer DVD erreichen wird, werden diese Anforderungen noch weiter steigern. Die Produktion optischer Datenspeicher stellt eine Schlüsseltechnologie für die Spritzgießverarbeitung dar, weil hier die Anforderungen an Wirtschaftlichkeit, Prozess- und Qualitätsstabilität extrem hoch sind. So ist bei der Fertigung optischer Speichermedien die Isotropie der inneren Eigenschaften eine Voraussetzung für verzugsfreie Bauteile. Gleichzeitig sind eine exakte Abformung der Oberfläche und eine absolute Orientierungsfreiheit erforderlich.

Eine kostengünstige Produktion großer Stückzahlen bei konstant hohen Qualitätsanforderungen, kann nur durch einen hohen Automatisierungsgrad und eine optimale Prozessführung gewährleistet werden. Durch den Einsatz von modernen Prozessorsteuerungen wird seitens der Maschinenhersteller versucht, dem Produzenten von Kunststoffformteilen eine Möglichkeit bereitzustellen, die Prozessführung den gewünschten Bauteileigenschaften möglichst optimal anzupassen. Den aktuellen Stand der Technik repräsentieren Systeme, bei denen für den Formfüllvorgang zwei Phasen definiert werden, Einspritz- und Nachdruckphase, in denen je nach Phase die Schneckenvorlaufgeschwindigkeit oder der Systemdruck geregelt werden. Diese Einstellgrößen werden in

Form von Profilen vorgegeben, die der Hersteller dem produzierten Formteil und den gewünschten Eigenschaften dieser Formteile anpassen muss. Diese Anpassung wird heute stark durch die Erfahrung des Maschinenbedieners beeinflusst. Ein genaues Wissen über den Einfluss der Einstellgrößen auf einzelne Qualitätsmerkmale ist ohne die Kenntnis der Abläufe im Prozess nicht möglich. Eine direkte Regelung von qualitätsbeeinflussenden Prozessparametern findet aktuell nicht statt.

Die optimale Produktion spritzgegossener Bauteile erfordert eine durchgängige Automatisierung von der Werkzeugkonzeption bis hin zum Endprodukt, die in der Vision der autonomen Spritzgießfertigung gipfelt. Auf diesem Weg ist neben einer bereits möglichen Prozess- und Formteiloptimierung in der Konzeptionsphase die Berechnung der späteren Bauteileigenschaften über eine Korrelation zwischen Einstell- und Prozessparametern wünschenswert. Damit ergibt sich die Möglichkeit, die Maschineneinrichtung durch ein automatisches Anfahren auf Basis der durch die Simulation prognostizierten Parameter zu beschleunigen. Ist ein optimaler Betriebspunkt gefunden, garantiert die direkte Regelung von Prozessparametern die Einhaltung der erforderlichen Toleranzen. Durch die Verwendung von Qualitätsmodellen wird eine 100%-Kontrolle der gefertigten Bauteile realisiert. Schließlich kann neben der umfassenden Qualitätsdokumentation eine vollautomatische Bauteilselektion stattfinden.

Prozesssimulation

Durch den Rechnereinsatz in der Entwicklungsphase wird bereits hier ein Baustein zur Automatisierung bereitgestellt. Als geeignetes Werkzeug zur Prognose von Bauteileigenschaften sowie zur Verfahrensanalyse bietet sich die Simulation des Spritzgießprozesses an. Aufgrund hoher Qualitätsanforderungen an Spritzgussbauteile bei gleichzeitig geforderter Reduzierung der Formteilentwicklungskosten kann der Sinn und Zweck von Spritzgießsimulationen heute nicht mehr ernsthaft bestritten werden. Die Güte der erzielten Aussagen hängt u.a. davon ab, mit welchen Mitteln die Berechnung durchgeführt wird, d.h. welche Simulationsmethode bzw. welcher Elementtyp zur Anwendung kommt. Man kennt heutzutage Methoden, die auf Schalenelementen und solche, die auf Volumenelementen basieren.

Eine Spritzgießsimulation erfolgt gegenwärtig standardmäßig auf der Basis von Schalenelementen. Dabei wird das in der Realität vorliegende dreidimensionale Strömungsproblem durch ein möglichst äquivalentes zweidimensionales Modell ersetzt. Man nutzt hierbei die Tatsache, dass bei vielen Spritzgussbauteilen die Wanddicke im Verhältnis zu den übrigen Abmessungen sehr klein ist, so dass von einer vorwiegend zweidimensionalen Schmelzeausbreitung ausgegangen werden kann. Eine Anwendung stellen die eingangs erwähnten optischen Datenträger dar. Zur Berechnung legt man durch die Mitte des Bauteilquerschnitts eine Fläche (sog. Mittelfläche) auf der die Simulation erfolgt. Bei Mittelflächenmodellen wird jedem Element die Formteilwanddicke an der jeweiligen Stelle als lokales Attribut zugewiesen. Man spricht daher von einer 2½-dimensionalen Simulation, erhält jedoch eine dreidimensionale Darstellung des Bauteils (Filz und Genoske 1998; Zachert 1998).

Die Berechnung auf Basis von Schalenelementen stellt heutzutage von der Vorhersage der Formteilfüllung bis zu den entstehenden Bauteileigenschaften (z.B. Faserorientierungen, Bauteilmaße, Bauteilgestalt) eine Vielzahl von Ergebnissen bereit (Abb. 1). Dabei muss jedoch beachtet werden, dass bestimmte physikalische Effekte, wie Trägheitseinflüsse, nicht berücksichtigt werden. Dieser Nachteil tritt jedoch nicht bei 3D-Spritzgießsimulationsprogrammen auf, die auf Volumenmodellen basieren und erst seit wenigen Jahren kommerziell erhältlich sind. Eine dreidimensionale Berechnung des Spritzgießprozesses hat zunächst den Vorteil, dass die 3D-CAD-Daten direkt für die Simulation genutzt werden können. Die Netzgenerierung ist deutlich schneller und mit geringerem Aufwand zu realisieren, so dass sich auf diese Weise entscheidende Kosten im Entwicklungsprozess eines Bauteils sparen lassen (Altmann und Wirth 1997; Kallien 2000).

Weiterhin können bei einer vollständig dreidimensionalen Simulation Strömungs- und Wärmetransportvorgänge in alle drei Raumrichtungen berücksichtigt werden. Somit steigt die Informationstiefe über die bei der Verarbeitung ablaufenden Prozesse stark an (Altmann und Wirth 1997). Untersuchungen an Formteilgeometrien, die typische dreidimensionale Strömungsgebiete (wie z.B. im Bereich von Rippenanbindungen) aufweisen, zeigen eine verbesserte Vorhersagegenauigkeit der Schmelzeausbreitung in der Füllphase bei der 3D-Simulation im Vergleich zur 2½D-Berechnung (Michaeli und Zachert 1997a, 1997b; Zachert 1998). Zudem konnten auch im Experiment beobachtete trägheitsbedingte Effekte (z.B. Freistrahlbildung) durch die Simulation

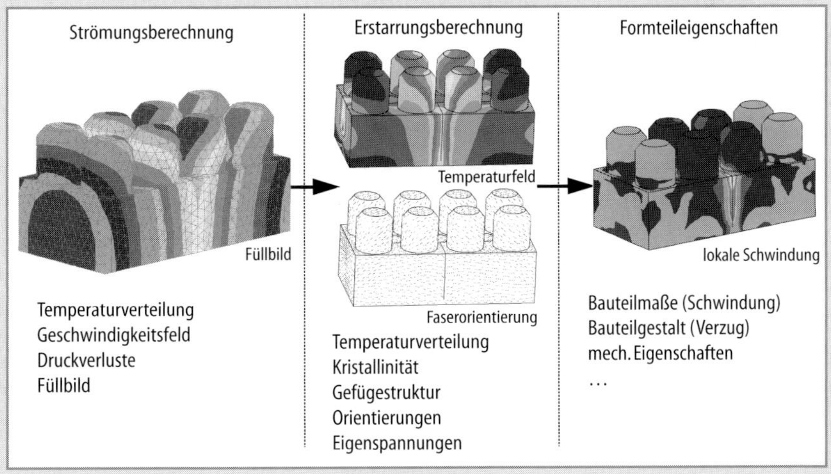

Abb. 1 Durchgängigkeit bei der Simulation des Spritzgießprozesses

nachgebildet werden (Zachert 1998). Ferner führt eine gekoppelte Berechnung von Strömungsvorgängen in der Kavität und Wärmetransportvorgängen im Werkzeug bzw. zwischen Formteil und Werkzeug zu einer verbesserten Temperaturberechnung (Kallien 2000).

Im Vergleich zu den mittelflächenbasierten Programmen steigt jedoch bei der dreidimensionalen Simulation mit Volumenelementen der numerische Aufwand erheblich an. Dies hat selbst bei hohen Rechenleistungen teilweise sehr lange Rechenzeiten von bis zu mehreren Tagen zur Folge (Altmann und Wirth 1997; Zachert 1998). Ferner sind z.Z. die 3D-Spritzgieß-Simulationsprogramme noch nicht in der Lage, die Nachdruckphase zu berechnen, so dass auch noch keine zuverlässige Vorhersage des Schwindungs- und Verzugsverhaltens erfolgen kann. Allerdings ist man schon in der Lage, die Orientierung von Verstärkungsfasern (Kratz 2001) sowie einen auf der Abkühlberechnung basierenden thermischen Verzug dreidimensional zu berechnen.

Unabhängig vom verwendeten Elementtyp sind bei der Prozesssimulation die Güte der verwendeten Stoffdaten von besonderem Interesse, da sie das Simulationsergebnis u.U. erheblich beeinflussen. Es ist daher erforderlich, die bisher übliche Verwendung prozessunabhängiger Materialkennwerte durch temperatur-, druck- und abkühlgeschwindigkeitsabhängige Daten zu ersetzen. Entsprechende Ansätze findet man bereits bei 3D-Simulationsprogrammen.

Doch auch innere Formteileigenschaften, wie z.B. der Gefügeaufbau oder Eigenspannungen, die bisher nur unvollständig oder gar nicht beschrieben werden konnten, gewinnen zunehmend größere Bedeutung. Aktuelle Entwicklungen in diesem Bereich führen dazu, dass das Kristallwachstum in einem Formteilquerschnitt schon in guter Übereinstimmung mit der Realität berechnet werden kann. Ebenfalls ist es schon möglich, für ein Prinzipvolumen die Entstehung dreidimensionaler Eigenspannungen auf Basis eines nichtlinear-viskoelastischen Materialmodells zu prognostizieren. Im Hinblick auf die Vorhersage von finalen Formteileigenschaften kann die Berechnung allerdings nur dann zielführend sein, wenn Modelle in ein FE-basiertes Programm implementiert werden. Auf der Grundlage der hier beschriebenen Prozess- und Werkstoffmodellierung wird man letztendlich dem Ziel einer Vorausberechnung der realen Formteileigenschaften wie auch der dazu erforderlichen Prozessparameter entscheidende Schritte näherkommen.

Optimierung durch Regelung des Werkzeuginnendrucks

Dynamische Untersuchungen haben gezeigt, dass die auch bei dünnwandigen technischen Formteilen wichtige Maschinendynamik und die regelungstechnische Beherrschung bei modernen Spritzgießmaschinen ausreichend gegeben ist, um die in der Simulation ermittelten Prozessdaten zu realisieren. Bei den Regelgrößen Einspritzgeschwindigkeit und Nachdruckprofil handelt es sich jedoch um Parameter, die die Formteilqualität und -konstanz nur indirekt beeinflussen können. Die Einhaltung der in einer Simulation ermittelten Einspritzgeschwindigkeits- und Nachdruckprofile, vorgegeben über den Systemdruck, kann keine konstante Formteilqualität garantieren. Maschinen- und Werkzeugverschleiß können bei dieser Art der Prozessführung nicht berücksichtigt werden, obwohl diese die Eigenschaften der produzierten Formteile maßgeblich beeinflussen. Störeinflüsse, die durch die Maschinentechnik eingebracht werden, können durch eine Prozessführungsstrategie auf Basis des Werkzeuginnendrucks berücksichtigt werden. Hierbei wird der Schmelzedruck in der Kavität über einen angussnah positionierten Drucksensor aufgenommen. Die Regelung des Werkzeuginnendrucks erfolgt online im Zyklus, um auf Änderungen der Regelstrecke und unvorhergesehene Störungen reagieren zu können.

Während der Einspritzphase kann mit dieser Regelung der Verlauf des Werkzeuginnendrucks vorgegeben werden, dies kann beispielsweise ein in der Simulation ermittelter Optimalverlauf sein. In der Nachdruckphase wird der Werkzeuginnendruck mit Hilfe einer p,v,T-Optimierung zu jedem Zeitpunkt online berechnet. Das p,v,T-Verfahren beruht auf der Idee, den Spritzgießprozess anhand des Druck-, Dichte- und Temperaturkennfelds (Gilmore und Spencer 1950) zu optimieren und zu regeln (Matzke 1982; Stitz 1973). Damit kann an einem lokalen Punkt im Werkzeug ein optimaler Nachdruckverlauf realisiert werden, um mit einer isochoren Prozessführung zu gewährleisten, dass die volumetrische Schwindung bei Erreichen der 1-bar-Linie konstant bleibt. Änderungen von Eingangsgrößen (z. B. Massetemperatur) werden so während der gesamten wirksamen Nachdruckdauer durch eine vollautomatische Adaption des Druckprofils ausgeglichen.

Auf Prozess- und Materialschwankungen kann durch schnelle Reaktion auf Störungen während des gesamten Prozesses in Echtzeit reagiert werden. Dadurch wird eine hohe Qualitäts- und Prozessstabilität erreicht, und die Ausschussrate kann deutlich gesenkt werden.

Prozessanalyse und Prozessoptimierung mit Qualitätsmodellen

Betrachtet man den Spritzgießprozess als Gesamtheit, so muss die gegenseitige Beeinflussung der verschiedenen Parameter in Betracht gezogen werden. Zur Ermittlung des Zusammenhangs zwischen Prozessparametern und Bauteileigenschaften ist eine Analyse des Prozesses notwendig. Bis heute sind nur qualitative Aussagen über Zusammenhänge von Einstellgrößen und Qualitätsmerkmalen möglich. Um einen optimalen Arbeitspunkt im Sinne hoher Qualität, großem Ausstoß und – damit verbunden – niedrigen Produktionskosten zu finden, muss der Zustand der Produktion exakt bekannt sein. Ausgehend vom zur Verfügung stehenden Wissen um das herzustellende Formteil erfolgt die Planung der durchzuführenden Analyse. Auf Fuzzy-Logic basierende Systeme zur Versuchsplanung sind in der Lage, vorhandenes Prozesswissen über den Spritzgießprozess zu modellieren. Mit solchen Systemen wird ein statistischer Versuchsplan zur Bemusterung des verwendeten Spritzgießwerkzeugs erstellt. Basierend auf diesem Versuchsplan wird eine Versuchsreihe durchgeführt. Jeder Versuchseinstellung werden mehrere Formteile entnommen und die zugehörigen Prozessgrößen aufgezeichnet. Aus den aufgezeichneten Signalverläufen werden Kenngrößen berechnet, die die relevanten Informationen aus dem Prozess widerspiegeln. Zusätzlich zur Aufzeichnung der Daten werden an den entnommenen Formteilen die zu betrachtenden Qualitätsmerkmale messtechnisch bestimmt. Moderne Software zur Bemusterung von Anlagen bietet neben der automatischen Definition von Kenngrößen aus den Prozesskurvenverläufen auch eine halbautomatische Auswahl der zu bestimmenden Qualitätsmerkmale an.

Durch die Prozessanalyse stehen alle notwendigen Daten zur Verfügung, um eine Abbildungsvorschrift zwischen den aufgenommenen Prozessdaten und den Formteileigenschaften zu bilden. Zur Erstellung von Qualitätsmodellen aus den ermittelten Kenngrößen werden Verfahren der klassischen Statistik, lineare, multiple, robuste und logistische Regressionen und Neuronale Netzwerke aus dem Forschungsbereich der künstlichen Intelligenz eingesetzt.

Mit der Berechnung von Formteileigenschaften auf der Basis empirischer Prozessmodelle ist es möglich, eine dem Herstellungsverfahren gerechte Qualitätsdokumentation sowie Ausschussseparierung durchzuführen. Nachdem das Qualitätsmodell einmal erstellt wurde, kann eine Berechnung der Formteileigenschaften für jedes einzelne Formteil online erfolgen. Durch die zerstörungsfreie und kostengünstige Methode ist eine 100%-Qualitätssicherung leicht realisierbar. Attributive Qualitätsmerkmale wie Brenner oder Einfallstellen, die messtechnisch nicht erfassbar sind, können über Qualitätsmodelle ermittelt werden. Eine messende Prüfung von Qualitätsmerkmalen kann so für viele Eigenschaften weitgehend ersetzt werden (Schnerr-Häselbarth 2000).

Zusätzlich bietet sich die Möglichkeit, Produktionsprozesse gemäß den Anforderungen mathematisch zielgerichtet zu beeinflussen. Die Regelung der Qualität, bei der die mit empirischen Modellen berechneten Formteileigenschaften in die Steuerung zurückgeführt werden, galt lange Zeit als Weiterentwicklung der Online-Qualitätsüberwachung. Diese Art von Regelungssystemen hat sich aufgrund der Komplexität des Spritzgießprozesses und der komplizierten Anwendung bis heute industriell noch nicht durchgesetzt. Einfach zu bedienende Systeme, die aus der Vorgabe von Qualitätsmerkmalen signifikante Einstellparameter auch bei der Kombination mehrerer Eigenschaften berechnen, können mittels Fuzzy-Logik realisiert werden. Durch Integration lernfähiger Komponenten ist ein solches System adaptierbar. Unvollständige Regeln können ergänzt oder für einzelne Formteilgruppen ungültige Regeln korrigiert bzw. ersetzt werden (Schnerr-Häselbarth 2000).

Werden heute vor allem eigenständige Systeme zur Modellbildung und Qualitätskontrolle auf Basis von Prozessmodellen eingesetzt, die über eine Leitrechnerschnittstelle mit der Spritzgießmaschine kommunizieren, bieten einige Maschinenhersteller bereits eine Integration in die Maschinensteuerung an. Ein solches Konzept bietet neben der Vereinfachung der Anwendung und der Vermeidung von Fehlern insbesondere die Möglichkeit der weitgehenden Automatisierung. Durch eine datenbankunterstützte Modellbildung können Rüst- und

Stillstandzeiten auf ein absolutes Minimum reduziert werden. Die Bemusterung eines Werkzeugs wird von der Maschine eigenständig durchgeführt. Dazu erstellt die in die Maschinensteuerung integrierte Software den statistischen Versuchsplan mit den Parametervariationen und führt die Versuche selbstständig durch. Die notwendigen Parametervariationen können ohne ein Eingreifen des Bedieners vorgenommen werden. Nach der Eingabe der gemessenen Qualitätskriterien werden die Qualitätsmodelle selbstständig ermittelt und die Maschine stellt sich automatisch auf die optimierten Parameter ein. Die Produktion kann beginnen.

Literatur

Altmann O, Wirth HJ (1997) 3D-CAE-Rheologie über 3D-CAD-Volumenmodelle: Die dritte Generation von Entwicklungs-Software für die Kunststofftechnik. Kunststoffe 87 (1997) 11, S. 1670–1675

Filz PF, Genoske H (1998) Simulieren statt Probieren. Spritzgießsimulation gestern, heute, morgen. Kunststoffe 88 (1998) 7, S. 954–956

Gilmore GD, Spencer RS (1950) The Role of Pressure, Temperature and Time in the Injection Molding Process, Modern Plastics (1950) 4, S. 143–150 u. 218–228

Kallien LH (2000) Von 2 ½ zu 3D. Trends zu dreidimensionalen Ansätzen bei der Spritzgießsimulation. Kunststoffberater 45 (2000) 7/8, S. 36–40

Kratz M (2001) 3D-FEM-Spritzgießsimulation – Berechnung von Faserorientierung und Kristallisationsgrad. In: Fachbeiratsgruppe Spritzgießen, Institut für Kunststoffverarbeitung, Aachen

Matzke A (1982) Prozessrechnereinsatz beim Spritzgießen, Rheinisch-Westfälische Technische Hochschule Aachen, Dissertation

Michaeli W, Zachert J (1997a) Simulation and Analysis of Three-Dimensional Polymer Flow in Injection Moulding. In: Society of Plastics Engineers (SPE), Proceedings of Annual Technical Conference (ANTEC), Toronto, Kanada

Michaeli W, Zachert J (1997b) Visualization and Simulation of Three-Dimensional Polymer Flow in the Injection Moulding Process. In: Proceedings of PPS-13, Secaucus (NJ), USA

Schnerr-Häselbarth O (2000) Automatisierung der Online-Qualitätsüberwachung beim Kunststoffspritzgießen, Rheinisch-Westfälische Technische Hochschule Aachen, Dissertation

Stitz S (1973) Analyse der Formteilbildung beim Spritzgießen von Plastomeren als Grundlage für die Prozessführung. Rheinisch-Westfälische Technische Hochschule Aachen, Dissertation

Zachert J (1998) Analyse und Simulation dreidimensionaler Strömungsvorgänge beim Spritzgießen. Rheinisch-Westfälische Technische Hochschule Aachen, Dissertation, 1998

Verzahnungen

Verzahnungsschleifmaschinen auf dem Weg zur autonomen Produktionszelle

Dr.-Ing. Karl Schwiegelshohn
Dr.-Ing. Alois Mundt

»Die autonome Produktionszelle stellt eine Lösungsmöglichkeit der Zukunft für die erweiterten Anforderungsspektren der Werkzeugmaschinenanwender dar.«

KARL SCHWIEGELSHOHN

ALOIS MUNDT

Karl Schwiegelshohn studierte nach 8-jähriger Industrietätigkeit von 1955–1963 an der RWTH Aachen Maschinenbau, Fachrichtung Fertigungstechnik. Er erwarb sein Diplom 1959 und promovierte 1963.

Seit 1964 ist er im Unternehmen Liebherr tätig, zurzeit Mitglied des Verwaltungsrats der Liebherr-International AG, Bulle, zuvor Vorsitzender der Geschäftsführung der Liebherr-Holding GmbH, Biberach (Dachgesellschaft der deutschen Liebherr-Gruppe). Ebenfalls ist er Vorsitzender der Geschäftsführungen der Liebherr-Aero-Technik GmbH, Lindenberg und der Liebherr-Verzahntechnik GmbH, Kempten. Karl Schwiegelshohn war und ist Aufsichts- bzw. Beiratsmitglied in verschiedenen Industrieunternehmen. Von 1975–1995 war er Mitglied des Vorstands, seit 1983 stellvertretender Vorsitzender des Vereins Deutscher Werkzeugmaschinenfabriken e.V., Frankfurt, von 1973–1996 Mitglied des Beirats und Präsidiums des Bundesverbandes Deutsche Luftfahrt-, Raumfahrt- und Ausrüstungsindustrie e.V., Bad Godesberg, seit 1988 Vize-Präsident, von 1973–2002 Mitglied des Interministeriellen Ausschusses für Ausfuhrbürgschaften und Ausfuhrgarantien des Bundesministeriums für Wirtschaft sowie weiteren nationalen und internationalen Gremien.

Karl Schwiegelshohn ist seit 1961 Mitglied des Freundeskreises des WZL Aachen und seit 1979 Vorsitzender des Vorstands. Er ist Inhaber verschiedener hoher Auszeichnungen, so des Verdienstkreuzes 1. Klasse und des Großen Verdienstkreuzes des Verdienstordens der Bundesrepublik Deutschland.

Alois Mundt studierte von 1977–1984 an der RWTH Aachen Maschinenbau, Fachrichtung Fertigungstechnik. In den Jahren 1985–1991 arbeitete er als wissenschaftlicher Mitarbeiter am Werkzeugmaschinenlabor der RWTH Aachen. Im Jahr 1992 promovierte er am Lehrstuhl Fertigungstechnik. Seit 1991 ist Alois Mundt Mitarbeiter der Liebherr-Verzahntechnik GmbH, Kempten und leitet zurzeit die Konstruktion und Entwicklung für Verzahnmaschinen.

Verzahnungsschleifmaschinen auf dem Weg zur autonomen Produktionszelle

Karl Schwiegelshohn, Alois Mundt

Einleitung

Zwei Entwicklungen haben im vergangenen Jahrzehnt weltweit die Markt- und Wettbewerbsstrukturen dramatisch verändert, zum einen die Globalisierung, zum anderen die Informationstechnologie. Durch das Motto „Jeder weiß, erfährt und kann alles" hat sich in unserem Wirtschaftsleben eine Dynamik aufgebaut, die alle Bereiche in einen steten Wandel versetzt, wodurch sich ein ständig ändernder, verschärfter Wettbewerb ergibt. Für die Unternehmen zählen daher die Kostenreduzierung, die Ausnutzung neuer technologischer Möglichkeiten sowie die Erhöhung der Anpassungsfähigkeiten und Anpassungsgeschwindigkeiten an die wechselnden Kundenanforderungen noch mehr als vorher zu den prioritären Aspekten aller strategischen Überlegungen. Dies führt zu unterschiedlichen Anforderungsspektren an das eigene Haus, aber ebenso an die Zulieferanten und ganz besonders bei den produzierenden Unternehmen an die Hersteller von Fertigungseinrichtungen.

Aufgabe dieses Beitrags soll sein, die Anforderungen an die Werkzeugmaschinen der Zukunft und hier speziell an die Verzahnungsschleifmaschinen und deren Lösungsmöglichkeiten aufzuzeigen.

Das Verzahnungsschleifen

Der Verzahnungsprozess zählt zu den besonders komplexen und vielschichtigen Fertigungsverfahren, bei denen die unterschiedlichsten Werkzeuge zum Einsatz kommen. Welches Verfahren Anwendung findet, hängt neben den wirtschaftlichen Aspekten der Fertigung von verschiedenen Parametern des Radkörpers (Werkstücks) und seinem Einsatzprofil ab.

Ein Verfahren, das zunehmend an Bedeutung gewinnt, ist das Verzahnungsschleifen. Dieses Bearbeitungsverfahren war in der Vergangenheit ein aufwendiger, zeitintensiver und damit teurer Endbearbeitungsprozess. Die Bedienung der Maschine wurde ausschließlich qualifizierten Facharbeitern übertragen. Daher wurden geschliffene Verzahnungen vorwiegend nur in Maschinen und Anlagen verwendet, die sehr hohe Anforderungen an die Laufgenauigkeit oder die Leistungsdichte der Getriebe stellten.

Es galt das Prinzip: Zahnflankenschleifen nur, wenn unumgänglich nötig.

Die Entwicklung in der Fahrzeugindustrie führte zu steigenden Leistungen, höheren Drehmomenten und erheblichen Anforderungen an das Geräuschverhalten. Dies kann aber in der Getriebetechnik nur mit geschliffenen Verzahnungen zufriedenstellend realisiert werden. Deshalb kommen im LKW-Getriebebau heutzutage fast nur noch geschliffene Zahnräder zum Einsatz und auch im PKW-Bereich wird bereits ein großer Teil der Verzahnungen geschliffen. Aber auch außerhalb der Fahrzeugindustrie bestimmen geschliffene Verzahnungen immer mehr die Getriebetechnik, wie z.B. bei den Windkraftanlagen.

Die Verzahnungsschleifverfahren werden in Wälzschleifverfahren und Profilschleifverfahren unterschieden.

Bei den Wälzschleifverfahren haben sich aufgrund ihrer Leistungsfähigkeit die kontinuierlichen Verfahren mit Schleifschnecke am Markt etabliert. Dabei kommen sowohl Werkzeuge mit abrichtbarem Korund als auch Schleifschnecken mit galvanisch belegtem CBN zum Einsatz. Das Potenzial des Verfahrens liegt bei Werkstücken mit größerer Zähnezahl und kleinem bis mittlerem Modul.

Die teilenden Wälzverfahren mit Schleifscheiben, die sehr lange den Markt bei Verzahnungen mit großem Modul bestimmten, sind nahezu vollständig durch die Profilschleifverfahren ersetzt worden. Dabei finden vorwiegend abrichtbare Werkzeuge Verwendung. Beim Einsatz in der Autoindustrie werden für das Profilschleifen im wesentlichen CBN-beschichtete Profilscheiben eingesetzt.

Eine Sonderstellung nimmt das kontinuierliche Profilschleifen mit Globoid-Schnecken ein. Dieses Verfahren stellt eine der wirtschaftlichsten Möglichkeiten der Feinbearbeitung von Verzahnungen im Automobilbau dar, ist jedoch im Anwendungsbereich sehr stark durch die bearbeitbaren Verzahnungsabmessungen eingeschränkt. Das Abrichten des Werkzeugs erfolgt dabei durch ein diamantbeschichtetes Zahnrad, das dem zu bearbeitenden Werkstück entspricht. Aufgrund der schwierigen Herstellung des Abrichtrades und der dadurch bedingten geringen Flexibilität wird das kontinuierliche Profilschleifen nur bei der Großserienfertigung eingesetzt.

Die Auswahl des Feinbearbeitungsverfahrens hängt von sehr vielen Randbedingungen ab. Die meisten Anwender von Verzahnungsschleifmaschinen haben ein Werkstückspektrum, bei dem einerseits das Wälzschleifen und andererseits das Profilschleifverfahren wirtschaftlich und vom Einsatzprofil her sinnvoll sind. Es kommt sogar vor, dass erst die Kombination beider Verfahren im gleichen Fertigungsprozess eine wirtschaftliche Optimierung ermöglicht.

Die Anforderungen des Kunden lauten also nicht nur auf einer Maschine ohne aufwendige Umstellung sowohl Wälz- als auch Profilschleifwerkzeuge einsetzen, sondern sie ebenfalls in einem geschlossenen Prozess integrieren zu können.

Das individuelle Kaufverhalten der Kunden hat in Verbindung mit Wettbewerb und Kostendruck viele Unternehmen der Investitionsgüterindustrie veranlasst, ihre Produktstrategie zu verändern. Kostenminimierung einer Mengenproduktion mit ständig wechselnden Losgrößen und unterschiedlichen Teilespektren ist die Zielvorgabe, auch unter dem Begriff „Mass Customization“ bekannt.

Dies stellt an die Produktionsanlagen erhebliche zusätzliche Anforderungen sowohl an die Fertigungseinrichtungen selbst als auch an die Peripherie.

Eine weitere Auswirkung des Kostendrucks auf die Unternehmen der produzierenden Industrie ist die Reduzierung des Fach- und Bedienungspersonals im Umfeld der Fertigung bei gleichzeitiger Steigerung der Produktivität und der Anlagenverfügbarkeit.

Dies bedeutet neben den Bearbeitungsaufgaben einen zusätzlichen Ausbau von Überwachungsfunktionen und Einbau von Korrektureinrichtungen sowie Serviceaggregaten und -programmen.

Wie schon erwähnt, zählt der Verzahnungsprozess zu den besonders komplexen und komplizierten Produktionsaufgaben mit hohen Anforderungen an die Präzision.

Die Erweiterung des Aufgabenspektrums mit Überwachungs- und Betreuungsfunktionen stellt für die Verzahnungsmaschinen-Hersteller deshalb eine große Herausforderung dar, sowohl in technischer als auch in wirtschaftlicher Hinsicht.

Die Lösung aller vorgenannten, zusätzlichen und ausgedehnten Aufgabenspektren lässt sich am besten mit einer autonomen Fertigungszelle realisieren. Im Folgenden soll aufgezeigt werden, dass auch die Verzahnmaschinenhersteller diesen Weg beschreiten. Dazu bedarf es aber noch erheblicher Entwicklungen im Hardware- und Software-Bereich, welche sich wirtschaftlich sinnvoll nur in Stufen verwirklichen lassen.

Konzeption einer Fertigungszelle

Der Aufbau einer Fertigungszelle für das Verzahnungsschleifen im Fahrzeuggetriebebau soll anhand der nachstehenden Unterteilung erläutert werden

- Schleifverfahren
- Maschinenkörper
- Bearbeitungseinheit und Werkzeugsystem
- Automationskonzept
- Steuerung und Regelung.

Schleifverfahren

Die Zielrichtung bei der Entwicklung einer Verzahnungsschleifmaschine für die Serienfertigung wird durch die Abmessungen der Verzahnungen im Fahrzeuggetriebebau bei Personen- und Nutzfahrzeugen bestimmt. Diese liegen im Bereich bis etwa Modul 6,5 mm bei einem Außendurchmesser bis ca. 350 mm.

Das für die Bearbeitung der Werkstücke günstigste Schleifverfahren ergibt sich durch die geometrischen Abmessungen und die Anforderungen an das Zahnrad im Getriebe.

Gangräder als scheibenförmige Bauteile mit großer Zähnezahl ohne Störkonturen können sehr wirtschaftlich durch kontinuierliche Wälzschleifverfahren

Abb. 1 Wälzschleifen mit CBN-Schrupp- und Schlichtschnecke

mit einer Zweischnittstrategie durch Schruppen und Schlichten bearbeitet werden (Abb. 1).

Aufgrund der generierenden Erzeugung des Zahnflankenprofils ergeben sich sehr gute Profil- und Teilungsqualitäten. Diese hohe Qualität und die durch das Verfahren gleichmäßig erzeugte Oberflächenstruktur, die sich im Wesentlichen entlang der Zahnrichtung orientiert, bewirken für das Einsatzverhalten im Getriebe zuweilen Geräuschanregungen in einem schmalen Frequenzbereich. Dieses Geräuschverhalten wird im Fahrzeug als störend empfunden. Um diesem Geräuschverhalten entgegenzuwirken, kann mit zusätzlichen Achsbewegungen die Oberflächenstruktur beeinflusst werden.

Auch kann eine weitere Bearbeitung durch Verzahnungshonen angeschlossen werden, um die Werkstücke in ihrem Anregungsverhalten im Getriebe zu verändern.

Eine Alternative stellt die Bearbeitung dieser Werkstücke durch das Form- oder Profilschleifen ebenfalls mit einer Zweischnittstrategie dar. Das Profilschleifen benötigt aufgrund der erforderlichen Teilzeiten deutlich mehr Zeit als die kontinuierlichen Verfahren, jedoch ist das Geräuschverhalten profilgeschliffener Verzahnungen günstiger.

Eine wirtschaftliche Alternative für die Bearbeitung von Gangrädern kann damit durch die Kombination der beiden Verfahren erreicht werden, wenn man den Schruppprozess durch kontinuierliches Wälzschleifen realisiert und die Struktur der Flankenoberfläche durch Profilschleifen im Schlichtschnitt erzeugt (Abb. 2). Das setzt jedoch die maschinen- und programmtechnischen Möglichkeiten voraus.

Die Wellenbearbeitung hingegen ist sehr häufig durch die geometrischen Randbedingungen infolge von Störkonturen bestimmt. Aufgrund der Störkonturen sind die Werkzeugdurchmesser begrenzt. Eine Bearbeitung durch Wälzschleifen mit Schleifschnecken ist nur in wenigen Fällen möglich, da der kleinste wirtschaftlich sinnvolle Schneckendurchmesser ca. 90 mm beträgt. Zudem ergeben sich dann bei wirtschaftlich anzustrebenden Schnittgeschwindigkeiten in Zusammenhang mit den meist geringen Zähnezahlen der Verzahnungen auf der Welle zu hohe Wälzgeschwindigkeiten, die die Steuerung der Achsen und Antriebe deutlich erschwert.

Somit werden Wellen nahezu ausschließlich durch Profilschleifen mit CBN-beschichteten Werkzeugen bearbeitet (Abb. 3). Der Einsatz von abrichtbaren Werkzeugen beim Form- oder Profilschleifen ist in der Serienfertigung nicht anzutreffen, da aufgrund der geringen Durchmesser die Abrichthäufigkeit einen wirtschaftlichen Einsatz nicht zulässt.

Abb. 2 Wälzschleifen zum Schruppen, Profilschleifen zum Schlichten

Abb. 3 Profilschleifen zweier Verzahnungen in einer Aufspannung mit CBN

Um bei der Auswahl des Bearbeitungsverfahrens nicht durch die Maschinenkonstellation eingeschränkt zu werden, ist es daher erforderlich, dass dem Anwender in einem Maschinenkonzept alle Bearbeitungsmöglichkeiten einzeln und in der Kombination zur Verfügung stehen.

Bei der Fertigungszelle für den Fahrzeuggetriebebau ist ein Automatisierungssystem obligatorisch. In die Grundüberlegungen für den Maschinenkörper muss deshalb das Automatisierungskonzept eingeschlossen werden.

Maschinenkörper

Ausgangspunkt der Maschinenkonzeption ist die Anordnung der Werkstückspindel. Sie kann in horizontaler oder vertikaler Position erfolgen. Auch bestimmt die Frage, ob die Werkzeugspindel ortsfest oder beweglich ist, das Grundkonzept der Maschine. Aufgrund des Werkstückspektrums, das in der überwiegenden Mehrheit aus scheibenförmigen Werkstücken besteht, wird in der Praxis der vertikale Einbau der Werkstückspindel bevorzugt. Die Spindel wird im Hinblick auf eine feste Übergabeposition zur Fabrikautomation ortsfest eingebaut. Die senkrechte Anordnung der Spindel zeigt zudem bei der Bearbeitung von scheibenförmigen Zahnrädern hinsichtlich der Handhabung und der Spanngenauigkeit Vorteile, da im Gegensatz zur horizontalen Anordnung die Schwerkraft keinen Einfluss auf die Lage der Werkstücke in der Aufspannung hat. Lediglich bei der Bearbeitung von sehr langen Wellen ist eine horizontale Werkstückachse vorteilhaft.

Aufgrund der Achskombinationen mit einer feststehenden vertikalen Tischachse und fünf aufeinander aufbauenden Achsen für die Bearbeitungskinematik empfiehlt sich die klassische Maschinenbauweise, die allerdings ein sehr verwindungssteifes Maschinenbett voraussetzt.

Die dynamische Belastung des Maschinensystems wird durch die Beschleunigungskräfte beim Profilschleifen bestimmt. Es ist bedingt durch die technologischen Anforderungen zweckmäßig, die Vorschubgeschwindigkeit des Werkzeugs im Prozess möglichst konstant zu halten, damit die Kontaktbedingungen entlang der Profilrichtung der Zahnflanken keine Veränderung erfahren. Dies gewährleistet zum einen gleichbleibende Eigenschaften der Zahnflanken entlang der Profilrichtung und bietet zum anderen die besten Vorrausetzungen, eine thermische Schädigung des Werkstücks (Schleifbrand) zu vermeiden. Daher muss die Beschleunigung des Werkzeugschlittens außerhalb des Kontaktbereichs Werkstück/Werkzeug erfolgen. Um dies auch bei Werkstücken mit geometrischen Störkonturen erreichen zu können, werden somit Beschleunigungen des Werkzeugschlittens von 10 m/s^2 und mehr erforderlich.

Für die Entwicklung der Maschine und der einzelnen Baugruppen wird im Vorfeld eine Simulation der statischen und dynamischen Eigenschaften durchgeführt. Dabei sind zunächst die Funktionsflächen des Bauteils sowie die Belastungsgrößen an der Bearbeitungsstelle zu definieren. Mit Hilfe der Berechnungsalgorythmen wird dann für die einzelnen Bauteile die optimale Materialverteilung bestimmt und somit die höchstmögliche statische und dynamische Steifigkeit garantiert. In Abb. 4 ist eine berechnete Masseverteilung für das Maschinenbett beispielhaft dargestellt.

Dieses theoretische Modell stellt die Basis für die Gestaltung der realen Bauteile dar. Abbildung 5 zeigt das daraus resultierende Maschinenbett. Für die Umsetzung sind dabei die Gießbarkeit, die Bearbeitbarkeit sowie die Nebenfunktionen der Maschinenelemente zu berücksichtigen. In der gleichen Art und Weise werden alle wesentlichen Bauelemente der Maschine ausgelegt.

Die Eigenschaften der Führungs- und Lagersysteme der Maschine bestimmen sehr stark die makrogeometrische Qualität der bearbeiteten Werkstücke. Ein Großteil der Topologieoptimierungen an den Verzahnungen wird durch die Kombination von Achsbewegungen erzeugt. Dies gilt z. B. für die Flankenlinienkorrekturen als Kombination einer Achs- und Zustellbewegung beim Zweiflankenschliff oder als Kombination einer Achsbewegung mit einer Zusatzdrehung des Werkstücks bei der Einflankenbearbeitung. Bei sehr komplexen Verschränkungskorrekturen können diesen Bewegungen noch Werkzeugverlagerungen entlang der Werkzeugachse sowie Korrekturen des Schwenkwinkels überlagert werden. Daher kommt der Auswahl des Führungssystems eine hohe Bedeutung

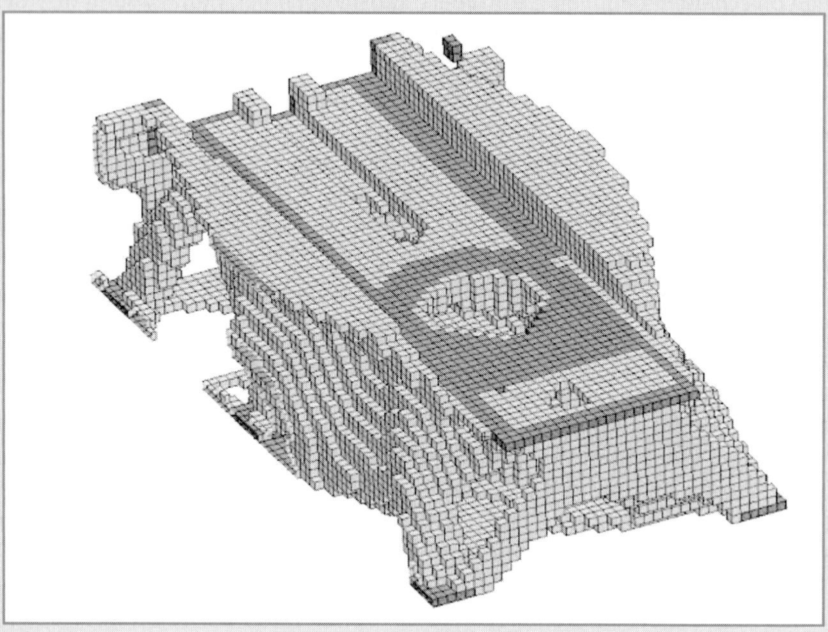

Abb. 4 Topologieoptimierung des Maschinenbetts

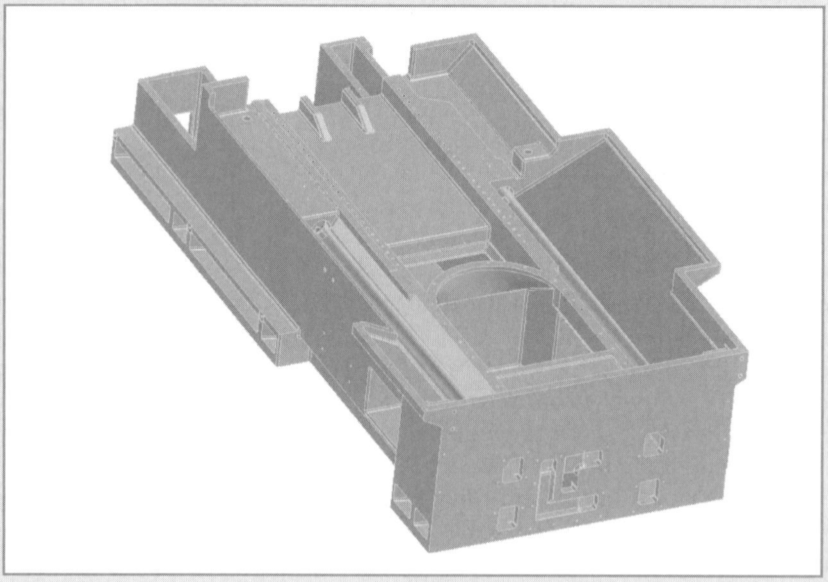

Abb. 5 Darstellung des fertigungsgerecht optimierten Maschinenbetts

zu. Die wesentlichen Anforderungen an die Führungssysteme sind schnelle, präzise Bahnbewegungen ohne Gier-, Roll- oder Stampfeffekte sowie eine stick-slipfreie Bewegung auch im µm-Bereich. Diese Forderungen werden durch moderne Rollenlinearführungen sehr gut erfüllt.

Bearbeitungseinheit und Werkzeugsystem

Neben den Führungsbahnen hat die Gestaltung der Bearbeitungseinheit eine sehr große Bedeutung. Dabei ergeben sich für die Auslegung der Schleifspindel zwei gegenläufige Forderungen. Zum einen ist eine hohe Spindeldrehzahl für die Bearbeitung mit kleinen CBN-Profilwerkzeugen erforderlich, zum anderen muss der Gleichlauf der Spindel auch bei sehr niedrigen Werkzeugdrehzahlen während des Abrichtens von Schleifschnecken gewährleistet sein. Um diese Anforderungen zu erfüllen, kommen wälzgelagerte Hochfrequenzspindeln mit integriertem Werkzeugspannsystem zum Einsatz. Die Aufnahme der Werkzeuge muss mit sehr hoher Genauigkeit erfolgen und dennoch muss der Wechsel einfach und schnell möglich sein. Wenn dies gewährleistet ist, ist die Verwendung von vororientierten und vorvermessenen Werkzeugen möglich.

Da häufig in einem Werkzeugsystem für die Schrupp- und Schlichtbearbeitung oder zur Bearbeitung unterschiedlicher Verzahnungen in einer Aufspannung mehrere Schleifkörper angeordnet sind, die nacheinander zum Einsatz kommen, ist eine schnelle und hochpräzise Positionierung der Werkzeuge entlang ihrer Achse unabdingbar. Dies ist ebenso Voraussetzung für die weiter oben beschriebenen Korrekturen der Verzahnungstopologie.

Um bei solchen Werkzeugkombinationen eine hohe statische und dynamische Steifigkeit am Werkzeug zu erzielen, ist eine beidseitige Lagerung mit Haupt und Gegenlager von Vorteil.

Automatisationskonzept

Als weiterer wesentlicher Punkt bei der Konzeption einer Verzahnmaschine für die Mittel- und Großserienfertigung ist das Automatisierungskonzept zu nennen. Bei den immer kürzer werdenden Hauptzeiten bestimmt der Werkstückwechsel einen sehr großen Zeitanteil. Zudem ist i. Allg. eine Einbindung in Fabrikautomationssysteme erforderlich. Daraus ergibt sich die Forderung, die Übergabe des Werkstücks außerhalb der Maschine an einem Fixpunkt vorzunehmen und die Spannvorrichtung über eine maschineninterne Automation zu beladen.

Die Handhabung der Werkstücke erfolgt dabei mit je einem Greifersystem für das Rohteil und das Fertigteil. Hier haben Ring- oder Schwenkladersysteme einen erheblichen Zeitvorteil gegenüber linear bewegten Systemen. Dies gilt insbesondere auch im Vergleich mit einer Direktbeladung der Vorrichtung der Maschine durch externe Handhabungssysteme.

Steuerung und Regelung

Neben den maschinenbaulichen Voraussetzungen bestimmt heute die Steuerung die Leistungsfähigkeit der Maschine. Die nach Möglichkeit direkten Antriebe der einzelnen Achsen erlauben gezielte Korrekturbewegungen, um die topologische Ausbildung der Flanke zu beeinflussen. Somit sind mit den modernen elektronischen Steuerungen im Rahmen der geometrischen Kontaktbedingungen durch gekoppelte Bahnbewegungen der Einzelachsen heute vielfältige Flankenmodifikationen am Zahnrad darstellbar. In Verbindung mit entsprechenden Werkzeugsystemen hat damit der Konstrukteur die Möglichkeit, die für das jeweilige Getriebe optimalen Anforderungsprofile des Radkörpers auszuwählen.

Zu dem Funktionsumfang der Steuerung einer Produktionszelle und erst recht einer autonomen Produktionszelle zählt neben der reinen Bewegungserzeugung die Prozessüberwachung und -regelung sowie die Störungsmittlung und Störungsbeseitigung. Sie muss außerdem über eine hohe Kommunikationsfähigkeit verfügen und in breitem Umfang Vernetzungsmöglichkeiten beinhalten. Um diese Anforderungen praxisgerecht einbringen zu können, ist ein hohes Augenmerk auf die Maschinenbedienung zu legen.

Die Qualität der Bedienungsoberfläche, das Mensch-Maschine-Interface, bestimmt letztlich die Akzeptanz einer Maschine bzw. Fertigungszelle. Im Vordergrund muss dabei die Entlastung des Maschinenbedieners und die Reduzierung der Fehlermöglichkeiten stehen. Der Weg zu einer Fertigungszelle kann anhand zweier Beispiele aufgezeigt werden.

Das Verzahnungsschleifen orientiert sich bei der Bearbeitung an der gehärteten Vorverzahnung. Dies macht eine Ausrichtung des Werkzeugs an der Verzahnung erforderlich. Das Einfädeln erfolgte bisher von Hand, indem ein Bediener das Werkstück während des Aufspannens an der stehenden Scheibe oder einer mechanischen Einfädelhilfe ausrichtete. Dieser langwierige Prozess barg ein hohes Fehlerpotenzial und erforderte aufgrund der fehlenden Reproduzierbarkeit ein hohes Flankenaufmass. Dies bedingt einen höheren Werkzeugverschleiß und eine geringere Wirtschaftlichkeit.

Für die Serienfertigung ist daher eine automatische Erkennung der Vorverzahnung erforderlich. Durch Sensorik und Mustererkennungsprogramme ist man in der Lage, die Verzahnungsgeometrie am zu bearbeitenden Werkstück in kürzester Zeit zu bestimmen und den Spindelantrieb durch Zusatzbewegungen zu einem bekannten Werkzeug zu orientieren. Hierbei stellt das Einfädeln in die Schleifschnecke eine erhebliche Schwierigkeit dar, da die Lage des Schneckengangs von vielen Randbedingungen beeinflusst wird.

Die Bestimmung dieser Lage erfolgt durch einen Lernprozess, bei dem einmalig manuell eingefädelt wird und die Synchronisation der Werkzeug- und Werkstückspindel als Muster für die weiteren Werkstücke dient. Der Mustervergleich ermöglicht darüber hinaus auch, Prozessparameter zu beeinflussen. So ist es möglich, Werkstücke, deren Schleifaufmaß zu groß ist, abzuweisen oder durch eine Mehrschnittbearbeitung das Werkzeug vor Überlastung zu schützen.

Die neuesten Entwicklungsschritte ermöglichen nun auch den Verzicht auf das manuelle Ersteinfädeln durch den Einsatz der Regelsensorik der Antriebe, mit deren Hilfe man den Werkzeugkontakt und die Kraftrichtung erfassen und für die Bestimmung der Korrekturrichtung nutzen kann. Somit begrenzen sich die manuellen Tätigkeiten auf den Wechsel der Vorrichtungen und Werkzeuge.

Ein anderes Beispiel in Richtung der Autonomie einer Maschine ist die Vorgehensweise bei der Profil- und Richtungskorrektur des Verzahnungsprofils.

Die Korrekturmöglichkeiten durch die Kombination von Achsbewegungen sind vielfältig und erfordern einen hohen Kenntnisgrad über die Abläufe und Zusammenhänge des Prozesses. Hier bieten Systeme, die eine Rückführung des Bearbeitungsergebnisses anhand von Messdiagrammen ermöglichen und daraus die erforderlichen Korrekturen der Achsbewegungen ermitteln, einen erheblichen Fortschritt in Richtung einer autonomen Maschine.

Im Bereich großer Verzahnungsschleifmaschinen werden heute bereits Verzahnungsmesssysteme in die Maschine integriert, um sicherzustellen, dass die geforderte Qualität erreicht wird, bevor man das Werkstück aus der Maschine nimmt. Diese Vorgehensweise ist aus wirtschaftlichen Gründen erforderlich, da das Handling der Bauteile sehr aufwendig ist und die Messzeit in einem vertretbaren Rahmen zur Bearbeitungszeit steht. Im Bereich der Automobilproduktion ist diese Arbeitsweise noch nicht eingeführt.

Neben der Leistungsfähigkeit der Maschinen im Hinblick auf Technologie, Bedienung und Fertigungsqualität sind heute die Eigenschaften des Systems bezüglich Wartung und Service von entscheidender Bedeutung. Der servicefreundliche Maschinenaufbau wird durch die Steuerungstechnik unterstützt. Eine besondere Hilfestellung bietet darüber hinaus die Ferndiagnose, die es erlaubt, eine Beurteilung der Maschine und des Prozesses durch den Hersteller oder eine autonome Betreuungsstation vornehmen zu lassen. Mit der heutigen Kommunikationstechnologie ist es möglich, alle Betriebs- und Fehlerzustände zu überprüfen und die Serviceabteilungen zu unterstützen. In der Zukunft wird hier sicherlich auch die Anbindung an das Internet eine Erweiterung der Servicefunktionen ermöglichen.

Zusammenfassung und Trendbetrachtung

Durch die Weiterentwicklungen in der Prozesstechnologie sowie der Werkzeugsysteme und der Maschinenfunktionalität konnte in den letzten Jahren die Produktivität des Verzahnungsschleifens bedeutend gesteigert werden.

Die vorstehenden Ausführungen zeigen, dass auch in den peripheren Bereichen des eigentlichen Fertigungsprozesses erhebliche Fortschritte erzielt worden sind, die beim Aufbau einer Produktionszelle weitere Produktivitätssteigerungen sowie die Verringerung der Störungsanfälligkeit und die Verbesserung der Qualitätssicherheit ermöglichen. Wie das Beispiel der Ferndiagnose nachweist, ist auch die Kommunikationsfähigkeit der Steuerung beträchtlich ausgebaut worden.

Allerdings sind bis zur Realisierung einer autonomen Fertigungszelle noch erhebliche Entwicklungen erforderlich, dies gilt ebenso für die Hardware wie z.B. die Sensorik, als auch für die Software, für die noch umfangreiche Datenstrukturen generiert und Datenmengen ermittelt werden müssen. Die Wirtschaftlichkeit eines solchen autonomen Produktionssystems stellt dabei aber noch die schwierigste Hürde dar.

Es steht jedoch außer Frage, dass die heutigen, wesentlich erweiterten Kundenanforderungen an die Produktionsanlagen, insbesondere bei komplexen und sehr präzisen Produktionsprozessen wie dem Verzahnungsschleifen, optimal nur durch eine autonome Fertigungszelle erfüllt werden können.

Entwicklungstendenzen beim Wälzfräsen zylindrischer Verzahnungen

Dr.-Ing. Walter Eggert
Dr.-Ing. Ingo Faulstich

»Neue Schneidstoffe, neue Beschichtungsverfahren und neue Rechenverfahren prägen die Entwicklung beim Wälzfräsen zylindrischer Zahnräder.«

WALTER EGGERT

INGO FAULSTICH

Walter Eggert studierte von 1954 bis 1959 an der RWTH Aachen Maschinenbau, Fachrichtung Fertigungstechnik. Von 1959 bis 1964 war er als wissenschaftlicher Mitarbeiter am WZL unter Professor Opitz tätig, wo er auch 1964 promoviert wurde. Seit 1965 war er zunächst als wissenschaftlicher Mitarbeiter, ab 1972 als Geschäftsführer, bei der Firma Pfauter, ab 1997 bei der Firma Gleason-Pfauter beschäftigt. Seit 2002 ist er nur noch als Technischer Berater der Gleason Gruppe tätig.

Ingo Faulstich studierte von 1958 bis 1963 Fertigungstechnik an der RWTH Aachen. Anschließend arbeitete er als wissenschaftlicher Mitarbeiter am Werkzeugmaschinenlabor und promovierte dort zum Doktor-Ingenieur. Von 1969 bis 1999 war er bei der Firma Pfauter, später Gleason-Pfauter tätig, zum Schluss als Leiter der Forschung und Verfahrensentwicklung. Während seiner Industrietätigkeit beschäftigte er sich unter anderem mit Genauigkeitsfragen und Normung auf den Gebieten Zahnräder und Werkzeugmaschinen. 1999 trat er in den Ruhestand.?

Entwicklungstendenzen beim Wälzfräsen zylindrischer Verzahnungen

Walter Eggert, Ingo Faulstich,

Verzahngeschwindigkeit

Wälzfräsen zylindrischer Verzahnungen ist ein altes, leistungsfähiges Verzahnverfahren. Seine Leistungsfähigkeit wurde bis heute nahezu stetig weiterentwickelt. Ein Aspekt der Leistungsfähigkeit des Verfahrens ist die Verzahngeschwindigkeit. Sie gibt an, wie groß die Summe aller Zahnlängen eines Rades ist, die im Vollschnittbereich je Minute erzeugt wird. Sie entspricht damit der Vorschubgeschwindigkeit in Richtung der Zahnlücke beim Profilfräsen des betrachteten Werkstückes.

Aus Abb. 1 geht hervor, dass die Verzahngeschwindigkeit beim Vorbearbeiten eines PKW-Handschaltgetrieberades zum Schaben seit 1970 etwa um den Faktor acht gesteigert werden konnte. Das Bild zeigt darüber hinaus, dass die Verzahngeschwindigkeit in den letzten dreißig Jahren überproportional mit der Zeit zugenommen hat, sodass in naher Zukunft mit weiteren Steigerungen zu rechnen ist.

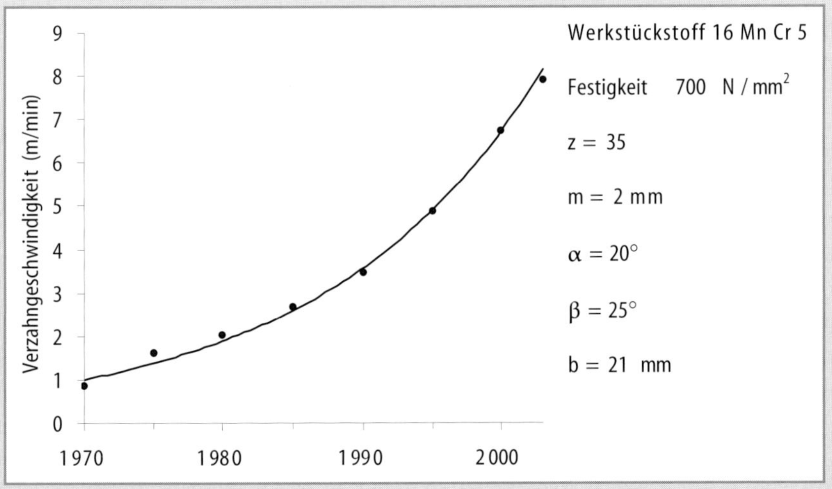

Abb. 1 Entwicklung der Verzahngeschwindigkeit seit 1970

Genauigkeit

Zur Zeit besteht beim Wälzfräsen zylindrischer Verzahnungen ein Trend zu höherer Genauigkeit der Maschinen und der verzahnten Werkstücke. Dieser Trend betrifft im Besonderen die Maßgenauigkeit (Konstanz des Kugelmaßes bzw. der Zahnweite) und die Profilgenauigkeit.

Strengere Genauigkeitsforderungen werden nicht nur in den Fällen gestellt, in denen die Werkstücke unmittelbar fertigverzahnt werden, sondern auch in Fällen, in denen sich vor oder nach der Wärmebehandlung noch eine Zahnflanken-Feinbearbeitung anschließt. Damit soll erreicht werden, dass insbesondere die teuere Zahnflanken-Hartbearbeitung, aber auch das Schaben vor dem Härten, kostengünstig gestaltet werden können.

Hohe Profilgenauigkeit erfordert genaue Werkzeuge. In diesem Zusammenhang sei darauf hingewiesen, dass die Genauigkeit von Wälzfräsern in den vergangenen Jahren deutlich gesteigert werden konnte; es besteht jedoch Bedarf an weiter eingeengten zulässigen Abweichungen der Werkzeuge, insbesondere bezüglich der Achsteilungsabweichungen mehrgängiger Wälzfräser.

Ein Aspekt im Zusammenhang mit der Genauigkeit einer wälzgefrästen Verzahnung ist die Art der Messung von Profil und Teilung sowie die Beurteilung der Messergebnisse. Im rechten Teil von Abb. 2 ist die Ansicht der Rechtsflanke eines schrägverzahnten, wälzgefrästen Zylinderrades zu erkennen. Die Darstel-

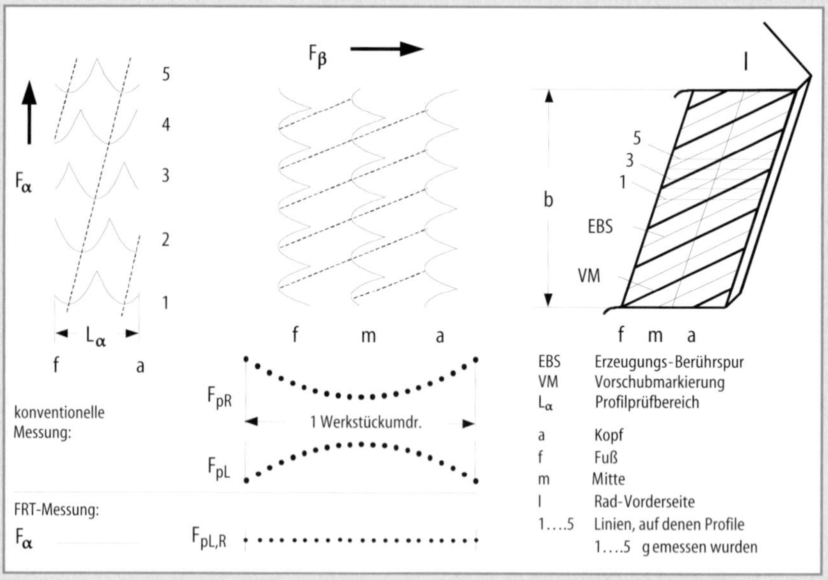

Abb. 2 Verzahnungsabweichungen nach Wälzfräsen mit großem Axialvorschub; Messung a konventionell, b im Frästal

lung gilt für ein ideal gefertigtes Werkstück. Schräg über die Flanke verlaufen breite Linien VM, die Vorschubmarkierungen, und schmale Linien EBS, die Erzeugungs-Berührspuren. Die Erzeugungs-Berührspuren sind die Linien, auf denen die Fräser-Hüllschraube die ideale Zahnflanke beim Verzahnen berührt. Die Vorschubmarkierungen werden von den Hochpunkten der Vorschubwellen gebildet; sie sind am Rad meist deutlich zu erkennen. Die EBS verlaufen im „Tal" der Vorschubwellen; sie sind am Rad selbst nicht sichtbar.

Misst man das Profil dieser Flanke in fünf Stirnschnitten 1 bis 5, die jeweils um ein Viertel des Axialvorschubes versetzt sind, so liefert die konventionelle Messung Ergebnisse, wie sie im linken Teil der Abbildung dargestellt sind. Ideale Verhältnisse vorausgesetzt, sind die Diagramme 1 und 5 deckungsgleich. Die gleichen Ergebnisse würde man erhalten, wenn man das Profil an vier genau um 90° am Umfang des Rades versetzten Stellen messen würde. In diesem Falle würde die Messung 5 eine Wiederholung der Messung 1 an derselben Flanke des Rades darstellen.

Die Tiefe der Vorschubwellen beeinflusst Profil, Flankenlinie und Teilung der Flanke. Für die Beträge dieser Abweichungen gilt: Profilform- und Flankenlinienformabweichung sind gleich der Wellentiefe, die Teilungs-Gesamtabweichung ist um den Faktor $1/\cos \alpha_t$ größer. Der Unterschied in den Abweichungsbeträgen ist darauf zurückzuführen, dass die Messung von Profil und Flankenlinie tangential zum Grundkreis die Messung der Teilung aber tangential zum Messkreis erfolgt.

Charakteristisch für die verfahrensbedingten Abweichungen ist insbesondere, dass die Profile an allen Zähnen des Rades einen unterschiedlichen Verlauf besitzen und dass neben großen Profilformabweichungen auch große Profilgesamt- und Profilwinkelabweichungen auftreten. Die Profilwinkelabweichungen ändern sich stark über dem Umfang des Rades.

Würde man nun die Vorschubwellen exakt abtragen, so erhielte man eine ideale Flankenfläche, auf der alle Erzeugungs-Berührspuren der Flanke lägen. Eine Messung des Profils, nicht im Stirnschnitt, sondern auf einer Erzeugungs-Berührspur, wäre dann frei vom Einfluss der Vorschubwellen. Eine derartige Messung bezeichnet man auch als <u>Fr</u>äs(er)<u>t</u>al-Messung (FRT-Messung).

Bei der Teilungsmessung lässt sich der Einfluss der Vorschubwellen ebenfalls beseitigen. Man muss dazu den Messtaster von Flanke zu Flanke jeweils auf der Messzylinder-Schraubenlinie um den Betrag $f_z/(z_2{*}\cos\beta)$ verschieben. Für den hier betrachteten Idealfall erhielte man jeweils ein perfektes Profil- und Teilungsdiagramm, wie die Darstellung im unteren Teil des Bildes zeigt. Im realen Fall bilden sich jedoch alle Unzulänglichkeiten der Fertigung auf Profil und Teilung im Ergebnis dieser Messung ab. Die so erfassten Abweichungen sind normalerweise klein im Vergleich zur Tiefe der Vorschubwellen; sie lassen sich nun zuverlässig analysieren; das Verfahren wird deshalb zunehmend in der Praxis eingesetzt.

Werkzeuggeometrie

Es gibt eine ganze Reihe von Geometrieparametern, die bei der Auslegung eines Wälzfräsers sorgfältig festgelegt werden müssen. Dies ist besonders lohnend in Anwendungsfällen der Großserienfertigung, in denen ein Werkzeug auf einen konkreten Anwendungsfall hin ausgelegt werden soll. Große Bedeutung besitzen in diesem Zusammenhang unter anderem die Parameter Außendurchmesser, Stollenzahl und Gangzahl.

Wählt man den Außendurchmesser des Fräsers klein, so erhält man einen kleinen axialen Einlaufweg und, konstante Schnittgeschwindigkeit sowie konstanten Axialvorschub vorausgesetzt, eine hohe Axialvorschubgeschwindigkeit, so dass eine kurze Hauptzeit entsteht. Diese Betrachtung ist allerdings nur richtig, solange sichergestellt ist, dass dabei einerseits das Werkzeug nicht überlastet wird und andererseits am Werkstück keine unzulässig großen verfahrensbedingten Flankenlinien-Formabweichungen (zu hohe Vorschubwellen) auftreten.

Als Maß für die Belastung des Werkzeuges gilt die maximal auftretende Kopfspanungsdicke. Ist diese überschritten, muss das Werkzeug mehr Schneidstollen erhalten, sofern der Axialvorschub beibehalten werden soll. Mehr Schneidstollen erfordern normalerweise einen größeren Fräserdurchmesser. Auch die Tiefe der Vorschubwellen lässt sich verringern, indem man den Fräserdurchmesser vergrößert oder den Vorschub verringert. Also ist das Werkzeug mit dem kleinsten Durchmesser nicht immer das günstigste.

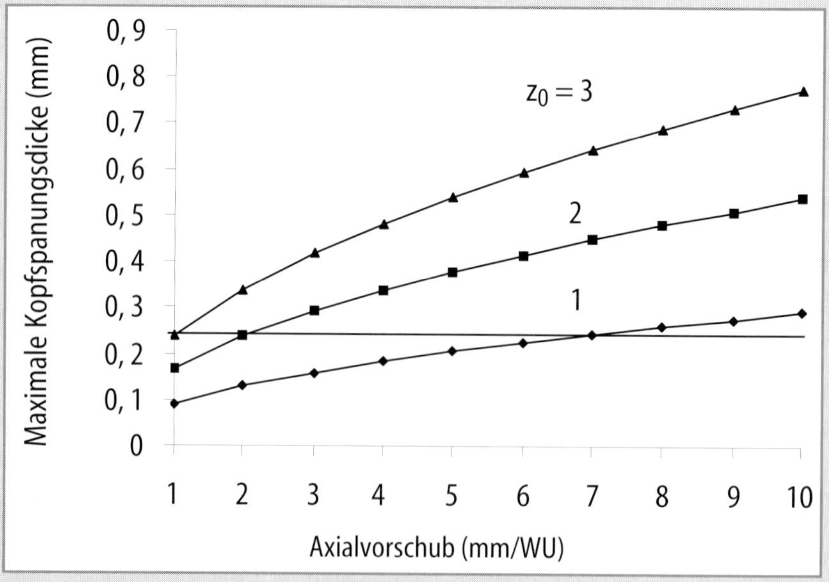

Abb. 3 Maximale Kopfspanungsdicke für Werkzeuge unterschiedlicher Gangzahl über dem Axialvorschub

Ein anderes Problem tritt auf, wenn eine sinnvolle Fräsergangzahl festgelegt werden soll. Es ist nämlich nicht so, dass mit zunehmender Fräsergangzahl die Hauptzeit stets kleiner wird. Zur Erläuterung zeigt Abb. 3 für einen konkreten Anwendungsfall, wie sich die maximal auftretende Kopfspanungsdicke mit dem Vorschub ändert. Die Darstellung betrifft ein ein-, ein zwei- und ein dreigängiges Werkzeug. Außendurchmesser und Stollenzahl sind jeweils gleich. Bei einem zulässigen Grenzwert für die Kopfspanungsdicke von 0,24 mm muss man den Axialvorschub bei dem dreigängigen Werkzeug auf 1 mm je Werkstückumdrehung begrenzen, das zweigängige Werkzeug erlaubt 2 mm und das eingängige 7 mm Axialvorschub je Werkstückumdrehung. Falls man die bei großem Vorschub auftretenden Vorschubwellen akzeptieren kann, lässt sich mit dem eingängigen Werkzeug die kürzeste Hauptzeit erzielen. Muss man den Vorschub hier allerdings begrenzen, so ermöglicht ein mehrgängiges Werkzeug oft eine kürzere Hauptzeit als das eingängige.

Die hier erläuterten Zusammenhänge sind schon kompliziert. In der Praxis sind jedoch weitere Einflüsse zu berücksichtigen. Eine „Optimierung" der Werkzeuggeometrie ist demzufolge nur rechnerunterstützt sinnvoll durchführbar. Ziele einer derartigen Optimierung können z. B. möglichst niedrige Fertigungskosten oder eine möglichst kurze Hauptzeit sein.

Schneidstoffe und Beschichtungen

Zunehmendes Umweltbewusstsein und zunehmender Kostendruck haben in der Vergangenheit einen Trend zur Trockenbearbeitung ausgelöst. Neuere Entwicklungen auf den Gebieten Schneidstoffe und Beschichtungen haben diesen Trend noch verstärkt.

Beim Trockenfräsen besteht natürlich keine Kühl- und Schmierwirkung durch Schneidöl. Die Schneidstoffe müssen deshalb hochwarmfest sein. Mit Werkzeugen aus Hartmetall lässt sich das Verfahren anwenden, allerdings nur bis zu einem maximalen Modul von etwa 2,5 mm. Normalerweise werden die Werkzeuge beschichtet eingesetzt.

Nach heutigem Kenntnisstand gilt: Werkzeuge aus K-Hartmetall müssen grundsätzlich am Standzeitende wiederbeschichtet werden; anderenfalls besteht die Gefahr, dass Späne mit dem Substrat verkleben. Werkzeuge aus P-Hartmetall können in bestimmten Fällen auch unbeschichtet und demzufolge auch nach dem Schärfen mit unbeschichteter Spanfläche erfolgreich eingesetzt werden. Es lässt sich allerdings zur Zeit nicht voraussagen, in welchen Fällen diese Situation zu erwarten ist. Deshalb sind jeweils entsprechende Untersuchungen erforderlich. Dies hat dazu geführt, dass Hartmetallfräser in den meisten Fällen aus K-Hartmetall gefertigt werden.

Werkzeuge aus Hartmetall reagieren besonders empfindlich auf Überlastung. Bei Überlastung treten plötzlich und nicht angekündigt Hartmetallausbrüche auf. Die maximal zulässige Kopfspanungsdicke liegt bei derartigen Werkzeugen nur bei etwa 0,16 mm. Die Empfindlichkeit von Hartmetall-Werkzeugen gegen

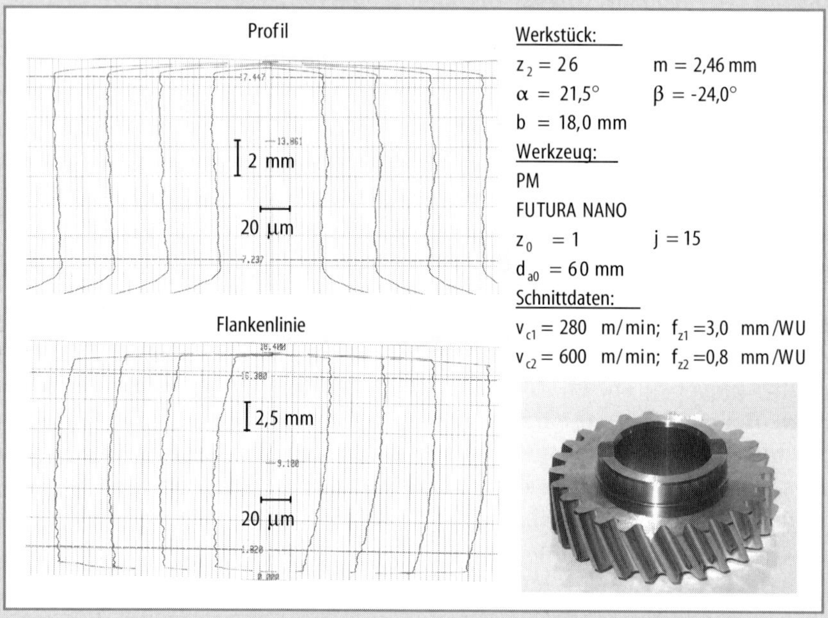

Abb. 4 Profil und Flankenlinie eines Schrägzahnrades, Modul 2,46 mm, trocken fertig gefräst

Überlastung ist auch beim Handling zu beachten; es besteht die Gefahr, dass die teueren Werkzeuge beim Transport beschädigt werden.

Wiederbeschichteten Hartmetall-Werkzeugen haftet ein weiterer Nachteil an: Es treten zum Teil beträchtliche Standzeitschwankungen auf. Forschungsarbeiten, die vom WZL in Zusammenarbeit mit Industrieunternehmen durchgeführt wurden, lassen allerdings erwarten, dass dieses Problem in Kürze ausgestanden sein wird.

Trockenbearbeitung ist auch mit beschichteten Wälzfräsern aus pulvermetallurgisch hergestelltem Schnellarbeitsstahl möglich. Mit diesen Werkzeugen lassen sich zwar nicht die mit Hartmetall-Werkzeugen realisierbaren Schnittgeschwindigkeiten erreichen, sie sind jedoch mechanisch höher belastbar, so dass größere Kopfspanungsdicken zugelassen werden können. Ein charakteristischer Wert liegt zum Beispiel bei 0,24 mm. Die Werkzeuge ermöglichen eine hohe Prozesssicherheit; sie erlauben außerdem Trockenfräsen von Werkstücken größeren Moduls.

Es gibt eine Vielzahl von Verschleißschutzschichten für Wälzfräser. Für die Trockenbearbeitung haben sich vor allem (Ti,Al)N-Schichten bewährt, zum Beispiel FUTURA NANO für HSS-Werkzeuge und X.CEED für Hartmetall-Werkzeuge.

Die folgenden Bilder zeigen Ergebnisse, die beim Trockenfräsen erzielt wurden. Das Werkstück in Abb. 4 soll ohne zusätzliche Feinbearbeitung der

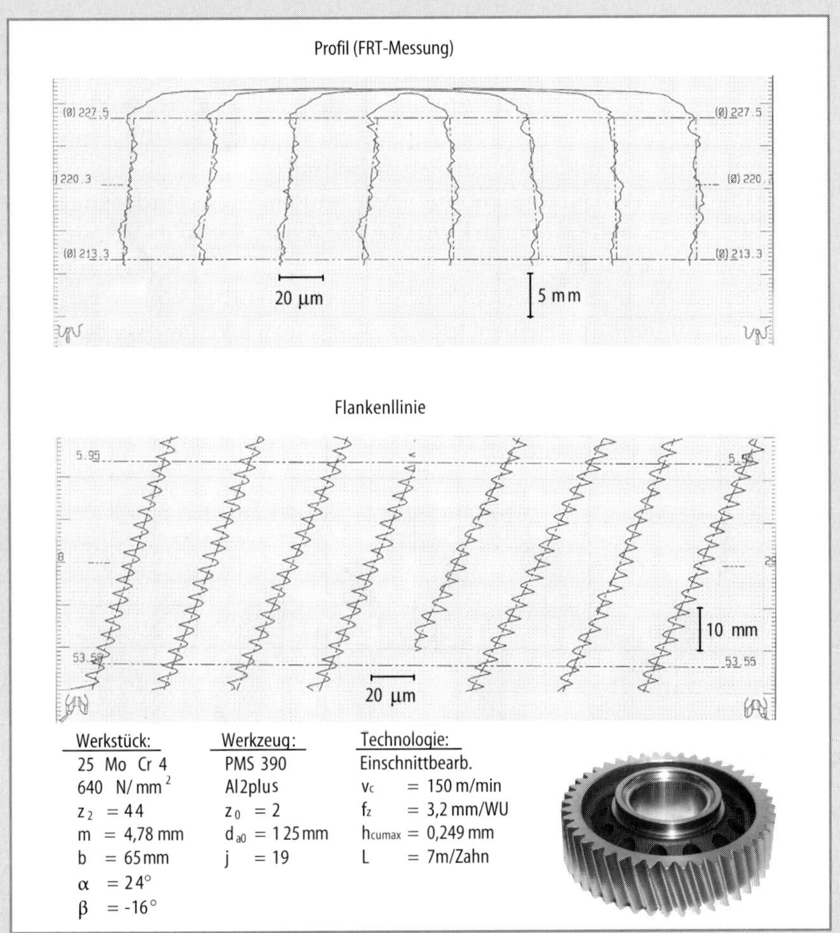

Abb. 5 Profil und Flankenlinie eines Schrägzahnrades, Modul 4,78 mm, trocken vorgefräst

Flanken nach dem Härten eingebaut werden. Das Beispiel in Abb. 5 belegt, dass gute Werkzeuge aus Schnellarbeitsstahl Werkzeugen aus Hartmetall im Bereich größerer Module zur Zeit überlegen sind, denn Werkzeuge aus Hartmetall haben in einem derartigen Anwendungsfall bisher keine Chance. Die Verzahnung des Rades in Abb. 5 soll nach dem Härten mit geringem Abtrag fertig geschliffen werden.

Maschinen

Wälzfräsmaschinen müssen die Möglichkeit bieten, neue Schneidstoffe technologisch sinnvoll zu nutzen und, zumindest im Bereich kleiner Module, gute Voraussetzungen zur Trockenbearbeitung bieten. Sie müssen darüber hinaus in bestimmten Fällen eine hohe Genauigkeit aufweisen.

Die Maschinen der Baureihe P60 bis P210 erfüllen diese Forderungen. Sie besitzen eine horizontale Werkstückspindel; die Axialvorschubbewegung wird vom Werkstück ausgeführt (Abb. 6).

Der Arbeitsraum ist mit Edelstahlblech ausgekleidet. Die Wände verlaufen vertikal (1,3,6,10) oder unter einem großen Neigungswinkel, sodass die Späne, die ja beim Trockenfräsen praktisch in alle Richtungen „spritzen", über einen

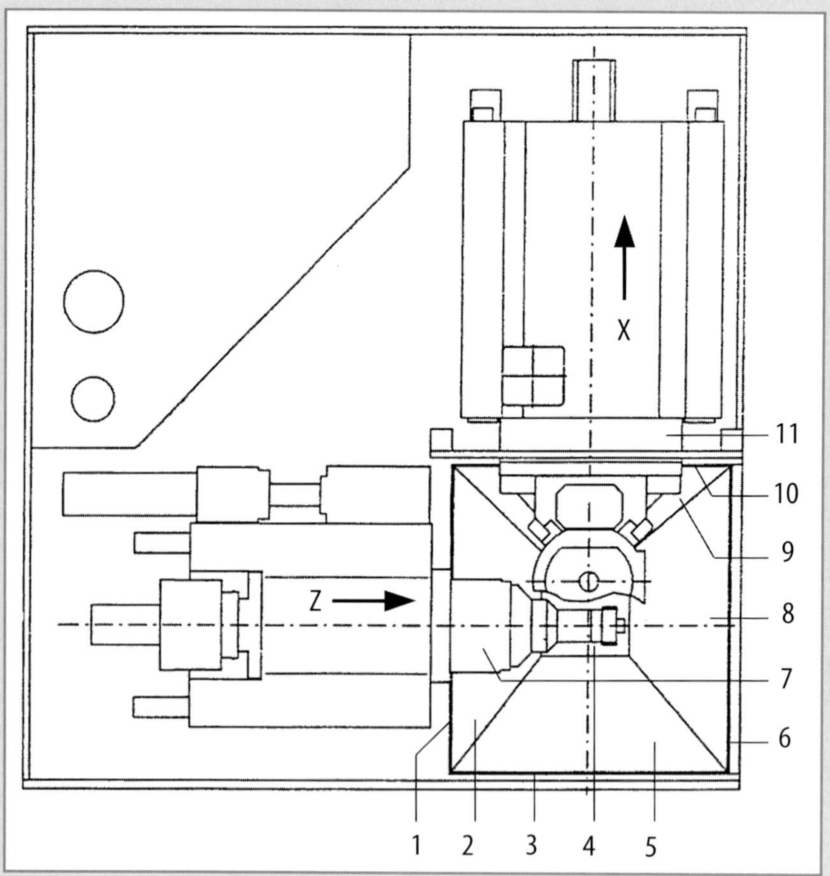

Abb. 6 Maschine der Baureihe P60-210 mit horizontaler Werkstückspindel

Spänetrichter (2,5,8,9) und einen Späneschacht (4) sicher auf den Späneförderer gelangen. Im Arbeitsraum befinden sich lediglich der Fräskopf und das vordere Ende der Werkstückspindel bzw. das vordere Ende des Werkstückspindelgehäuses.

Die Dichtflächen (7) am Gehäuse der Werkstückspindel bzw. (11) am Fräskopf sind kreiszylindrisch ausgeführt, so dass Bett, Radial- und Axialschlitten zuverlässig gegen den Arbeitsraum der Maschine gedichtet werden können. Der Arbeitsraum ist von den übrigen Baugruppen der Maschine thermisch entkoppelt; die Maschine bietet so beste Vorraussetzungen zum Trocken- aber auch zum Nassfräsen entsprechend den technologischen Möglichkeiten der zur Zeit wirtschaftlich einsetzbaren Werkzeuge.

Der Motorfräskopf (Abb. 7) ist mit direktgetriebenem, stufenlos regelbarem Hochleistungsantrieb und wartungsfreier Lagerung ausgeführt. Als Schnittstelle zum Werkzeug bzw. Werkzeugdorn steht alternativ ein Hohlschaftkegel (HSK) zur Fräserdornaufnahme bzw. eine Spannzange für zylindrische Zapfen an Schaftfräsern zur Verfügung. Die Werkstückspindel ist ebenfalls mit einem stufenlos regelbaren Hochleistungsantrieb und wartungsfreier Lagerung ausgestattet. Beide Antriebe sind damit spielfrei und ohne genauigkeitsmindernde, Wärme erzeugende, schwingungsanfällige Zwischengetriebe ausgebildet. Die Motore sind flüssigkeitsgekühlt.

Sollen auf einer Wälzfräsmaschine Werkstücke hoher Genauigkeit gefertigt werden, so müssen auch die Maschinen entsprechend genau ausgeführt werden. In vielen Fällen lässt sich dieses Ziel mit den klassischen Methoden, hohe Genauigkeit in Fertigung und Montage, nicht oder nur mit unverhältnismäßig hohem Aufwand verwirklichen. Inzwischen wird deshalb zunehmend die konventionelle Fertigung durch steuerungs- und regelungstechnische Maßnahmen unterstützt. Dadurch lässt sich nicht nur die geometrische und kinematische

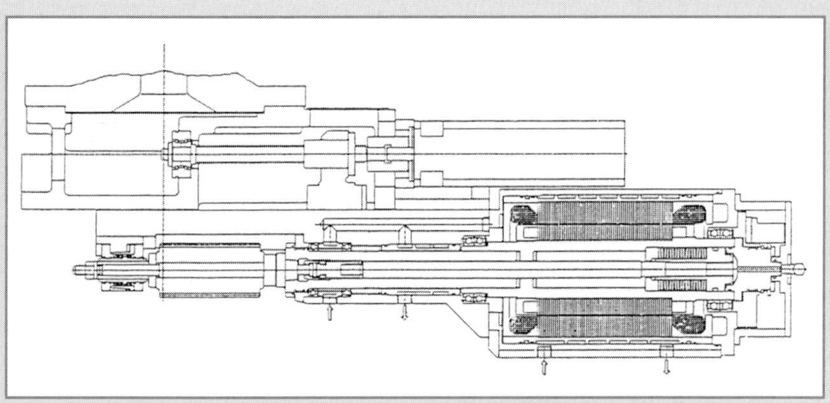

Abb. 7 Motorfräskopf mit direktgetriebenem, stufenlos regelbarem, flüssigkeits-gekühltem Hochleistungsantrieb

Genauigkeit der Maschinen verbessern, sondern auch die Wirkung von Kräften und Temperaturverformungen auf das Arbeitsergebnis deutlich verringern.

Ausblick

Die zur Zeit erkennbaren Entwicklungstendenzen beim Wälzfräsen zylindrischer Zahnräder lassen weitere Verbesserungen dieses Verfahrens erwarten; entsprechende Projekte sind in Arbeit oder in Planung. In diesem Zusammenhang seien insbesondere folgende Punkte erwähnt:

Schneidstoffe:
- Einsatz von Werkzeugen aus zäherem Hartmetall oder höher legiertem PM-Schnellarbeitsstahl
- Verbesserung der thermischen Isolation der Substrate
- Verringerung der Standzeitstreuungen nach dem Wiederbeschichten von Werkzeugen aus Hartmetall oder Schnellarbeitsstahl
- eventuell Einsatz von Werkzeugen aus Cermet

Spanungsgeometrie:
- Zuverlässige Berechnung der maximalen Kopfspanungsdicken über leicht handhabbare Programme
- Quantitative Beschreibung von Spanablaufbehinderungen

Spanungsgeometrie und Werkzeugverschleiß:
- Ermittlung der zulässigen maximalen Kopfspanungsdicken für unterschiedliche Schneidstoffe und unterschiedliche Werkstückstoffe
- Ermittlung der Einflüsse sehr kleiner Kopfspanungsdicken, der Schnittbogenlängen, des An- und Ausschnittes, der Spanablaufbehinderung sowie des Nachschliffbetrages insbesondere bei Werkzeugen mit Kolkverschleiß auf den Werkzeugverschleiß

Die Entwicklungen werden eine weitere Erhöhung der Verzahngeschwindigkeit bewirken und Rückwirkungen auf Werkzeuggeometrie und Maschinen haben. Wirtschaftlichkeit und Prozesssicherheit werden weiter steigen.

Erweiterte Berechnungsmethode zur Grübchentragfähigkeit einsatzgehärteter Gerad- und Schrägverzahnungen

Prof. Dr.-Ing. Bernd-Robert Höhn
Dr.-Ing. Peter Oster
Dr.-Ing. Karsten Stahl

»Berechnung der Grübchentragfähigkeit von Außenverzahnungen unter besonderer Berücksichtigung der Pressungsverteilung.«

Bernd-Robert Höhn

Peter Oster

Karsten Stahl

Von 1965–1970 studierte Bernd-Robert Höhn Maschinenbau an der Technischen Hochschule Darmstadt. Anschließend war er bis 1973 wissenschaftlicher Mitarbeiter am Institut für Maschinenelemente und Getriebe an der Technischen Hochschule Darmstadt (THD), wo er auch bis 1979 dozierte. In dieser Zeit entstand die Dissertation zum Thema „Räderkurbelgetriebe als Umlaufrastgetriebe – eine systematische Untersuchung zur Ermittlung von Synthesegleichungen", die er 1978 abschloss. Ab 1979 arbeitete Bernd-Robert Höhn bei der Firma AUDI als Konstrukteur in der Getriebekonstruktion und 1982 wurde er dort Leiter der Getriebevorentwicklung. Ab 1986 erweiterte sich sein Aufgabengebiet um die Versuchsabteilung für automatische Getriebe. Zum Wintersemester 1989/1990 trat er die Professur des Lehrstuhls für Maschinenelemente an der Technischen Universität München an und wurde Leiter der Forschungsstelle für Zahnräder und Getriebebau (FZG).

Von 1961–1965 studierte Peter Oster Allgemeinen Maschinenbau an der Technischen Hochschule München. Von 1965–1972 war er wissenschaftlicher Mitarbeiter und Assistent am Lehrstuhl für Maschinenelemente der Technischen Universität München. In dem Zeitraum von 1968–1969 war er freiberuflicher Ingenieur in Koblenz. Seit 1972 ist Peter Oster Oberingenieur am Lehrstuhl für Maschinenelemente der Technischen Universität München, wo er 1982 mit dem Dissertationsthema „Beanspruchung der Zahnflanken unter Bedingungen der Elastohydrodynamik" promovierte.

Nach dem Studium des Maschinenbaus an der Technischen Universität München von 1989–1994 war Karsten Stahl bis 2000 wissenschaftlicher Assistent an der Forschungsstelle für Zahnräder und Getriebebau der TU München. Im Jahr 2001 promovierte er mit dem Thema „Grübchentragfähigkeit einsatzgehärteter Gerad- und Schrägverzahnungen unter besonderer Berücksichtigung der Pressungsverteilung". Seit 2001 arbeitet Karsten Stahl bei der BMW AG in Dingolfing.

Erweiterte Berechnungsmethode zur Grübchentragfähigkeit einsatzgehärteter Gerad- und Schrägverzahnungen

Bernd-Robert Höhn, Peter Oster, Karsten Stahl

Einleitung

Schrägverzahnte Stirnräder haben gegenüber geradverzahnten ein günstigeres Schwingungsanregungsverhalten und eine nach dem Rechenverfahren der DIN 3990 T2 (DIN 3990 1987a) höhere Grübchentragfähigkeit. Stirnradverzahnungen werden meist schrägverzahnt ausgeführt. In der Praxis und in Prüfstands-Untersuchungen an einsatzgehärteten Zahnrädern wird die höhere Tragfähigkeit der Schrägverzahnung jedoch nicht ohne weiteres belegt. Insbesondere wird die Grübchentragfähigkeit nach DIN 3990 T2 in neueren experimentellen Untersuchungen (Döbereiner 1998; Haslinger 1991; Simon 1984) an den schrägverzahnten Prüfradvarianten nicht erreicht. Die Dimensionierung von Schrägverzahnungen nach DIN 3990 T2 wird damit in Frage gestellt.

Es wird eine erweiterte Berechnungsmethode zur Berechnung der Grübchentragfähigkeit einsatzgehärteter gerad- und schrägverzahnter Außenverzahnungen vorgestellt. Dabei wird das örtlich variable Risiko eines Grübchenschadens durch die auftretende Pressungsverteilung auf der Zahnflanke berücksichtigt. Die Grübchentragfähigkeitswerte von gerad- und schrägverzahnten Prüfrädern lassen sich damit rechnerisch zutreffend belegen.

Erweiterte Berechnungsmethode der Grübchentragfähigkeit

Nach dem Stand des Wissens entstehen Grübchen als Ermüdungsschaden der Oberfläche infolge von zeitlich veränderlichen Beanspruchungen. Umfangreiche theoretische und experimentelle Untersuchungen zeigen, dass die Hertz'sche Pressung zur Beschreibung der Zahnflankenbeanspruchung bzgl. Grübchen geeignet ist, obwohl sich die Beanspruchungen im Wälzkontakt im Wesentlichen aus Normal- und Reibungskräften ergeben.

Örtliches Grübchenrisiko

Wird an einem Ort auf der Zahnflanke die zulässige Wälzbeanspruchung überschritten, bilden sich bei entsprechender Lastspielzahl Grübchen. Die auftretende Wälzbeanspruchung ist entsprechend der Pressungsverteilung über der

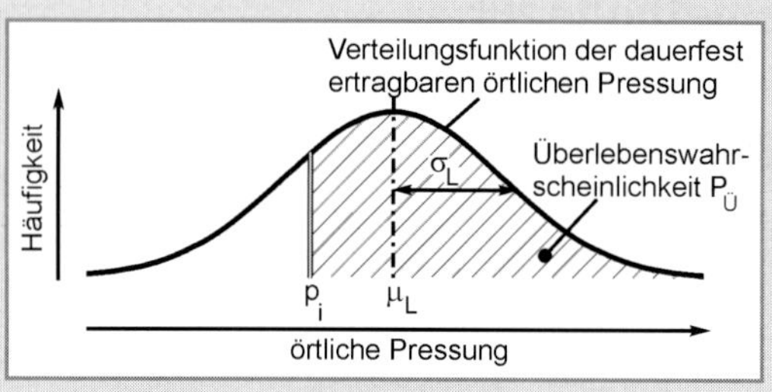

Abb. 1 Ermittlung des örtlichen Grübchenrisikos

Zahnflanke veränderlich und die dauerfest ertragbare Wälzbeanspruchung unterliegt, wie jeder Festigkeitswert, einer natürlichen Streuung. Wenn sowohl die auftretende Wälzbeanspruchung als auch die Verteilungsfunktion der dauerfest ertragbaren Wälzbeanspruchung bekannt sind, lässt sich das Risiko eines entstehenden Grübchens über der Zahnflanke berechnen.

Die Verteilung der örtlichen Hertz'schen Pressung auf der Zahnflanke im Zahneingriff kann mit topologischen Berechnungsmethoden (Wikidal 1992) rechnerisch ermittelt werden. Dabei werden lastbedingte Verformungen von Lagern, Wellen und Zahnrädern, sowie statische Abweichungen wie Lagerspielen und vorgegebenen Flankenabweichungen berücksichtigt. Nach (Stahl 1999) lässt sich die Verteilungsfunktion der Grübchendauerfestigkeit einer Verzahnung zutreffend mit der Gauß'schen Normalverteilung annähern.

Abbildung 1 zeigt die Häufigkeitsverteilung der dauerfest ertragbaren örtlichen Pressung mit Mittelwert μ_L und Standardabweichung σ_L schematisch. Anhand dieser Häufigkeitsverteilung kann mit der örtlichen Pressung als schadensrelevante Größe die örtliche Überlebenswahrscheinlichkeit $P_{Ü}$ bzgl. Grübchen im Wälzkontakt bestimmt werden. Die Überlebenswahrscheinlichkeit $P_{Ü}$, mit der die dauerfest ertragbare örtliche Pressung größer als die auftretende örtliche Pressung p_i ist und damit kein Grübchen entsteht, entspricht der schraffierten Fläche in Abb. 1. Die Verteilungsfunktion der dauerfest ertragbaren örtlichen Pressung einsatzgehärteter Zahnräder wird basierend auf einer großen Anzahl von Versuchsergebnissen zur Grübchentragfähigkeit gewonnen.

Erfahrungen am Prüfstand und in der Praxis zeigen allerdings, dass das örtliche Grübchenrisiko nicht allein von der örtlichen Pressung abhängt. Abbildung 2 zeigt die korrespondierenden Zahnflanken von Ritzel und Rad einer Schrägverzahnung mit typischer Grübchenbildung.

Die Berührlinien der eingreifenden Zähne liegen schräg auf den Zahnflanken. Der Zahneingriff verläuft von unten nach oben, beginnend im Eingriffsbeginn A über das Ende des Zahnprofils E bis zum Eingriffsende F. Grübchen treten i. d. R. jeweils nur unterhalb des Wälzkreises auf. Die Zahnflanken von Ritzel und Rad oberhalb der Wälzkreise sind meist schadensfrei.

Dies belegt den Einfluss des spezifischen Gleitens auf die Beanspruchungsverhältnisse. Oberhalb des Wälzkreises wirkt die Reibkraft in Wälzrichtung, das

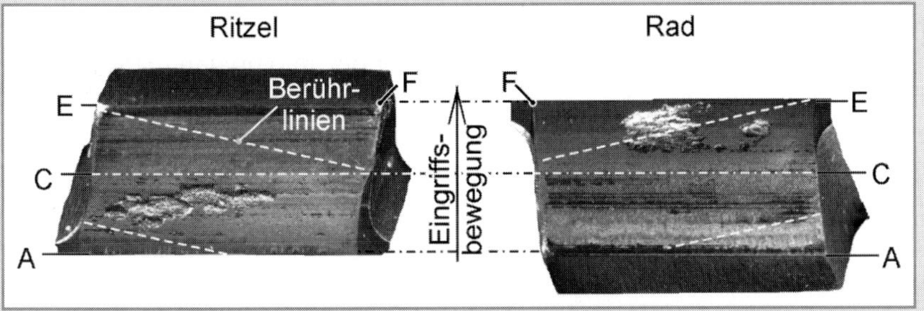

Abb. 2 Korrespondierende Zahnflanken einer Schrägverzahnung mit Grübchen jeweils nur unterhalb des Wälzkreises

spezifische Gleiten (Schlupf) ist positiv. Im Wälzpunkt kehrt sich das Vorzeichen des spezifischen Gleitens um, die Reibkraft wirkt unterhalb des Wälzkreises der Wälzrichtung entgegen (negativer Schlupf). Untersuchungen mit vergüteten Wälzpartnern an Scheibenprüfständen (Simon 1984) belegen, dass die Grübchentragfähigkeit des Reibpartners mit positivem Schlupf um ca. 30 % höher liegt als die des Reibpartners mit negativem Schlupf. Gleichzeitig lassen sich für Scheiben mit negativem Schlupf etwas höhere Beanspruchungen berechnen (Oster 1982). Darüber hinaus lässt sich der Einfluss der Gleitrichtung mit der Orientierung der Oberflächenanrisse deuten (Käser 1977).

Für das im Folgenden beschriebene Berechnungsverfahren wird vereinfachend angenommen, dass Grübchen ausschließlich unterhalb des Wälzkreises auftreten.

Maximales örtliches Grübchenrisiko

Zahlreiche experimentelle Untersuchungen (Döbereiner 1998; Gappisch 1959; Niemann und Richter 1960; Tross 1969; Winter 1960) belegen, dass Grübchen i. d. R. am Ort der maximalen Hertz'schen Pressung unterhalb des Wälzkreises im Bereich negativen Schlupfes auftreten. Dementsprechend basieren die üblichen Berechnungsverfahren zur Auslegung der Grübchentragfähigkeit auf einer Maximalwertbetrachtung, bei der die maximale örtliche Pressung unterhalb des Wälzkreises als schadensrelevante Größe verwendet wird.

Bei Geradverzahnungen kann die maximale örtliche Pressung auf der Basis von Nennwerten berechnet werden. Da die Berührlinien in diesem Fall parallel zu den Zahnradachsen liegen, sind die geometrischen Verhältnisse entlang der Berührlinien konstant. Dadurch können Lastüberhöhungen infolge elastischer Verformungen und Abweichungen entlang der Zahnbreite und in Profilrichtung getrennt mit den Lastaufteilungsfaktoren $K_{H\beta}$ und $K_{H\alpha}$ nach DIN 3990 T2 berücksichtigt und die maximale örtliche Linienlast für die kritische Eingriffsstellung berechnet werden. Da der Ersatzkrümmungsradius entlang der Berührlinien konstant ist, lässt sich aus der örtlichen Linienlast unmittelbar die örtliche Pressung bestimmen.

Bei Schrägverzahnungen ist die Berechnung der maximalen örtlichen Pressung wesentlich aufwendiger. Da hier die Berührlinien schräg auf der Zahnflanke liegen, variiert sowohl der Ersatzkrümmungsradius als auch die Zahnpaarsteifigkeit entlang der Berührlinien. Durch die variablen Krümmungs und Steifigkeitsverhältnisse ist eine getrennte Berücksichtigung der Lastüberhöhungen in Zahnbreiten und in Zahnhöhenrichtung mit Lastaufteilungsfaktoren $K_{H\beta}$ und $K_{H\alpha}$ entsprechend der DIN 3990 T2 kaum möglich. Darüber hinaus können die Maximalwerte der örtlichen Linienlast und der örtlichen Pressung wegen der variablen Krümmungsverhältnisse an unterschiedlichen Orten auftreten. Die maximale örtliche Pressung kann daher bei Schrägverzahnungen nicht unmittelbar auf der Basis von Nennwerten berechnet werden. Geeignet zur Ermittlung der örtlichen Pressungen im Eingriffsfeld sind vielmehr topologische Rechenverfahren wie z. B. RIKOR (Wikidal 1998), mit dem sich die Pressungsverteilung unter Berücksichtigung der elastischen Verformungen und der Abweichungen der Getriebeelemente berechnen lässt. Aus dem Wert der maximalen örtlichen Pressung lässt sich anschließend das maximale örtliche Grübchenrisiko entsprechend Abb. 1 ermitteln.

Gesamtes Grübchenrisiko eines Zahnrads

In experimentellen Untersuchungen wird beobachtet, dass Grübchen zwar bevorzugt am Ort der maximalen örtlichen Pressung entstehen, jedoch auch vereinzelt an anderen Orten auf der Zahnflanke auftreten können (Döbereiner 1998; Haslinger 1991; Knauer 1988; Simon 1984). Dabei ist ein Zusammenhang von Pressungsverteilung und Verteilung der Grübchenschäden über der Zahnflanke erkennbar (Simon 1984).

Einfluss der Pressungsverteilung auf die Grübchenbildung

Nach dem letzten Abschnitt trägt der Bereich der Zahnflanke mit der maximalen örtlichen Pressung unterhalb des Wälzkreises das größte örtliche Grübchenrisiko. Darüber hinaus tragen auch Flankenbereiche mit geringeren örtlichen Pressungen zum gesamten Schadensrisiko der Zahnflanke bei. Die Grübchentragfähigkeit wird damit nicht ausschließlich vom Maximalwert der Hertz'schen Pressung, sondern auch von der Pressungsverteilung auf den Zahnflanken bestimmt.

Vor diesem Hintergrund lässt sich das typische Grübchen-Schadensverhalten von Gerad- und Schrägverzahnungen mit den entsprechenden typischen Pressungsverteilungen belegen. Abbildung 3 zeigt dazu schematisch die typischen Pressungsverteilungen einer Geradverzahnung und zweier Schrägverzahnungen mit gleichem Stirnschnitt, gleicher Zahnbreite und unterschiedlicher Sprungüberdeckung. Die Zahnflanke unterhalb des Wälzkreises mit negativem Schlupf

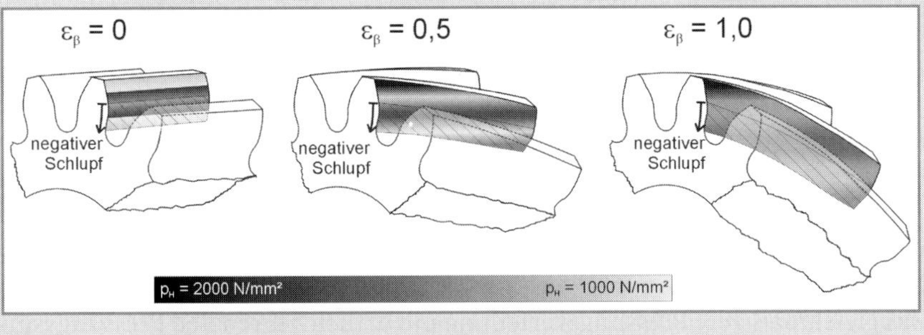

Abb. 3 Typische Pressungsverteilungen an gerad- und schrägverzahnten Stirnrädern (schematisch)

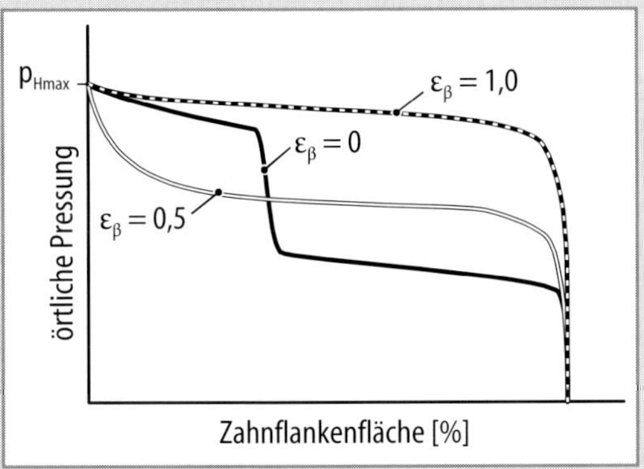

Abb. 4 Typische Beanspruchungsprofile der Gerad- und Schrägverzahnungen aus Abb. 3 (schematisch)

ist schraffiert dargestellt. Die Verzahnungen sind nach dem Stand der Technik flankenkorrigiert.

Bei der Geradverzahnung sind die örtlichen Pressungen im Einzeleingriffsgebiet wesentlich höher als in den Bereichen des Doppeleingriffs. Bei gleichmäßigem Breitentragen der Geradverzahnung können die maximalen Pressungen im Einzeleingriffsgebiet auch durch Profilkorrekturen nicht verringert werden. Die maximale Pressung tritt i. d. R. in einem eng begrenzten Flächenbereich im inneren Einzeleingriffspunkt auf. Bei Schrägverzahnungen hängt die Pressungsverteilung dagegen wesentlich von der durchgeführten Profilmodifikation ab. Mit günstigen Flankenmodifikationen werden an Schrägverzahnungen bei entsprechend großer Überdeckung weitgehend gleichmäßige Pressungsverteilungen erreicht.

Die Pressungsverteilung über der Zahnflanke im grübchengefährdeten Bereich mit negativem Schlupf lässt sich in Form eines Beanspruchungsprofils darstellen. Dazu wird die örtliche Flankenpressung absteigend sortiert und über der beaufschlagten Zahnflankenfläche aufgetragen. Abbildung 4 zeigt schematisch die Beanspruchungsprofile, die sich aus den typischen Pressungsverteilungen an den Verzahnungen aus Abb. 3 ableiten lassen. Die Belastung der Verzahnungen ist dabei so gewählt, dass sich bei allen Verzahnungen die gleiche maximale örtliche Pressung p_{Hmax} einstellt.

Das Beanspruchungsprofil der Geradverzahnung zeigt die unterschiedlichen Pressungsverhältnisse im Einzel- und Doppeleingriffsgebiet. Hohe Pressungen treten konzentriert im Einzeleingriffsgebiet auf, im Doppeleingriffsgebiet sinken die Pressungswerte schnell auf geringere Werte ab.

Die Schrägverzahnung mit geringer Sprungüberdeckung $\varepsilon_\beta = 0{,}5$ hat eine etwas gleichmäßigere Pressungsverteilung mit örtlich begrenzten Pressungsspitzen im Bereich von Eingriffsbeginn und -ende. Das Grübchenrisiko beschränkt sich damit bei dieser Schrägverzahnung auf einen im Verhältnis zum Einzeleingriffsgebiet der Geradverzahnung sehr kleinen Zahnflankenbereich. Erfahrungen an vergüteten Zahnrädern zeigen, dass sich in örtlich eng begrenzten Flankenbereichen sogenannte Einlaufpittings (initial pittings) bilden und damit die Zahnflanke örtlich entlastet wird (Almen 1959; Bartel 1969; Bartel und Kuss 1959; Hanisch 1965). Auch an einsatzgehärteten Zahnrädern werden ähnliche Beobachtungen gemacht. Insbesondere bei unkorrigierten Schrägverzahnungen treten im Bereich des Eingriffsbeginns mit sehr hohen Pressungen früh kleine Grübchen (Poren) auf, die sich im weiteren Verlauf der Lebensdauer nicht verändern. Der Grübchenschaden, der zum Ausfall der Verzahnung führt, tritt i. d. R. an einem anderen Ort auf der Zahnflanke auf.

Bei der Schrägverzahnung mit ganzzahliger Sprungüberdeckung $\varepsilon_\beta = 1{,}0$ wird durch geeignete Zahnflankenmodifikationen eine weitgehend gleichmäßige Pressungsverteilung erzielt. Dadurch trägt praktisch die gesamte Zahnflanke im Bereich unterhalb des Wälzkreises ein nennenswertes Schadensrisiko bzgl. Grübchen.

Berücksichtigung des örtlich variablen Schadensrisikos

Der Einfluss der Pressungsverteilung auf das Schadensrisiko des Zahnrades bzgl. Grübchen soll rechnerisch berücksichtigt werden. Dazu ist ein Schadenskriterium bzgl. Grübchen festzulegen. Bei Prüfstandsversuchen ist die Anwendung des Schadenskriteriums entsprechend dem FVA-Merkblatt Nr. 0/5 (Hösel und Goebbelet 1979) üblich. Demnach gilt ein einsatzgehärtetes Zahnrad als „ausgefallen durch Grübchen“, sobald an einem Zahn Grübchen mit einer Flächenausbreitung von mehr als 4 % der aktiven Zahnflankenfläche auftreten. Dieses Schadenskriterium findet für die im Folgenden beschriebene Berechnungsmethode Anwendung.

Basis der Berechnungsmethode ist die Verteilung der Pressung über der Zahnflankenfläche, die sich beispielsweise mit dem PC-Programmsystem RIKOR berechnen lässt. Wie in Abb. 5 dargestellt, werden die Pressungswerte unterhalb des Wälzkreises aus der berechneten Pressungsverteilung in absteigender Reihenfolge als Beanspruchungsprofil über der entsprechenden beaufschlagten Zahnflankenfläche aufgetragen.

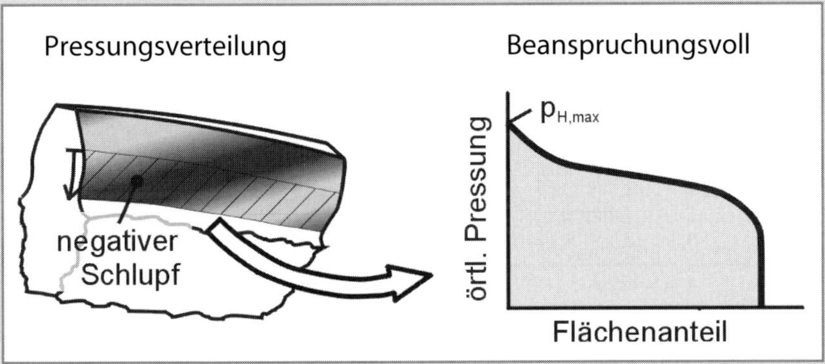

Abb. 5 Beanspruchungsprofil aus Pressungsverteilung

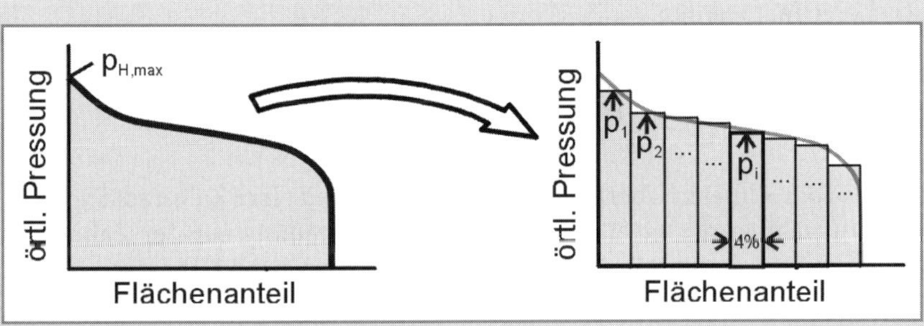

Abb. 6 Treppung des Beanspruchungsprofils

Das Beanspruchungsprofil wird anschließend, wie in Abb. 6 schematisch dargestellt, in ein Treppenstufenprofil umgewertet. Die Stufenbreite wird dabei dem Schadenskriterium (Hösel und Goebbelet 1979) entsprechend zu 4 % der aktiven Zahnflankenfläche gewählt. Die Pressungswerte (p_1, p_2 ...) der Treppenstufen entsprechen den geometrischen Mittelwerten der eingeschlossenen Pressungsverteilung.

Anschließend wird für jede Treppenstufe i die Überlebenswahrscheinlichkeit $P_{Ü,i}$ gemäß Abb. 7 anhand der Verteilungsfunktion der dauerfest ertragbaren örtlichen Pressung ermittelt. Mittelwert μ_L und Standardabweichung σ_L der Verteilungsfunktion werden aus Versuchsergebnissen zahlenwertmäßig bestimmt.

Durch logische Reihenschaltung der n einzelnen Flächensegmente lässt sich die Überlebenswahrscheinlichkeit einer Zahnflanke aus den entsprechenden Überlebenswahrscheinlichkeiten $P_{Ü,i}$ berechnen. Bei feiner Verzahnungsqualität mit geringen Teilungsabweichungen ist die Pressungsverteilung auf allen Zahnflanken eines Zahnrades identisch. Unter Annahme gleicher Festigkeitswerte für

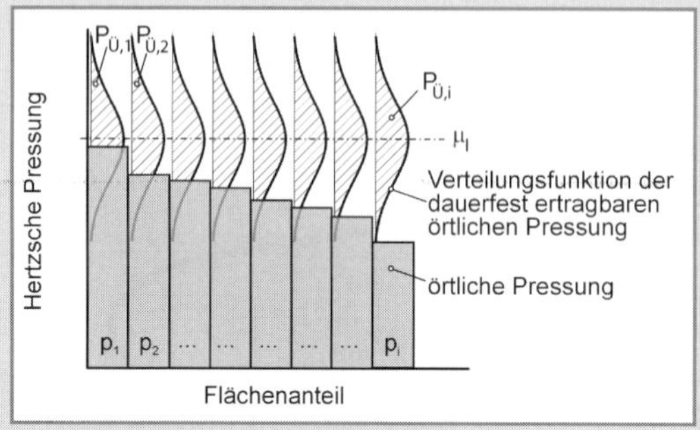

Abb. 7 Überlebenswahrscheinlichkeit $P_{Ü,i}$ der Flächensegmente

alle Zahnflanken eines Zahnrades kann die Überlebenswahrscheinlichkeit des Zahnrades $P_{Ü,Zahnrad}$ durch logische Reihenschaltung aller z Zahnflanken nach Gl. (1) berechnet werden.

$$P_{Ü,Zahnrad} = \left(P_{Ü,Zahnflanke}\right)^{z} = \left(\prod_{i=1}^{n} P_{Ü,i}\right)^{z} \qquad (1)$$

In der so berechneten Überlebenswahrscheinlichkeit eines Zahnrads $P_{Ü,Zahnrad}$ wird damit neben der tatsächlichen Pressungsverteilung auf der Zahnflanke auch der grübchenrelevante Einfluss der Zähnezahl bzgl. Grübchen berücksichtigt. Die Überlebenswahrscheinlichkeit $P_{Ü,Zahnrad}$ kann nach Gl. (2) in die Ausfallwahrscheinlichkeit $P_{A,Zahnrad}$ umgerechnet werden.

$$P_{A,Zahnrad} = 1 - P_{Ü,Zahnrad} \qquad (2)$$

Berechnung der schadensäquivalenten Vergleichspressung

Mit der im vorherigen Abschnitt beschriebenen Berechnungsmethode ist es möglich, die Überlebenswahrscheinlichkeit eines beliebig beanspruchten Stirnrades unter Berücksichtigung der Pressungsverteilung und der Zähnezahl zu ermitteln. Darüber hinaus wird von einer Berechnungsmethode zur Auslegung der Grübchentragfähigkeit in der Praxis jedoch erwartet, dass die dauerfest ertragbare Belastung für eine beliebig vorgegebene Ausfallwahrscheinlichkeit angegeben werden kann. Zur Umsetzung der beschriebenen Berechnungsmethode in eine praktisch anwendbare Grübchentragfähigkeitsberechnung wird daher die Überlebenswahrscheinlichkeit eines Zahnrades in eine schadensäquivalente Vergleichspressung p_{Hv} umgewertet.

Unter der Annahme, dass alle einsatzgehärteten Stirnradverzahnungen ein vergleichbares statistisches Ausfallverhalten aufweisen, kann bei der Zuordnung der dauerfest ertragbaren Flankenpressung zur Überlebens bzw. Ausfallwahr-

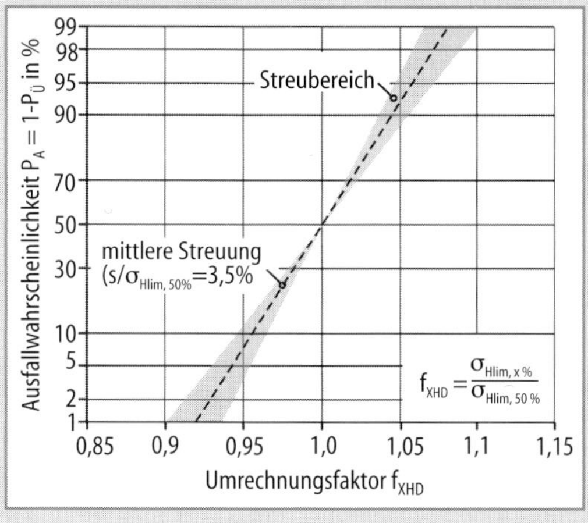

Abb. 8 Umrechnung der Grübchendauerfestigkeit S_{Hlim} von $P_A = 50\%$ auf $P_A = x\%$ Ausfallwahrscheinlichkeit mit dem Faktor f_{XHD} (Stahl 1999)

scheinlichkeit auf feste Umrechnungsfaktoren zurückgegriffen werden. Mit dem in Abb. 8 dargestellten Umrechnungsfaktor f_{XHD} kann die Grübchendauerfestigkeit $\sigma_{Hlim,X\%}$ einsatzgehärteter Stirnräder nach (Stahl 1999) für eine beliebige Überlebenswahrscheinlichkeit aus dem Wert der Grübchendauerfestigkeit bei 50 % Überlebenswahrscheinlichkeit $\sigma_{Hlim,50\%}$ berechnet werden.

Die dargestellte Verteilungsfunktion wurde nach (Stahl 1999) durch statistische Auswertung einer sehr großen Zahl von Grübchentragfähigkeitsversuchen an einsatzgehärteten Zahnrädern empirisch ermittelt. Demnach lässt sich die Verteilungsfunktion der Grübchendauerfestigkeit zutreffend durch eine Gauß'sche Normalverteilung mit einer Standardabweichung von $s = 3{,}5\,\% \cdot \sigma_{Hlim,50\%}$ beschreiben. Mit der nach vorherigen Abschnitt berechneten Überlebenswahrscheinlichkeit $P_{Ü,Zahnrad}$ lässt sich so für ein beliebig beanspruchtes Zahnrad der entsprechende Faktor f_{XHD} aus Abb. 8 ablesen. Für dieses Zahnrad entspricht die auftretende Flankenpressung damit dem f_{XHD}-fachen Wert der Flankenpressung, bei der eine Zahnrad-Überlebenswahrscheinlichkeit von $P_{Ü,Zahnrad} = 50\,\%$ berechnet wird. Dementsprechend wird umgekehrt für ein Zahnrad, bei dem die auftretenden örtlichen Pressungswerte aller Treppenstufen gemäß Abb. 9 durch den Faktor f_{XHD} geteilt werden, die Zahnrad-Überlebenswahrscheinlichkeit zu $P_{Ü,Zahnrad} = 50\,\%$ berechnet.

Basierend auf diesem Zusammenhang kann der Faktor f_{XHD} rechnerisch ermittelt werden, indem f_{XHD} iterativ verkleinert wird, solange $P_{Ü,Zahnrad}$ größer als 50 % ist, bzw. f_{XHD} vergrößert wird, solange $P_{Ü,Zahnrad}$ kleiner als 50 % ist.

Zur quantitativen Beurteilung der grübchenrelevanten Beanspruchung von beliebig beanspruchten gerad- und schrägverzahnten Stirnrädern wird die schadensäquivalente Vergleichspressung p_{Hv} eingeführt. Sie wird folgendermaßen definiert.

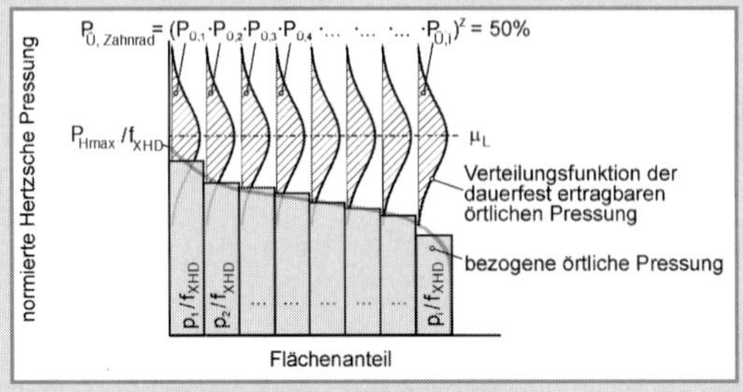

Abb. 9 Beanspruchungsprofil mit auf den Umrechnungsfaktor f_{XHD} bezogenen Pressungswerten mit einer rechnerischen Überlebenswahrscheinlichkeit des Zahnrades von $P_{Ü,Zahnrad}$=50%

„Die schadensäquivalente Vergleichspressung p_{Hv} unterschiedlich beanspruchter einsatzgehärteter Stirnräder ist identisch, wenn nach Gl. (1) gleiche Werte für die Überlebenswahrscheinlichkeit berechnet werden.“

Die nach Gl. (3) aus dem Umrechnungsfaktor f_{XHD} und dem Mittelwert μ_L der dauerfest ertragbaren örtlichen Pressung berechnete schadensäquivalente Vergleichspressung p_{Hv} entspricht dieser Definition.

$$p_{Hv} = f_{XHD} \cdot \mu_L \qquad (3)$$

Da bei der Berechnung der schadensäquivalenten Vergleichspressung p_{Hv} schadensrelevante Einflüsse nicht berücksichtigt sind, die über die Pressungsverteilung hinaus gehen (z. B. aus Schmierfilm, Oberflächenbeschaffenheit, dynamische Lastüberhöhungen), lässt sich damit zwar die Grübchenbeanspruchung von Stirnradverzahnungen bei ähnlichen Betriebsbedingungen vergleichend gegenüberstellen, ein absoluter Grübchentragfähigkeitsnachweis ist jedoch noch nicht möglich. Um den Grübchentragfähigkeitsnachweis einsatzgehärteter Gerad- und Schrägverzahnungen unter umfassender Berücksichtigung der Pressungsverteilung und der Zähnezahl auf dieser Basis zu ermöglichen, wird der Berechnungsansatz im nächsten Abschnitt in das Berechnungsverfahren der DIN 3990 eingegliedert. Damit können sowohl die in umfassenden Versuchen ermittelten Festigkeitswerte der DIN 3990 T5 (DIN 3990 1987b) als auch die Berechnungsansätze zur Berücksichtigung weiterer Einflüsse der DIN 3990 T2 (DIN 3990 1987a) weiterhin verwendet werden.

Eingliederung der Berechnungsmethode in DIN 3990

Im Rechenverfahren der DIN 3990 wird die schadensäquivalente Beanspruchung im Wälzkontakt des abweichungsbehafteten Zahnrads als auftretende Flankenpressung σ_H ausgewiesen. Die auftretende Flankenpressung σ_H entspricht dabei bei Geradverzahnungen i. d. R. der maximalen örtlichen Pressung unterhalb des Wälzkreises. Die auftretende Flankenpressung σ_{H1} für das Ritzel bzw. σ_{H2} für das Rad wird basierend auf der Hertz'schen Pressung am Wälzkreis p_C nach Gl. (4) berechnet.

$$\sigma_{H1/2} = p_C \cdot Z_{B/D} \cdot Z_\varepsilon \cdot Z_\beta \cdot \sqrt{K_A \cdot K_V \cdot K_{H\beta} \cdot K_{H\alpha}} \tag{4}$$

Dabei erfolgt die Umrechnung der Flankenpressung im Wälzpunkt auf den maßgebenden Eingriffspunkt mit dem Einzeleingriffsfaktor Z_B für das Ritzel bzw. Z_D für das Rad. Der Überdeckungsfaktor Z_ε berücksichtigt den Einfluss der effektiven Länge der Berührlinien und der Schrägenfaktor Z_β weitere Einflüsse des Schrägungswinkels auf die Grübchentragfähigkeit. Kraftüberhöhungen durch äußere Einwirkungen werden mit dem Anwendungsfaktor K_A und durch innere dynamische Einwirkungen mit dem Dynamikfaktor K_V erfasst. Eine ungleichmäßige Kraftverteilung über der Zahnbreite wird mit dem Breitenfaktor $K_{H\beta}$ und in Umfangsrichtung (Profil und Teilung) mit dem Stirnfaktor $K_{H\alpha}$ berücksichtigt.

Ziel der Eingliederung in DIN 3990 ist eine modifizierte Berechnung der auftretenden Flankenpressung auf Basis der schadensäquivalenten Vergleichspressung p_{Hv}. Mit der erweiterten Berechnungsmethode soll so, ein der auftretenden Flankenpressung σ_H nach DIN 3990 entsprechender Wert σ'_H berechnet werden, der die grübchenrelevanten Einflüsse aus Pressungsverteilung und Zähnezahl nach dem Abschnitt „Gesamtes Grübchenrisiko eines Zahnrads" zutreffend berücksichtigt. Durch Kalibrierung der erweiterten Berechnungsmethode mit experimentell abgesicherten Versuchsergebnissen können damit einerseits die in umfassenden Versuchen ermittelten Festigkeitswerte der DIN 3990 T5 (DIN 3990 1987b) und andererseits die Berechnungsansätze zur Berücksichtigung weiterer Einflüsse der DIN 3990 T2 (DIN 3990 1987a) verwendet werden.

Mit dem für die Kalibrierung des Berechnungsverfahrens vorgesehenen Kalibrierfaktor Z_{kal} wird die auftretende Flankenpressung σ'_H für Geradverzahnungen aus der schadensäquivalenten Vergleichspressung p_{Hv} entsprechend Gl. (5) berechnet.

$$\left(\sigma'_{H1/2}\right)_{\beta=0} = p_{Hv1} \cdot Z_{kal} \sqrt{K_A \cdot K_V} \tag{5}$$

Da die in der DIN 3990 angegebenen Festigkeitswerte und Näherungsgleichungen im Wesentlichen jeweils am Ritzel der Referenz-Prüfverzahnungen ermittelt wurden, eignen sich diese zur Kalibrierung der Berechnungsgleichung. Um die Festigkeitswerte der DIN 3990 T5 (DIN 3990 1987b) für den neuen Berechnungsansatz weiter verwenden zu können, muss am Ritzel der abweichungsfreien Referenz-Prüfverzahnung nach dem Berechnungsverfahren der DIN 3990 und nach dem neuen Berechnungsansatz der gleiche Wert für die auftretende Flankenpressung berechnet werden. Zur zahlenwertmäßigen Ermittlung des Kalibrierfaktors Z_{kal} werden die Werte für die auftretende Flankenpressung nach den Gleichungen (4) und (5) bei der abweichungsfreien Referenz-Prüfverzahnung mit dem Index „Ref" gleichgesetzt.

Bei der abweichungsfreien Verzahnung betragen die Lastfaktoren definitionsgemäß $K_{H\beta} = K_{H\alpha} = 1$. Der Kalibrierfaktor kann unter Verwendung von der Bestimmungsgleichung (3) der schadensäquivalenten Vergleichspressung entsprechend Gl. (6) freigestellt werden.

$$Z_{kal} \equiv \left(\frac{p_C \cdot Z_B \cdot Z_\varepsilon \cdot \sqrt{K_A \cdot K_V}}{p_{Hv1} \cdot \sqrt{K_A \cdot K_V}} \right)_{Ref} = \left(\frac{p_C \cdot Z_B}{p_{Hmax1}} \cdot \left(\frac{p_1}{f_{XHD} \cdot \mu_L} \right) \cdot Z_\varepsilon \right)_{Ref} \qquad (6)$$

Für die abweichungsfreie Referenz-Prüfverzahnung entspricht die maximale Pressung im Gebiet negativen Schlupfes p_{Hmax1} der örtlichen Pressung im inneren Einzeleingriffspunkt $p_C \cdot Z_B$ nach DIN 3990 T2. Damit vereinfacht sich Gl. (6) zu Gl. (7).

$$Z_{kal} \equiv \left(\left(\frac{p_1}{f_{XHD} \cdot \mu_L} \right) \cdot Z_\varepsilon \right)_{Ref} \qquad (7)$$

Der Überdeckungsfaktor Z_ε wird entsprechend der Berechnungsmethode nach DIN 3990 für die Referenzverzahnung nach Gleichung (8) berechnet.

$$\left(Z_\varepsilon \right)_{Ref} = \sqrt{\frac{4 - \varepsilon_{\alpha,Ref}}{3}} \qquad (8)$$

Damit kann der Kalibrierfaktor Z_{kal} entsprechend Gl. (9) mit den an der abweichungsfreien Referenz-Prüfverzahnung ermittelten Werten für μ_L, f_{XHD} und p_1 zahlenwertmäßig bestimmt werden.

$$Z_{kal} \equiv \left(\left(\frac{p_1}{f_{XHD} \cdot \mu_L} \right) \cdot \sqrt{\frac{4 - \varepsilon_{\alpha,Ref}}{3}} \right)_{Ref} \qquad (9)$$

Mit der Verteilungsfunktion der dauerfest ertragbaren örtlichen Pressung ($\mu_L = 2000$ N/mm²; $\sigma_L = 8{,}5\,\%_{\,\mu L}$) wird der Kalibrierfaktor für verschiedene Verzahnungen, die in Prüfstandsversuchen zum Einsatz kommen, berechnet. Aufgrund der Ergebnisse wird der Kalibrierfaktor einheitlich zu $Z_{kal} = 0{,}75$ festgelegt. Damit lässt sich die auftretende Flankenpressung $\sigma'_{H1/2}$ für Ritzel und Rad nach der erweiterten Berechnungsmethode entsprechend Gleichung (10) für Geradverzahnungen allgemein berechnen. Faktor f_{XHD} und Pressungswert auf der ersten Treppenstufe p_1 werden dazu wie im letzten Abschnitt ermittelt.

$$\left(\sigma'_{H1/2} \right)_{\beta=0} = p_{Hv1/2} \cdot Z_{kal} = 0{,}75 \cdot p_{Hmax1/2} \cdot \left(\frac{f_{XHD} \cdot \mu_L}{p_1} \right) \qquad (10)$$

Entsprechend den Definitionen der DIN 3990 werden Einflüsse, die über den unmittelbaren Einfluss des Schrägungswinkels auf die Überdeckungsverhältnisse, die Pressungsverteilung und die Krümmungsradien hinaus gehen, im

Schrägenfaktor berücksichtigt. Die Versuchserfahrungen mit schrägverzahnten Stirnrädern zeigen, dass die besonderen Eigenschaften der Schrägverzahnung mit dem bisher verwendeten Schrägenfaktor der DIN 3990 $Z_\beta = \sqrt{\cos\beta}$ bei einsatzgehärteten Zahnrädern nicht zutreffend erfasst werden. Daher wird eine Neudefinition des Schrägenfaktors Z'_β vorgeschlagen, um die speziellen Eigenschaften der Schrägverzahnung bzgl. der Grübchentragfähigkeit, wie beispielsweise die besonderen Gleitgeschwindigkeitsverhältnisse von Schrägverzahnungen, bei der Berechnung der auftretenden Flankenpressung σ'_H nach Gl. (11) empirisch zu berücksichtigen.

$$\sigma'_{H1/2} = 0{,}75 \cdot p_{H\max 1/2} \cdot \left(\frac{f_{XHD} \cdot \mu_L}{p_1} \right) \cdot Z'_\beta \cdot \sqrt{K_A \cdot K_V} \tag{11}$$

Dazu wird der Schrägenfaktor Z'_β auf der Basis vorliegender Versuchsergebnisse mit dem in (Stahl 2001) beschriebenen Ansatz an schrägverzahnten Prüfradvarianten neu bestimmt. Er wird nach Gl. (12) berechnet.

$$\begin{aligned} Z'_\beta &= 1 + \frac{\sin\beta}{3} && \text{für } 0° < \beta < 14° \\ Z'_\beta &= 1{,}08 && \text{für } \beta \geq 14° \end{aligned} \tag{12}$$

In (Stahl 2001) ist die vollständige formale Eingliederung des Berechnungsverfahrens in die DIN 3990 T2 beschrieben. Dabei erfolgt die Berechnung der auftretenden Flankenpressung σ'_H basierend auf den Faktoren $Z'_{B/D}$, Z'_ε, Z'_β und $K'_{H\alpha\beta}$, die dem formalen Aufbau der DIN 3990 T2 entsprechend neu definiert werden.

Anwendung der erweiterten Grübchentragfähigkeitsberechnung

Zur beispielhaften Anwendung des Berechnungsverfahrens wird die Grübchentragfähigkeit der ersten Stirnradstufe des virtuellen FVA-Getriebes mit der erweiterten Berechnungsmethode nachgerechnet und der Grübchentragfähigkeit nach DIN 3990 gegenübergestellt. Die wesentlichen Angaben zur Verzahnungsgeometrie sind in Tabelle 1 zusammengestellt, die genaue Beschreibung des virtuellen FVA-Getriebes findet sich in (Winter et al. 1988).

Die Grübchentragfähigkeitsnachrechnung wird vergleichend an der unkorrigierten und an der auf gleichmäßige Pressungen praxisgerecht flankenkorrigierten Verzahnung durchgeführt. Die praxisgerechte Flankenkorrektur mit dem Ziel einer gleichmäßigen Pressungsverteilung setzt sich dabei aus einer Überlagerung von Schrägungswinkelkorrektur, Profilwinkelkorrektur und einer Kopfrücknahme zusammen. Zur Berechnung der Grübchensicherheit wird für alle Varianten der Anwendungs und Dynamikfaktor zu $K_A = K_V = 1{,}0$ und die zulässige Flankenpressung zu $\sigma_{HP} = 1500\ \text{N/mm}^2$ festgelegt.

Tabelle 1. Wesentliche Verzahnungsdaten der ersten Stirnradstufe des virtuellen FVA-Getriebes (Winter et al. 1988)

Achsabstand	a	254 mm
Normalmodul	m_n	8 mm
Zähnezahl	z_1/z_2	20 / 39
gemeinsame Zahnbreite	b	60 mm
Schrägungswinkel	β	21,7°
Profilverschiebungsfaktoren	x_1 / x_2	0,0 / 0,0
Kopfkreisdurchmesser	da_1 / da_2	188,2 / 351,8 mm
Profilüberdeckung	ε_α	1,5
Sprungüberdeckung	ε_β	0,9
Antriebsmoment am Ritzel	T_1	1815 Nm

Tabelle 2. Grübchentragfähigkeitswerte am virtuellen FVA-Getriebe nach DIN 3990

	$K_{H\beta}$	σ_{H1}	S_H
unkorrigiert	1,38	747 N/mm²	2,0
flankenkorrigiert	1,06	654 N/mm²	2,3

Die Ergebnisse der Grübchentragfähigkeitsnachrechnung nach DIN 3990 sind für beide Korrekturvarianten in Tabelle 2 zusammengefasst. Der angegebene Breitenfaktor $K_{H\beta}$ ist mit dem 2-dimensionalen Berechnungsteil des Programmes RIKOR ermittelt.

Nach dem Berechnungsverfahren der DIN 3990 unterscheiden sich die Grübchentragfähigkeitskennwerte der unkorrigierten und praxisgerecht korrigierten Verzahnung nur im Breitenfaktor $K_{H\beta}$, alle anderen Werte sind identisch. Die gleichmäßigere Pressungsverteilung an der flankenkorrigierten Schrägverzahnung resultiert in einer Verringerung des Breitenfaktors von $K_{H\beta} = 1{,}38$ auf $K_{H\beta} = 1{,}06$. Dadurch wird für die flankenkorrigierte Verzahnung eine um ca. 15% höhere Grübchensicherheit von $S_H = 2{,}3$ berechnet. Erfahrungen in der Praxis und am Prüfstand lassen jedoch einen wesentlich stärkeren Einfluss der Flankenkorrektur auf die Grübchentragfähigkeit erwarten.

Die nach der erweiterten Berechnungsmethode ermittelten Grübchentragfähigkeitskennwerte sind in Tabelle 3 zusammengefasst.

Tabelle 3. Grübchentragfähigkeitskennwerte am virtuellen FVA-Getriebe nach erweiterter Berechnungsmethode

	σ'_{H1} [N/mm²]	S_H
unkorrigiert	1168	1,3
flankenkorrigiert	683	2,2

Die Verringerung der Pressungsspitzen durch die Flankenkorrektur wird bei der Berechnung der auftretenden Flankenpressung honoriert und resultiert in einer wesentlich höheren Grübchensicherheit der praxisgerecht korrigierten Verzahnung mit $S_H = 2{,}2$ gegenüber der unkorrigierten Verzahnung von $S_H = 1{,}3$. Die Grübchensicherheit der auf gleichmäßige Pressungen korrigierten Schrägverzahnung liegt im Bereich der Grübchensicherheit nach DIN 3990. Die rechnerische Grübchentragfähigkeitssteigerung durch eine praxisgerechte Flankenkorrektur gegenüber einer unkorrigierten Schrägverzahnung bestätigt die Erfahrungen in der Praxis und am Prüfstand.

Zusammenfassung und Ausblick

Neuere experimentelle Untersuchungen zur Grübchentragfähigkeit lassen Abweichungen von der experimentell ermittelten und der nach dem Rechenverfahren der DIN 3990 berechneten Grübchentragfähigkeit an einsatzgehärteten Schrägzahnstirnrädern erkennen. Zur besseren Berücksichtigung der besonderen Beanspruchungsverhältnisse von Schrägverzahnungen wird ein erweitertes Berechnungsverfahren vorgeschlagen. Die Pressungsverteilung auf der Zahnflanke, die mit einem topologischen Berechnungsverfahren wie z.B. dem PC-Programmsystem RIKOR ermittelt werden kann, wird bzgl. der grübchenrelevanten Beanspruchung bewertet. Entsprechend den experimentellen Beobachtungen wird dabei die maximale örtliche Pressung im Bereich negativen Schlupfes auf der Zahnflanke als wesentliche Einflussgröße auf die Flankenbeanspruchung betrachtet. Daneben wird das Schadensrisiko der übrigen Flankenbereiche bei der Grübchentragfähigkeitsberechnung rechnerisch berücksichtigt. Dabei wird darüber hinaus der schadenswirksame statistische Einfluss der Zähnezahl mit einbezogen. Die besonderen Gleitverhältnisse schrägverzahnter Stirnräder werden auf der Grundlage von Versuchsergebnissen im Schrägenfaktor Z'_β empirisch eingebracht.

Das neue Berechnungsverfahren wird in die Berechnungsgleichungen der DIN 3990 T2 integriert. Damit wird erreicht, dass sowohl die Festigkeitswerte nach DIN 3990 T5 als auch die Gleichungen zur Berechnung der zulässigen Flankenpressung nach DIN 3990 T2 weiterhin verwendet werden können. Gegenüber der genormten Rechenmethode wird so der schadensrelevante Einfluss der Pressungsverteilung auf der Zahnflanke umfassend berücksichtigt. Dadurch wird eine gleichmäßige Pressungsverteilung durch günstige Zahnflankenmodifikation bei der Berechnung der Grübchentragfähigkeit gutgeschrieben, für nicht oder ungünstig korrigierte Verzahnungen werden geringere Grübchentragfähigkeiten berechnet.

Die beispielhafte Nachrechnung einer schrägverzahnten Stirnradstufe des virtuellen FVA-Getriebes belegt die deutliche Steigerung der Grübchentragfähigkeit durch eine praxisgerechte Flankenkorrektur. Dabei nähern sich die Grübchentragfähigkeiten nach der erweiterten Berechnungsmethode und nach DIN 3990 aneinander an.

Literatur

Almen JA (1959) Surface Deterioration of Gear Teeth. Mechanical Wear, Chapter 12, S. 197–288

Bartel A (1969) Betriebsschäden an Zahnflanken mit besonderer Berücksichtigung der Entstehung grober Pittings. 5. Betriebsleitertagung der Allianz, München

Bartel A, Kuss E (1959) Einige Grundlagenversuche zur Oberflächenverformung und Pittingbildung. Freiberger Forschungshefte 35, S. 112–128

DIN 3990 (1987a) Teil 2: Tragfähigkeitsberechnung von Stirnrädern – Berechnung der Grübchentragfähigkeit. Beuth Verlag Berlin

DIN 3990 (1987b) Teil 5: Tragfähigkeitsberechnung von Stirnrädern – Dauerfestigkeitswerte und Werkstoffqualitäten. Beuth Verlag Berlin

Döbereiner R (1998) Tragfähigkeit von Hochverzahnungen geringer Schwingungsanregung. FVA-Forschungsvorhaben Nr. 257. FVA-Forschungsheft Nr. 571, Frankfurt

Gappisch M (1959) Metallographische Untersuchungen zur Pittingbildung. Industrieanzeiger 80, S. 1278–1284

Hanisch F (1965) Zahnradschäden und ihre Beeinflussung durch Schmierstoffe. Erfahrungsberichte Allianz 2, S. 1–48

Haslinger K (1991) Untersuchungen zur Grübchentragfähigkeit profilkorrigierter Zahnräder. Dissertation TU München

Hösel Th, Goebbelet J (1979) Empfehlung zur Vereinheitlichung von Flankentragfähigkeitsversuchen an vergüteten und gehärteten Zylinderrädern. FVA-Merkblatt Nr. 0/5

Käser W (1977) Beitrag zur Grübchenbildung an gehärteten Zahnrädern. Einfluß von Härtetiefe und Schmierstoff auf die Flankentragfähigkeit. Diss. TU München

Knauer G (1988) Zur Grübchentragfähigkeit einsatzgehärteter Zahnräder – Einfluß von Werkstoff und Schmierstoff unter besonderer Berücksichtigung des Reinheitsgrades und der Betriebstemperatur, Dissertation TU München

Niemann G, Richter W (1960) Zusammenfassung und Folgerungen aus den Versuchsergebnissen zur Zahnflanken-Tragfähigkeit. Konstruktion 12, S. 397402

Oster P (1982) Beanspruchung der Zahnflanken unter Bedingungen der Elastohydrodynamik. Dissertation TU München

Simon M (1984) Messung von elastohydrodynamischen Parametern und ihre Auswirkung auf die Grübchentragfähigkeit vergüteter Scheiben und Zahnräder. Diss. Technische Universität München

Stahl K (1999) Lebensdauerstatistik – Statistische Methoden zur Beurteilung von Bauteillebensdauer und Zuverlässigkeit und ihre beispielhafte Anwendung auf Zahnräder. FVA-Forschungsheft Nr. 580. Frankfurt

Stahl K (2001) Grübchentragfähigkeit einsatzgehärteter Gerad und Schrägverzahnungen unter besonderer Berücksichtigung der Pressungsverteilung. Dissertation TU München

Tross A (1969) Über die Mechanismen der verschiedenen Zahnradschadensarten. Schmiertechnik und Tribologie 16, S. 111–118

Wikidal F (1992) Programmdokumentation Ritzelkorrektur. FVA-Forschungsheft Nr. 481. Frankfurt

Wikidal F (1998) Berechnung der Flankenpressung gerad- und schrägverzahnter Stirnräder unter Berücksichtigung last- und fertigungsbedingter Abweichungen. Dissertation TU München

Winter H (1960) Flankentragfähigkeit geradverzahnter Stirnräder. Das Industrieblatt 60, S. 309–315

Winter H, Placzek T, Benkler K (1988) Konstruktion und Berechnung von Getrieben mit FVAProgrammen, dargestellt am Beispiel des virtuellen FVA-Getriebes. Antriebstechnik 27, Nr. 7, S. 35–40

Integrierte Berechnung, Fertigung und Prüfung von Spiralkegelrädern

Dr.-Ing. Manfred Bosch
Dr.-Ing. Hartmuth Müller

»Die durchgängige Integration eines Berechnungs- und Datenmodells für alle Prozessschritte der Spiralkegelradfertigung garantiert sowohl einen beherrschbaren Fertigungsprozess als auch ein optimales Lauf- und Tragfähigkeitsverhalten.«

MANFRED BOSCH

HARTMUTH MÜLLER

Manfred Bosch begann 1957 nach dem Abitur das Maschinenbaustudium, Fachrichtung Fertigungstechnik, an der RWTH Aachen. 1962 wurde er wissenschaftlicher Mitarbeiter am Werkzeugmaschinenlabor (Prof. Opitz), wo er 1965 über das dynamische Verhalten von Stirnradgetrieben promovierte. Im Jahr 1966 begann er seine industrielle Tätigkeit bei der Firma Klingelnberg in Hückeswagen in der Versuchsabteilung und anschließend als Leiter der Arbeitsvorbereitung. Die Ernennung zum Technischen Geschäftsführer erfolgte 1976, 1996 wurde er Geschäftsführer der Klingelnberg Söhne GmbH und Mitglied der Gruppenleitung Klingelnberg-Oerlikon. Seit dem Jahr 2002 ist er Mitglied des Aufsichtsrats der Klingelnberg GmbH.

Hartmuth Müller begann nach dem Abitur 1979 an der Technischen Universität Karlsruhe das Studium der Elektrotechnik. 1985 wurde er wissenschaftlicher Mitarbeiter am Institut für Theoretische Elektrotechnik und Messtechnik, wo er 1990 über Mehrlagen-Verdrahtungsalgorithmen promovierte. Seine industrielle Tätigkeit begann 1990 als Software-Entwickler bei Klingelnberg in Ettlingen. 1995 wurde er Technischer Leiter in Ettlingen, im Jahr 2000 wurde er mit der Leitung des Technologiezentrums beauftragt. Seit 2001 ist er in Hückeswagen Geschäftsführer Technologie und Entwicklung der Klingelnberg GmbH.

Integrierte Berechnung, Fertigung und Prüfung von Spiralkegelrädern

Manfred Bosch, Hartmuth Müller

Unterschiedliche Verzahnverfahren

Bis vor einigen Jahren war die Welt der Spiralkegelräder in zwei Lager aufgeteilt, die kontinuierlich teilenden und die einzelteilenden Systeme. Neben der geschichtlichen Entwicklung ist das Werkzeugsystem der offensichtliche Unterschied der beiden Herstellmethoden.

Beim Palloid-Verfahren setzt man einen konischen Wälzfräser ein und erhält eine Evolvente in Zahnlängsform mit konstanter Zahnhöhe und konstant breiter Zahnlücke. Obwohl dieses Verfahren seit Anfang des letzten Jahrhunderts beinahe unverändert blieb, wird es heute immer noch bei hoch belasteten Hypoidgetrieben eingesetzt (Krumme 1966).

Beim klassischen Verfahren der Firma Gleason verwendet man einen Messerkopf, dessen Messer kreisförmig am Umfang des Werkzeuges angeordnet sind und bearbeitet eine Zahnlücke nach der anderen. Das Werkzeug schneidet einen kreisbogenförmigen Zahn in Längsrichtung. Durch die Wälzbewegung entsteht das Oktoidenprofil in Zahnhöhenrichtung. Die Ursprünge des Kreisbogen-Verfahrens gehen auf den Anfang des letzten Jahrhunderts zurück und es hat seitdem eine Reihe bedeutender verzahnungstheoretischer Modifikationen und Herstellvarianten erfahren. Heute wird es hauptsächlich als Duplex- oder Completing-Verfahren eingesetzt, indem die rechte und die linke Flanke einer Zahnlücke in einem Schnitt gefertigt werden. Durch die Form des Werkzeuges entsteht eine konstant breite Lücke über die gesamte Breite im Zahnfuß. Der Zahn des Gegenrades muss deshalb einen konstant dicken Zahnkopf haben, was geometrisch einen konischen Zahnhöhenverlauf, den sog. Duplex-Kegel, erfordert.

Messerkopf-Werkzeuge für das kontinuierliche Teilverfahren haben die einzelnen Messer nicht kreisförmig am Umfang verteilt, sondern in einzelnen Gruppen um den Rollkreis angeordnet. Wenn während der Bearbeitung der Messerkopf eine Umdrehung macht, dann muss sich das Werkstück um so viele Zahnlücken weiterdrehen, wie das Werkzeug Messergruppen hat. So werden alle Zahnlücken quasi gleichzeitig bearbeitet. In der Vergangenheit waren das die typischen Oerlikon- und Klingelnberg-Verfahren. Die Zahnhöhe ist konstant, dafür wird die Zahnlücke konisch. Die Zahnlängsform ist hier kein Kreisbogen, sondern eine Epizykloide. Die Grundlagen dieses Verfahrens wurden in der Mitte des letzten Jahrhunderts gelegt (Krumme 1966).

Einheitliche Berechnungsmodelle

Wenn man nur die Welt der Stirnräder betrachtet, so scheint die Trennung in kontinuierlich teilende und einzelteilende Systeme bei Spiralkegelrädern unverständlich. Dies liegt aber nur vordergründig an der Polarisierung des Markts durch die Maschinenhersteller. Im Gegensatz zu Stirnrädern sind Spiralkegelradgetriebe räumliche Verzahnungen, deren Zahnform stets anwendungsspezifisch berechnet werden muss. Die Zahnflanken von Spiralkegelradverzahnungen müssen so ausgelegt werden, dass lastbedingte Lageveränderungen im Getriebe abgefangen werden.

In Abb. 1 ist das Prinzip der lastbedingten Abdrängungen im Getriebe zu erkennen. Im Beispiel treibt die konkave Ritzelflanke die konvexe Tellerradflanke und übt die Kraft F auf die Tellerradflanke aus. Die dazugehörende Reaktionskraft auf den Ritzelzahn lässt sich in eine vertikale Komponente F_v und eine horizontale Komponente F_h zerlegen. Man erkennt, dass sich bei vorhandenen Lager- und Gehäusesteifigkeiten eine Verschiebung ergibt, welche den Achsversatz V verringert und das axiale Einbaumaß H des Ritzels vergrößert. Zusätzlich erhält man bedingt durch den Eingriffswinkel der Verzahnung eine Verschiebung in axialer Richtung des Tellerrads.

Bei Stirnrädern zeigt sich die lastbedingte Abdrängung im Wesentlichen durch Vergrößern des Achsabstands und schrägungswinkelbedingt durch Wandern in axialer Richtung. Da eine Evolvente zu sich selbst äquidistant ist, bleiben die Kontaktverhältnisse zwischen den Flanken erhalten. Anders ist dies bei Spiralkegelrädern. Hier ist ein Wandern des Tragbilds je nach Größe der Abdrängung vorhanden.

In Abb. 2 ist die Tragbildreaktion auf Verringerung des Achsversatzes und Vergrößerung des Einbaumaßes zu sehen. Liegt im lastlosen Fall, also ohne

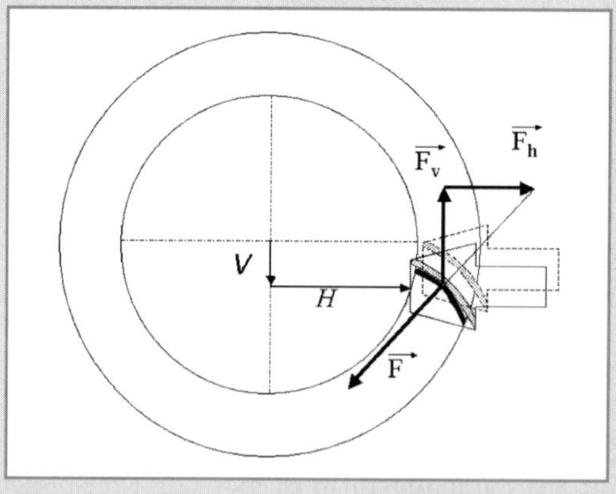

Abb. 1 Lastbedingte Abdrängung eines Spiralkegelrad-Hypoidgetriebes

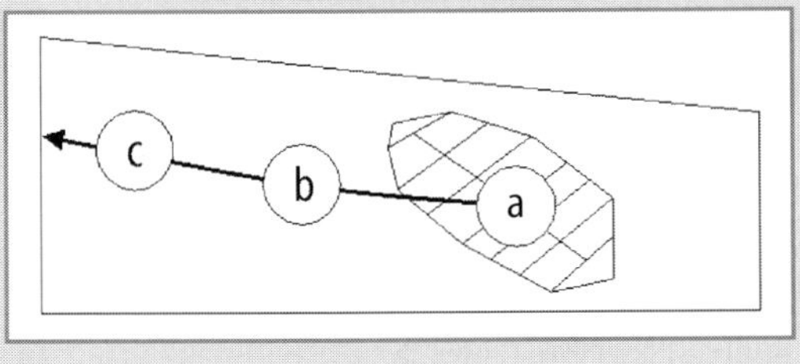

Abb. 2 Wandern des Tragbilds bei lastbedingten Abdrängungen

Abdrängung, der Tragbildkern noch bei Position *a*, so verschiebt er sich mit zunehmender lastbedingter Abdrängung über *b* nach *c*. Je nach Form der Zahnlängskurve ergibt sich hier ein mehr oder weniger ausgeprägtes Wandern des Tragbilds. Beim Palloid-Verfahren mit evolventischer Zahnlängsform sind die Voraussetzungen am günstigsten, bei einzelteilenden Verfahren mit großen Werkzeugdurchmessern am schlechtesten.

Es ist offensichtlich, dass zur Optimierung der Zahnform Berechnungswerkzeuge benötigt werden. Die dazu nötigen Modelle wurden in der Vergangenheit für jedes Verfahren unterschiedlich entwickelt. So war die Trennung in zwei Spiralkegelrad-Welten eher historisch bedingt als technisch begründet. Erst mit der Einführung eines einheitlichen Simulationswerkzeuges zur Quantifizierung des Laufverhaltens konnte der unmittelbare rechnerische Vergleich stattfinden. Das weltweit erste Software-Paket mit einer weitgehend vereinheitlichten Berechnung und Darstellung war die Kegelradkette des WZL Aachen (Weck und Stadtfeld 1985). Damit konnte man Tragbilder, Drehfehler, Pressungen und Spannungen für Spiralkegelrad- und Hypoidgetriebe, die mit Messerkopfsystemen sowohl nach dem Einzelteilverfahren als auch nach dem kontinuierlichen Verfahren gefertigt werden, berechnen.

Während man mit der Kegelradkette das Laufverhalten mit und ohne Last einheitlich berechnen konnte, bedurfte es noch zweier weiterer Schritte zum kompletten Durchbruch. Mit einem allgemeinen kinematischen Modell, welches eine Durchdringungsrechnung zwischen Werkzeug und Werkstück durchführt, wurde das Kerberos-Programm geschaffen, das erstmals den realen Verzahnungsprozess sowie das Kämmen der so generierten theoretischen Flanken im Getriebe beliebig genau simuliert (Weck und Hemmelmann 1999). Unter Berücksichtigung einer verallgemeinerten Werkzeug- und Kinematikdefinition, den sog. Neutraldaten, gelang es im zweiten Schritt, alle am Markt vorhandenen Verzahnmaschinen in diesen Datenfluss einzubeziehen (Klingelnberg 2002). Von nun an konnten alle Verzahnverfahren, die mit Messerkopf, Schleifscheibe oder konischem Fräser arbeiten, einer einheitlichen Analyse unterzogen werden.

Neben dem lastfreien Laufverhalten ist die Berechnung lastabhängiger Flanken-Pressungen und Zahnfuß-Spannungen ein notwendiges Berechnungsmodul. Die Ergebnisse sind aber nur dann nutzbar, wenn sie dem Charakter der räumlichen Verzahnung gerecht werden. Bei solchen Verzahnungen ändern sich die Eingriffsverhältnisse nicht nur wegen der Verformung der Zähne, sondern wesentlich mehr wegen lastabhängiger Abdrängung des Spiralkegelradpaares durch Lager- und Gehäusesteifigkeiten. Somit muss die Auslegung und Flanken-Optimierung eines Spiralkegelradsatzes unter Berücksichtigung des gesamten Umfelds der Verzahnung durchgeführt werden (Linke und Baumann 2002).

Vernetzte Fertigungsprozesse

Auf Basis des einheitlichen Berechnungsmodells mit der allgemeinen Definition der Werkzeugdaten und der kinematischen Daten gelingt es, ein Netzwerk aufzubauen, welches alle Prozessschritte miteinander verbindet. In Abb. 3 ist die Vernetzung der reproduzierbar zu beherrschenden Prozessschritte symbolisch dargestellt.

Die Spiralkegelradfertigung litt in der Vergangenheit immer unter mangelnder Prozesssicherheit. Seitdem CNC-Bearbeitungsmaschinen in den 90er Jahren die klassischen mechanisch gesteuerten Maschinen ersetzten, war es möglich, die Kinematik, welche der Berechnung zu Grunde liegt, auch hinreichend genau auf der Bearbeitungsmaschine zu fahren. Dennoch war der alleinige Einsatz von CNC-Bearbeitungsmaschinen nicht zielführend, da Restungenauigkeiten im Werkzeug oder Abdrängungen des Werkzeuges durch Schnittkräfte mehr oder weniger reproduzierbare Flankenfehler hervorriefen. Erst die Einführung

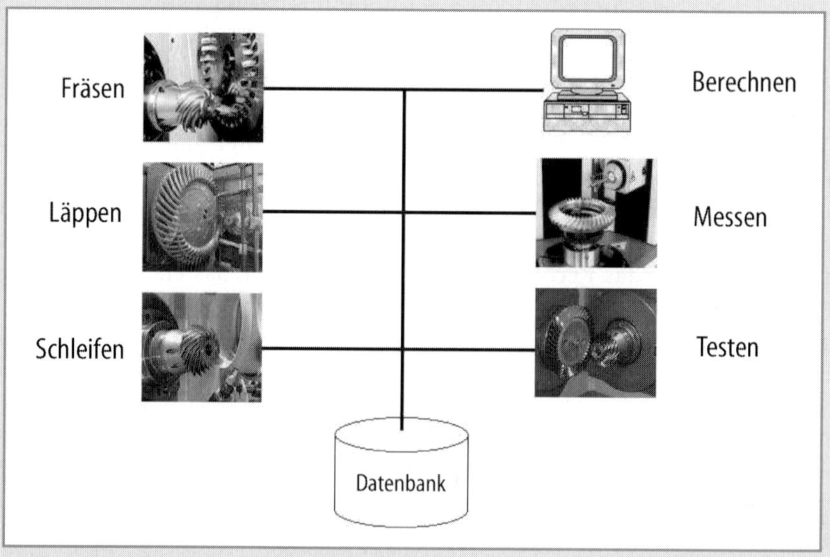

Abb. 3 Vernetzung der Fertigungsprozesse

eines regelungstechnischen Kreislaufes erlaubte die werkstattgerechte Fertigung von Spiralkegelrädern, die hinreichend genau der theoretischen Vorgabe der Berechnung entsprachen.

Abbildung 4 zeigt einen derartigen Kreislauf für den Schleifprozess. Für das erste Werkstück werden die theoretischen Kinematik- und Werkzeugdaten aus der Datenbank geladen. Nach der Schleifoperation wird die Flankenform gegen die theoretischen Solldaten punktweise gemessen. Die Solldaten errechnet sich die Messmaschine selbstständig aus der Werkzeuggeometrie und der Kinematik. Anhand der Abweichungen werden Werkzeug- und Kinematik-Korrekturen über entsprechende Software-Programme erzeugt, um die restlichen Maschinenfehler und die Prozessfehler zu kompensieren. Diese Korrekturen werden vor der Bearbeitung für das nächste Werkstück von der Schleifmaschine geladen und mit den noch vorhandenen Einstellwerten verrechnet. Das nächste geschliffene Werkstück wird jetzt sehr nahe an der gewünschten Sollform liegen.

Bis vor kurzem war es üblich, diesen Regelkreis auch beim Kegelradfräsen anzuwenden. Konnte man beim Kegelradschleifen über das Korrekturmodul sowohl auf die Kinematik als auch auf das Werkzeug Einfluss nehmen, so kann man bei einer Fräsmaschine im Praxisbetrieb nur auf die Kinematik Einfluss nehmen. Fehler im Werkzeug müssen durch veränderte Maschinenbewegungen so gut es geht kompensiert werden.

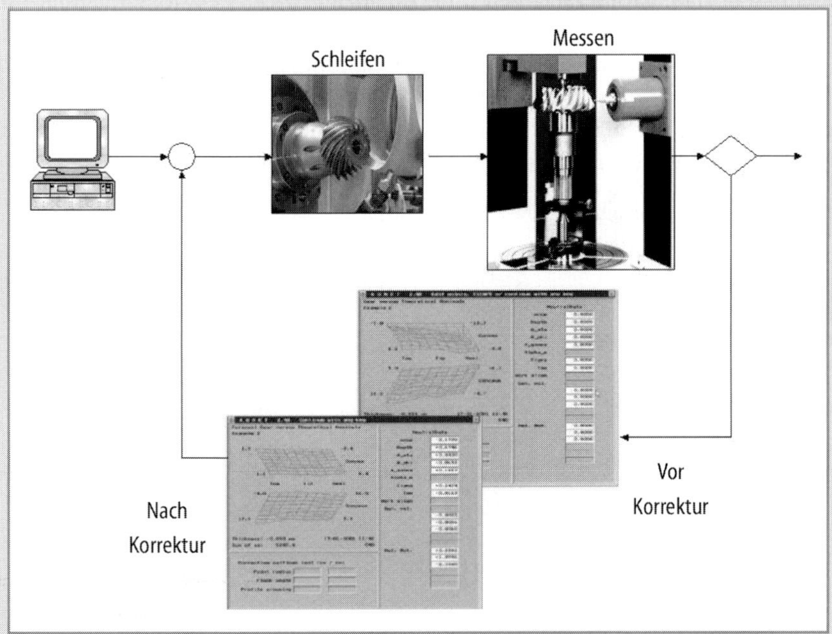

Abb. 4 Regelkreislauf Kegelradschleifen

Durch die Einführung des Trockenfräsens mit beschichtetem Hartmetall musste dem Werkzeug wesentlich mehr Aufmerksamkeit gewidmet werden (Rohmert 2001). Natürlich ist die Flankenform der Verzahnung nur durch die Geometrie der Schneidkante und die Kinematik definiert. Für einen optimalen Zerspanungsprozess ist neben der geometrischen Genauigkeit des Messerkopfes und der Schneidkanten die technologische Geometrie des Stabmessers, also Span- und Freiwinkel, entscheidend (Müller und Wymann 2002).

Abbildung 5 zeigt schematisch zwei technologische Winkel des Stabmessers. In der mittleren Skizze wurde der Freiwinkel im Vergleich zur linken Skizze vergrößert. Dieser technologische Winkel hat keinen Einfluss auf die Spanbildung, er beeinflusst aber die Reibverhältnisse an der Schneidkante sowie die Steifigkeit des Messers. Je größer er wird, desto geringer ist die Reibungswärme, aber umso weniger steif wird die Schneidkante auch sein. Darüber hinaus ändert sich auch die Wärmeleitfähigkeit von der Schneidkante ins Messerinnere.

Modifiziert man den Spanwinkel wie in der rechten Skizze, ändert sich die Form der Späne. Da moderne Messerkopfsysteme zur Erhöhung der Produktivität eine möglichst große Anzahl Messer besitzen, muss dem Ablauf der Späne besondere Beachtung geschenkt werden. Der wichtigste Parameter dafür ist der Spanwinkel. Deshalb ist es zwingend erforderlich, diesen Winkel optimal gestalten zu können. Werkzeugsysteme, die keine Modifikation des Spanwinkels erlauben, haben hier ein Handicap. Das Optimieren dieses Winkels zwingt dazu, alle drei Seiten des Messers, also die Spanfläche und die beiden Freiflächen, zu schleifen. Das Stabmesser bietet hierfür ideale Voraussetzungen, zumal für das Nachschleifen leistungsfähige Schleifmaschinen zur Verfügung stehen. In Abb. 6 ist die gesamte Geometrie eines Stabmessers dargestellt. Bei einem 3-Flankenschliff ist nach jeder Messeraufbereitung eine vollständige Beschichtung erforderlich, jedoch sind die dadurch entstehenden Kosten angesichts der doppelten bis dreifachen Standmenge leicht zu rechtfertigen.

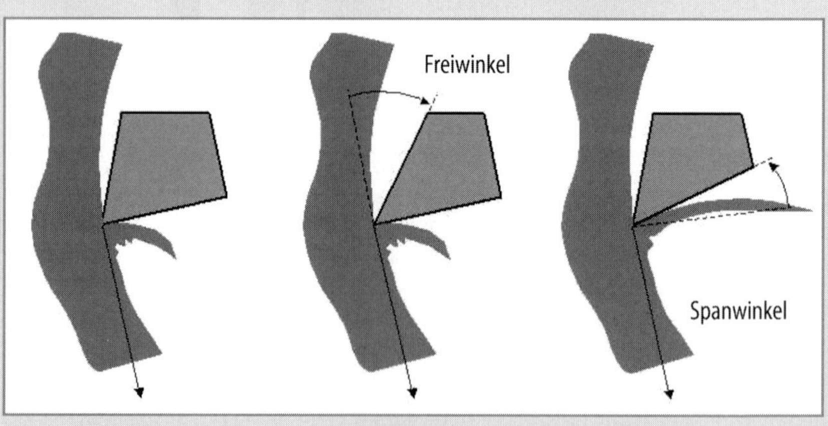

Abb. 5 Technologische Messerwinkel

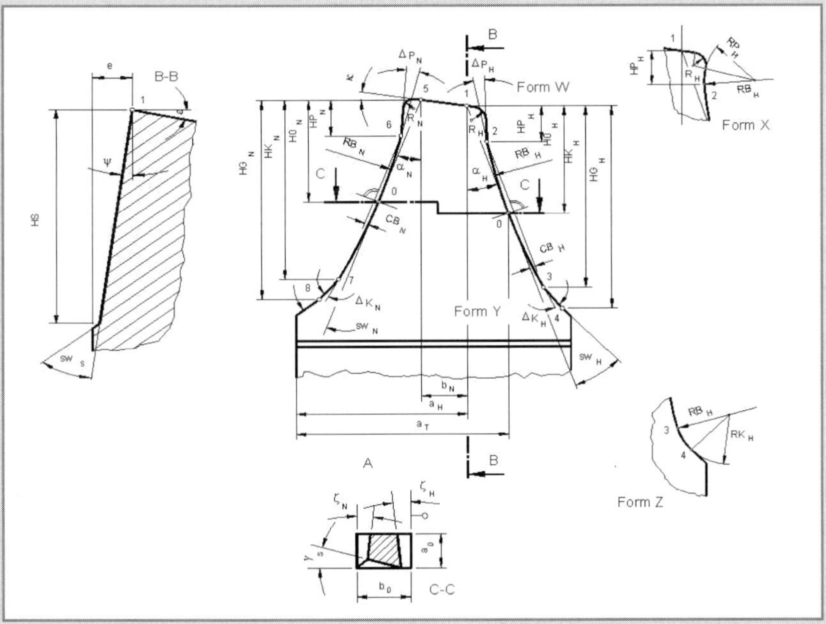

Abb. 6 Stabmesser-Geometrie

Neben den Aspekten der technologischen Geometriegestaltung muss vom Werkzeug beim Trockenfräsen eine weitaus höhere geometrische Genauigkeit verlangt werden, da Hartmetallmesser äußerst empfindlich auf Überlastung wie beispielsweise einzelne vorstehende Messer oder ungenaue Schneidkanten reagieren. Das Prinzip, ein Messer gegen seine theoretische Sollform zu messen, kann als unterlagerter Regelkreis im Sinne einer gleichmäßig hohen Standmenge erfolgreich eingesetzt werden.

Die Ermittlung der Abweichungen des Werkzeuges von der Sollvorgabe betrifft nicht nur das Messen des Stabmessers. Ungenauigkeiten im Grundkörper des Messerkopfes wirken sich genauso aus wie Geometriefehler im Stabmesser. Folglich muss ein integrierter Prozess nicht nur einen Regelkreislauf für die Geometrie des Stabmessers aufweisen, sondern zusätzlich zur Messung einen hochgenauen Einstellprozess für die Montage der Stabmesser im Messerkopf.

Neben den hohen Anforderungen des Trockenfräsens an das Werkzeug bietet das Messen der Messer noch einen weiteren Aspekt. Bisher mussten eventuelle Flankenfehler alleine durch die Kinematik der Fräsmaschine kompensiert werden. Da nun ein geregelter Prozess die Übereinstimmung des Werkzeuges mit der Sollform sicherstellt, können Flankenformfehler beim Fräsen nur noch durch Abdrängungen infolge von Schnittkräften oder durch Restfehler in der Kinematik der Maschine verursacht werden. Die erforderlichen Korrektureinstellungen der Kinematik der Fräsmaschine setzen nun genau an der rich-

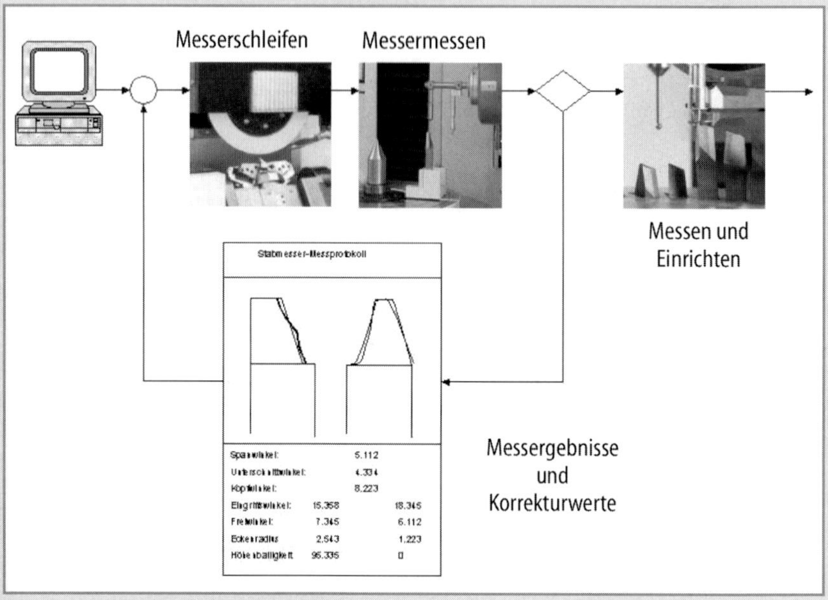

Abb. 7 Messerkopfschärfen und Einstellen

tigen Stelle an, weil die Fehler durch das Werkzeugsystem ausgeschaltet sind (Abb. 7).

Simulation und Praxis des Laufverhaltens

Letzten Endes ist nicht das Erreichen der messbaren geometrischen Merkmale für die Qualität eines Spiralkegelradsatzes ausschlaggebend, vielmehr entscheidet das praktische Lauf- und Tragfähigkeitsverhalten. Leider korrelieren die geometrischen Größen aus der Norm für Spiralkegelräder damit nur sehr schlecht.

Zurzeit werden die Qualitätsregelkreise der Fertigung von Spiralkegelrädern durch Teilung, Topographie und Oberflächenrauheit als führende Regelgrößen bestimmt. Untersuchungen haben gezeigt, dass bei Steigerung der Teilungsgenauigkeit über die Qualität 6 der DIN 3975 hinaus keine Verbesserung der Tragfähigkeit mehr zu erreichen ist. Für das Geräuschverhalten konnte nachgewiesen werden, dass eine Korrelation zwischen Oberflächenbeschaffenheit und Geräuschverhalten nicht existiert (Weck und Landvogt 2002). Nicht die unterschiedlichen Bearbeitungsverfahren wie Schleifen, Hartschälen, Läppen oder Kugelstrahlen korrelieren mit dem Geräusch, sondern systematische kleine Fehler auf der Zahnoberfläche entlang des Berührpfades, also im Bereich des unmittelbaren Flankenkontakts.

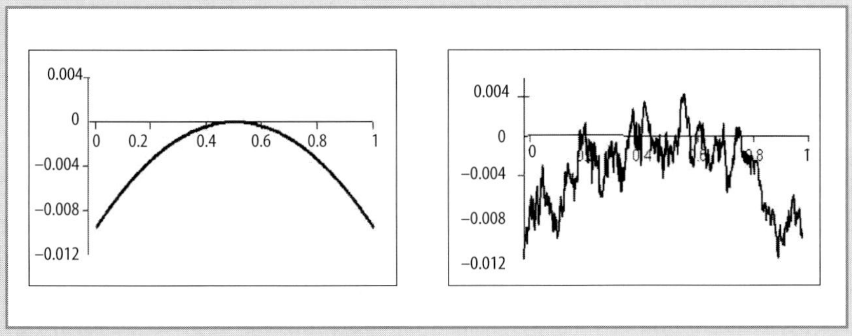

Abb. 8 Drehfehler mit idealer und mit gemessener Zahnoberfläche

In Abb. 8 sind zwei Drehfehlerverläufe gezeigt. Die Abszisse zeigt den auf die Teilung normierten Drehwinkel des Getriebes, auf der Ordinate ist der Drehfehler in µm aufgetragen. Im linken Diagramm kämmt ein Zahnpaar mit idealer Oberfläche. Im rechten Bild kämmt ein Zahnpaar, dessen Flanken hochauflösend punktweise gemessen wurden. Die hochfrequenten Anteile sind durch systematische kleine Flankenfehler in der Umgebung des Zahnkontaktes verursacht, die das gleichmäßige Kämmen des Flankenpaares stören. Um solche Drehfehlerverläufe berechnen zu können, müssen alle fertigungstechnischen Effekte in der rechnerisch ermittelten Flankenform enthalten sein. Ferner muss die Simulation des Kämmens eines Flankenpaares mit robusten Algorithmen durchgeführt werden, um die Unebenheiten der Flanken nicht mit numerischen Ungenauigkeiten zu überdecken (Weck und Hemmelmann 2002).

Ging man in jüngerer Vergangenheit oft empirische Wege zur Beschreibung des lastfreien Laufverhaltens, so zeigt sich mittlerweile, dass die gute alte Einflankenwälzabweichung immer noch das beste Kriterium ist. Neben der objektiven Messmethode mit reproduzierbaren Ergebnissen gestatten die modernen Berechnungsverfahren die hinreichend genaue Übereinstimmung zwischen rechnerischer Vorhersage und tatsächlichem Messergebnis. Erst dieser Brückenschlag zwischen Simulation und gemessenen Laufeigenschaften erlaubt es von einer integrierten Berechnung, Fertigung und Prüfung von Spiralkegelrädern zu reden.

Es wird darum eine der wichtigen Aufgaben der Zukunft sein, Kennwerte der Einflankenwälzabweichung mit normativem Charakter zu entwickeln.

Literatur

Klingelnberg (2002) Handbuch zum Spiralkegelradberechnungsprogramm KIMoS

Krumme W (1966) Klingelnberg-Spiralkegelräder Berechnung, Herstellung und Einbau, Springer-Verlag

Linke H, Baumann V (2002) Becal: Programm zur Berechnung der Zahnflanken- und Zahnfussbeanspruchung an bogenverzahnter Spiralkegelrad- und Hypoidgetrieben bei Berücksichtigung der Verformungen und Abweichungen der Getriebeelemente, Abschlussbericht FVA-Vorhaben Nr. 223

Müller H, Wyman H (2002) Sigma-Pool Report 2002, 3F Blade Runner, Sigma-Pool Druckschrift

Rohmert J (2001)Verzahnen, VDI-Z 143, Springer Verlag

Weck M, Stadtfeld HJ (1985) Einfluss der Geometrie auf Laufeigenschaften und Beanspruchung spiralverzahnter Kegelräder, Programmkette Kegelradberechnung, Abschlussbericht zum FVA-Vorhaben Nr. 49/II

Weck M, Hemmelmann J (1999) Kerberos: Berechnung der Kegelradzahngeometrie mit der Durchdringungstheorie auf allgemein beschreibbaren Verzahnmaschinen, Abschlussbericht zum FVA-Vorhaben Nr. 301

Weck M, Landvogt A (2002) Kegelradgetriebegeräusche, Abschlussbericht zum FVA-Vorhaben Nr. 282

Weck M, Hemmelmann J (2002) Alkaeos: Zahnkontaktanalyse allgemeiner Verzahnungen, Abschlussbericht zum FVA-Vorhaben Nr. 346

Mechatronik

Mechatronik – Gemeinsame Herausforderung für Maschinenbau, Steuerungstechnik und Informatik

Dr.-Ing., Dipl.-Ing. Klaus Wucherer

»Die Mechatronik entwickelt sich immer mehr zu einer treibenden Innovationskraft für den technischen Fortschritt und die wirtschaftliche Entwicklung.«

KLAUS WUCHERER

Klaus Wucherer absolvierte das Studium für Elektrotechnik und Maschinenbau an der TH Chemnitz, wo er auch promovierte. Von 1970–1973 war er als Projekt-Ingenieur für die Siemens AG in der Zweigniederlassung Bremen tätig. Zwischen 1973 und 1978 war er Gruppenleiter für die technische Abteilung Geregelter Drehstrom und Gleichstromantriebe SIMATIC, von 1978–1983 Leiter der Abteilung Anlagenvertrieb SIMATIC. 1986 wechselte er nach Nürnberg/Erlangen und übernahm dort die Leitung der Geschäftszweige bzw. der Geschäftsgebiete Industrielle Kommunikation, Software-Haus, Automatisierungssysteme für Werkzeugmaschinen und Industrie-Automatisierungssysteme (Simatic). Von 1996–1998 war er Mitglied des Bereichsvorstands Automatisierungstechnik – der 1997 in Automatisierung und Antriebstechnik umbenannt wurde – bis er 1998 Vorsitzender dieses Bereichsvorstands wurde. Von 1999–2000 war Klaus Wucherer Vorstand der Siemens AG. Seit Oktober 2000 ist er Mitglied des Zentralvorstands der Siemens AG.

Mechatronik – Gemeinsame Herausforderung für Maschinenbau, Steuerungstechnik und Informatik

Klaus Wucherer

Einleitung

Die Unternehmen und ihre Produkte und Dienstleistungen werden immer stärker durch die sich schnell und grundlegend verändernden Märkte geprägt. Die Ansprüche der Kunden bzgl. Funktionalität, Produktqualität und Performance steigen kontinuierlich an. Wer im Wettbewerb bestehen will, sollte aber nicht nur auf die Kundenwünsche eingehen, sondern auch den technischen Fortschritt nutzen, um innovative Produkte zu entwickeln oder um diese schnell an die wandelnden Anforderungen des Marktes anzupassen.

Ein wichtiger Baustein in dieser dynamischen Wirtschaftsentwicklung ist die Mechatronik, die als integrierte Entwicklung von Systemen aus mechanischen, elektronischen und informationsverarbeitenden Komponenten verstanden wird. Sie erfordert, wenn sie wirtschaftlich erfolgreich sein soll, die Verfügbarkeit und die interdisziplinäre Zusammenführung einer großen Zahl weit auseinanderliegender Kompetenzen. Hier liegen die Herausforderungen und die Chancen für die Industrie wie auch für Forschung und Entwicklung.

Mechatronik verstärkt die interdisziplinäre Zusammenarbeit in den Unternehmen. Mitarbeiter unterschiedlicher Fachdisziplinen arbeiten über den gesamten Produkt-Lebenszyklus zusammen. Dazu ist es notwendig, organisatorische Strukturen neu zu überdenken, auch mit dem Ziel, die Innovationsgeschwindigkeit zu erhöhen – eine unabdingbare Notwendigkeit, um die starke Exportposition Deutschlands auf dem Weltmarkt weiter ausbauen zu können.

Eine große Rolle spielen dabei die Qualifikation und die Ausbildung der Mitarbeiter. Nicht nur an den Hochschulen gewinnt die Fachrichtung Mechatronik zunehmend an Bedeutung, auch in der gewerblichen Ausbildung wird dem steigenden Bedarf der Industrie an gut ausgebildeten Mechatronik-Facharbeitern Rechnung getragen.

Die Vielfalt an Mechatronik-Ausprägungen und -Anwendungen ist mittlerweile enorm. Im Vordergrund steht dabei immer das Ziel der Performancesteigerung, der Kostendegression oder der Miniaturisierung. Das zeigen viele erfolgreiche Beispiele aus der Industrie, der Konsumelektronik, aber auch der Medizintechnik (Abb. 1). Darüber hinaus eröffnet die Verbindung von Mechatronik mit dem Internet ganz neue Möglichkeiten der Produktbetreuung, wie z. B. Tele-Service.

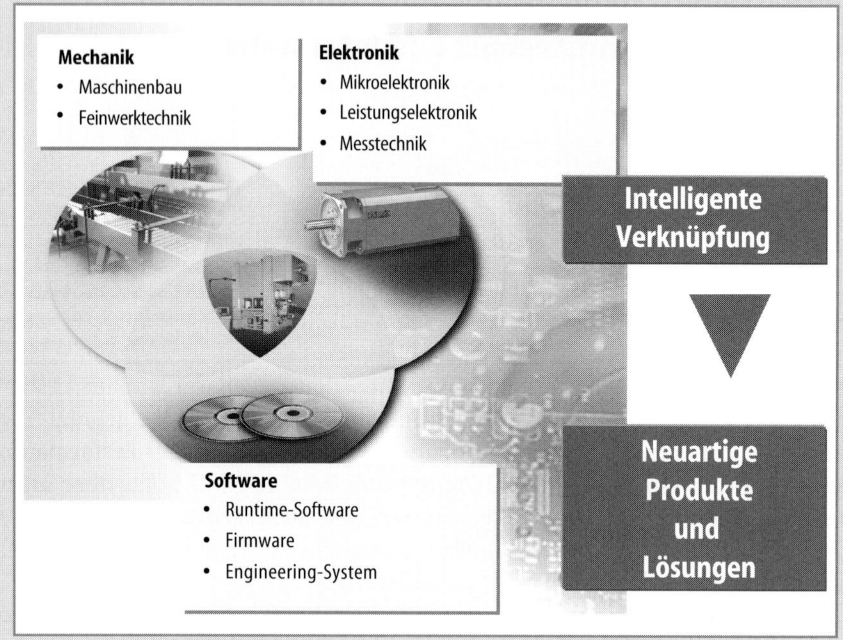

Abb. 1 Mechatronik – interdisziplinäre Integration klassischer und neuer Technologien

Mit Hilfe der Mechatronik werden die Grenzen zwischen den Technologien überwunden und auch völlig neue Anwendungsgebiete erschlossen. Deshalb müssen die Hersteller und die Anwender aus der Industrie, die Institute und die Hochschulen gemeinsam die Innovationen auf dem Gebiet der Mechatronik vorantreiben, um so Deutschland im internationalen Vergleich den entscheidenden Kompetenzvorsprung zu sichern.

Mechatronik als Motor des wirtschaftlichen Aufschwungs

Erfindergeist und Innovationen waren von je her die Antriebskräfte der wirtschaftlichen Entwicklung. Beginnend mit der Entwicklung der Dampfmaschine wurde Anfang des 19. Jh. die industrielle Revolution eingeleitet, die einen technischen Fortschritt in Gang setzte, der über Innovationen wie Eisenbahn, elektrische Energie sowie Luft- und Raumfahrt bis zur Informationstechnologie führte. Alle diese Technologiesprünge haben zur Mehrung des wirtschaftlichen Wohlstands beigetragen. In den letzten Jahren wurde technischer Fortschritt zunehmend mit „High-Tech" und „New Economy" gleichgesetzt. Dies ist aber zu kurz gedacht, da hier oft nur Dinge wie PC, Handy und Internet im Fokus stehen. Dabei wird übersehen, dass die traditionellen Technologien, wie Mechanik, Elektrizität und industrielle Massenfertigung, gerade über die Informationstechnologie einen gewaltigen Innovationsschub erhalten haben. Deshalb ist es nicht vermessen zu sagen, dass die Mechatronik neben der Informationstechnologie mindestens gleichberechtigt als treibende Innovationskraft anzusehen ist.

Wo liegen diese Chancen der Mechatronik? Insbesondere im Maschinenbau werden noch häufig Maschinen und Anlagen mit verkoppelten Antriebssystemen ausgestattet. Der Nachteil liegt hier in einer komplizierten Mechanik, die bei Produktumstellungen umfangreiche Montagearbeiten und lange Rüstzeiten verursachen kann. Das intelligente Zusammenspiel von Mechanik, Elektronik und Software erlaubt künftig ganz neue Maschinenkonzepte: Standardkomponenten der Elektronik können die Mechanik ersetzen und gesamtheitlich optimierte Verknüpfungen der verschiedenen Technologien schaffen neuartige Produkte und Lösungen.

Mechatronik gewinnt aber auch an Bedeutung, wenn die Exportchancen Deutschlands betrachtet werden. Unsere hohen Exportquoten im Maschinenbau (67% in 2000), in der Elektroindustrie (83% in 2000) oder in der Kraftfahrzeug-Industrie (59% in 2000) können nur gehalten bzw. ausgebaut werden, wenn die Mechatronik stärker eingesetzt wird, um neue Produkte mit noch höherem Kundennutzen zu erzeugen.

Innovative Mechatronik-Produkte in der Siemens AG

In fast allen Arbeitsgebieten der Siemens AG wird heute an evolutionären Mechatronik-Lösungen gearbeitet. Daraus generiert sich ein sehr breites Produktspektrum, das von miniaturisierten medizinischen Geräten (z.B. Hörhilfen) über sehr innovative Elektronik für die verschiedensten Anwendungen (z.B. Kommunikation, Steuerung, Sicherheitssysteme) bis zu hochkomplexen Maschinen und Anlagen reicht (Abb. 2).

Im Bereich Information und Kommunikation geht der Trend zu multifunktionalen, universellen und gleichzeitig zielgruppenspezifischen Geräten: z.B. PC + TV oder Handy + Kamera + Internetzugang. Zielgruppenspezifisch bedeutet z.B. bei Handy oder PC: für Kinder, für Geschäftsleute, für Senioren, u.a. Wichtig sind auf diesem Gebiet natürlich die Miniaturisierung und die Performance-Verbesserung.

Im Bereich der Energieerzeugung und -übertragung werden z.B. mikroprozessorgesteuerte Schutz- und Steuerungssysteme sowie intelligente Leistungsschalter eingesetzt.

Ein typisches Beispiel aus der Medizintechnik ist das Hörgerät. Diese Produkte werden immer kleiner und leistungsfähiger. Doch erst durch die gezielte Nutzung der Mechatronik können wichtige Leistungsmerkmale wie z.B. die Sprachverständlichkeit entscheidend verbessert werden. So reduziert z.B. die automatische Anpassung an unterschiedliche Hörsituationen (Störgeräuschbefreiung) deutlich die Höranstrengung. Ein anderes Anwendungsgebiet in der Medizintechnik ist die Kernspin- oder Magnetresonanztomographie. Sie erzeugt ohne den Einsatz ionisierender Strahlung Schnittbilder mit hohem

Abb. 2 Die Siemens AG treibt mit innovativen Produkten den technischen Fortschritt voran

Kontrast – in jeder gewünschten Schnittebene. Viele neurochirurgische Eingriffe wären ohne diese Technik gar nicht möglich.

Ein weiteres wichtiges Feld, das vielfältige mechatronische Möglichkeiten bietet, ist die Automobiltechnik. Der Elektronikanteil in allen Autos nimmt weiter rapide zu und schafft in Verbindung mit „klassischen" Autoteilen ganz neue Funktionsmerkmale. So entstehen neue Systeme, die die Sicherheit verbessern (Airbag, Wegfahrsperre, Diebstahlsicherung), den Fahrkomfort erhöhen (Fensterheber mit elektronischer Steuerung, Klimakontrollsystem), die Informationen gezielter verfügbar machen (Bordcomputer, Navigationssysteme) und nicht zuletzt die Motorleistung optimieren (Getriebesteuerung).

Im Industriebereich A&D (Automation and Drives) konzentrieren wir uns bei der Entwicklung und Umsetzung innovativer Mechatronik-Ideen auf die Fertigungs- und Prozeßautomatisierung mit Simatic als Basissystem.

Die oben erwähnten Beispiele beinhalten oder sind selbst hochkomplexe Mechatronik-Systeme, die mithelfen, den Wettbewerbsvorsprung unserer Produkte auf dem Weltmarkt weiter zu vergrößern.

Mechatronik verändert die Arbeitswelt

Das optimale Zusammenwirken der Komponenten und Technologien stellt neue Herausforderungen an die interdisziplinäre Zusammenarbeit im Unternehmen und darüber hinaus (Abb. 3).

Im Prinzip ist es bei Industrieentwicklungen schon seit längerem selbstverständlich, dass Projekt- und Teamarbeit aktiv praktiziert werden. Durch

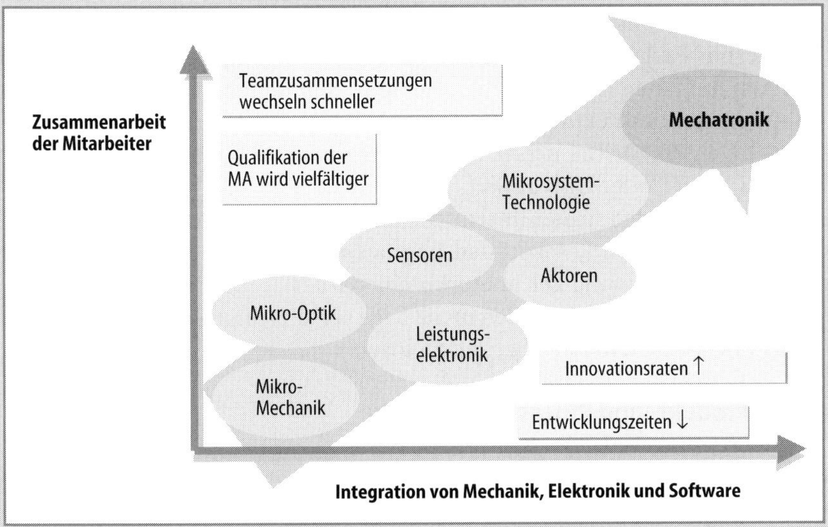

Abb. 3 Mechatronik verstärkt die interdisziplinäre Zusammenarbeit im Unternehmen

die Integration von Mechanik, Elektronik und Software sowie das Einbringen neuer Technologien, wie der Mikro- und Nanotechnologie wird dieser Trend noch weiter verstärkt. Mitarbeiter unterschiedlicher Fachdisziplinen (Elektrotechniker, Maschinenbauer, Informatiker etc.) arbeiten nicht nur während der Spezifikation, sondern über die ganze Entwicklung eng zusammen. Sie müssen „die gleiche Sprache sprechen", sich verstehen und offen für die Ideen ihrer Kollegen sein. Dabei treffen Menschen aufeinander, die in der Vergangenheit mit ganz unterschiedlichen Innovationsraten zu tun hatten (z.B.: Motor 10 Jahre, Mikroelektronik 3 Jahre, Software 1 Jahr).

Aber auch das Management steht vor neuen Herausforderungen. Es muss sich zunehmend damit auseinandersetzen, wie das Risiko und die Chancen aller beteiligten Technologien in ihrer Gesamtheit abgeschätzt werden können. Es muss frühzeitig überlegt werden, wie später kostengünstig, schnell und mit hoher Qualität produziert werden kann. Und in vielen Fällen ist es auch notwendig, die organisatorischen Strukturen neu zu überdenken: Sind etwa funktionsorientierte Abteilungen oder produktbezogene Teams besser geeignet?

Natürlich spielt auch die Ausbildung der Mitarbeiter eine große Rolle. Grundsätzlich ist es zu begrüßen, dass mittlerweile an vielen Universitäten und Fachhochschulen die Fachrichtung „Mechatronik" nicht nur als Studiengang angeboten, sondern auch mit wichtigen Forschungsaufgaben verknüpft wird.

In der Industrie wird der „Mechatronik-Ausbildung" eine wachsende Rolle zuteil. Siemens bildet momentan 650 junge Menschen (11 % aller Azubis) zu entsprechenden Facharbeitern aus und wir spüren ein immer größeres Interesse für diesen noch recht neuen Lehrberuf.

Ausgelernte Facharbeiter übernehmen Verantwortung bei der Lösung von komplexen Aufgaben in heterogenen Fertigungseinheiten (z. B. Gerätemontage, SMD-Automatenbestückung) und haben ein hohes Entwicklungspotenzial, das sich bei ca. einem Drittel dieser Mitarbeiter im Besuch von weiterführenden Schulen (z. B. FHS oder Uni) äußert.

Bei Siemens werden firmeninterne Studenten in sog. Technik-Akademien zu Industrie-Technologen („Associated Engineers") ausgebildet. Auch in diesem jungen Ausbildungszweig zeichnet sich ein starker Trend in Richtung Mechatronik ab. Die Absolventen werden in die Lage versetzt, ingenieurnahe Aufgaben mit wissenschaftlichem Hintergrund zu lösen.

Virtuelle Produkt- und Prozessentwicklung

Produktionsunternehmen werden zunehmend an ihrer Fähigkeit gemessen, innovative Produkte unter Berücksichtigung zukunftsweisender Technologien in kürzester Zeit zu entwickeln und auf den Markt zu bringen. Dabei spielen mechatronische Anwendungen eine immer größere Rolle. Aber sie stellen auch ganz neue Herausforderungen an den Entwicklungsprozess. Es ist sinnvoll, die technischen Möglichkeiten der Mechatronik ganz vorn im Entwicklungsprozess einzubringen – in der Phase der Simulation – anstatt eine fertige Maschine im Rahmen der mechanischen Gegebenheiten anschließend zu optimieren. So wird z. B. nicht mehr zuerst eine Maschine konstruiert, damit dann Steuerung und Software ausprobiert werden können, sondern es werden alle Teile gemeinsam und gleichzeitig entwickelt und getestet. Damit dieses Vorgehen funktioniert, wird immer mehr auf zukunftsweisende Hilfsmittel, wie dreidimensionale CAD-Systeme, ASIC-Entwicklungssysteme, Software-Prototyping oder Simulationssysteme zurückgegriffen (Abb. 4). So lassen sich viele Probleme erkennen und beheben, bevor der erste Prototyp gebaut ist. Ein enormes Einsparpotenzial!

Siemens bietet z. B. über seinen Bereich A&D (Automation and Drives) unter dem Namen Mechatronik-Support eine entsprechende Dienstleistung für die Konzeption von Maschinen und Anlagen an.

Bevor die „reale" Produktion startet und das Produkt herstellt, wurden schon vorher alle Prozesse, von der Produktfunktion bis zu den Produktionsanlagen virtuell durchlaufen und getestet. Die Modellbildung muss deshalb auf eine Analyse des gesamten Systems ausgerichtet sein. Die Tools für diese virtuelle Welt sind bei weitem noch nicht komplett. Deshalb widmet sich die Forschung an den Hochschulen und in der Industrie sehr intensiv dieser Thematik.

Für die Maschinenhersteller erschließt sich auf diesem Weg ein erhebliches Potenzial, welches seinen Ausdruck in kürzeren Entwicklungszeiten, schnellerem Markteintritt, mehr Sicherheit in der Entwicklung, kreativeren Ansätzen, höherer Qualität und steigender Produktivität findet (Abb. 5).

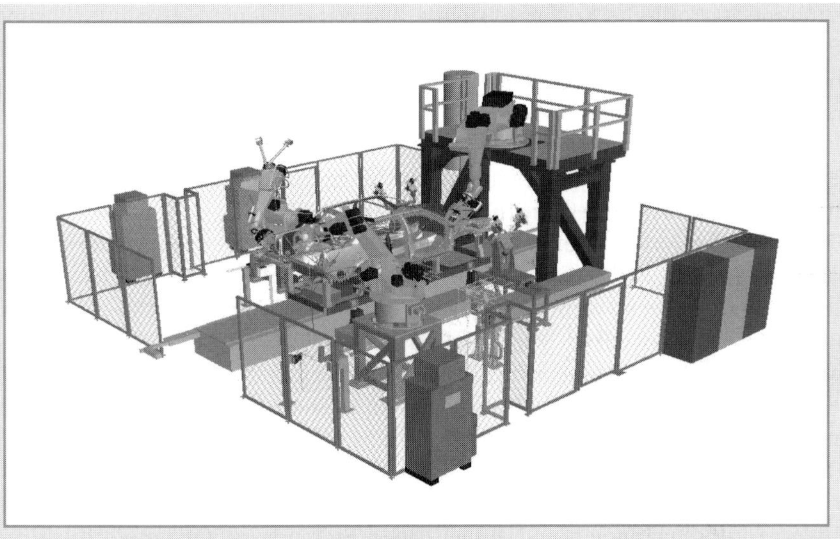

Abb. 4 Neue Software-Tools ermöglichen kreative Simulationsprozesse

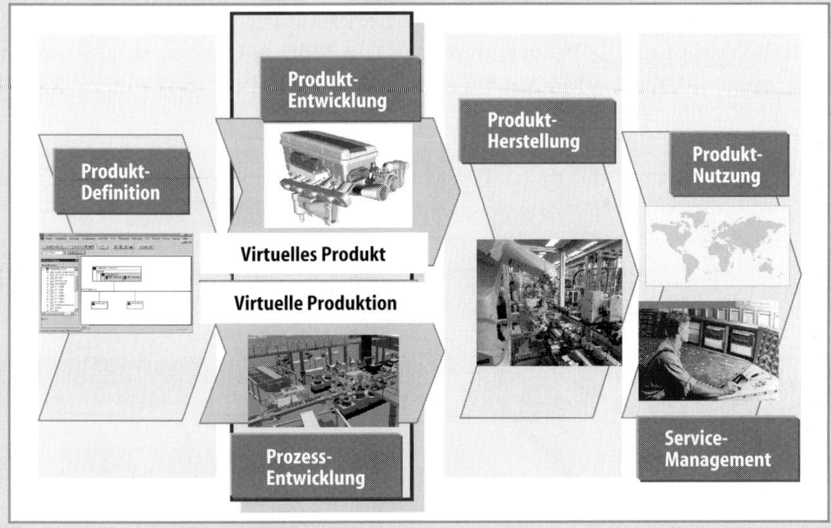

Abb. 5 Virtuelle Produkt- und Prozessentwicklung optimiert die reale Produktion

Simotion – das neue Motion-Control-System von Siemens

Die Forderungen nach gesteigerter Produktivität, hoher Flexibilität und Kostenreduzierung führen im Allgemeinen Maschinenbau zu völlig neuen Maschinen- und Automatisierungskonzepten. Der Ersatz von Mechanikkomponenten durch mechatronische Konzepte stellt z.B. die intelligente Bewegungsführung von Servoachsen als Schlüsselfunktionalität immer stärker in den Vordergrund. Dieser Situation trug z.B. Siemens Rechnung, indem das bisherige Steuerungsangebot von Simatic und Sinumerik durch das neue Motion-Control-System Simotion erweitert wurde. Solche Systeme kommen dann zum Einsatz, wenn bei der Maschinenautomatisierung hohe Anforderungen an Bewegungsfunktionalität und Achsenverkettungen gestellt werden.

Ein modernes Motion-Control-System muss intelligente Bewegungsführung mit Logikverschaltung und Technologiefunktionen, wie z.B. Temperaturregler, in einer gemeinsamen Software verbinden. Es sollte skalierbar sein und durch Verwendung ladbarer Technologiepakete, wie z.B. „Positionieren", „Gleichlauf" oder „Druckregelung", optimal an die unterschiedlichen Anforderungen angepasst werden können. Dadurch werden viele mechanische Komponenten überflüssig, Umrüstzeiten und Verschleißteile werden reduziert und die Maschinenproduktivität steigt.

Nicht zu vernachlässigen ist auch die Forderung nach Kosteneinsparung und hoher Flexibilität bei der Maschinenprojektierung und im Betrieb. Das kann mit einem durchgängigen und einheitlichen Engineering für unterschiedliche Hardware-Plattformen ermöglicht werden. Solche Plattformen können z.B. SPS, PC oder Antriebe sein.

Mit „Simotion Scout", dem Engineering-System von Simotion (Abb. 6), kann der Maschinenhersteller ein intelligentes Werkzeug für die Projektierung, die Inbetriebnahme und die Programmierung von Motion Control nutzen. Damit löst der Anwender seine Motion-Control-Aufgabenstellungen in einem durch-

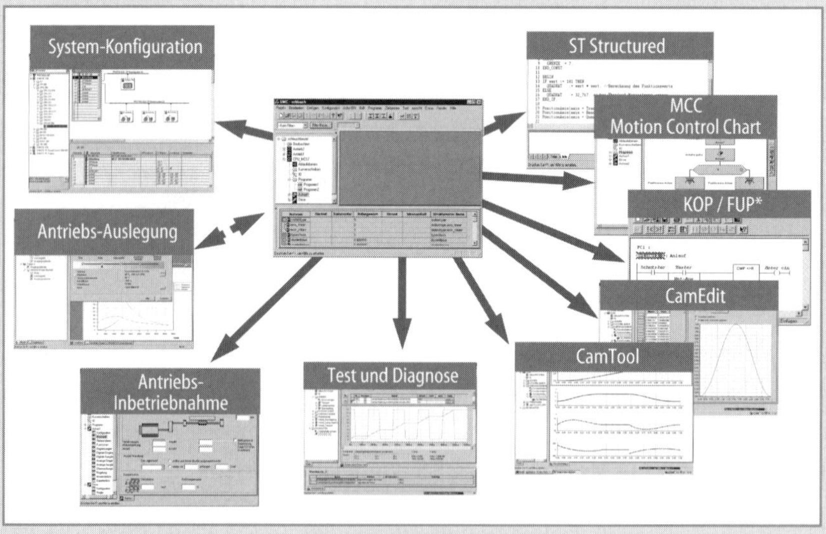

Abb. 6 Simotion Scout von Siemens unterstützt das Engineering für die Projektierung, Inbetriebnahme und Programmierung von Motion Control

gängigen System, das alle notwendigen Werkzeuge vom Parametrieren, Projektieren und Programmieren der Funktionalität über Inbetriebsetzung und Test bis zur Diagnose zur Verfügung stellt.

Trends in der Maschinenautomatisierung

Grundsätzlich kann man feststellen, dass ehemals über Mechanik realisierte Verbindungen zwischen den Maschinenteilen nun durch Elektronik/Software übernommen werden.

Anhand der nachfolgend dargestellten Verpackungsmaschine lässt sich gut erkennen, wie dieses Konzept mit Hilfe von SIMOTION in die Praxis umgesetzt wurde. Hier wurde z.B. die starre Verbindung zwischen Längs- und Quersiegler von Elektronik/Software übernommen. Außerdem wurde die Flexibilität der Anlage verbessert. Früher wurde über die Achse beim Folienspender eine konstante Foliengeschwindigkeit vorgegeben und nachgelagerte Bewegungspunkte mussten eigenständig optimiert werden. Heute sorgt eine „virtuelle Achse" (rechnerische Größe im System, die den Durchsatz der fertig abgepackten Beutel angibt) dafür, dass alle Bewegungen (Ereignisse) im System rechnerisch überprüft und ggf. in ihren Einstellungen angepasst werden. Damit entsteht ein sich selbst korrigierendes und optimierendes System. Motion Control und Logik verschmelzen miteinander.

Weiterhin ist im Maschinenbau aufgrund steigender Komplexität der Fertigungssysteme ein allgemeiner Trend zur Modularisierung und zur Dezentralisierung („verteilte Intelligenz") zu beobachten (Abb. 7). So wie die Ein-

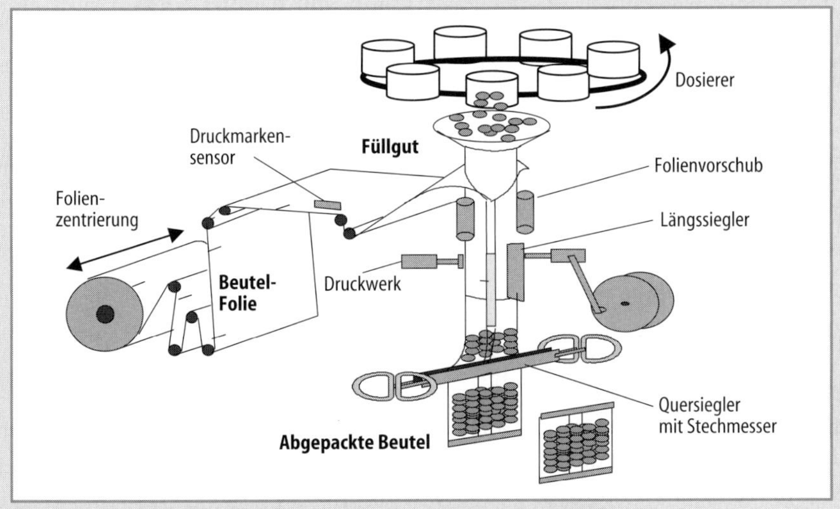

Abb. 7 Trend zu intelligenten Einzelantrieben und höherem Automatisierungsgrad

und Ausgabebaugruppen der Steuerung dezentralisiert wurden, wird dieses Konzept auch bei der Steuerungsintelligenz umgesetzt. Solche dezentralen Steuerungen weisen vielfältige technische und wirtschaftliche Vorteile und Potenziale auf.

Die stetig steigende Komplexität moderner Produktionssysteme macht auch neue Ansätze zur Steigerung der Systemverfügbarkeit notwendig. Funktionen zur Störungsbehandlung bzw. -vermeidung müssen in die Maschinen sinnvoll integriert werden. So reicht es z.B. nicht mehr aus, Steuerungselektronik redundant aufzubauen. Es müssen vielmehr transparent arbeitende, diagnosefähige Elemente eingesetzt werden, die es erlauben, Stillstandszeiten zu minimieren, den Prozess zu beobachten (Process Monitoring) und auf betriebsbedingte Störeinflüsse dynamisch und effektiv zu reagieren (Prädiktive Diagnose).

Alle diese funktionsverbessernden und -erweiternden Neuerungen werden in den nächsten Jahren durch Hochintegration von Elektronik, „System on Chip", motorintegrierte Leistungsteile, Industriestandards in Software und Programmierung, standardisierte Hardwareplattformen, web-basierte Dienste sowie drahtlose Kommunikation zu vielfältigen neuen Anwendungen führen.

Neue Dienstleistungen für Werkzeugmaschinen

Mechatronik-Systeme enthalten Software und IT-Funktionen. Das eröffnet ganz neue Möglichkeiten der Produktnutzung und -Betreuung. Maschinen lassen sich nun plötzlich ohne zusätzlichen Aufwand an das Internet anschließen, können über Tele-Service gewartet oder aus der Ferne bedient werden. Einige deutsche Maschinenhersteller haben diese Chancen z.B. zum Aufbau eines weltweiten Tele-Services schon voll genutzt, andere sind erst dabei.

Die Verbindung von Internet und Mechatronik lässt auch neue Dienstleistungen entstehen. Ein Beispiel dafür ist ePS (e-Production Services) von Siemens. ePS bietet Services für internetfähige CNC-Werkzeugmaschinen (Abb. 8). So können Kategorien von e-Diensten über die Maschinensteuerung oder über PC ausgewählt und online aktiviert werden. Weiterhin sind Dienste zur Unterstützung der Inbetriebnahme (Computer Aided Run-off) und der Störungsanalyse im Servicefall möglich. Der „elektronische Fingerabdruck" der Maschine wird archiviert. Funktionen werden über Fernbedienung angeboten. Aber ePS kann noch viel mehr. Über die periodische Wiederholung von Tests können frühzeitig Verschleißerscheinungen erkannt werden. Das „Data Management", ein web-basierter Archivierungs- und Verwaltungsdienst von Steuerungsdaten, z.B. von NC-Programmen oder Maschinendaten, rundet die Palette der Möglichkeiten ab. Und über den „e-Shop" können online Ersatzteile beschafft werden. Die weitere funktionale Ausgestaltung dieses Konzeptes wird davon abhängen, wie sich die Kundenwünsche entwickeln und die „Business Partner" engagieren.

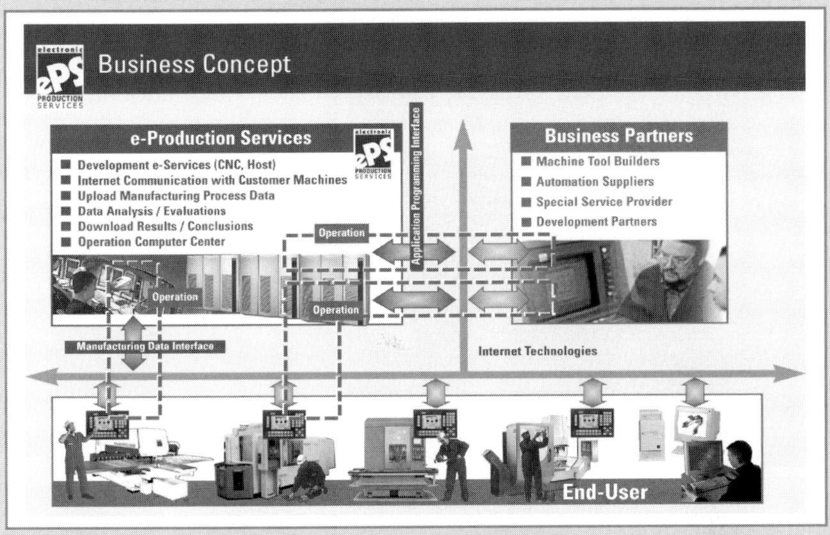

Abb. 8 Das Internet forciert neue Dienstleistungen für Werkzeugmaschinen

Ausblick

Digitale Prototypen sind heute die Basis für Concurrent Engineering und die spätere Herstellung von physikalischen Prototypen. „Virtual Reality" ermöglicht es, bei diesem Prozess digitale Prototypen von Produkt und Produktionsmaschine interaktiv miteinander zu verbinden. Damit eröffnen sich neue Möglichkeiten für die Entwicklung und Erprobung von hochkomplexen Mechatroniksystemen.

Neue Formen der Mensch-Technik-Interaktion („Augmented Reality") können aber auch genutzt werden, um komplizierte Mechatronikprodukte herzustellen, zu warten oder zu konfigurieren (Abb. 9). Dazu werden dem Handelnden über eine Datenbrille Informationen in sein Sichtfeld eingeblendet, d.h. die reale Welt wird „erweitert". Dies geschieht kontextabhängig, d.h. passend und abgeleitet vom betrachteten Objekt. Zum Beispiel kann das reale Sichtfeld eines Monteurs um eingeblendete Montagehinweise erweitert werden. In diesem Fall ersetzt „Augmented Reality" das herkömmliche Montagehandbuch. Eine weitere bedeutsame Anwendungsmöglichkeit liegt im weltweiten Service von Anlagen und Maschinen mit Hilfe einer entsprechenden Datenbrille und „Remote Access" (Fernzugriff).

Solche Projekte kann ein Hersteller alleine gar nicht umsetzen. Deshalb müssen bei der Umsetzung dieser in die Zukunft gerichteten Ideen Firmen des Maschinenbaus mit Anwendern aus der Automobil- oder Flugzeugindustrie und mit Technischen Hochschulen bzw. wissenschaftlichen Instituten eng zusammenarbeiten. Wichtig ist der „Mix" aus Kompetenzen und Branchen. Gegenwärtig läuft ein anspruchsvolles BMBF- Zukunftsprojekt zu diesem Thema

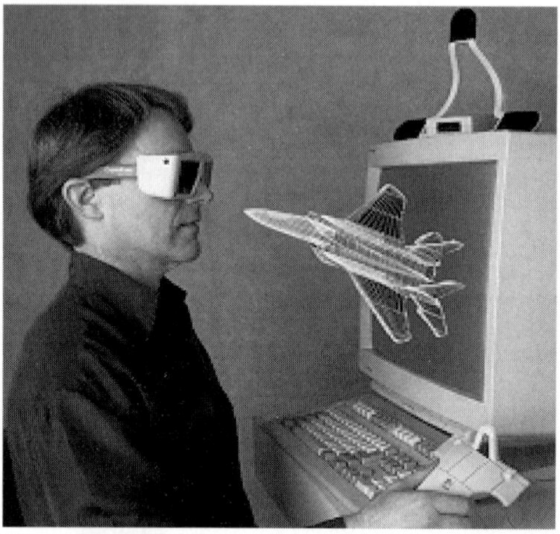

Abb. 9 Erweiterung der „realen Welt" durch neue Formen der Mensch-Technik-Interaktion

(ARVIKA). Siemens ist hier in der Rolle des Anwenders, des Integrators und der Konsortialleitung beteiligt.

Weitere wichtige Mechatronikanwendungen und -chancen, die momentan noch gar nicht richtig beschrieben sind und ihre Bedeutung erst in der Zukunft zeigen werden, liegen im Aufbau und der Nutzung virtueller Welten für Forschung und Entwicklung sowie für Simulation und Training. So wird es eines nicht allzu fernen Tages selbstverständlich sein, neue Substanzen, Materialien und Bauweisen mit Hilfe digitaler Modelle zu entwickeln. Dabei wird auf Wissens- und Materialdatenbanken zurückgegriffen. Eigenschaften und Verhalten werden virtuell getestet und mit allen Sinnen erlebt: über 3D-Stereoprojektion, 3D-Raumklang (Schwingungen, Geräusche), Temperatur, Gerüche, haptische Rückkopplung. In der Entwicklung befindliche Produkte, Systeme und Anlagen werden von den Projektbeteiligten als 3D-Modelle räumlich (z.B. Stereo-Bild) und interaktiv (in Echtzeit) weltweit verteilt erlebt. Daten verschiedener Partner mit unterschiedlichen CAD-Systemen werden integriert und simultan bearbeitet. Funktionalitäten und Ablaufprozesse werden virtuell getestet. In Trainings-Simulatoren werden Produkte, Systeme und Anlagen (auch wenn sie sich noch in der Entwicklung befinden) von Kunden und Service-Personal als 3D-Modelle räumlich (Stereobild, Raumklang) und interaktiv (in Echtzeit) erlebt (Abb. 10). Prozessabläufe und Störungen werden virtuell trainiert. Über entsprechende Sensorik, Aktorik, Steuer- und Reglungstechnik werden auch hier alle menschlichen Sinne (Auge, Ohr, Nase, Tastsinn) angesprochen. Die Mechatronik leistet einen wichtigen Beitrag zur Umsetzung derartiger Konzepte.

Diese Projekte und Visionen zeigen (Abb. 11), wie wichtig es ist, dass Grundlagenforscher, Hersteller und Nutzer von Anfang an gemeinsam in den For-

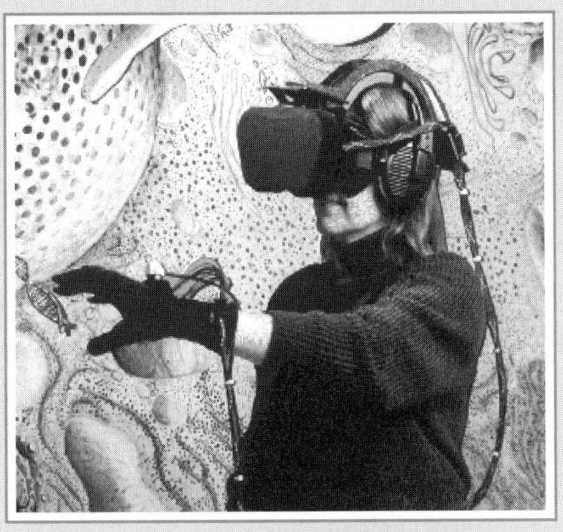

Abb. 10 Augmented Reality – Einblendung von Informationen in die Datenbrille des Anwenders

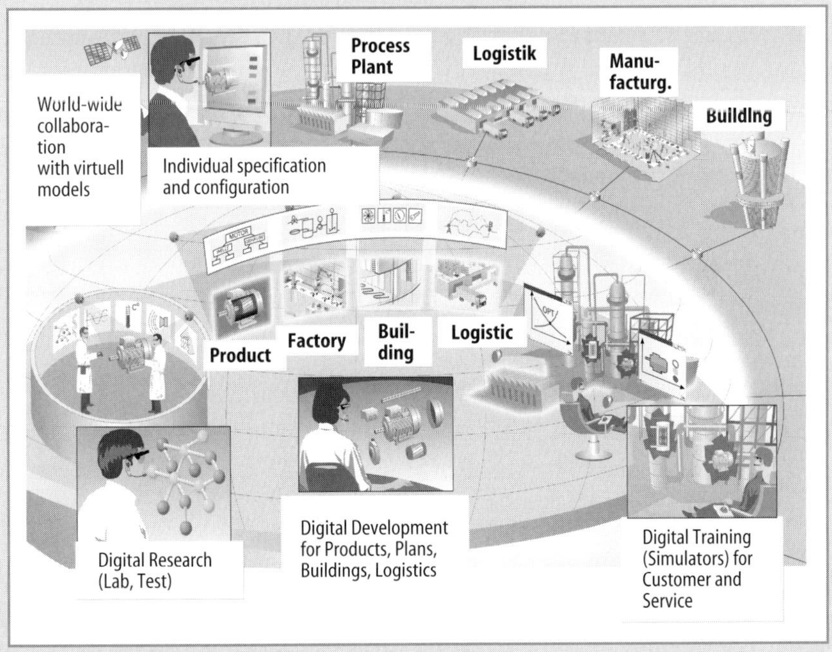

Abb. 11 Digital Engineering – Beschleunigung des Innovationsprozesses und des Product-Lifecycle-Managements (PLM) mit virtuellen Modellen

schungs- und Entwicklungsprozess eingebunden werden. Dieses Vorgehen ist besonders für viele Mechatronik-Anwendungen typisch und zum Teil auch zwingend erforderlich. Hier liegt unsere Chance für die Forschung und die Industrie in Deutschland.

Rekonstruktion von Prozesskräften bei Direktantrieben unter Verwendung des Ferraris-Sensors

Prof. Dr.-Ing. Dr. h.c.
Günter Pritschow
Dipl.-Ing. Sebastian Fritz

»Durch den Einsatz des Ferraris-Sensors zum Messen der Relativbeschleunigung ist es möglich, aus Antriebssignalen Prozesskräfte mit großer Bandbreite und hoher Auflösung zu rekonstruieren.«

GÜNTER PRITSCHOW

SEBASTIAN FRITZ

Günter Pritschow studierte an der TU Berlin Nachrichtentechnik und promovierte dort 1972 bei Prof. Spur über das Gebiet „Adaptive Control bei Werkzeugmaschinen". Zwischen 1966 und 1984 war er mit zwischenzeitlich zweifachem Wechsel zur Universität 12 Jahre in leitenden Positionen in der Industrie tätig. Seit 1984 vertritt er als ordentlicher Professor an der Universität Stuttgart das Gebiet Steuerungstechnik der Werkzeugmaschinen und Fertigungseinrichtungen und ist Direktor des gleichnamigen Instituts (ISW). Von 1986–1990 diente er der Universität Stuttgart als Prorektor für Lehre und von 1996–2000 als Rektor. Günther Pritschow ist Verfasser zahlreicher Vorträge und Beiträge zum Thema Steuerungstechnik in Fachzeitschriften und Büchern.

Sebastian Fritz studierte an der Universität Stuttgart Technische Kybernetik. Seit 1997 ist er am Institut für Steuerungstechnik der Werkzeugmaschinen und Fertigungseinrichtungen als wissenschaftlicher Mitarbeiter tätig. Sein Arbeitsgebiet umfasst Regelungs- und Antriebstechnik, Prozessdiagnose und Prozessregelung. Sebastian Fritz ist Verfasser zahlreicher Beiträge zum Thema Prozessdiagnose und Prozesskraftrekonstruktion aus Antriebssignalen.

Rekonstruktion von Prozesskräften bei Direktantrieben unter Verwendung des Ferraris-Sensors

Günter Pritschow, Sebastian Fritz

Seit Anbeginn der automatisierten Fertigung steht die Prozessüberwachung auf der Wunschliste der Betriebsingenieure und viel Entwicklungsschweiß ist für die Lösung dieser Aufgabe bereits geflossen. Dennoch fehlt es auch heute noch in der Breite an praxisreifen Einrichtungen, obwohl die Prozessüberwachung sich zu einem wichtigen Faktor für die Wirtschaftlichkeit der Produktion entwickeln lässt (Klocke 2001). Nicht nur die fortschreitende Automatisierung fordert weitere Unabhängigkeit vom Maschinenbediener, sondern auch die Entwicklung neuer Technologien macht eine erweiterte Prozessüberwachung notwendig.

Die Prozessüberwachung hat je nach Technologie und Anwendung die unterschiedlichsten Aufgaben. Kollision kann nahezu bei allen spanabhebenden Fertigungsprozessen auftreten. Typische Aufgaben beim Fräsen und Bohren sind Bruchüberwachung und Verschleißerkennung. Beim Schleifen sind einerseits der erste Kontakt (Ankratzen) und die Kontaktzeit zwischen Schleifscheibe und Werkstück zu erfassen, um daraus die genauen Standzeiten zu ermitteln, und andererseits muß beim Abrichten sichergestellt werden, daß die Profilkorrektur über der gesamten Scheibenbreite erfolgt ist. Bisherige Systeme zur Prozessüberwachung versuchen jeweils einen dieser Effekte durch den Einsatz externer Sensoren, wie Körperschall-Sensoren oder Kraftsensoren, zu überwachen. Durch den steigenden Anteil an digitalen Antrieben wächst jedoch die Möglichkeit, die nun digital im Steuerungsrechner vorliegenden Antriebssignale zur Unterstützung der Prozessüberwachung heranzuziehen (Pritschow et al. 1999a).

In diesen Signalen lassen sich, abhängig von der Maschinenkonfiguration und der Sensorik, Informationen über den Prozesszustand wiederfinden (Platen et al. 2000; Kaever und Weck 1997; Keaver et al. 1999).

All die oben genannten Effekte bilden sich in der Kraft ab, die zwischen Werkstück und Werkzeug, bzw. zwischen Werkzeug und anderen Maschinenteilen auftritt. Ziel ist es daher, ohne Verwendung externer Sensoren die Prozesskraft aus Signalen zu rekonstruieren, die in digitalen Vorschubantriebssystemen vorliegen um damit eine Basis für weitergehende Überwachungsfunktionen zu schaffen. Schwerpunkt ist hier die Rekonstruktion von Prozesskräften bei Direktantrieben, da sie aufgrund der direkten Kraftübertragung eine wesentlich höhere Bandbreite und Auflösung der geschätzten Kraft als Kugelrollspindelantriebe ermöglichen. Besondere Verwendung soll der Relativbeschleunigungsensor nach dem Ferraris-Prinzip (Hiller 1998; Kramer und Willuweit 2002) finden. Als einzig bekannter Relativbeschleunigungssensor liefert er ein direkt kraftproportionales Signal und nicht eines, das über ein oder mehrere Integratoren (Geschwindigkeit und Lage) mit der Kraft verknüpft ist. Ein weiterer Vorteil dieser Vorgehensweise bietet sich in der Verwendung der aus Antriebssignalen rekonstruierten Prozesskraft nicht nur für die Prozessüberwachung, sondern für weitere Aufgaben, wie bspw. der Antriebsstrangüberwachung hinsichtlich der Verschleißzustände bzw. der Prozessführung oder Prozessregelung auch Adaptive Control genannt.

Zur Theorie der Prozesskraftrekonstruktion

Von außen wirkende Kräfte, Prozesskräfte o.ä. beeinflussen die Vorschubantriebe an einer Werkzeugmaschine. Wenn die äußeren Kräfte nur unterhalb der Regelbandbreite wirken und die vom Motor aufgebrachte Maximalkraft nicht überschreiten, kann der Antrieb diese Störung ausregeln und diese Kräfte machen sich in einem höheren momentenbildenden Strom bemerkbar. Wenn die Kräfte mit Frequenzen oberhalb der Bandbreite der Lageregelung wirken, kann die Regelung diese Störung nicht kompensieren und der Antrieb reagiert mit einer Lageabweichung. In jedem Falle aber sind diese Störungen in den Antriebssignalen sichtbar.

Bei einer physikalischen Modellierung eines elektromechanischen Antriebssystems, d.h. beim Aufstellen der Kräftebilanz um die Bewegungsgleichung zu erhalten, erscheinen neben Trägheitskräften, Antriebskräften und Reibkräften die alle innere Kräfte sind, auch äußere Kräfte; bei Antriebssystemen beispielsweise die vom Prozess verursachten Kräfte. Von den Zustandsgrößen werden üblicherweise einige, allerdings nicht alle gemessen. Daher ist es i.Allg. nicht möglich, die Kräftebilanz nach den äußeren Kräften aufzulösen und diese auszurechnen.

Der aus der Regelungstechnik bekannte Beobachter ist ein Verfahren, um basierend auf Messgrößen, nicht messbare Zustände zu rekonstruieren. Der klassische Beobachter rekonstruiert Zustände des Systems, für die Aufgabe der Prozesskraftrekonstruktion ist aber nicht ein Zustand, sondern ein weiterer unbekannter Eingang zu schätzen.

Nachfolgend werden die Beobachtertheorie, die Möglichkeiten der Beobachterauslegung sowie die notwendigen Modifikationen zusammengefasst.

Der Luenberger-Beobachter

Der Beobachter wurde schon 1964 von dem amerikanischen Regelungstechniker D.G. Luenberger vorgestellt (Luenberger 1964). Ein Beobachter hat die Aufgabe, nicht oder nur unzureichend gemessene Zustände bzw. Kombinationen von Zuständen zu schätzen. Es lässt sich zeigen, dass nahezu jedes System als Beobachter dienen kann. Dazu wird ein lineares autonomes System betrachtet:

$$\dot{\underline{x}}(t) = A\underline{x}(t) \tag{1}$$

Der Beobachter wird über die Verstärkungsmatrix H vom zu beobachteten System angeregt:

$$\dot{\underline{z}}(t) = F\underline{z}(t) + H\underline{x}(t) \tag{2}$$

Wenn es eine Transformation T gibt, welche die Gl. $TA - FT = H$ erfüllt und für die Anfangsbedingungen beider Systeme gilt: $\underline{z}(0) = T\underline{x}(0)$, dann folgt daraus: $\underline{z}(t) = T\underline{x}(t)$ für alle , $t \geq 0$ bzw.

$$\underline{z}(t) = T\underline{x}(t) + e^{Ft}\left(\underline{z}(0) - T\underline{x}(0)\right) \tag{3}$$

Das heißt $z(t)$ ist eine Schätzung für eine Linearkombination von $\underline{x}(t)$, nämlich für $T\underline{x}(t)$. Es lässt sich zeigen, dass die Gl. $TA - FT = H$ nur dann eine eindeutige Lösung für T hat, wenn die Eigenwerte von A und F unterschiedlich sind. Die Struktur des Luenberger-Beobachters *mit* Eingangssignal ist in Abb. 1 dargestellt.

Der Zustandsbeobachter

Der Zustandsbeobachter, d.h. das System, das man i. Allg. als „Beobachter" bezeichnet ergibt sich, wenn die Transformation T eine Einheitsmatrix ist (Luen-

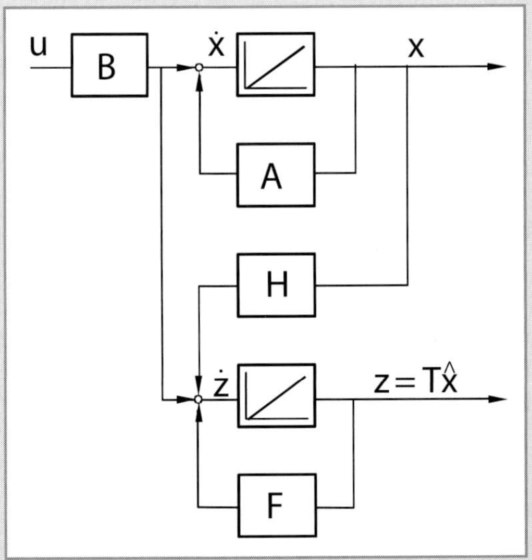

$%%"!#Struktur des Luenberger-Beobachters mit Eingangssignal

berger 1964), d.h. $T = E$. Daraus ergibt sich die Bedingung für die Systemmatrix des Beobachters $F = A - H$. Das heißt, die Matrix H bestimmt die Beobachtersystemmatrix. F und H werden bestimmt durch den Eingang des Beobachters und den Ausgang des Systems:

$$\dot{\underline{x}}(t) = A\underline{x}(t) \tag{3a}$$

$$\underline{y}(t) = C\underline{x}(t) \tag{3b}$$

Der Beobachter hat wieder die Struktur

$$\dot{\underline{z}}(t) = F\underline{z}(t) + G\underline{y}(t) \tag{4}$$

Dabei ist im Vergleich mit Gl. (2)$H = GC$. Die Matrix C ist durch das System gegeben und G ist frei wählbar. Das heißt, der Entwurf vom Beobachter besteht ausschl. in der Wahl von G und er hat über die Beziehung $F = A\text{-}GC$ die Form:

$$\dot{\underline{z}}(t) = (A - GC)\,\underline{z}(t) + \underline{y}(t) \tag{5}$$

Die Eigenwerte von $F = A - GC$ können nur dann frei gewählt werden, wenn das System (C, A) vollständig beobachtbar ist. Ein lineares, zeitinvariantes System ist dann vollständig beobachtbar, wenn die Beobachtbarkeitsmatrix $W_o{}^T$

$$W_o^T = \left[C^T A^T C^T \ldots \left(A^{n-1}\right)^T C^T \right] \tag{6}$$

vollen Rang hat; dann und nur dann kann ein Beobachter berechnet werden.

Um die Ergebnisse zusammenzufassen lässt sich sagen: ist ein System vollständig beobachtbar, können die Eigenwerte der Beobachtersystemmatrix frei gewählt werden und somit dafür Sorge getragen werden, dass durch verfälschte Anfangsbedingungen hervorgerufene Fehler nach einer gewissen Zeit ausgeregelt sind, d.h. dass das System asymptotisch stabil ist.

Die Beobachterauslegung als Reglerauslegung

Bei der Beobachterauslegung sind die einzigen Freiheitsgrade in der Wahl der Rückführverstärkungen H gegeben.[1] Für die Berechnung der Verstärkungen ist es sinnvoll, von der Gl. des Beobachterfehlers vom Zustandsbeobachter auszugehen. Der Fehler ist definiert als $\underline{e}(t) = \hat{x} - \underline{x}(t)$ oder abgeleitet:

$$\dot{\underline{e}}(t) = \dot{\hat{\underline{x}}}(t) - \dot{\underline{x}}(t) = (A - HC)\,\underline{e}(t) \tag{7a}$$

1 Im Folgenden werden, wie allgemein üblich, die vom Beobachter geschätzten Größen durch ein Dach gekennzeichnet: $\hat{x}$

Transponiert ergibt sich

$$\underline{\dot{e}}(t) = \left(A^T - H^T C^T\right)\underline{e}(t) \tag{7b}$$

was dem mit dem Regler

$$\underline{u}(t) = -H^T \underline{e}(t) \tag{8}$$

geregelten Zustandssystem

$$\underline{\dot{e}}(t) = A^T \underline{e}(t) + C^T \underline{u}(t) \tag{9}$$

entspricht. Dies ist das Dualitätsprinzip der linearen Systemtheorie (Knobloch und Kwakernaak 1985). Es macht deutlich, dass zum Beobachterentwurf die gleichen Algorithmen wie zum Entwurf von Zustandsreglern verwendet werden können, wenn statt A, A^T und statt B, C^T verwendet wird.

Der Störgrößenbeobachter

Zur Rekonstruktion von Störungen, die auf den realen Prozess wirken, kann mit leichten Modifikationen ebenfalls der Zustandsbeobachter verwendet werden (Weihrich 1977). Der zu schätzende Eingang muss als weiterer Zustand an der physikalisch richtigen Stelle in das Modell eingefügt werden und wird so als nicht messbarer Zustand rekonstruiert. Ausgehend von der Zustandsdarstellung des Systems:

$$\underline{\dot{x}}(t) = A\underline{x}(t) + B\underline{u}(t) + B_{st}\underline{u}_{st}(t) \tag{10a}$$

$$\underline{y}(t) = C\underline{x}(t) + D\underline{u}(t) \tag{10b}$$

(u_{st} ist dabei der zu schätzende Eingang der über die Eingangsmatrix B_{st} auf das System wirkt), kann die erweiterte Zustandsdarstellung durch Erweiterung des Zustandsvekors um die Eingangsgröße erhalten werden (Walther 2002):

$$\begin{bmatrix} \underline{\dot{x}}(t) \\ \underline{\dot{u}}_{st}(t) \end{bmatrix} = \begin{bmatrix} A & B_{st} \\ 0 & 0 \end{bmatrix} \begin{bmatrix} \underline{x}(t) \\ \underline{u}_{st}(t) \end{bmatrix} + \begin{bmatrix} B \\ 0 \end{bmatrix} \underline{u}(t) \tag{11a}$$

$$\underline{y}(t) = \begin{bmatrix} C & 0 \end{bmatrix} \begin{bmatrix} \underline{x}(t) \\ \underline{u}_{st}(t) \end{bmatrix} + D\underline{u}(t) \tag{11b}$$

Für dieses erweiterte System wird ein Beobachter entworfen, der $u_{St}(t)$ als neuen Zustand mit rekonstruiert.

Anwendung der Prozesskraftrekonstruktion auf Direktantriebe

Um dieses Verfahren anzuwenden ist ein Modell des Antriebs notwendig. Für einen Direktantrieb, wie er hier untersucht wird, ergibt sich aus der Kräftebilanz die Differentialgleichung (Pritschow et al. 2000; Philipp 1992). Im Folgenden wird das Argument *(t)* weggelassen, um die Schreibweise zu vereinfachen. Verwechslungen sind auszuschließen, da alle Betrachtungen im Zeitbereich durchgeführt werden.

$$\ddot{x} = \frac{K_M}{m} i_M + \frac{1}{m} F_{Prozess} - \frac{1}{m} F_{Reibung}(v) \tag{12}$$

Dabei ist x die Motorlage, v die Motorgeschwindigkeit, K_M die Motorkonstante, m die Masse, $F_{Reibung}$ die Reibkraft und i_M der Motorstrom.

Die Zustandsgleichungen für das System lauten

$$\begin{bmatrix} \dot{x} \\ \dot{v} \end{bmatrix} = \begin{bmatrix} 0 & 1 \\ 0 & 0 \end{bmatrix} \begin{bmatrix} x \\ v \end{bmatrix} + \begin{bmatrix} 0 & 0 \\ K_M/m & -1/m \end{bmatrix} \begin{bmatrix} i_M \\ F_{Reibung}(v) \end{bmatrix} + \begin{bmatrix} 0 \\ 1/m \end{bmatrix} F_{Prozess} \tag{13}$$

Wenn das System wie in Gl. (11) um die Prozesskraft als Zustand erweitert wird, lauten die Zustandsgleichungen:

$$\begin{bmatrix} \dot{x} \\ \dot{v} \\ \dot{F}_{Prozess} \end{bmatrix} = \begin{bmatrix} 0 & 1 & 0 \\ 0 & 0 & 1/m \\ 0 & 0 & 0 \end{bmatrix} \begin{bmatrix} x \\ v \\ F_{Prozess} \end{bmatrix} + \begin{bmatrix} 0 & 0 \\ K_M/m & -1/m \\ 0 & 0 \end{bmatrix} \begin{bmatrix} i_M \\ F_{Reibung}(v) \end{bmatrix} \tag{14a}$$

$$\underline{y} = [C0] \begin{bmatrix} x \\ v \\ F_{Prozess} \end{bmatrix} + D\,0 \begin{bmatrix} i_M \\ F_{Reibung}(v) \end{bmatrix} \tag{14b}$$

Für dieses System kann ein Beobachter entworfen werden, der die Prozesskraft $F_{Prozess}$ als Zustandsgröße rekonstruiert. Allerdings muss dazu spezifiziert werden, welche Messgrößen zur Verfügung stehen, d.h. die Ausprägung der Matrizen C und D in Gl. (14b).[2]

Da die Beschleunigung keine Zustandsgröße ist, kann sie zwar physikalisch durch den Ferraris-Sensor, aber nicht mathematisch als Zustandsgröße gemessen und dem Beobachter als Messgröße zugeführt werden. Die einfachste

2 Neben dem Motorstrom, der eine echte Eingangsgröße ist, wird für die Beobachterauslegung auch die Reibung als Eingang interpretiert. Dies ist zulässig, wenn für die Reibung nicht die geschätzte Geschwindigkeit $\hat{v}$ sondern die gemessene v verwendet wird.

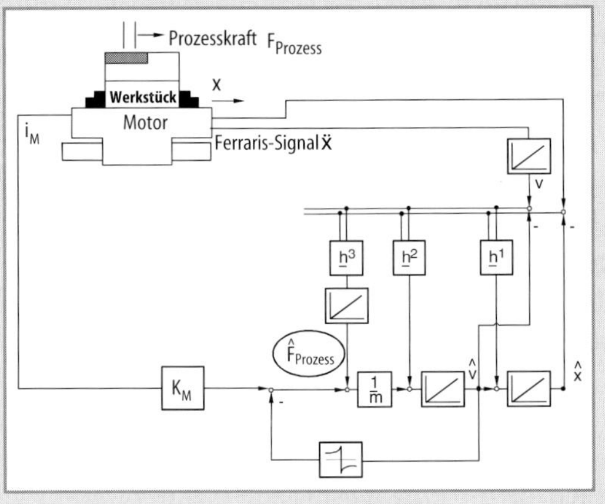

Abb. 2 Beobachterstruktur mit Ferraris-Beschleunigung

Möglichkeit besteht darin, aus ihr eine „glatte", rauschfreie Geschwindigkeit zu gewinnen, die dem Beobachter als gemessenen Geschwindigkeit v zugeführt wird. Sonst ist die aus der Lage abgeleitete Geschwindigkeit Eingangsgröße für den Beobachter.

Diese Struktur ist in Abb. 2 skizziert. Die Beobachterstruktur folgt der Gl. (12) bzw. (14). Die Beobachterverstärkung H ist hier in die drei Zeilenvektoren $\underline{h}^1$, $\underline{h}^2$ und $\underline{h}^3$ aufgeteilt.

Für eine anschauliche Herleitung des Störgrößenbeobachters und erste Ansätze zur Anwendung auf Antriebssysteme sei auf (Pritschow et al. 1999b, 2000; Pritschow und Fritz 2000) verwiesen.

Prozesskraftrekonstruktion mit Ferraris-Sensor

Bei den hier betrachteten mechanischen Systemen gibt es allerdings eine andere, wesentlich elegantere Methode, die Beschleunigung direkt als Messsignal zu verwenden und nicht über den Umweg einer rauscharmen Geschwindigkeit. Dazu wird wiederum ein Direktantrieb betrachtet, bei dem die Kräftebilanz auf Gl. (12) führt oder in erweiterter Zustandsform auf Gl. (14a).

Wie aus Gl. (12) ersichtlich ist, kann die Beschleunigung als Linearkombination von Zuständen und Eingangsgrößen aufgefasst werden. Dies bedeutet aber, dass die Beschleunigung auch mathematisch durch eine Messung gewonnen werden kann. Dann muss die Messgleichung lauten:

$$\underline{\underline{y}} = \begin{bmatrix} x \\ \ddot{x} \end{bmatrix} = \begin{bmatrix} 1 & 0 & 0 \\ 0 & 0 & 1/m \end{bmatrix} \begin{bmatrix} x \\ v \\ F_{Prozess} \end{bmatrix} + \begin{bmatrix} 0 & 0 \\ K_M/m & -1/m \end{bmatrix} \begin{bmatrix} i_M \\ F_{Reibung}(v) \end{bmatrix} \tag{15}$$

Im Gegensatz zu den bisherigen Betrachtungen setzt sich die Messgleichung (mathematisch) aus Zustandsgrößen und Eingangsgrößen zusammen:

$$\underline{y} = C\underline{x} + D\underline{u} \tag{16}$$

Systemtheoretisch bedeutet dies, dass ein sprungfähiges und daher nicht properes System vorliegt (d.h. das System hat gleich viele Nullstellen wie Pole (Raisch 1994; Allgöwer 1994)). Für die weitere Auslegung spielt dies allerdings nur eine untergeordnete Rolle, da durch die einfache Transformation wieder die vorherigen Verhältnisse hergestellt werden können:

$$\underline{y}' = \underline{y} - D\underline{u} = C\underline{\hat{x}} \tag{17}$$

Diese Transformation ist möglich, da die Eingangsgrößen u, d.h. i_M und $F_{Reibung}$ bekannt sind.

Die weitere Vorgehensweise zur Beobachterauslegung unterscheidet sich nicht von der vorherigen, bei der Lage und Geschwindigkeit gemessen wurden. Die Beobachtergleichungen lauten:

$$\underline{\dot{\hat{x}}} = A\underline{\hat{x}} + B\underline{u} + H\left(\underline{y}' - C\underline{\hat{x}}\right) \tag{18}$$

Die Vorteile dieser Methode sind offensichtlich. Durch die Messung der Beschleunigung wird eine kraftproportionale Größe direkt gemessen. Daher liegt, mathematisch gesehen, kein Integrierer mehr zwischen der geschätzten und der gemessenen Größe und daher keine dadurch verursachte Verzögerung. Systemtheoretisch schlägt sich dieses in der Sprungfähgikeit des Systems nieder (s. o.). Auf diese Weise kann die Kraft sehr schnell und genau geschätzt werden.

Ergebnisse

Im Folgenden werden die Ergebnisse der Prozesskraftrekonstruktion für die unterschiedlichen Beobachter dargestellt. Die Messungen basieren auf Untersuchungen eines Lineardirektantriebs nach dem Synchronprinzip. Die geschätzten Parameter des Antriebs betragen: Masse $m = 45$ kg, die viskose Reibung ca. 43 N/m/s, die Gleitreibung ca. 49 N. Die Haftreibung liegt aufgrund der sehr hochwertigen Lager kaum über der Gleitreibung und konnte dadurch messtechnisch nicht ermittelt werden. Die Motorkonstante K beträgt 109 N/A. Die Momentenschwankung des Motors wurde aufgenommen und im Beobachter kompensiert. Für die Messungen wird der Antrieb durch einen elektromechanischen Erreger (Shaker) mit einer Sinusschwingung mit einstellbarer Frequenz angeregt.

Zum Vergleich ist in Abb. 3 die Prozesskraftrekonstruktion ohne die Unterstützung des Ferraris-Sensors dargestellt. Als Messgrößen dienen hier die Lage und die daraus abgeleitete Geschwindigkeit. Die Prozesskraft geht im Quantisierungsrauschen vollständig unter.

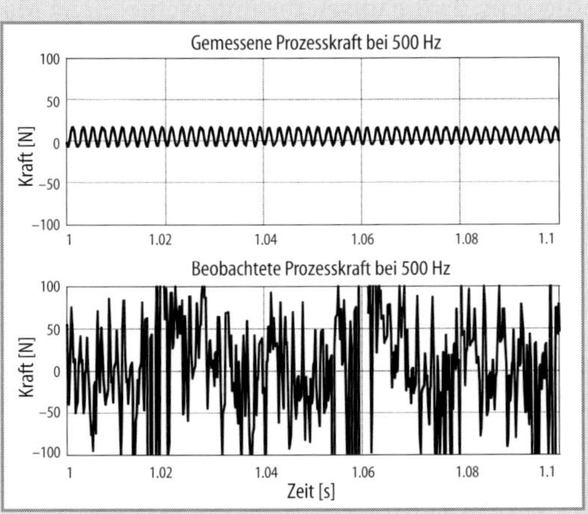

Abb. 3 Gemessene und beobachtete Kraft ohne Ferraris-Sensor

Wenn statt der aus der Lage abgeleiteten, die aus der Ferraris-Beschleunigung integrierte Geschwindigkeit verwendet wird, ergibt sich bei sonst identischen Verhältnissen, ein deutlich besseres Ergebnis, wie in Abb. 4 dargestellt. Die vom Quantisierungsrauschen verursachte Störung ist vollständig verschwunden (man beachte die unterschiedliche Skalierung!). Allerdings sind auch hier noch erhebliche Fehler zu sehen. Die Amplitude ist aufgrund der begrenzten Bandbreite des Beobachters mit gemessener Lage und Geschwindigkeit geringer als die der eingeleiteten Kraft.

Auch niederfrequente Störungen sind noch zu erkennen. Ein möglicher Grund dafür kann die Kompensation der Momentenschwankung sein. Diese

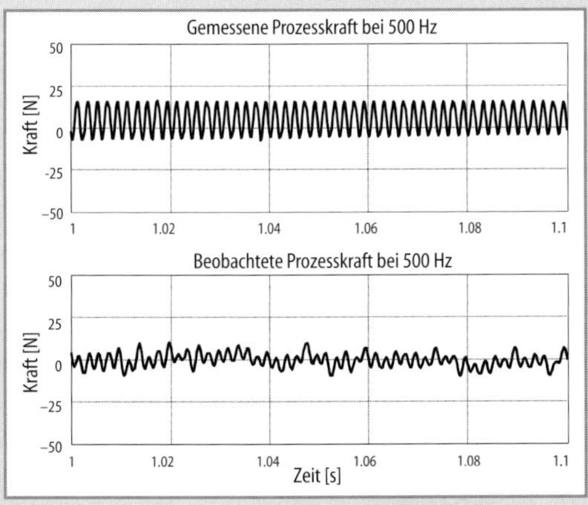

Abb. 4 Gemessene und beobachtete Kraft mit Ferraris-Sensor

Kompensation kann nie vollständig sein, da die durch die unterschiedliche Magnetisierung der Permanentmagneten hervorgerufene Momentenschwankung nicht nur lage-, sondern auch geschwindigkeitsabhängig ist.

Wird nun die oben beschriebene Transformation des Beobachters durchgeführt, so dass die gemessene Beschleunigung direkt als Messgröße verwendet werden kann, lässt sich auch eine Prozesskraft von 500 Hz mit sehr guter Übereinstimmung in Amplitude und Frequenz nachbilden, wie aus Abb. 5 ersichtlich ist.

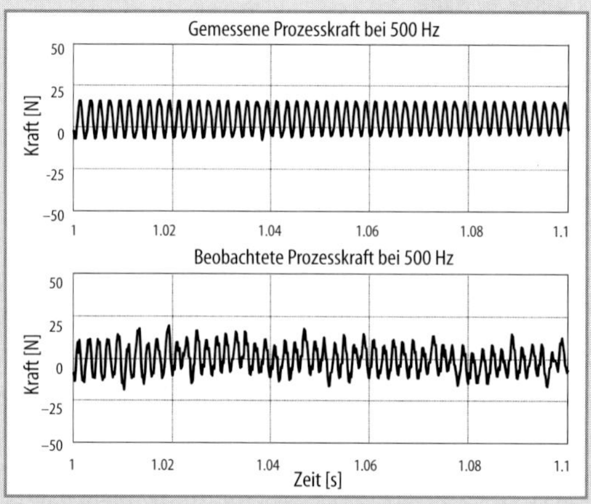

Abb. 5 Gemessene und beobachtete Kraft mit direkter Verwendung der Ferraris-Beschleunigung

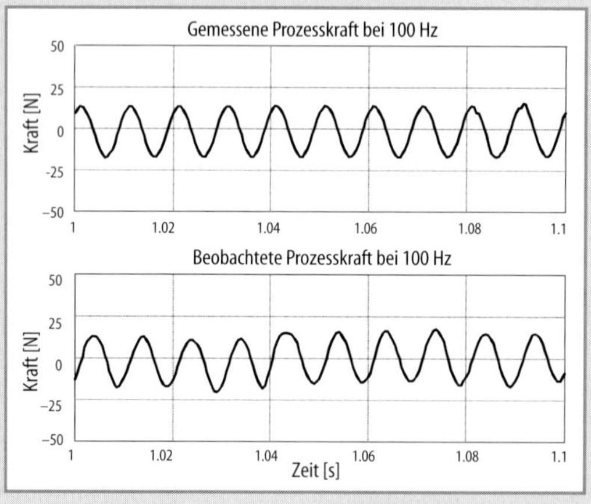

Abb. 6 Gemessene und beobachtete Kraft mit direkter Verwendung der Ferraris-Beschleunigung

Zum Vergleich und zum Verdeutlichen der hohen Qualität der Kraftrekonstruktion ist in Abb. 6 das Schätzergebnis für eine Prozesskraft mit 100 Hz dargestellt. Bis auf einen leichten Zeitverzug von ca. 3 ms lässt sich keine Abweichung erkennen. Das heißt, für den Frequenzbereich, in dem sich bei normaler Bearbeitung die Zahneingriffsfrequenzen liegen, können Prozesskräfte nahezu fehlerfrei und sensorlos erfasst werden. Wie die Ergebnisse zeigen, funktioniert diese Methode bis über 500 Hz und bis zu Kräften < 10 N.

Zusammenfassung

Es wurde gezeigt, wie sich die modellgestützte Prozesskraftrekonstruktion aus Antriebssignalen deutlich verbessern lässt, wenn als weiteres Messsignal die vom Ferraris-Sensor bereitgestellte Beschleunigung zur Verfügung steht. Auf diese Weise können Prozesskräfte von bis zu 500 Hz und 10 N aus Antriebssignalen ohne Verwendung von Kraftsensoren berechnet werden.

Literatur

Allgöwer F (1994) Umdruck zur Vorlesung „Neue Methoden der Mehrgrößenregelung". WS 94/95, Universität Stuttgart

Hiller B (1998) Relativbeschleunigungssensor-Potential und Einsatzmöglichkeiten in der Servo-Antriebstechnik. In: Tagungsband zum Lageregelseminar'98 „Fortschritte in der Regelungs- und Antriebstechnik", Stuttgart, Selbstverlag FISW GmbH, Stuttgart

Kaever M, Weck M (1997) Intelligent Process Monitoring for Rough Milling Operations based on Digital Drive Currents and Machine Integrated Sensors. ASME MED-Vol 6-1, Manufacturing Science and Technology, Vol. 1: 97–104

Kaever M, Platen S, Weck M (1999) Control Integrated Process Monitoring for Rough Milling Operations–Innovative Logging Module Solutions. Proceedings of the 2nd International Workshop on Intelligent Manufacturnig Systems, Leuven Belgium: 727–746

Klocke F (2001) Prozessüberwachung. wt Werkstatttechnik 91 H 5: 241–242

Knobloch HW, Kwakernaak H (1985) Lineare Kontrolltheorie. 1. Aufl. Springer Berlin, Heidelberg

Kramer Ch, Willuweit G (2002) Adaptive Beobachterstruktur für Ferraris-Sensoren. Antriebstechnik Vol. 9: 68–70

Luenberger DG (1964) Observing the State of a linear System. IEEE Transaction on Military Electronics Vol MIL-8

Philipp W (1992) Regelung mechanisch steifer Direktantriebe für Werkzeugmaschinen. Springer Berlin, Heidelberg

Platen S, Kaever M, Weck M (2000) Integrierte Mulitsensorsysteme zur Prozessüberwachung an Werkzeugmaschinen. In: Zukunftsweisende Anwendung integrierter Sensorsysteme. VDI-Verlag Düsseldorf: 1–22.

Pritschow G, Fritz S (2000) Prozesskraftnachbildung aus Antriebssignalen. In: Zukunftsweisende Anwendung integrierter Sensorsysteme. VDI Düsseldorf: 37–55

Pritschow G, Reinhart G, Weck M (1999a) Möglichkeiten zur Integration von Funktionen zur Prozessanalyse im Antriebsregler bei Verwendung von digitalen Antriebssystemen. VDW Forschungsberichte

Pritschow G, Bretschneider J, Fritz S (1999b) Reconstruction of Process Forces within Digital Servodrive Systems. Production Engineering Vol VI/I: 73–78

Pritschow G, Fritz S, Mertin F (2000) Prozesskraftnachbildung aus Antriebssignalen bei Parallelkinematiken. antriebstechnik 39 Nr. 12: 47–51

Raisch J (1994) Mehrgrößenregelung im Frequenzbereich. Oldenbourg 1994

Walther M (2002) Auswirkung der Systemerweiterung aufgrund einer Zustandsbeobachtung. Studienarbeit am Institut für Steuerungstechnik der Werkzeugmaschinen und Fertigungseinrichtungen, Universität Stuttgart

Weihrich G (1977) Mehrgrößen- Zustandsregelung unter Einwirkung von Stör- und Führungssignalen. Regelungstechnik H. 6 Teil I: 166–172; H. 7 Teil II: 204–209

Mechatronik – Schlüssel zur autonomen Produktion

Prof. Dr.-Ing. Gunther Reinhart
Dipl.-Ing. Michael Ehrenstraßer

»Die Beherrschung der Wechselwirkungen zwischen Mechanik, Elektrik und Softwaretechnik schafft die Voraussetzungen zur Bewältigung der produktionstechnischen Herausforderungen im 21. Jahrhundert.«

GUNTHER REINHART

MICHAEL EHRENSTRAßER

Gunther Reinhart studierte Maschinenbau mit der Fachrichtung Konstruktion und Entwicklung an der Technischen Universität München. Danach arbeitete er als wissenschaftlicher Mitarbeiter am Institut für Werkzeugmaschinen und Betriebswissenschaften (iwb) von Prof. J. Milberg und promovierte 1987. Anschließend wurde er Oberingenieur für den Bereich Montage. Von 1988–1993 war er als leitender Angestellter bei der BMW AG in München, zuletzt als Leiter der Karosserie-Lackiererei, tätig. 1991 erhielt er die Otto-Kienzle-Gedenkmünze durch die Wissenschaftliche Gesellschaft für Produktionstechnik. 1993 erhielt er die Berufung zum Ordinarius des Lehrstuhls für Werkzeugmaschinen und Fertigungstechnik an der Technischen Universität München und die Leitung des iwb. Seit März 2002 ist Gunther Reinhart Vorstand für Technik und Marketing bei der IWKA Aktiengesellschaft in Karlsruhe.

Michael Ehrenstraßer studierte Maschinenbau in der Fachrichtung Allgemeiner Maschinenbau. Seit 1998 ist er als wissenschaftlicher Mitarbeiter am Institut für Werkzeugmaschinen (iwb) tätig und Mitglied der Themengruppe Steuerungstechnik mit den Tätigkeitsschwerpunkten „Telepräsente Mikromontage" sowie „Entwicklung mechatronischer Produktionssysteme".

Mechatronik – Schlüssel zur autonomen Produktion

Gunther Reinhart, Michael Ehrenstraßer

Einleitung

Die zunehmende Globalisierung der Märkte führt unter den Unternehmen zu einer verschärften Wettbewerbssituation mit steigendem Kostendruck bei gleichzeitig immer kürzer werdenden Innovationszyklen. Daraus ergibt sich die Notwendigkeit zu hoch automatisierten Fertigungsprozessen bei gleichzeitig sehr hohen Anlagenverfügbarkeiten. Doch nicht nur die zunehmende Globalisierung stellt die Unternehmen vor immer größere Herausforderungen. Durch die steigenden Anforderungen der Kunden sind die Unternehmen mehr und mehr gezwungen, ihre Produkte an kundenindividuelle Anforderungen anzupassen sowie die Produktqualität und -funktionalität laufend anzupassen.

Um diesen Herausforderungen gerecht zu werden, sind autonome Produktionssysteme und -abläufe von zunehmender Bedeutung, um komplexe und hochgradig automatisierte Produktionsprozesse mit einem Höchstmaß an Selbständigkeit zuverlässig und störungsfrei durchführen zu können.

Für die Realisierung derartiger autonomer Produktionssysteme stellt die Mechatronik eine Schlüsseltechnologie dar. Nur durch das integrierte Zusammenwirken von mechanischen, elektrischen und informationstechnischen Komponenten lassen sich hochgradig automatisierte und komplexe Fertigungsprozesse sicher beherrschen.

Im Folgenden sollen drei exemplarische Anwendungen die besondere Bedeutung der Mechatronik für die autonome Produktionstechnik des 21. Jahrhunderts aufzeigen:

Genauigkeitssteigerung von Industrierobotern: Kompensation betriebsabhängiger Einflüsse

Autonome Produktionssysteme zeichnen sich insbesondere dadurch aus, dass sie selbständig auf äußere Störungen, wie z.B. wechselnde Umgebungseinflüsse, reagieren können. Im Bereich der Industrieroboter sind insbesondere Anwendungen mit speziellen Genauigkeitsanforderungen, wie beispielsweise robotergestützte Inline-Messanlagen, auf den Einsatz geeigneter Maßnahmen zur Kompensation betriebsbedingter Einflüsse für die Sicherstellung der Genauigkeit angewiesen. An derartige, bislang überwiegend in der Automobilindustrie eingesetzte Anwendungen werden Anforderungen hinsichtlich der Wiederholgenauigkeit von etwa 0,2 mm gestellt. Standardindustrieroboter sind, entsprechend den Angaben der Roboterhersteller, mittlerweile in der Lage, Wiederholgenauigkeiten von etwa 0,1 mm bereitzustellen, so dass die oben genannte Forderung scheinbar mühelos zu erfüllen sein müsste. Berücksichtigt man jedoch die Auswirkungen betriebsbedingter Einflüsse, wie insbesondere innere und äußere Erwärmung, auf das System, so können ohne geeignete Zusatzmaßnahmen lediglich Wiederholgenauigkeiten in der Größenordnung von 0,5 mm und schlechter erreicht werden.

Zwar sind es überwiegend systematische Einflüsse, die zu diesen Abweichungen führen, mangels Erfassung sind die Auswirkungen jedoch nicht vorhersagbar und somit durchaus mit zufälligen Einflüssen vergleichbar.

Um diesem Defizit zu begegnen, wurde am Institut für Werkzeugmaschinen und Betriebswissenschaften (iwb) der Technischen Universität München im Rahmen eines von der Deutschen Forschungsgemeinschaft (DFG) geförderten Projektes eine Methode zur Kompensation betriebsabhängiger Einflüsse auf Industrieroboter entwickelt. Diese basiert auf der Verwendung einer Standardkalibriersoftware für Industrieroboter und ermöglicht somit die Einbindung beliebiger Knickarmkinematiken in das Verfahren.

Prinzipiell sind modellbasierte Kompensationsverfahren bei Industrierobotern schon seit längerem im Einsatz. Diese arbeiten jedoch überwiegend mit stark vereinfachten Kinematikmodellen, die eng an das nominale Robotermodell angelehnt oder sind nur für eine bestimmte Kinematikvariante verfügbar sind, so dass eine Übertragung auf andere Robotertypen nur mit hohem Aufwand möglich ist. Die Verwendung stark vereinfachter Modelle schien bislang einerseits notwendig zu sein, um die Menge notwendiger Eingangsdaten für die Kompensation klein zu halten und andererseits, um Rechenzeiten zu minimieren. Dies führte jedoch auch dazu, dass einzelne Effekte mit Hilfe des verwendeten Modells nicht darstellbar waren, so dass auch die erreichbare Genauigkeit bereits durch das verwendete Modell begrenzt war.

Kinematikmodelle, wie sie im Bereich der Roboterkalibrierung Verwendung finden, sind in der Lage, alle prinzipiell möglichen Effekte, die zu Genauigkeitsverlusten führen können, darzustellen. Entsprechende Modelle berücksichtigen neben der reinen Vektorkette Achsschiefstände, Kopplungen zwischen Antrieben, Drehgeberoffsets, Übertragungsfehler der Getriebe, Steifigkeiten und Elastizitäten etc. Da die zur Modellidentifikation dieser vollständigen Robotermodelle zu erfassende Datenmenge zu groß war, um eine Nachkalibrierung in einer mit gängigen Taktzeiten verträglichen Zeitspanne zu ermöglichen, konnten derartige Modelle bislang zu Kompensationszwecken nicht eingesetzt werden.

Das Ziel musste es somit sein, die Anzahl der zu identifizierenden Parameter im vollständigen Robotermodell und die notwendigen Eingangsdaten zu minimieren. Um dies zu erreichen, wird das vollständige Robotermodell im Rahmen einer Untersuchung systematisch um diejenigen Parameter reduziert, die nicht betriebsbedingten Einflüssen unterliegen oder applikationsbedingt nicht identifizierbar sind.

Hierzu wird der Roboter zunächst modelliert und anschließend wie bei einer herkömmlichen Kalibrierung (Abb. 1) an etwa 100 über den gesamten Arbeitsraum verteilten Posen mit einem Lasertracker vermessen.

Dieser Vorgang wird bei unterschiedlichen Betriebszuständen und Umgebungsbedingungen in einer Temperaturkammer wiederholt. Anschließend wird für jede Messreihe der zugehörige Parametersatz identifiziert und mit den übrigen Parametersätzen verglichen. Es zeigt sich, dass die Parameter des Systems in Abhängigkeit vom jeweiligen Betriebszustand unterschiedlich starke Abweichungen aufweisen und nur wenige tatsächlich einen großen Einfluss auf die Positioniergenauigkeit haben. Diese Parameter müssen nun selektiert und in einem Fehlermodell zusammengefasst werden. Anschließend muss dieses Modell dann noch so angepasst werden, dass eine Mindestdurchgängigkeit vom Robotersockel bis zum Tool Center Point (TCP) gewährleistet ist und keine Parameter mehr enthalten sind, die in der später realisierten Anwendung nicht oder nur schlecht identifizierbar sind. Eine abschließende Optimierung kann experimentell anhand von Kompensationstests in der Temperaturkammer erfolgen.

Mit dieser Methode ist es möglich, die Anzahl der für Kompensationszwecke zu identifizierenden Parameter von ursprünglich 60–80 Parametern auf 10–15 Parameter zu reduzieren. Diese lassen sich dann anhand der an 15–20 tempe-

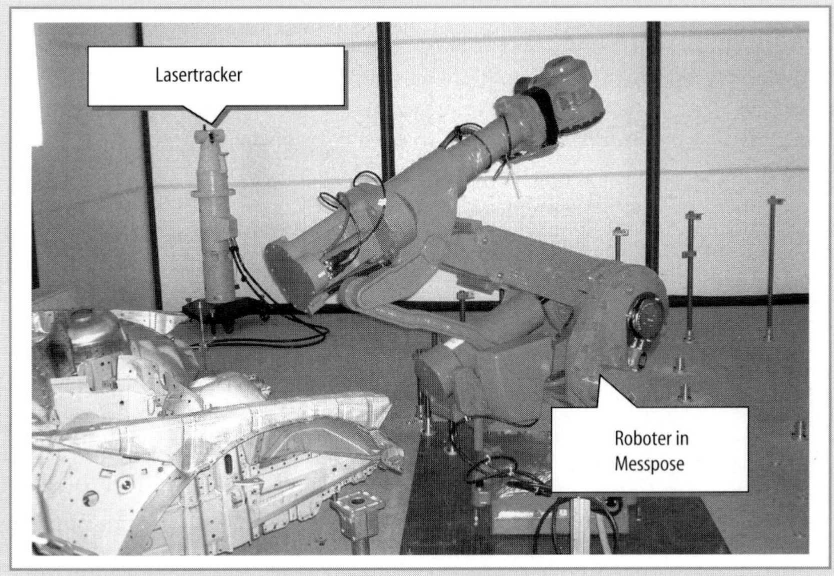

Abb. 1 Vermessung eines Roboters zur Kalibrierung mit einem Lasertracker in der Temperaturkammer

raturstabilen Punkten gemessenen aktuellen Temperaturdrift identifizieren. Wichtig ist hierbei, dass insbesondere die Gleichverteilung sowie möglichst große Verschiedenheit der unterschiedlichen Messposen über den Gelenkarbeitsraum des Roboters an den Messpunkten sichergestellt sind. Um dies zu gewährleisten, wurde am iwb ein temperaturstabiler Referenzkörper in Form eines CFK-Achtkantrohrs (Abb. 2) entwickelt.

Die Erstellung und Identifikation vollständiger Kinematikmodelle ist bereits in mehreren, kommerziell verfügbaren Softwarepaketen realisiert. Durch die Umsetzung des Verfahrens mit einer derartigen Software wurde eine einfache Implementierbarkeit bei unterschiedlichsten Robotertypen erreicht. Anwender robotergestützter Inline-Messsysteme sind dadurch nicht mehr auf Robotertypen angewiesen, für die eine entsprechende Kompensation verfügbar ist, sondern können in vielen Fällen nach einer nur etwa vierwöchigen Implementierungsphase jeden beliebigen Robotertyp mit Knickarmkinematik auch in der Messapplikation einsetzen. Voraussetzung hierfür ist in erster Linie eine ausreichende Wiederholgenauigkeit des Roboters unter stationären Betriebs- und Umgebungsbedingungen.

Der größte Aufwand, der bei der Implementierung des Verfahrens zu leisten ist, ist der Aufbau der zur Durchführung der Kompensation notwendigen Kommunikation sowie die Integration in den Produktionsablauf. Im Bereich der robotergestützten Inline-Messtechnik ist es gelungen, die Kompensationssoftware vollständig in das Messsystem zu integrieren. Die Kommunikation mit dem Roboter wird ausschließlich über eine Feldbusanbindung abgewickelt,

Abb. 2 CFK-Referenzkörper

Abb. 3 Robotergestützte Inlinemesszelle im industriellen Einsatz

die für praktisch jede gängige Robotersteuerung verfügbar ist. Zusätzliche, steuerungsspezifische Hard- oder Softwarekomponenten sind, abgesehen von gewöhnlichen Anwenderprogrammen, nicht erforderlich.

Im Betrieb entscheidet das Messsystem autonom, ob eine Nachkalibrierung erforderlich ist und leitet gegebenenfalls die Messung der aktuellen Temperaturdrift an den Referenzpositionen sowie die Parameteridentifikation und die Berechnung der Posenkorrektur ein.

Das Verfahren ist mittlerweile bereits mit mehreren, unterschiedlichen Robotertypen bei diversen europäischen Automobilherstellern erfolgreich im Einsatz (Abb 3).

Nutzung mechatronischer Produktkomponenten zur Steuerung und Regelung von Robotersystemen

Zur Durchführung von automatisierten Füge-, Justage- und Kontrollprozessen mussten autonome Produktionssysteme bisher gerade bei variantenreichen Produkten und komplexen Prozessen mit zusätzlichen Sensoren oder speziellen Softwarekomponenten ausgerüstet werden. Werden die Sensoren und die Software eines mechatronischen Produkts während der Montage mit der Steuerung des Montagesystems gekoppelt, können diese Daten unmittelbar für den Montageprozess genutzt werden. Aus Produkt und Robotersystem entsteht ein neues mechatronisches Gesamtsystem. Somit ist es möglich, gezielte Informationen über Produktzustände zur Steuerung und Regelung des Roboters zu nutzen. Mit der Rückmeldung aktueller Produktzustände durch das Produkt selbst entsteht während des Montageprozesses eine autonome Einheit aus Robotersystem und Produkt, das flexibel auf Variantenschwankungen, Montagetoleranzen aus vorgelagerten Prozessen, nicht funktionierende Bauteile und Baugruppen oder nicht korrekt durchgeführte Montageprozesse reagieren und selbständig Gegenmaßnahmen einleiten kann.

Auf die sensorischen Eigenschaften kann dabei auf zweierlei Art und Weise zurückgegriffen werden:

Sensoren eines Produktes können durch die gezielte Lieferung von Messwerten bei einer „ja/nein"-Entscheidung helfen, etwa bei der Kontrolle eines Montageprozesses oder einer Funktionsprüfung. Man ist mittels der übermittelten Sensorsignale des Produktes auch in der Lage, das Robotersystem aktiv zu steuern und zu regeln, indem die gemessenen Sensorwerte durch die sich daraus ergebende Roboterbewegung beeinflusst werden.

Die Produktsoftware ist in der Lage, bei der Steuerung des Robotersystems zwei Aufgaben zu übernehmen:

Zum einen wird sie von der Robotersteuerung dazu genutzt, eine Kommunikation mit dem Produkt zu ermöglichen. Sie nimmt Befehle entgegen, setzt produktintern den notwendigen Signalfluss in Gang und gibt die gewünschten Informationen an das Robotersystem zurück. Diese werden zuvor im Produkt derart aufbereitet, dass eine informationstechnische Übertragung möglich ist.

Zum anderen ist auch eine ausschließliche Nutzung der Produktsoftware möglich. So können die Produkte dem Robotersystem wichtige, produkt- oder variantenspezifische Informationen übermitteln, die in der Produktsoftware gespeichert sind. Neben der reinen Informationsübermittlung kann eine geeignete Produktsoftware, unter Umständen mit Hilfe von Produktsensoren, für das Robotersystem auch Algorithmen ausführen, die für den durchzuführenden automatisierten Montageprozess von Nutzen sind, wie z.B. Kompensationsrechnungen.

Die Schaffung eines autonomen Produkt-Roboter-Systems in der automatisierten Montage durch die aktive Nutzung bestimmter Produktkomponenten weist wesentliche Vorteile gegenüber der herkömmlichen Automatisierung auf:

Die integrierten Sensoren und Aktoren in den einzelnen Produkten ermöglichen es, dass die für das Robotersystem während einer automatisierten Montage notwendigen Informationen direkt am Ort des Geschehens erfasst und dem Robotersystem mitgeteilt werden können.

Auch die Möglichkeit der Durchführung von Kontroll- und Prüfprozessen während oder unmittelbar nach einem Montageprozess mittels Zustandsinformationen aus dem Produkt durch das Robotersystem steigert die Montagequalität. Damit wird die Integration von Kontroll- und Prüfprozessen in den Montageablauf wesentlich vereinfacht, ebenso wie die Durchführung von aktiven Justageprozessen zur Erreichung einer hohen Montagegenauigkeit. Somit reduziert sich der Aufwand von vorgelagerten Montageschritten.

Einen entscheidenden Faktor in der automatisierten Montage stellt die Flexibilität des Robotersystems dar. Die Losgrößen nehmen durch die steigende individuelle Produktgestaltung immer mehr ab, die Varianten hingegen immer weiter zu. Die Flexibilität hinsichtlich einer Anpassung an Produkt- oder Variantenänderung kann erhöht werden, indem die Produkte selbst eine Reihe der notwendigen Peripheriekomponenten mitbringen und in der Lage sind, dem Robotersystem produkt- oder variantenspezifische wichtige Informationen zu übertragen.

Neben den genannten Vorteilen bewirkt der Wegfall von zusätzlichen Sensoren und Aktoren einen geringeren Hardwareaufwand am Robotersystem und eine Verringerung des Kalibrieraufwandes der Sensoren. Somit werden Peripherie-, Implementierungs- und Kalibrierungskosten gesenkt.

Im Folgenden soll dies am Beispiel der SpaceMouse-Montage näher erläutert werden: Die SpaceMouse (Abb. 4) ist ein Gerät zur 3D-Manipulation von graphischen oder realen Objekten in allen 6 Raumfreiheitsgraden. Die Funktion beruht auf 6 opto-elektronischen Messsystemen, die um 60° versetzt und alternierend um 90° gedreht in einem Elektronikmodul angeordnet sind. Ein Messsystem besteht aus einer lichtemittierenden Diode (LED), die einen Lichtkegel durch eine bewegliche Schlitzblende auf einen eindimensionalen Positionsdetektor (PSD) sendet. Dieser PSD ist gegenüber der Blende exakt justiert. Beim Bewegen der SpaceMouse werden die Schlitzblenden ausgelenkt und die Lichtstreifen wandern horizontal oder vertikal auf den Oberflächen der 6 PSDs. Die PSDs erkennen die Lage der Lichtstreifen. In der integrierten Software werden die PSD-Signale übersetzt und die Auslenkung der SpaceMouse in allen 6 Raumfreiheitsgraden bestimmt. Durch entsprechende Steuersignale können dann die Auslenkung in Koordinaten oder die einzelnen PSD-Werte ausgegeben werden.

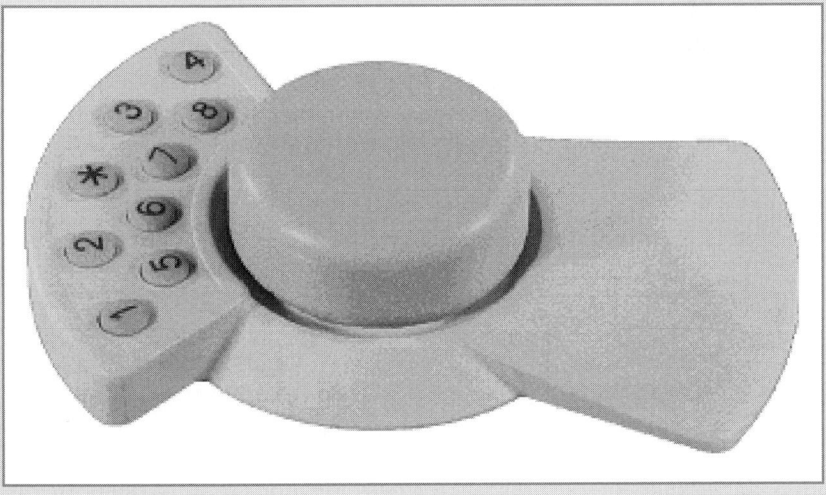

Abb. 4 SpaceMouse

Sensorische Eigenschaften der SpaceMouse

Die sensorischen Eigenschaften von Produktkomponenten bieten die Möglichkeit, einfache Zustände oder Funktionen im Produkt abzufragen um Vollständigkeiten, durchgeführte Montageprozesse oder Produktfunktionen zu prüfen. Dadurch kann auf ein eingetretenes Ereignis reagiert und der weitere Bewegungsablauf des Roboters gesteuert werden.

Ein Abfragen aller 6 aktuellen PSD-Einzelwerte der SpaceMouse ermöglicht die Prüfung sowohl der Vollständigkeit als auch der Funktionsfähigkeit aller Sensoren. Bei Fehlen eines PSDs oder bei einer Funktionsstörung liefert die SpaceMouse unterschiedliche falsche Signale zurück. Nun kann das Robotersystem selbständig darauf reagieren und das Produkt bspw. aussortieren oder einer Nacharbeit zuführen. Die Montage der Abdeckkappe auf das Elektronikmodul durch Aufpressen auf die beweglich gelagerte, mit den Schlitzblenden bestückte Platine wird durch die integrierten PSD-Sensoren kontrolliert. Bei einer korrekten Ausführung erfolgt keine Auslenkung der Schlitzblenden und es ergeben sich keine nennenswerten Abweichungen der Sensorwerte (Abb. 5, links). Ein nicht korrektes Ergebnis hingegen führt zu einer Auslenkung der Schlitzblenden und damit zu einer signifikanten Änderung der Sensorwerte (Abb. 5, rechts). Damit ist das Robotersystem in der Lage, z.B. den Montageprozess erneut auszuführen.

Nutzung produktspezifischer Softwaredaten der SpaceMouse

Wie bereits angesprochen, dient die Produktsoftware bei der SpaceMouse meist dazu, die Kommunikation zwischen Produkt und Roboter zu ermöglichen. Sie setzt vom Roboter gesendete Steuerbefehle um und gibt anschließend die gewünschten Sensorwerte des jeweiligen PSDs in für die Robotersteuerung lesbarer Form zurück. Darüber hinaus ist auch eine unmittelbare Nutzung der Produktsoftware möglich. So können sich verschiedene Varianten der SpaceMouse durch die Übermittlung der Versionsnummer selbst identifizieren. Der notwendige Montageablauf kann daraufhin variantenspezifisch vom Roboter

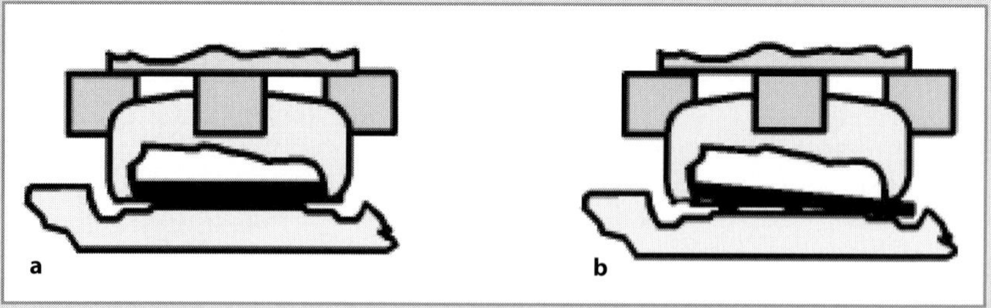

Abb. 5a,b. Kontrolle von Montageprozessen mit Produktsensoren. **a** Korrekte Montage, **b** fehlerhafte Montage

entsprechend der erhaltenen Daten ausgeführt werden. Somit ist keine festgelegte und dem Roboter bekannte Reihenfolge der Produktvarianten notwendig. Steigt die Anzahl der Varianten, so ist auch eine Übermittlung von Teilen oder gar des gesamten Montageablaufs durch die SpaceMouse bei der eigenen Identifizierung möglich.

Simulation von Maschinenabläufen mittels virtueller Werkzeugmaschinen

Die Entwicklung autonomer Produktionssysteme, insbesondere hochgradig automatisierter und gleichzeitig hochverfügbarer Werkzeugmaschinen und Fertigungseinrichtungen wird durch einen stetig wachsenden Anteil an elektrischen und informationstechnischen Komponenten, sowie der Forderung nach einer Reduktion der Entwicklungs- und Inbetriebnahmezeiten geprägt. Gleichzeitig steigen auch die Anforderungen hinsichtlich der zur Verfügung stehenden Entwicklungszeit und -kosten.

Aufgrund der zunehmenden Substitution mechanischer Komponenten durch elektrische Komponenten und Softwarebausteine werden die Wechselwirkungen zwischen Mechanik, Elektrik, Fluidtechnik und Software immer komplexer. In der Werkzeugmaschinenbranche dominiert heute ein sequenzielles Entwicklungsvorgehen (Abb. 6).

Dies führt dazu, dass die Softwareerstellung erst zu einem relativ späten Zeitpunkt beginnt, nachdem die mechanische und elektrische Konstruktion weitgehend abgeschlossen ist. Die Inbetriebnahme und Optimierung der erstellten NC- und PLC-Programme erfolgt aufgrund des hohen Zeitdrucks in vielen

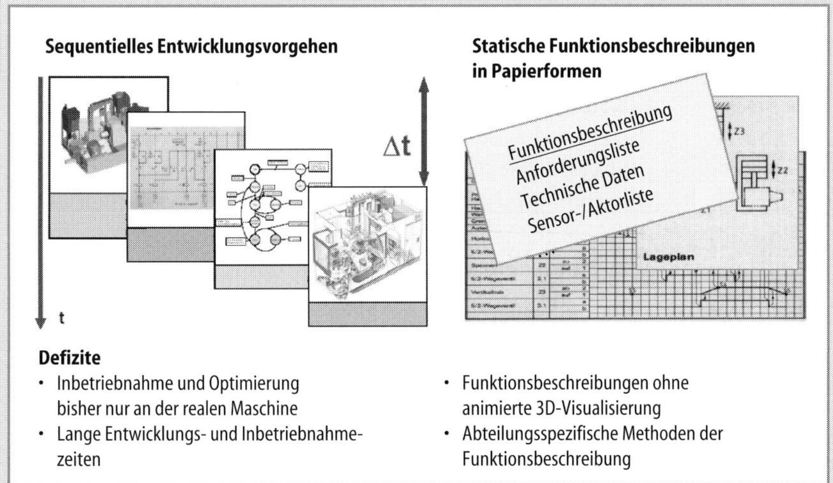

Abb. 6 Heutiges sequenzielles Entwicklungsvorgehen bei der Entwicklung mechatronischer Produktionssysteme

Fällen erst an der realen Maschine. Ein umfassender und methodischer Test der Steuerungssoftware ist dabei in vielen Fällen nur unzureichend zu realisieren. Hinzu kommen noch Fehler, die aus den unterschiedlichen Sichtweisen von mechanischer Konstruktion, Elektrokonstruktion und Softwareentwicklung resultieren. Funktionsbeschreibungen liegen zumeist statisch in Papierform, z.B. Skizzen, Funktionsdiagramme etc., vor. Gerade bei komplexen Maschinenabläufen sind derartige Beschreibungsformen jedoch sehr unübersichtlich und führen zu Missverständnissen und Fehlern. Die Folgen sind eine Verlängerung der Entwicklungszeiten, ein hoher Änderungsaufwand und damit verbundene Kostensteigerungen.

Der Zwang zu kürzeren Entwicklungs- und Inbetriebnahmezeiten bedingt einen Übergang von der bisher vorherrschenden sequenziellen Entwicklungsstrategie zu einem fachbereichsübergreifenden, mechatronischen Entwicklungsvorgehen, welches alle beteiligten Fachdisziplinen schon von Beginn der Entwicklung an parallel einbindet. Simulationswerkzeuge spielen dabei eine zentrale Rolle, um wesentliche Eigenschaften autonomer Produktionssysteme, wie z.B. die Störungsbewältigung, bereits in einem frühen Stadium der Entwicklung validieren zu können. Die Optimierung des Gesamtsystems erfolgt nicht mehr anhand realer Versuchsprototypen, sondern mit Hilfe virtueller Prototypen, wodurch sich neben beträchtlichen Zeit- und Kosteneinsparpotenzialen auch erhebliche Qualitätsverbesserungen erzielen lassen.

Ein wichtiges Entwicklungswerkzeug als Bindeglied zwischen der mechanisch-elektrischen Konstruktion und der Softwareentwicklung stellt hierbei die „Hardware-in-the-loop"-Koppelung (HIL) realer Steuerungskomponenten (NC, PLC) mit 3D-Simulationsmodellen dar. Am Institut für Werkzeugmaschinen und Betriebswissenschaften (iwb) der TU München wurde eine HIL-Simulationsumgebung mit integrierter 3D-Visualisierung entwickelt. Den prinzipiellen Aufbau zeigt Abb. 7. Das virtuelle Maschinenmodell besteht dabei aus einem Verhaltensmodell und einem Kinematikmodell. Im Kinematikmodell sind die geometrischen Eigenschaften, wie z.B. Form und Abmessungen, sowie die kinematischen Eigenschaften, insbesondere Art, Länge und Anzahl der Maschinenachsen abgebildet. Das Verhaltensmodell hingegen berücksichtigt die internen Zustände, das Zeitverhalten von Komponenten sowie die Kommunikation mit der Steuerung.

Die Erstellung des Verhaltensmodells erfolgt dabei mit Hilfe eines komponentenorientierten Modellierungsansatzes, indem wieder verwendbare Simulationsmodule, z.B. für Pumpen, Ventile, Zylinder, Sensoren etc., aus vordefinierten Makrobibliotheken importiert werden.

Für den Softwaretest am virtuellen Prototypen unter realistischen Bedingungen wird die reale Steuerung über Schnittstellenkarten mit dem Verhaltensmodell gekoppelt. Durch den Import der Buskonfiguration aus der Entwicklungsumgebung für die Steuerungssoftware in die Verhaltenssimulation wird eine rasche und effiziente Vorabinbetriebnahme am virtuellen Prototypen unterstützt. Durch den Einsatz der realen Maschinensteuerung unter Berück-

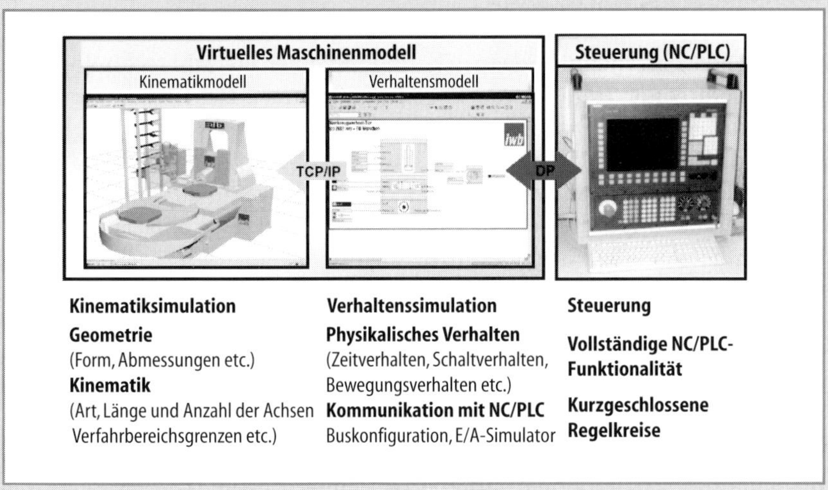

Abb. 7 Software- und Schnittstellenkonzept der Simulationsumgebung

sichtigung der realen Buskonfiguration können Simulationsabweichungen durch eine fehlerhafte Modellierung von NC/PLC-Baugruppen ausgeschlossen werden. Ferner kann sowohl für die Simulation als auch für die Inbetriebnahme die gleiche Steuerungshardware genutzt werden.

Für eine einfache und benutzerfreundliche Koppelung der beiden Teilmodelle wurde vom iwb ein einfach zu bedienendes, dialogbasiertes Konfigurationswerkzeug entwickelt. Durch Anwählen einer Kinematik in der Kinematiksimulation und die Zuordnung eines entsprechenden Signals der Verhaltenssimulation lassen sich auf beide Simulationswerkzeuge grafisch interaktiv koppeln. Die korrekte Zuordnung einer 3D-Kinematik zur entsprechenden Komponente des Verhaltensmodells lässt sich per Schieberegler sofort anschaulich testen.

Durch die Validierung von Funktionsabläufen mittels HIL-Simulation lassen sich Fehler frühzeitig aufdecken und kostenintensive Änderungen an der realen Maschine vermeiden. Bereits in frühen Phasen der Konstruktion und Entwicklung können komplexe Bewegungs- und Funktionsabläufe von der mechanisch-elektrischen Konstruktion und den an der Softwareerstellung beteiligten Mitarbeitern gemeinsam transparent diskutiert, bewertet und optimiert werden. Neben parallelen Entwicklungsprozessen wird insbesondere eine Vorabinbetriebnahme am virtuellen Prototypen mit systematischen Softwaretests unter realen Laufzeitbedingungen mit der originalen Steuerungshardware ermöglicht. Aufgrund der zunehmenden Komplexität von Softwarealgorithmen autonomer Produktionssysteme gewinnt eine integrierte mechatronische Betrachtungsweise immer mehr an Bedeutung. Virtuelle Maschinenmodelle können einen entscheidenden Beitrag dazu leisten, Kommmunikationsengpässe zwischen Fachabteilungen zu beseitigen.

Zusammenfassung und Ausblick

Produzierende Unternehmen des 21. Jh. sind mit einer Vielzahl technologischer und wirtschaftlicher Herausforderungen konfrontiert. Neben der Forderung nach hoch verfügbaren und flexiblen Fertigungssystemen spielen im globalen Wettbewerb Qualität und Kosten eine immer größere Rolle. Zur Bewältigung dieser Herausforderungen werden in Zukunft intelligente autonome Produktionssysteme benötigt, die selbständig auf Störungen, eine Vielzahl von Produktvarianten sowie wechselnde Prozessbedingungen reagieren können. Für die Entwicklung derartiger autonomer Produktionssysteme müssen die Wechselwirkungen zwischen mechanischen, elektrischen und softwaretechnischen Komponenten sicher beherrscht werden. Der vorliegende Beitrag zeigt anhand dreier ausgewählter Beispiele Potenziale, die sich durch den Einsatz von Mechatronik im Bereich der autonomen Produktionssysteme erschließen lassen.

Mittels intelligenter Online-Kalibrier- und Kompensationsverfahren lassen sich Standardindustrieroboter mittlerer Genauigkeit für präzise Messaufgaben einsetzen, die sich andernfalls nur durch aufwändige und hochpräzise mechanischer Komponenten realisieren lassen würden.

Bei der Montage variantenreicher mechatronischer Produkte lassen sich erhebliche technologische und wirtschaftliche Potenziale erzielen, wenn produktimmanente Systemeigenschaften genutzt werden. Autonome Produktionssysteme können über den Zugriff auf Softwareschnittstellen des zu montierenden Produkts produktinterne Sensordaten sowie Produktdaten abrufen, um selbständig Montagestrategien spezifisch auf unterschiedliche Produktvarianten anpassen zu können.

Darüber hinaus kommt bei der Entwicklung komplexer autonomer Produktionssysteme einer integrierten mechatronischen Betrachtungsweise zentrale Rolle zu. Durch die Validierung von Funktionsabläufen mittels integrierter, virtueller, mechatronischer Simulationsmodelle können bereits in frühen Phasen der Konstruktion und Entwicklung komplexe Bewegungs- und Funktionsabläufe von allen beteiligten Entwicklungsdisziplinen gemeinsam transparent diskutiert, bewertet und optimiert werden.

Die Produktionstechnik zu Beginn des 21. Jh. steht derzeit an der Schwelle eines sich vollziehenden Wandels. An die Stelle starrer, vorprogrammierter Produktionsabläufe treten intelligente und reaktionsfähige Produktionsprozesse. Die Mechatronik wird hierbei in Zukunft eine zentrale Rolle als Enabler-Technologie und Innovationsmotor für die Entwicklung derartiger autonomer produktionstechnischer Systeme einnehmen.

Autonome Produktionsmaschinen

Mitarbeiterinnen und Mitarbeiter des Lehrstuhls für Werkzeugmaschinen

»Mit integrierten Ansätzen zur autonomen Produktion.«

Mitarbeiterinnen und Mitarbeiter des Lehrstuhls für Werkzeugmaschinen

Autonome Produktionsmaschinen

Mitarbeiterinnen und Mitarbeiter
des Lehrstuhls für Werkzeugmaschinen

Einleitung

Die hochindustrialisierten Länder Zentraleuropas sind dadurch gekennzeichnet, dass die Entwicklung, die Herstellung, die Anwendung sowie der weltweite Export von Produktionseinrichtungen und Produktionsgütern einen hohen Anteil am Volkseinkommen ausmachen (Statistisches Bundesamt 2001).

Die Situation der Produktions- und Fertigungstechnik lässt sich durch steigende Anforderungen an die Individualität, Funktionalität und Qualität der Produkte und nicht zuletzt auch durch die Zeitverkürzung der Produktentstehungsprozesse charakterisieren. Diese Anforderungen bedingen wiederum zunehmend komplexere und mit hoher Präzision ablaufende Produktionsprozesse, die aus technologischen und wirtschaftlichen Gründen zwangsläufig über einen hohen Automatisierungsgrad und eine sehr solide Störungstoleranz verfügen müssen. Ebenso muss der Produktionsprozess einen hohen Grad an Flexibilität aufweisen, damit die Kundenwünsche möglichst wirtschaftlich und schnell befriedigt werden können (Cuhls et al. 1998; Poprawe et al. 2000).

In heutigen Produktionsanlagen werden vielfach die aufwändigen Arbeitsschritte der Prozessplanung und in weiten Teilen auch die Durchführung komplexer Bearbeitungsprozesse noch immer vom jeweiligen Bearbeiter bzw. Anwender vorgenommen. Für Teilsysteme und Teilprozesse wird schon ein recht hoher Automatisierungsgrad erreicht, doch zeigt sich, dass mit zunehmender Automatisierungstiefe die Flexibilität der Produktionsanlage sinkt und auch die Anzahl der störungsbedingten Unterbrechungen steigt. Damit einher geht eine Beeinträchtigung der Qualität von Produktions- und Prozessabläufen und somit auch der Produktqualität (Weck et al. 1996a). Die Beseitigung von Prozessstörungen erfordert zum Teil sehr zeitintensive Eingriffe durch das Fachpersonal, das zudem steigenden Anforderungen durch die zunehmende Komplexität der Bearbeitungsabläufe gerecht werden muss. Eine maximale Auslastung der Produktionsmittel ist unter diesen Gesichtspunkten kaum realisierbar. Vor allem bei kleinen Losgrößen und insbesondere bei Losgröße „eins" ist eine weitgehende Automatisierung mit den bestehenden Werkzeugmaschinen und Produktionsabläufen (APZ 2002) undenkbar.

Einen Lösungsansatz bildet die konstruktive und steuerungsoptimierte Gestaltung der Maschinen, so dass die einzelnen Arbeitsschritte, im Idealfall vom Rohteil bis zum Fertigteil, selbstständig und störungstolerant ausgeführt werden. Die Maschine muss hierzu als autonome Einheit auf die aktuellen Prozessparameter und Störungen reagieren. Durch eine entsprechende Erweiterung der Funktionen des Steuerungssystems, der Überwachungsfunktionen und der mechanischen Maschinenfunktionalitäten kann dies erreicht werden (Pfeifer, Sack 2001; Weck 1996b).

Methoden zur Offline-Prozessoptimierung

Bereits im Prozessplanungsstadium können Softwaretools zur Optimierung des Ablaufes des Produktionsprozesses eingesetzt werden. Hierzu werden offline Bearbeitungssituationen simuliert und die Ergebnisse bei der Prozesssteuerung berücksichtigt.

Offline Simulation von Prozess-Stabilitätskarten

Ein häufiges Problem bei der spanenden Bearbeitung ist das Auftreten selbsterregter Schwingungen („Ratterschwingungen"), die sowohl die Qualität des zu bearbeitenden Werkstücks beeinträchtigen als auch zu Schäden am Werkzeug und an der Maschine führen können. Zur Stabilisierung des Prozesses wird in der Praxis meist die Zerspanleistung reduziert, was jedoch die Produktivität beeinträchtigt.

Die gezielte Wahl der Prozessparameter bietet ein erhebliches Potential, um die realisierbare Zerspanleistung zu steigern. In erster Linie ist hier die Variation der Drehzahl anhand von Stabilitätskarten zu nennen, die entweder direkt in Zerspanversuchen oder bei Kenntnis der dynamischen Nachgiebigkeit rechnerisch bestimmt werden können (Weck 2001; Beer 1994).

Mit der Kenntnis des dynamischen Nachgiebigkeitsverhaltens besteht die Möglichkeit zu einer Stabilitätsanalyse. Die Gefahr eines instabilen Prozessverhaltens resultiert grundsätzlich aus dem Zusammenwirken des dynamischen Nachgiebigkeitsverhaltens der Maschine und des Schnittprozesses. Aus der Literatur sind verschiedene Methoden zur Analyse des Stabilitätsverhaltens bei der spanenden Bearbeitung bekannt. Generell sind „frequenz-" und „zeitbereichsbasierte" Analysemethoden zu unterscheiden. Die frequenzbereichsbasierten Methoden bieten den Vorteil einer geschlossenen Lösung und sind hinsichtlich des Rechenaufwands erheblich effizienter, können jedoch nur bei annähernd linearem und zeitinvariantem Systemverhalten angewendet werden. Eine erhebliche Zeitvarianz tritt jedoch gerade beim Einsatz von Fräswerkzeugen mit niedriger Schneidenzahl auf, so dass hier eine zeitbasierte Simulation erforderlich ist.

Die Simulation ermöglicht bereits vor Prozessbeginn eine Untersuchung der Auswirkung aller relevanten Prozessparameter (wie z.B. Werkzeuggeometrie

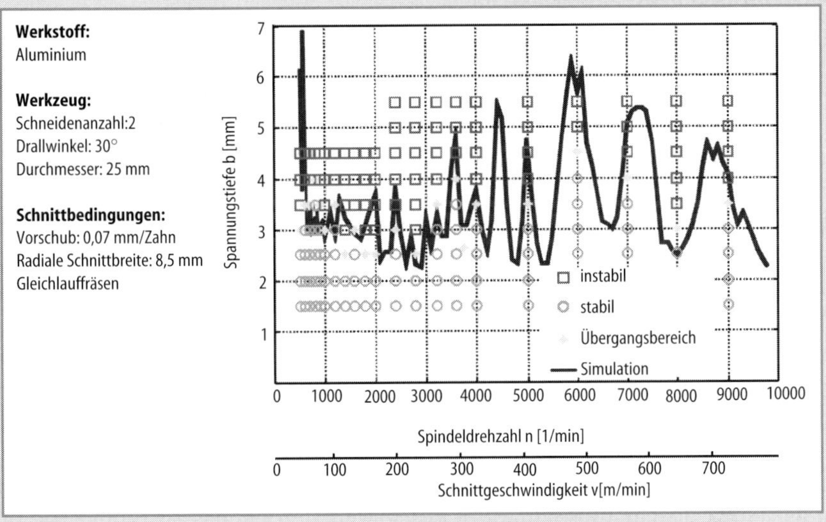

Abb. 1 Vergleich einer simulierten und einer messtechnisch ermittelten Stabilitätskarte

und Drehzahl) auf das Stabilitätsverhalten. Man stellt die errechneten Simulationsergebnisse typischerweise in Form von „Stabilitätskarten" dar, wobei die maximal stabil umsetzbare Schnitttiefe über der Drehzahl aufgetragen wird (Weck et al. 2003). Die so ermittelten Prozessparameter, die eine stabile Bearbeitung erlauben, können der Maschinensteuerung direkt als Steuerungsparameter übergeben und ins NC-Programm übernommen werden. Die Steuerung wird dadurch in die Lage versetzt, automatisch (also autonom) die richtigen Schnittparameter zu wählen.

Den Abgleich einer messtechnisch ermittelten und einer simulierten Stabilitätskarte zeigt Abb. 1. Der Kurvenverlauf der simulierten Stabilitätskarte stimmt gut mit der experimentell ermittelten Stabilitätskarte überein. Somit wurde ein Simulationstool entwickelt, mit dessen Hilfe ein stabiler Zerspanprozess erreicht und die Zerspanleistung maximiert werden kann.

Steigerung der Bearbeitungsqualität und der Störungstoleranz durch Online-Prozessoptimierung

Zur Gewährleistung einer hohen Prozessstabilität sowie qualitativ hochwertiger Bearbeitungsergebnisse sind neben der Offline-Prozessoptimierung Maßnahmen zur Erhöhung der Prozesssicherheit auch während der Bearbeitung unverzichtbar. Hierfür eignen sich insbesondere Methoden zur Prozessüberwachung und -regelung. Mit diesen können Bearbeitungszustände, die für die Prozessführung oder für die Qualität des Bearbeitungsergebnisses kritisch sind, erkannt und der Situation entsprechende Reaktionen eingeleitet werden.

Steuerungstechnische Voraussetzungen

Die Verfügbarkeit von steuerungsinternen Informationen bildet eine wesentliche Voraussetzung für die Realisierung von Maßnahmen zur Online-Prozessoptimierung. Die Steuerung stellt somit eine Informations- und Integrationsbasis für Zusatzfunktionen zur Steigerung der Autonomie des Bearbeitungsprozesses dar.

Diese Eigenschaften einer Steuerung lassen sich nur auf der Basis offener Steuerungskonzepte realisieren. Eine Steuerung muss für die Realisierung von Maßnahmen zur Online-Prozessoptimierung sowohl äußere als auch innere offene Schnittstellen anbieten (Weck et al. 1996b). In Bezug auf äußere Schnittstellen sind insbesondere die Antriebsschnittstelle und die Programmierschnittstelle zu nennen. Eine offene, standardisierte Antriebsschnittstelle, wie beispielsweise das SERCOS Interface (SERCOS 2001), stellt umfangreiche Informationen zur Rekonstruktion des Bearbeitungsprozesses zur Verfügung. Mittels definierter Schnittstellen wird der Zugriff auf Antriebsströme, Positionen, Geschwindigkeiten etc. ermöglicht. Ausgehend von diesen Informationen kann ein Abbild der aktuellen Bearbeitungssituation geschaffen werden, das als Grundlage für Prozessüberwachungs- und -regelungsalgorithmen genutzt wird.

Die Programmierschnittstelle dient bei der autonomen Bearbeitung über die Bereitstellung der geometrischen Daten hinaus dazu, das aktuelle Prozessgeschehen in den Kontext der Bearbeitungsaufgabe einzubetten. Bei Steuerungen mit herkömmlicher Programmierschnittstelle nach DIN 66025 (G-Code) gehen die Kontextinformationen während der Geometriedatenverarbeitung in der Steuerung verloren. Eine feature-orientierte Programmierschnittstelle nach ISO 14649 (STEP-NC 2003) bietet diesbezüglich die Möglichkeit, Kontextinformationen innerhalb der gesamten Geometriekette des NC-Kerns zu erhalten. Hierdurch stehen zu jedem Zeitpunkt der Bearbeitung und an jeder Stelle innerhalb der Steuerung Informationen und Parametersätze zu den aktuell bearbeiteten Geometrieelementen zur Verfügung. Diese Eigenschaft eröffnet beispielsweise für Prozessüberwachungs- und -regelungsanwendungen das Potenzial, flexibel individuelle Überwachungs- und Regelungsstrategien in Abhängigkeit des aktuell bearbeiteten Geometrieelements und der aktuellen Bearbeitungssituation anzuwenden.

Für eine Integration von Prozessüberwachungs- und -regelungsanwendungen in den Steuerungskern oder auch zur Akquirierung von steuerungsinternen Daten sind innere offene Schnittstellen, wie beispielsweise offene NC-Kernschnittstellen, unverzichtbar. Derzeit bieten u.a. die Firmen Bosch Rexroth und Siemens Steuerungen mit offenen Schnittstellen zum NC-Kern auf dem Markt an (Siemens 2000; Bosch 2001). Diese eröffnen Maschinenherstellern, Solutionprovidern und Anwendern die Möglichkeit, zusätzliche Applikationen zur Funktionserweiterung zu realisieren. Diese können entweder in den Steuerungskern integriert werden oder aber als externe Lösungen auf steuerungsinterne Daten zugreifen. Bei diesen Realisierungen handelt es sich jedoch um steuerungsspezifisch entwickelte Applikationen, die sich nicht zwischen den Steuerungen verschiedener Hersteller portieren lassen. Diese

Einschränkung resultiert in unwirtschaftlichen, redundanten Entwicklungen, die sich durch herstellerübergreifend offene Schnittstellen vermeiden ließen. In (Weck 2002b) wird eine offene Integrationsplattform für Anwendungen zur Prozessüberwachung und -regelung vorgestellt. Die beschriebene Plattform stellt eine herstellerübergreifend einheitliche Lösung zur Integration von Prozessüberwachungs- und -regelungsanwendungen dar. Aufgrund der Beschränkung der Vereinheitlichung ausschließlich auf den Bereich der echtzeitkritischen Schnittstellen für Prozessüberwachungs- und -regelungsanwendungen lässt sich die Plattform auf unterschiedlichen Zielsystemen realisieren. Über die reine Kommunikationsanbindung an den NC-Kern hinaus bietet die Integrationsplattform auch Mechanismen zur Koordination des Datentransfers sowie Überwachungsmethoden zur Gewährleistung der Funktionssicherheit für das erweiterte Steuerungssystem.

Die Entwicklung von vollständig herstellerübergreifend offenen Steuerungssystemen wurde und wird in verschiedenen Forschungsprojekten vorangetrieben. Leider konnten sich die aus diesen Bestrebungen resultierenden Lösungen industriell noch nicht durchsetzen. Einen vielversprechenden weiterführenden Ansatz stellt das derzeit von der EU geförderte Verbundprojekt OCEAN (Open Controller Enabled by an Advanced Real-Time Network) dar, das sich die Realisierung einer herstellerübergreifend offenen Steuerungsplattform auf der Basis von frei verfügbarer Software zum Ziel gesetzt hat (Pritschow 2003). Auf dieser Steuerungsplattform sollen im weiteren Verlauf des Projektes dynamisch ladbare Steuerungskomponenten entwickelt werden.

Eine weitere Schlüsselkomponente hinsichtlich der steuerungsseitigen Unterstützung autonomer Funktionen bildet die Benutzerschnittstelle. Sie dient als Medium zur Ausgabe der Prozess- und Maschineninformationen an den Benutzer. Als konsequente Weiterführung des beschriebenen Konzepts offener Steuerungssysteme ist auch ein modularer und offener Aufbau der Benutzerschnittstelle erforderlich. Dies ermöglicht eine durchgängige Erweiterung der Maschinenfunktionalität sowohl um Applikations- als auch um die Visualisierungssoftware.

In den folgenden Abschnitten werden beispielhaft Applikationen zur Prozessüberwachung und -regelung vorgestellt, die einige Schritte auf dem Weg zur Autonomen Produktion darstellen.

Steuerungsintegrierte Werkzeugbruchüberwachung

NC-Steuerungen mit offenen Schnittstellen im NC-Kern ermöglichen eine Steuerungsintegration von Anwendungen zur Werkzeugbruchüberwachung. Durch steuerungsintegrierte Lösungen kann auf zusätzliche Hardware, wie bspw. externe Sensoren und Datenverarbeitungseinheiten, verzichtet werden.

Bei Maschinen mit digitalen Antrieben besteht die Möglichkeit, die Antriebsleistung oder das Antriebsmoment als Sensorsignal zu verwenden. Allerdings befindet sich zwischen den Antrieben und dem Prozess der mechanische Antriebsstrang bzw. die Spindel, so dass die Prozesssignale mit einer Vielzahl

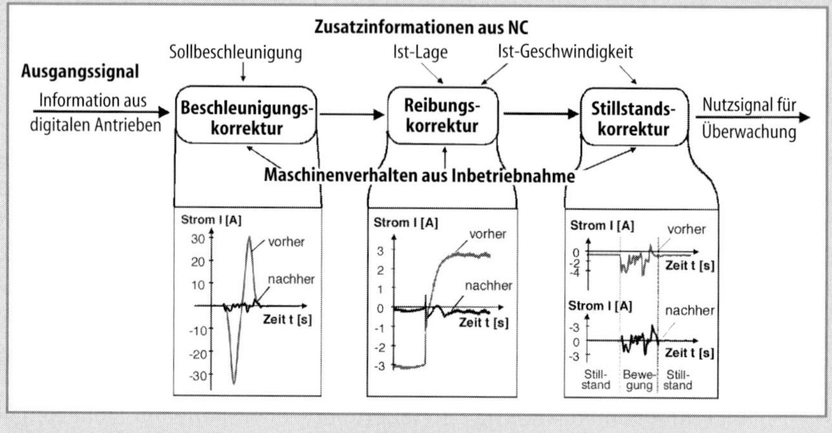

Abb. 2 Korrekturkette für steuerungsintegrierte Werkzeugbruchüberwachung

von Störsignalen überlagert werden. Die mechanische Übertragungsstrecke besitzt bspw. ein Tiefpassverhalten. Darüber hinaus treten Beschleunigungs- und Reibungseffekte auf. Mit Hilfe der in der Steuerung zur Verfügung stehenden Positionsinformationen können diese Beschleunigungs- und Reibungseffekte jedoch kompensiert werden. Durch die Kompensation wird das Stromsignal in Signaleinflüsse aus den mechanischen Maschinenkomponenten und Signaleinflüsse aus dem Prozess unterteilt. Auf Basis der Signaleinflüsse aus dem Prozess kann daraufhin eine Lastüberwachung mit einem festen Grenzwert, d.h. ohne Lernschritte, realisiert werden (Abb. 2). Dies ermöglicht zum einen Überlastungen des Werkzeugs, wie bspw. im Falle eines Werkzeugbruchs oder bei Überschreiten der Verschleißgrenze, zu erkennen. Zum anderen kann bei Unterschreitung einer unteren Grenze auf ein fehlendes Werkzeug geschlossen werden.

Kompensation statischer Strukturverformungen

Statische Gewichts- und Prozesskräfte führen aufgrund der endlichen Steifigkeit des Systems Werkzeug-Maschine zu einer Verformung von Maschinenstruktur und Werkzeug. Der Tool Center Point (TCP) weicht als Folge von seiner Solllage ab und es werden Werkstückungenauigkeiten verursacht, die Nacharbeit und damit Kosten erfordern können. Die Richtung und die Größe dieser statischen Werkzeugverlagerungen hängen von den wirkenden Prozesskräften und den Steifigkeiten der im Kraftfluss liegenden Komponenten ab.

Autonome Produktionsanlagen sollen selbständig Werkzeugverlagerungen aufgrund statischer Prozesskräfte korrigieren. Da auch für Rohteile mit nur ungefähr bekannter Kontur eine statische Kompensation ohne aufwändige Datenbanken über Schnittkraftkoeffizienten etc. möglich sein soll, muss sich ein Kompensationsmodell an den Ursachen der Verlagerung, den Prozesskräften, orientieren. Der unter der Last durch die Fräsbearbeitung entstehende Konturfehler setzt sich aus zwei verschiedenen Anteilen zusammen, deren Kompensation möglich ist:

- Der erste Fehler ist ein linearer achsparalleler Fehler in der Normalen zur Bearbeitungsfläche. Dieser Fehler ist auf die elastische Verformung der Maschine und des Werkstücks durch die Bearbeitungskräfte zurückzuführen.
- Der zweite Fehler ist eine Winkeligkeit der Oberfläche über der Schnitttiefe. Der Schaftfräser und die Maschinenstruktur biegen sich aufgrund ihrer endlichen Steifigkeit durch.

Der Ansatz zur Kompensation der achsparallelen Fehler besteht in der Berechnung des Offsets an der Werkstückoberkante aufgrund der Bearbeitungskräfte und einem prozessparallelen Addieren des dem Fehler entsprechenden Offsetsignals auf die Achsantriebe der Werkzeugmaschine.

Die Bearbeitungskräfte können entweder über eine Kraftmessplattform bestimmt, oder indirekt aus der Stromaufnahme der Antriebe errechnet werden. Hierzu werden während des Bearbeitungsprozesses die Antriebsströme der Achsen steuerungsintern ausgewertet und daraus die Bearbeitungskräfte rechnerisch bestimmt. Parallel dazu wird mittels der gemessenen Steifigkeitsmatrix der Maschine die aus den Kräften resultierende Verformung am Werkzeug bestimmt. Dieser Verformungswert wird den für die Ausgleichsbewegung benötigten Achsen direkt als Offsetwert zur Ist-Position übermittelt.

Abbildung 3 zeigt das Ergebnis der Kompensation des achsparallelen Fehleranteils. Die Kräfte wurden hierbei mittels Kraftmessplattform bestimmt. Die

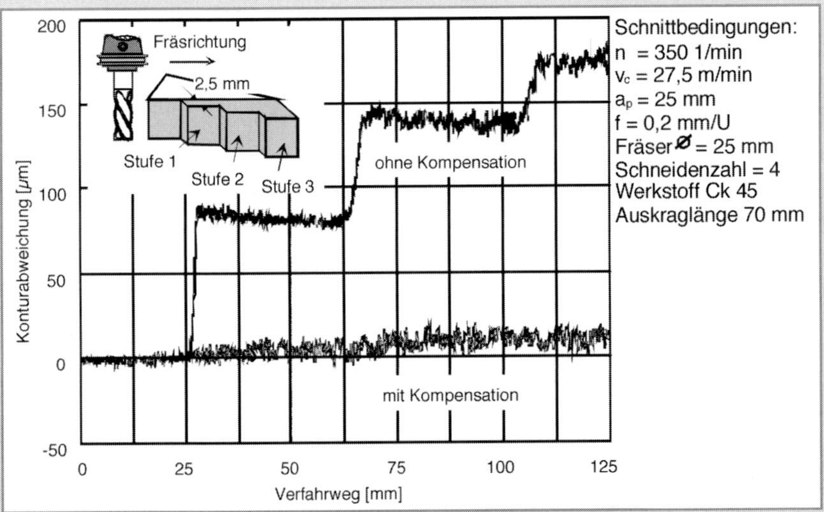

Abb. 3 Verbesserung der Werkstückkontur durch die Kompensation statischer Verformungen mit Hilfe der Vorschubantriebe

Messergebnisse veranschaulichen, dass eine Reduzierung des Restfehlers von 180 µm auf Werte kleiner 25 µm erreicht werden kann und damit in Abhängigkeit der geforderten Konturgüte häufig eine Nacharbeit des Werkstücks entfallen kann.

Bei 3-Achs-Maschinen kann der zweite Konturfehler, der Winkelfehler, nicht durch Ausgleichsbewegungen der Vorschubantriebe korrigiert werden (Weck 2002a).

Kompensation thermischer Fehler

Auch das thermoelastische Strukturverformungsverhalten einer Werkzeugmaschine kann an der Bearbeitungsstelle zu Verlagerungen von mehreren hundert µm führen und übt somit einen wesentlichen Einfluss auf die erreichbare Bearbeitungsgenauigkeit aus. Konstruktive Maßnahmen zur Vermeidung bzw. Reduzierung dieser thermisch bedingten Fehler wie z. B. die Verwendung alternativer Werkstoffe oder die Temperierung sind aus Gründen der Wirtschaftlichkeit nur bedingt durchführbar. Eine kostengünstige Alternative stellt die steuerungstechnische Kompensation dar, mit der die für eine autonome Produktion erforderliche, thermisch stabile Bearbeitungsgenauigkeit sichergestellt werden kann.

Grundlage der Kompensation bildet ein auf steuerungsinternen Eingangsgrößen basierendes Kompensationsmodell, anhand dessen die resultierenden Verlagerungen berechnet und durch Aufschaltung entsprechender Offset-Werte auf die Achssollpositionen ausgeglichen werden.

In der ersten Entwicklungsphase eines solchen Thermokompensationsmodells wird das thermoelastische Verlagerungsverhalten von 3-Achs-Fräsmaschinen durch reine Verfahr- bzw. Rotationsbewegungen ohne direkte Prozesslast simuliert. Als Eingangsgrößen dienen die Drehzahlen bzw. Ströme der einzelnen Achsantriebe, die charakteristisch für den thermischen Belastungszustand der Maschine sind.

Die resultierenden Verlagerungsanteile in den einzelnen Koordinatenrichtungen am Tool-Center-Point (TCP) der Maschine folgen dem thermischen Belastungszustand zeitverzögert. Da sich dieser Zusammenhang, insbesondere für unterschiedliche Werkzeugmaschinentypen, nicht sicher analytisch bestimmen lässt, wird das thermoelastische Maschinenverhalten a priori aus Vergleichsmessungen bestimmt und in einem mathematischen Grundmodell hinterlegt. Die Allgemeingültigkeit und Qualität eines solchen Modells hängen jedoch im Wesentlichen davon ab, ob die Daten zur Modellbildung möglichst alle thermischen Belastungszustände beschreiben. Aus diesem Grund werden die Zeit- und Verstärkungsfaktoren (T, K) des zeitverzögerten Verlagerungsverhaltens (PT_1-Glied) für jede Achse bzw. die Bearbeitungsspindel separat durch gestufte Messreihen mit konstanten Geschwindigkeiten (20 % von v_{max}, 40 % von v_{max}, etc.) bestimmt.

Die Belastung erfolgt durch eine reversierende Bewegung mit konstanter Geschwindigkeit bis zum Erreichen des thermischen Beharrungszustandes.

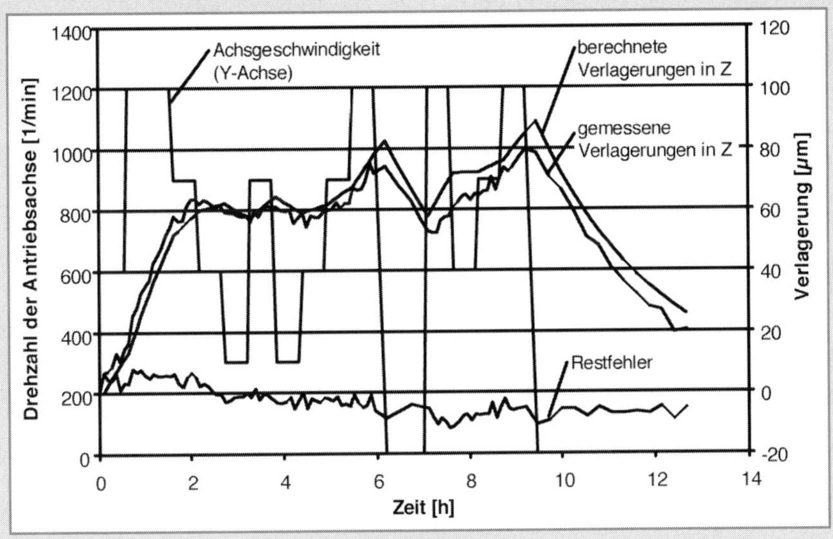

Abb. 4 Funktionsschema zur steuerungsinternen Thermokompensation

Zeitgleich werden die resultierenden Verlagerungen am TCP aufgezeichnet, so dass in Verbindung mit den Verlagerungen der sich anschließenden Abkühlphase die Zeit- und Verstärkungsfaktoren für die entsprechende Belastungshöhe, Belastungsart und Verlagerungsrichtung bestimmt werden können. Die Faktoren werden in einer umfangreichen Matrix im Grundmodell hinterlegt. Abbildung 4 zeigt am Beispiel einer Verlagerungskompensation in z-Richtung wie damit beliebige Belastungsspektren bei reversierender y-Achse modellhaft erfasst und kompensiert werden können.

Ausblick

Die ständig weiter ausgebauten Fähigkeiten der Maschinensteuerungen erweisen sich als hilfreiches Mittel zur Steigerung der Autonomie von Werkzeugmaschinen. Die Kopplung moderner Simulationstools mit den Maschinensteuerungen und die Nutzung von steuerungsinternen Signalen zur Überwachung und Regelung von Maschinenkomponenten und -funktionen wird in der Zukunft einen erheblichen Beitrag zur Optimierung der Prozessplanung und vor allen Dingen des Bearbeitungsprozesses leisten.

Literatur

APZ – Autonome Produktionszellen (2002) Forschungsantrag 2003–2005

Beer C (1994) CAD/CAP unterstützte Generierung ratterfreier NC-Programme für das Schaftfräsen. Dissertation, RWTH Aachen, 1994

Bosch (2001) Robert Bosch GmbH: Typ3 osa. Dokumentation der Kunden-schnittstelle-Bewegungserzeugung. Erbach (2001). Firmenschrift

Cuhls K et. al. (1998) DELPHI '98 Umfrage. Studie zur globalen Entwicklung von Wissenschaft und Technik. Fraunhofer-Institut für Systemtechnik und Innovationsforschung, 1998

Pfeifer T, Sack D (2001) Sensor/Actuator network: The nervous system of the Autonomous Production cell, Sensors & Systems, Moskau, Russland, 6/2001

Poprawe R, Kratzsch C, Abels P, Kaiserle S, Schulz W (2000) Online process control for laser beam material processing, Processings of ISATA 2000 Laser/Robotice (S. 123–130)

Pritschow G, Weck M, Kahmen A, Kreuzer M (2003) OCEAN: Offene, echtzeitfähige Steuerungsarchitektur. wt – Werkstattstechnik online 93 (2003) H. 5

SERCOS (2001) SERCOS Interface. Technical Short Description. Interest Group SERCOS Interface e.V. (Hrsg.), Bonn (2001)

Siemens (2000) Sinumerik 840D. OEM-package NCK, Software release 5, User's Manual, Edition 05/00. Siemens AG, Erlangen (2000)

Statistisches Bundesamt (Hrsg.) (2001) Statistisches Jahrbuch für die Bundesrepublik Deutschland, Metzler-Poeschel Verlag, Stuttgart, 2001

STEP-NC (2003) ISO FDIS 14649. ISO Genf (2003)

Tüllmann U (1999) Das Verhalten axial verspannter, schnelldrehender Schrägkugellager. Dissertation, RWTH Aachen, 1999

Weck M, Brouër N, Herbst U, Michels F, Prust D (1996a) Autonome Produktionszellen – Sichere Prozessbeherrschung und höhere Werkstückqualität, wt – Produktion und Management 86 (1996), Seiten 243–247

Weck M et al. (1996b) „Wie offen hätten Sie's denn gern?" – Offene Systeme in der Fertigung. Wettbewerbsfaktor Produktionstechnik. AWK Aachener Werkzeugmaschinenkolloquium. Eversheim W.; Klocke F.; Pfeifer T.; Weck M. (Hrsg.). VDI-Verlag, Düsseldorf (1996)

Weck M (1997) Werkzeugmaschinen Fertigungssysteme. Band 2 – Konstruktion und Berechnung. Heidelberg: Springer 1997 diese Referenz bitte auch innerhalb des Textes an entsprechender Stelle aufführen

Weck M (2001) Werkzeugmaschinen Fertigungssysteme. Band 5 – Messtechnische Untersuchung und Beurteilung. Heidelberg: Springer 2001

Weck M, Keiser R (2002a) Spannen mit niedrigschmelzenden Metallen; wt – Werkstattstechnik online 92 (2002) H. 7/8

Weck M, Kahmen A (2002b) Open Platform for the Integration of Monitoring Applications. Proceedings of the 2002 ASME Mechanical Engineering Congress and Exposition, New Orleans (Nov. 2002)

Weck M, Brecher C, Schulz A, Keiser R (2003) Stabilitätsanalyse bei der HSC-Bearbeitung. wt – Werkstattstechnik online 93 (2003) H. 1/2

Autonomous Compensation of Thermal Deformation of Machine Tool

PROF. DR. TOSHIMICHI MORIWAKI

»A method is proposed to identify the thermal deformation and autonomously compensate it to improve the machining accuracy.«

Toshimichi Moriwaki

Toshimichi Moriwaki's field of research includes dynamics and thermal behaviour of machine tools, monitoring and control of machining process and intelligent manufacturing systems. More recently, he has been actively working in the field of ultraprecision machining and machine tool. He has published more than 140 referred-papers and several books, including "Machine Tool Engineering", a widely adopted text book in Japan. He is a Fellow of Japan Society of Mechanical Engineers, an active member of CIRP and a member of JSPE, ASPE euspen etc. He received several awards including 1977 CIRP F. W. Taylor Medal.

Autonomous Compensation of Thermal Deformation of Machine Tool

Toshimichi Moriwaki

Introduction

The requirements for higher dimensional and geometrical accuracy of machined products are increasing recently in many fields of precision machining. There are many factors which influence the machining accuracy. Above all, the machining error due to the thermal deformation of machine tool is recognized as one of the most serious problems to be solved in order to assure high quality of products. The thermal deformation of machine tool is influenced by many factors such as the structure of machine tool, the thermal conditions in the environment, the cutting conditions and so on. In general it is not possible to detect the thermal deformation directly at the tool center point (TCP) between moving tool and workpiece because of the existence of chips and cooling lubricant. In addition it is difficult to compensate the thermal deformation which is unsteady and not repeatable by the use of a conventional CNC controller which is designed to generate the feed commands exactly according to the given program. An open-architecture CNC controller provides one solution to solve this problem, since it can accommodate the real time compensation of the cutter path (Altintas 1992; Mitsuishi et al. 1997; Yamazaki et al. 1997). The user can implement his own control and compensation rules in order to improve the performance of machine tool.

In this paper a concept of an intelligent machine tool is proposed which provides functions of information processing and feed control by the use of an open architecture CNC controller. A prototype of the intelligent machine tool was developed based on the predescribed concept for the autonomous compensation of the machining error of a CNC turning machine due to thermal deformation.

Intelligent Machine Tool

A functional requirement for the intelligent machine tool is not only to execute the given NC programs but also to respond to changes in the environment (Altintas 1992; Moriwaki and Hino 1991) and to cope with abnormal situations autonomously during machining process by the use of various data and knowledge like the operator's knowledge about manufacturing (Moriwaki 1994).

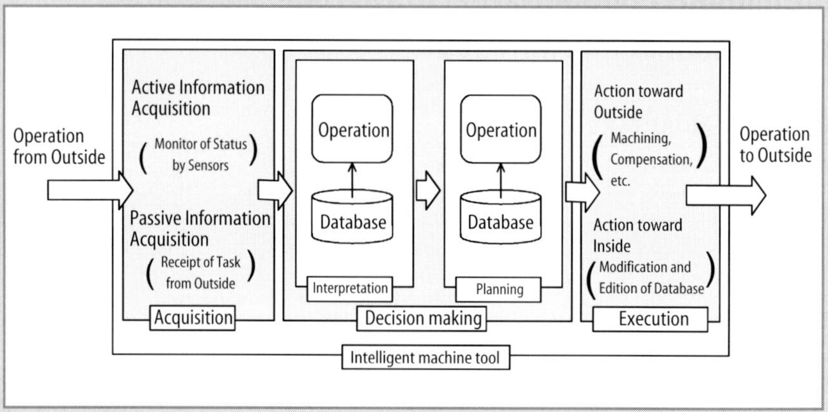

Fig. 1 Concept of intelligent machine tool

The steps of processing and actions which were executed within the intelligent machine tool are summarized in Fig. 1. First of all, the intelligent machine tool acquires information, secondly it makes decisions and finally it executes its plans. The information concerning the influence of its behavior is fed back and accumulated as knowledge. The intelligent machine tool executes the described sequence repeatedly and copes with changes of the environment. The acquisition of information is classified into two categories. One is a passive acquisition of information which is given from the outside, such as the CAD data and machining order. The other is an active acquisition based on sensors and so on. The acquired information is interpreted before the action plans are made. The interpretation and the planning are different due to the operations, however the procedures of information processing are similar. In both operations the inner databases are referred and the information is exchanged according to the rules. The planned action is executed toward the outside or the inside of the machine tool. The actions like machining and compensation of the motion belong to an external action, while the actions like the editing of the database and a modification of the inner model belong to an internal action.

The structure of the developed intelligent machine tool based on the proposed concept is schematically shown in Fig. 2. A turning machine equipped with OKUMA open architecture CNC controller (Mitsuishi et al. 1997; Okuma 1996) is adopted as a base machine, and a commercially available engineering work station (EWS) is employed as a superordinate controller in order to process information and to control the machine tool. The information is exchanged between the superordinate controller and the turning machine using an Internet Transmission Control Protocol (TCP/IP). The exchanged information includes commands of the motion and the status information of the machine.

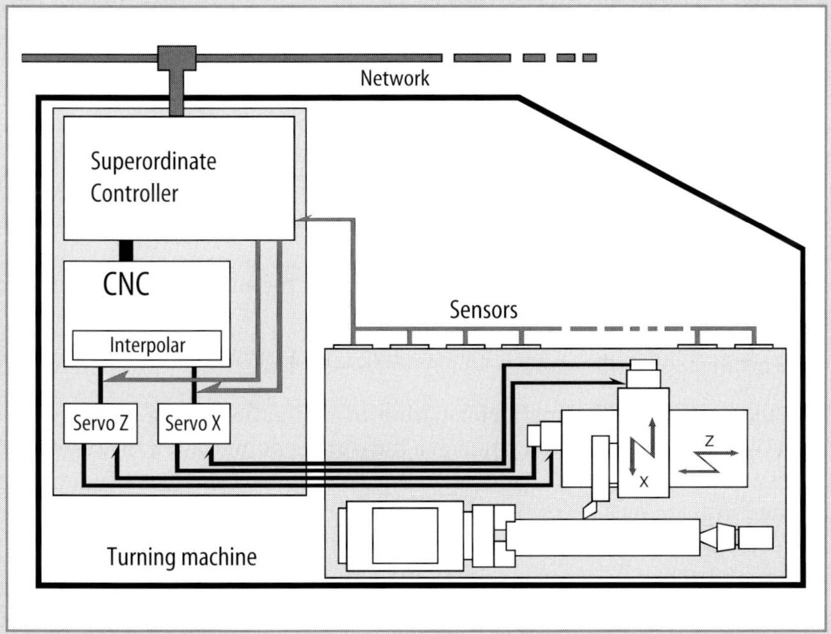

Fig. 2 Structure of intelligent turning machine development

The feed motion commands given to the machine tool are divided into NC programs which describe the procedure of the operations and compensation commands concerning driven axes of the machine tool. For machining first the NC program is loaded into the memory of CNC controller and then the machine tool is controlled according to the NC codes described in the NC program. The compensation commands are used in order to modify the cutter path. These commands are directly sent to the servo drivers of the motors within 12.8 msec intervals without any processing in the interpolator. The information concerning the motion status includes the rotational speed of the main spindle, the feed speed, the load of the motor, the position of the tool and the sequence number in the NC program. These information in combination with the information from the sensors which are stored in the database are used to control the machine tool.

The EWS which is used as the superordinate controller is capable to exchange the information with the operator and other manufacturing equipment in addition to the exchange of the information within the machine tool. The superordinate controller monitors the state of machine tool with sensors and decides autonomously the necessary actions responsible to changes in the environment.

Estimation of Thermal Deformation

In the past many efforts have been spent on the estimation of thermal deformation of machine tool (Bryan 1988; Moriwaki 1995; Moriwaki and Zhao 1992; Moriwaki and Shamoto 1998). In this research project, a linear prediction model is introduced to estimate the change of the relative displacement between tool and workpiece due to the thermal deformation. The model is based on a set of time-based data of the temperature measured at several points of machine tool.

The following equation is employed to estimate the machining error due to the thermal deformation.

$$X = x_0 + x_1 + \ldots + x_i + \ldots x_{n-2} + x_{n-1} \ (i = 1, 2, \ldots, n-1) \quad (1)$$

X_i is the amount of thermal deformation in x direction at the cutting point which is caused by the thermal strain at a measuring point i and n the respective number of measuring points on the machine tool. Beyond this x_i is a function of time t and is given by a set of time-based temperatures as follow

$$x_i(t) = a_{i0}\, T_i(t) + a_{i1}\, T_i(t - dt) + \ldots + a_{ij}\, T_i(t - j \times dt) + \ldots \ (j = 0, 1, 2, \ldots) \quad (2)$$

In this equation, dt is the sampling time, $T_i(t)$ the temperature measured at time t at a measuring point i, and a_{ij} the respective coefficient. The coefficient a_{ij} depends on the structure of machine tool, the measuring point of temperature, the location of machine tool in the shop floor, and so on. In this research the coefficient a_{ij} is estimated experimentally. The machining error in the y and z directions are estimated in the same way.

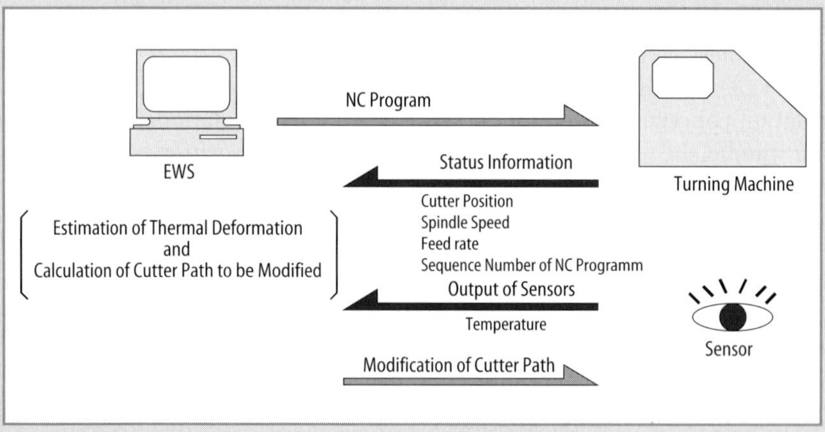

Fig. 3 Procedure of compensation control

Control Procedure

The procedure of information exchange between the EWS and the machine tool is shown schematically in Fig. 3. Before the machining process, the superordinate controller sends the NC program to the CNC controller and transmits the procedure of machining. The superordinate controller sends the commands for the compensation of the machining error directly to the servo controller of the motor when the CNC machine tool starts the machining process. The thermal deformation is estimated at the cutting point by using Eq. (1) and Eq. (2) based on the temperature detected at the measuring points on the machine tool. The superordinate controller calculates the amount of the cutter path modification to compensate the thermal deformation. The procedure is continued automatically during machining. The operator has only to input the NC programs to the superordinate controller in order to machine the product free from the machining error due to the thermal deformation.

Experimental Results

Figure 4 shows examples of the measured temperature rise and the change in the relative displacement when the tool turret is driven repeatedly back and forth in z direction. The relative displacement is measured with displacement sensors attached to the toll post against a test bar chucked into the spindle. It is clear that the thermal deformation results in response to the temperature rise.

Figure 5 compares the measured and estimated thermal deformation when the tool turret is driven at several feed rates. The results of the estimation and the measurement fit together very well. The validity of the compensation control of the machining error due to the thermal deformation is confirmed by cutting experiments. The end face of a cylindrical workpiece is divided into three regions and machined at 30, 50 and 80 min after start of cutting. The influence of thermal deformation of machine tool caused by the interruption of the cutting process appears on the machined surface. Figure 6 shows the effect of the compensation control on the surface profile of the workpiece. The maximum machining error is reduced from 80 to 25 μm by the compensation and it is obvious that the compensation control is effective to reduce the machining error.

Conclusions

The basic concept of an intelligent machine tool, for the autonomous compensation of the thermal deformation of the machine, is presented in the present paper. A prototype of a machine was developed by employing a turning machine equipped with open architecture CNC controller and EWS. It is confirmed by experiments that the developed intelligent machine tool is effective to compensate the machining error due to the thermal deformation.

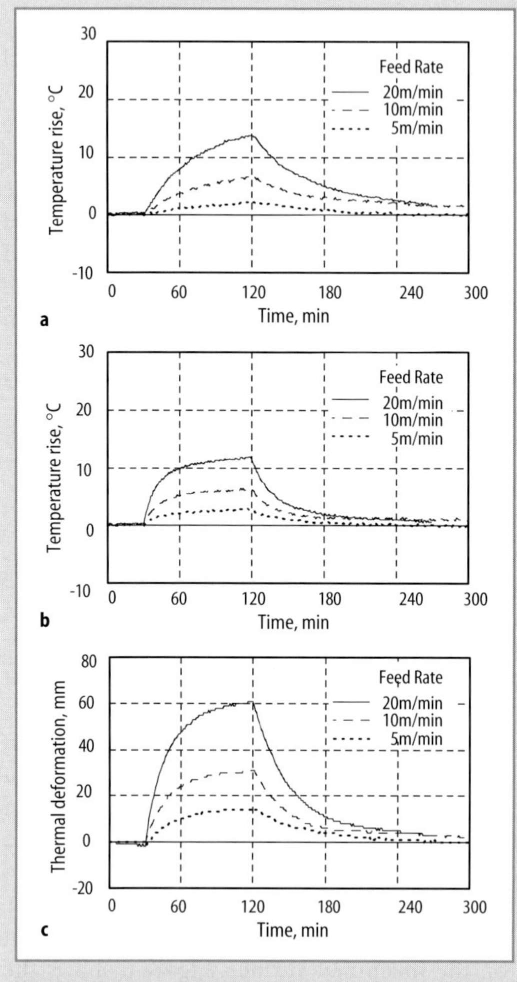

Fig. 4a–c. Examples of temperature rise measured at representative points and thermal deformation in Z direction. **a** Temperature rise at motor cover for Z axis, **b** temperature rise at endbracket of Z axis ball screw, **c** relative displacement in Z direction at cutting point.

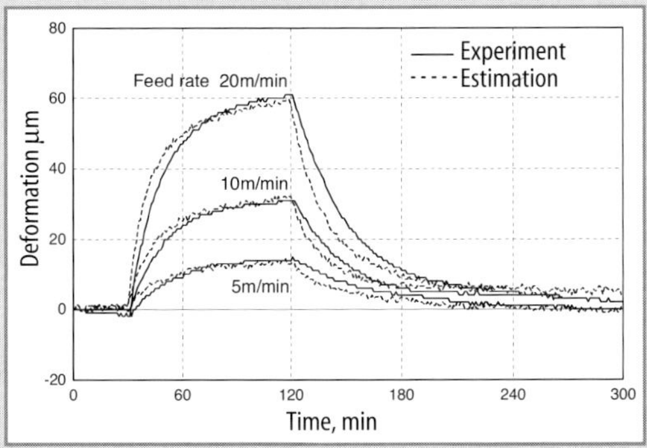

Fig. 5 Examples of estimation of thermal deformation in Z direction

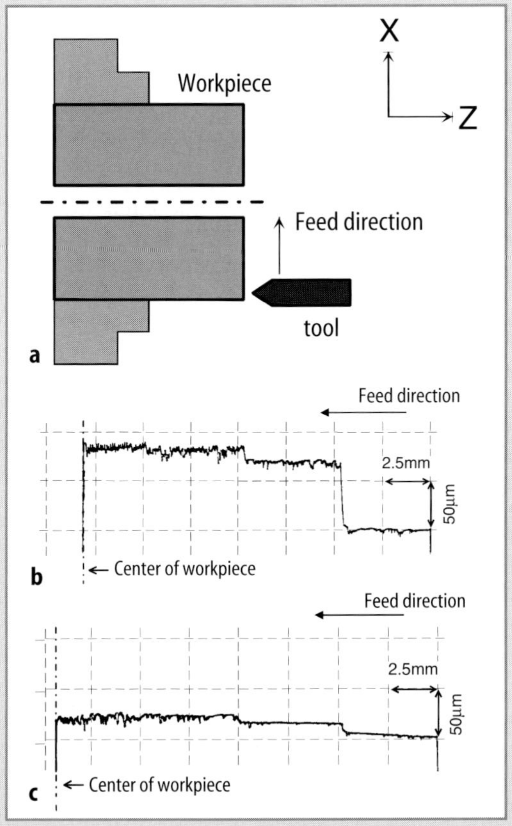

Fig. 6a–c Examples of experimental results. **a** Schematic illustration of experiments, **b** machined surface profile obtained without compensation control, **c** machined surface profile obtained with compensation control

References

Altintas Y (1992) Prediction of Cutting Forces and Tool Breakage in Milling from Feed Drive Current Measurements. J ASME, Journal of Engineering for Industry 114: 386-392

Bryan J (1988) International Status of Thermal Error Research. Annals CIRP 39/2: 645–656

Mitsuishi M et al. (1997) An Open Architecture CNC CAD-CAM Machining System with Data-Base Sharing and Mutual Information Feedback. Annals CIRP 46/1: 269–274

Moriwaki T (1994) Intelligent Machine Tool: Perspective and Themes for Future Development. Manufacturing Science and Engineering, ASME 68-2: 841–849

Moriwaki T (1995) Estimation of Thermal Deformation of Machine Tool by Applying Neural Network. J JSME 61/584: 60–65

Moriwaki T, Hino R (1991) Application of Neural Network to AE Signal Processing for Automatic Detection of Cutting Tool Life. J JSPE 57/ 7: 1259–1264

Moriwaki T, Zhao C (1992) Neural Network Approach to Identify Thermal Deformation of Machining Center. Proc. 8th International IFIP WG5.3 Conference, PROLAMAT'92: 685–697.

Moriwaki T, Shamoto E (1998) Analysis of Thermal Deformation of an Ultraprecision Air Spindle System. Annals CIRP 47/1: 3145–319

Okuma Co. (1996) OSP7000L User's Manual l.1

Yamazaki K et al. (1997) Autonomously Proficient CNC Controller for High Performance Machine Tools Based on an Open Architecture Concept. Annals CIRP 46/1: 275–278.

Messtechnik

Fertigungsmesstechnik gestern – heute – morgen

Dr.-Ing. Horst Kunzmann

»Die Fertigungsmesstechnik wird ihren Schwerpunkt zunehmend von den Produkten auf die Produktionsprozesse verlagern. Im Rahmen dieser Entwicklung wird sie immer weniger nur als Kosten-, sondern immer mehr auch als Produktivitätsfaktor in betriebswirtschaftliche Betrachtungen eingehen.«

HORST KUNZMANN

Nach dem Studium des Maschinenbaus von 1960–1966 an der TU-Hannover und kurzer Industrietätigkeit begann Horst Kunzmann seine wissenschaftliche Laufbahn im PTB-Laboratorium für Strichmaße. 1971 promovierte er mit einer Arbeit zur optischen Messung von Präzisionsgradführungen. Mit 32 Jahren wurde er mit der Leitung des PTB-Fachbereichs „Industrielle Messtechnik, Maschinenelemente" beauftragt, mit der er Grundlagen laseroptischer Messverfahren und der Koordinatenmesstechnik für die industrielle Anwendung erarbeitete. 1977 ernannte ihn die PTB zum Direktor und Professor. 1986 beauftragte ihn die PTB mit der Leitung der neu geschaffenen Abteilung „Fertigungsmesstechnik" und berief ihn 1998 in das Präsidium. Die Society for Mechanical Engineers (SME) verlieh ihm für seine wissenschaftlichen Leistungen die Frederick W. Taylor Research Medal (1996) und die American Society for Precision Engineering (ASPE) den Lifetime Achievement Award (2002).

Fertigungsmesstechnik gestern – heute – morgen

Horst Kunzmann

Einleitung

In der Technik entwickelt sich Fortschritt in einem kontinuierlichen Prozess. Die Produktionstechnik macht da keine Ausnahme und es ist nicht zu erkennen, dass die logische Folge von Erkenntnisgewinn aus erprobten Technologien als Grundlage für neue Verfahren durch fundamentale oder revolutionäre Entwicklungen abgelöst werden sollte.

Günter Spur hat 1983 die Entwicklung der Produktionstechnik in einem Diagramm skizziert, in dem er den „Grad der technischen Intelligenz“ in verschiedene Bereiche einteilt (s. Abb. 1). Die bisherige Erfahrung bestätigt insbesondere auch die damalige Extrapolation in die heutige Gegenwart.

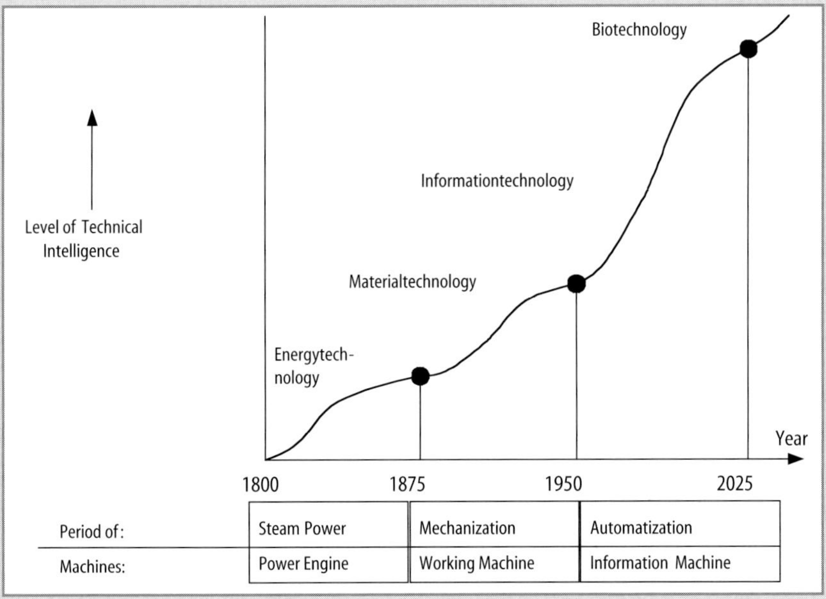

Abb. 1 Entwicklungszyklen der Industrie

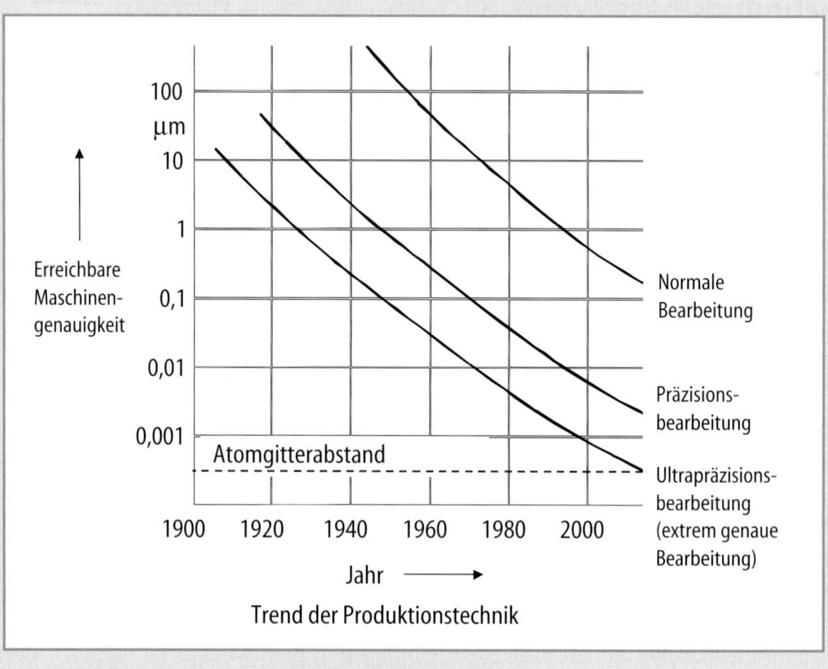

Abb. 2 Bearbeitungsgenauigkeit im Lauf der Zeit (Taniguchi 1983)

„I often say that when you can measure what you are speaking about and express it in numbers, you know something about it; and when you cannot measure it, when you cannot express it in numbers, your knowledge is of meagre and unsatisfactory kind. It may be the beginning of knowledge, but you have scarcely, in your thought, advanced to the stage of science, whatever the matter be."

William Thompson (Lord Kelvin, May 6th, 1886)

Abb. 3 Zweck der Messtechnik: Gewinn von Information in quantitativer Form

Im selben Jahr (1983) fasste Taniguchi den technischen Fortschritt hinsichtlich der erreichten Genauigkeiten für die unterschiedlichen Bearbeitungsverfahren zusammen. Die sog. Taniguchi-Kurven (s. Abb. 2) waren und sind weiter für viele Betrachtungen technischer Fähigkeiten von Produktionseinrichtungen und -systemen eine wichtige Referenz.

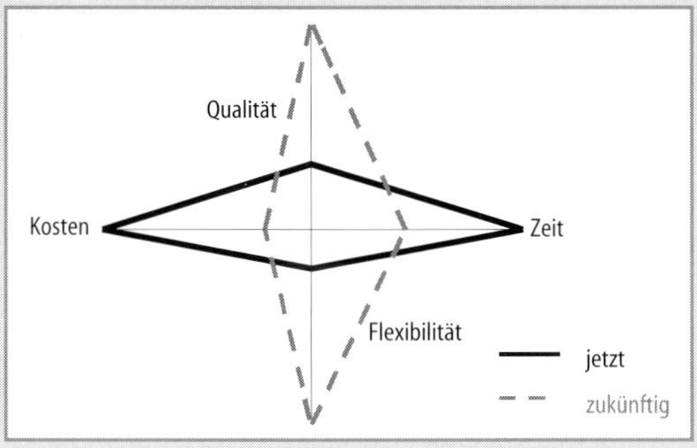

Abb. 4 Wirkungspotenzial der Fertigungsmesstechnik für Produktionsprozesse

Beide in den Abb. 1 und 2 skizzierten Entwicklungen waren ohne systematisch eingesetzte problemorientierte messtechnische Untersuchungen angewandter und für zukünftige Anwendung gedachter Produktionsprozesse, -systeme und -komponenten nicht möglich. Denn die von Lord Kelvin schon 1886 festgestellte Erfahrung beschreibt die grundlegende Rolle der Messtechnik unabhängig von einem bestimmten Fachgebiet und damit auch für die Messtechnik im Umfeld der Produktionstechnik (s. Abb. 3).

Fertigungsmesstechnik ist damit in ihrem Sinn nach definiert und darauf ausgerichtet, die für die Beherrschung und Verbesserung von Fertigungseinrichtungen und deren Anwendung zur Herstellung von Produkten notwendige Information zu gewinnen (Pfeifer 1998). Das Wirkungspotenzial der Fertigungsmesstechnik zweckgerichtet angewandt ist in Abb. 4 skizziert.

Zur zeitlichen Skalierung

Es wäre zwar extrem reizvoll, die technologische Entwicklung in großen Zeiträumen zu betrachten. Im Rahmen dieses Beitrages soll aber eine Zeitspanne in der Größenordnung einer durchschnittlichen Lebenserwartung in unserer Zeit und in Europa betrachtet werden. Dabei soll

gestern: die Zeit von 1960–2000
heute: die Zeit von 1990–2010
morgen: die Zeit von 2000–2040

umfassen.

Es wird dabei in Kauf genommen, dass eine scharfe Trennung zwischen gestern, heute und morgen verloren geht.

Wichtige Entwicklungen in der Zeit zwischen 1960 und 2040

Als wichtigste Entwicklung für diese Zeitspanne ist festzustellen, dass die Bevölkerungszahl von 3 Mrd. im Jahr 1960 auf 6 Mrd. im Jahr 2000 exponentiell zuge-

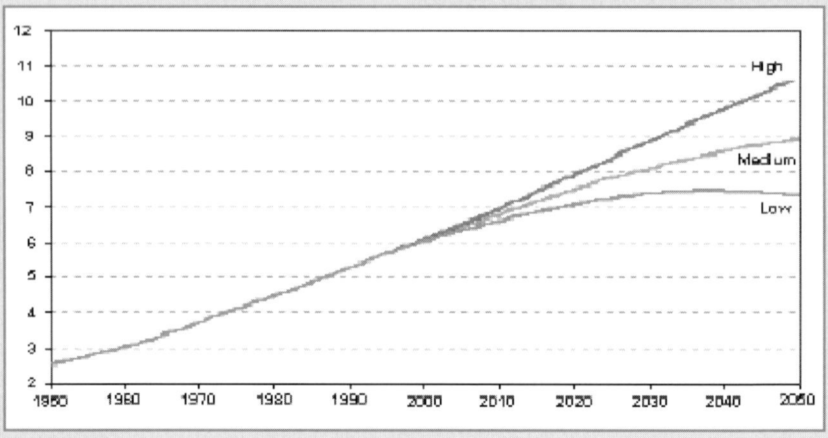

Abb. 5 Die Bevölkerungszahl auf der Erde (UN-Bericht 1998)

nommen hat und bis zum Jahr 2040 weiter sehr stark wachsen wird (s. Abb. 5). Dabei wird vorausgesetzt, dass eine Katastrophe durch einen weltweiten Krieg mit Massenvernichtungswaffen weiter unterbleibt!

Mit dieser Entwicklung unmittelbar verbunden ist festzustellen, dass die Diskrepanz zwischen den angewandten Technologien zur Erzeugung von Produkten des täglichen Bedarfs zwischen den Regionen der Welt eher zugenommen als abgenommen hat.

Noch mehr gilt dies innerhalb von großen Flächenstaaten in Südamerika, Afrika und Asien, in denen die Unterschiede der angewandten Produktionstechnologien enorm groß sind. Handwerkliche Fertigung mit einfachsten Werkzeugen und - an mitteleuropäischen Erfahrungen gemessen – frühindustrielle Produktionsprozesse haben einen bedeutenden Anteil neben modernen Hochtechnologien automatisierter Produktionsverfahren.

Konsequenter Weise ist auch die Fertigungsmesstechnik entsprechend sehr unterschiedlich in ihrem Entwicklungsstand ausgeprägt. Dabei entspricht es der Erfahrung der PTB aus langjährigen Kooperationen mit diesen Ländern, dass die Einrichtung von metrologischen Infrastrukturen und die Entwicklung eines Verständnisses für die Notwendigkeit messtechnischer Fähigkeiten eine wichtige Voraussetzung ist, auch fortgeschrittene Produktionstechnologien einsetzen und sicher betreiben zu können.

Messtechnik im Umfeld von Hochtechnologien

In diesem Beitrag soll in den folgenden Abschnitten nur die Art der Fertigungsmesstechnik aus dem Umfeld der jeweils am weitesten entwickelten industriellen Produktionstechnologien betrachtet werden. Deren Merkmale können – sehr grob vereinfacht – so charakterisiert werden, wie in Tabelle 1 angegeben.

Tabelle 1. Charakterisierung der jeweiligen fortgeschrittenen Produktionstechnologien

Zeit	Automatisierung durch	typ. Produktionssystem
gestern (1960–2000)	Arbeitsteilung	Transferstraßen
heute (1990–2010)	Integration	Flex. Fertigungssysteme
morgen (2000–2040)	Selbstorganisation	Autonome Produktionszellen

Für jede dieser Technologien gilt, dass der Grad der Produktionssystem-Intelligenz (s.o.), d.h. Umfang und Niveau von Informationsinhalten und Wissensverarbeitung in konstruktiver Richtung, zugenommen hat und weiter zunehmen wird.

Gesicherte Information kann nur in Maßzahlen und Einheiten ausgedrückt werden. Und damit kann die Bedeutung der Messtechnik nicht überschätzt werden, wenn auch in gleichem Atemzug betont werden muss, dass die Messtechnik eben nur dazu dient, diese Informationen zu beschaffen, für die sichere Beherrschung produktiver Prozesse zur Herstellung funktionierender Produkte.

Die in Tabelle 1 skizzierte Entwicklung der Produktionstechnik ist eine Folge der Marktanforderungen zur automatisierten Fertigung anspruchsvoller Investitions- und Konsumgüter in immer kleineren Losgrößen bzw. immer größerer Variantenvielfalt. Dabei werden die bewährten Prinzipien der „Statistischen Prozessverfolgung und -regelung (SPC)“ mit der Anwendung messtechnischer Stichproben durch eine „Deterministische Prozessregelung“ ersetzt werden. In solchen Produktionssystemen, die im Prinzip der klassischen handwerklichen Herstellung vergleichbar sind, wenn auch auf einem höheren technologischen Niveau, werden „Augenmaß, Fingerspitzengefühl“ und einfache Messwerkzeuge ersetzt und ergänzt durch rechnergekoppelte Sensorik und Messtechnik.

Entscheidend wird dabei die Rückkehr zur ganzheitlichen Betrachtung unter Beachtung aller Einzelkomponenten in ihrer relativen Bedeutung unter funktionalen, konstruktiven, fertigungs-, montage- und wartungstechnischen Gesichtspunkten. Aber auch ästhetische und andere sog. Soft-Factors werden messtechnisch erfasst und verarbeitet werden müssen.

In Zukunft wird die Messtechnik eine zentrale Funktion haben (s. Abb. 6) zur Gewinnung von quantitativen und qualitativen – aber bewertbaren – Informationen. Sie ist notwendig für die sichere Beherrschung aller Tätigkeiten im Produktentstehungs- und Anwendungsprozess, einschließlich einer ökologisch akzeptablen Entsorgung.

Wichtige Entwicklungen für die Fertigungsmesstechnik

Das Wirkungspotenzial der Fertigungsmesstechnik (s. Abb. 4) hat eine technische und eine ökonomische Komponente. Dabei war die erste in ihrer Bedeutung

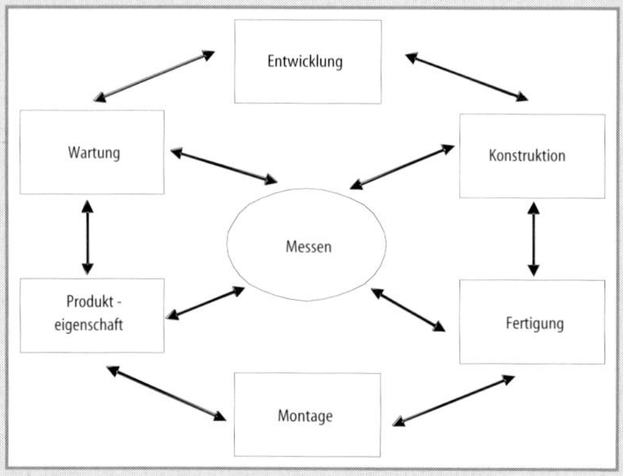

Abb. 6 Messen als zentrale Voraussetzung zur deterministischen Beherrschung des Produktentstehungsprozesses

nie wirklich in einer kontroversen Diskussion. Die Frage, ob sich Fertigungsmesstechnik in der Produktion „rechnet", war immer und wird auch in Zukunft ein aktuelles Thema bleiben. Beide Aspekte sollen in den folgenden Abschnitten kurz in ihrer Entwicklung skizziert werden, um dann an einem Beispiel den Trend in die Zukunft aus meiner Sicht zu beschreiben.

Physikalische und technische Entwicklungen

Unter den Erfindungen und Entwicklungen in Physik und Technik ragen folgende in ihrer Bedeutung für die Fertigungsmesstechnik in besonderer Weise hervor (s. Abb. 7).

1960 **Laserinterferometrie**
durch Erfindung des He-Ne-Gaslasers entwickelt sich die Interferometrie von einer Labor-Messtechnik zur industriellen Messtechnik

1973 **Koordinatenmesstechnik**
durch das erste KMG mit integriertem 3D-Tastsystem und Rechnerkopplung beginnt eine Entwicklung weg von speziellen Messgeräten und Lehren hin zu fertigungsnaher flexibler Messtechnik und fertigungsgerechten Qualitätsergebnissen

1970 **Numerische Datenverarbeitung** wird immer leistungsfähiger
- PC-Leistungssteigerungen folgen dem Moore'schen Gesetz
- Referenzalgorithmen (1980)
- Internet 1973: ARPA
  1983: Deutschland am Netz
  1991: WWW(CERN) im Netz

1980 **Nanotechnologie beginnt**
- Erfindung des Rastertunnelmikroskops (1982)
- Entwicklung von Rastersondenmikroskopen sind die Voraussetzung für ganzheitliche oberflächenphysikalische Untersuchen an technischen Funktionsflächen

1990 **ISO 9000 ff.**
- Globalisierung verlangt Rückführung von Messergebnissen auf SI-Einheiten
- Multinationale Abkommen zur gegenseitigen Anerkennung von Mess- und Prüfergebnissen

Von mehr grundsätzlicher Bedeutung, aber vor dem Hintergrund der immer höher werdenden Ansprüche an die Genauigkeit der Produkte und damit der Fertigungseinrichtungen und ihrer Arbeitsbedingungen (Temperatur, Reinheit, Erschütterungsfreiheit usw.) sind die nachfolgend und in Abb. 7 aufgeführten Ereignisse bzw. Beschlüsse des Internationalen Komitees für Maß und Gewicht (CIPM).

1960 neue Definition der Längeneinheit (**Wellenlängendefinition**)
Realisierung durch Kr-86 Spektrallampen

1983 neue Definition der Längeneinheit (**Laufzeitdefinition**)
Realisierung mittels Laser (λoBf=co)

20xx: ist **co** tatsächlich **invariant?**

Wenn auch die Definition der Längeneinheit seit 1960 und ihre Realisierung (bis 1960 durch Pt-Ir. Meterprototyp) nicht mehr von der Temperatur abhängt, so ist für die praktische und damit insbesondere industrielle Messtechnik diese Einflussgröße von überragender Bedeutung für verkörperte Längemaße an Produkten und für die Produktionseinrichtungen (Bryan 1990). In ISO 1 ist für technische Längenmaße die Referenztemperatur auf $t_{ref} = 20°C$ festgelegt.

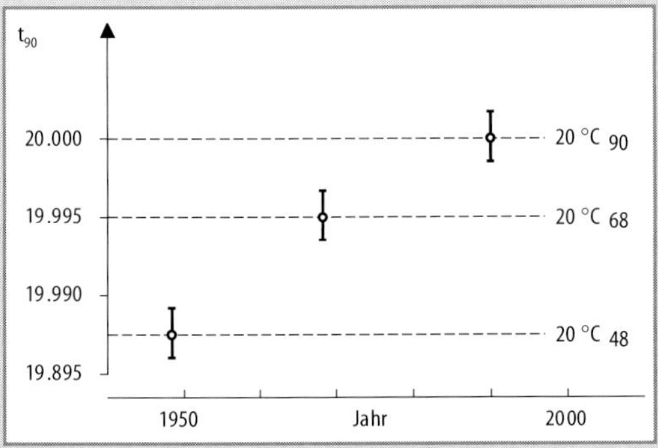

Abb. 7 Änderungen der Referenztemperatur 20 °C

Diese Referenztemperatur ist im Betrachtungszeitraum ebenfalls zweimal durch Beschlüsse des CIPM geändert worden. Abbildung 6 zeigt diese Veränderungen, deren Auswirkungen z.B. auf Bauteile aus Stahl ($\alpha \cdot 10^{-5}\,K^{-1}$) in der Größenordnung von $\Delta l/_{l} \sim (5\ldots8)\,10^{-8}$ liegen und damit für Produktionsprozesse und Produkte der Nano- und Ultra-Präzisionstechnik nicht mehr vernachlässigbar sind.

Auch hier ist nicht sicher, sondern eher wahrscheinlich, ob durch metrologische Grundlagenforschung auf dem Gebiet der Thermometrie in Zukunft die Internationale Temperaturskala (IT-90) bei 20°C eine (hoffentlich dann vernachlässigbar kleine) Änderung erfahren wird.

Zusammenfassend muss aber festgestellt werden, dass die skizzierten Entwicklungen erst in ihrem Zusammenwirken ihre Bedeutung für die Fertigungsmesstechnik erfahren haben.

So hätten Koordinatenmesstechnik und Rastersondenmikroskopie ohne die Entwicklung der Mikroelektronik und Datenverarbeitung nicht den heutigen Stand erreichen können.

Ohne Produktionsmittel-integrierte Laserinterferometrie wären die Werkzeugmaschinen der Ultrapräzisionstechnik, die Optiken für die Lithografie und die Fertigungseinrichtungen für die Herstellung der mikroelektronischen Bauteile der Datenverarbeitung heute nicht so leistungsfähig, wie sie sind.

Die Charakterisierung der Technologie-Entwicklung aus der Vergangenheit in die Zukunft wird zutreffend in Abb. 8 skizziert.

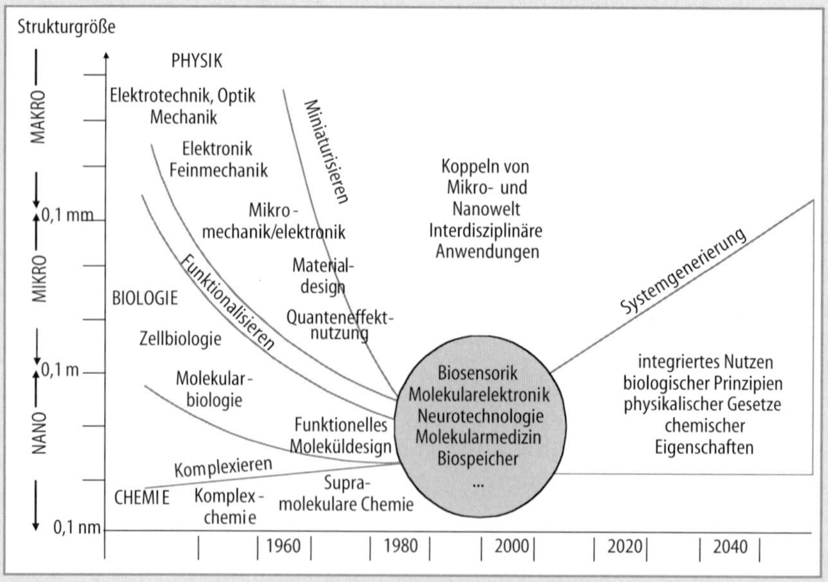

Abb. 8 Generelle Entwicklungstendenzen (Bachmann 1998)

Die Konsequenz aus den Erfahrungen der Vergangenheit und Gegenwart logisch in die kürzere und fernere Zukunft extrapoliert macht es sehr wahrscheinlich, dass autonome Produktionszellen, in der nicht mehr nur Informationen, sondern fundiertes Wissen zur sicheren zielgerichteten Herstellung von Produkten genutzt wird, die nächste Stufe der flexibel automatisierten Fertigung sein werden. Dazu werden in den ersten Phasen – und vermutlich auch in späteren – die biologischen Prinzipien durch die überragenden intellektuellen Fähigkeiten von Menschen für die Prozessbeherrschung sorgen. Aber diese Fähigkeiten brauchen Unterstützung. Und dafür wird zuverlässige Messtechnik und eine Messdatenbereitstellung notwendig, die sich an der komplexen Wechselwirkung menschlicher Sinnesorgane mit der Umwelt orientiert, auch für die physikalischen Größen, für die das menschliche Empfinden und Erkennen nicht ausreicht, die aber für die Beherrschung von Produktionsprozessen notwendig sind.

Die wirtschaftliche Komponente der Fertigungsmesstechnik

Das klassische Prinzip der Produktionstechnik war es, davon ausgehen zu können, dass die Produktionsmittel, z. B. Werkzeugmaschinen, etwa mit dem Faktor 10 genauer sind, als die funktionsbezogenen Toleranzen der auf diesen WZM herzustellenden Produkte.

Solange diese Voraussetzung erfüllt ist, kann von diesem „A-priori-Wissen“ ausgegangen werden und zusätzliche Messungen an den Produkten sind redundante Information, schaffen keine zusätzliche Erkenntnis und sind damit unter wirtschaftlicher Betrachtungsweise Kosten, die nur bedingt zur Wertschöpfung beitragen. Eine solche Fertigungsmesstechnik war - und ist - ein Kostenfaktor, der minimiert werden muss.

Mit der Entwicklung zu immer engeren Toleranzen an technischen Produkten und der damit verbundenen Entwicklung der Produktionstechnik (s. Abb. 2) zu immer höherer Bearbeitungsgenauigkeit kann in zunehmendem Umfang nicht mehr davon ausgegangen werden, dass diese Voraussetzung erfüllt ist. Hier ist zur zuverlässigen Einhaltung der Toleranzen schon eine fertigungsintegrierte Messtechnik nötig, mit der diese Voraussetzungen wieder geschaffen werden. Eine solche Fertigungsmesstechnik ist dann konsequenterweise als Teil der Produktionsmittel zu werten, die einen wichtigen und erheblichen Beitrag zur Wertschöpfung leistet.

Außerhalb des klassischen Maschinenbaus, z. B. im Bereich der Herstellung von Messgeräten, optischen Systemen und deren Komponenten findet man häufig die Situation, dass die Toleranzen an den Produkten eher um den Faktor 5–10 kleiner sind, als die entsprechenden Spezifikationen der Bearbeitungsmaschinen. Dieses Dilemma ist nur auflösbar durch eine prozessorientierte Fertigungsmesstechnik, mit der Produktionsregelkreise stabil geschlossen werden können.

Die industrielle Erfahrung lehrt, dass in einem solchen Fall, z.B. bei der Herstellung von ultra-präzise bearbeiteten Optiken für die UV-Lithografie, die

Anwendung von solchen Produktionssystemen mit integrierten Messeinrichtungen und weniger genauen, aber reproduzierbaren (präzisen) Bearbeitungseinrichtungen die wirtschaftliche Lösung darstellt, im Vergleich zu klassischen Systemkonzepten auf der Basis präziser und genauer Bearbeitungsmaschinen.

Ausblick in die Zukunft

Wenn die Annahme richtig ist, dass die Entwicklung der Produktionstechnik kontinuierlich verläuft, und es gibt keinen Grund vom Gegenteil auszugehen, ergibt sich die Zukunft aus den Trends der Vergangenheit und Gegenwart.

Wenn man weiter annehmen kann, dass die Entwicklung von informationsbasierten zu wissensbasierten Systemen auch in der Produktion geht, werden Prinzipien der Biotechnik in immer stärkerem Maße in die produktionstechnische Welt einziehen. Die Voraussetzungen dafür werden durch die heute stärksten Technologietreiber „Mikroelektronik, Kommunikations- und Informationstechnik“ geschaffen.

Die Produktionsprozesse begleitende Messtechnik von gestern und heute wird dabei in immer stärkerem Maße eine integrierte Messtechnik werden müssen! Dieser Trend ergibt sich aus technologischen und wirtschaftlichen Gründen. Die Erfahrungen aus den Investitionen in sog. „leading-edge-facilities“ der Halbleiterindustrie zeigten, dass in den vergangenen Jahren nicht nur die Gesamtinvestitionskosten für solche Produktionsanlagen mit jeder neuen Chip-Generation angestiegen sind, sondern der relative Anteil für Messtechnik, Prüftechnik und Analytik ebenfalls. Inzwischen ist der Investitionsanteil für diese Technologien auf etwa 12–14 % der jeweiligen Gesamtinvestitionen, die z. Z. im Bereich von ca. 2 Mrd. EURO liegen, angewachsen.

In der Mikroelektronik-Fertigung werden Kosten und Nutzen der Messtechnik sehr sorgfältig analysiert. Auf die mechanische Produktionstechnik kann diese Betrachtungsweise nicht einfach übertragen werden. Aber in Zukunft werden die Akteure traditionell entfernter Branchen in gemeinsamen Systemen voneinander lernen.

Literatur

Bachmann G: Innovationstechnik aus dem Nanokosmos, VDI-TZ, Düsseldorf, 1998

Bryan J: International Status of Thermal Error Research, annals of the CIRP, 39/2 (1990), 645–656

Pfeifer T: Fertigungsmesstechnik, Oldenbourg Verlag München, Wien, 1998

Rose D: Cost Benefit of Process Metrology, American Institute of Physics, 1996

Taniguchi N: Current Status in and Future Trends of Ultra-Precision Machining and Ultrafine Materials Processing, Annals of CIRP, 1983, 36(2), 573–582

Neue Sinne und ein Nervensystem für die autonome Werkzeugmaschine: Die Integration von fertigungsnaher Messtechnik

Prof. Dr.-Ing. Dr. h.c. mult.
Prof. h.c. Tilo Pfeifer
Dipl.-Ing. Dominic Sack

»Qualitätsregelung in autonomen Prozessen lässt sich nur durch die Integration prozessnaher Fertigungsmesstechnik erreichen.«

TILO PFEIFER

DOMINIC SACK

Tilo Pfeifer ist seit 1988 Inhaber des Lehrstuhls für Fertigungsmesstechnik und Qualitätsmanagement und Mitglied des Direktoriums am Laboratorium für Werkzeugmaschinen und Betriebslehre (WZL) an der RWTH Aachen sowie Direktor des Fraunhofer-Instituts für Produktionstechnologie (IPT) in Aachen.

Dominic Sack ist wissenschaftlicher Mitarbeiter am Lehrstuhl für Fertigungsmesstechnik und Qualitätsmanagement in der Arbeitsgruppe Fertigungsmesstechnik. In seiner Forschungstätigkeit beschäftigt er sich mit der Entwicklung einer Messstation für Werkzeugverschleiß sowie der Konzeption von Netzwerkinfrastrukturen für Steuerungssysteme.

Neue Sinne und ein Nervensystem für die autonome Werkzeugmaschine: Die Integration von fertigungsnaher Messtechnik

Tilo Pfeifer, Dominic Sack

Moderne Fertigungsaufgaben bestehen aus einer Vielzahl von komplexen Funktionen und Abläufen, wie z.B. der Prozessplanung, der Prozessüberwachung und auch der Qualitätsüberwachung und -regelung. Durch den Einsatz von prozessnaher Mess- und Regelungstechnik laufen einige dieser Funktionen schon teil- bzw. in wenigen Fällen auch vollautomatisiert ab. Überwiegend sind jedoch nach wie vor viele Routineaufgaben durch den Maschinenbenutzer auszuführen.

Neuere Ansätze in der Forschung sind daher bemüht, Fertigungsprozesse ganzheitlich und robust zu automatisieren. Hierzu sind allerdings noch wesentliche Erweiterungen der in den Prozessen eingesetzten Produktionsanlagen notwendig mit der Zielsetzung, die Fertigungsanlage/Werkzeugmaschine so zu erweitern, dass ausgehend vom Rohmaterial sowie CAD- und Auftragsdaten bis hin zum fertigen Produkt eine quasi autonome Produktion möglich wird.

Ein besonderer Aspekt, der die Autonomie einer Produktionsanlage gewährleistet, ist dabei die Fähigkeit zur Selbstkontrolle. Dazu muss das Produktionssystem mit einer stark erweiterten Messtechnik ausgestattet werden, die sowohl eine Kontrolle des Prozessergebnisses in Form z.B. einer inline Werkstückprüfung erlaubt, als auch eine prozessbegleitende Prüfung der qualitäts- und funktionskritischen Maschinen- und Prozessparameter.

Zielsetzung hierbei ist insgesamt die Realisierung maschinennaher Regelkreise bezogen auf die Produkt- und Prozessqualität. Besonderes Augenmerk muss in diesem Zusammenhang auch auf die Steuerung eines solchen hochautomatisierten Systems gelegt werden, da sie die Infrastruktur für die Integration darstellt und viele zusätzliche Teilkomponenten und -systeme integrieren muss.

Beschleunigte, taktile und maschinenintegrierte Werkstückmessung zur Qualitätsüberwachung

Die Integration werkstückseitiger dimensioneller Messtechnik in den Fertigungsprozess gewährleistet das frühzeitige Erkennen von Fehlern direkt am Entstehungsort. Durch Rückführung der Messergebnisse lassen sich so Regelkreise auf verschiedenen Ebenen realisieren und hohe Prozessfähigkeiten sichern. Bei der Überwachung und Qualitätssicherung spanender Bearbeitungsprozesse erweist sich traditionell die Koordinatenmesstechnik als besonders leistungsfähig, handelt es sich doch bei ca. 70 % aller Merkmale um Standardgeometrien

(Weckenmann 1999). Mit modernen Tastsystemen für Werkzeugmaschinen und Reproduzierbarkeiten < 1 µm kann dieses Prinzip auch direkt auf Werkzeugmaschinen realisiert werden, um Abweichungen an Teilen unmittelbar vor, zwischen und nach Bearbeitungsschritten zu erfassen, was umfassende Möglichkeiten zur Regelung der Fertigung mit dem Ziel der Verbesserung der Qualität eröffnet.

Bislang werden diese Möglichkeiten aber nur selten über die Rohteillageeinmessung hinaus genutzt (Bartelt 1997). Kommerzielle Messzyklen bieten bislang eine nur unzureichende Unterstützung bei der Programmierung von Messaufgaben, die in den Fertigungsablauf integriert werden sollen. Der Bediener muss darüber hinaus Sorge dafür tragen, dass die Werkstücke an der richtigen Stelle liegen, tatsächlich gefertigte Geometrien gemessen und ausreichende Sicherheitsabstände eingehalten werden, um genaue, sichere und schnelle Messungen zu gewährleisten.

Eine Lösung für ein in sich selbst autonomes maschinenintegriertes Messsystem zielt auf die Fähigkeit zur eigenständigen Planung und zur störungsfreien und schnellen Ausführung von Messungen. Das erfordert allerdings eine ständige Überwachung des Messvorgangs. Hierzu bieten sich direkt abbildende Bildverarbeitungssysteme an, die sich durch Flexibilität und Auswertungsgeschwindigkeit auszeichnen. Insbesondere vor dem Hintergrund der großen Objektvielfalt (Werkstücke) im Bereich der Fertigungstechnik ist hier ein wirtschaftlicher Einsatz zu erwarten.

Eine Unterstützung des taktilen Antastvorgangs durch digitale Bildverarbeitung wird daher in zwei Stufen vorgenommen: Zum einen soll eine BV-gestützte Erfassung des Werkstücks („3D"-Erfassung) zur Rohteil-Grob-Einmessung sicherstellen, dass das Tastsystem zur genauen Einmessung der Rohteillage automatisch vorpositioniert werden kann. Gleiches gilt für die Antastung einzelner Geometrieelemente. Bei den einzelnen Antastungen muss zusätzlich ein ausreichender, aber nicht unnötig großer Sicherheitsabstand vom Taster zum Rohteil gewährleistet werden, um fehlgeleitete Antastungen auszuschließen und kurze Messzeiten zu erreichen. Zum anderen soll eine zweite Kamera ständig die Antastung überwachen („2D"-Erfassung), um die Kollisionsfreiheit bei den Verfahr- und Antastwegen sicherzustellen.

Bei der „3D"-Erfassung muss die Bildauswertung dahingehend flexibel sein, dass sie charakteristische Werkstückmerkmale ohne Vorabwissen über die tatsächliche Gestalt der zu erfassenden Objekte aus einer aufgenommenen Bildszene extrahieren kann. Diese Merkmale müssen so gewählt werden, dass eine automatisierte Auswertung im Abgleich mit typischen CAD- bzw. Feature-Repräsentationsformen von Werkstücken, z. B. Kantenmodellen, möglich ist.

Konturen bzw. Kanten stellen mit Bildverarbeitungssystemen i. d. R. gut zu erfassende Merkmale dar, die insbesondere zur Überwachung einzelner Antastungen geeignet sind. Der Bildaufnahme folgt dabei hauptsächlich eine Konturfilterung und eine kantenbasierte Transformation, die eine merkmalorientierte Weiterverarbeitung erlaubt. Neben der Lage und Orientierung der Kanten müssen auch die Länge der gefundenen Gradensegmente berücksichtigt werden.

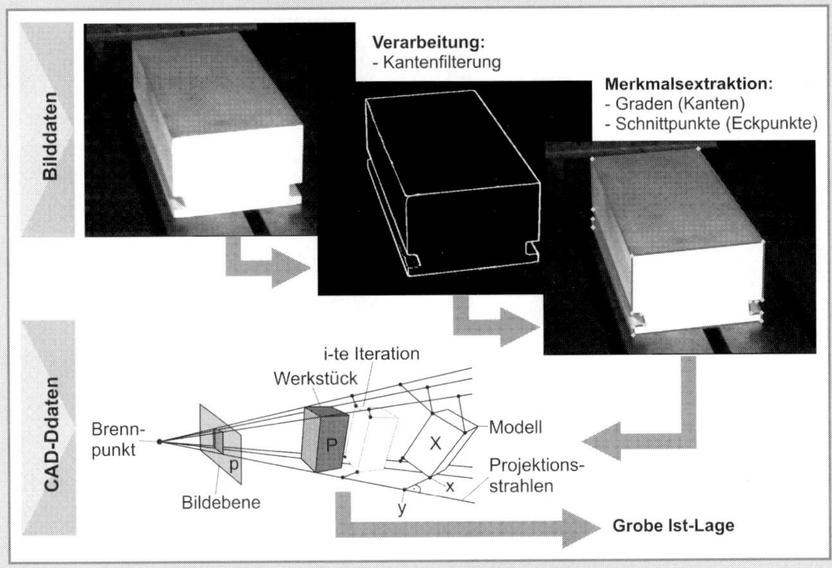

Abb. 1 Werkstückerkennung zur groben Rohteillagemessung durch 2D-3D-Matching

Eine Lage- und Vollständigkeitserfassung kann dagegen vorteilhaft anhand der Objektecken erfolgen. Deshalb wurde ein Ansatz entwickelt, der neben den Werkstückkanten auch eine daraus abgeleitete Eckendarstellung auswertet. Ein spezieller Algorithmus bestimmt diese aus den Schnittpunkten zweier oder mehrere Objektkanten (Abb. 1).

Die zu lösenden Aufgabenstellungen bei der BV-gestützten Überwachung maschinenintegrierter Messabläufe zeichnen sich durch eine komplexe Bildszene aus Werkstück und Maschinenhintergrund aus. Auch weisen die i. d. R. metallischen Oberflächen eine starke Beleuchtungsproblematik auf, die dazu führt, dass z. B. durch Reflexe und Schattenwürfe relevante Merkmale überblendet werden oder auch falsche Konturen entstehen können, die das Bildverarbeitungssystem fehlleiten. Um dieses schwerwiegende Problem schon am Anfang der Bildverarbeitungskette zu bekämpfen, kommt ein neuer Ansatz im Bereich der Bildaufnahme und Vorverarbeitung zum Einsatz: Aus einer Bildserie, die bei einer festgelegten Variation der Beleuchtung aufgenommen wird, kann so ein optimiertes Kantenbild generiert werden (Wiegers 2001). Als globales Optimierungskriterium wird die Wanderungsneigung einzelner Konturen im Bild herangezogen, welche durch paarweisen Vergleich der Überlappung aller Konturen bestimmt wird. Falsche Konturen können so eliminiert und reale Konturen vervollständigt werden.

Zusätzlich ist der unerwünschten Beitrag des realen Hintergrundes zu minimieren, was mittels eines neuen Ansatzes zur Bereichssegmentierung ermöglicht

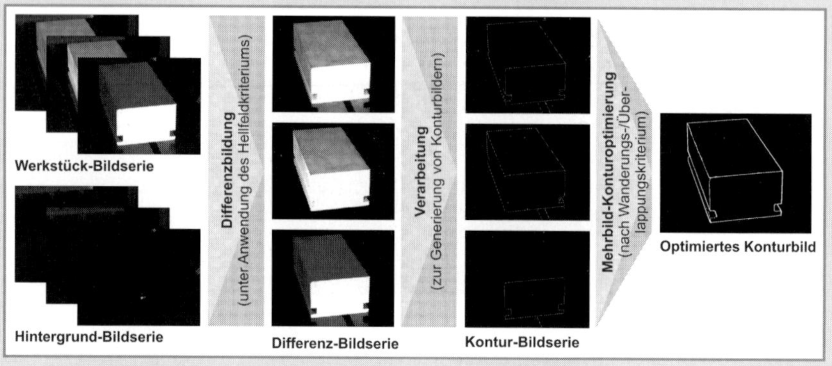

Abb. 2 Bildoptimierung durch variierende Beleuchtung und Hintergrundelimination

wird. Durch Aufnahme ohne und mit Werkstück können aus dem Referenz-Hintergrundbild pixelweise Schwellwerte generiert werden, mit denen in den meisten Fällen eindeutig zwischen Objekt und Hintergrund unterschieden werden kann. Dieser Segmentierungsansatz adaptiert sich auch an eine veränderliche Hintergrunderscheinung. Durch eine Hellfeldbeleuchtung, bei der das Objekt zum größten Teil heller erscheint als der Hintergrund, kann dieser Schritt sehr robust gestaltet werden (Abb. 2).

Die rasante Entwicklung der Rechenleistung erlaubt es heute auch, rechenintensive Algorithmen, wie z.B. das Matching von 3D-Objekt- und 2D-Bilddaten, einzusetzen. Diese komplexe Bildauswertung kann somit nun auch auf die Anwendung im Arbeitsraum von Werkzeugmaschinen übertragen werden. Neuere Ansätze zur 3D- auf 2D-Registrierung, wie das „Iterative Inverse Perspective Matching" (IIPM), projizieren das Objekt anhand der gefundenen Merkmale (hier Ecken) aus dem 2D-Bild in den 3D-Modellraum. Ausgehend von einer geschätzten Startpose kann so ein Bezug der Bild- und Modellmerkmale hergestellt werden. Der „Iterative-Closest-Point-Algorithmus" (ICP) minimiert numerisch die Abstände von Modell und Bild durch Translation und Rotation und errechnet somit die tatsächlichen Pose (Wunsch 1996). Versuche mit idealen Bild- und Modelldaten haben gezeigt, dass der Algorithmus auch bei Verschiebungen im Bereich mehrerer 100 mm und bei Drehungen im Bereich von – 25°...+ 25° sicher konvergiert. Die höchste Genauigkeit wird bei Rotationen um die optische Achse und bei Verschiebungen parallel zur Bildebene erzielt. Die praktischen Grenzen liegen aufgrund von Ungenauigkeiten bei der Merkmalextraktion jedoch etwas darunter.

Durch den Einsatz unterstützender Bildverarbeitung lässt sich die Rohteillageeinmessung sowie die Qualitätsprüfung zwischen und nach Fertigungsschritten deutlich zu beschleunigen:

1. Die Rohteillage kann grob mit dem „3D"-BV-System bestimmt werden, somit genügen nur wenige taktile Messungen für eine Einmessung des Werkstück-

Koordinatensystems für die Fertigung und Messung, eine Beschleunigung ist das Resultat.

2. Ebenso kann die Vollständigkeit des gefertigten Bauteils sowie die Lage und Ausprägung einzelner Merkmale durch den direkten Vergleich von 3D-Modell und Bild geprüft werden und die Antastpunktverteilung bei Bedarf optimal daran angepasst werden.
3. Der Tastvorgang kann mit Hilfe des „2D"-Kamerasystems auf Kollisionsfreiheit überprüft und somit sicher und schnell gestaltet werden.

Direkte Verschleißmessung zur Prozessoptimierung

Ein wesentlicher Parameter zur Beurteilung und Optimierung eines spanenden Bearbeitungsprozesses ist der Abnutzungsgrad der verwendeten Werkzeuge. Eine wertvolle messtechnische Erweiterung für Werkzeugmaschinen mit dem Ziel der automatisierten Prozessoptimierung stellt daher eine Messeinrichtung zur automatisierten Überwachung des Werkzeugzustands an den Fräswerkzeugen dar. Bei Austausch eines Fräsers erfolgt heute oft noch eine manuelle Sichtprüfung durch den Maschinenbediener und eine Kalibrierungsmessung auf Länge und Radius des Werkzeugs. Entsprechend der aufgetretenen Differenz zu den Solldaten wird dann einerseits der Fräserradius in der Werkzeugtabelle der Steuerung korrigiert. Andererseits wird anhand des abgelesenen Verschleißes die verbleibende Standzeit des Werkzeugs geschätzt.

Für eine nachhaltige Optimierung hinsichtlich des Prozessergebnisses und der Werkzeugkosten ist allerdings eine genaue Kenntnis des aktuellen Verschleißzustands der Werkzeuge in Form typischer Verschleißmessgrößen – wie z.B. der Verschleißmarkenbreite v_B – und einer Klassifizierung in Verschleiß und Bruch nötig. Mit der Entwicklung eines optoelektronischen Messsystems zur prozessintermittierenden Beurteilung des aktuellen Werkzeugzustandes für unterschiedliche Verschleißformen und Fräsertypen soll einerseits der Einsatz verschlissener Werkzeuge für eine Fräsbearbeitung verhindert und andererseits die Korrektur der Bearbeitung ermöglicht werden. Eine genauere Analyse des Standwegverhaltens der einzelnen Werkzeuge ist ebenfalls ein Ziel einer ortsaufgelösten Verschleißmessung (Abb. 3).

Die bislang zu diesem Zweck verfügbaren Systeme arbeiten zumeist nicht automatisiert (Messlupen) oder messen/prüfen den Fräserradius und erfassen damit allerdings gleichermaßen und nicht trennbar die Fertigungsgenauigkeit des Fräser und den Scheidkantenversatz durch Verschleiß (taktile oder laseroptische Systeme zur Durchlichtprüfung). Eine Klassifikation der Verschleißart (Freiflächenverschleiß, Bruch etc.) ist dabei unmöglich, ebenso wie eine ortsaufgelöste Verschleißbeschreibung. Mit Hilfe digitaler Bildverarbeitung hingegen kann der Verschleiß an den Schneiden direkt erfasst werden wenn das Werkzeug nicht im Einsatz ist. Eine Prüfung nach dem Auflichtprinzip mit der Betrachtung der Freiflächen des Werkzeugs ermöglicht dabei eine – verglichen mit dem Durchlichtansatz – höhere Auflösung, eine ortsabhängige

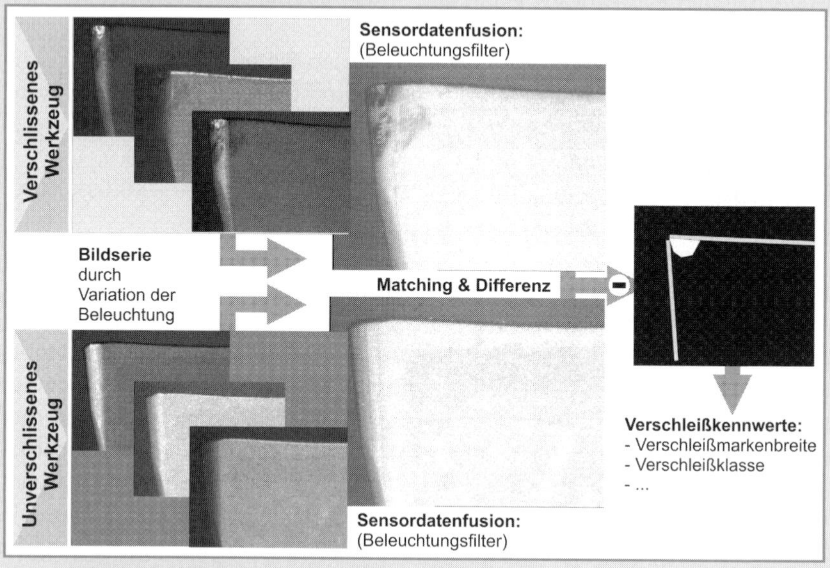

Abb. 3 Werkzeugverschleißextraktion durch Beleuchtungsvariation und Differenzbildung

Beschreibung der Messgrößen und darüber hinaus auch eine Klassifizierung der Verschleißart, z.B. Bruch oder gleichmäßiger Freiflächenverschleiß (Pfeifer 2002).

Die schwierigen optischen und geometrischen Verhältnisse an den Werkzeugschneiden stellen aber hohe Ansprüche an die Entwicklung eines automatisierten Messmoduls. Neben der Beherrschung eines großen Werkzeugspektrums stellt insbesondere die Beleuchtungsproblematik an den reflektierenden Werkzeugen eine große Schwierigkeit dar. Überblendungen, mangelnder Kontrast durch Sättigung und scheinbare Bildkanten – hervorgerufen durch Schatten und Reflexe – stören eine sichere Bildauswertung.

Als Maßnahme zur Beherrschung dieser schwierigen Beleuchtungssituation kommt die Fusionierung mehrerer Bilder mit variierender Beleuchtung zum Einsatz. Dazu wird mit Hilfe einer flexiblen Beleuchtungseinheit eine Bildserie mit wechselnder Beleuchtungsrichtung aufgenommen. Bei gleichbleibender Szene wird durch die Aufnahme einer Bildserie ein Vektor von Bilddaten der gleichen räumlichen Position aufgenommen. Im Rahmen der Bildvorverarbeitung wird dazu ein Bildoptimierungsverfahren hinsichtlich des Grauwertbilds zur Anwendung gebracht, das ein Grauwertbild erzeugt, das nahezu frei von Reflexen und Schattenwürfen ist (Abb. 4).

Die nachfolgende Segmentierung basiert auf einem Differenzbildverfahren von verschlissenem und unverschlissenem Werkzeug. Unterschiedliche Verschleißtypen (z.B. Bruch und normaler Freiflächenverschleiß) haben ein derart

Abb. 4 Messstation für Werkzeugverschleiß auf Basis digitaler Bildverarbeitung

verschiedenes Erscheinungsbild, dass sie durch ein normales, nur auf dem Bildinhalt beruhendes, Segmentierungsverfahren nicht sicher in Ihrem Auftrittsbereich zu erfassen sind. Das Differenzbildverfahren erlaubt, alle auftretenden Verschleißtypen gleichermaßen zu erfassen.

Die anschließende Verschleißmessung und -klassifikation bewertet die segmentierte Verschleißregion hinsichtlich ihrer Ausdehnung (Vertschleißmarkenbreite und -fläche) und ihres Erscheinungsbilds (Form). Die Klassifikation erfolgt auf Basis neuronaler Netze und ermittelt den Verschleißtyp. Darüber hinaus ist eine ortsaufgelöste Beschreibung des Verschleißes möglich. Diese Informationen erlauben die genaue Rekonstruktion der geometrischen Daten des Werkzeugs zur Kompensation des Verschleißes im NC-Programm sowie insbesondere die verschleißbezogene Optimierung der Werkzeugwechsel.

Maschinenintegration: Eine Aufgabe des Steuerungssystems

Ein Steuerungssystem, das eine derart große Integrationsaufgabe bewältigen soll, muss ein offenes System sein, das es ermöglicht, zusätzliche Funktionalitäten modular gekapselt in die Maschine aufzunehmen, um eine Anpassung des Systems an neue Fertigungsaufgaben zu ermöglichen. Dazu sind die folgenden strukturellen Anforderungen zu erfüllen:

- **Verteiltes System:** Für manche sehr rechenintensive Anwendungen (insbesondere aus dem Bereich der Prozesskontrolle) kann es notwendig sein, die Bearbeitung auf mehrere Rechnersysteme aufzuteilen. Das bedeutet, dass das Steuerungssystem eine verteilte Struktur unterstützen muss.
- **Flexibles Softwaresystem:** Ebenso ist es wesentlich, das Software-System an die aktuelle Bearbeitungsaufgabe anpassen zu können, d.h. es muss die

Möglichkeit bieten existieren Softwarekomponenten zu ergänzen, herauszunehmen oder zu wechseln (z. B. Prozesskontroll- oder Planungs- oder Messmodule).

- **„Plug-And-Play"**: Erweiterung eines Systems um zusätzliche Aufgaben bedeutet oft zusätzliche Hardware (z. B. Sensoren) mit dem System zu verbinden. Aus diesem Grund sollte die Steuerung Veränderungen der Hardwarekonfiguration auf eine einfache Art und Weise ermöglichen. Das Sensor/Aktor-Netzwerk muss daher eine Art „plug-and-play"-Eigenschaft bereitstellen.

Um diesen Anforderungen gerecht zu werden, muss das Steuerungssystem auf einer Hardwareplattform aufgebaut werden, die diese Erweiterbarkeit und Flexibilität bereitstellt. Dies muss sowohl hinsichtlich des Rechnersystems gelten, wie insbesondere auch für die Netzwerk-Infrastruktur zur Anbindung der vielen dezentralen Komponenten, die bei der Einbindung neuer Funktionen dem System hinzugefügt werden müssen.

Zur Anbindung der stark erweiterten Sensorik und Aktorik für die beschriebenen messtechnischen Anwendungen eignen sich insbesondere Feldbussysteme. Diese Netzwerk-Infrastruktur weist neben der Echtzeitfähigkeit (Determinismus) eine im Anwendungsfall von Werkzeugmaschinen praktisch nicht begrenzte Erweiterbarkeit auf. Die nachträgliche Erweiterung gestaltet sich ebenfalls einfacher als bei konventioneller Verdrahtung, zusätzlich reduziert sich der Verdrahtungsaufwand. Als etablierte Systeme für diesen Anwendungsfall kommen daher *Profibus*, *CAN* und *Interbus* (EN 50170/3) in Betracht.

Im Bereich des Softwaresystems einer Steuerung sind wohldefinierte Schnittstellen und ein hoher Grad an Modularität die Schlüsselfaktoren für zukünftige Lösungen. Herstellerneutrale, offene Software-Architekturen (sog. Middleware) zielen auf die Standardisierung der Kommunikationsschnittstellen mit dem Kerngedanken, die Interoperabilität zwischen Modulen unterschiedlicher Hersteller sicherzustellen. Beispiele für konkurrierende Systeme sind an dieser Stelle Realtime-CORBA (durch die OMG standardisiert), DCOM (aus dem Hause Microsoft) und OSACA (**O**pen **S**ystems **A**rchitecture for **C**ontrol within **A**utomation systems). Eine Steuerung auf Basis einer Middleware besteht aus einem Satz von Applikationsmodulen, die steuerungsspezifische Funktionalitäten kapseln. Die Funktionalität der Systemplattform umfasst Kommunikationsdienste, die von den Applikationsmodulen gemeinsam genutzt werden und durch ein allgemeines **A**pplication **P**rogramming **I**nterface (API) zugänglich sind.

Die Systemplattform OSACA (OSACA Association 1997) geht an dieser Stelle noch einen Schritt weiter: Im Rahmen einer *Referrenzarchitektur* werden Basiskomponenten einer Steuerung mit ihren Schnittstellen definiert. Es wird festgelegt, welche Standardmodule (Architektur-Objekte) in einer Steuerung enthalten sind, welche Aufgaben sie haben und über welche Schnittstellen sie angesprochen werden müssen. Dieser Schritt erst sichert die Austauschbarkeit von Modulen unterschiedlicher Hersteller und erlaubt es somit System-Anbietern, nach Preis und Funktionalität optimierte Lösungen für ihr System zu kombinieren ohne die Kriterien für ein offenes System zu verletzen.

Für die Maschinenintegration der messtechnischen Anwendungen Werkzeug- und Werkstückmessung ist eine Vielzahl zusätzlicher Sensoren, Aktoren und Systemkomponenten an die Steuerung anzubinden:

- Werkzeugtransport vom Magazin in die Messstation
- Abstands- und Höhenpositionierung der Kameras für Werkzeuge unterschiedlicher Längen und Radien
- Drehung des Werkzeugs zur Zustellung der einzelnen Schneiden
- Auswertungsrechner für die Verschleißmessung
- Werkstück-Tastsystem und Interface
- Beleuchtungseinheiten für den Arbeitsraum
- Positioniermodul für die Werkstück-Kamera
- Auswertungsrechner für die Werkstückmessung

Das Konzept für die Anbindung dieser Komponenten ist in Abb. 5 dargestellt.

Bei der Werkzeugverschleißmessung wird nach Positionierung in der Spannkegelaufnahme das Werkzeug entsprechend der in einer Datenbank hinterlegten Geometriedaten für Werkzeugdurchmesser, -länge und Schneidenanzahl für die Bildaufnahme zugestellt. Je nach Anzahl der Schneiden sollen durch

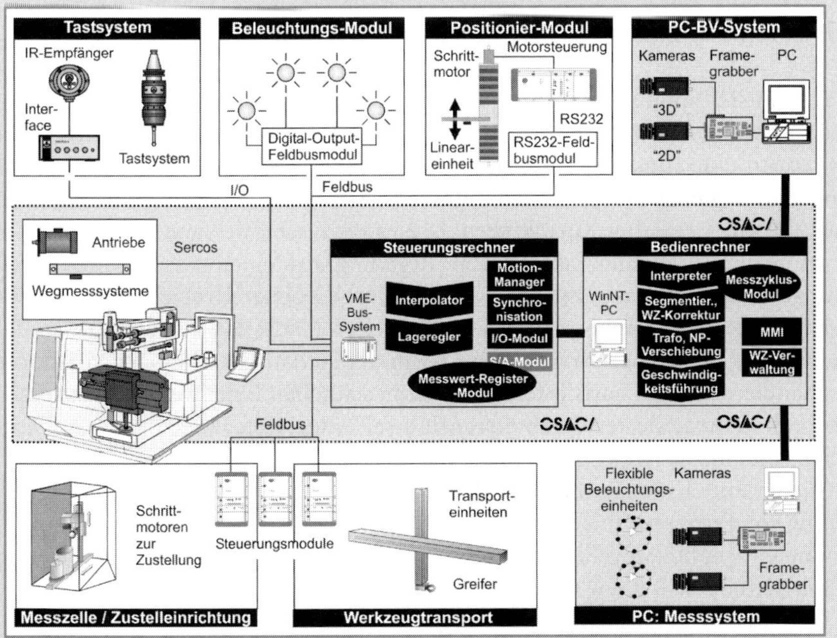

Abb. 5 Steuerungsintegration von Messeinrichtungen für die Werkstücke und Werkzeuge

Drehung des Werkzeugs die einzelnen Schneiden nacheinander gemessen werden. Durch den Einsatz von zwei CCD-Kameras ist das System in der Lage, die Umfangs- und die Stirnschneide unterschiedlicher Werkzeuge zu messen (vergl. Abb. 4). Das Konzept zur Integration der Verschleißmessstation sieht die Anbindung der Achsen aus den Transport- und Positioniersystemen über ein Feldbussystem an das zentrale Sensor/Aktor-Modul der Steuerung vor. Die Bildverarbeitungskomponenten (Framegrabber, Kameras und flexible Beleuchtungseinheiten) werden auf einem PC-Messsystem installiert, das ebenso Träger eines OSACA Messmoduls ist. Dieses Messmoduls steuert den gesamten Messablauf.

Bei der Werkstückmessung wird zunächst durch die „3D"-Kamera eine Bildserie vom leeren Arbeitsraum aufgenommen und dann mit dem Werkstück aus der selben Position. Die Bildaufnahme erfolgt jeweils durch Beleuchtungsvariation mit dem Beleuchtungsmodul. Anschließend erfolgt das iterative Matching der 2D-Bilddaten mit den 3D-Modelldaten. Hieraus wird auf die ungefähre Rohteillage geschlossen. Mit diesen Informationen können die Antastpunkte für die genaue taktile Einmessung entsprechend der tatsächliche Lage angepasst werden. Die eigentliche Antastung wird mit der „2D"-Kamera zusätzlich entlang der Antastrichtung auf eine kollisionsfreie Erreichbarkeit des Antastpunkt überprüft und die Antastung bei Bedarf entsprechend der Abweichung oder Hindernisse gesteuert. Dazu muss die Kamera in mehreren Schritten entsprechend positioniert werden.

Fernziel: Maschinenintegrierte Qualitätsregelkreise

Das schnelle Einfahren und die gezielte Regelung der Qualität von Fräsprozessen (Abb. 6) ist von hoher wirtschaftlicher Bedeutung. Voraussetzung dafür ist jedoch eine fundierte Kenntnis des Prozesses. Erst ein Modell erlaubt die Korrelation gemessener Abweichungen, Störeinflüsse und Prozesseinstellungen zur Ableitung gezielter Korrekturen. Dieses Prozessmodell kann schließlich in Form rechnergestützter Einfahr- und Regelungsstrategien maschinennah hinterlegt werden, so dass beim Überschreiten vorgegebener Abweichungen gezielte Korrekturen erfolgen können. Die statistischen Methoden zur Ermittlung der benötigten Zusammenhänge sind in Form der statistischen Versuchsmethodik vorhanden. Ein automatisierter Ansatz zum schnellen Einfahren von Prozessen und zur automatisierten Qualitätsregelung als integrierte Funktion einer Werkzeugmaschine ist jedoch noch nicht verfügbar.

Mit der Entwicklung praxistauglicher Werkzeuge zur systematischen Untersuchung von Prozessen in der Fertigung soll daher die breite Anwendung maschinennaher Qualitätsregelkreise erschlossen werden. Ansatzpunkte sind hier:

Ein Methoden-Katalog für die Versuchsplanung
- Tools für die Versuchsdurchführung
- automatisierte Versuchsauswertung
- Einfahr- und Regelstrategien

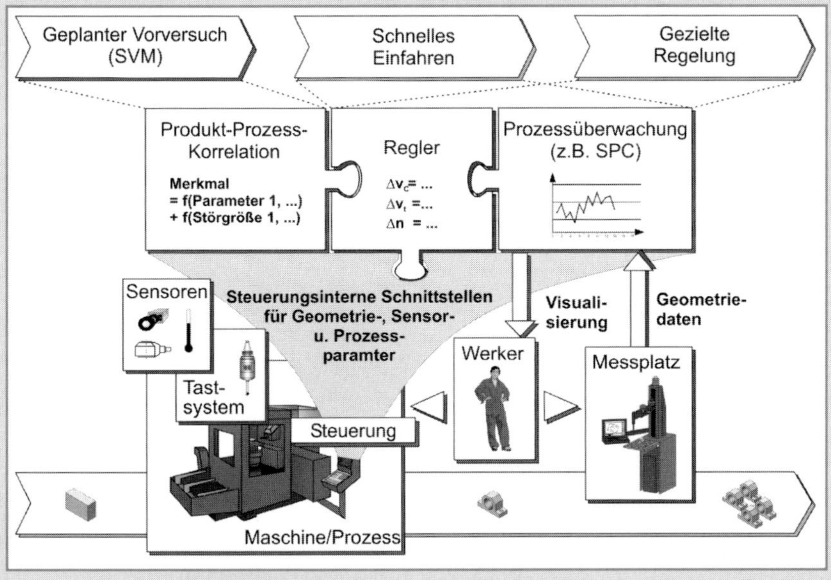

Abb. 6 Ziele integrierter Messtechnik: Schnelles Einfahren und gezielte Regelung

Um diese komplexen Aufgaben von der prozessintegrierten Messtechnik bis hin zur Regelung der Qualität des Prozessergebnisses lösen zu können, muss Flexibilität und weitreichende Herstellerunabhängigkeit von der Integrationsplattform, d.h. der Steuerung gewährleistet sein. Schnittstellen müssen eindeutig und klar beschrieben sein. Nur so lässt sich in einem Unternehmensverbund eine derart komplexe Aufgabe lösen. Ein wesentlicher Ansatzpunkt ist an dieser Stelle die weiterführende Standardisierung einer Referenz-Architektur (OSACA) für erweiterte Werkzeugmaschinen.

Literatur

Bartelt, V.: Entwicklung eines Systems zur Digitalisierung und Bearbeitung unbekannter Freiformflächen, Dissertation RWTH Aachen, 1997

DIN EN 50170/1 – EN 50170/3, Universal Fieldcommunicationsystem; Edition: 1997-07, Beuth Verlag, Berlin

OSACA Association (1997): OSACA Handbook, Version 1.0.1, http://www.osaca.org

Pfeifer, T.; Sack, D.; Orth, A.; Stemmer, M.; Roloff, M.: "Tool wear classification and measurement – a case solution", Proceedings of IEEE M2VIP, Chiang Mai, Thailand, 2002

Weckenmann, A.; Gawande, B.: Koordinatenmesstechnik – Flexible Messstrategien für Maß, Form und Lage, Carl Hanser Verlag, München, 1999

Wiegers, L.: Bild- und Beleuchtungsoptimierung zur automatisierten Verschleißmessung an Fräswerkzeugen, Dissertation RWTH Aachen, 2001

Wunsch, P.; Hirzinger, G.: Registration of CAD-Models to Images by Iterative Inverse Perspective Matching, Proceedings of the 13th International Conference on Pattern Recognition, Vienna, Austria, pp. 77–83, 1996

Nanomess- und Positioniertechnik

Prof. Dr.-Ing. habil.
Dr. h.c. mult. Gerd Jäger

»Mit einer abbefehlerfreien laserinterferometrischen Messung ist die vorgestellte Nanomessmaschine innerhalb ihres Messbereichs in der Lage, mit kleinstmöglichen Messunsicherheiten zu messen.«

GERD JÄGER

Gerd Jäger arbeitete ab 1965 als wissenschaftlicher Assistent an der TH Ilmenau und wurde dort 1968 Oberassistent der Sektion Technische und Biomedizinische Kybernetik. 1976 wurde er zum Dozenten für Fertigungsprozessmesstechnik berufen. 1981 erfolgte die Berufung zum ordentlichen Professor für Messtechnik. Ab diesem Zeitpunkt leitete er den Wissenschaftsbereich Prozessmess- und Sensortechnik. 1991 gründete er die SIOS Messtechnik GmbH. Gerd Jäger wurden mehrere internationale Ehrendoktorwürden verliehen.

Nanomess- und Positioniertechnik

Gerd Jäger

Einleitung

Die enormen Fortschritte in der Mikroelektronik, Mikrotechnik, Nanotechnik, Optik, Werkstofftechnik sowie in der Präzisionstechnik stellen erhöhte Anforderungen an die Nanomess- und Nanopositioniertechnik. Die Nanomess- und Nanopositioniertechnik liefert technologische Ausrüstungen, welche die Positionierung, Messung, Antastung, Bearbeitung und Manipulation von Objekten mit Nanometerpräzision ermöglichen. An die technologischen Ausrüstungen werden Forderungen nach immer größeren Bewegungsbereichen mit extremen Genauigkeiten und hohen Positioniergeschwindigkeiten, wobei neuartige Tastsysteme und Nanotools einzubinden sind, gestellt. Zu den modernen Tastsystemen gehören die Rasterkraft- und Tunnelmikroskope, die allerdings nur Messbereiche von maximal 100 μm × 100 μm × 15 μm bei atomarer Auflösung besitzen. Es besteht jedoch bereits ein Bedarf nach größeren Messbereichen (mm, cm). Das betrifft insbesondere solche Technologien und Techniken, die in Abb. 1 aufgeführt sind.

Entsprechend der International Technology Roadmap for Semiconductors des Jahres 1999 sind bereits in den Jahren 2010–2014 Positionierbereiche von 450 mm × 450 mm so zu realisieren, dass Strukturbreiten von etwa 35 nm mit Nanometergenauigkeit mess- und herstellbar sind. Solche extremen Forderungen sind mit Technologien wie bspw. der Elektronenstrahl- oder die Röntgenstrahllithographie verbunden. Aber auch die Nanoimprint Lithography als ein vielversprechender neuer Ansatz zur Schaffung von Nanostrukturen (Zankoviych et al. 2001) wird hohe Ansprüche an die Mess- und Positioniertechnik stellen. Von leistungsfähigen Mess- und Positioniersystemen hängen in gleicher Weise auch nachfolgend aufgeführte Techniken und Technologien ab.

Masken- und Waferinspektion, Circuit Testing, großflächige Rastersondenmikroskopie, Gentechnik, Präzisionsbearbeitung und -montage, Entwicklung und Analyse neuer Werkstoffe, Freiformflächencharakterisierung sowie die 3D-Präzisionsmessung von Kleinteilen (Mikrolinsen, Mikrobänke, Präzisionsformen und mechanische Präzisionsteile).

Die Beherrschung dieser neuen Technologien und Techniken ist für eine Vielzahl von Wissenschaftsdisziplinen mit enormen Herausforderungen verbun-

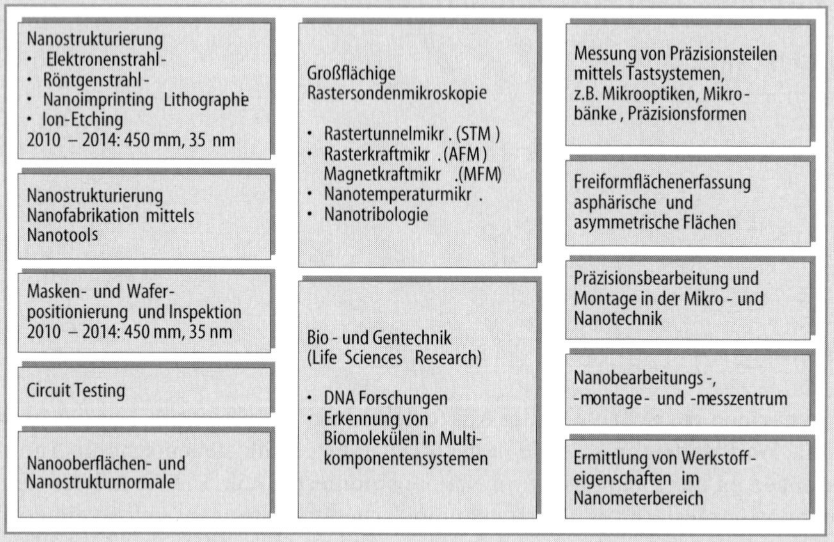

Abb. 1 Basis- und Zukunftstechnologien

den. Dazu zählen insbesondere auch die 3D-Mess- und Positioniertechniken von Objekten sowie die Antastung dieser. Nur wenn diese drei Komponenten höchsten Ansprüchen genügen und in optimaler Weise an die Positionier- und Messaufgaben angepasst sind, kann die erforderliche neue Messqualität erreicht werden. Obwohl in Wissenschaft und Technik vielversprechende Ansätze vorhanden sind, können nur durch intensive Forschungsaktivitäten die genannten Zielstellungen erreicht werden.

Neben den Nanomess- und Positioniersystemen besteht ein Defizit an nanometergenauen 1D- bis 3D-mechanisch taktilen und optischen Tastsystemen, welche vorwiegend für die Vermessung von Kleinteilen mit komplizierter Geometrie benötigt werden.

Die Herausforderungen an die Nanomess- und Positioniertechnik werden noch dadurch verschärft, dass sie auch unter Vakuumbedingungen funktionstüchtig bleiben sollen.

Nachfolgend werden Entwicklungen des Institutes für Prozessmess- und Sensortechnik der TU Ilmenau zur Nanomess- und Positioniertechnik beschrieben.

Abbefehlerfreies 3D-Nanomesssystem für das RKM VERITEKT

Die in der Einleitung beschriebenen Hauptkomponenten der Nanomess- und Positioniertechnik sind in Abb. 2 schematisch dargestellt.

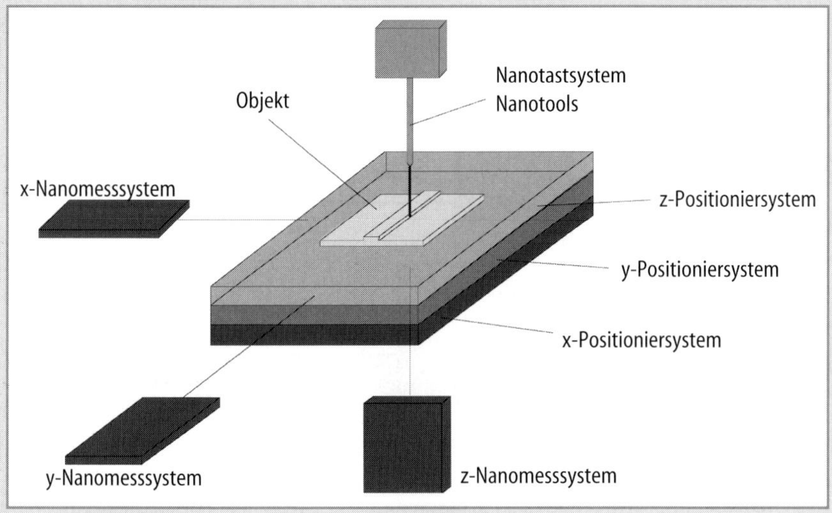

Abb. 2 Hauptkomponenten der Nanomess- und Positioniertechnik

Die Mess-, Positionier- und Tastsysteme sollten so angeordnet werden, dass minimale Messabweichungen entstehen. Minimale Messfehler erfordern die Realisierung des Abbekomparatorprinzips in allen drei Messachsen, nanometergenaue Mess- und Positioniersysteme sowie Tastsysteme hoher Auflösung und Stabilität. Diese Prinzipien wurden erstmals in dem Rasterkraftmikroskop VERITEKT realisiert.

Dieses Rasterkraftmikroskop, das bis 1997 von der CZ Jena GmbH hergestellt und vertrieben wurde, bietet aufgrund des speziellen Probenführungsmechanismus die besten Voraussetzungen für die Weiterentwicklung zu einem Präzisionsdreikoordinatenmesssystem im Mikrometermessbereich (15 μm × 75 μm × 15 μm). In Abb. 3 ist das vereinfachte Prinzip des VERITEKT dargestellt. Ein 3D-Einkörperscanner trägt die x-, y- und z-Antriebs- und Messsysteme. Die drei Antriebs- und Messsysteme wirken voneinander nahezu unabhängig. In jeder Achse erfolgt der Antrieb mittels Piezoaktoren kombiniert mit kapazitiven Sensoren zur Positionsmessung. In den x- und y-Achsen führt die Verletzung des Abbe-Komparatorprinzips zu erheblichen Messfehlern, wenn Verkippungen während der Bewegung auftreten:

$$f_x = L_x \cdot \sin \beta \qquad (1)$$

$$f_y = L_y \cdot \sin \beta \qquad (2)$$

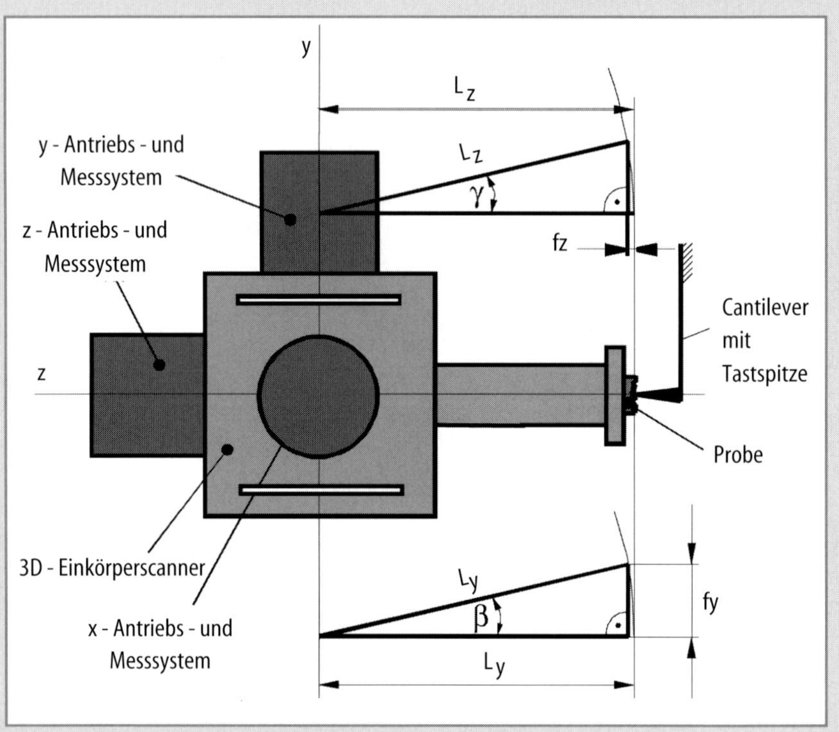

Abb. 3 Abbe-Fehler am 3D-Einkörperscanner des VERITEKT

In der z-Achse treten Fehler 2. Ordnung auf:

$$f_z = L_z \cdot (1 - \cos \beta) \tag{3}$$

L_x, L_y, L_z – Abstände der Messsysteme von der Tastspitze
β – Kippwinkel der Achsen

Da beim VERITEKT die Strecken L_x, L_y und L_z ca. 60 mm betragen, treten bereits bei kleinen Kippwinkeln beachtliche Fehler auf. Diese Fehler können nur dann wesentlich reduziert werden, wenn die Strecken L_x, L_y und L_z klein sind. Daraus folgt, dass sich die Messsysteme so nahe wie möglich am Messobjekt (Probe) befinden müssen. Idealer Weise sollten sich die Messachsen im Berührungspunkt der Tastspitze schneiden. Am Institut für Prozessmess- und Sensortechnik der TU Ilmenau wurde ein geeignetes laserinterferometrisches Dreikoordinatenmesssystem entwickelt und von der SIOS Messtechnik GmbH Ilmenau hergestellt (Büchner et al. 1999; Jäger 1999; Bienias et al. 1997).

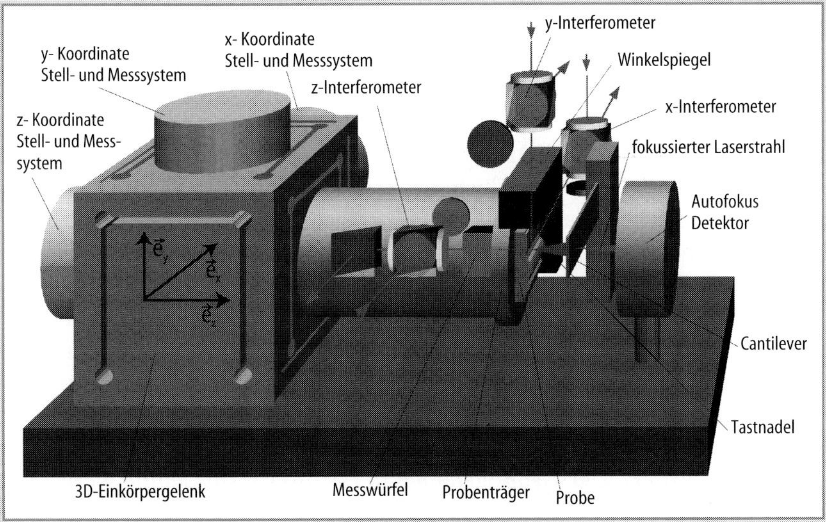

Abb. 4 VERITEKT mit abbefehlerfreiem laserinterferometrischen 3D-Messsystem

Die prinzipielle Wirkungsweise des abbefehlerfreien 3D-Nanomesssystems im VERITEKT zeigt Abb. 4.

Ein Messwürfel (8 mm × 8 mm × 8 mm) ist im bewegten Probenträger möglichst nahe zum Messobjekt fest angeordnet. Der Messwürfel besitzt drei senkrecht aufeinanderstehende Präzisionsflächen und folgt der dreidimensionalen Bewegung des Messobjektes (Probe). Der Messstrahl des z-Miniaturinterferometers ist senkrecht auf die verspiegelte z-Fläche des Messwürfels gerichtet und trifft in der virtuellen Verlängerung auf die Spitze der Tastnadel. Somit werden Abbefehler 1. Ordnung vermieden.

Um auch in der x-y-Ebene frei von Abbefehlern 1. Ordnung messen zu können, wird ein an den Außenflächen verspiegelter 90°-Winkel fest am Probenträger angeordnet. Der 90°-Winkelspiegel und die Miniatur-interferometer sind zum Probenträger so auszurichten, dass die Messstrahlen des Miniatur-y-Interferometers und des Miniatur-x-Interferometers senkrecht auf die Spiegelflächen auftreffen und die virtuellen Verlängerungen beider Messstrahlen sich in der Tastnadelspitze schneiden.

In Zusammenarbeit mit der PTB Braunschweig, Abt. 5 (Fertigungsmesstechnik) wurden zwei VERITEKT mit den abbefehlerfreien Messsystemen ausgerüstet und erfolgreich erprobt. Die PTB hat an geeigneten Strukturnormalen eine erweiterte Messunsicherheit (K = 2) von nur 0,2 nm mittels des laserinterferometrischen 3D-Messsystems erzielt (Herrmann et al. 2001). Die Messungen der PTB belegen, dass ein im metrologischen Sinne exakt messendes Rasterkraftmikroskop entwickelt wurde.

Nanomessmaschine

Aufbau und Funktionsweise (Jäger et al. 2000a, b)

Mit dem metrologischen VERITEKT wurden, wie im vorhergehenden Abschnitt dargestellt, außerordentlich kleine Messunsicherheiten erreicht. Der Messbereich des VERITEKT beträgt jedoch nur 15 μm × 75 μm × 15 μm. Wie einleitend beschrieben, bestehen aber bereits heute Forderungen nach wesentlich größeren Messbereichen bei gleicher metrologischer Sicherheit. Größere Messbereiche von z.B. mehreren Zentimetern können nicht mehr mit Federführungen realisiert werden. Luftführungen scheiden ebenfalls aus, da mit ihnen Bahngenauigkeiten < 10 nm nicht möglich sind. Somit wurden für die Nanomessmaschine Präzisionskugelführungen ausgewählt. Solche Führungen weisen jedoch systematische Führungsabweichungen auf. Bei dem von uns gewählten Prinzip zur Realisierung einer Nanomessmaschine werden diese Abweichungen weitgehendst kompensiert. Der Grundgedanke der Nanomessmaschine ist in Abb. 5 veranschaulicht.

Das Normal der Nanomessmaschine wird durch eine Spiegelecke verkörpert, welche aus drei senkrecht angeordneten Platten besteht. Die Außenflächen der Platten sind verspiegelt. Die Spiegelecke wurde gegen Normale vermessen. Aus den gewonnenen Daten wurden Funktionen zur rechnerischen Korrektur der Messwerte abgeleitet.

Das Messobjekt befindet sich auf der Grundfläche der Spiegelecke und wird mit einem raumfesten Tastsystem angetastet (AFM, STM, Autofokus, taktile Taster). Die Taster werden nur als Nullsysteme benutzt. Da somit der Berührungspunkt des Tastelementes mit der Messobjektoberfläche ortsfest ist, besteht die Möglichkeit einer abbefehlerfreien Messung in allen drei Achsen. Dazu sind drei Planspiegelinterferometer vom Typ SP 500 der SIOS Messtechnik GmbH an einem Zerodurkörper angeordnet. Die Messstrahlen der Interferometer reflektieren an den Außenflächen der Spiegelecke. Die virtuellen Verlängerungen der Messstrahlen treffen in dem Berührungspunkt des Tastelementes mit der Messobjektoberfläche zusammen. Die Folge ist, dass in allen Messachsen Abbefehler 1. Ordnung vermieden werden. In den Messachsen können nur noch Kosinusfehler auftreten:

$$f_x = -L_x \left(\frac{1}{\cos\alpha} + \frac{1}{\cos\gamma} - 2 \right) \tag{4}$$

$$f_y = -L_y \left(\frac{1}{\cos\beta} + \frac{1}{\cos\gamma} - 2 \right) \tag{5}$$

$$f_z = -L_z \left(\frac{1}{\cos\alpha} + \frac{1}{\cos\beta} - 2 \right) \tag{6}$$

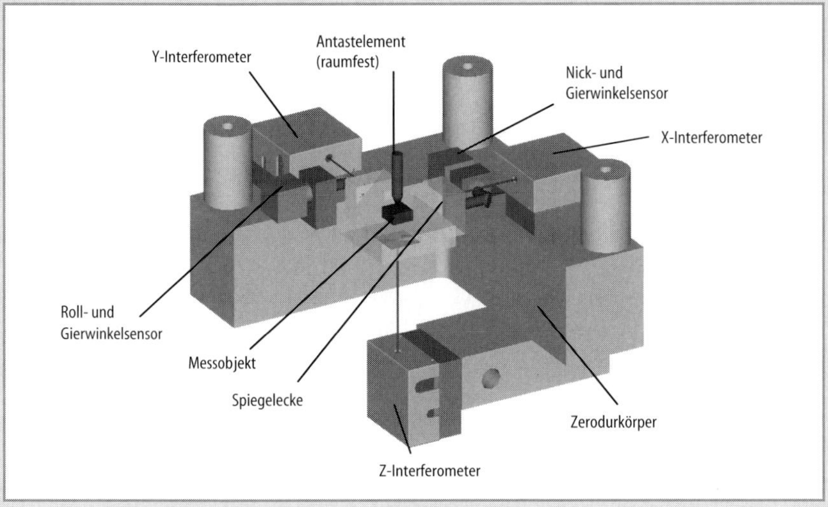

Abb. 5 Grundanordnung der Nanomessmaschine

L_x, L_y und L_z stellen die senkrechten Abstände zwischen den äußeren Spiegelflächen der Spiegelecke und dem Berührungspunkt des Antastelementes mit der Messoberflache dar. α, β, γ sind die Nick-, Roll- und Gierkippungen der Spiegelecke infolge der Führungsfehler.

Zur Vermessung des Messobjektes muss die Spiegelecke mit dem Messobjekt räumlich parallel geführt werden, wobei der Kontakt des Tastelementes ständig aufrecht zu erhalten ist. Ist dieser Kontakt gewährleistet, haben Höhenfehler der Führungen keinen Einfluss auf das Messergebnis. Zur Ausregelung der Kippfehler der Führungen sind Nick-, Gier- und Rollwinkelsensoren am Zerodurgrundkörper angebracht.

Als lineare Führungselemente wurden in der Nanomessmaschine für alle drei Achsen Kugelführungen eingebaut (Abb. 6). Für die Führungen kamen elektrodynamische Antriebe zur Anwendung. Die x- und die y-Achse besitzen jeweils ein Antriebssystem. Das Antriebssystem der z-Achse besteht aus vier einzelnen Antrieben. Dadurch ist es möglich, mit Hilfe der Winkelsensoren die Roll- und Nickwinkel der Führungen auszuregeln.

Die komplette Nanomessmaschine zeigt Abb. 7. An den Zerodursäulen (8) wird eine Zerodurplatte zur Halterung der Tastsysteme befestigt.

Messtechnische Eigenschaften

Die Nanomessmaschine besitzt einen Messbereich von 25 mm × 25 mm × 5 mm und eine Auflösung von 1,24 nm in allen Messachsen. Die laserinterferometrische Messung erfolgt frei von Abbefehlern 1. Ordnung in allen drei Koordina-

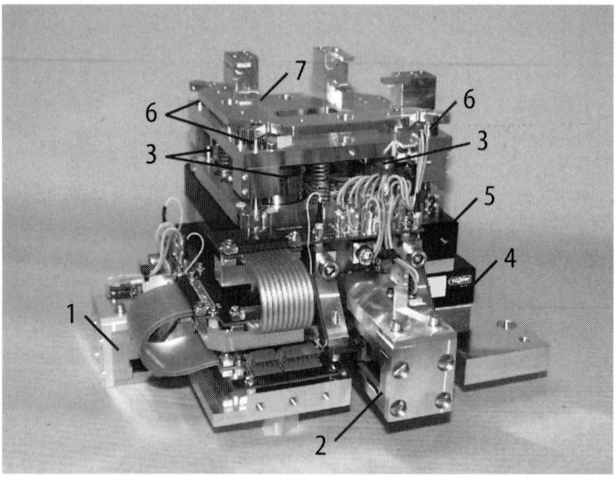

1 x -Antrieb
2 y -Antrieb
3 z -Antriebe
4 x -Führung
5 y -Führung
6 z -Führungen
7 bewegliche Spiegelplattform

Abb. 6 Antriebs- und Führungssystem der Nanomessmaschine

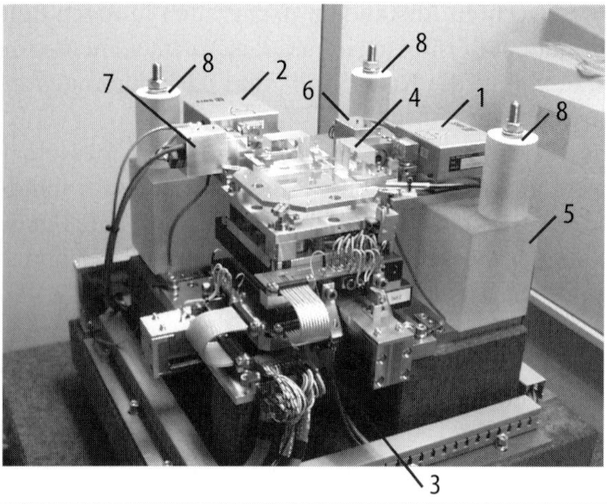

1 x -Interferometer
2 y -Interferometer
3 z -Interferometer
4 Spiegelecke
5 Zerodurkörper
6 Nick- und Gierwinkelsensor
7 Roll- und Gierwinkelsensor
8 Befestigungspunkte für Antastsystem

Abb. 7 Nanomessmaschine

ten. Die Erprobung der Nanomessmaschine ergab bei linearer Bewegung des Messtisches ein Übersprechen auf die anderen Achsen innerhalb der digitalen Unsicherheit von 1,24 nm. Damit ist die Nanomessmaschine innerhalb ihres Messbereichs in der Lage, Forderungen der Mikroelektronik, Mikrotechnik, Nanotechnologie sowie der Präzisionstechnik mit kleinstmöglicher Messunsicherheit zu genügen.

Literatur

Bienias M, Gao S, Hasche K, Seemann R, Thiele K (1997) 3D calibration of a Scanning Force Microscope with Internal Laser Interferometers. Surface and Interface Analysis. Vol. 25, S. 606–616.

Büchner HJ, Jäger G, Manske E (1999) Laser-interferometrically assisted 3D-nanometrology on the atomic force microscope type VERITEKT. euspen 1st international conference

Herrmann K, Hasche K, Pohlenz F, Seemann R (2001) On Some Metrological Applications of Scanning Force Microscopy. Workshop "Scanning Probe Microscopy in Nanometrology and Nanofabrication". Breslau (Polen)

Jäger G (1999) Lasernanomesstechnik – Möglichkeiten, Grenzen und Anwendungen in der modernen Gerätetechnik. In: 44. Internationales Wissenschaftliches Kolloquium. TU Ilmenau. September 1999. S. 43–54.

Jäger G, Manske E, Hausotte T, Büchner HJ (2000a) Nanomessmaschine zur abbefehlerfreien Koordinatenmessung. tm 7-8. S. 319–323.

Jäger G, Manske E, Hausotte T (2000b) Nano Measuring Machine. Invited Paper. MICRO.tec 2000. VDE World Microtechnologies Congress. Hannover

Zankoviych S, Hoffmann T, Seekamp J, Bruch IU, Sotomayor Torres CM (2001) Nanoimprint lithography: challenges and prospects. Nanotechnology 12/2001. S. 91–95

Mikrobearbeitung

Stand der Mikroproduktionstechnik in Deutschland

Prof. Dr.-Ing. Hartmut Weule

»Deutschland hat die Chance, eine führende Technologienation in der Mikroproduktionstechnik zu werden.«

HARTMUT WEULE

Hartmut Weule absolvierte das Studium des Maschinenbaus, Fachrichtung Feinwerk- und Regelungstechnik an der Technischen Universität Braunschweig. Von 1967–1969 war er Entwicklungsingenieur bei AEG-Telefunken in Konstanz, wo er im Bereich Automatisierung der Briefverteilung tätig war. Zwischen 1969 und 1973 arbeitete er als Wissenschaftlicher Mitarbeiter am Institut für Feinwerk- und Regelungstechnik der Technischen Universität Braunschweig, wo er 1972 promovierte. Von 1973–1975 war er Leiter der Abteilung „Betriebstechnik Grundlagen“ bei der Daimler-Benz AG in Sindelfingen mit den Aufgabengebieten Produktionssicherung, Automation, Industrieroboter. Von 1975–1977 erhielt er einen Lehrauftrag „Elemente und Verfahren der ölhydraulischen Steuerungstechnik“ am Institut für Steuerungstechnik der Werkzeugmaschinen und Fertigungseinrichtungen. 1977 übernahm er die Leitung der Verfahrensentwicklung mit den Aufgabengebieten Entwicklung, Planung und Einführung von automatisierten Fertigungssystemen für Karosseriebau, Lackierung und Montage. 1979 wurde Hartmut Weule zum Honorarprofessor an der Universität Stuttgart ernannt und übernahm 1982 den Lehrstuhl sowie die Leitung des Instituts für Werkzeugmaschinen und Betriebstechnik der Universität Karlsruhe. 1990 wechselte er zur Daimler-Benz AG und wurde dort Vorstand für das Ressort Forschung und Technik. Im Dezember 1996 wurde er mit der Wirtschaftsverdienstmedaille in Gold ausgezeichnet. Seit 1997 leitet Hartmut Weule erneut das Institut für Werkzeugmaschinen und Betriebstechnik der Universität Karlsruhe.

Stand der Mikroproduktionstechnik in Deutschland

Hartmut Weule

Die Feinwerktechnik hat in der technischen Tradition unseres Landes eine große Bedeutung. Noch Ende der sechziger Jahre des vorigen Jahrhunderts hatten wir eine große Zahl feinwerktechnisch orientierter Unternehmen, die für unsere Volkswirtschaft einen wichtigen Beitrag leisteten. In meinem Beitrag zur Festschrift anlässlich der Emeritierung unseres Kollegen Manfred Weck möchte ich die Historie der Feinwerktechnik kurz betrachten und vor allem darstellen, warum wir zurzeit eine Renaissance der Feinwerktechnik, der Mikrotechnik in Deutschland haben, den Stand der einzelnen Fertigungsverfahren darstellen und der Frage nachgehen, wie die zukünftige Entwicklung sein sollte.

Die lange Geschichte unserer Feinwerktechnik kommt letztlich aus den Fertigkeiten und der Qualität des mitteleuropäischen Handwerkertums. Wir sehen sehr früh herausragende Leistungen, wie die Automaten zur Belustigung der Menschen an unseren Fürstenhäusern, bis hin zu sehr frühen Rechenmaschinen (Abb. 1). Wir wissen aber auch, dass die Grenzen der Fertigungstechnik die Realisierungswünsche so manches Erfinders und Konstrukteurs drastisch beschränk-

Abb. 1 Feinwerktechnische Erfindungen in Deutschland

ten. Der vielfach zitierte Charles Babbage, ein englischer Vorläufer unserer informationstechnisch orientierten Kollegen, hatte eine komplexe Rechenmaschine entworfen, die aber wegen der mechanischen Unzulänglichkeiten der damaligen Fertigungstechnik nie zur Funktion gekommen ist. Dann wird deutlich, dass die Umsetzung von Inventionen zu am Markt erfolgreichen Innovationen nur dann erfolgen kann, wenn die geeigneten Produktionstechniken vorhanden sind.

Große Bereiche der Fototechnik, der Audio-/Video-Systeme werden heute von japanischen Unternehmen dominiert. Was waren die Gründe für den Verlust dieser attraktiven und wirtschaftlich bedeutenden Märkte?

Innovativ waren wir – unsere heutige und sicher auch die späteren Generationen von technisch interessierten Menschen werden gar nicht mehr wissen, dass die erste Kleinbildkamera, die erste Spiegelreflexkamera, die erste kleine Pocketkamera eigentlich deutsche Erfindungen waren. Es hat in unserem Lande erstaunlicherweise aber keine breite Diskussion darüber gegeben, warum wir diese Märkte verloren haben. Meist wird unsere Lohnkostensituation als Auslöser dafür angesehen.

Aus meiner Sicht waren es aber andere Gründe, die zu dieser für unsere Volkswirtschaft dramatischen Entwicklung führten:

- mangelnde Kundenorientierung der Entwickler und der Geschäftsführungen
- mangelnde Bereitschaft, neue Technologien aufzugreifen und sie rasch in Produkte umzusetzen und letztlich
- mangelnde Fähigkeiten der Unternehmen, internationale Entwicklungs- und Produktionsnetzwerke zu managen.

Doch nun zur Renaissance der Feinwerktechnik in Deutschland: wo steht diese Branche eigentlich? Die Firmen der Feinwerktechnik beschäftigen ca. 200.000 Mitarbeiter und setzen jährlich etwa 20–30 Mrd. € um – ca. der halbe Umsatz der Werkzeugmaschinenindustrie (Abb. 2).

Jedoch gab es innerhalb der Branche eine Positionsverschiebung der einzelnen Sparten – die Medizintechnik sowie die Mess- und Regeltechnik sind sehr starke Einzelbranchen, während die optische Industrie sowie die Foto- und Projektionstechnik stark abgenommen haben. Wie entwickelte sich die Feinwerktechnik in den letzten Jahren? Über 2500 Unternehmen mit mehr als 216.000 Beschäftigten erwirtschafteten im letzten Jahr einen Umsatzzuwachs von 6 %, der Exportanteil stieg auf über 50 %, die F&E-Quote auf etwa 7 %.

Es lässt sich zusammenfassen, dass die Feinwerktechnik zwar eine für unsere Volkswirtschaft wichtige Branche ist, aber viele Produkte, wenn ich an Firmen wie Sony erinnern darf, uns nicht mehr verfügbar sind. Wir haben aus diesen Erfahrungen gelernt und seit mehr als zehn Jahren eine Art technologische Aufholjagd begonnen. Dies zeigt sich besonders in der nationalen Forschungsförderungsstrategie für diese Branche. Seit dem Beginn der Förderung 1993 liegt das jährliche Budget, sowohl der Projektförderung wie der institutionellen Förderung, bei etwa 80 Mio. € (Abb. 3).

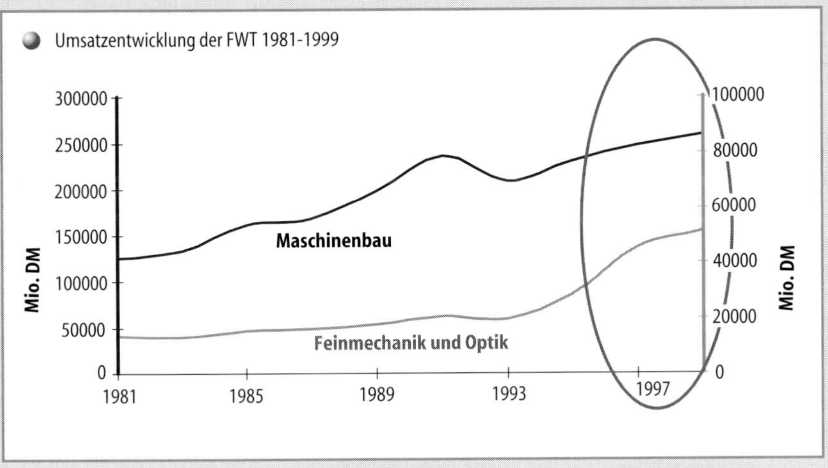

Abb. 2 Umsatzentwicklung der Feinwerktechnik 1981-1999

Die Frage ist nun, was hat denn das investierte Geld bewirkt? Was wird wo geforscht, wer ist auf welchen Feldern aktiv?

Ich möchte nun zunächst mit den Hochschulen beginnen (Abb. 4). Wir sehen eine Übersicht über die wichtigsten Hochschulstandorte und deren Aktivitäten in klassischen Verfahren wie Umformen, Urformen und Trennen, sowie Handhabungs- und Montagetechnik und schließlich den klassischen Verfahren der Mikroelektronik. Die Fülle dieser Aktivitäten hat auch Auswirkungen auf die Lehre: wir führten eine große Zahl von Studiengängen Mikrosystemtechnik und

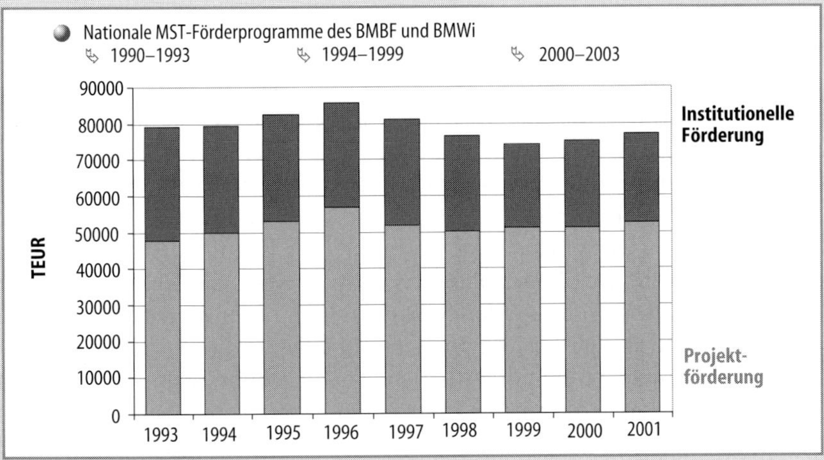

Abb. 3 Nationale Förderprogramme für die Mikrosystemtechnik

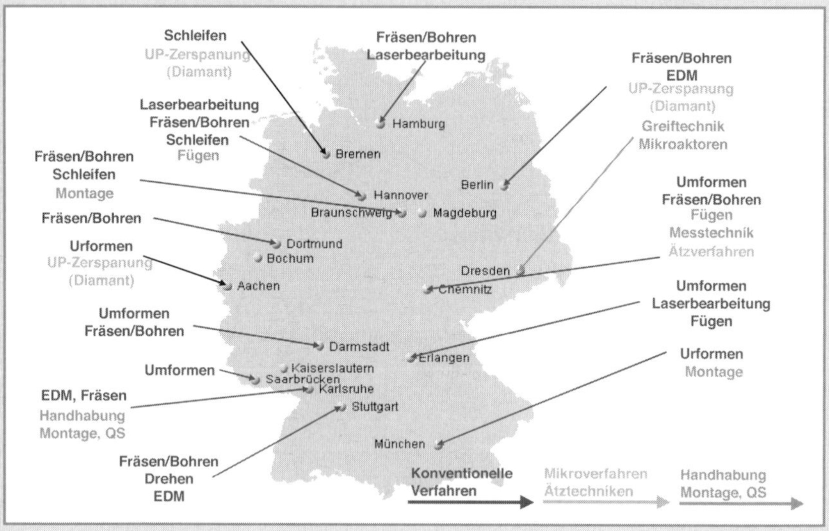

Abb. 4 Aktivitäten deutscher Hochschulen in der Mikrosystemtechnik

Mechatronik ein, was dazu führen wird, dass eine Generation von Ingenieuren heranwächst, die auf hoffentlich kommende Veränderungen vorbereitet ist.

Werfen wir einen zweiten Blick auf die großen Forschungsorganisationen wie z.B. die Hahn-Schickard-Gesellschaft, die regional in Baden-Württemberg vertreten ist, die Helmholtz-Gesellschaften mit ihren großen Forschungszentren, die Fraunhofer-Gesellschaft wie auch die Leibnitz-Gesellschaft und die Max-Planck-Gesellschaft (Abb. 5).

Neben den klassischen Verfahren erkennen wir im Bereich der Forschungsgesellschaften einen deutlichen Fokus auf die mikroelektronischen Verfahren – im Schwerpunkt Schichttechnologien und Varianten des Karlsruher Ligaverfahrens.

Weiterhin wurden große übergreifende Projekte der Grundlagenforschung aufgesetzt. An den Hochschulen existieren drei Sonderforschungsbereiche – je mit einer Laufzeit von voraussichtlich 10–12 Jahren und Investitionen in einer Größenordnung von etwa 15 Mio. € über die gesamte Laufzeit. Auch bei den Forschungsgesellschaften existieren Verbünde der Institute, z.B. der Verbund Mikroelektronik in der Fraunhofer-Gesellschaft. Auch die Helmholtz-Gesellschaft hat eine institutsübergreifende Entwicklung neuer Materialien, Prozesstechnologien und komplexer Komponenten und Systeme.

Zusammenfassend kann man festhalten, dass durch die staatliche Förderung breite und interessante Aktivitäten in unserem Land entstanden sind.

Im folgenden Abschnitt möchte ich nun kurz auf die einzelnen Technologien der Mikroproduktionstechnik eingehen und den jeweiligen Stand der Arbeiten in der Forschung und Industrie anhand von Beispielen darstellen.

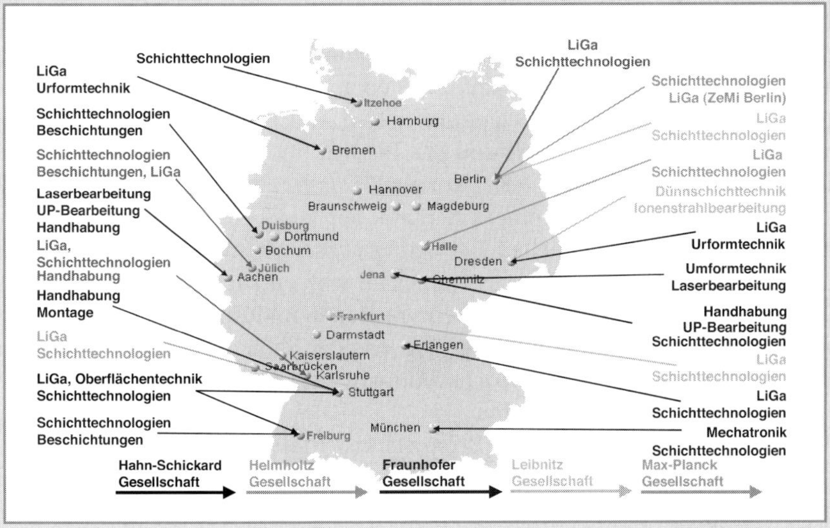

Abb. 5 Aktivitäten deutscher Forschungsgemeinschaften in der Mikrosystemtechnik

Beginnen wir den Einblick in die einzelnen Technologien mit dem Bereich der Handhabung und Montage kleiner Bauteile (Abb. 6). Ein Beispiel zeigt einen flächigen Portalroboter der Firma SPI-Robot, der auf höchste Präzision und hohe Geschwindigkeiten ausgelegt wurde. Das System zielt vorwiegend auf die Mikroelektronikproduktion, um mittels Vakuumgreiftechnik und integrierter Optik flächige Handhabungsaufgaben mit hohen Beschleunigungen zu realisieren.

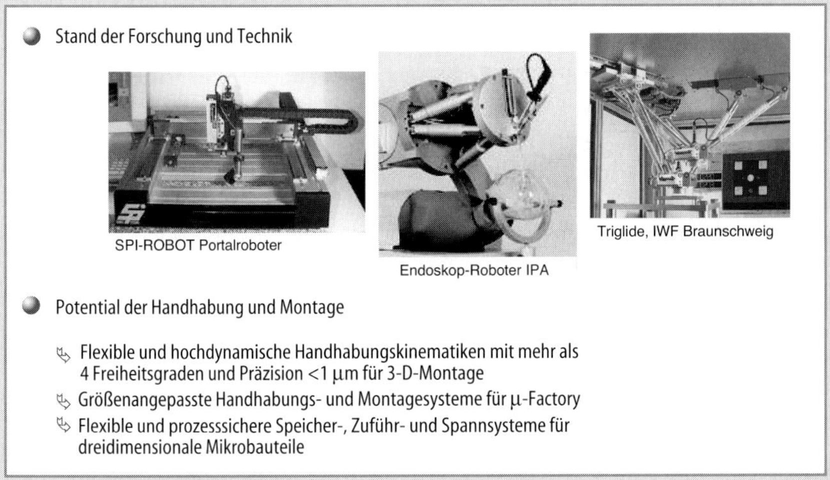

Abb. 6 Stand der Forschung und Technik – Handhabungstechnik

Ein zweites Beispiel aus dem Bereich der Medizintechnik stammt vom Fraunhofer Institut IPA aus Stuttgart. Realisiert wurde ein Endoskoproboter, basierend auf einem Hexapoden der Firma Physik-Instrumente, für die Anwendung in der Chirurgie. Ein drittes Beispiel stammt aus einem Verbundprojekt, in dem unter anderem das Institut für Werkzeugmaschinen und Fertigungstechnik der TU Braunschweig, die Firma Bosch und das Institut für Werkzeugmaschinen und Betriebstechnik der Universität Karlsruhe (TH) (wbk) beteiligt waren. In diesem Projekt wurde eine Handhabungskinematik auf Basis einer Tripod-Kinematik entwickelt. Diese sehr schnellen Bewegungsachsen, kombiniert mit Vakuum-Greiftechnik, integrierter Optik und einer im wbk entwickelten Zuführtechnik wird für die Montage von Hochfrequenz-Bauteilen im Hause Bosch eingesetzt.

Die Handhabungstechnik benötigt selbstverständlich die Greiftechniken, die von vielen Unternehmen und Hochschulinstituten in den unterschiedlichsten Lösungsformen angeboten werden.

Dargestellt sind in Abb. 7 drei Beispiele aus Industrie und Forschung. Zunächst ein mechanischer Aktor mit Linear-Direktantrieb der Firma Bartels Mikrotechnik. Dieser Aktor basiert auf der elastischen Verformung der beiden Greiferbacken durch die Linearbewegung der umgebenden Hülse. Weiterhin ist ein hochpräziser Greifer der Firma Kleindiek dargestellt, der auf ähnlichen Prinzipien basiert und Greifkräfte bis 200 mN realisieren kann. Als letztes Beispiel ist ein ätztechnisch hergestellter Formgedächtnisgreifer vom Institut für Werkzeugmaschinen und Fertigungstechnik der Universität Braunschweig dargestellt, der durch die Gegeneinanderschaltung von zwei Aktoren die geforderte Dynamik erreicht.

Deutschland ist ein klassisches Land der Werkzeugmaschinenbranche – wenden wir uns also zunächst dem Verfahren der Zerspanung zu (Abb. 8).

- Stand der Forschung und Technik

- Potenzial der Greiftechnik
  - Modulare Greifsysteme unter Einhaltung der Wiederholgenauigkeiten
  - Sensitive mikromechatronische Greifer
  - Integration von Intelligenz zur Greifobjektbeobachtung sowie Positionierung in Mikrogreifer

Abb. 7 Stand der Forschung und Technik – Greiftechnik

- Stand der Forschung und Technik

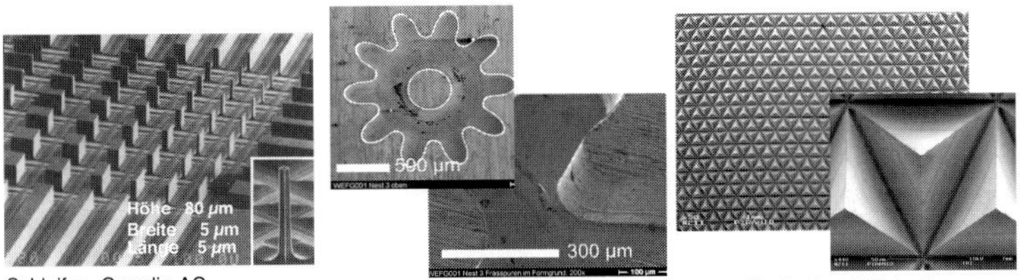

- Potenzial der Zerspanung
  - Herstellung kleinerer Strukturen durch verringerte Fräserdurchmesser
  - Prozesssichere Herstellung dreidimensionaler Strukturen durch 5-Achs-Bearbeitung bzw. Fly-Cutting-Prozesse
  - Serientauglichkeit und Prozesssicherheit durch automatisiertes Spannen und Einrichten von Werkzeug und Werkstück mit integrierter Sensorik (Erkennung Werkzeugbruch)

Abb. 8 Stand der Forschung und Technik – zerspanende Verfahren

Ein Beispiel aus dem Bereich Schleifen sehen wir von der Firma Grundig, die Teststrukturen mit einer Höhe von 80 µm und einer Länge und Breite von 5 µm durch Mikroschleifscheiben hergestellt hat. Auch im Bereich der Mikro-Stahlbearbeitung haben wir mit dem Mikro-Hartfräsen am wbk eine gute Position erreicht. Die Aachener Institute beschäftigen sich mit dem Bearbeiten von Nichteisen-Werkstoffen und sind in der Lage, hervorragende Oberflächenstrukturen durch modifizierte Fräsverfahren herzustellen. Das heißt, auch im Bereich der Zerspanung hat man die Tendenzen zur Miniaturisierung aufgegriffen und eine gute Position in der Forschungslandschaft und Industrie erreicht.

Kommen wir von den zerspanenden Verfahren zu den abtragenden Verfahren (Abb. 9). Sowohl aus Braunschweig als auch aus Karlsruhe sind Beispiele von erodierten Strukturen, die mittels Draht- oder Senkerosion hergestellt wurden, dargestellt. In dem Beispiel aus Karlsruhe sind Abrichtstifte zu sehen, die für die Senkerosion im Formenbau verwendet werden. Diese haben einen Durchmesser von 200 µm und laufen zur Spitze konisch auf 80 µm zu. Auch aus der Industrie sind sehr anspruchsvolle Entwicklungen zu erkennen, wie die Lasercave-Maschine der Firma Deckel-Maho.

Kommen wir nun zu dem letzten Fertigungsverfahren – den urformenden und umformenden Prozessen. Auch hier möchte ich drei Beispiele aus der Industrie und Forschung aufzeigen, die den aktuellen Stand dieser Technologien repräsentieren (Abb. 10). Der Lehrstuhl für Fertigungstechnologie der Friedrich-Alexander Universität in Erlangen beschäftigt sich seit längerer Zeit intensiv mit umformenden Verfahren. In der Abbildung ist ein Fließpress-Bauteil mit einem Schaftdurchmesser von 300 µm und einer Wandstärke von 50 µm dargestellt. Diese Bauteile werden vorwiegend in der Elektronikbranche als Steckerkontakte

- Stand der Forschung und Technik

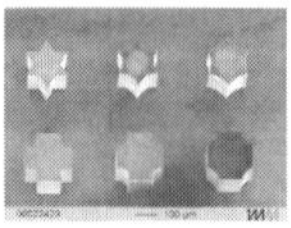

FG-Aktor, IWF Braunschweig

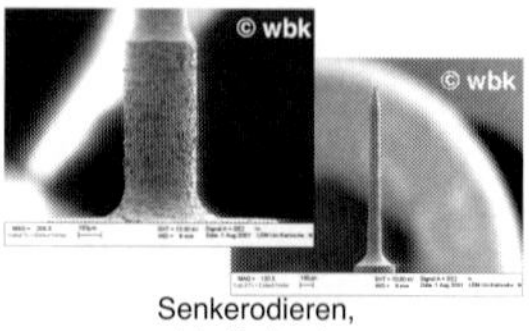

Senkerodieren, wbk, Karlsruhe

Mikrostrukturierung durch Lasercave-Maschine, Fa. Deckel-Maho

- Potenzial abtragender Verfahren
  - Verbesserung der Oberflächenqualitäten mit verkürzten Bearbeitungszeiten
  - Optimierung des Abrichtprozesses und Verschleißfreiheit in der Senkerosion
  - Höhere Genauigkeiten, verbesserte Oberflächenqualitäten, kleinere Strukturbreiten und höhere Aspektverhältnisse im Laserabtrag

Abb. 9 Stand der Forschung und Technik – abtragende Verfahren

eingesetzt und heute noch zerspanend hergestellt. Im Bereich der urformenden Verfahren sehen wir in Abb. 10 zwei verschiedene Technologien. Zunächst ein Ferrul, ein Glasfaserverbindungsstecker aus der Telekommunikations- und Optikbranche, das von der Firma InMaTec hergestellt wird. Dieses 11 mm lange Röhrchen besitzt eine Bohrung von 167 μm über die gesamte Länge. Dieses Keramik-Ferrul wird im Pulverspritzguss hergestellt. Für den Prozess des klassischen Kunststoffspritzgusses habe ich ein Bauteil ausgesucht, das in Zusammenarbeit zwischen dem Institut für Mikrotechnik Mainz und der Firma Faulhaber entwi-

- Stand der Forschung und Technik

Fließpressen, LFT Erlangen

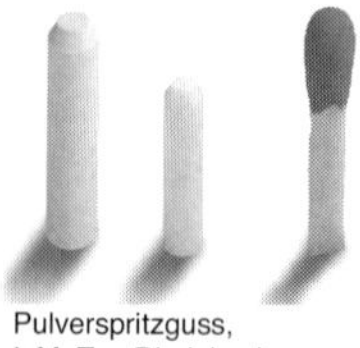

Pulverspritzguss, InMaTec Rheinbach

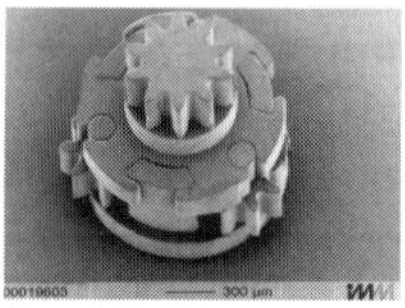

Kunststoffspritzguss, imm Mainz

- Potenzial umformender und urformender Verfahren
  - Simulation und Rapid-Prototyping urgeformter Bauteile
  - Wirtschaftliche Produktion von Nanopulvern für Mikrostrukturen
  - Minimale Einspritzvolumina bei reproduzierbaren Prozessparametern
  - Integrierte Messtechnik sowie Montage- und Zerspanungsprozesse in umformende Prozesse
  - Umformende Bearbeitung schwer zerspanbarer Materialien mit integrierter Sensorik zur Werkzeugbrucherkennung

Abb. 10 Stand der Forschung und Technik – ur- und umformende Verfahren

ckelt und hergestellt wurde. Es handelt sich dabei um ein Planetengetriebe aus PMMA mit einem Außendurchmesser von 1,9 mm. Zusammenfassend ist zu sagen, dass wir auch in der Umform- und Urformtechnik vielfältige, technologisch anspruchsvolle Entwicklungen beobachten können. Die Frage ist nun: wie können wir diese geometrisch definierten, filigranen Gebilde messen?

Aus Abb. 11 mit Beispielen zu Mikro-Messverfahren wird deutlich, dass sowohl die Industrie als auch die Forschung aktiv auf diesem Gebiet arbeitet. Betrachten wir zunächst das Gerät der Firma Nanofokus, basierend auf einem laserscannenden Verfahren zur Messung flächiger Strukturen. Bei der Messung räumlicher Strukturen bestehen noch Defizite. Die Firma Werth aus Gießen hat ein Koordinatenmessgerät mit einem optisch-taktilen Taster entwickelt. Der Durchmesser der Antastkugel ist derzeit 25 μm. Weitere Entwicklungen von Antastsystemen werden derzeit durch die Physikalisch-Technische-Bundesanstalt und dem Institut für Mikrotechnik der Universität Braunschweig durchgeführt.

Damit möchte ich meine kurze Übersicht „wo stehen wir mit der Mikro-Produktionstechnik in Deutschland" abschließen und den Versuch eines Ausblicks unternehmen.

Es ist beeindruckend, welche Aktivitäten in der deutschen Industrie und deutschen Forschungslandschaft bestehen und welche bisherigen Ergebnisse erbracht wurden. Wir haben damit eine hervorragende technologische Basis – die Frage ist: wie machen wir Markterfolge daraus?

Man kann sich vorstellen, dass wir Technologielieferant werden (Abb. 12). Deutschland ist in vielen Bereichen des Maschinenbaus der Technologielieferant und der Ausrüster der Welt.

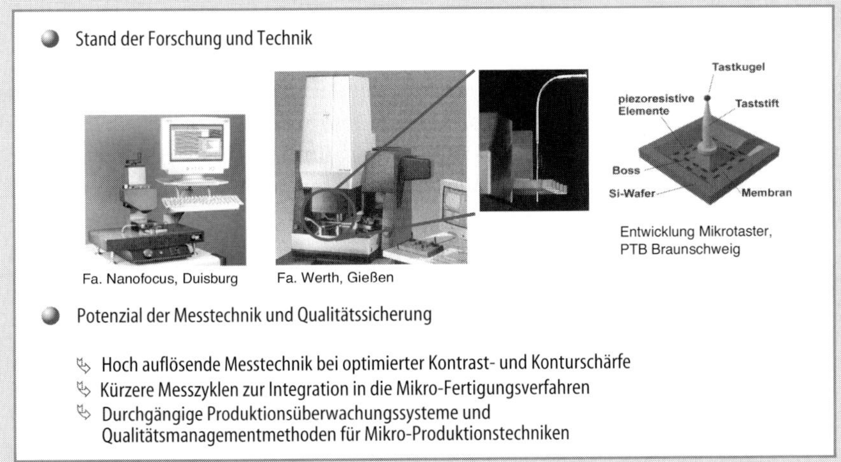

Abb. 11 Stand der Forschung und Technik – Messtechnik

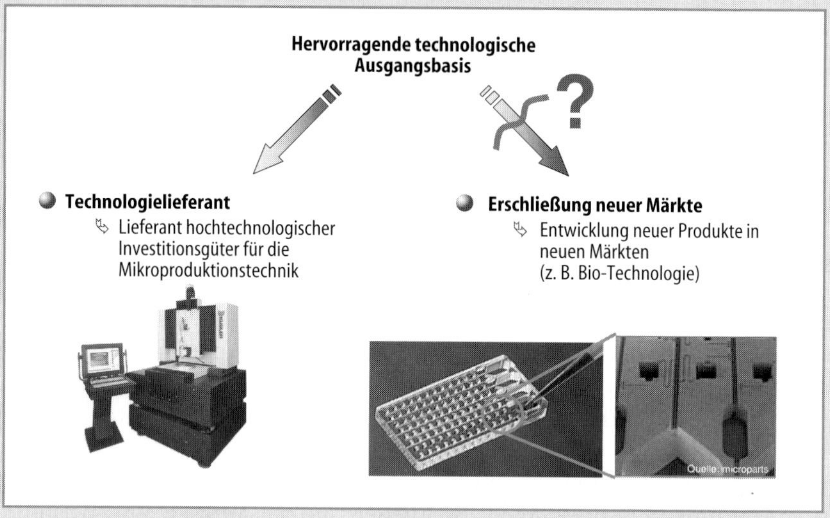

Abb. 12 Zukunft der Mikrosystemtechnik in Deutschland

Nur haben wir in der Vergangenheit eine Lektion gelernt: mit den Produkten gehen auch die Produktionseinrichtungen weg. Das heißt, die gesamte Infrastruktur, die sich um ein produzierendes Unternehmen angesiedelt hat, wird mit den Produkten aus dem Land heraus gehen. In der Konsequenz heißt das: ohne eigene Fertigung von Produkten kann man meist nicht führender Lieferant von Fertigungseinrichtungen sein. Die einfache Folgerung ist demnach: wir benötigen mikrotechnische Produkte. Unsere amerikanischen und asiatischen Wettbewerber sind innovativer und schneller bei der Entwicklung und Einführung mikrosystemtechnischer Produkte.

Wenn es uns in den nächsten Jahren nicht gelingen wird, drastisch mehr Produkte in neuen, interessanten Märkten zu platzieren, dann sind die dargestellten volkswirtschaftlichen Investitionen der nationalen Förderung vergebens gewesen. Die Frage wird sein, wie wir unsere jüngeren Kollegen motivieren können, Unternehmensgründungen zu forcieren, neue Produkte zu entwerfen und auf dem Markt zu platzieren.

Dies ist die Herausforderung der nächsten Jahre und wird entscheiden, ob wir eine Renaissance der Feinwerktechnik/Mikrosystemtechnik in unserem Land erleben werden.

Ultrapräzisionstechnik

Dipl.- Ing. Christian Wenzel
Dipl.- Ing. Sven Carsten Lange

»Die ultrapräzise Mikrozerspanung mit Diamantwerkzeugen zur Herstellung von komplexen Optiken erschließt das tägliche Leben.«

Christian Wenzel

Sven Carsten Lange

Christian Wenzel studierte Maschinenbau mit dem Schwerpunkt Fertigungstechnik an der RWTH Aachen. Im Juli 2001 begann er als wissenschaftlicher Mitarbeiter am Fraunhofer IPT, Abteilung Produktmaschinen. Seine Arbeitsschwerpunkte liegen im Bereich der Maschinenentwicklung für die zonale Korrekturpolitur optischer Bauteile und Formen, sowie der Diamantbearbeitung mittels Fly-Cutten und Hobeln. Seit dem 1. September 2002 leitet er das Geschäftsfeld „Zentrum für Präzisions- und Mikrotechnik" am Fraunhofer-Institut für Produktionstechnologie. Seit Januar 2003 hat er die Stelle des Gruppenleiters für den Bereich Ultrapräzisionstechnik in der Abteilung Produktionsmaschinen übernommen.

Sven Carsten Lange hat Maschinenbau, Fachrichtung Fertigungstechnik, an der RWTH Aachen studiert. Von 2000–2002 war er als wissenschaftlicher Mitarbeiter zuständig für die Verfahrensentwicklung sowie die Herstellung von Bauteilen aus Faserverbundwerkstoffen für technische und medizintechnische Anwendungen. Seit Januar 2003 ist er als Oberingenieur der Abteilung Produktionsmaschinen tätig. Darüber hinaus ist er Geschäftsführer der AiF-Mitgliedsvereinigung „Forschungsgemeinschaft für Ultrapräzisionstechnik UPT e. V.".

Ultrapräzisionstechnik

Christian Wenzel, Sven Carsten Lange

Einleitung

Professor Weck hat als Leiter der Abteilung Produktionsmaschinen am Fraunhofer-Institut für Produktionstechnologie seit 1980 den Fortschritt der Ultrapräzisionstechnik maßgeblich geprägt und vorangetrieben. Neben verschiedenen Maschinen- und Komponentenentwicklungen sind unter seiner Führung technologische und messtechnische Untersuchungen durchgeführt worden. Mit der Gründung der Forschungsgemeinschaft Ultrapräzisionstechnik gelang es ihm, einen Rahmen zu initiieren, um die gezielte Zusammenarbeit zwischen Industrie und Forschung auf dem Gebiet der Ultrapräzisionstechnik zu forcieren. Weit über die Grenzen Aachens hinaus hat er weiterhin zur Gründung der European Society of Precision Engineering (euspen) beigetragen und stand ihr Jahre vor. Dem europäischen Maschinenbau konnte er durch sein Engagement und Fachwissen eine renommierte Stellung bei den japanischen und amerikanischen Pendants, der JSPE und der ASPE, verschaffen.

Ultrapräzise Oberflächen und Mikrostrukturen auf dem Vormarsch

Die ultrapräzise mechanische Zerspanung zur Herstellung von optischen und mikrostrukturierten Oberflächen hat sich aus ihren Ursprüngen, der Militärtechnik, längst auf zahlreiche Felder unseres täglichen Lebens ausgebreitet-wenn auch für die meisten oft unbemerkt.

Der Rückzug des elektrischen Stroms und der anhaltende Vormarsch des Lichtes als Medium und Energieträger für die moderne Datenübertragung, die Materialbearbeitung, die optische Sensorik, die Beleuchtung, die Medizintechnik u.v.a. ist ein vornehmlicher Grund für diese Entwicklungen. So lenken und formen ultrapräzise strukturierte Facettenspiegel den hochintensiven Lichtstrahl des Lasers, der zwei Bleche eines PKW verschweißt. Mit genauestens bearbeiteten Formeinsätzen für den Kunststoffspritzguss lassen sich geometrisch komplexe Kontaktlinsen in Großserie fertigen, welche die Brille ersetzen. Und auch der Scanner an der Kasse des Supermarktes trägt als Herzstück eine Kunststoffoptik in sich, die in präzise bearbeiteten Werkzeugeinsätzen abgeformt wird (Abb. 1).

Abb. 1 Formstempel für Kontaktlinsen

Gegenüber elektrischen Signalen stellt das Licht höchste Anforderungen an die Oberflächen aller optischen Komponenten, die sich in seinem Strahlengang befinden. Und gerade das menschliche Auge als Begutachter optischer Oberflächen unter der Einwirkung des Lichtes verzeiht keinerlei Fehler. Formgenauigkeiten von < 0,1 μm/100 mm und Oberflächenrauigkeiten von weniger als 10 nm R_A müssen durch die Bearbeitung gewährleistet werden, um den Ansprüchen zu genügen. Nur durch das sensibel aufeinander abgestimmte Zusammenwirken von Maschine, Werkzeug und Prozess lassen sich diese Oberflächenqualitäten ermöglichen.

Durch die ultrapräzise Bearbeitung von Bauteilen lässt sich jedoch nicht nur das Licht lenken. Die Natur bietet zahlreiche Beispiele mikrostrukturierter Oberflächen mit tribologischen oder akustischen Funktionalitäten. Das Blatt der Lotusblume sorgt mit seiner noppenförmigen Struktur dafür, dass Verunreinigungen abgespült werden und die tropische Blume überlebensfähig bleibt. Die rillenförmige Haut des Haifischs bietet günstige Strömungseigenschaften im Wasser und lässt das Tier flink seiner Beute folgen. Durch die Übertragung derartiger Funktionalitäten konnte die Ultrapräzisionszerspanung in der Technik zahlreiche neue Anwendungsfelder erschließen.

Der monokristalline Diamant als Schneidwerkstoff

Erst durch die Entdeckung des monokristallinen Diamanten als Schneidwerkzeug wurde es möglich, sowohl kontinuierliche als auch strukturierte optische Oberflächen mit geometrisch bestimmter Schneide zerspanend herzustellen. Der natürliche oder auch synthetisch hergestellte monokristalline Diamant besteht aus reinen Kohlenstoffatomen in tetraedischer Gitteranordnung. Die Kristalle werden geschliffen und geläppt, um Werkzeuge für die Ultrapräzisionstechnik

Abb. 2 Spanbildung im GK-REM (Großkammer-Rasterelektronenmikroskop)

herzustellen. Kontinuierliche Radien zur Drehbearbeitung können ebenso wie scharfkantige Facetten mit Strukturen weniger Mikrometer bearbeitet werden. Die Werkzeugschneiden haben Radien von bis zu 20 nm. Aufgrund der extremen Härte des Diamanten und einer fünffach höheren Wärmeleitfähigkeit als Kupfer können diese mikroskopischen Schneiden den Prozesskräften und -temperaturen bei der Ultrapräzisionszerspanung standhalten (Abb. 2).

Der atomare Aufbau des Diamanten ist als solcher metastabil, so dass bereits unter normalen Temperaturen und Druckverhältnissen ein Zerfall in Graphit auftritt. Ohne äußere Einflüsse ist dieser Prozess jedoch zu langsam, als dass man ihn beobachten könnte. Erst im Eingriff mit dem Werkstück tritt merklicher Verschleiß auf.

Die chemische Kompatibilität zu den bearbeiteten Werkstoffen spielt bei der Verwendung von Diamant im Zerspanprozess eine vorrangige Rolle. Bei hohen Temperaturen reagieren beispielsweise Eisen, Wolfram, Tantal, Titan oder Zirkon mit dem Kohlenstoff des Diamanten und bilden Karbide. Eine Zerspanung dieser Werkstoffe ist unter wirtschaftlichen Gesichtspunkten nicht möglich – auch wenn sie für die Technik von großem Interesse wäre.

Entsprechend werden vornehmlich Nichteisenmetalle, Kunststoffe und sprödharte Kristallwerkstoffe für die ultrapräzise Diamantzerspanung eingesetzt. Spiegel aus Aluminium und Neusilber oder Abformwerkzeuge aus Messing für das Kunststoffprägen sind typische Anwendungen. Werden für den Kunststoffspritzguss hohe Standzeitanforderungen gestellt, lassen sich mit chemisch Nickel beschichtete Stahlrohlinge mit dem Diamanten bearbeiten.

In direkter Konkurrenz zur Politur konnte die ultrapräzise Zerspanung mit monokristallinem Diamant viele Felder in der modernen Technik erschließen und neue Anwendungen ermöglichen. Ein wesentlicher Vorteil der Diamantzerspanung gegenüber dem von sich aus stochastischen Polierprozess ist die schelle und deterministische Bearbeitung mit einer geometrisch bestimmten Schneide.

Abb. 3 Abformwerkzeug für Mikrolinsenarray

In Abhängigkeit der Maschinengenauigkeit lassen sich durch die direkte Bearbeitung Formgenauigkeiten im Submikrometerbereich und Oberflächenrauigkeiten weniger Nanometer Ra herstellen.

Während bei der Politur jedoch nur kontinuierliche Flächen hochpräzise und mit großem Aufwand bearbeitet werden können, ermöglicht die Diamantzerspanung mit Facettenwerkzeugen die Herstellung von Strukturen kleiner einem Mikrometer mit scharf ausgeprägten Konturen. Die Fertigung von komplexen Reflektorstrukturen, Displays und integrierten Strahlformungsoptiken ist durch diese Technologie geebnet worden (Abb. 3).

Höchste Anforderungen an Maschine und Prozess

Als Fertigungsverfahren für die Mikrozerspanung werden die konventionellen Technologien Drehen, Fräsen und Hobeln als auch für die Ultrapräzisionstechnik spezifische Bearbeitungsmethoden wie das Fly-Cutting oder das Fast-Tool Drehen verwendet. Das Fly-Cutting-Verfahren oder auch Einzahnfräsen eignet sich zur Herstellung hochgenauer Planflächen bzw. linearer Nuten mit Hilfe strukturierter Werkzeuge. Das Verfahren zeichnet sich durch ein einzelnes Diamantwerkzeug aus, das auf dem Umfang einer Drehscheibe angebracht und ausgerichtet wird. Weitere Schneiden kommen nicht zum Einsatz, da sie nicht in der geforderten Genauigkeit zueinander ausgerichtet werden können. In dem kurzen Eingriffsintervall der Schneide im Werkstück liegen die Kräfte, abhängig von der Zustellung und dem gewählten Werkzeug, im Bereich weniger Newton.

Neben hoher Formgenauigkeit und geringer Oberflächenrauigkeit ultrapräzisionsbearbeiteter Werkstücke, finden zunehmend strukturierte und nichtrotationssymmetrische Bauteile Anwendungen. Durch eine aktive Werkzeugzustellung lassen sich hochgenaue Strukturierungen von Oberflächen in den Drehprozess integrieren. Dabei wird die Winkellage des Werkstücks während der Bearbeitung von einem hochauflösenden Drehgeber erfasst. Ein externer Steuerungsrechner berechnet online in Abhängigkeit von der Vorschubachsposition die notwendigen Zustelldaten. Die Bewegung des Antriebs erfolgt in Positionsregelung mit einer hohen Dynamik bei sehr geringem Rauschen. Vorteile gegenüber einem konventionellen Fräsprozess sind bei diesem Herstellungsverfahren die besseren Oberflächengenauigkeiten, die verkürzte Bearbeitungszeit und die geringeren Kosten.

Durch die Überlagerung von Relativbewegungen zwischen Werkzeug und Werkstück wird bei der Politur prozessbedingt die Ausbildung von kontinuierlichen Oberflächenstrukturen durch eine stochastische Mittlung verhindert. Hingegen werden bei der deterministischen Materialbearbeitung mit geometrisch bestimmter Schneide jegliche Fehler, die sich aus dem Wirksystem Werkzeug, Prozess und Maschine ergeben, direkt auf der Bauteiloberfläche als sich wiederholende Formfehler abgebildet. Gerade kontinuierliche, symmetrische Oberflächenstrukturen wie z.B. Vorschubriefen oder Ratterschwingungen stören die optische Funktion eines Bauteils und machen es unbrauchbar. Neben einwandfreien Werkzeugen muss die Werkzeugmaschine den höchsten Anforderungen genügen. Die feine Abstimmung aller Komponenten stellt besondere Herausforderungen für den Konstrukteur dar. Durch sein herausragendes, umfassendes technisches Verständnis konnte Prof. Weck maßgeblich zu Entwicklungen von leistungsstarken Maschinen und Komponenten beitragen.

Das Maschinenbett und die Gestellbaugruppen der Maschinen müssen trotz der kleinen Prozesskräfte hochsteif sein und jegliche Schwingungen bestmöglich dämpfen, um die Anforderungen an Formgenauigkeit und Oberflächenrauigkeit zu garantieren. So wird als Maschinenbett i.d.R. ein Granit verwendet, der neben hervorragenden Dämpfungseigenschaften thermische Stabilität in der Werkzeugmaschine gewährleistet. Weitere Bauteile wie Portalbalken oder Schlitten werden massiv aus Stählen ausgelegt, um hohe statische Steifigkeiten und geringe Schwingungsneigung zu erzielen.

Der Einsatz von Wälzführungen ist bei der Gestaltung von Ultrapräzisionsmaschinen nicht möglich, da bereits das Abrollen der Wälzkörper auf der optischen Bauteiloberfläche wiederzuerkennen ist. Anstelle dessen werden aerostatische bzw. hydrostatische Spindeln und Linearführungen verwendet. Da bei diesen Systemen keinerlei Stick-Slip Effekte auftreten, können reproduzierbare Positionierungen auf weniger als 100 nm durchgeführt werden.

Für den Antrieb der Maschinenschlitten sind in den Anfängen hochpräzise, schlupffreie Reibradantriebe benutzt worden. Mit der Weiterentwicklung der linearen Direktantriebe konnten UP-Maschinen kompakter und dynamischer ausgelegt werden. Für Positionieraufgaben von Schlitten, die während der Bearbeitung keine Bewegungen durchführen müssen, lassen sich hochpräzise Spindeltriebe nutzen.

Um Positioniergenauigkeiten von weniger als 100 nm zu erreichen, werden feinstauflösende Messsysteme eingesetzt. Laserinterferrometer mit aufwendigen Umlenkspiegeln waren anfänglich die einzigen Systeme, die den Anforderungen gerecht werden konnten. Die Verbesserungen optischer Linearmaßstäbe und die Möglichkeiten, die ausgelesenen Daten hochgradig zu interpolieren, haben diese Messsysteme für heutige UP-Maschinen weitestgehend qualifiziert.

Maschinenentwicklungen

Die UPM war die erste Ultrapräzisionsmaschine die unter der Leitung von Prof. Weck am Fraunhofer IPT entwickelt, konstruiert und aufgebaut worden ist (Abb. 4). Die 3-achsige Maschine verfügt über einen luftgelagerten Kreuzschlitten, der auf einem schwingungsisolierten Granitbett verfährt. Das Schlittensystem wird in x-Richtung von einem Reibradantrieb submikrometergenau positioniert. Ein Torquemotor mit einer Kugelumlaufspindel treibt den z-Schlitten an, der nadelgelagerte y-Schlitten wird von einem DC-Scheibenläufermotor und einer Planeten-Gewindespindel verfahren. Als Wegmesssysteme kommen für alle Linearachsen hoch auflösende Laserinterferometer zum Einsatz.

Die Maschine ist mit zwei luftgelagerten Bearbeitungsspindeln ausgestattet. Der Rotor der Hauptspindel wird in Kalottenlagern geführt und kann bei maximal 3000 U/min und einer Rundlaufgenauigkeit von 0,1 μm zur ultrapräzisen

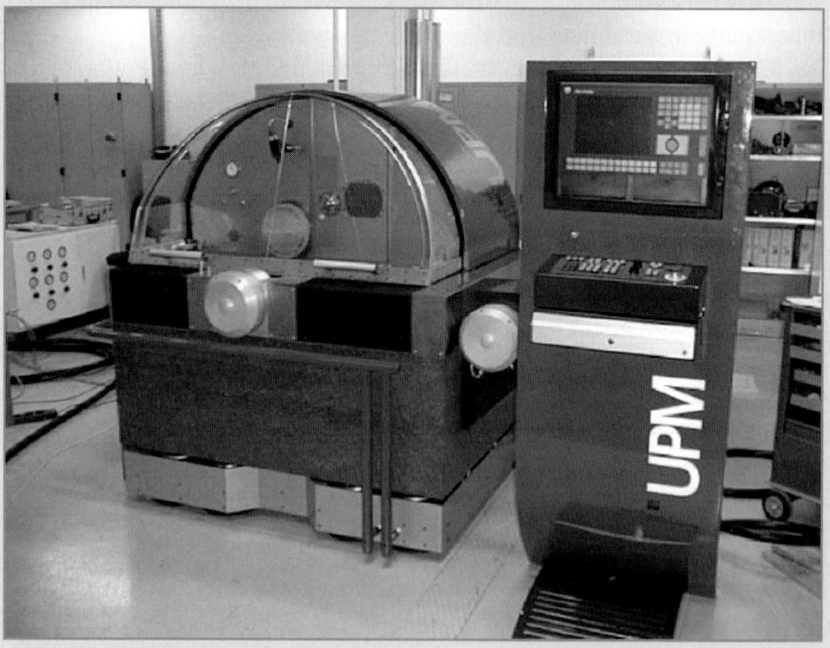

Abb. 4 Ultrapräzisions-Dreh- und Fräsmaschine UPM

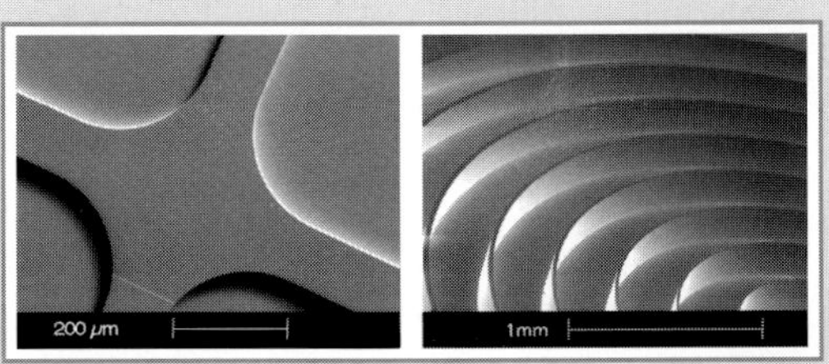

Abb. 5 Mechanisch bearbeitete Mikrostrukturen

Abb. 6 5-Achs-Fräsmaschine

Drehbearbeitung bzw. zum Einzahnfräsen, dem sogenannten Fly-Cutten eingesetzt werden. Eine Hochfrequenzspindel ist am y-Schlitten montiert und kann bei Drehzahlen von bis zu 80.000 U/min zur Fräsbearbeitung mit kleinsten Schaftfräsern eingesetzt werden. Die in Zusammenarbeit mit der Firma Philips entwickelte Spindel erreicht radiale Steifigkeiten von 30 N/μm bei einem Versorgungsdruck von 14 bar. Durch diesen Aufbau lassen sich mit der Maschine in ihrer Geometrie frei wählbare Konturen in Bauteiloberflächen einbringen. Stahlfräser mit einem minimalen Durchmesser von 60 μm ermöglichen die Fertigung von feinsten Kanalstrukturen für die Mikroreaktorik und die Biochemie (Abb. 5). Die Qualität der Maschine und ein ansprechendes äußeres Design führten zu einem Verkauf von sechs Exemplaren an Industrie und Forschung.

Aufgrund der erfolgreichen Konstruktionen hat die Industrie den Kontakt zu Prof. Weck gesucht, um gemeinsam Entwicklungsprojekte zu initiieren. So ist in Zusammenarbeit mit der Firma Kugler, Salem, eine 5-Achs-Maschine zur Freiformflächenbearbeitung entwickelt worden (Abb. 6).

Abb. 7 Optische Freiformfläche

Hydrostatische Linearführungen haben mit Gradheitsabweichungen von weniger als 0,6 μm über 180 mm die Aerostatik der UPM ersetzt. Positioniergenauigkeiten von 0,44 μm werden ohne den Reibradantrieb berührungslos mit linearen Direktantrieben erreicht. Lediglich die vertikale z-Achse der Maschine wird über eine Kugelrollspindel angetrieben. Die luftgelagerte c-Achse ist in den Schlitten der y-Achse integriert und kann neben hochpräziser Positionierung bei Lageregelung mit einer maximalen Rundlaufabweichung von 0,117 μm zur Drehbearbeitung eingesetzt werden. Die wälzgelagerte b-Achse ist am Schlitten der z-Achse angeflanscht. Sie wird mit einem Torquemotor direkt angetrieben und erlaubt das Schwenken der von der UPM stammenden Hochfrequenz-Bearbeitungsspindel um +/– 45°. Die rasante Weiterentwicklung optischer Linearmaßstäbe ermöglichte die Substitution des Laserinterferometers ohne Genauigkeitseinbußen. Hohe Robustheit der Messsysteme und eine verbesserte konstruktive Integration ermöglichten einen kompakten Aufbau der Maschine. Mit zwei zusätzlichen Achsen und einer PC-basierten Steuerung zur komplexen Datenverarbeitung konnte mit dieser Maschinenentwicklung dem wachsenden Bedarf nach kontinuierlichen und strukturierten Freiformflächen mit optischer Qualität Rechnung getragen werden (Abb. 7).

Neben komplexen Freiformen hat sich in der Ultrapräzisionstechnik der Trend zu großflächig strukturierten Bauteilen entwickelt. Anwendungen umfassen komplexe Displays in mobilen Kommunikationssystemen, mikrostrukturierte Folien und andere funktionale Oberflächen. An die Maschinenstruktur, die Antriebe und die Messsysteme werden höchste technische Anforderungen gestellt, um die notwendige Positionier- und Wiederholgenauigkeit auch auf großflächigen Bauteilen zu gewährleisten.

In einem durch die Arbeitsgemeinschaft Industrieller Forschungsvereinigungen (AIF) geförderten Projekt konnte Mitte letzten Jahres die Entwicklung

Abb. 8 Fräs- und Hobelmaschine für großflächige Mikrostrukturierung

und der Aufbau einer 4-Achs-Ultrapräzisionsmaschine zur Bearbeitung von Bauteilen mit bis zu $1 \times 1\,\text{m}^2$ unter der Leitung von Prof. Weck erfolgreich abgeschlossen werden (Abb. 8). In das Portal der Maschine sind jeweils zwei x und z Achsen integriert, um zeitoptimiert Bauteile durch den Hobel- bzw. Fräsprozess zu bearbeiten. Weiterhin kann durch synchrone Ansteuerung der beiden x-Schlitten eine Impulsenkopplung der beiden Achsen für die dynamische Hobelbearbeitung realisiert werden. Das Maschinensystem besitzt somit insgesamt sechs Achsen.

Die z-Schlitten verfügen über Adapterflansche zur Montage von einer Fly-Cutting Spindel zur Planbearbeitung und linearen Strukturierung. Weiterhin lässt sich die am Fraunhofer IPT in Zusammenarbeit mit der Firma Philips entwickelte Hochfrequenzspindel betreiben, um beliebige Strukturen in Oberflächen einzuarbeiten. Mit einem Halter für Diamantwerkzeuge zur Hobelbearbeitung wird gerade den steigenden Anforderungen an mikrostrukturierte Oberflächen aus dem Bereich der Displaytechnologie Rechnung getragen.

Die Maschine ist mit hydrostatischen Linearführungen und einer hydrostatisch gelagerten Rundachse ausgestattet. Über dem maximalen Verfahrweg der y-Achse von 1800 mm wurde eine Gradheitsabweichung in x-Richtung von maximal 3,7 μm gemessen (Abb. 9). Lediglich die z-Schlitten werden auf V-förmigen Wälzlagerungen mit Nadelkörpern geführt. Vier eisenlose Linear-

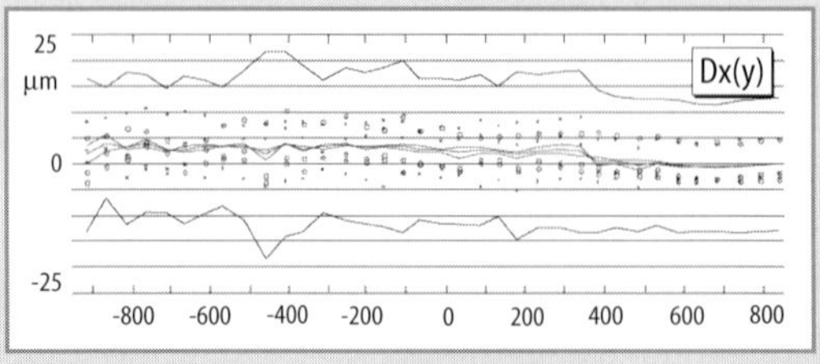

Abb. 9 Gradheitsabweichung der y-Achse, $D_x(y)$

Abb. 10 Hobelbearbeitung von Pyramidenstrukturen

motoren treiben die zwei Portalschlitten x1 und x2 direkt mit einer maximalen Geschwindigkeit von 40 m/min an. Die y-Achse wird durch eine hydrostatische Gewindespindel positioniert. Durch die Wahl des Antriebs wird höchste thermische Stabilität auf dem langen Verfahrweg gewährleistet. Als Wegmesssysteme kommen offene inkrementale Längenmesssysteme zum Einsatz (Abb. 10).

Neben vollständigen Maschinenentwicklungen ist unter der Leitung von Prof. Weck die Entwicklung von hochdynamischen Zusatzachsen für Ultrapräzisionsmaschinen, sog. Fast-Tool-Servo-Systemen, maßgeblich vorangetrieben worden.

Abb. 11 Fast-Tool-Servo-System

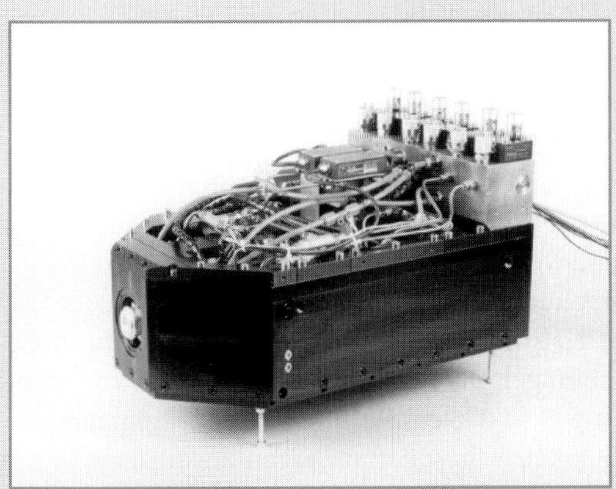

Abb. 12 Fast-Tool-Servo System mit linearem Direktantrieb

Die ersten Fast-Tool-Achsen, die am Fraunhofer-Institut für Produktionstechnologie aufgebaut und erprobt worden sind, nutzen als Antriebseinheit einen Piezokristall, der durch Anlegen einer Spannung eine gezielte, lineare Bewegung ausführt (Abb. 11). Die Piezoantriebe arbeiten gegen ein Blattfedersystem, in dem der Werkzeughalter mit Diamantschneide aufgehängt ist. Die Feder sorgt für den Rückhub der Werkzeugschneide (Abb. 12). Mit maximalen Frequenzen von 1000 Hz und einem Hub von bis zu 40 μm konnten erfolgreich Facettenspiegel, Mikrolinsenarrays und andere strukturierte optische Oberflächen hergestellt werden. Ein für den industriellen Einsatz weiterentwickeltes Fast Tool Servo System wird in Lizenz über den Hersteller von Ultrapräzisionsmaschinen Precitec seit 1999 vertrieben.

Den hohen Frequenzen der piezogetriebenen Fast-Tool-Achsen stehen die erreichbaren niedrigen Hübe entgegen, die für zahlreiche Anwendungen bei der Herstellung von Freiformoptiken Limitationen darstellen. Mit dem Aufbau eines luft- bzw. eines hydrostatisch gelagerten Fast-Tool-Systems mit linearen Direktantrieben können Hübe von bis zu +/- 4 mm realisiert werden. Um die hohen Beschleunigungen aufbringen zu können, die das Werkzeug der langhubigen Fast-Tool-Achsen mit maximal 300 Hz bewegen lässt, werden eigens am Fraunhofer IPT berechnete und entwickelte Tauchspulenmotoren verwendet. Mit einem Zwei-Schlitten-System wird auch bei diesen Maschinenkomponenten gezielt die Impulsentkopplung genutzt, um vibrationsfrei und hochpräzise die Diamantschneide zustellen zu können. Für hochdynamische Maschinensysteme ist darüber hinaus die Fast-Tool-Servo-Technologie in Form eines intelligenten Werkzeughalters zum Einsatz gekommen, um dynamisch bedingte Positionierungsgenauigkeiten des Maschinensystems zu kompensieren und die Bauteilqualität nachhaltig zu verbessern.

Vereint die Zukunft gestalten

Neben der Lösung zahlreicher technischer Aufgabenstellungen hat Prof. Weck während seiner Amtszeit insbesondere kommunikative Barrieren überwunden und den gezielten Austausch zwischen Industrie und Forschung vorangetrieben. Es gelang ihm, ein Netzwerk von Kontakten aufzuspannen und an seine Assistenten und Studenten weiterzureichen, welches für viele Abgänger den erfolgreichen Eintritt in die Arbeitswelt dargestellt hat.

Durch die Gründung der Forschungsgemeinschaft Ultrapräzisionstechnik im Jahre 1988 hat Prof. Weck gezielt konkrete Fragestellungen aus dem industriellen Alltag an die RWTH Aachen geholt, um die Forschung mit Praxisnähe zu beleben. Darüber hinaus konnte er in diesem Rahmen Industriepartner und Konkurrenten aus unterschiedlichsten Wirtschaftszweigen zusammenführen, um einen gemeinsamen Informationsaustausch an den zukunftsweisenden Knotenpunkten der Ultrapräzisionstechnik zu gewährleisten. Verschiedenste Problemstellungen sind in den halbjährigen Versammlungen der Forschungsgemeinschaft in großer Runde diskutiert und gelöst worden. Durch die Beantragung von öffentlichen Fördermitteln im Rahmen der Forschungsgemeinschaft sowie durch Beiträge der Mitglieder konnten sowohl konkrete Industrieprobleme als auch grundlagenorientierte Fragestellungen durch Forschungs- und Entwicklungsprojekte am Fraunhofer IPT beleuchtet werden. Nach fünfzehnjährigem Bestehen der Forschungsgemeinschaft Ultrapräzisionstechnik hat sich ein fester Kern von über 20 Firmen gebildet, der sich an der aktiven Gestaltung mit stetig aktuellen Forschungsthemen beteiligt. Jährlich dazustoßende neue Interessenten untermauern die Bedeutung und die inhaltliche Frische der Gemeinschaft.

In Zusammenarbeit mit seinen britischen Kollegen Prof. P. A. McKeown und Prof. John Corbett hat Prof. Weck im Rahmen eines von der Europäischen Union geförderten Grwoth Projekts die European Society of Precision Engineering (euspen) mit der ersten internationalen Konferenz im Mai 1999 in Bremen ins Leben gerufen. Ziel von euspen ist die Schaffung einer europäischen Plattform für den koherenten und dynamischen Informationsaustausch zwischen Industrie, Forschungseinrichtungen und Universitäten in Bereich der Ultrapräzisionstechnologien. Durch ein engmaschiges Netzwerk, internationale Veröffentlichungen sowie der Organisation von Konferenzen und praxisnahen Workshops gelang es euspen als effizienter Beschleuniger für innovative Produkte und als Verbindungsglied für industrielle und wissenschaftliche Kooperationen zu dienen. Ein wesentlicher Beitrag zur Stärkung bestehender und zur Bildung neuer Industriezweige konnte somit erzielt werden. Seit dem Auslaufen der europäischen Fördergelder für das Projekt im Jahr 2001 besteht euspen erfolgreich als nicht kommerzielle Organisation mit dem Hauptsitz in Cranefield, England.

In den Vorlesungen „Maschinen und Geräte zur Herstellung von Mikrosystemen“ und „Ultrapräzisionstechnologie“ hat Prof. Weck Studenten der RWTH Aachen die Begeisterung für die Technik und den Mikrokosmos nahegebracht. Mit einer über die Grenzen Europas anerkannten soliden Ausbildung im Maschinenbau absolvieren mehr als 50 Studenten bei ihm jährlich ihren Diplomabschluss. Eine engagierte Gruppe von fünfzehn Ingenieuren, sechs Konstrukteuren und fünf Technikern betreut unter seiner Leitung die wissenschaftliche Arbeit im Bereich der Ultrapräzisionstechnik am Fraunhofer-Institut für Produktionstechnologie. Über das Ausscheiden Prof. Wecks aus der aktiven Forschung hinaus bleibt die tiefe Begeisterung für die Technik bei seinen Mitarbeitern bestehen, die er durch zahlreiche anschauliche Darstellungen und Erklärungen einzigartig vermitteln konnte.

Ultra Precision Machine Tools

Prof. Pat McKeown
Prof. John Corbett

»Ultra precision machine tools are key to successful growth in the ultra precision technologies in general and ultimately engineering nanotechnology, in particular.«

Pat McKeown

John Corbett

Pat McKeown became involved in the design and development of high precision machine tools when he joined Societe Genevoise d'Instrument de Physique in 1956. He established the Cranfield Unit for Precision Engineering in 1968 which went on to develop many state of the art precision machines and later Ultra Precision Machine Tools. He is a member and post president of CIRP where he met his friend Manfred Weck; with others, they collaborated in running joint international conferences in Precision Engineering and went on, again with others, to establish euspen in 1998.

John Corbett joined Cranfield Unit for Precision Engineering (CUPE) from industry, in 1969. While with CUPE he was involved in the design and development of a range of high precision machine tools and measuring machines. Following nine years at CUPE he joined Cranfield University's School of Industrial and Manufacturing Science where he became Professor of Precision Engineering. His research interests are in ultra precision machine design and machining. He is a member of CIRP and was the first project director of euspen upon its formation in 1998.

Ultra Precision Machine Tools

Pat McKeown, John Corbett

Introduction

The growth of the ultra precision technologies, precision engineering, micro engineering and now engineering nanotechnology is, naturally, closely related to the development of ultra precision machine tools (UPMTs). Among the first ultra precision machine tools to appear on the world stage were diamond turning machines at the U.S. defence laboratories of Lawrence Livermore and Oak Ridge in the late 1960s. These early machines were based on the beds of jig boring machines with hand scraped and lapped prismatic guideways, incorporating high quality lapped leadscrews typical of jig borers and jig grinding machines of that era.

Critically important to the success of these pioneering machines was the development of porous graphite, opposed hemisphere aerostatic spindles and the breakthrough temperature control techniques such as "oil shower" (±0.01°C) by J.B. Bryan and colleagues (Bryan et al. 1971). Since then the evolution to the UPMTs with outstanding accuracy performance, built in the last twenty years can be traced perhaps most readily by papers published in the Annals of CIRP (The International Institution for Production Engineering Research) and the journal Precision Engineering, the journal of the American, European and Japanese societies for precision engineering and nanotechnology (see Section "An Outline History of the Development of Ultra Precision Machine Tools, Subsystems, Research and Standards").

These machines for single point machining, micro milling and ductile regime grinding in particular, typically incorporate laser interferometer or scale displacement transducers down to 0.5 nm resolution, high speed advanced CNC systems, high loop stiffness structures (especially for machining glasses, ceramics and hardened steels), tight thermal drift control and high stiffness fluid film bearings, both linear and rotary. For the highest accuracy, geometric and thermal error software compensation techniques are becoming widely used.

Precision Engineering Societies

The oldest and largest, the Japan Society of Precision Engineering (JSPE), founded in 1933, has grown, to cover nearly all aspects of advanced manufacturing engineering and technology.

The American Society for Precision Engineering (ASPE) was formed in 1986 and is a multidisciplinary technical society whose goal is to emphasize research, design, development, manufacture, and measurement of high accuracy components and systems. ASPE emphasizes the foundations necessary to achieve precision in any application and seeks to bring together practitioners from all related fields.

The European Society of Precision Engineering and Nanotechnology (eu**spen**) is the youngest society, and was initiated by an informal discussion between five precision engineers, from Germany and the UK, (Keith Bowen, John Corbett, Horst Kunzmann, Pat McKeown and Manfred Weck), attending the 1994 CIRP General Assembly, held in Singapore. It was decided that Europe should have its own precision engineering society and in October 1998 eu**spen** was established with funding from the European Commission under its "Competitive and Sustainable Growth Programme". It aims to provide a coherent and dynamic collaborative thrust for industry, research institutes, universities and leading practitioners to meet, network and mutually benefit from the promotion of the ultra precision technologies. Through the organisation of conferences, workshops, training events, efficient network multimedia and international publications, the foremost aims of eu**spen** are to:

- facilitate intensive information exchange between interdisciplinary technologies
- optimise industrial development and growth in these fields
- become an efficient catalyst for the design and manufacture of innovative products
- create new industrial and academic collaborations

The international conference of eu**spen** resulted from combining two very successful international events, (a) the International Conference on Ultra Precision in Manufacturing Engineering (UME), organised by FG UPT (Forschungsgemeinschaft Ultrapräzisionstechnik e.V.) Aachen and PTB (Physikalisch-Technische Bundesanstalt) Braunschweig, and (b) the International Precision Engineering Seminar (IPES), initiated by CUPE (Cranfield Unit for Precision Engineering) and first run in 1981.

A rapidly expanding international community has developed, promoted by the growth of conferences around the world addressing the ultra precision technologies and accelerated by many national and international research programmes in precision engineering and nanotechnology.

Ultra Precision Machine Tool Design

State-of-the-art design and developments are enabling ultra precision machines to approach the accuracy and stability required, between the tool and workpiece, so that what Taniguchi (1974) called "atomic bit machining" can be achieved. However, the fundamental principles for the design of machine tools and measuring machines to achieve high work-zone accuracy, under both quasi-static and high dynamic conditions, are known and rigorously applied by only a few practising designers (McKeown et al. 1987).

The workpiece accuracy depends not only on the work-zone accuracy of the machine but also on environmental effects and on how the machine is operated. Today the precision machine designer must take responsibility for obviating, more than ever before, potential causes of error introduced by environmental or operating effects. For example, the advanced precision production machines of the immediate future must be designed, built and delivered complete with their own controlled operating environment.

Analysis of all error sources and *error budgeting* is an essential early step in the machine design stage. The eleven principles and techniques, shown on page 318 (McKeown 1986), are essential steps in *error reduction* of machines. However, powerful CNC systems offer software error compensation possibilities for high precision machine tools. A few, world-leading manufacturers now use the technique of software error compensation whereby the systematic errors in X, Y and Z at some 64,000 points in the 3D workzone of the machine can be greatly reduced and brought close to zero. Figure 1 shows a 3D error map for a multi axis machine. The X, Y, Z systematic errors result from the inevitable geometric and deformation errors of machine structures, guideways, displacement measuring systems etc.

The application of active and adaptive compensation of geometric errors in precision components and machines is now a very economical alternative to the philosophy of designing and trying to build machines to a very high intrinsic

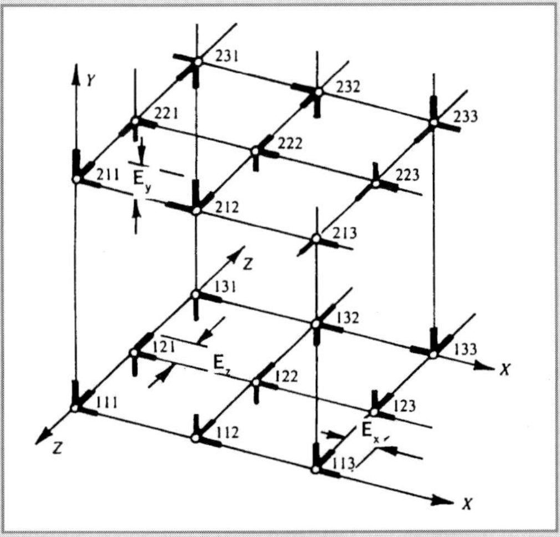

Fig. 1 A 3D error map for a precision machine showing the uncorrected systematic errors in x, y, and z directions that can be reduced by software error compensation

accuracy. Thus the mechanical accuracy of a precision machine needs only be sufficient to allow error compensation to the desired level of accuracy, with the proviso that the error characteristics e.g. repeatability, spatial rate of change, be compatible with the error compensation system in terms of resolution, spatial correction frequency, servo performance; etc.

The Eleven Principles and Techniques for the Design of High Precision Machines
(McKeown, 1986)

1. Structure: symmetry; dynamic stiffness; high damping; secular stability; thermal stability; independent of foundation; seismic isolation
2. Kinematic/Semi-Kinematic Design: rigid body kinematics; three point support
3. Abbé Principle (or options)
4. "Direct" Displacement Transducers: scales or laser interferometer(s)
5. Metrology Frames: isolate measuring system from force paths and machine distortion
6. Bearings: high accuracy; high averaging/low rumble; low thermal effects; low limiting friction; high damping
7. Drives/Carriages: through axes of reaction; "non-influencing" couplings and clamps
8. Thermal Effects: eliminate/minimise thermal inputs and drift; stabilisation/ compensation
9. Servo-Drives and Control (CNC): high stiffness/response/bandwidth; zero
10. following errors; dynamic position-loop synchronisation
11. Error Budgeting: (i)geometrical-angular, straightness and orthogonal error motions (ii) thermal-loop expansions; deformations
11. Error Compensation: linear; planar; volumetric; quasi-static and dynamic.

An Outline History of the Development of Ultra Precision Machine Tools, Subsystems, Research and Standards

The following is not an exhaustive or complete list of major published contributions to the development of UPMTs, but will help to illustrate the rapid growth of the basic technologies.

1959 J Tlusty. Systems and methods of testing machine tools. Microtechnic, 13, 162.

1965 JB Bryan et al. Thermal effects in dimensional metrology. ASME Paper No. 65 PROD-13. (A key development in understanding and defining thermal error effects in high precision machining.)

1967 JB Bryan et al. Spindle Accuracy. American Machinist Special Report, No. 612, Dec. 4, 1967.

1973 P McKeown. Some aspects of the design of high precision measuring machines. Annals of CIRP, Vol. 22/1. (First published use of the term "volumetric accuracy"; first published geometric accuracy analysis and error budget for a 3D machine.)
1977 R Hocken et al. Three dimensional metrology. Annals of CIRP, Vol. 26/2. (First published work on theory and results of software error correction of a 3D CMM.)
1979 JB Bryan. Design and construction of an 84 inch diamond turning machine. Precision Engineering, Vol. 1, No. 1
1979 RV Jones. Precision engineering from integrated circuits to super tankers. Precision Engineering, Vol. No. 3.
1983 N Taniguchi. Current status in, and future trends of, ultraprecision machining and ultrafine materials processing. Annals of CIRP, Vol. 32/2.
1987 PA McKeown. The role of precision engineering in manufacturing of the future. Annals of CIRP, Vol. 36/2.
1991 N Ikawa et al. Ultraprecision metal cutting, the past, the present and the future. Annals of CIRP, Vol. 40/2.
1994 N Taniguchi. The state of the art of nanotechnology for processing of ultraprecision and ultrafine products. Precision Engineering, Vol. 16, No. 1.
1995 M Weck et al. Reduction and compensation of thermal errors in machine tools. Annals of CIRP, Vol. 44/2.
1995 S Satori, G.X. Zhang. Geometric error measurement and compensation of machines. Annals of CIRP, Vol. 44/2.
2000 J Corbett et al. Nanotechnology: international developments and emerging products. Annals of CIRP, Vol. 49/2.

Some Novel Features in Ultra Precision Machines

Tetraform Structure

The Tetraform concept originated from a machine tool design by Lindsey (Lindsey 1991) at the UK's National Physical Laboratory (NPL). To enhance their expertise in the production of ultra precision optical elements, NPL developed a single-axis prototype machine tool, Tetraform 1, targeted at the "ductile" machining of brittle materials.

The original Tetraform design includes a combination of novel concepts for machine tool structures that were developed to provide the high stiffness needed to work to ultra precision accuracies at high speed. High static and dynamic stiffness were obtained through the use of an internally damped space frame with all the loads being carried in closed loops via a fully triangulated tetrahedral structure (Lindsey 1991).

Tetraform "C" (Fig. 2) incorporating the principles of Tetraform 1, but with three axes, was subsequently developed for ultra precision machining research

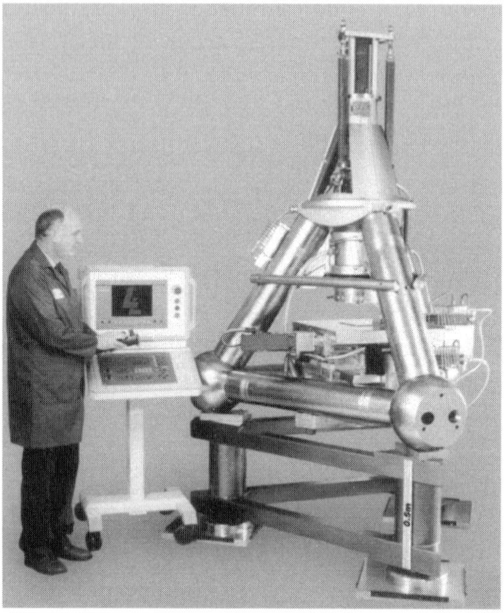

Fig. 2 Tetraform „C"

(Stephenson and Corbett 2002), and is described in Section "Tetraform "C" – an ultra-precision three-axes grinding machine".

Metrology Frames

A unique machine for grinding and measuring large off-axis optical components (OAGM 2500), prior to final polishing, was developed by Cranfield Precision Engineering (Leadbeater et al. 1989) and is shown in Fig. 3. The reference

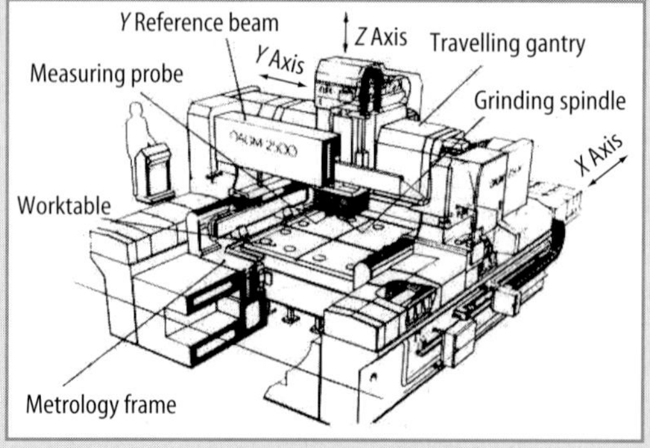

Fig. 3 OAGM 2500 machine configuration

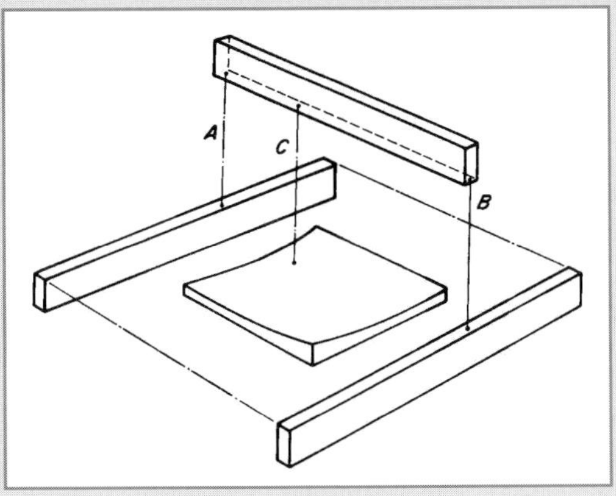

Fig. 4 Basic reference frame

measurement system for this machine is based on the metrology frame concept, an approach which has been incorporated in the past on a number of specialised high precision machines (Arnold et al. 1979; Bryan 1979).

In the design of this equipment, the application of this concept has been limited to the important Z axis. The basic reference frame as set up by the three precision ultra low expansion glass reference bars is shown in Fig. 4. The principle of operation applies both to the grinding and measuring modes.

In practice, two reference straight edges are mounted on either side of the worktable in the X direction and are nominally parallel to the table and coplanar. The third reference beam is mounted above and at right angles to the "X" bars forming the reference for movements in the Y direction.

In order to control the machine to the required accuracy of better than 2 μm over 2.5 m x 2.5 m x 600 mm height, a multipath laser interferometer system with a resolution of 2.5 nm is built in. Three lasers and associated optics are incorporated with the output beam of each laser being split three ways. These form a comprehensive monitoring system for each axis. Additionally, any change in the environmental conditions which occurs during operation of the machine is detected, allowing compensation to be made automatically through the powerful CNC system.

Porous Ceramic Water Hydrostatic Bearings

With the continued drive for improved performance, the limitations of existing bearing systems are becoming apparent. For example, the medium term accuracy capability of oil hydrostatic bearings is limited by the thermal effects caused by increased heat generation by viscous shear. Although aerostatic bearings have improved thermal performance, they suffer from relatively low stiffness and load capacity due to the compressibility of air. To overcome these limitations, a new porous ceramic *water hydrostatic bearing* has been developed (Corbett and Stephenson 2000).

A critical part of the research has been to develop the materials processing methodology which will enable porous ceramic structures to be manufactured that exhibit permeability coefficients that are consistent and repeatable between bearings. Such control of material microstructure is necessary in order to tailor the bearing performance to specific applications.

Compared to a traditional oil hydrostatic spindle bearing of similar dimensions operating at the same pressure (20 bar), with a 3 centistoke oil and designed to classical theories (Corbett and Stephenson 2000) the water bearing shows significant advantages, as listed below, when running at 14,000 r.p.m.

- bearing stiffness increased by 75 %
- temperature rise reduced by 40 %
- power lost to friction reduced by 40 %
- better "averaging" which results in improved running accuracy.

Fast Tool Servos

"Fast tool servo systems" first started to appear in the early 1980s, one at CUPE for the experimental analysis of criteria for achieving ductile regime cutting of brittle materials, particularly glass. Probably the first fully engineered fast tool servo for machining optical components was developed by Donaldson and his team for the LODTM at Lawrence Livermore Laboratories (Donaldson and Patterson 1983). In relatively slow motion it enabled the radial error motion of the large hydrostatic rotary table to be compensated down to a few tens of nanometers. But the widest range of fast tool servo systems has been developed at the Fraunhofer IPT, Aachen under the direction of Professor Manfred Weck. They enable high precision complex structured optical surfaces to be made by the turning process. By measuring the angle of workpiece rotation with a high resolution encoder, and relating this to the position of the feed axis, an external control computer can calculate on-line the required axial movement of the cutting tool. In these diamond turning versions, a piezo actuator, with a frequency of up to 1000 Hz, provides the tool movements. A typical surface is shown in Fig. 5. Other longer stroke systems using high performance linear motors, acceleration sensors, hydrostatic bearings and mass balance techniques have been developed for the more demanding applications of high precision turning of hard materials.

Recent European Ultra-Precision Machines

Ultra-precision functional requirements, together with demands to minimise costs, have led to significant developments in advanced CNC machine tools. These make use of diamond cutting tools, or CBN for ferrous materials, as the tools need to be hard, sharp and to exhibit high wear resistance at very high temperatures, in order to maintain their size and shape when cutting. Examples

Fig. 5 Fast-tool-turning

of such machine tools, recently developed within Europe, are described in this section, as follows.

Ultra-Precision Milling and Turning Machine

A three axes ultra-precision milling and turning machine (Fig. 6) has recently been designed and built at the Fraunhofer IPT in Aachen (Fischer 1998), with

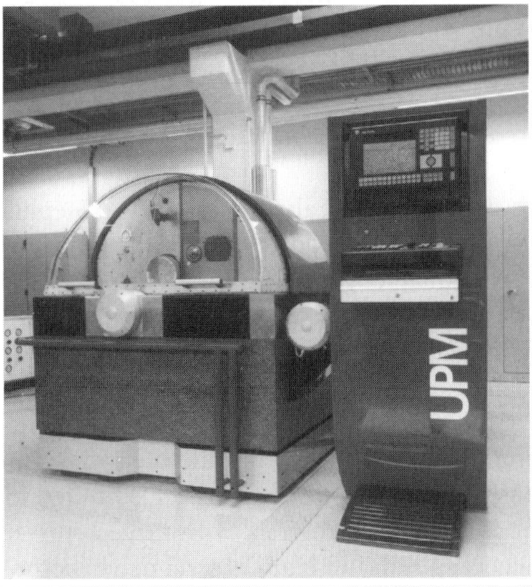

Fig. 6 Axis ultra precision milling machine

further machines being produced for a range of customers. Using accurately radially offset diamond cutters in an 80,000 r.p.m. dynamically stiff, ultra-precision spindle, (jointly developed by IPT, Philips and CUPE), the machine is capable of producing optical quality surfaces on complex component geometries thus enabling it to manufacture sophisticated precision and micro engineered products including dies for textured plastic lenses, chemical microreactor components, such as mixer units, microfluidic devices and heat exchangers and also implants for ophthalmology, embossing tools for reflection foils and uv laser optical systems.

The 3-axis machine has a cross-slide with air bearings that travels over a granite bed insulated from seismic vibrations. The carriage system is positioned in the X-direction by a friction wheel drive. The Z-carriage is driven by a torque motor and a recirculating ball screw; the Y-carriage on needle bearings is positioned by a DC disk armature motor and a planetary threaded spindle. Laser interferometers with a resolution of 10 nm are used for all the linear axes.

Another feature of the machine is an integral tool measurement system that enables milling tools to be measured when they are chucked. The diamond milling cutter produces rectangular groove geometries. Because of its design as a single-edged cutter it is not possible to determine the diameter of the tool when it is at rest. The groove geometry produced on the workpiece can only be determined beforehand by measuring the tool when it is rotating.

Here the diamond milling cutter is illuminated such that against a light background it stands out as a dark area. Photographs are taken continuously while the cutter rotates slowly. Each individual photograph is linked with the resultant picture in such a way that after the cutter has rotated several times, the resulting groove geometry is clearly seen. From the extracted mask the contour is then determined as a line one pixel in width and evaluated with respect to the geometric data.

Tetraform "C" – an ultra-precision three-axes grinding machine

Tetraform "C", (Fig. 2), comprises a pin-jointed tetrahedral structure (Stephenson and Corbett 2002). It is a larger, greatly improved version of the first Tetraform described above. Three struts of equal length are joined with "fixed" ball ended joints to form a horizontal base. Three other three struts are joined with similar joints and they support a connecting unit that also houses the machine spindle and "Z" vertical slideway. The slideways on all three axes are supported on oil hydrostatic guideways and driven via oil hydrostatic leadscrews. The horizontal "X" and "Y" slideways are attached to the base struts and their maximum strokes are 220 mm and 120 mm respectively. The "Z" axis travel is limited to a maximum of 20 mm. The machine is currently provided with three aerostatic spindles. A vertical grinding cup wheel spindle, with an integral drive motor, is fitted to the "Z" slideway, although this may be replaced with a horizontal spindle intended for slitting. This horizontal spindle is a standard Loadpoint LD57 dicing spindle with an integral brushless DC drive motor. The third aerostatic spindle is a "stiff" truing/dressing spindle.

The applications for Tetraform "C" are widespread and include the super fine grinding of engineering ceramics, gallium arsenide, ferrite, glass, lead zirconate titanate, lithium niobate, quartz, sapphire, silicon, germanium, as well as the super fine diamond cutting of non-ferrous metals and plastics. Dicing and slotting is possible for such products as ink jet printing heads, ultrasonic scanners, transducers, magnetic read/write heads and integrated smart sensors.

Further applications for Tetraform "C" have been identified for the grinding of metallic components where highly polished surfaces of optical quality are required. Examples include automotive transmission components and bearings, where surface finishes better than 10 nm Ra on steels up to 65Rc are required, for the elimination of expensive superfinishing and polishing processes which will result in considerable technical and economic benefits.

DeltaTurn – an ultra-precision turning machine

Cranfield Precision has recently produced a precision turning centre for conventional and hard materials. The machine, DeltaTurn (Fig. 7) incorporates novel design features (Clarke et al. 1999) to ensure:

- high static and dynamic stiffness coupled with minimised thermal sensitivity and precise motion control
- control of tool wear and thermal drifts
- precise control of the relative tool and component positions.

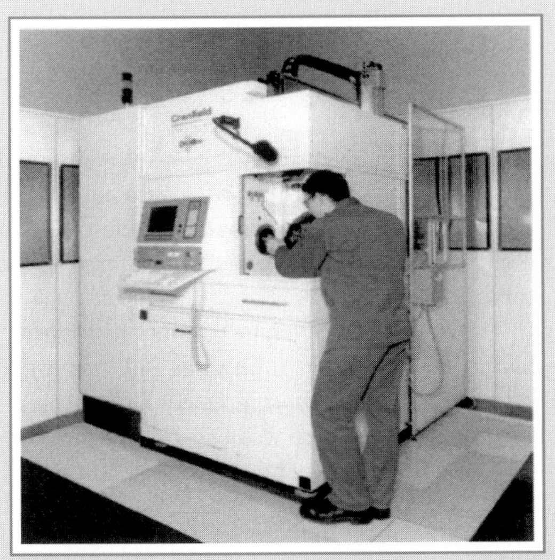

Fig. 7 The CPE Delta Turn

Fig. 8 DeltaTurn X-Y axes configuration

The DeltaTurn machine has a capacity of 75 mm diameter, 50 mm length, and a size control to +/- 0.001 mm for diameter and length. The machine incorporates a single X-Y grating scale mounted on one axis, on the plane of the cutting tool and workspindle axis, and a 2 axis scanning head mounted on the other axis (Clarke et al. 1999). The basic machine configuration, shown in Fig. 8, eliminates the compliance of the machine base and guideway systems from the overall stiffness loop, and substantially reduces the thermal sensitivity of the machine. To ensure that the workpiece dimensional tolerance of 1 μm on a 70 mm diameter is met, an automated part handling device is used to locate each finished component into a dedicated measuring system, which is integral with the machine, allowing 100 percent inspection. Data for length and diameter measurements are fed to the CNC controller, which can make appropriate tool position offsets. Tool wear and failure is identified by continually measuring cutting forces.

Conclusions

Ultra-precision machining is key to the competitive success of a wide range of high performance products in the future. The availability of advanced UPMTs will enable the development of optimised process models for a wide range of advanced materials and components. Major beneficiaries will therefore be UPMT manufacturers and end users.

It is a pleasure for us to acknowledge that colleague Professor Manfred Weck, through his world leading work at WZL and Fraunhofer IPT, has made outstanding contributions to this important and growing field of Ultra Precision Machine Tools. It has also been a great pleasure to work so closely with him over many years in advancing the science base and technologies of UPMTs.

References

Arnold JB et al (1979) Design of a positional reference system for ultra precision machining. Oak Ridge Y12 Plant Report Ref Y2202

Bryan JB et al (1971) A practical solution to the thermal stability problem in machine tools. Lawrence Livermore Laboratory Report UCRL-73577
Bryan JB (1979) Design and construction of an 84 inch diamond turning machine. Precision Engineering vol 1, no 1, pp 13–17
Clarke MS et al (1999) A unique ultra precision lathe for hard and soft turning of precision components. Proc of 1st int conf of the European Society for Precision Engineering and Nanotechnology (eu**spen**), Bremen, Germany, pp 96–99
Corbett J and Stephenson DJ (2000) Novel machine tool concepts: structures and bearings. Weck M (ed) International seminar on precision engineering and micro technology, IPT Aachen pp 13–23
Donaldson RR and Patterson SR (1983) Design and construction of a large vertical axis diamond turning machine (LODTM). Proc SPIE Tech Symposium, UCRL 89738, pp 433–438
Fischer S (1998) Machine development for precision and micro engineering. Annual report of the Fraunhofer Institute of Production Technology, IPT, pp 32–35
Leadbeater PB et al (1989) A unique machine for grinding large, off-axis optical components: the OAGM 2500. Precision Engineering vol 11, no 4, pp 191–196
Lindsey K (1991) Tetraform grinding. SPIE commercial applications of precision manufacturing at the sub micron level, Vol 1573, pp 129–135
McKeown PA (1986) High precision manufacturing and the British economy. James Clayton lecture, IMechE proc, Vol 2000, no 76
McKeown PA et al (1987) The role of precision engineering in manufacturing of the future. Annals of the CIRP 36/2 pp 495–501
Stephenson DJ and Corbett J (2002) Ultra precision grinding using the Tetraform concept. Abrasives Magazine Feb/March 2002 pp 12–16
Taniguchi N (1974) On the basic concept of nanotechnology. Proc. ICPE, Tokyo

Micro Engineering – One Possible Word for an Important Advance in All Sciences

Dr. Ramón Bueno
Sabino Azcarate
Alberto Herrero

»Micro Engineering has opened a new research field for 21st *century research community.«*

RAMÓN BUENO

SABINO AZCARATE

ALBERTO HERRERO

Ramón Bueno has been connected with the mechanical engineering and machine tools research since he started in the "Industrial Engineers School" of San Sebastian where he was Professor, and afterwards with his job in CEIT, his collaboration with IKERLAN, the technical co-direction of INVEMA in its beginnings and his position of scientific director in TEKNIKER foundation until 2002, in which he has been appointed as general director of the foundation.
He has been founder of the National Congresses of Machine Tools in San Sebastian and the international congresses "Improving Machine Tool Performance" held in some different countries, having taken active part in all the editions of these congresses, presenting projects, chairing sessions and forming part of the organising and scientific committees.

Sabino Azcarate is the manager of TEKNIKER Micromachining, a department of Tekniker created to research in Microengineering and Micromanufacturing processes. He joined TEKNIKER in 1999 and since 2000 he took the leadership of the new activities related with microtechnologies. Since he finished his studies as MSC Mechanical Engineer and the Master in Business Administration, he was involved in consulting companies like ERNST & YOUNG and SOCINTEC, developing projects as technology and innovation consultant, mainly for industrial companies. He became general manager of a TEKNIKER spin off, GOITEK SYSTEM, a company for the implementation of CAD/CAE/CAM systems and shop floor data collection solutions for manufacturing companies.

Alberto Herrero received his MSC Mechanical Engineer degree from the Escuela Superior de Ingenieros Industriales de San Sebastián, Universidad de Navarra in 1997. Since then he has worked for TEKNIKER in the Mechatronics and Precision Engineering Department in which he has been involved in the design and calculation of precision machine tools, parallel kinematics machines. He also worked as project manager. His job in these fields have allowed him to publish some papers in important publications like the Annals of the CIRP or the ICPE Proceedings.

Micro Engineering – One Possible Word for an Important Advance in All Sciences

Ramón Bueno, Sabino Azcarate, Alberto Herrero

Right now and right here, in every imaginable product, something important is happening due to the effect of the currently-called nano and microtechnologies: *"A big revolution of the negligible dimensions"*.

The manufacturing, engineering and conception of these micron-size systems supposes the need of complex manufacturing processes, measuring devices, test benches and simulations. These technologies are not only capable to reduce the dimension of current products but also enhance new possibilities and develop new products with the performance of not-previously-possible actions due to inexistence of knowledge and/or tools.

The development of micro-products requires not only microprocessing but also microassembly, microcontrol and micromeasurement techniques. The study, application, combination and improvement of all involved knowledge is giving birth a new complex field called *"Micro Engineering"*.

At present time, the primary technologies used for miniaturization are the microelectronic fabrication techniques and their spin-offs to produce micro-electromechanical systems (MEMS). Some of them are recently developed processes capable to reach higher accuracy like electron beam machining, excimer/femtosecond lasers, photo-etching, LIGA (Ehrfeld 1990), etc. The most important shortcomings associated to these techniques are the inability of these techniques to produce free-form 3D surfaces and the limited range of machinable materials. Apart from these processes, there are some conventional and non-conventional cutting and forming processes (electro discharge machining, laser beam machining, ultrasonic machining, microcutting, electro chemical machining, grinding, punching, stereolithography) that can machine freeform shapes in a wide range of materials with micrometer and even submicron tolerances.

In order to study the micro-world processes, present tools for calculations, modeling and prediction must be complemented with new engineering programs (CAD, CAM, CAE, Injection software) adding effects like surface tension, electrostatic forces, van der Waals, friction, cohesion, capillarity, thermal distortion, etc. at levels that previously were not observed.

Several tools not only for calculation but also for inspection of generated parts must be developed and standardized. The complex measurements in different fields (electrics, magnetics, fluidics, optics, mechanics, etc.), the lack of tools with enough accuracy non-contact measurements and the lack of knowledge in the micro-world are the frontiers to be overcome by micro engineering.

Micro Engineering Background

It sounds like yesterday when only wristwatches were considered as complex mechanisms containing tiny parts with very tight tolerances and microscope-supported assembly and manufacturing. Those parts were manufactured by conventional machining methods combined with a lot of manual job. At that moment the label applied to such jobs was "Precision Swiss Made" and much of the manufacturing systems developed for the production of those parts keep nowadays such nomenclature ("Swiss" lathe). In any case, all processes were similar to those for macro components except for the higher precision applied to the tools, the machines and the inspection systems. The study and research of systems capable to provide higher precision when positioning and manufacturing was called "Precision Engineering". This research applied new solutions like air and oil bearings, friction actuators, precision kinematic couplings, etc. that are currently applied in latest generation precision machines. The real objective of all these technologies was to produce high-precision movements and lower unit removal of material (UR), concept introduced by N. Taniguchi (1993) that indicates the volume of material removed during one cycle of a machining action.

Since the sixties, when the revolution of electronics blowed up all economy sectors, the need for miniaturized electronic components grew up and new techniques like etching and new photofabrication techniques were specially developed for precision machining of semiconductor devices and electrical circuits. These techniques were capable to produce 2D patterns with very thin lines and a few microns depth. In the last 10 years, the need of multifunctional systems of smaller size for different applications has become so important that many institutions and administrations have paid special attention to them. In many cases, they have been named "micromachines" and "microsystems". Some of them are named micro-electronical and mechanical systems, MEMS.

The "NEXUS task force Market Analysis for Microsystems 1996–2002" (Wechsung et al. 1998), estimated a market growth from US$ 14 billion at that time to US$ 38 billion by the year 2002. The real market in year 2000 was US$ 30 billion and the new study for years 2000–2005 (Wechsung et al. 2002) expects a growth up to US$ 68 billion in 2005 with the incorporation of new products like flat panel displays, optical mouses, optical telecommunications, RF-MEMS, implantable drug delivery systems, and new developments of bio-chips and fingerprint sensors.

This important hit in the "Micro" field has pushed again the research in precision engineering and production techniques towards a higher level, but the existence of some technological barriers to the knowledge and principles applied by precision engineering when analyzing the micro world, have opened a new research field targeted by *Micro Engineering:*

"The Micro Engineering is the science compiling the analysis and study of all physical processes involved in the production of freeform volumetrical structures whose dimensions range from 1 μm to 999 μm" (Banks 1999).

From Micro-Concept to Micro-Design

One of the main goals of Micro Engineering is to be able to integrate microelectronic circuitry into micromachined structures, to produce completely integrated systems (microsystems). Miniaturized products and new microsystem products and technology have a number of distinguishing attributes that make them attractive for the advanced manufacturing industries of the coming century: Suitability for low cost-high volume production, reduced size-weight-energy consumption, high functionality, improved reliability, robustness, biocompatibility, etc. For these reasons, the production technologies implied in the process are perceived by many institutions and governments as potential key technologies of the future.

From a conceptual point of view, the conception and design of a micro-product is similar to that in any product, but the field of micro-machining opens new concepts and closes other ones that designers should take into account.

On one side, the micro-conception of a system supposes the usual job for defining product groups, subgroups, dimensions, materials, tolerances, functionality, fatigue, stress, kinematics, dynamics, environmental variables … Apart from these ideas, the product conception must also take into account the existing limits for manufacturing equipment, deburring, tooling, metrology limits, influence of non-negligible micro-forces, (surface forces, electrostatic forces, van der Waals forces …), chemical and thermal influence, machining accuracy, material degradation, clamping, etc.

In many cases the targeted objective is the miniaturization of one existing product, in these cases most of observed limits are the lack of manufacturing systems capable to provide the needed accuracy and all effects not considered in bigger scale products are studied as the miniaturization goes on (electromagnetic compatibility, magnetic forces, etc.). Little knowledge is currently possessed on exactly how mechanical processes behave when the size dimension is scaled down to the micro level: Relative stiffness of part/machine (in a micro-cutting process: The chip thickness and tool radius size are similar while the tool diameter is smaller), effect of granular structure of the workpiece material (material grain size comparable to chips size), effect of chips and surface contamination, etc. *The scaled design must be adapted to overcome the encountered problems.*

On the other side, apart from miniaturized versions of existing products, micro engineering can produce microsystems capable to perform non-previously possible actions like entering inside veins of the human body, attaching to material fibers in order to monitorise their stress, texturising surfaces in order to increase the friction coefficient, augment a surface reflection index, etc. For all these new applications the conception is even more difficult, material selection, burr size, tolerances, manufacturing techniques, etc. are more difficult to establish, and there are not bigger scale products on which the new modifications can be based.

Due to the reduced dimensions and the high sensibility to cracks and surface errors, the material selection is even more critical in microsystems. Not all micro-machining techniques can manufacture all materials with the same precision, in fact most of the processes can machine a restricted range of materials and, even in that case, the material characterisation must be exhaustive, including the fibers direction, crystallographic directions, atomic structure (doped or not doped), etc.

Summing all above concepts, another drawback is that current mathematical programs and simulation tools (FEM, Injection process software, CAM …) are not fully applicable due to the importance of concepts that they consider negligible. All these tools are only available for macro-scale and just a few programs start to consider the effect of micro-forces (MEMS Pro, MEMS cad, Intellisuit, ANSYS Micro).

Finally, the assembly conception is not as intuitive as macro assembly (van Brussel et al. 2000). The dimensional and physical mismatch between micro and macro world require the operator to be skilled, make use of microscope-assisted advanced micro-assembly tools based on physical contact (tool availability, sticking and releasing problems), non contact solutions (aerostatic gripper, magnetic fields, electric fields …), sacrificial layer technique, flip-up processes, flip-chip solutions, preadjusted assembly magazines, miniature screws, anodic bonding, gluing, soldering or laser welding. Depending on the materials and connection requirements, the technique must be selected by the designer just before starting to produce any of the components.

For sure, all these issues must be considered from the start-up phase when projecting a new product, forcing the product conceiver to know technologies, materials and tools. Of course, apart from technical matters, the development of most of the new microsystems must be complemented by experts in other disciplines like medicine, materials, etc.

When stepping deeper into detailed designing, the micro-design will consider the tolerances for each system and must overcome the problem of part clamping. The designer must know the clamping methods for each processing technology and must also know the limits of each technology in order to design shapes and clampings conformable by available processes and also reference shapes to be used in the latter assembly. The tolerances of the different clampings should also be considered for the final assembly. If some of the microsystem components are fragile, the packaging should also be carefully planned.

The designer must plan the dimensional and integrity inspection and test of parts and sub-assemblies after being processed and/or assembled. Many features and materials cannot be measured properly by optical methods due to shadows, lack of light, etc. and the measurement of other properties like micro-torque, micro-force, micro-friction is not standardized and there is no instrumentation.

The micro engineering should be able to study all the different involved actions in order to make the development of the new microsystems easier and to reduce the possible error sources while improving the reliability, efficiency and getting more knowledge about the micro world.

Part Processing

By definition, one micropart must comply with global dimensions between 1 µm and 999 µm and, as it is demanded the same reliability level applied to macro-products. The reduction of dimensions makes inadmissible current tolerances because the tolerance/dimension ratio should be kept in order to keep the same performance and reliability: A 300 µm gear with tolerances of 2 µm error is not admissible just as a 300 mm gear with 2 mm tolerances is useless.

Since the only condition for a micro-processing technology is to be able to produce 3D geometries of such small size with very high accuracy (very low tolerances) and theoretically all machining processes could be capable to reach unit removal rates in the order of the nanometer, a wide variety of machining principles can be applied depending on part material, accuracy and geometry.

At present, the range of processing technologies applied for production of micro-parts is so large that their grouping has been performed according to different criteria. One good criteria is classifying them according to the machining phenomena (Masuzawa 2000):

- Removal by mechanical force: Useless part of the workpiece is removed by mechanical force through plastic or brittle breakage.
- Removal by melting and vaporization: The useless part of the workpiece is melted and vaporized or removed by pressurized gas.
- Removal by ablation: A beam with high quantum energy or a beam with high power density incides on the workpiece binding the existing energy among atoms in order to decompose each molecule.
- Removal by dissolution: The removal mechanism is base on ionic reaction of the surface by chemical or electrochemical dissolution.
- Plastic deformation: There is not material removal but the shape of a punch and a die is copied.
- Solidification: The shape of a mould is copied by injecting some molten material.
- Lamination: It is a layer by layer solidification.
- Recomposition: Opposite to dissolution. Instead of removing material, the material is added by using metal ions in an electrolyte that are deionised to become solid forming a shape.

A usual, maybe not so good, classification that refers to the past applications of the processes divides the micro-processing technologies in those arising from microelectronics and those arising from conventional machining.

Microelectronics comply essentially a two-dimensional technology, consisting of thin patterned layers while microsystems require a third dimension. In any case, the possibility to use normal microelectronics production techniques to produce things other than integrated circuits has pushed the researchers to enhance the technology in order to enable them for 3D microparts production. Just as microelectronics, using batch processes which operate on hundreds or thousands of components at one time (mass production), similar techniques can be used to fabricate very small sensors or actuators. Microelectronics technologies on their own do not provide a wide enough portfolio of processes and materials; being many additional techniques required to achieve highly miniaturised components and systems.

At present, the most commonly used microstructuring techniques are silicon bulk and surface micromachining. In addition, microstructuring, not only in silicon, but also in polymers, metals, and ceramics has been enabled by advances in microfabrication techniques. Such techniques include laser machining, high aspect ratio microreplication based on lithographic patterning, electrodischarge machining (EDM), diamond milling and other precision mechanical methods.

When comparing micromechanical machining and lithographic processes, the first processes are better known (longer research at macro level), can machine a wider range of materials, most complex features can be machined in one only tool and the machining of a few parts is cheaper and faster. On the other hand, the lithographic processes are more likely for mass production: They are cleaner, no tools and fixtures are used, can integrate microelectronics easily, current machinable materials are brittle and difficult to machine by other techniques (Frazier et al. 1995).

Concerning the machinable dimensions: Photofabrication and etching techniques like LIGA (Ehrfeld 1990) or other lithographic methods can cover dimensional magnitudes of atomic level and extreme precision compared to micro-machining using machine tools. Figure 1 shows the dimensional magnitudes covered by different micromanufacturing techniques. Since there is no mechanical tool contact in most of the non-traditional machining processes (electro discharge machining (EDM), Electro Chemical Machining (ECM), laser beam machining (LBM), etc.), the produced deformation is minimum (if compared to cutting processes). There is also the advantage of machining hard, high strength and temperature resistant materials, which are very difficult to cut using conventional machining techniques like milling, grinding, etc.

On the other hand, micromachining using machine tools has the advantage of machining three-dimensional shapes because these methods sculpt the workpiece with the tool shape as it moves along its path. Current limits of these methods reside on tool dimensions and accuracy and cutting forces, these methods cannot provide the precision reached by lithographic processes.

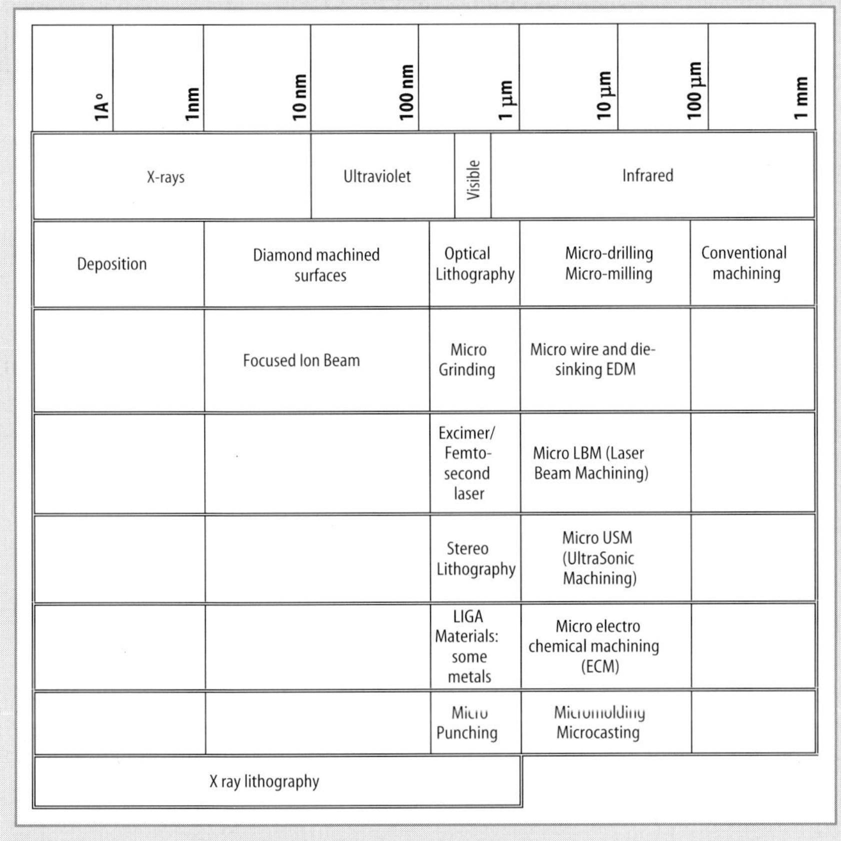

Fig. 1 Chart of precision reached by different micro-processing techniques

For a particular application, defined the compatible materials, each technique can machine limited geometries and can present some drawbacks like contamination, surrounding area burning, damaging or chemical modification. In many cases the problems are overcome applying different materials manufactured by different technologies for one microsystem but that forces to foresee tooling, clampings, limitations or possible checking solutions. In any case the designer must know the techniques and consider their limits. In this sense, the technology knowledge up-date must be specially observed in micro-engineering because current limits are being reduced as research goes on and the advance experimented by all processing technologies in the last years has been amazing.

From a mechanical point of view, despite the important advance in all fields of production and the highest precision of new components, the generation of production machinery with components and assembly tolerances below 1 µm is nowadays impossible and only the research, understanding and description of error sources, combined with the usage of more precise measuring principles, have made possible to compensate for some production and assembly errors if correct measuring techniques are applied for dimensions and environmental variables (mainly temperature). This has made possible the generation of wafer steppers and production of systems capable to reach submicron accuracy. The new advances in precision engineering are especially important for micro engineering.

Property Control

All products must be inspected by means of some quality control tests. In micro-machining every component must also comply with some kind of specifications and some tests must be defined in order to ensure that the microsystem performs correctly. Generally the values to measure are:
- Dimensional tolerances,
- Forces,
- Torques,
- Flows (microfluidics),
- Friction,
- Voltages,
- Intensity.

For electrical values, it is possible to find systems capable to measure the output signal accurately but, in most cases the test cannot be performed with market available equipment, because the value of the magnitudes to be measured is so low that:
- *most of the market measuring devices do not provide a signal for these values,*
- *measuring system produces a distortion similar to the magnitude of the intended measuring value.*

In fact, even in case the measurement could be performed, the decision to accept or reject the component is difficult to assume taking into account that, despite important efforts performed worldwide to define some kind of standards, there are not standard values to be used as reference when defining micro-tolerances. This problem is transmitted to the customer when the product specifications provide information about tolerances that the customer cannot judge correctly.

Concerning dimensional metrology and all dimensional values like roughness, flatness, etc. the optical methods are capable to acquire more data in less time non contacting the part, and therefore, non causing geometrical distortion (Schwenke et al. 2002). It is possible to achieve resolutions up to a diffraction limit for lateral resolution: Half the used light wavelength (Ernst Abbe 1873). For visible light ranges: 400~800 nm, the lateral resolution is limited to 200 nm, using electromagnetic radiation of shorter wavelength like ultraviolet light (400~3 nm) or X rays (60 nm~1 fm) this limit can be overcome. Other alternatives are using the light as a wavelength and making it interfere or quantum optics.

In order to acquire images and measure with the highest precision, the most modern techniques at present are fringe interferometry, confocal microscopy, white light interferometry (0.1 nm Z resolution and 0.6 μm resolution in XY with 100 μm measuring range), near field scanning optical microscopy (NSOM, lateral resolution 80 nm) and coordinate measuring machines (CMM, 0.5 μm resolution).

In any case the complete dimensional characterisation of a microcomponent cannot be performed with one only machine and it is a very time consuming problem in which there is a lot to do.

Conclusions

Micro engineering is a recent field that joins several sciences, principles and technologies. Understanding the principles and being capable to produce systems whose maximum dimensions are < 1 mm, the possibilities of microengineering open a wide portfolio of solutions to problems not previously solved in medicine, chemistry, sensor devices, material science, physics, etc.

Micro-products concepcion is probably more critical than that in macro-products and needs of the combination of several sciences and techniques since the beginning of the project study. The constitution of a global perspective and a global idea of processing technologies, materials, clampings, tooling, micro-micro-assembly is needed to succeed in the attempt of the creation of new micro-products and the deeper analysis of implied phenomena – this mission is an important target of micro engineering.

The evolution of the technologies implied in microprocessing is fast and the different principles applied for material adding and/or substraction makes very difficult to became an expert in all of them, on the other side all technologies present important limitations in achieveable accuracy, conformable shapes and processable materials being necessary to be skilled in different technologies to process last generation micro-products. Only cooperation and coordination of experts in different fields can drive the efforts in the right direction, the problem is that, up to present, the developments in lithography, machine tools and measuring equipment were unconnected and that connection is just beginning.

Micro engineering research cannot be performed if the research in other sciences is not performed at the same time. Precision machining, material science and metrology are essential sciences on which micro engineering is supported.

Micro-assembly supposses a wide field for future research. The physical contact and tools applied usually for macro-assembly is not always applicable and many effects must be considered. The tooling and clamping for microcomponents and the joining techniques themselves are at present objectives of important research projects.

In some cases, optical measuring systems provide a way to characterise parts dimensions but the complete characterisation of a micro-product is difficult to perform due to lack of metrology equipment capable to measure forces, torques, flows, etc. and also due to the inexistence of reference standard values for their performance. The research in this field is very active and many governments are investing in this field.

Finally, it is important to point out that all efforts performed up to date in Micro Engineering are being important not only from the economical point of view (as NEXUS Market study foresaw in 1998) but also for the human living for which several surgical equipment (hearing aids, lab-on-chip, grippers, intra-vein inspection systems, ...), material saving systems (last generation fuel nozzles, AR coatings, ...) and comfort improving elements (IT peripherals, domotics, ...) are being developed.

References

Banks D (1999) Introduction to Microengineering. In: http://www.dbanks.demon.co.uk/

Ehrfeld W (1990) Micro System Technologies. In: H. Reichl (Eds). Springer-Verlag, Berlin, Heidelberg

Frazier AB, Friedrich CR, Warrington RO (1995) The Miniaturization Technologies: Past, Present, and Future. IEEE Transactions on Industrial Electronics 42–5: pp 423–430

Masuzawa T (2000) State of the Art Micromachining. In: Colibri A.G. (Eds) Annals of the CIRP 49-2. Uitendorf, Switzerland, pp 473–488

Schwenke H, Neuschaefer-Rube U, Pfeifer T, Kunzmann H (2002) Optical Methods for Dimensional Metrology in Production Engineering. In: Colibri AG (eds) Annals of the CIRP 51–2. Uitendorf, Switzerland, pp 1–15

Taniguchi N (1983) Current Status in, and future Trends of, Ultraprecision Machining and Ultrafine Materials Processing. In: Colibri AG (Eds) Annals of the CIRP 32–2. Uitendorf, Switzerland, pp 573–582

Van Brussel H, Peirs J, Reynaerts D, Delchambre A, Reinhart G, Roth N, Weck M, Zussman E (2000) Assembly of Microsystems. In: Colibri AG (Eds) Annals of the CIRP 49–2. Uitendorf, Switzerland, pp 451–472

Wechsung R, El Fatatry A, Götz F, Illing M, Lawes RA, Tschulena G, van deWeijer F, Wicht H, Zinner H (2002) Market Analysis for Microsystems II, 2000-2005, A NEXUS Task Force Report. In: Nexus Office (Eds). 17, rue des Martyrs F 38054 Grenoble

Wechsung R, Ünal N, Eloy JC, Wicht H (1998) Market Analysis for Microsystems, 1996–2002, A NEXUS Task Force Report. In: Nexus Office (Eds). 17, rue des Martyrs F 38054 Grenoble

Chemie im Fokus der Miniaturisierung: Prozessintensivierung durch Mikroreaktionstechnik

PROF. DR.-ING. WOLFGANG EHRFELD
FRANK HERBSTRITT
THOMAS BIEBER
ANDREAS FREDENHAGEN

»Durch eine kontinuierliche Prozessführung in Kanalsystemen mit Dimensionen weit unterhalb eines Millimeters erschließt die Mikroreaktionstechnik neue Gebiete einer Verfahrenstechnik mit enormer Flexibilität und Zugang zu bislang nicht realisierbaren Reaktionswegen. Sie eröffnet damit neue Perspektiven für die Prozessoptimierung und eine nachhaltige chemische Produktion.«

Wolfgang Ehrfeld

Frank Herbstritt

Thomas Bieber

Andreas Fredenhagen

Wolfgang Ehrfeld hat nach Tätigkeiten in der Industrie und der Großforschung gemeinsam mit seiner Frau von 1991 bis Anfang 2001 das Institut für Mikrotechnik Mainz (IMM) aufgebaut und geleitet. Seit Februar 2001 konzentriert er sich auf den Aufbau der im September 2000 gegründeten Ehrfeld Mikrotechnik GmbH, die im April 2002 zur AG umgewandelt wurde. Wolfgang Ehrfeld war langjähriges Mitglied im Vorstand der VDE/VDI-Gesellschaft für Mikroelektronik, Mikro- und Feinwerktechnik. Er ist Vorsitzender des Deutschen Flachdisplay-Forums sowie Gründer und Vorsitzender des Fachverbands Micro Technology im Verband Deutscher Maschinen- und Anlagenbau (VDMA). Seit 1991 ist er Professor für Mikrostrukturphysik an der Johannes Gutenberg-Universität Mainz.

Frank Herbstritt studierte Physik an der Universität zu Köln. Sein Studium schloss er dort 1998 am Lehrstuhl für Angewandte Physik ab. Im Anschluss promovierte er am selben Lehrstuhl unter der Betreuung von Prof. Rudolf Gross mit einer Arbeit zum Thema „Ladungstransport und Rauschen in submikrometer-strukturierten Korngrenzenkontakten aus YBa2Cu3O7-d“, die er 2002 abschloss. Seit April 2002 arbeitet er bei Ehrfeld Mikrotechnik und leitet dort seit Anfang 2003 den Arbeitsbereich Mikrofertigung – Laserbearbeitung und Lithographie.

Thomas Bieber studierte Chemie an der Eberhard-Karls-Universität Tübingen. Dort promovierte er 1999 bei Prof. U. Nagel mit dem Thema „Enantioselektive katalytische Hydrierung an Interphasen im Durchflussreaktor“. Von 1999 bis 2001 leitete er als Postdoc am Institut für Technische Chemie der TU Dresden ein Projekt im Bereich heterogener Katalyse. Seit Oktober 2001 arbeitet er bei Ehrfeld Mikrotechnik und leitet dort seit Anfang 2003 den Arbeitsbereich Forschung und Entwicklung Chemie.

Andreas Fredenhagen studierte Verfahrenstechnik an der TU Hamburg-Harburg. Sein Studium schloss er 1997 mit seiner Diplomarbeit im Arbeitsbereich Verfahrenstechnik II ab. Im Anschluss promovierte er am selben Arbeitsbereich bei Prof. R. Eggers mit einer Arbeit zum Thema „Druckentlastung binärer Gemische aus Kohlendioxid und Stickstoff sowie Kohlendioxid und Wasser“, die er 2002 abschloss. Seit Februar 2002 arbeitet er bei Ehrfeld Mikrotechnik und leitet dort seit Anfang 2003 den Arbeitsbereich Verfahrenstechnik und Simulation.

Chemie im Fokus der Miniaturisierung: Prozessintensivierung durch Mikroreaktionstechnik

Wolfgang Ehrfeld
Frank Herbstritt
Thomas Bieber
Andreas Fredenhagen

Zusammenfassung

Die Mikroreaktionstechnik stellt einen neuartigen Ansatz der Prozessintensivierung in der chemischen Verfahrenstechnik, der kombinatorischen Chemie sowie der Erprobung neuer Reaktionswege dar. Aufgrund ihrer sehr kleinen charakteristischen Abmessungen ermöglichen mikroreaktionstechnische Bauelemente einen extrem schnellen Wärme- und Stoffaustausch und somit die sehr präzise Einstellung definierter Prozessbedingungen und Verweilzeiten. Sie bieten damit die besten Voraussetzungen für eine Prozessoptimierung hinsichtlich Selektivität und Ausbeute. Kurze Reaktionszeiten sowie kleinste Reaktionsvolumina erlauben eine rasche Steuerung und Regelung der Prozesse und führen zu einem hohen Maß an inhärenter Anlagensicherheit. Durch das Konzept des „Numbering-Up", des parallelen Betriebs vieler identischer Mikrokomponenten und -systeme, lassen sich Laborergebnisse schneller, kostengünstiger und mit geringerem Risiko als mit einer der Nachfrage angepassten Produktion ermitteln, als dies über den klassischen Weg eines oft mehrstufigen Scale-Up-Prozesses der Anlagen möglich ist. Je nach den Anforderungen an die Flexibilität und Funktionalität der Systeme sind modulare oder integrierte Lösungen möglich, für deren Realisierung inzwischen eine Vielzahl erprobter Fertigungstechniken zur Verfügung steht. Mikrofertigungsverfahren wie unterschiedliche Nass- und Trockenätztechniken, mechanische Ultrapräzisionsbearbeitung, die LIGA-Technik, Funkenerosion oder Laser-Mikromaterialbearbeitung ermöglichen die Herstellung mikroreaktionstechnischer Komponenten aus einer großen Vielfalt unterschiedlicher Werkstoffe sowohl im Prototypen-Maßstab als auch in der kostengünstigen Massenfertigung. Inzwischen haben viele Unternehmen der chemischen Industrie die Bedeutung der Mikroreaktionstechnik erkannt und einzelne setzen sie bereits für die Entwicklung und Produktion von Fein- und Spezialchemikalien ein. Bis zu einer Umsetzung der zahlreichen viel versprechenden Forschungsergebnisse, die die Mikroreaktionstechnik bereits heute aufweisen kann, hin zu ihrer kommerziellen Anwendung auf breiter Ebene und damit zu einer Erneuerung der nach wie vor sehr traditionell geprägten Denkweisen in der Verfahrenstechnik muss jedoch noch ein hohes Maß an Überzeugungsarbeit geleistet werden.

Mikroreaktionstechnik: Der Weg zu einer neuen Generation chemischer Produktionsanlagen

Ein wesentliches Merkmal, welches den technischen Fortschritt seit etwa der Mitte des vergangenen Jahrhunderts kennzeichnet, ist die konsequente Miniaturisierung und Integration von Funktionseinheiten in technischen Systemen. Ziel ist dabei fast immer, ein Maximum an Funktionalität mit minimalen Kosten auf geringstem Raum unterzubringen. Am deutlichsten wird diese Entwicklung im Bereich der Mikroelektronik. Integrierte Schaltungen mit vielen Millionen, ja Milliarden von Transistoren auf einer Fläche von weniger als einem Quadratzentimeter sind inzwischen für jedermann erschwingliche Produkte des täglichen Lebens geworden. In den letzten Jahren haben nun auch andere technische Disziplinen begonnen, die Vorteile starker Miniaturisierung und hoher Integration zu nutzen. Mikromechanische, mikrooptische, mikrofluidische und andere Mikro-Systeme haben auf diese Weise innerhalb kurzer Zeit einen Markt im Bereich von 100 Mrd. EURO pro Jahr (Stand 2002) mit anhaltend zweistelligen Wachstumsraten geschaffen (Ehrfeld et. al. 2000; Bundesministerium für Bildung und Forschung 2000). Mikrotechnische Komponenten und Systeme nehmen inzwischen eine Schlüsselrolle in vielen wichtigen Technologiezweigen wie der Informations- und Kommunikationstechnik, der Unterhaltungstechnik, der Automobil- wie auch der Medizintechnik ein, deren Produkte ohne mikrotechnische Funktionselemente nicht mehr verkäuflich wären.

In der Chemie- und Pharmaindustrie waren es die Biochemiker, die als erste – oder wenigstens doch am schnellsten – den interdisziplinären Schritt in das Gebiet der Mikrotechnik wagten. Auf diese Weise sind Schlagworte wie „Lab-on-a-Chip", „Microarrays" oder „Microfluidics" inzwischen alltägliche Begriffe für all jene geworden, die in Medizin und Biotechnologie in den Bereichen Genomics, Proteomics, Glykomics, Metaboblomics und anderer „Omics" an vorderster Front forschen. Für sie sind Biomoleküle im Wesentlichen Informationsträger, was liegt also näher, als zu ihrer Erforschung auf Technologien aus der Informationsverarbeitung zurückzugreifen? So wundert es nicht, dass nun auch umgekehrt große Unternehmen aus der IT-Branche basierend auf ihren traditionellen Kompetenzen in der Chipherstellung und Informationsverarbeitung Einzug in die neu zu erschließenden Gebiete der Medizin und Biotechnologie halten.

Auch für die chemische Verfahrenstechnik bietet die Strategie der Miniaturisierung und Integration zahlreiche Vorteile und neue Möglichkeiten, die schon bald zu einem revolutionären Umdenken bei der Konzeption neuer Anlagen führen könnten. Erste Forschungs- und Entwicklungsarbeiten in dieser Richtung wurden bereits in den 80er Jahren bei ICI durchgeführt. Das neuartige Konzept wird seitdem mit dem treffenden Schlagwort „Prozessintensivierung" charakterisiert. Seine wesentlichen Ziele bestanden in der deutlichen Reduktion von Investitions-, Betriebs- und Wartungskosten chemischer Produktionsanlagen bei gleichzeitiger Aufrecherhaltung ihrer Produktionsrate. Erreicht werden sollten diese durch eine drastische Verringerung des Anlagenvolumens – um einen

Faktor von 100 oder sogar 1000 (Stankiewicz und Moulijn 2000; Green et. al. 1999).

Ein solcher Ansatz erscheint zunächst utopisch, ist jedoch durchaus realisierbar. Den Schlüssel hierzu stellt das Konzept der kontinuierlichen Prozessführung dar. Tatsächlich kann bspw. die Produktionsrate eines klassischen Rührkesselreaktors mit Mantelkühlung und einem Volumen von etwa 10 m^3 durchaus auch durch einen statischen Mischer mit Kompaktwärmetauscher bei einem Volumen von nur etwa 0,1 m^3 erreicht werden (Wood und Green 1998). Anhand dieses einfachen Vergleichs wird schon seit langem bekannte Überlegenheit der kontinuierlichen Prozessführung gegenüber dem klassischen Batch-Prozess hinsichtlich des spezifischen Anlagenvolumens deutlich und damit gleichzeitig deren große Bedeutung für die Prozessintensivierung. Hierfür lassen sich auch noch zahlreiche andere Beispiele nennen, wie Spinning-Disk-Reaktoren, Wirbelabscheider, Reaktoren mit integriertem statischen Mischer wie auch weitere Reaktortypen mit zusätzlichen integrierten Grundoperationen der Verfahrenstechnik.

Die konsequente Fortführung des Konzepts der Prozessintensivierung mündet auf ganz natürliche Weise in der modernen Mikroreaktionstechnik (Abb. 1) (Jensen et. al. 1998; Ehrfeld et. al. 1999; Jäckel 2000). Aufgrund der geringen charakteristischen Abmessungen von Mikroreaktionsbauelementen laufen Stoff- wie auch Wärmetransportprozesse in diesen sehr stark beschleunigt ab. Hierdurch lassen sich die Anfangs- und Randbedingungen der Reaktionen exakt einstellen und selbst auf kurzen Skalen genau definierte Verweilzeiten erreichen, die zu verbesserten Selektivitäten und somit höheren Ausbeuten führen. Das im Vergleich zum Batch-Reaktor extrem schnelle Ansprechverhalten von Mikroreaktions-Bauelementen erleichtert die Prozesssteuerung und ermöglicht in Verbindung mit den sehr kleinen Reaktionsvolumina eine praktisch inhärent sichere Prozessführung. So lassen sich z.B. auch stark exotherme Reaktionen annähernd isotherm führen und Reaktionen im Explosionsbereich werden

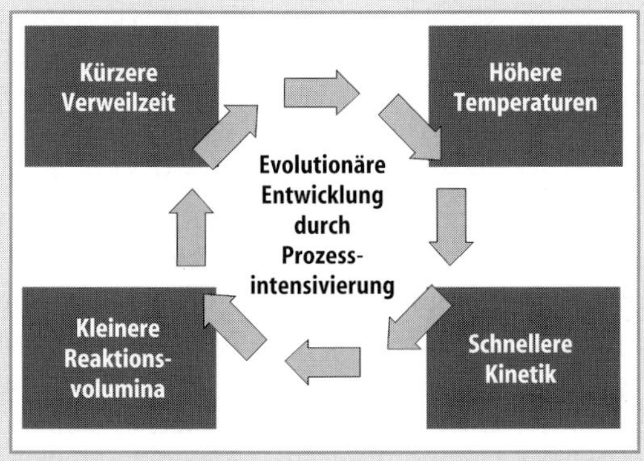

Abb. 1 Das Konzept der Prozessintensivierung führt in einem evolutionären Prozess zu immer kleineren Reaktionsvolumina

beherrschbar. Auf diese Weise werden also Reaktionswege zugänglich, die mit Anlagen konventioneller Bauart nicht realisierbar wären. Darüber hinaus eröffnet die Mikroreaktionstechnik neue Wege bei der Anlagenentwicklung. Im Gegensatz zum bei Batch-Anlagen üblichen, meist sehr zeit- und kostenintensiven Scale-Up der Anlagengröße in mehreren Schritten vom Laboraufbau zur Produktion erfolgt die Produktionsratensteigerung von Mikroreaktionsanlagen durch eine Vervielfachung (Numbering-Up) der Mikrostrukturen in den einzelnen Anlagenkomponenten. Die Form und Größe der einzelnen Strukturen und damit deren physikalisches Verhalten bleiben dabei weitgehend bis ins Detail erhalten. Mit einer Laboranlage gewonnene Prozesserfahrungen lassen sich daher direkt auf die spätere Produktionsanlage übertragen.

Mit den vielfältigen neuartigen Möglichkeiten, um die die Mikroreaktionstechnik die Verfahrenstechnik bereichert, geht die Notwendigkeit des Einsatzes oft ebenso neuartiger spezifischer Mikrofertigungsmethoden für die Herstellung der hierfür eingesetzten Bauelemente einher. Trotz dieser nicht immer leicht zu überwindenden Hürde hat inzwischen eine Reihe von Unternehmen der Chemischen Industrie mit Erfolg damit begonnen, mikroreaktionstechnische Bauelemente für die Synthese von Feinchemikalien einzusetzen. Bis zu einem endgültigen Durchbruch der Mikroreaktionstechnik zu ihrer industriellen Anwendung auf breiter Ebene ist jedoch noch einiges an weiterführendem Forschungs- und Entwicklungsaufwand erforderlich und ein Umdenken weg von den traditionellen Strategien der Verfahrenstechnik hin zu den Konzepten der Prozessintensivierung zu leisten. In den folgenden Abschnitten wird eine umfassendere Analyse der gegenwärtigen Situation gegeben.

Einflüsse der Miniaturisierung auf die Grundoperationen der Verfahrenstechnik

Beschleunigung von Transportprozessen

Diffusion, Wärmeleitung und Viskosität stellen physikalisch eng verwandte Phänomene dar, die alle auf dem Transport einer physikalischen Größe durch ein Medium beruhen. Die treibende Kraft für diesen Transport von Teilchen, Energie oder Impuls ist der Gradient einer korrespondierenden Potenzialgröße, sprich der Konzentration, Temperatur bzw. Geschwindigkeit, gemessen in Richtung des jeweiligen Flusses. Bei gegebener Differenz der Potenziale bewirkt daher eine Verringerung der charakteristischen Gefäßabmessungen unmittelbar eine entsprechende Erhöhung der Gradienten und damit eine Beschleunigung des diffusiven Stoff- und Wärmetransports, gleichzeitig jedoch auch stets einen Anstieg der Druckverluste aufgrund viskoser Reibung. Durch Miniaturisierung lassen sich somit Mischer und Wärmetauscher mit extrem hohen Mischleistungen bzw. Wärmeübertragungsleistungen pro Einheitsvolumen erreichen, bei deren Konzeption jedoch stets entsprechend höhere Reibungsverluste mit berücksichtigt werden müssen.

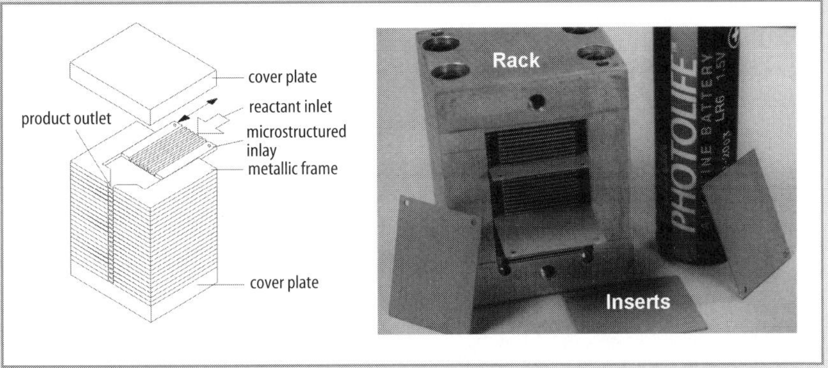

Abb. 2 Mikroreaktor zum Screening von Katalysatoren für die partielle Oxidation von Methan (Quelle: D. Hönicke, TU Chemnitz)

Neben der Erhöhung von Temperatur- und Konzentrationsgradienten hat die Miniaturisierung fluidischer Bauteile gleichzeitig eine Steigerung des Verhältnisses der Oberfläche zum Volumen der darin geführten Fluide zur Folge. Auch diese Erhöhung der spezifischen Ober- oder Grenzfläche fördert Austauschprozesse zwischen den Medien, wie den Wärmeübergang zwischen Kanalwand und Fluid oder den Stoffaustausch zwischen einander berührenden Fluidströmen. Da gleichzeitig das Volumen bzw. die Masse und damit die jeweils beteiligten Wärmekapazitäten der Fluide wie auch der sie umgebenden Bauteile mit der dritten Potenz ihrer Längenabmessungen abnehmen, weisen Mikroreaktionsbauelemente im Vergleich zu konventionellen Bauelementen um Größenordnungen reduzierte Ansprechzeiten hinsichtlich Temperaturänderungen auf.

Entsprechendes gilt für Änderungen von Konzentrationen oder Volumenströmen aufgrund der geringen Prozessvolumina. Infolgedessen lassen sich die Prozesse in Mikroreaktionsanlagen (Abb. 2) mit sehr hoher Genauigkeit regeln und Änderungen in den Prozessbedingungen mit minimalen Verzögerungszeiten einstellen. So konnte bereits gezeigt werden, dass selbst stark exotherme Reaktionen in Mikrowärmetauschern unter praktisch isothermen Bedingungen geführt werden können (Mayer et. al. 2000). Zu den Pionierarbeiten auf diesem Gebiet zählen u. a. Mikrowärmetauscher mit extrem hohen spezifischen Austauschleistungen, die in den späten 80er Jahren am Forschungszentrum Karlsruhe mittels Techniken der Ultrapräzisionszerspanung gefertigt wurden (Abb. 3) (Schubert et. al. 1969). Mit derartigen Bauelementen konnten spezifische Übertragungsleistungen von mehr als 20 $kWcm^{-3}$ demonstriert werden.

Daneben ist inzwischen eine große Vielfalt an Mikromischern verfügbar, die teilweise Mischzeiten bis hinunter in den Sub-Millisekundenbereich ermöglichen (Ehrfeld et. al. 1999; Löwe et. al. 2000). Die meisten von ihnen basieren auf dem Multilaminationsprinzip, bei dem die beiden Ströme der zugeführten Flui-

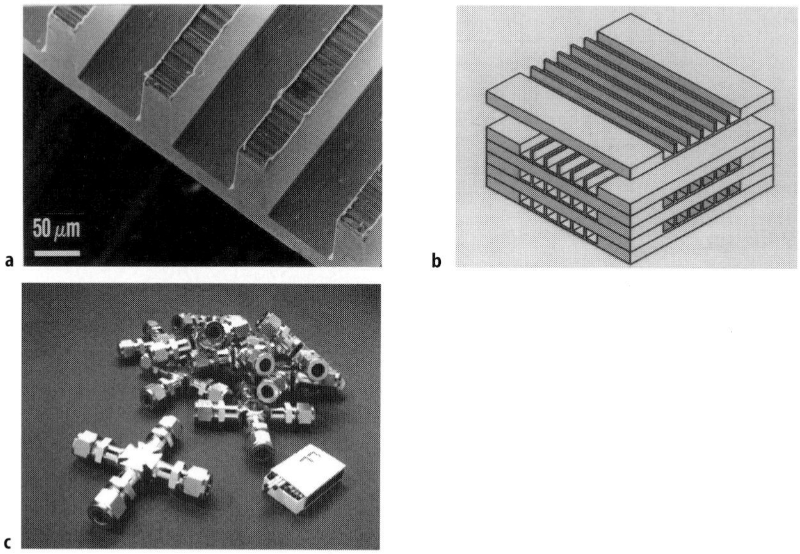

Abb. 3a–c Mikrowärmetauscher, gefertigt durch Ultrapräzisionszerspanung. **a** Kanalplatte mit 30 µm tiefen und 70 µm breiten Kanälen, **b** Anordnung im Kreuzstrom-Wärmetauscher, **c** fertig montierte Bauelemente (Quelle: Forschungszentrum Karlsruhe)

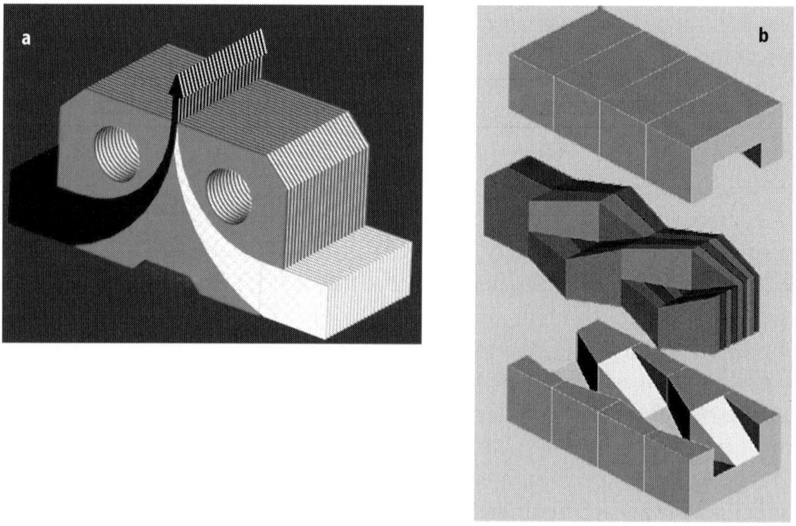

Abb. 4a,b Mischprinzipien für Mikromischer. **a** Multilaminationsmischer in Stapelbauweise, **b** Prinzip eines mehrstufigen statischen Mischers

de in eine große Zahl kleiner Teilströme zerlegt und diese dann in alternierender Anordnung wieder zusammengeführt werden (Abb. 4a). Bei anderen Konzepten wird der vorgemischte Fluidstrom wiederholt in zwei oder mehrere Teilströme aufgespalten, die dann in versetzter Anordnung wieder zusammengeführt werden, wie es von konventionellen statischen Mischern her bekannt ist (Abb. 4b).

Neben dem sehr schnellen und effektiven Mischen von ineinander löslichen Fluiden erstreckt sich das Anwendungsfeld von Mikromischern auch auf die Erzeugung von Zweiphasengemischen aus nicht mischbaren Flüssigkeiten oder Flüssigkeiten mit Gasen. Ihre Stärke liegt dabei vor allem in der Möglichkeit besonders kleine Blasen bzw. Tropfen zu erzeugen. Dabei können sehr schmale Größenverteilungen erreicht werden und der benötigte spezifische Energieaufwand ist mitunter deutlich gegenüber dem vergleichbarer konventioneller Homogenisatoren wie Rührwerken oder Hochdruckdüsen reduziert (Ehrfeld et. al. 1999; Bayer et. al. 2000). Dementsprechend bieten sich Mikromischer auch unmittelbar als geeignete Werkzeuge für die Durchführung kontinuierlicher Extraktionsprozesse an.

Miniaturisierungsbedingte Prozesseinschränkungen und mögliche Lösungsansätze zu deren Umgehung

Neben den zahlreichen Vorteilen, die sich aus der Verwendung von Mikroreaktionsbauelementen ergeben, bringen diese natürlich auch eine Reihe von prinzipbedingten Einschränkungen und neuen Schwierigkeiten mit sich. Allem voran ist hier das Problem des „Foulings", der Verengung oder vollständigen Blockade von Mikrokanälen durch die Ablagerung fester Teilchen und Rückstände zu nennen. Des Weiteren richtet Korrosion an mikrostrukturierten Bauteilen wesentlich leichter funktionseinschränkende Schäden an als an makroskopischen.

Diese spezifischen Empfindlichkeiten sind bei der Konstruktion wie auch bei der Verwendung von Mikroreaktionsbauteilen besonders zu berücksichtigen. Durch geschickte Auslegung der Strukturen und angepasste Prozessführung lassen sich jedoch durchaus auch Feststoffe in fein dispergierter Form prozessieren, und dies mit oft überlegenen Syntheseergebnissen. So konnte bei Pigmentherstellungsexperimenten der Fa. Clariant sowohl die Größe der Mikropartikel wie auch die Breite der Größenverteilung durch den Einsatz von Mikroreaktoren deutlich gegenüber den mit konventionellen Techniken erzielten Ergebnissen reduziert werden. Inzwischen ist eine entsprechende Pilotanlage zur Pigmentsynthese bei Clariant im Bau (Wochner 2002). Ähnliche Erfolge konnte Siemens Axiva bei der Herstellung von Acrylatharzen erzielen. Durch den Einsatz hocheffizienter Mikromischer ließ sich in extrem kurzer Zeit ein homogenes Reaktionsgemisch erzeugen und damit die Entstehung besonders langkettiger Fraktionen des Polymers unterdrücken, die zuvor zum Zusetzen des kontinuierlich betriebenen Reaktors führten. In diesem Fall konnten also gerade durch den Einsatz von Komponenten mit kleinen Abmessungen Fouling-Probleme vermieden werden.

Zu den miniaturisierungsbedingten Besonderheiten, die bei der Konstruktion mikroreaktionstechnischer Bauelemente zu berücksichtigen sind, zählt auch der Umstand, dass gewisse aus der Makrowelt bekannte Funktionsprinzipien hier nicht mehr anwendbar sind. So ist bspw. die Ausnutzung der Schwerkraft, wie sie bei Destillationskolonnen für den Rückfluss oder bei Settlern zur Phasenseparation eingesetzt wird, in mikrofluidischen Bauteilen nicht sinnvoll möglich. Volumenkräfte werden in den kleinen Strukturen praktisch immer durch Oberflächenkräfte dominiert. Nur durch Einwirkung hoher Beschleunigungskräfte, wie sie z.B. in zentrifugen- oder zyklonähnlichen Bauelementen erreicht werden, können Dichteunterschiede auch in der Mikrofluidik zur Stofftrennung eingesetzt werden. Die Funktion derartiger Bauteile wurde bereits vielfach demonstriert, doch sind diese meist in ihrem Anwendungsspektrum sehr stark eingeschränkt. Einen aussichtsreicheren Ansatz zur Stoff- und Phasenseparation in der Mikroreaktionstechnik stellen erwartungsgemäß gerade solche Prinzipien dar, die auf der Ausnutzung von Grenzflächen- bzw. Kapillarkräften, also dem gezielten Einsatz hydrophober und hydrophiler Oberflächen, oder einfach der Möglichkeit beruhen, kleine Öffnungen mit definierter Form und Weite zu strukturieren. Durch Mikrofilter lassen sich auf diese Weise Emulsionen schnell und effektiv brechen und Suspensionen in ihrem Feststoffgehalt anreichern. Die Anordnung als Querstromfilter verhindert dabei eine Verstopfung der Poren.

Über die dominierende Wirkung von Grenzflächenkräften hinaus kann sich das hohe Oberflächen-zu-Volumen-Verhältnis von Mikroreaktionsbauelementen auch unmittelbar auf die darin ablaufende Chemie auswirken. Neben dem bereits angesprochenen Problem der Korrosion ist hier insbesondere die katalytische Aktivität der Oberflächen zu nennen, die einerseits in Mikroreaktoren besonders effektiv genutzt werden, in manchen Fällen hier jedoch auch in besonderem Maße zu unerwünschten Nebeneffekten führen kann.

Auswirkungen auf die Auswahl von Reaktionswegen und die Konzeption der Anlagen

Die extreme Steigerung von Teilchen- und Wärmeaustauschraten infolge des Miniaturisierungsprozesses eröffnet gänzlich neue Möglichkeiten bei der Anlagenplanung und der Auswahl von Reaktionswegen. Im Gegensatz zu makroskopischen Reaktoren, wie z.B. großen Rührkesseln, lassen Mikroreaktoren eine sehr schnelle und genaue Einstellung der Reaktionsbedingungen zu. Die Reaktion startet also zu einem definierten Zeitpunkt bei definierter Temperatur in einem Gemisch mit zeitlich und räumlich homogener Verteilung der Komponenten. Im Rührkessel liegt dagegen zunächst immer eine wenigstens räumlich inhomogene Verteilung in den Temperaturen oder Konzentrationsverhältnissen der Edukte vor, so dass die Reaktionsbedingungen nie überall in gleicher Weise optimal sein können. Die Folge sind oft unerwünschte Nebenreaktionen oder eine unvollständige Umsetzung, also eine verminderte Selektivität und Ausbeute gegenüber dem optimalen Prozess. Durch den Einsatz der Mikroreaktionstechnik lassen sich diese Probleme zumindest teilweise umgehen und in vielen

Fällen gegenüber konventionellen Prozessen deutliche Ausbeutesteigerungen erzielen.

So lässt sich durch die Fähigkeit von Mikrowärmetauschern, hohe Wärmeleistungen auf kleinstem Raum zu übertragen und damit schnell definierte Temperaturbedingungen einzustellen, auch bei stark exothermen Reaktionen die Ausbildung von unvorteilhaften Reaktionsbedingungen wie Hot Spots oder ein „Durchgehen" der Reaktion vermeiden. Im Zusammenspiel mit der kontinuierlichen Fluidführung ermöglicht der schnelle Wärmeübergang in Mikrowärmetauschern darüber hinaus eine Einstellung definierter Temperaturprofile auch auf kurzen Zeitskalen. Das Reaktionsgemisch wird zu diesem Zweck einfach durch eine Abfolge von Wärmetauschern mit unterschiedlicher Temperatur und Verweilzeit gepumpt, in denen es schnell aufgeheizt oder abgekühlt wird. Die geringe thermische Trägheit der einzelnen Wärmetauscher erlaubt dabei gleichzeitig eine zeitliche Variation der Reaktionstemperatur innerhalb einiger Sekunden, und eröffnet damit ein weites Feld an Möglichkeiten der schnellen experimentellen Prozessoptimierung und z.B. die Realisierung einer periodischen Prozessführung.

Die Einstellung der Verweilzeit in Mikroreaktionssystemen scheint aufgrund der meist kontinuierlichen Prozessführung – Ausnahmen bilden hier Systeme für das Hochdurchsatz-Screening, wie sie im Bereich der kombinatorischen Chemie und Materialwissenschaft eingesetzt werden – auf den ersten Blick eine einfache Aufgabe zu sein. Diese ergibt sich im Idealfall direkt aus dem Volumen der Verweilstrecke, geteilt durch den Volumenstrom des Fluids (Abb. 5). Tatsächlich hat jedoch das parabolische Geschwindigkeitsprofil (Hagen-Poiseuille) der in den meisten Fällen laminaren Strömung innerhalb der mikrofluidischen Kanäle mit ihren meist sehr kleinen Reynolds-Zahlen eine starke Verbreiterung der Verweilzeitverteilung zur Folge. Erst durch eine spezielle Formgebung der Kanäle lässt sich dieser störende Effekt vermindern.

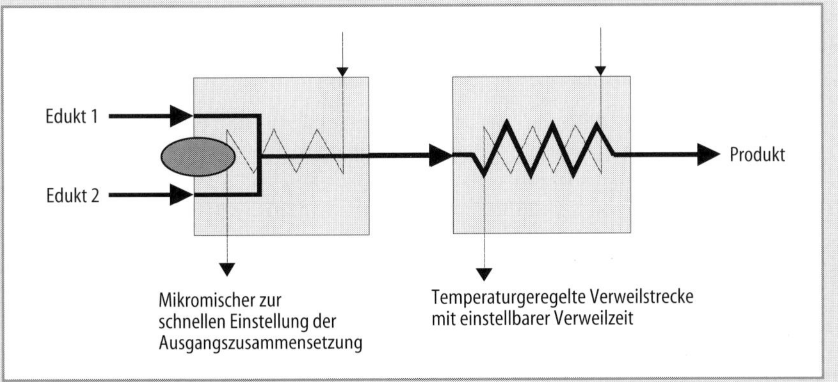

Abb. 5 Prozessintensivierung durch Einstellen einer optimierten Verweilzeit

Prozesssteuerung und Sicherheit

Der inhärente Vorteil von Mikroreaktionsbauelementen, Anfangs- und Randbedingungen für chemische Reaktionen und andere Grundoperationen der Verfahrenstechnik genau vorgeben zu können, liefert ganz neue Möglichkeiten der Prozesssteuerung. Kleine Reaktionsvolumina und eine kontinuierliche Prozessführung ermöglichen dabei eine Dynamik, wie sie mit konventionellen Systemen nicht erreicht werden kann. Dies trägt auch in ganz wesentlichem Maße zur Prozesssicherheit bei.

Auf diese Weise werden Reaktionswege zugänglich, die in konventionellen Reaktoren undenkbar wären, da sie in deren großen Volumina nicht mehr kontrolliert und damit oft zu einem unkalkulierbaren Risiko für Mensch und Anlage werden könnten. Dies gilt insbesondere für Reaktionen im Explosions-Bereich, die in Mikroreaktoren in vielen Fällen völlig gefahrlos und unter kontrollierten Bedingungen gefahren werden können (Abb. 6) (Hagendorf et. al. 1998). Mikrokanalsysteme wirken dabei wie Flammensperren.

Durch die geringen Dimensionen der Bauelemente werden zudem hohe Drücke von einigen zehn bis zu einigen hundert Bar mit geringem konstruktiven Aufwand gefahrlos beherrschbar. Dies erlaubt bspw. den Einsatz überkritischer Lösungsmittel, die gerne zu Extraktionszwecken oder auch für katalytische Reaktionen eingesetzt werden, deren Handhabung in konventionellen Anlagen mit sehr hohem technischem Aufwand verbunden ist.

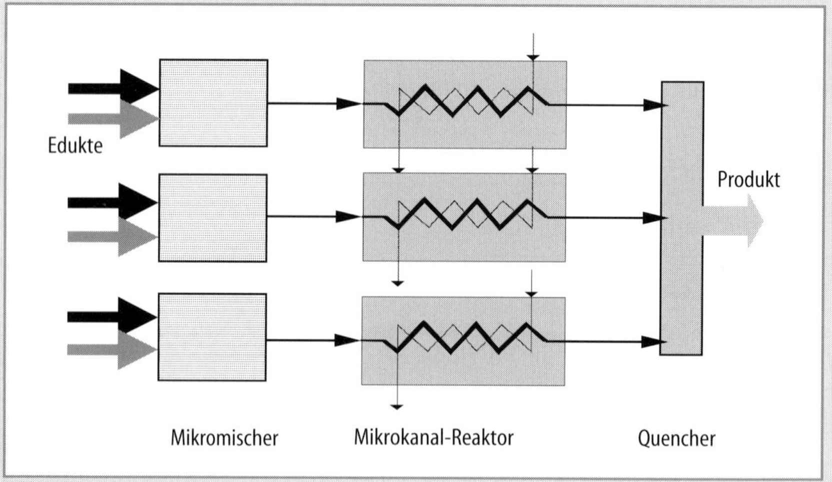

Abb. 6 Explosionssicheres Reaktionssystem für die kontinuierliche Synthese im Explosionsregime. Gekühlte Mikrokanäle unterbinden die Ausbreitung von Explosionsfronten

Nachhaltige Anlagenentwicklung durch Numbering-Up und verteilte Produktion

Die Sicherheit der eigentlichen Herstellungsprozesse kann durch die Einführung von Mikroreaktionsanlagen deutlich gesteigert werden. Ersetzt man jedoch einfach eine konventionelle Produktionsanlage durch ein Mikroreaktionssystem mit gleicher Produktionskapazität, so bleibt das mit der Lagerung der Ausgangsstoffe und Produkte verbundene Gefahrenpotenzial zunächst unverändert. Dieses lässt sich jedoch unmittelbar dadurch reduzieren, dass man die Produktion einer großen Anlage auf mehrere kleinere, dezentral betriebene Systeme verteilt.

Im Gegensatz zur konventionellen Verfahrenstechnik, bei der eine Verringerung der spezifischen Investitionskosten über den Scale-Up-Prozess, also die Produktivitätssteigerung einer einzelnen Anlage durch Vergrößerung des Anlagenvolumens erreicht wird, liegen die Einsparungspotenziale bei Mikroreaktionssystemen vor allem in der Massenproduktion und Parallelschaltung der Mikrokomponenten – dementsprechend wird von „Numbering-Up" gesprochen. Die Verhältnisse liegen hier recht ähnlich wie in der Mikroelektronik, wo ebenfalls mitunter sehr komplexe Systeme durch Nutzung hochproduktiver Herstellungstechniken für breite Anwendungsfelder erschwinglich werden. Während also das Scale-up-Prinzip der konventionellen Verfahrenstechnik zentral betriebene Großanlagen bevorzugt, lässt sich die durch Numbering-Up erreichte Produktivität ohne größere wirtschaftliche Einbußen auf mehrere dezentral betriebene Mikroreaktionssysteme verteilen. Bei bedarfsorientierter Standortwahl kann auf diese Weise eine deutliche Verringerung der Lagerkapazitaten und eine Reduzierung des Transportvolumens erreicht werden. Beides führt unmittelbar zur Erhöhung der Sicherheit und Umweltverträglichkeit und reduziert Zeit- und Kostenaufwand im Bereich der Logistik. Neben der inhärenten Anlagensicherheit und der hohen Reaktionseffizienz tragen diese Aspekte dazu bei, die Mikroreaktionstechnik zu einem aussichtsreichen Instrument für die nachhaltige Entwicklung einer sicheren und Ressourcen schonenden chemischen Industrie zu machen, die hier bereits einen außerordentlich hohen Standard gesetzt hat.

Einen weiteren Vorteil des Numbering-Up-Prinzips stellt die damit verbundene Möglichkeit dar, Ergebnisse aus der Forschung und Prozessentwicklung schneller und mit geringerem Kostenaufwand auf eine Produktionsanlage zu übertragen. Während sich der sonst übliche Scale-Up-Prozess auf die Dimensionen und damit auch oft massiv auf die Prozesscharakteristik der einzelnen Anlagenkomponenten auswirkt, bleiben diese beim Numbering-Up i. d. R. als solche im Detail bestehen. Die wesentlich geringeren Anlagendimensionen erleichtern darüber hinaus die Wartung und Reparatur der Systeme wie auch Umbauten und Erweiterungen. Die Anlagen können so innerhalb kurzer Zeit an wechselnde Produktionsbedürfnisse angepasst werden. Die aufgrund von Massenproduktion niedrigen Stückkosten der Mikrobauteile machen hierbei auch den Einsatz von Einwegkomponenten denkbar, die z.B. an besonders verschleiß- oder verschmutzungsintensiven Stellen eingesetzt und nach einer gewissen Betriebszeit einfach ausgetauscht werden können.

Von den Grundeigenschaften zu Entwurfsregeln

Im Gegensatz zur Mikroelektronik, die bereits seit vielen Jahren über leistungsfähige und hoch entwickelte Softwaretools und detaillierte Entwurfsregeln für die Entwicklung hoch integrierter Schaltkreise verfügt, fehlen vergleichbare Werkzeuge für die umfassende Konzeption mikroreaktionstechnischer Bauelemente bislang. Derartige Entwurfswerkzeuge sollten in der Lage sein, Fluid- und Wärmeströmungen in den Mikrobauteilen unter Berücksichtigung der darin ablaufenden chemischen Reaktionen zu modellieren wie auch Spezifikationen geeigneter Materialien für diese Bauteile anzugeben und kritische Schritte innerhalb ihres Herstellungsprozesses zu simulieren.

Bis derart umfassende Softwarepakete vielleicht in einigen Jahren zur Verfügung stehen, wird man sich beim Entwurf von Mikroreaktionsbauelementen auf Teillösungen stützen müssen, die einzelne Aspekte von der Simulation bis zur Konstruktion schrittweise abdecken. Standardsoftware für nummerische Strömungssimulationen (CFD) stellt hierbei bereits ein mächtiges, wenn auch lange noch nicht allmächtiges Hilfsmittel dar, um die Fluid- und Wärmeströmungsvorgänge in mikrofluidischen Systemen zu modellieren. Auch für die Simulation einzelner Prozessschritte bei der Mikrofertigung stehen bereits zuverlässige Simulationswerkzeuge zur Verfügung, die z.T. aus Programmen für die Halbleiterfertigung abgeleitet sind. In ähnlicher Weise lassen sich natürlich Standard-Programme aus dem Maschinenbau, die auf der Basis von Finite-Elemente-Methoden (FEM) Lastverteilungen und Deformationen modellieren, auf entsprechende Problemstellungen bei der Konstruktion von Mikroreaktionsbauteilen anwenden. Hingegen bestehen auf Seite der Entwurfswerkzeuge noch mitunter große Defizite, z.B. bei der Beurteilung und Optimierung von Materialeigenschaften, der umfassenden Optimierung von Reaktordesigns – insbesondere unter Berücksichtigung der thermodynamischen und fluiddynamischen Aspekte der chemischen Reaktionen, der Behandlung mehrphasiger Strömungen sowie der verschiedenen Wechselwirkungen zwischen diesen einzelnen Aspekten. Die erfolgreiche Konstruktion von Mikroreaktionsbauelementen erfordert daher vom Konstrukteur nach wie vor ein umfassendes Wissen um die in den vorangegangenen Abschnitten umrissenen spezifischen Eigenschaften dieser Systeme.

Hieraus abgeleitete Entwurfsregeln müssten z.B. berücksichtigen, dass die vorteilhaften Misch- und Wärmetauscheigenschaften mikrofluidischer Systeme im Rahmen ihrer Anwendung mitunter durch hohe Reibungsverluste aufgewogen werden. Die für eine praktische Anwendung relevante Leistungsfähigkeit eines Mikromischers oder -wärmetauschers sollte dementsprechend anhand eines Gütefaktors gemessen werden, der den Wärme- bzw. Fluidstrom ins Verhältnis zum Druckverlust setzt. Eine solche Bewertung ist natürlich immer auch unter Berücksichtigung weiterer Randbedingungen und Anforderungen an das jeweilige Bauteil zu sehen, die verschiedene Aspekte der Konstruktion in mitunter gegenläufiger Weise beeinflussen können. Die Verringerung der charakteristischen Dimensionen eines Systems führt, wie bereits erläutert, zu einer Verkleinerung des Fluidvolumens bei gleichzeitiger Erhöhung des Verhältnisses der Oberfläche zu diesem Volumen. Diese Aspekte haben ebenfalls Einfluss auf die Wärmetausch- bzw. Mischeigenschaften des Systems und folglich auch auf den Grad der Miniaturisierung, der zu seiner optimalen Funktion gewählt werden sollte. Je nach Aufgabenstellung verschiebt sich das optimale Maß hierfür und es ist nicht immer nötig, in allerkleinste Dimensionen vorzustoßen, um unerwünschte Reaktionsbedingungen wie die Ausbildung von Hot-Spots oder das Durchgehen einer Reaktion auszuschließen.

Ebenso ist es nicht immer sinnvoll, alle Bestandteile eines Mikroreaktionssystems zu miniaturisieren. Insbesondere im Bereich der Peripherie eines solchen Systems, wo ja durchaus beträchtliche Fluidströme fließen können, stellen konventionelle Bauelemente oft die wirtschaftlichere Lösung dar, da sie ohne zusätzlichen Entwicklungsaufwand direkt zu günstigen Preisen kommerziell verfügbar sind. So ist z.B. zur Fluidförderung in einer Produktionsanlage mit hohen Volumendurchsätzen grundsätzlich der Einsatz weniger konventioneller Pumpen wesentlich wirtschaftlicher als die Verwendung einer großen Zahl von Mikropumpen, da Letztere spezifisch sehr viel teurer und i. d. R. auch deutlich uneffizienter sind.

Fertigung mikroreaktionstechnischer Bauelemente

Allgemeine Voraussetzungen

Die rasanten technologischen Fortschritte in der Halbleiterindustrie in den vergangenen Jahrzehnten haben die Entwicklung einer Vielzahl ausgereifter Verfahren zur Erzeugung und Charakterisierung von Mikrostrukturen mit sich gebracht, von denen einige, z.T. in abgewandelter Form, auch für die Fertigung von Mikroreaktionsbauelementen geeignet sind. Dabei ist allerdings zu berücksichtigen, dass die Anforderungen an die Fertigungstechnik für Mikroreaktionsbauteile i. Allg. etwas anders gelagert sind als in der Mikroelektronik, die im wesentlichen Dünnschichtmethoden mit Strukturhöhen im Submikrometerbereich einsetzt. Die chemische Produktion mit kontinuierlicher Prozessführung ist stets mit der Manipulation mehr oder weniger großer Volumenströme verbunden und erfordert daher die Generierung entsprechend großer Strömungsquerschnitte und Volumina, damit also den Einsatz dreidimensionaler Mikrofabrikationstechniken. Eine dementsprechende Adaption eines typischen Prozesses aus der Halbleiterfertigung stellt z.B. die Tiefenlithografie dar, die die längst etablierten Techniken der Fotolithografie auf Resistsysteme mit einigen 10 bis 1000 µm Dicke überträgt. In Kombination mit galvanischen Abscheidungstechniken erlaubt die Tiefenlithografie bereits eine sehr flexible Gestaltung von Mikrostrukturen aus einer gewissen Auswahl von Metallen und über Abformverfahren auch anderer Werkstoffe. Reine Dünnfilmtechniken werden hingegen bei der Fertigung mikroreaktionstechnischer Bauelemente nur selten zur Formgebung sondern vorwiegend zur funktionalen Beschichtung von Oberflächen eingesetzt.

Um der unüberschaubaren Vielfalt an denkbaren Edukt- und Produktverbindungen sowie der große Bandbreite von möglichen Reaktionen und Prozessbedingungen gerecht zu werden, sollte für die Konstruktion von geeigneten Mikroreaktionsbauteilen eine möglichst große Auswahl an Werkstoffen zur Verfügung stehen. Neben lithografischen Techniken kommen daher weitere Mikrofertigungsmethoden wie bspw. zerspanende Verfahren, Funkenerosion, Ätztechniken oder lasergestützte Materialbearbeitungsverfahren zum Einsatz. Auf diese Weise wurden bislang bereits verschiedene Metalle und Legierungen, Kunststoffe, Glas, Keramiken, Halbleiter (insbesondere Silizium) sowie eine Reihe von Hilfsstoffen, beispielweise für Beschichtungs- oder Abdichtungszwecke, für die Herstellung von Mikroreaktionsbauelementen eingesetzt.

Neben der Formgebung und dem Material für ein Mikrobauteil spielt insbesondere die Frage nach den Kosten eine wesentliche Rolle bei der Auswahl des jeweils geeigneten Fertigungsverfahrens. In diese gehen wiederum Aspekte wie die Strukturauflösung und Genauigkeit oder die Anzahl der benötigten Bauteile ein. Daneben sind die Verfügbarkeit des jeweiligen Verfahrens sowie die Erfahrung geeigneter Anbieter zu berücksichtigen. Im Gegensatz zu den Verhältnissen, wie sie noch vor einigen Jahren im Bereich der Mikrofertigung vorherrschten, haben sich inzwischen die Voraussetzungen sowohl für eine kostengünstige Massenproduktion als auch für die individuelle Fertigung von Kleinserien bis hin zu Möglichkeiten des Rapid Prototypings deutlich verbessert. Für die meisten Fertigungstechnologien sind heute professionelle Maschinen kommerziell erhältlich, die die früher üblichen, meist unwirtschaftlichen und wenig zuverlässigen Laborgeräte ersetzen.

Ein weiteres Potenzial zur Optimierung der Wirtschaftlichkeit von Herstellungsprozessen liefert die mathematische Modellierung – sowohl der funktionalen Aspekte des jeweiligen Bauelements wie auch der Fertigungsabläufe und deren einzelner Schritte selbst. Sie ermöglicht bereits im Vorfeld die Konstruktion den tatsächlichen Anforderungen an das Bauteil sowie den Möglichkeiten und Grenzen der jeweiligen Herstellungstechnologie anzupassen und so Fehler, Probleme oder unnötigen Aufwand im Fertigungsablauf zu vermeiden. Diese Aspekte werden in den folgenden Abschnitten anhand der wichtigsten Methoden zur Herstellung von Mikroreaktionsbauteilen eingehender beleuchtet.

LIGA-Technik

Die LIGA-Technik basiert auf der galvanischen Auffüllung und anschließenden Abformung tiefenlithografisch erzeugter Resiststrukturen (*Li*thografie-*Ga*lvanoformung-*A*bformung). Sie ermöglicht die Erzeugung dreidimensionaler Mikrostrukturen mit sonst kaum erreichbaren Aspektverhältnissen bei gleichzeitig hoher Präzision und Detailauflösung aus einer großen Vielfalt von Materialien (Ehrfeld und Münchmeyer 1991; Ehrfeld und Ehrfeld 2001). Im ersten

Schritt des Fertigungsablaufs wird die zu erzeugende Mikrostruktur mittels Röntgen- oder UV-Strahlung in einem Masken- oder Rasterbelichtungsprozess in eine dicke Resistschicht übertragen, die sich auf einem elektrisch leitfähigen Substrat befindet. Je nach verwendetem Resist werden in einem anschließenden Entwicklungsprozess entweder die belichteten oder die unbelichteten Resistpartien selektiv entfernt. Insbesondere mittels Röntgen- bzw. Synchrotronstrahlung sind hierbei selbst bei Schichtdicken von mehreren 100 μm bis hin zu > 1 mm sehr hohe Strukturauflösungen bis hinunter in den Bereich weniger Mikrometer erreichbar. Bei Verwendung spezieller Resiste auf Epoxidharzbasis wie SU-8, die infolge des Belichtungsprozesses und der damit verbundenen Brechzahländerung in den belichteten Bereichen eine wellenleiterartige Struktur ausbilden, werden auch mittels UV-Lithografie inzwischen ähnlich gute Ergebnisse erzielt.

Im zweiten Schritt wird die reliefartige Resiststruktur durch galvanisches Auffüllen der Zwischenräume vom leitfähigen Substrat her in eine komplementäre Metallform übertragen. Ein häufig verwendetes Formmaterial ist dabei Nickel, welches z. B. aus einem Sulfamat-Elektrolytbad abgeschieden werden kann. Je nach der späteren Funktion der Metallstrukturen kommen jedoch auch andere Metalle wie Kupfer, Silber oder Gold zur Anwendung. In zunehmendem Maße gewinnen außerdem Legierungen an Bedeutung, die oft über vorteilhafte und durch ihre Zusammensetzung gezielt einstellbare Eigenschaften verfügen. Gerade als Material für Formeinsätze bestechen z. B. verschiedene Nickellegierungen durch ihre hohe Festigkeit und Hochtemperaturstabilität, die jedoch zurzeit noch durch eine Reihe spezifischer prozesstechnischer Schwierigkeiten wie der inhomogenen Materialzusammensetzung entlang der Strukturhöhe erkauft werden müssen. Forschungsarbeiten zu deren Lösung sind jedoch bereits an verschiedenen Fronten im Gange.

Die galvanisch erzeugte Metallstruktur kann bereits das Endprodukt des Prozesses darstellen. Oft wird sie jedoch wiederum als Master für einen weiteren Abformprozess verwendet. Aufgrund ihrer hohen thermomechanischen Stabilität ist sie im Gegensatz zur ursprünglichen Resiststruktur für eine wiederholte Abformung, z. B. durch Spritzguss oder Prägeverfahren, geeignet. Das LIGA-Verfahren wird damit zur Grundlage einer kostengünstigen Massenfertigung hochpräziser Mikrostrukturen. Die Auswahl an Materialien, die eine derartige Mikrostrukturierung durch Abformung erlauben, erstreckt sich über eine Vielzahl von Kunststoffen und präkeramischen Polymeren bis hin zu keramischen oder metallischen Pasten, die durch anschließendes Sintern in den entsprechenden anorganischen Festwerkstoff überführt werden können. Auf diese Weise kann ein breites Spektrum an verfahrenstechnisch relevanten Materialanforderungen erfüllt werden.

Es sei an dieser Stelle bemerkt, dass die Entwicklung des LIGA-Verfahrens ursprünglich aus einer speziellen Aufgabenstellung der Kerntechnik hervorging. Im Rahmen eines großtechnischen Entwicklungsprojekts am Kernforschungszentrum Karlsruhe ergab sich die Aufgabe, ein Verfahren zur Massenfertigung

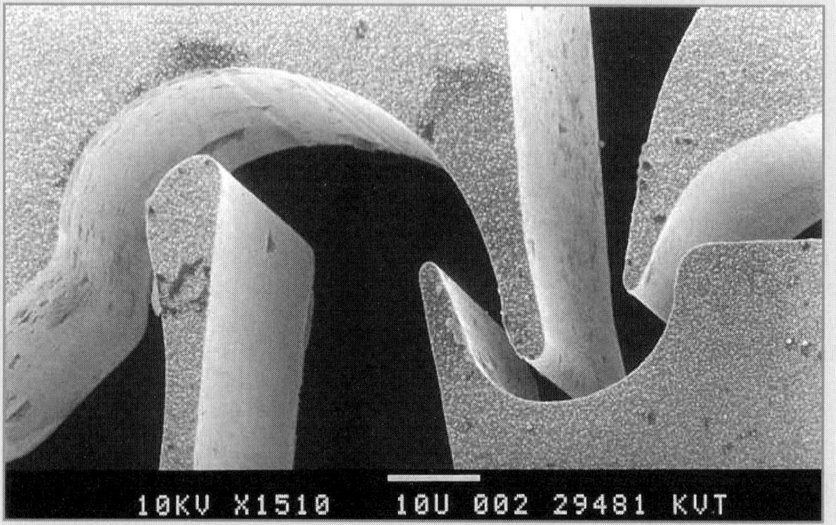

Abb. 7 Mikrodüse mit zweifacher Ablenkung für die aerodynamische Trennung von Uranisotopen. Die Struktur ist mittels LIGA-Technik aus Nickel gefertigt, wobei kleinste charakteristische Dimensionen von unter 10 μm realisiert werden (Quelle: Institut für Kernverfahrenstechnik am früheren Kernforschungszentrum Karlsruhe – jetzt Forschungszentrum Karlsruhe, Siemens)

gekrümmter Mikrodüsen für die aerodynamische Trennung von Uranisotopen zu entwickeln (Abb. 7).

Seitdem hat sich ein breites Spektrum an LIGA-Produkten mit viel versprechendem Marktpotenzial in Bereichen wie Mikrooptik, integrierter Optik, Molekularbiologie oder Mikroaktuatorik entwickelt. In jüngerer Zeit hat diese Technologie nun auch Einzug in die Mikroreaktionstechnik gehalten. So nutzt bereits eine Reihe von Unternehmen der chemischen Industrie wie natürlich zahlreiche Forschungsinstitute mittels LIGA gefertigte Mikrostrukturen als Bausteine für Mikromischer, -wärmetauscher, -blasensäulen oder modulare, teilintegrierte Systeme für verschiedene verfahrenstechnische Aufgabestellungen bei der Prozessentwicklung bis hin zu ersten Produktionsanlagen für Feinchemikalien.

Nass- und Trockenätzprozesse

Eine weitere Möglichkeit, lithographisch erzeugte Resiststrukturen in eine Vielzahl anderer Werkstoffe zu übertragen, bieten Ätzprozesse. Im Gegensatz zur LIGA-Technik, die ein aufbauendes Verfahren darstellt, wird hierbei an den unbeschichteten Flächen des Substrats Material abgetragen. Den geringsten technischen Aufwand erfordern dabei Nassätzprozesse, bei denen der Materialabtrag durch ein geeignetes flüssiges Ätzmedium, ggf. auch unter zusätzlicher Einwirkung eines elektrischen Stroms, erreicht wird.

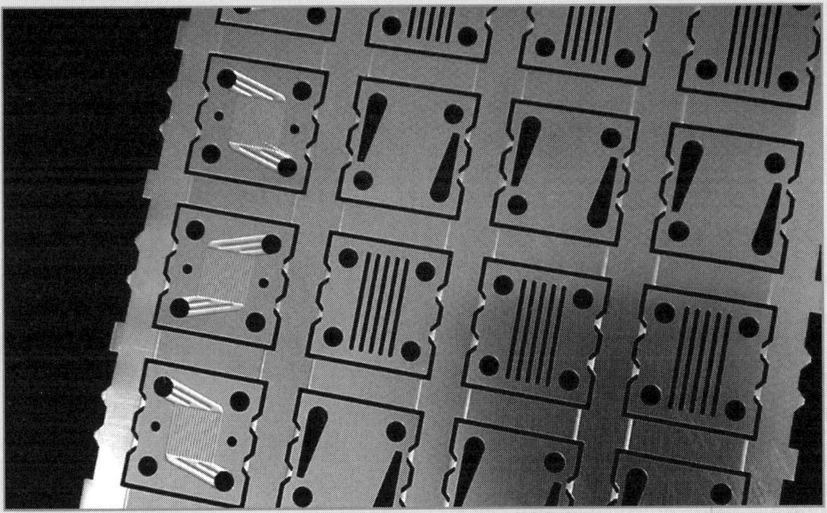

Abb. 8 Geätzte Edelstahlfolie mit Bauteilen für einen Mikrowärmetauscher. Die einzelnen Lagen des Bauteils werden aufeinander gestapelt und durch Diffusionsbonden miteinander verschweißt (Quelle: Ehrfeld Mikrotechnik, Ätztechnik Herz)

Für die meisten Materialien existieren nur isotrope Ätzverfahren, die bei längerer Einwirkung des Ätzmittels zu einem Unterätzen der Resistkanten führen und damit nur die Erzeugung relativ flacher Strukturen erlauben. Dennoch ist auf der Basis dieser Strukturierungsmethoden auch der Aufbau dreidimensionaler Bauelemente mit höheren Aspektverhältnissen oder auch ganzer Kanalsysteme möglich, indem man dünne Folien des gewünschten Materials vollständig durchätzt und in geeigneter Art und Weise aufeinander stapelt (Abb. 8).

Den technisch anspruchsvollen Schritt bei diesem Vorgehen stellt weniger die Strukturierung als die haltbare und dichte Verbindung der Foliensegmente, z. B. durch Diffusionslöt- oder -schweißverfahren dar. Abgesehen davon ist diese Fertigungstechnik mit geringem technischem Aufwand verbunden und lässt eine kostengünstige Produktion auch größerer Stückzahlen von Bauteilen zu, die keine allzu großen Anforderungen an Präzision, Oberflächengüte und geometrische Komplexität stellen. Das Produktspektrum umfasst verschiedene Typen von Wärmetauschern, Mischern, Separatoren und Reaktoren sowie einfachen integrierten Mikroreaktionsbauelementen.

Einige Materialien weisen in verschiedenen Kristallrichtungen unterschiedlich hohe Ätzgeschwindigkeiten auf und ermöglichen dadurch auch eine gezielt anisotrope Strukturierung mit nasschemischen Methoden, wodurch höhere Aspektverhältnisse und besser definierte Wandgeometrien erreicht werden können. Da diese spezielle Form der nasschemischen Strukturierung starke Einschränkungen hinsichtlich der möglichen Geometrien mit sich bringt und sich auf eine kleine Auswahl von Materialien beschränkt, die zudem in einkristalliner und damit meist sehr teurer Form vorliegen müssen, wird sie nur wenig zur Herstellung von Bauelementen für die Mikroreaktionstechnik verwendet. Eine gewisse Verbreitung findet insbesondere das anisotrope Ätzen von Silizium, welches u. a. zur Herstellung mikrofluidischer Komponenten wie Mikropumpen, Mikroventilen und Mikrokanälen bis hin zu komplexeren Fluidverteilungssystemen eingesetzt wird (Koehler 2001; Rangelow und Kassing 1998). Mit anderen Materialien besteht kaum praktische Erfahrung. Ihre starken Einschränkungen in der Material- und Geometriewahl kompensieren die anisotropen Ätzverfahren durch eine relativ einfache Handhabung und den geringen technischen Aufwand. Kompatibilitätsprobleme des Materials mit verschiedenen Prozessmedien lassen sich dabei in vielen Fällen auch durch bedarfsgerechte Beschichtungen lösen.

Ein weiteres selektives nasschemisches Ätzverfahren basiert auf der Verwendung von photosensitivem Glas (Freitag et. al. 2000). Bestrahlung mit UV-Licht und anschließendes Tempern bei 800–900 K bewirkt bei diesem Material eine lokale Kristallisation. Da die so erzeugte kristalline Phase eine sehr viel höhere Löslichkeit in Flusssäure aufweist als die amorphe, kann das Muster einer Schattenmaske ähnlich wie bei einem Resistprozess in ein entsprechendes Relief auf einem Glaswafer überführt werden. Dieses Verfahren wird bereits kommerziell für die Herstellung von Mikroreaktionsbauelementen wie Mischern, Wärmetauschern und Mikrotiterplatten aus Glas eingesetzt.

Mit einem wesentlich höheren apparativen Aufwand als die bis hierhin beschriebenen Nassätzprozesse sind Plasmaätzverfahren verbunden. Dieser Aufwand rechtfertigt sich jedoch in vielen Fällen durch die höhere Strukturauflösung, die hiermit sowohl in lateraler Richtung als auch in der Tiefe erreicht werden kann, wie auch durch die höhere Güte der durch den Ätzprozess erzeugten Oberflächen. Man unterscheidet vom Prinzip her Sputter- und Reaktivätzverfahren je nach dem, ob der Materialabtrag lediglich durch den Impulseintrag schneller Ionen oder Atome oder aber durch zusätzliche chemische Reaktionen zwischen den Teilchen des Plasmas und dem Werkstückmaterial erreicht wird. Aufgrund ihrer sehr viel höheren Abtragsraten werden für die Strukturierung mikrofluidischer Bauelemente fast ausschl. Reaktivätzverfahren verwendet. Spezielle Prozessabläufe ermöglichen bei einigen Materialien auch hier einen anisotropen Materialabtrag, womit Kanalquerschnitte mit hohem Aspektverhältnis und nahezu frei wählbarer Geometrie erzeugt werden können. Auch in diesem Fall ist Silizium das Material der Wahl, für das die am besten erprobten Tiefenätztechnologien (ASE *A*dvanced *S*ilicon *E*tching oder DRIE *D*eep *R*eactive *I*on *E*tching) verfügbar sind (Koehler 2001; Rangelow und Kassing 1998).

Bei diesen Tiefenätzverfahren wird üblicherweise zunächst das Resistmuster in eine ätzresistente Hartmaske auf der Oberfläche des Silizium-Wafers übertragen. Danach wird im Wechsel jeweils durch einen reaktiven Plasmaätzschritt bis in eine gewisse Tiefe Material abgetragen und anschließend die Seitenwände der dabei entstandenen Reliefstruktur durch Plasmaabscheidung einer ätzresis-

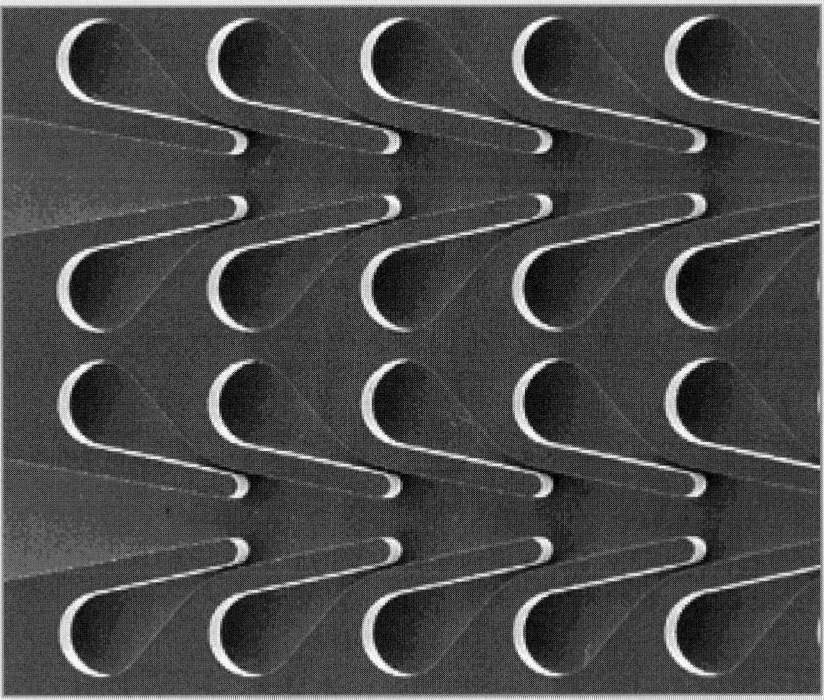

Abb. 9 Aufsicht auf die Kanalstruktur eines Phasenseparators, der durch Tiefenätzen aus Silizium (ASE) hergestellt wurde (Quelle: IMM)

tenten Fluorverbindung passiviert (Laermer und Schilp 1996). Durch mehrfache Wiederholung dieser beiden Prozessschritte lassen sich Strukturen mit einigen 100 µm Tiefe und nahezu senkrechten Seitenwänden bzw. Aspektverhältnissen von bis zu 30 generieren (Abb. 9). Je nach Anlage und Prozess werden dabei Ätzraten von mehr als 10 µm/min erreicht. Kristallstrukturbedingte Restriktionen wie beim nasschemischen anisotropen Siliziumätzen treten dabei nicht auf.

Die Beschränkung des ASE-Prozesses auf Silizium setzt natürlich dessen Anwendungsspektrum im Bereich der Mikroreaktionstechnik deutliche Grenzen. Auch lassen sich die so erzeugten Strukturen aufgrund der Sprödigkeit des Materials nicht unmittelbar als Formeinsatz für die Replikation durch Präge- oder Spritzgussverfahren verwenden. Diesen Nachteil kann man jedoch durch galvanische Strukturübertragung in einen wesentlich stabileren Metallmaster umgehen, mit dem dann entsprechende Abformprozesse möglich sind. Dieses Vorgehen wird je nach Verfügbarkeit der jeweiligen Prozesstechnologie oder spezifischen Anforderungen an die gewünschte Struktur gerne als Alternative zur LIGA-Technik verwendet.

Mechanische Mikromaterialbearbeitung

Ausgehend von klassischen spanabhebenden Bearbeitungsverfahren der Feinwerktechnik wie Fräsen, Drehen oder Schleifen sind in den letzten Jahren auch mechanische Verfahren zu Mikromaterialbearbeitung entwickelt worden, die oft auch unter dem Begriff Ultrapräzisionstechnik zusammengefasst werden. Hiermit ist die Fertigung auch komplexerer dreidimensionaler Mikrostrukturen aus verschiedenen, i. d. R. metallischen Werkstoffen möglich (Schubert et. al. 1969; Weck 2000). Ultrapräzisionsfräs- und Drehmaschinen mit bis zu fünf CNC-gesteuerten Achsen sind inzwischen kommerziell erhältlich. Durch den Einsatz von Diamant-Schneidwerkzeugen lassen sich damit extrem geringe Oberflächenrauheiten von wenigen Nanometern erreichen und auch sprödharte Werkstoffe wie z.B. Glas mit hoher Präzision bearbeiten. Lediglich für die Bearbeitung von Stahl ist Diamant aufgrund der hohen Löslichkeit des Kohlenstoffs in Eisenwerkstoffen nicht geeignet. Hierfür werden jedoch inzwischen mit beachtlichem Erfolg Werkzeuge aus besonders feinkörnigen Hartmetallwerkstoffen oder spezielle Schnitttechniken wie das Vibrationszerspanen eingesetzt. Eine Reihe von Mikroreaktionsbauelementen sind bereits mit diesen mechanischen Fertigungstechniken hergestellt worden (Abb. 3).

Abgesehen von der nach unten begrenzten Größe des Schneidwerkzeugs, den nicht ganz zu vernachlässigenden Kräften bei der Bearbeitung auf das Werkstück und den zuvor angesprochenen Aspekten der Materialauswahl hierfür existieren für die Herstellung von Mikroreaktionsbauelementen durch Ultrapräzisionszerspanung kaum Einschränkungen hinsichtlich Geometrie oder Material. Aufgrund der relativ hohen Fertigungskosten und -zeiten ist diese Technologie für eine preiswerte Massenfertigung allerdings nicht geeignet. So wird sie vornehmlich für die Herstellung von Prototypen oder Labormustern oder aber von Formeinsätzen für eine Serienfertigung von Kunststoff-Mikroteilen durch Spritzgießen verwendet.

Neben den Zerspanungstechniken haben auch andere mechanische Bearbeitungstechniken wie Stanzen oder Prägen inzwischen Einzug in die Mikrofertigung gefunden, die von ihrer Natur her bereits klassische Verfahren für die kostengünstige Massenfertigung darstellen. Auch diese werden bereits erfolgreich zur Herstellung von Mikroreaktionsbauelementen, z.B. Wärmetauschern eingesetzt.

Mikrostrukturierung durch Funkenerosion

Eine interessante Alternative zu den klassischen Zerspanungsverfahren stellt die Mikro-Funkenerosion (μEDM) dar, die, wiederum abgesehen von der stets nach unten limitierten Ausdehnung des verwendeten Werkzeugs, praktisch keinerlei Einschränkungen bei der geometrischen Gestalt des Werkstücks mit sich bringt (Michel et. al. 2000). Der Materialabtrag wird bei dieser Technik durch lokal in schneller Abfolge stattfindende Funkenentladungen hervorgerufen, die in einer dielektrischen Flüssigkeit wie deionisiertem Wasser oder Öl zwischen dem Werkzeug und dem Werkstück durch Anlegen einer gepulsten Hochspannung ausgelöst werden. Voraussetzung hierfür ist dementsprechend ein gewisses Maß an elektrischer Leitfähigkeit sowohl des Werkstücks wie auch der Bearbeitungselektrode. Je nach Form und Vorschubrichtung des Erosionswerkzeugs unterscheidet man zwischen Senk- und Drahterodieren. Beim ersteren wird das komplementäre Abbild eines metallischen Urmodells durch sukzessives Einsenken in das Werkstück in dieses übertragen. Beim Drahterodieren stellt ein dünner Draht die Arbeitselektrode dar, mit dem die Strukturen ähnlich wie mit einem Laubsägeblatt aus dem Werkstück ausgeschnitten werden. Wenngleich auf diese Weise zwar kaum Schnittspaltbreiten unter 50 μm erreicht werden können, sind die erreichbaren Schnitttiefen mit einigen Millimetern doch beachtlich und erlauben somit Aspektverhältnisse, die mit kaum einer anderen Technik erzielt werden können.

Weitere wesentliche Vorteile des Erodierens gegenüber mechanischen Verfahren sind der sehr geringe Krafteintrag in das Werkstück, wodurch auch sehr filigrane Strukturen erzeugt werden können, sowie die relativ problemlose Bearbeitbarkeit auch sehr harter Materialien, sofern diese über eine hinreichende elektrische Leitfähigkeit verfügen. Diesen Vorteilen steht jedoch auch eine Reihe von Nachteilen gegenüber, wie die relativ hohe Rauheit der bearbeiteten Oberflächen und die nur begrenzte Miniaturisierbarkeit aufgrund einer gewissen Mindestausdehnung des Werkzeugs zuzüglich Funkenspalt. Zusammen mit den meist sehr hohen Bearbeitungszeiten führen diese Einschränkungen dazu, dass die Mikrofunkenerosion vorwiegend zur Herstellung von Formeinsätzen oder Labormustern eingesetzt wird. Da sie unmittelbar für die Bearbeitung von Edelstahl geeignet ist, findet sie dabei jedoch vielfache Anwendung bei der Herstellung von Bauteilen für die Mikroreaktionstechnik (Abb. 10).

Mikromaterialbearbeitung mittels Laserstrahlung

Die Mikromaterialbearbeitung unter Verwendung von Laserstrahlung umfasst ein ganzes Spektrum unterschiedlicher Methoden (Bremus et. al. 2000; Gillner und Klotzbücher 2001). Die hohen Intensitäten und kurzen Einwirkzeiten gepulster Laserquellen ermöglichen zum einen den lokalen Materialabtrag durch Schmelzen, Verdampfen, Sublimieren, Verbrennen oder Photoablation bzw. die Kombination dieser Prozesse. Andererseits existieren auch aufbauende Verfahren wie Stereolithografie oder Lasersintern, bei denen Strukturen durch photochemisch induzierte Polymerisationsprozesse aus flüssigen Harzen oder mittels Verfestigung pulverförmiger Ausgangsmaterialien durch lokale Sintervorgänge erzeugt werden. Daneben zählen lasergestützte Löt- und Schweißverfahren wegen des sehr gut steuerbaren lokalen Wärmeeintrags mit zu den wichtigsten Verbindungstechniken bei der Montage von Mikrobauelementen.

Ein großer Vorteil insbesondere der abtragenden Laser-Mikromaterialbearbeitungstechniken ist ihre Anwendbarkeit auf eine nahezu unbeschränkte

Abb. 10 Bauteil für einen Mikromischer nach dem Multilaminationsprinzip. Die etwa 70 μm breiten Spalten wurden mittels Funkenerosion in den Mischerblock geschnitten (Quelle: Ehrfeld Mikrotechnik, Zumtobel)

Vielfalt an Materialien – ein Pluspunkt, der sie für die Herstellung von Mikroreaktionsbauelementen natürlich besonders qualifiziert (Abb. 11). Die Grenzen der Strukturauflösung liegen bei den meisten Systemen im Bereich von etwa 5–10 μm, z.T. auch etwas darunter, wobei Aspektverhältnisse zwischen 5 und 10 erreicht werden können. Typische Schwachpunkte der abtragenden Laserbearbeitungsverfahren stellen die oft recht hohe Oberflächenrauheit, das Auftreten von Materialablagerungen (Debris) an den Auswurfkanten sowie thermische Belastungen in der unmittelbaren Umgebung der bearbeiteten Werkstückpartien (TAZ *T*hermally *A*ffected *Z*one) dar.

Ein wirklicher Technologiesprung in diesem Zusammenhang ist in den letzten Jahren durch die Entwicklung der Ultrakurzpuls- bzw. Femtosekundenlaser erreicht worden. Deren extrem hohe Pulsintensitäten bei Pulsdauern im Bereich einiger zehn Femtosekunden bis weniger Nanosekunden führen nicht nur zu einer signifikanten Reduzierung der Debrisbildung und thermischen Materialbelastung, sondern machen zudem Abtrags- wie auch Lithografietechniken zugänglich, die das Beugungslimit überwinden und dadurch die Erzeugung von Strukturen mit Submikrometer-Dimensionen ermöglichen. Diese revolutionäre Technologie befindet sich allerdings noch in einem recht frühen Stadium ihrer

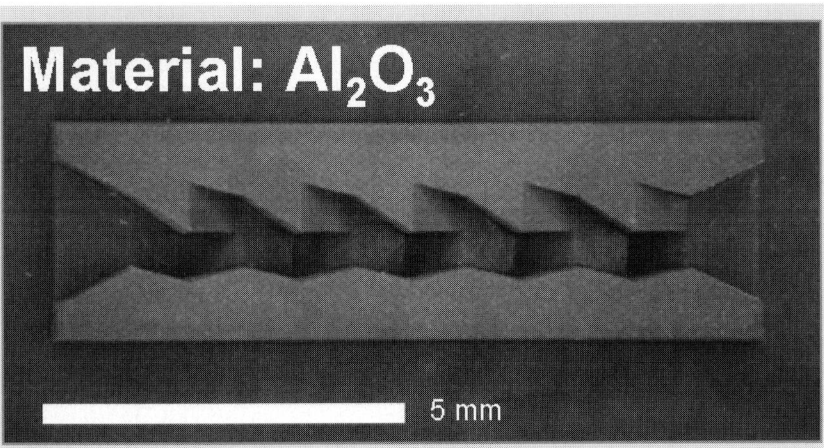

Abb. 11 Teil eines statischen Mikromischers, welches mittels Laserablation aus Aluminiumoxidkeramik gefertigt wurde (Quelle: Ehrfeld Mikrotechnik, Heidelberg Instruments Microtechnologies)

Entwicklung. Erste professionelle Materialbearbeitungsanlagen mit Femtosekundenlasern sind dennoch bereits kommerziell erhältlich.

Ausgenommen von flächigen Belichtungsverfahren, wie sie bspw. bei der Lithografie mit Excimer-Lasern eingesetzt werden, beruhen die meisten Laserverfahren auf einer rasternden Bearbeitung des Werkstücks mit vergleichsweise geringen Volumenumsätzen. Dementsprechend ist mit ihnen nur eine relativ langsame Strukturgebung möglich. Dies gilt insbesondere für die hoch auflösenden Femtosekunden-Technologien, bei denen bislang nur geringe Dauerstrich-Laserleistungen von wenigen 100 mW zur Verfügung stehen. Für eine schnelle und kosteneffiziente Massenfertigung sind diese Verfahren daher nur sehr bedingt geeignet. Hingegen eignen sie sich aufgrund ihrer sehr hohen Flexibilität hervorragend für die schnelle Prototypenfertigung.

Bislang sind lasergestützte Mikromaterialbearbeitungsverfahren trotz ihrer großen Flexibilität hinsichtlich Form und Material nur in recht geringem Umfang für die Herstellung von Bauteilen für die Mikroreaktionstechnik genutzt worden (Jandeleit et. al. 1999). Dies mag daran liegen, dass die rasante Entwicklung der Lasertechnik erst in den letzten Jahren speziell hierfür optimierte industrietaugliche Strahlungsquellen hervorgebracht hat, und diese auch zunächst in eine dafür geeignete Anlagentechnik integriert werden mussten. Inzwischen stehen jedoch von einer ganzen Reihe von Herstellern speziell für die Mikromaterialbearbeitung konzipierte Komplettsysteme zur Verfügung, womit diese Technik sicher recht bald eine wesentlich stärkere Verbreitung gerade im Bereich der sehr entwicklungsintensiven Mikroreaktionstechnik finden wird (Abb. 12).

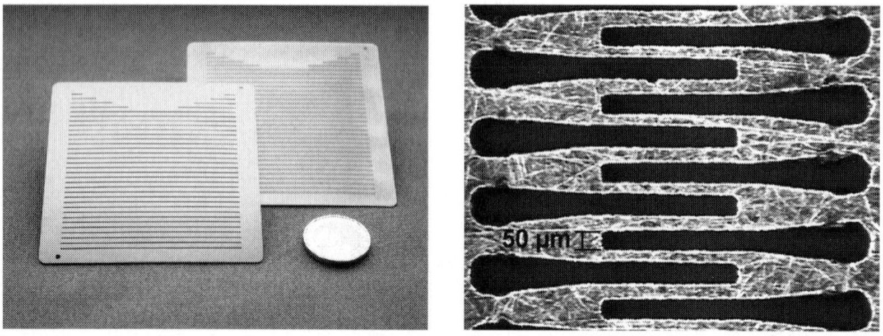

Abb. 12 Mischfolieneinsätze eines Multilaminations-Mikromischers für Durchsätze bis ca. 1000 L/h, gefertigt durch Laserstrahlschneiden aus Edelstahlblech. Das rechte Bild zeigt einen Ausschnitt der Mikrostruktur (Quelle: Ehrfeld Mikrotechnik, LTC Laserdienstleistungen)

Die Einführung der Mikroreaktionstechnik in der chemischen Industrie

Die Mikroreaktionstechnik bietet einen neuartige Grundlage für
- die Beschleunigung von Versuchsreihen bei der kombinatorischen Materialentwicklung
- die Realisierung äußerst leistungsfähiger Werkzeuge für die experimentelle Charakterisierung neuer Reaktions- und Verfahrenswege
- die umfassende und nachhaltige Umsetzung des Konzepts der Prozessintensivierung bei der Produktion von Fein- und Spezialchemikalien (Abb. 13).

Dem Vorbild der sukzessiven Miniaturisierung von Hochdurchsatz-Charakterisierungstechniken in der Biochemie und Pharmaforschung folgend, hat sich die Mikroreaktionstechnik inzwischen auch in der kombinatorischen Chemie und Materialforschung erfolgreich etabliert. Die Aufgabenstellungen, die dabei von Firmen wie auch von universitären oder anderen staatlichen Forschungseinrichtungen verfolgt werden, umfassen u. a. die Entwicklung neuer, effektiverer Katalysatoren, verbesserter Polymermaterialien, effizienterer Fluoreszenzfarbstoffe für Beleuchtungszwecke und natürlich neuer und verbesserter Wirkstoffe für die Pharmaindustrie (Jensen et. al. 1998; Ehrfeld et. al. 1999; Wießmeier et. al. 1998; Claus et. al. 2001). Firmen wie z.B. Symyx, deren Geschäft im Wesentlichen auf der hocheffektiven Synthese und Charakterisierung einer enormen Vielzahl chemischer Verbindungen basiert, haben längst erkannt, dass durch den Einsatz von Mikroreaktionsbauelementen in bedeutendem Umfang Zeit und Kosten eingespart werden können. Neben diesem Einsparpotenzial, welches sich durch den geringeren Bedarf an Ausgangs- und Hilfssubstanzen, den geringeren Energie- und Platzbedarf und die kleineren Abfallmengen ergibt, wird außerdem die ganze Palette an prozesstechnischen Vorteilen der Mikroreaktionstechnik zugänglich, wie sie in den ersten Kapiteln beschrieben wurde (Jandeleit et. al. 1999).

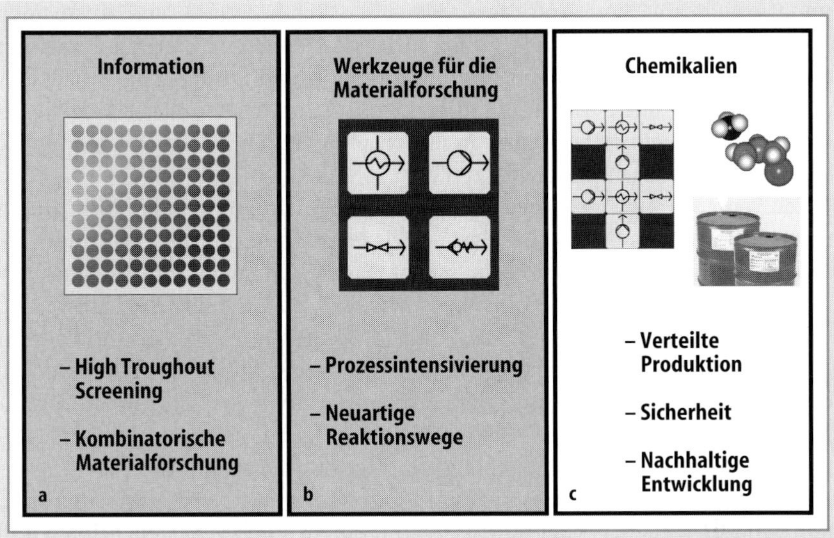

Abb. 13a–c Die Ziele der Mikroreaktionstechnik bestehen in der Generierung von Information **(a)**, Werkzeugen für die Prozessentwicklung **(b)** und chemischen Produkten **(c)**

Für die Verfahrenstechnik von besonderem Interesse ist hierbei nicht nur der besonders schnelle experimentelle Zugang zum gesamten Spektrum durch konventionelle Produktionsanlagen zugänglicher Prozessbedingungen, sondern auch die Erweiterung dieses Spektrums in neue Parameterbereiche. So erreichten Forscher der BASF unter Verwendung von Mikroreaktionsbauelementen eine deutliche Steigerung der Selektivität und Ausbeute einer hoch exothermen Zweiphasenreaktion zur Synthese eines Vorprodukts für die Vitaminherstellung, indem sie einen Reaktionsweg wählten, der mit konventionellen Methoden nicht möglich gewesen wäre. Firmen wie Clariant und Merck verwenden Mikroreaktoren bereits für die Produktion und auch Degussa arbeitet intensiv am Aufbau einer Testanlage, an der die Eignung mikroreaktionstechnischer Bauelemente für die Produktion geprüft werden soll. Während die meisten Firmen ihre Aktivitäten zur Einführung der Mikroreaktionstechnik noch weitgehend hinter verschlossenen Türen durchführen, berichtete Clariant kürzlich auch öffentlich von seinen Fortschritten in diesem Bereich (Wochner 2002). Die Forscher des Unternehmens gehen davon aus, dass in Zukunft ca. 15 % der Produktionskapazitäten durch Mikroreaktionsanlagen erfüllt werden.

Als eine wesentliche Hürde für die Einführung der Mikroreaktionstechnologie auf einer breiten industriellen Ebene können die spezifischen, überwiegend neuartigen und damit wenig bekannten und nur eingeschränkt erprobten Herstellungstechniken für Mikroreaktionsbauelemente angesehen werden. Hinzu kommen die teilweise für den Verfahrenstechniker ungewohnten Materialien, die sich aus dem Einsatz dieser Fertigungstechnologien ergeben und deren

Kompatibilität mit den Anforderungen chemischer Syntheseprozesse noch nicht in allen Fällen hinreichend untersucht ist. Neben der Klärung derartiger Materialspezifikationen für ein breites Spektrum von Stoffen und Prozessbedingungen könnte die Erstellung allgemein zugänglicher Entwurfsregeln für mikroreaktionstechnische Bauelemente zu einer beschleunigten Verbreitung dieser neuartigen Technologie führen.

Einen weiteren Beitrag hierzu dürfte die Einführung modularer Mikroreaktionssysteme leisten. Ein solches System wird derzeit bei Ehrfeld Mikrotechnik entwickelt. Es setzt sich aus einzelnen funktionalen Elementen für Reaktionen, Grundoperationen und Fluidtransport sowie für Mess-, Steuer-, Regelungs- und Analyseaufgaben zusammen. Diese Module können auf einer Grundplatte in praktisch beliebigen Konstellationen angeordnet und fluiddicht fixiert werden und bilden so eine Entwicklungsplattform zum Aufbau von Mikroreaktionsanlagen (Abb. 14). Mithilfe einer solchen Plattform lassen sich mit geringem Aufwand optimale Reaktionswege, Anlagenkonfigurationen und Prozessbedingungen zur Synthese einer großen Vielfalt von chemischen Grund-, Zwischen- und Endprodukten finden. Ferner lassen sich mit einem solchen System schnell und einfach jeweils für eine bestimmte Aufgabenstellung optimierte Anordnungen

Abb. 14 Modulares Mikroreaktionssystem der Ehrfeld Mikrotechnik AG. Die würfelförmigen Module aus Edelstahl mit einer Kantenlänge von 24 mm enthalten Mikrostrukturen zur Ausführung einzelner Reaktionsschritte oder verfahrenstechnischer Grundoperationen und lassen sich nahezu beliebig auf einer stabilen Grundplatte anordnen und verspannen. Das System ist auf Betriebsdrücke bis 100 bar ausgelegt (Quelle: Ehrfeld Mikrotechnik)

für Experimente der kombinatorischen Chemie zusammenstellen. Aufgrund ihrer kontinuierlichen Betriebsweise lässt sich eine solche Mikroreaktionsanlage nach der Optimierung schließlich direkt auch für eine Produktion in kleinerem Maßstab einsetzen.

Ausblick

Prozessintensivierung durch den Einsatz von Mikroreaktionstechnologie wird in Zukunft zunehmend den Fortschritt in der chemischen Verfahrenstechnik bestimmen. Sie eröffnet grundsätzlich neue Einsparungspotenziale – sowohl bei den direkten Kosten durch Entwicklung, Kapitaleinsatz, Betrieb und Instandhaltung als auch bei Folgekosten, wie sie z.B. durch Lagerhaltung und Transport aber auch durch Maßnahmen zur Anpassung von Produktionskapazitäten an neue Marktverhältnisse zustande kommen. Abbildung 15 skizziert in Form einer Roadmap die zukünftige Entwicklung der Mikroreaktionstechnik und ihres Einsatzes zur Prozessintensivierung, wie sie sich aus heutiger Sicht darstellt. Die meisten großen Unternehmen der chemischen und pharmazeutischen Industrie sowie viele größere Anlagenbauer zeigen reges Interesse an dieser Technologie und viele davon betreiben bereits aktive Forschungs- und Entwicklungsarbeiten zu ihrer Implementierung. Infolge der großen Fortschritte der Mikrofertigungstechnik in den letzten Jahren steht inzwischen auch eine Vielzahl ausgereifter Technologien und Anlagen zur Verfügung, mit denen eine kommerzielle Fertigung von Mikroreaktionsbauelementen für eine große Bandbreite von Anwendungen realisiert werden kann. Die Technologiepalette reicht dabei von äußerst flexiblen Verfahren zur schnellen Prototypenfertigung bis hin zu hoch produktiven Methoden für eine kostengünstige Massenproduktion.

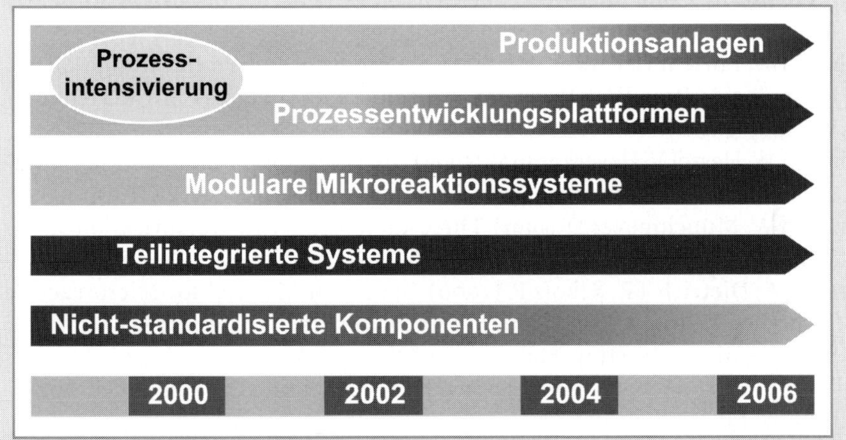

Abb. 15 Roadmap der Mikroreaktionstechnik für die kommenden Jahre

Wie bei allen neuen Technologien erfordert natürlich auch die industrielle Einführung der Mikroreaktionstechnik trotz ihrer rasanten Entwicklung eine gewisse Zeit. Ein solcher Schritt ist für jedes Unternehmen mit hohen Kosten für Forschung, Entwicklung und Anlageninvestitionen verbunden, weshalb hier zunächst die Entscheidungsträger zu überzeugen sind, die in der Einführung jeder neuen Technologie immer auch ein gewisses Risiko sehen. Es gilt daher, die wissenschaftliche Basis der Mikroreaktionstechnik weiter auszubauen, ihre potenziellen Vorteile auch in der Praxis an neuen Beispielen zu demonstrieren, die Fertigungstechnologien in ihrer Verlässlichkeit und Kosteneffizienz weiter zu optimieren, um den anspruchsvollen industriellen Standards in jeder Hinsicht gerecht zu werden, ein breites Erfahrungsspektrum für die Konstruktion und den Betrieb von Mikroreaktionsanlagen aufzubauen und schließlich deren kommerziellen Erfolg zu demonstrieren.

Literatur

Bayer T, Heinichen H, Natelberg T (2000) Emulsification of Silicon Oil in Water – Comparison between a Micromixer and a Conventional Stirred Tank. Proc. 4th Int. Conf. Microreaction Technology, pp 167–173, AIChE Spring National Meeting, March 2000, Atlanta, GA

Bremus E, Gillner A, Hellrung D, Höcker H, Legewie F, Poprawe R, Wehner M, Wild M (2000) Laserprocessing for Manufacturing Microfluidic Devices, Proc. 3rd Int. Conf. Micro reaction Technology, pp 187–196, Springer, Berlin

Bundesministerium für Bildung und Forschung (2000) Förderkonzept Mikrosystemtechnik 2000+, Bonn

Claus P, Hönicke D, Zech T (2001) Miniaturization of Screening Devices for the Combinatorial Development of Heterogeneous Catalysts. Catalysis Today 67: 319–339

Ehrfeld W, Ehrfeld U (2001) Microfabrication for Process Intensification, In: Proc. 5th Int. Conf. Microreaction Technology', Eds. M. Matlosz, W. Ehrfeld, J. P. Baselt, pp 3–12, Springer, Berlin, Heidelberg, New York

Ehrfeld W, Ehrfeld U, Kiesewalter S (2000) Progress and Profit through Microtechnologies. Proc. VDE World Microtechnologies Congress, MICRO.tec 2000, Vol. 1, pp 9–17

Ehrfeld W, Hessel V, Haverkamp V, (1999) Microreactors. Ullmann's Encyclopedia of Industrial Chemistry, Sixth Edition, Weinheim: Wiley-VCH

Ehrfeld W, Münchmeyer D (1991) Three-dimensional Microfabrication Using Synchrotron Radiation. Nucl. Inst. Meth. Phys. Res. A303: 523–531

Freitag A, Dietrich TR, Scholz R (2000) Glass as a Material for Microreaction Technology, Proc. 4th Int. Conf. Microreaction Technology, pp 48–54, AIChE Spring National Meeting, March 2000, Atlanta, GA

Gillner A, Klotzbücher T(2001) Lasermikrobearbeitung. In: Handbuch Mikrotechnik. Ed. W. Ehrfeld, Carl Hanser Verlag, München, 2001, pp 105–143

Green A, Johnson B, John A (1999) Process Intensification Magnifies Profits. Chemical Engineering, pp 66–73

Hagendorf U, Jänicke M, Schüth F, Schubert K, Fichtner M (1998) A Pt/Al_2O_3 Coated Microstructured Reactor/Heat exchanger for the Controlled H_2/O_2 Reaction in the Explosion Regime. Proc. 2nd Int. Conf. Microreaction Technology, pp 81–87, AIChE Spring Meeting, March 1998, New Orleans, LA

Jäckel KP (2000) Microreaction Technology – Vision and Reality. Plenary Lecture, ACHEMA 2000, Frankfurt

Jandeleit B, Schaefer DJ, Powers TS, Turner HW, Weinberg WH (1999) Combinatorial Materials Science and Catalysis. Angew. Chemie, Int. Ed. 38: 2494–2532

Jensen KF, I-Ming Hsing, Srinivasan R, Schmidt MA, Harold MP, Lerou JJ, and Ryley JF (1998) Reaction Engineering for Microreactor Systems. Proc. 1st Int. Conf. Microreaction Technology, pp 2–9, Springer, Berlin

Koehler M (2001) Ätztechniken. In Handbuch Mikrotechnik, Ed. W. Ehrfeld, Carl Hanser Verlag, München, 2001, pp 279–322

Laermer F, Schilp A (1996) Method of Anisotropically Etching Silicon, US Patent No. 5501893

Löwe H, Ehrfeld W, Hessel V, Richter T, Schiewe J (2000) Micromixing Technology, Proc. 4th Int. Conf. Microreaction Technology, AIChE Spring National Meeting, March 2000, Atlanta, GA

Mayer J, Fichtner M, Wolf D, Schubert K (2000) A Microstructured Reactor for the Catalytic Partial Oxidation of Methane to Syngas, Proc. 3rd Int. Conf. Microreaction Technology, Berlin: Springer, 2000. pp 187–196

Michel F, Ehrfeld W, Koch O, Gruber HP (2000) EDM for Microfabrication – Technology and Applications, Proc. Int. Seminar on Precision Engineering and Microtechnology, M. Weck ed., July 2000, Aachen

Rangelow IW, Kassing R (1998) Silicon Microreactors made by Reactive Ion Etching, Proc. 1st Int. Conf. Microreaction Technology, pp 169–174, Springer, Berlin

Schubert K, Bier W, Linder G, Seidel D (1969) Herstellung und Test von kompakten Mikrowärmeübertragern, Chem-Ing-Tech 61: 172–173

Stankiewicz AI, Moulijn JA (2000) Process Intensification: Transforming Chemical Engineering. Chemical Engineering Progress, pp 22–33

Weck M (2000) Ultraprecision Machining of Microcomponents, Proc. Int. Seminar on Precision Engineering and Microtechnology, M. Weck ed. July 2000, Aachen

Wießmeier G, Schubert K, Hönicke D (1998) Monolithic Microreactors Possessing Regular Mesopore Systems for the Successful Performance of Heterogeneously Catalysed Reactions, In: Proc. 1st Int. Conf. Microreaction Technology, Ed W Ehrfeld, Springer, Berlin, 1998, pp 20–26

Wochner M (2002) Mikroreaktoren – kleine Ergänzung für große Kessel, Clartext Nr. 3/2002

Wood M, Green A, (1998) A Methodological Approach to Process Intensification. IchemE Symposium Series No. 144, pp 405–416

Elemente

Integrierte Fertigung durch Umformen, Trennen und Fügen in einem Werkzeug

Prof. Dr.-Ing. Dr.-Ing. E.h. mult. Dr. h.c.
Manfred Geiger
Dr.-Ing. Oliver Kreis

»Integrierte Fertigung verkürzt Prozessketten für den Leichtbau.«

MANFRED GEIGER

OLIVER KREIS

Manfred Geiger war nach dem Studium des allgemeinen Maschinenbaus an der Technischen Hochschule Stuttgart, heute Universität Stuttgart, wissenschaftlicher Assistent und später Abteilungsleiter am Institut für Umformtechnik dieser Hochschule (Prof. Kurt Lange). Nach seiner Promotion 1974 erhielt er einen Lehrauftrag an dieser Hochschule über Umformtechnik/Plastomechanik. Von 1977 bis 1982 war er in leitenden Verantwortungen in der Industrie (Werkzeugmaschinenbau, Fahrzeugtechnik) tätig, zuletzt als Geschäftsführer einer Zulieferfirma der Fahrzeugindustrie. Diese Funktion nahm er dann noch bis 1988 in Nebentätigkeit wahr, nachdem er 1982 einem Ruf auf den neu eingerichteten Lehrstuhl für Fertigungstechnologie der Friedrich-Alexander-Universität Erlangen-Nürnberg gefolgt war. Seiner Universität blieb er auch bei einem Ruf 1994 an die TU Wien treu.

Oliver Kreis studierte von 1992–1998 Fertigungstechnik und Maschinenbau an der Friedrich-Alexander-Universität Erlangen-Nürnberg und ist seit 11/1998 als wissenschaftlicher Mitarbeiter am Lehrstuhl für Fertigungstechnologie tätig. Er ist Mitarbeiter im Sonderforschungsbereich 396, Koordinator Lehre des LFT und Studienfachberater für Maschinenbau und Wirtschaftsingenieurwesen. 02/2001 wurde er zum wissenschaftlichen Assistenten ernannt und schloss 12/2002 seine Promotion ab.

Integrierte Fertigung durch Umformen, Trennen und Fügen in einem Werkzeug

Manfred Geiger, Oliver Kreis

Prozesskettenverkürzung und Leichtbau

Planung, Konstruktion, Teilefertigung und Montage sind in der heutigen Produktion meist räumlich und zeitlich verteilt, was zu organisatorischen und technischen Reibungsverlusten führen kann (Otto und Geiger 1998). Im Bereich der Fertigung und Montage sind oftmals lange Prozessketten erforderlich, in denen technische Produkte auf verschiedenen Fertigungsanlagen bearbeitet werden. Dies erfordert einen hohen logistischen Aufwand an Spann-, Handhabungs- sowie Transportvorrichtungen, die potenzielle Fehlerquellen darstellen und somit ein wesentliches Hemmnis für eine wettbewerbsfähige Produktion bilden. Durch die Anwendung innovativer Verfahren und Methoden in Planung, Fertigung und Montage lassen sich Prozessketten zur Herstellung hochwertiger Produkte unter Beibehaltung oder Verbesserung des Qualitätsstandards verkürzen. Dadurch werden gleichzeitig Produktentwicklungszeiten und Produktionskosten verringert. Eine ganzheitliche Optimierung von Prozessketten erfordert Betrachtungsweisen, die über die Analyse isolierter Einzelprozesse hinausgehen. Durch den Einsatz innovativer Technologien und durch eine Verkürzung der Prozessketten lassen sich autonome, flexible Fertigungszellen entwickeln, die zu einer optimierten Produktqualität bei gleichzeitig fehlertoleranter und robuster Auslegung der Fertigung führen.

Der Leichtbau ist für den Maschinenbau im 21. Jh. aus ökonomischen wie auch aus ökologischen Gründen von besonderer Bedeutung, da sich durch eine konsequente Leichtbauweise Energieressourcen einsparen und umweltbelastende Emissionen reduzieren lassen. Beim heutigen Stand der Technik jedoch verursacht eine Leichtbauweise zunächst höhere Kosten. Die Bereitschaft zur Akzeptanz dieser Kosten ist stark branchenabhängig. Während die Automobilindustrie bereit ist, ca. 5 Euro pro eingespartem Kilogramm zu investieren, steigt dieser Wert auf dem Weg über die Luft- zur Raumfahrtindustrie jeweils um den Faktor 100 an (Geiger et al. 2000b).

Aus diesem Grund besteht das Gesamtziel des Sonderforschungsbereichs 396 „Robuste, verkürzte Prozessketten für flächige Leichtbauteile" an der Friedrich-Alexander-Universität Erlangen-Nürnberg darin, Denkansätze für eine zukunftsorientierte Produktionsweise auf dem Feld des Leichtbaus mittels robuster, verkürzter und damit kostengünstiger Prozessketten zu entwickeln

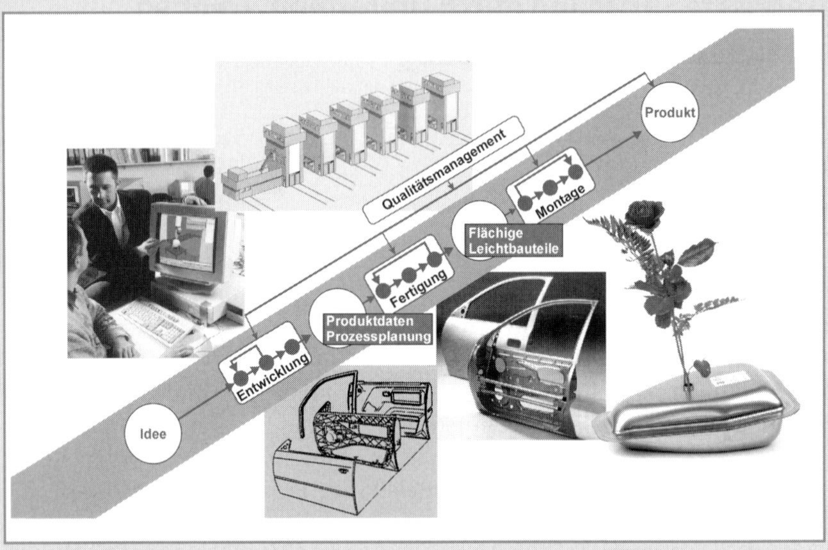

Abb. 1 Robuste, verkürzte Prozessketten für flächige Leichtbauteile (Geiger et al. 2000b)

(Abb. 1). Am Beispiel von flächigen Leichtbauteilen können die Möglichkeiten einer solchen Vorgehensweise anschaulich aufgezeigt werden. Die betrachteten Prozessketten umfassen dabei nicht nur den Fertigungsprozess an sich, sondern sämtliche Phasen der Produktentstehung von der Produktentwicklung bis hin zur Endmontage.

Die Umsetzung der Vision des Sonderforschungsbereiches 396 erfolgt in mehreren Bereichen. So werden neue Methoden für Produktentwicklung, Prozessplanung und Qualitätssicherung entwickelt, die in einer ganzheitlichen Betrachtung von Prozessketten bereits während der Konzeptions- und Entwicklungsphasen die einzusetzenden neuen Leichtbauwerkstoffe sowie die geplanten verkürzten Fertigungsprozesse berücksichtigen. Damit lassen sich iterative Konkretisierungsschritte und konstruktive Änderungen nach Fertigungsbeginn reduzieren. Angepasste Werkstoffverbunde ermöglichen eine Verkürzung der Prozesskette in der Fertigung und die Erschließung von Leichtbaupotenzialen. Hierbei werden neben den „klassischen" Leichtbauwerkstoffen Aluminium, Magnesium und faserverstärkten Kunststoffen auch hochfeste Stähle und geschäumte Aluminiumsandwichstrukturen untersucht. Durch integriertes Fertigen und Montieren lässt sich die Prozesskette weiter verkürzen. Hierzu kommen die Methoden der Verfahrenskombination und -Integration zum Einsatz. Während bei der „klassischen" Produktion die Fertigung in einer Verfahrensfolge sequentiell stattfindender Einzelprozesse in verschiedenen Anlagen stattfindet, lässt sich eine Verfahrensintegration durch die Durchführung zusätzlicher Prozesse im oder unmittelbar nach dem vorherigen Prozess erreichen. So können beispielsweise Trenn- und Fügeprozesse in ein Umformwerkzeug integriert werden (Geiger et al. 2000a).

Eine weitere Prozesskettenverkürzung lässt sich erzielen, wenn bisher einzeln stattfindende Prozesse zu einem einheitlichen Prozess zusammengefasst werden können. Hierzu zählt bspw. die Substitution mehrstufiger Tiefziehvorgänge durch eine gleichzeitige Umformung eines Blechpaars mit Innenhochdruck.

Die konkrete Umsetzung der dargestellten Visionen lässt sich sehr gut exemplarisch am Teilprojekt „Integrierte Fertigung durch Umformen, Fügen und Trennen in einem Werkzeug" darstellen. Hierbei kann die Prozesskettenverkürzung sowohl im Rahmen der Konzept- und Entwicklungsphase wie auch im Rahmen der Fertigung und Fertigungsoptimierung demonstriert werden (Kreis 2003).

Konzeption einer verkürzten Prozesskette

Flächige integrale Leichtbaugruppen wie beispielsweise Strukturbauteile werden vielfach ausgehend von Blechhalbzeug in einer Prozesskette umformender, trennender und fügender Fertigungsverfahren hergestellt. Um weitere Gewichtseinsparungen an derartigen Baugruppen bei hohen Steifigkeiten zu erzielen, können aus werkstofftechnischer Sicht unter anderem hochfeste Stähle und Aluminiumlegierungen eingesetzt werden. Von Seiten der Fertigungstechnologie können Verfahren des Tiefziehens oder Innenhochdruck-Umformens sowie des Widerstands- oder Laserstrahlschweißens zur Anwendung kommen. Das Innenhochdruck-Umformen (kurz IHU) von unverschweißten Blechpaaren ermöglicht eine Prozesskettenverkürzung durch eine erhebliche Reduzierung der Anzahl an Umformstufen bei der Herstellung der Halbschalen komplexer Bauteile (Hein 1999; VDI 1999).

Abbildung 2 zeigt eine mögliche konventionelle Prozesskette mit getrennten Umform-, Füge- und Trennvorgängen zur Herstellung des abgebildeten geschlossenen flächigen Hohlkörpers. Die Umformung erfolgt durch mehrstufiges Tiefziehen, das Besäumen durch Scherschneiden und das Fügen mit konventionellen Schweißverfahren. Zwischen diesen Prozessen sind Operationen zum Handhaben, Prüfen, Positionieren und Spannen notwendig. Beim letzten Prozess, der Nachbearbeitung, können ein mechanisches Richten der Bauteile zur Eliminierung des Schweißverzugs und zum Kalibrieren sowie ein weiterer Zuschnitt notwendig sein (Celeghini and Kreis 2001). Die gezeigte Prozesskette besteht aus hinreichend erforschten und in der industriellen Praxis etablierten Verfahren. Bei der Herstellung großer Stückzahlen, wie sie beispielsweise bei Großserien im Automobilbau erforderlich sind, führen die geringen Taktzeiten der Einzelverfahren durch Parallelfertigung zu kurzen Durchlaufzeiten und die anteiligen Werkzeugkosten bleiben gering. Die Wechselwirkungen über die Fertigungsanlagen sind ebenfalls niedrig, da jeder Prozess mit unterschiedlichen Verfahren in verschiedenen Werkzeugen realisiert wird. Dazwischen finden jeweils Qualitätskontrollen statt.

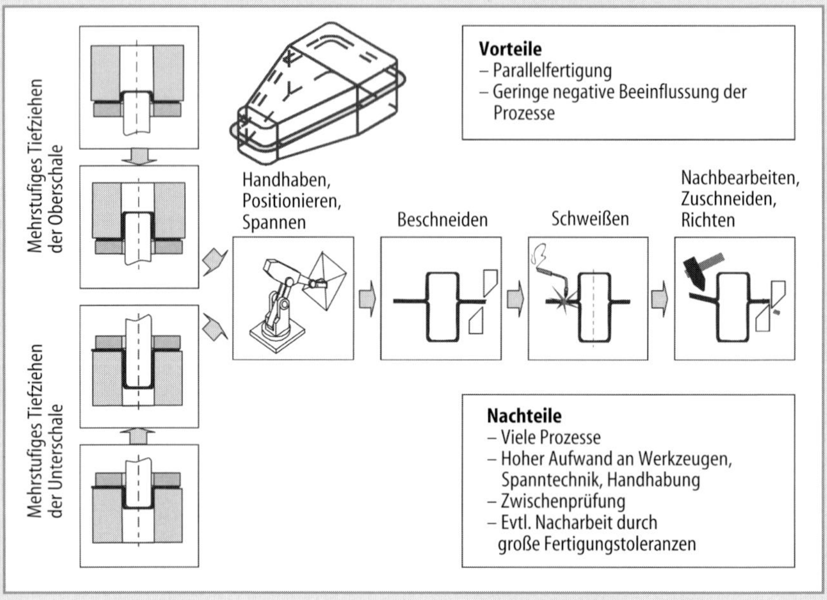

Abb. 2 Konventionelle Prozesskette zur Herstellung geschlossener flächiger Hohlkörper

Diese Prozesskette besitzt aber auch eine Reihe von Nachteilen. So ist der Aufwand für Planung, Logistik und Qualitätssicherung als hoch einzustufen. Die aufwändigen Werkzeuge, Spann- und Handhabungsvorrichtungen sind nur für hohe Stückzahlen und Mindestlosgrößen rentabel. Durch die Umspannungen müssen oft hohe Fertigungstoleranzen zugelassen werden, die eine Nacharbeit erforderlich machen können. Die durch den Tiefziehprozess eingeschränkte Formenvielfalt erweist sich vor dem Hintergrund zunehmender Funktionsintegration, der Forderung nach Gewichtseinsparung und der steigenden Komplexität der Bauteilgeometrie als nachteilig (Hein 1999).

Werden alle Einzelprozesse in einem einzigen Werkzeug durchgeführt, so entfallen demgegenüber die Handhabungs-, Positionier- und Spannoperationen mit ihren Fehlerquellen und Ungenauigkeiten. Für die Prozesskette lassen sich geringere Toleranzen der hergestellten Bauteile realisieren. Synergien zwischen den Prozessen lassen sich nutzen, um eine Nacharbeit zu eliminieren oder zumindest zu minimieren. Die notwendigen Trenn- und Fügeoperationen werden dazu, wie in Abb. 3 dargestellt, im Umformwerkzeug integriert.

Ein unverschweißtes, zugeschnittenes Blechpaar wird in ein Werkzeug eingelegt. Nach dem Schließen des Werkzeugs werden die Bleche am Flansch durch die Niederhalterkraft (bis zu 800 kN) abgedichtet und durch die Beaufschlagung mit IHU-Medium unter hohem Druck (bis zu 200 bar) umgeformt, wobei ein Flanscheinzug zugelassen wird. Anschließend wird der Flansch durch eine integrierte Schneidvorrichtung mittels Scherschneiden besäumt. Danach

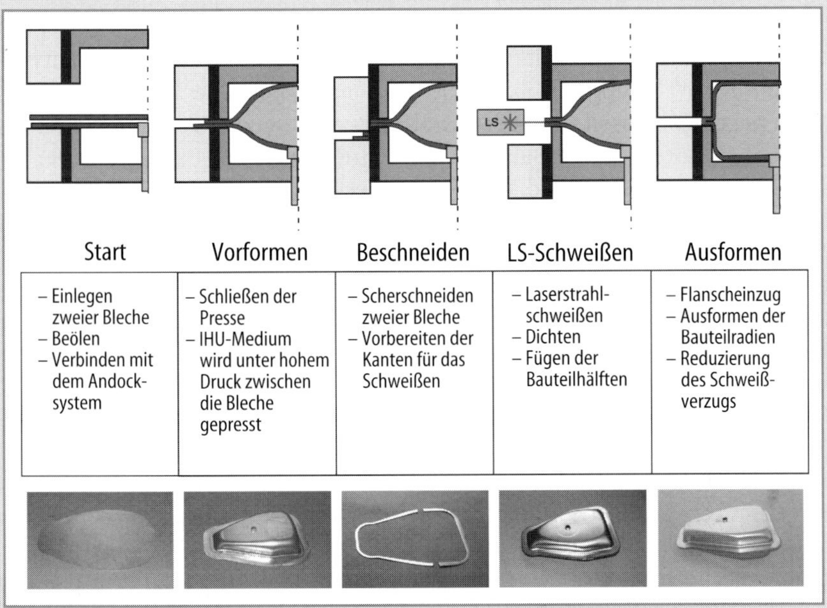

Abb. 3 Integrierte Prozesskette und Bauteil bzw. Schnittabfall nach jedem Einzelprozess

öffnen sich die äußeren Niederhalterelemente und mittels Laserstrahlschweißen wird der Flansch auf der gesamten Länge gefügt. Im letzten Prozessschritt findet ein Ausformen und Kalibrieren durch IHU bei sehr hohem Innendruck (bis zu 1200 bar) und hohen Niederhalterkräften (bis zu 6000 kN) statt, um die Ecken des Bauteils auszuformen, einen eventuell auftretenden Schweißverzug zu beseitigen und die gewünschte Formgenauigkeit sicherzustellen. Fehlpositionierungen beim Schweißen und Ausformen sind durch den Entfall der Handhabungs- und Transportprozesse nahezu ausgeschlossen.

Die Durchführung des Schneidens und Laserstrahlschweißens zwischen den IHU-Prozessen Vorformen und Kalibrieren bietet entscheidende Verfahrensvorteile, da die Vorteile des IHU unverschweißter Blechpaare mit denen verschweißter Blechpaare vereint werden. Da die unverschweißten Bleche beim Vorformen nur über die Reibkraft miteinander gekoppelt sind, ist eine Relativbewegung zwischen ihnen möglich. Im Vergleich zur Umformung verschweißter Bleche lassen sich somit höhere Tiefziehanteile auch bei Ober- und Unterteilen mit unterschiedlichen Ziehtiefen realisieren (Hein 1999). Beim Ausformen und Kalibrieren wird hingegen die Dichtheit des verschweißten Flansches ausgenutzt, um höhere Innendrücke und damit eine bessere Bauteilausformung und -genauigkeit ohne Undichtigkeiten auch bei geringeren Niederhalterkräften zu realisieren. Dabei kann auch ein möglicher Bauteilverzug infolge der Wärmeeinbringung beim Schweißen eliminiert werden, so dass separate Richtoperationen entfallen.

Realisierung und experimentelle Optimierung

Zur Realisierung des integrierten Werkzeugs werden eine Virtual-Reality-Simulation des Werkzeugs (Abb. 4) und eine mathematische Modellierung der Verfahrwege der Achsen des Schweißroboters eingesetzt (Kreis and Hein 1999, 2001). Die Umformung der Bauteilhälften wird mittels FEM simuliert. Der Laserstrahl wird durch einen Nd:YAG-Festkörperlaser mit einer Nennleistung von 4 kW erzeugt und dem Bearbeitungskopf durch ein Lichtleitkabel über eine Faser-Faser-Kopplung zugeführt. Der Roboter verfügt über zwei Linearachsen (L, Z) und zwei Rotationsachsen (A, B), die in einem Interpolationskreis zur Achstransformation zusammengefasst werden und eine Programmierung in kartesischen Koordinaten ermöglichen. Abbildung 4 verdeutlicht die Größenverhältnisse der Anlage (Geiger and Celeghini 2002; Vahl et al. 2001).

Von besonderem Interesse im Rahmen der Verfahrensintegration ist die Optimierung des Fügeprozesses, da bei ungünstiger Prozessführung von einer starken Beeinträchtigung der Nahtqualität durch den IHU-Prozess auszugehen ist. Für die umformtechnischen Aspekte der integrierten Fertigung sei auf Geiger und Celeghini 2002, 2003 und Geiger et al. 2002 verwiesen.

Da die Bleche vor dem Schweißen in Folge des IHU-Prozesses mit IHU-Medium und Schmierstoff kontaminiert sind, ist zu prüfen, ob sie in diesem Zustand für das Laserstrahlschweißen geeignet sind. In experimentellen Untersuchungen wurde deshalb zunächst die prinzipielle Eignung des Laserstrahlschweißens zur Integration in einem IHU-Prozess bereits vor der Konstruktion des integrierten Fügeroboters nachgewiesen. Dazu wurden Probekörper aus kaltgewalztem Tiefziehstahl DC04 mit IHU-Medium und Schmierstoff kontaminiert, daraus Zugproben zugeschnitten und in einem Schälzugversuch bis zum Versagen

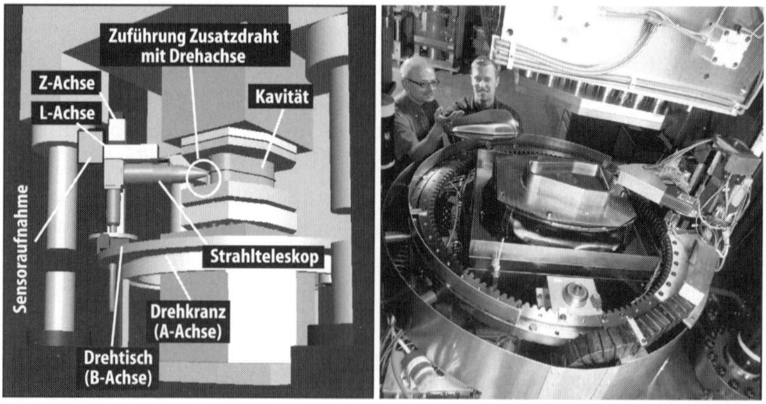

Abb. 4 Virtual-Reality-Simulation des integrierten Schweißroboters (links) und Realbild des Werkzeugs mit hergestelltem Bauteil (rechts)

belastet. Dieser Versuch simuliert die Beanspruchung der Naht bei Belastung des Bauteils auf Innendruck. Es zeigt sich, dass zwischen unkontaminierten und kontaminierten Proben nahezu kein Unterschied in der maximalen Zugkraft auftritt. Bei der eingesetzten hohen Laserleistung verdampfen die Medien nahezu rückstandsfrei. Auch das Porenvolumen, das in Röntgengrobstrukturuntersuchungen ermittelt werden kann, erhöht sich nicht signifikant durch die Kontamination.

Nach Inbetriebnahme des integrierten Fügeroboters erfolgte die Optimierung des Fügeprozesses durch die Entwicklung geeigneter Prozessführungsstrategien. Dazu wurden die Eingangsgrößen Laserleistung, Fokuslage, Nahtversatz, Vorschubgeschwindigkeit und Anstellwinkel systematisch variiert, um die Effekte auf die Ausgangsgrößen Einschweißtiefe, maximale Zugkraft, Dichtheit und Umformbarkeit der Naht zu bestimmen. Diese stellen – neben der Taktzeit – aussagekräftige Qualitätsmerkmale des Fügeprozesses dar. Nachfolgend werden exemplarisch einige Ergebnisse dargestellt.

Aus Realbauteilen werden Proben in kritischen Bereichen ausgeschnitten (Abb. 5). Anschließend erfolgt die Bestimmung der Einschweißtiefe durch Schliffe und die Ermittlung der maximalen Zugkraft in Schälzugversuchen. Ein Optimum der Ausgangsgrößen stellt sich im dargestellten Beispiel für eine Vorschubgeschwindigkeit von 3–4 m/min ein. Bei niedrigerer Geschwindigkeit tritt eine starke Bildung von Metallspritzern auf, die die Optik schädigen können, ohne dass im Gegenzug die maximale Zugkraft weiter ansteigt. Bei höherer Geschwindigkeit dagegen sind Einschweißtiefe und max. Zugkraft zu gering. Aufgrund der begrenzten Dynamik der Roboterachsen ist die Programmierung von Anstellwinkeln notwendig, um im Bereich der Flanschaußenradien die Vorschubgeschwindigkeit konstant zu halten (Abb. 5). Kleine Konturelemente müssen nicht exakt abgefahren werden, da eine Linearisierung der Bahn durch Zulassen einer Defokussierung zulässig ist (Bahnverschleifung).

Es lässt sich eine annähernd konstante Nahtqualität im Hinblick auf die Qualitätsmerkmale Einschweißtiefe und maximale Zugkraft über den gesamten

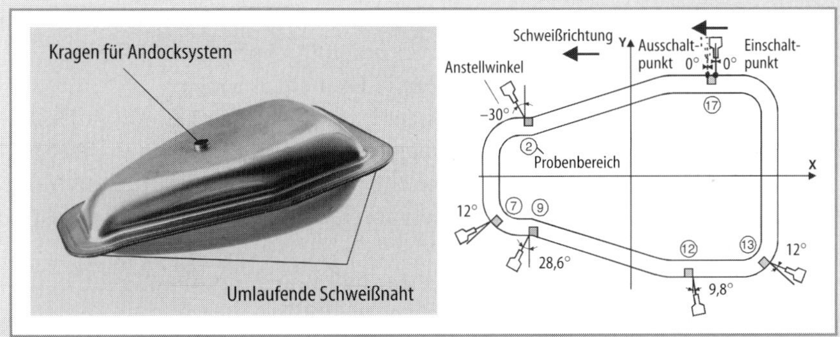

Abb. 5 Hergestelltes Referenzbauteil und optimierte Schweißstrategie

Bauteilflansch sicherstellen. Poren sind in Schliffen und Röntgengrobstrukturuntersuchungen nicht nachweisbar.

Damit lässt sich zusammenfassend ableiten, dass es sich beim Schweißen im Umformwerkzeug um einen robusten Prozess mit reproduzierbaren Ergebnissen handelt.

Zusammenfassung und Ausblick

Die Integration von Prozessen und die Verbindung innovativer Fertigungsverfahren bieten eine Vielzahl von Möglichkeiten zur Verkürzung von Prozessketten bei gleichzeitiger Beibehaltung oder Erhöhung der Komplexität sowie der Bauteilqualität technischer Produkte. Dies ermöglicht die Erschließung von Einsparungspotenzialen durch die Reduzierung von Einzelprozessen.

Aus diesem Grund wurde in dem vorliegenden Aufsatz eine Vision der Verkürzung von Prozessketten für Leichtbauteile allgemein vorgestellt. Darüber hinaus erfolgte die exemplarische Darstellung einer verkürzten Prozesskette zur Herstellung flächiger Leichtbauteile. Gegenwärtig wird diese Prozesskette zum Einsatz von hochfesten Stählen wie ZStE 340 und von Leichtbauwerkstoffen wie Aluminiumlegierungen weiterentwickelt.

Die Ergebnisse des dargestellten Forschungsprojektes können auch in einer tele- und multimedialen Präsentation nachvollzogen werden. Dazu wurde ein multimediales Präsentationsprogramm zum Selbststudium entwickelt. Unter www.integrierte-fertigung.de können die Informationen telemedial schnell und kostengünstig publiziert und aktualisiert werden.

Danksagung

Die dargestellten Arbeiten werden von der Deutschen Forschungsgemeinschaft innerhalb des Sonderforschungsbereiches 396 gefördert.

Literatur

Celeghini M, Kreis O (2001) Integrierte Fertigung durch Umformen, Trennen und Fügen in einem IHU-Werkzeug. In: Geschlossene Prozessketten vom Halbzeug zum Bauteil, 8. Sächsische Fachtagung Umformtechnik, Freiberg, 04.–05.11.2001. Freiberg: TU Bergakademie Freiberg, S 296–313

Geiger M, Celeghini M (2002) Double Sheet Hydroforming of Complex Hollow Parts. In: Kiuchi M.; Nishimura H.; Yanagimoto J. (Hrsg.): Advanced Technology of Plasticity 2002, Proceedings of the 7th ICTP, 27.10.-01.11.2002, Yokohama, Japan. Tokio, Japan: Japan Society for Technology of Plasticity, Volume 2, S 991–996

Geiger M, Celeghini M, (2003) Double sheet hydroforming of complex hollow bodies. Production engineering. Annals of the WGP

Geiger M, Kreis O, Vahl M (1999) Laser assisted tooling in metal forming. In: Kuzman K.; Balic J. (Hrsg.): Proceedings of the 2nd International Conference on Industrial Tools (ICIT), Ljubljana/Maribor, Slowenia, 18.–22.04.1999, Vol. 1. Celje, Slowenien: TECOS – Slovenian tool and die development centre, S 3–14

Geiger M, Merklein M, Celeghini M, Novotny S, Vahl M (2002) Neue Entwicklungen beim IHU von Blechen und deren Einsatzpotenziale für Leichtbauteile. 3. Chemnitzer Karosseriekolloquium CBC 25.–26.10.2002. Zwickau: Verlag Wissenschaftliche Scripten, S 225–241

Geiger M, Otto A, Hofmann A, Kreis O, Celeghini M (2000a) Verkürzte Prozessketten in der Blechumformung. In: Geiger M.; Ehrenstein G.W. (Hrsg.): Robuste, verkürzte Prozessketten für flächige Leichtbauteile. Tagungsband zum 1. Berichtskolloquium des SFB 396, Nürnberg, 24.–25.05.2000. Bamberg: Meisenbach, S 147-165

Geiger M, Otto A, Schöberl T (2000b) Robuste, verkürzte Prozessketten für flächige Leichtbauteile. In: Geiger M.; Ehrenstein G.W. (Hrsg.): Robuste, verkürzte Prozessketten für flächige Leichtbauteile. Tagungsband zum 1. Berichtskolloquium des SFB 396, Nürnberg, 24–25.05.2000. Bamberg: Meisenbach, S 1–8

Hein P (1999) Innenhochdruck-Umformen von Blechpaaren: Modellierung, Prozess-auslegung und Prozessführung, Dissertation, Universität Erlangen-Nürnberg. Bamberg: Meisenbach (Geiger M.; Feldmann K. (Hrsg.): Reihe Fertigungstechnik, Erlangen, Band 96)

Kreis O (2003) Integrierte Fertigung – Verfahrensintegration durch Innenhochdruck-Umformen, Trennen und Laserstrahlschweißen in einem Werkzeug sowie ihre tele- und multimediale Präsentation, Dissertation, Universität Erlangen-Nürnberg. Bamberg: Meisenbach [Geiger M.; Feldmann K. (Hrsg.): Reihe Fertigungstechnik, Erlangen, Band 133

Kreis O, Hein P (2001) Manufacturing system for the integrated hydroforming, trimming and welding of sheet metal pairs. Journal of Materials Processing Technology 115, S 49–54

Kreis O, Hein P (1999) Manufacturing system for the integrated hydroforming, trimming and welding of sheet metal pairs. In: Geiger M.; Kals H.J.J.; Shirvani B.; Singh U.P. (Hrsg.): Proceedings of the 7th International Conference on Sheet Metal (She'Met) '99, Erlangen, 27.2–8.09.1999. Bamberg: Meisenbach, S 599–606

Otto A, Geiger M (1998) Robuste, verkürzte Prozeßketten für flächige Leichtbauteile. In: Vortragstexte zum Industriekolloquium Fertigen in Feinblech, Clausthal-Zellerfeld, 10.–11.12.1998

SFB 396 – Homepage: http://www.sfb396.uni-erlangen.de

Vahl M.; Novotny S.; Celeghini M.; Kreis O. (2001) Innenhochdruck-Umformen von Blechpaaren – Technologie für den modernen Leichtbau. In: Vollertsen F.; Kleiner M. (Hrsg.): Idee – Vision – Innovation. Festschrift anläßlich des 60. Geburtstags von Professor Manfred Geiger. Bamberg: Meisenbach, S 449–462

VDI 3146 Blatt 1 Entwurf (1999): Innenhochdruck-Umformen – Grundlagen. Berlin: Beuth

Wälzlagerschmierung

Univ.-Prof. Dr.-Ing.
Peter Werner Gold
Dr.-Ing. Jörg Loos

»Der Schmierstoff entscheidet maßgeblich über die Leistungsfähigkeit eines Wälzlagers.«

PETER WERNER GOLD

JÖRG LOOS

Peter Werner Gold studierte nach einer Betriebsschlosserlehre und einer Ausbildung zum Technischen Zeichner Konstruktionstechnik an der Staatl. Ingenieurschule für Maschinenwesen Wuppertal. Nach kurzer Industrietätigkeit in der Konstruktion einer Werkzeugmaschinenfabrik studierte er Fertigungstechnik an der RWTH Aachen (1966–1970). Anschließend arbeitete er als wissenschaftlicher Mitarbeiter am Laboratorium für Werkzeugmaschinen und Betriebslehre (WZL) der RWTH Aachen und leitete dort von 1977–1980 als Oberingenieur die Abt. Zahnrad und Getriebeuntersuchungen. 1979 promovierte er bei Prof. Weck mit dem Thema „Statisches und dynamisches Verhalten von Zahnradgetrieben". Von 1980–1986 war Peter Werner Gold zunächst Direktionsassistent und später Geschäftsführer bei einem Schiffsgetriebehersteller in Hameln, von 1986-1992 Geschäftsführer und zuletzt Vorsitzender der Geschäftsführung bei einem Getriebehersteller in Witten. Während seiner Industrietätigkeit hatte er sieben Jahre einen Lehrauftrag zum Thema „Lärmbekämpfung im Maschinenbau" an der TU Hamburg Harburg. Außerdem leitete er vier Jahre lang die Arbeitskreise Geräusche (FVA) und Technische Akustik (FKM). Seit September 1992 ist Hans Werner Gold an den Lehrstuhl und das Institut für Maschinenelemente und Maschinengestaltung (IME) der RWTH Aachen berufen.

Jörg Loos studierte von 1991–1996 Turbomaschinen an der RWTH Aachen. Anschließend arbeitete er am Institut für Maschinenelemente und Maschinengestaltung der RWTH Aachen als wissenschaftlicher Mitarbeiter. 2001 promovierte er bei Prof. Gold mit dem Thema „Leistungsfähige Wälzlager für umweltverträgliche Schmierstoffe durch PVD-Verschleißschutzschichten", für die er den Förderpreis der Gesellschaft für Tribologie und den Friedrich-Wilhelm-Preis der RWTH Aachen erhielt. Seit Februar 2002 ist er als Oberingenieur am Institut für Maschinenelemente und Maschinengestaltung der RWTH Aachen tätig.

Wälzlagerschmierung

PETER WERNER GOLD, JÖRG LOOS

Einleitung

Das Wälzlager zählt zu den am häufigsten in Werkzeugmaschinen vorzufindenden Maschinenelementen. Nicht nur als Spindellager hat es sich gegenüber anderen Lagerungen wie Gleitlager oder elektromagnetische Lager größtenteils durchgesetzt (Weck 2002), da es den besten Kompromiss bzgl. Steifigkeit, Reibung, Drehzahleignung, konstruktiver Aufwand und Preis darstellt.

Die Leistungsfähigkeit von Wälzlagern hängt heutzutage hauptsächlich von den Betriebsbedingungen ab. Untersuchungen der Gerling Versicherung (s. Abb. 1) zur Ausfallursache von Wälzlagern ergab, dass weniger als 1% aller Ausfälle auf Material- oder Fertigungsfehler des Lagers zurückzuführen sind. Oft treten die für den Ausfall verantwortlichen kritischen Betriebszustände nur kurze Zeit auf. In Spindellagern kann es z.B. bei hohen Drehzahlen zu einem kurzzeitigen Zusammenbruch des Schmierfilms und zu Festkörperkontakten kommen.

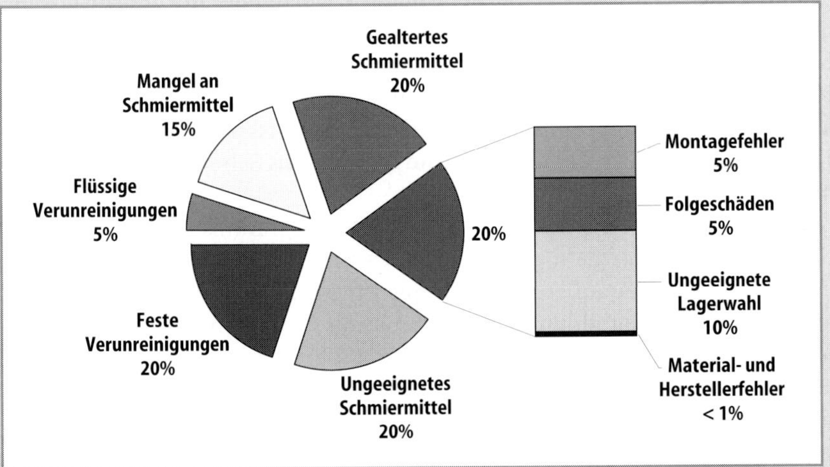

Abb. 1 Ursache für Wälzlagerschäden nach Engel und Winter (1979)

Grundlagen der Wälzlagerschmierung

Die Dimensionierung von Wälzlagern erfolgt heute i.Allg. auf Grundlage der DIN ISO 281 (2000). Diese Berechnungsmethode wurde in letzter Zeit immer weiter verfeinert. Neben dem Belastungsverhältnis *C/P* und der Erlebenswahrscheinlichkeit a_1 können mit dem Beiwert a_{23} viele weitere Einflussgrößen wie z.B. der Reibungszustand oder die Sauberkeit des Schmierstoffs erfasst werden. Die erweiterte Ermüdungslebensdauer L_{na} ergibt sich hierbei wie folgt:

$$L_{na} = a_1 \cdot a_{23} \cdot \left(\frac{C}{P}\right)^p \qquad (1)$$

L_{na} modifizierte, nominelle Lebensdauer,
a_1 Beiwert für die Erlebenswahrscheinlichkeit,
a_{23} Beiwert zur Berücksichtigung der Betriebsbedingungen und des Werkstoffs,
C dynamische Tragzahl,
P dynamisch äquivalente Lagerbelastung,
p Exponent zur Berücksichtigung der Lagerbauart (3 für Kugellager, 10/3 für Rollenlager)

Mit abnehmender Schmierfilmdicke steigt die Gefahr von Festkörperkontakten sowie Fremdkörperüberrollungen. Andererseits erzeugt ein zu dicker Schmierfilm unnötig hohe Reibungsverluste. Als Kennwert für die Oberflächentrennung wird in der DIN ISO 281 das Viskositätsverhältnis $\kappa = \nu/\nu_1$ definiert. Hierbei ist ν die tatsächliche kinematische Viskosität des Schmierstoffs bei Betriebstemperatur und ν_1 die erforderliche Betriebsviskosität für eine bei der nominellen Lebensdauerberechnung zu Grunde gelegten Oberflächentrennung ($a_{23} \approx 1$). Die Betriebsviskosität hängt hierbei von der Lagertemperatur, der Viskositätsklasse und dem Viskositätstemperaturverhalten des Schmierstoffs ab. Synthetische Schmierstoffe mit hohem Viskositätsindex besitzen in diesem Zusammenhang Vorteile gegenüber mineralölbasischen. Mit Hilfe des in Abb. 2 dargestellten Nomogramms lassen sich die Sollviskositäten ν_1 bestimmen und somit die Theorie der elastohydrodynamischen Schmierung sehr einfach anwenden.

Allerdings wurden bei der Herleitung des Nomogramms aus den bekannten Schmierfilmdickenformeln nach Dowson (Schmidt 2002) einige Vereinfachungen getroffen. Es gilt außerdem auch nur für Mineralöle. Ursache hierfür ist, dass die Schmierfilmbildung eines Schmieröls in hochbelasteten Kontakten nicht nur von der dynamischen Viskosität bei Umgebungsdruck, sondern auch von der Steigerung der Viskosität unter Druck abhängt. Diese allgemein mit dem Druck-Viskositätskoeffizienten α charakterisierte Eigenschaft hängt stark vom verwendeten Grundöl ab. Messen lässt sich diese Öleigenschaft unter anderem im Hochdruck-Viskosimeter des Instituts für Maschinenelemente und Maschinengestaltung der RWTH Aachen (Schmidt 2002). Hierbei befindet

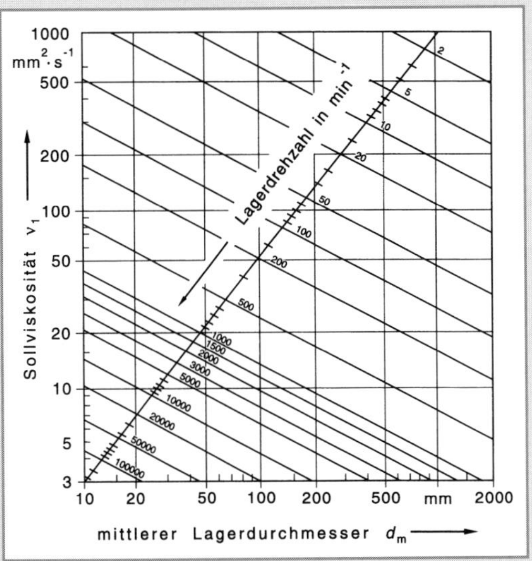

Abb. 2 Sollviskosität in Abhängigkeit von Drehzahl und mittlerem Lagerdurchmesser (Heemskerk 1980) (nur gültig für Mineralöle)

sich ein Fallkörperviskosimeter (s. Abb. 3) in einer temperierten Hochdruckkammer (bis 8000 bar). Aus den bei unterschiedlichen Drücken und Temperaturen gemessenen Fallzeiten eines Fallkörpers können hierbei die in Abb. 3 dargestellten Druck-Viskositätsverläufe und der Druck-Viskositätskoeffizient berechnet werden. Schätzwerte für die Druck-Viskositätskoeffizienten können auch dem GfT-Arbeitsblatt (NN 1993) für verschiedene Grundöltypen (Diester, Polyglykole usw.) entnommen werden. Die Sollviskosität ν_1 für einen beliebigen, synthetischen Schmierstoff ergibt sich dann in guter Nährung aus der Sollviskosität $\nu_{1,Mineralöl}$ eines Mineralöls nach Abb. 2, wenn anschließend nachfolgende Korrektur erfolgt (Loos 2001):

$$\nu_1 = \left(\frac{\alpha_{\text{Mineralöl}}}{\alpha_{\text{Schmieröl}}}\right)^{0,75} \cdot \left(\frac{\rho_{\text{Mineralöl}}}{\rho_{\text{Schmieröl}}}\right)^{0,92} \cdot \nu_{1,\,\text{Mineralöl}} \tag{2}$$

Der Beiwert a_{23} und damit die Ermüdungslebensdauer eines Wälzlagers hängt außerdem entscheidend von der Sauberkeit des Schmierstoffs ab. Wälzlager sind besonders verschmutzungsempfindlich, da sich bei ihnen nur sehr dünne Schmierfilme (~ 1 µm) ausbilden. In Abb. 4 ist exemplarisch an Axial-Zylinderrollenlagern gezeigt, wie groß dieser Einfluss sein kann. Im gezeigten Beispiel fällt die Lebensdauer aufgrund unzureichender Ölpflege um mehr als das 20fache ab.

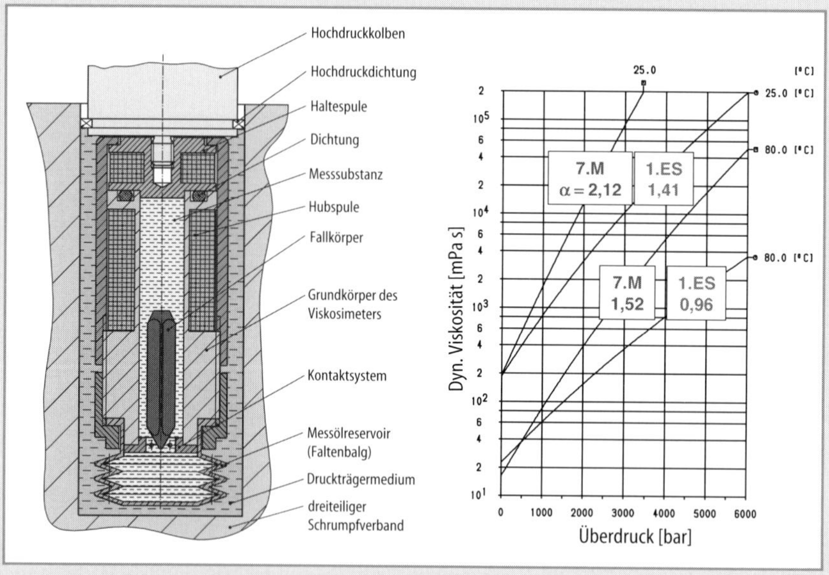

Abb. 3 Hochdruck-Fallkörperviskosimeter und typische gemessene Viskositäts-Druckverläufe bei unterschiedlichen Temperaturen für zwei verschiedene Grundöle (α 1/kbar für 2000 bar)

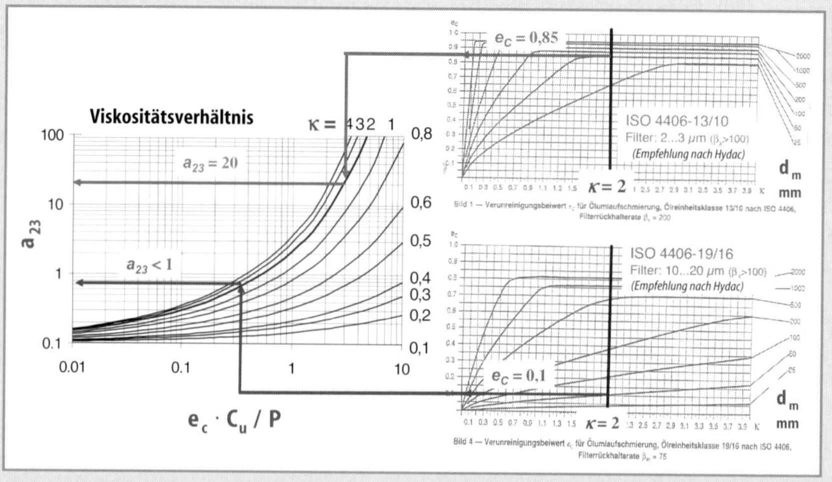

Abb. 4 Lebensdauerbeiwert a_{23} für Axial-Zylinderrollenlager als Funktion des Reibungszustands (κ), der Belastung P, der Ermüdungsgrenzbelastung C_u, der Lagergröße (d_m) und der Ölreinheit bzw. Filterfeinheit e_c nach DIN ISO 281 (2000)

Nicht berücksichtigen lässt sich mit der DIN ISO 281 der Einfluss unterschiedlicher Oberflächenrauheiten auf die Ermüdung. In der DIN ISO 281 wird abhängig vom mittleren Lagerdurchmessers d_m die Oberflächenrauheit als konstant angenommen. Die zur Berechnung des Viskositätsverhältnisses κ erforderliche Summenrauheitswert σ wurden dabei folgendermaßen abgeschätzt:

$$\sigma = 1{,}2 \cdot 10^{-5} \cdot d_m^{0{,}55} \qquad \sigma = \sqrt{R_{q,1}^2 + R_{q,2}^2} \tag{3}$$

Spätestens nach Messungen von Schmidt (Schmidt 1985) ist aber bekannt, dass neben dem Rauheitshöhenniveau auch die Profilform einen entscheidenden Einfluss auf die Schmierfilmbildung besitzt. Riefen beeinflussen diese positiv, Rauheitsspitzen negativ. Beide Anteile gehen allerdings gleichwertig in die Mittenrauheitswerte R_a, R_q, oder σ ein. Möchte man nun Profilform und Rauheitshöhenniveau gleichzeitig bewerten, kann dies z.B. mittels der Kennzahl h_{min}^* geschehen (Loos 2001):

$$h_{\min}^* = C_{RS} \cdot R_Z \qquad mit\ C_{RS} = 0{,}8 \cdot \left(\frac{R_K}{R_Z}\right)^{0{,}61} \cdot \left(\frac{R_{Pk}}{R_{Vk}}\right)^{0{,}25} \tag{4}$$

R_Z gemittelte Rautiefe
R_K Kernrauheit
R_{PK} reduzierte Spitzenhöhe
R_{VK} reduzierte Riefentiefe;
R_K, R_{VK}, R_{PK} aus Materialanteilkurve (sog. Abbott-Kurve, s. DIN EN ISO 13565-2)

Bei der minimalen Schmierfilmdicke h_{min}^* handelt es sich um die von Schmidt (1985) gemessene Ausklingschmierfilmdicke (2-Scheibenprüfstand, rau gegen glatt, longitudinale Rauheit). Je größer dieser Rauheitswert ist, um so länger berühren sich bei ansteigender Drehzahl im EHD-Kontakt die Oberflächen bzw. um so größer ist die Rauheit aus EHD-Sicht.

Der Schmierfilm bzw. der Reibungszustand, charakterisiert durch das Viskositätsverhältnis κ, wird zusätzlich noch durch die Rauheitsorientierung beeinflusst. Für eine optimale Trennwirkung sollten die Riefen quer zur Laufbahn verlaufen (transversale Rauheit). Das auf Peklenik (Peklenik 1968) zurückgehende Verhältnis γ der Längen $\lambda_{x,z}$ in x- und z-Richtung, bei der die Autokorrelationsfunktion auf die Hälfte ihres Maximalwertes abgesunken ist, stellt ein Maß für die Oberflächenorientierung dar:

$$\gamma = \frac{\lambda_{0,5,x}}{\lambda_{0,5,z}} \tag{5}$$

Der Peklenik-Faktor strebt bei einer Longitudinalrauheit (x-Richtung) gegen unendlich und bei einer Transversalrauheit (z-Richtung) gegen Null. Mit Hilfe der erweiterten stochastischen Reynold'schen Differentialgleichung nach Patir und Cheng kann der Peklinikfaktor auch direkt als Eingangsgröße zur Schmierfilmdickenberechnung berücksichtigt werden.

In der Mischreibung beeinflusst die Oberflächenrauheit nicht nur die Schmierfilmbildung, sondern auch die Krafteinleitung in die Oberfläche. Die Kraft sollte für eine geringe Ermüdungsneigung gleichmäßig in die Oberfläche eingeleitet werden, um möglichst wenige plastische Verformungen sowie daraus teilweise sich anschließende Materialausbrüche hervorzurufen. Mikrokontakt-Modelle offenbaren, dass diese Oberflächeneigenschaften nicht alleinig von der Rauheit im Sinne einer Gestaltabweichung, charakterisiert z. B. durch R_a, R_Z oder R_k, abhängt, sondern entscheidend von der Neigung und Krümmung einer Oberfläche. „Spitze“ Rauheitskuppen verformen sich wesentlich schneller plastisch und furchen stärker als „runde“ Kuppen. Problematisch ist in diesem Zusammenhang, dass die gängigen Oberflächenmessgeräte solche weiterführenden Kenngrößen nicht liefern. Wie in (Loos 2001) beschrieben, lassen sich solche Kenngrößen, die auch als Eingangsgrößen für die gängigsten Mikro-Kontakt- und Verschleißmodelle benötigt werden, mittels der Autokorrelationsfunktion sicher gewinnen, wenn einige messtechnischen Randbedingungen beachtet werden. Aus tribologischer Sicht sind hierbei der mittlere Spitzenwinkel θ und der Plastizitätsindex ψ die wichtigsten Kenngrößen. Der mittlere Spitzenwinkel θ der härteren Oberfläche beeinflusst im entscheidenden Maße den abrasiven Verschleiß in einem Tribosystem. Der Plastizitätsindex ψ charakterisiert die Neigung einer Oberfläche, sich plastisch zu verformen, und dies relativ unabhängig von der äußeren Belastung. Nach Johnson (Johnson 1985) liegt der Übergang von einer elastischen zu einer elastisch-plastischen Oberflächenverformung bei ca. $\psi = 1$. Der Plastizitätsindex ist somit eine Belastungskennzahl oder oberflächeninitiierte Ermüdungskennzahl für die Oberfläche infolge der Rauheit (Johnson 1985; Loos 2001) und sollte möglichst klein sein:

$$\psi = \left(m_0 \cdot m_4\right)^{1/4} \cdot \frac{E_{red}}{H} \qquad (6)$$

m_0, m_4: Varianz der 0. und 2. Ableitung der Profilabweichungen, E_{red} : Reduzierter E-Modul; H: Vickershärte in N/mm²

Verschleißschutz

Ein Wälzlager erreicht die nach der DIN ISO 281 berechneten Ermüdungslebensdauern nur, wenn das Wälzlager ausreichend vor Verschleiß geschützt wird und die Schmierstoffgebrauchsdauer größer als die berechnete Ermüdungslebensdauer ist. Kann der Betrieb eines Wälzlagers in der Mischreibung nicht verhindert werden, so muss der Schmierstoff über eine geeignete Verschleißschutzadditivierung verfügen. Diese sog. EP/AW-Additivierung ist in der Lage, metallische Kontakte auch unter extremen Mischreibungsbedingungen durch Bildung einer Reaktionsschicht zu verhindern. Die Wirksamkeit der Additive hängt von den im Berührkontakt vorliegenden Bedingungen, wie z. B. Temperatur, Druck und Gleitbewegung ab und muss praxisnah im Wälzlager geprüft werden. Abbildung 5 zeigt eine solche Reaktionsschicht auf der Laufbahn eines

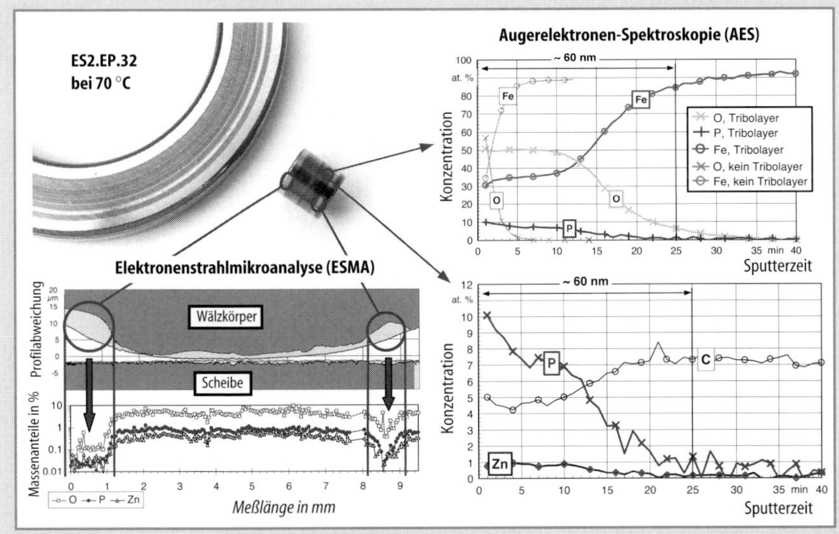

Abb. 5 Oberflächentastschnitte sowie chemische Oberflächenanalyse (ESMA und AES) von Wälzkörper und Wellenscheibe nach einem Verschleißversuch (Esteröl, 70 °C, 81212, 30 min^{-1}, 80 kN, 20 h, (Loos 2001)

Axial-Zylinderrollenlagers. Untersuchungen mit einer Elektronen-Strahl-Mikrosonde (ESMA) und einer Auger-Mikrosonde (AES) zeigen, dass es sich bei der trennenden Grenzschicht größtenteils um eine sehr dünne (<< 1 μm) Oxidschicht (hoher Sauerstoffanteil) handelt, in der sich auch typische Additivelemente wie Phosphor befinden. Fehlt eine solche trennende Grenzschicht, so steigt der Verschleiß stark an. Dies ist in den metallisch hell glänzenden Oberflächenbereichen der Fall (s. Foto und Oberflächentastschnitt in Abb. 5).

Zur Überprüfung des Verschleißschutzeignung von Schmierstoffen hat sich das Wälzlagerschmierstoff-Prüfgerät FE8 nach DIN 51819 T1-T3 etabliert. Die Grundlagen zu diesem Prüfverfahren wurden u.a. in den Forschungsvorhaben FVA 31 I-IV (Neßlinger und Peeken 1992) am Institut für Maschinenelemente und -gestaltung der RWTH Aachen gelegt. Wie Abb. 6 verdeutlicht, enthält jeder Prüfkopf zwei Prüflager, die über ein Tellerfederpaket axial belastet werden. Die an der Gehäusescheibe beider Lager gemessene Temperatur kann über eine geregelte Heizhaube frei eingestellt werden. Die Abstützung des durch die Lagerreibung hervorgerufenen Reaktionsmomentes erfolgt über eine Drahtseilverbindung und ermöglicht so die Reibmomentenmessung.

Für Schmieröle haben sich z.B. folgende Prüfbedingungen etabliert:

Prüflager:	81212 mit Messingkäfige Ms60
Belastung:	80 kN (~ 1900 N/mm^2)
Drehzahl:	7,5 min^{-1} ($\kappa < 0{,}05$)
Versuchsdauer:	80 h
Temperatur:	variabel, je nach Anwendung

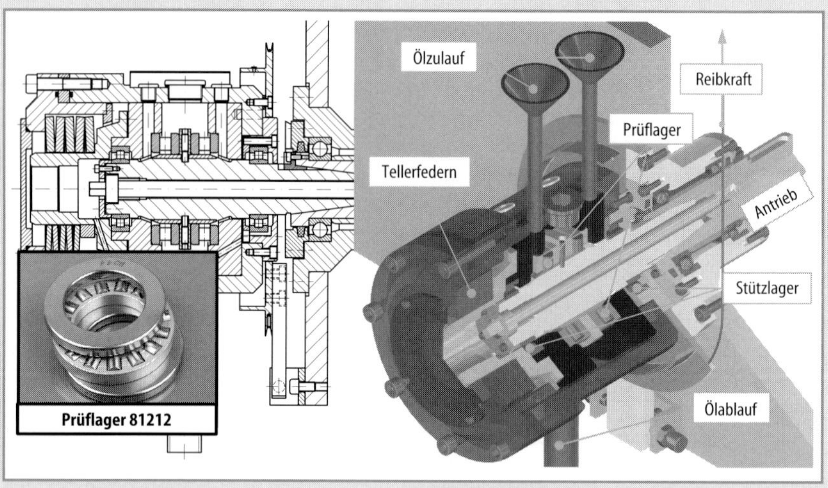

Abb. 6 Wälzlagerschmierstoff-Prüfgerät FE 8 mit Axial-Zylinderrollenlager 81212 (alternativ Schrägkugellager 7312, Kegelrollenlager 31312 oder Axial-Rillenkugellager 51212 möglich)

Ein Schmieröl besitzt nun sehr gute Verschleißschutzeignung im Wälzlager, wenn der Verschleiß der Wälzkörper nach 80 h Laufzeit kleiner 10 mg ist und der Messingkäfigverschleiß unter 100 mg liegt. Außerdem wird empfohlen, in kritischen Anwendungen mit Hilfe des FE8-Prüfgeräts oder anderer Wälzlagerprüfstände möglichst praxisnah Langzeitversuche unter moderaten Mischreibungsbedingungen sowie EHD-Bedingungen durchzuführen, da in der Vergangenheit vermehrt Lagerschäden aufgetreten sind, die auf einen Angriff der Additiverung auf die Lageroberfläche zurückzuführen sind. Sehr aggressive EP/AW-Zusätze, die guten Verschleiß- und Fressschutz (FE8-Prüfgerät, FZG-Verspannungsprüfstand usw.) bieten, können sich deutlich nachteilig auf die Ermüdungslebensdauern von Wälzlagern auswirken (Karbacher 2002).

Fettschmierung

Wälzlager werden zu ca. 80 % mit Schmierfett geschmiert, da gegenüber Ölschmierung der Aufwand für Konstruktion und Dichtung gering ist. Ölschmierung wird hauptsächlich angewendet, wenn andere Maschinenelemente es bereits erforderlich machen oder wenn Öl zur Wärmeabfuhr benötigt wird. Die vorgestellten Berechnungen der Ermüdungslebensdauer und die Erprobung des Verschleißschutzes im FE8-Prüfstand lassen sich auch auf fettgeschmierte Wälzlager anwenden. Bei der Beurteilung des Schmierungszustandes wird näherungsweise nur das Grundöl herangezogen. Das Seifenfasergerüst beeinflusst allerdings durch Zerscherungs-, Orientierungs- und Neuordnungsvorgänge ebenfalls die Schmierfilmdicke. Außerdem verringert sich über der Laufzeit durch einen verringerten Schmierstoffeintrag die

Filmhöhe vom 1,5- bis 2fachen auf das 0,5- bis 1,2fache der Grundölfilmhöhe (Karbacher 2002).

Zur Überprüfung der Reinheit wird neben dem Gehalt an festen Partikeln vermehrt das Geräuschverhalten eines Wälzlagers in Abhängigkeit vom geprüften Fett herangezogen. Dieses kann z.B. mit Hilfe des BeQuiet-Prüfstandes von SKF ermittelt werden. Neben Verunreinigungen beeinflussen allerdings auch Festschmierstoffe und die Homogenität der Verdickerstruktur das Geräuschverhalten.

Bei extremen Temperaturen ist außerdem wichtig, dass die Ölabgabe bei der entsprechenden Temperatur nicht zu niedrig oder zu hoch ist (ca. 1 % Ölabgabe bei Kugellagern und ca. 3 % bei Rollenlagern), um über lange Zeit die Wälzlagerschmierung sicher zu stellen (Kühl 1998). In einem engen Zusammenhang hiermit steht die Ermittlung der oberen Gebrauchstemperatur eines Fetts, die u.a.mit Hilfe der FE9-Prüfmaschine (s. Abb. 7) erfolgen kann. Nach DIN 51825 müssen 50 % der Prüflager bei dieser Temperatur mindestens 100 h Laufzeit erreichen.

Bei fettgeschmierten Wälzlagern wünscht man sich eine Lebensdauerschmierung, d. h. das Schmierfett sollte nur einmal in die Schmierstelle eingebracht werden. Bedingung hierfür ist, dass die Fettgebrauchsdauer größer als die Ermüdungslebensdauer oder Gebrauchsdauer des Lagers ist. Die Fettgebrauchsdauer ist hierbei die Zeit vom Anlauf bis zum Ausfall eines Lagers als Folge eines Versagens der Schmierung. Die Fettgebrauchsdauer hängt dabei u.a. von Fettmenge, Fettart, Laugerbauart, Lagergröße, Höhe und Art der Belastung, Drehzahlkennwert, Temperatur sowie den Einbauverhältnissen ab. Für ein Standard-Wälzlagerfett, ein lithiumeinfachverseiftes mineralölbasisches Fett, gibt FAG die in Abb. 8 dargestellten Schmierfristen an. Es handelt sich hierbei um die Fettgebrauchsdauer F_{10}, die ein Fett mit 10 % Ausfallwahrscheinlichkeit erreicht. Die anderen genannten Einflüsse werden mittels Minderungsfaktoren berücksichtigt.

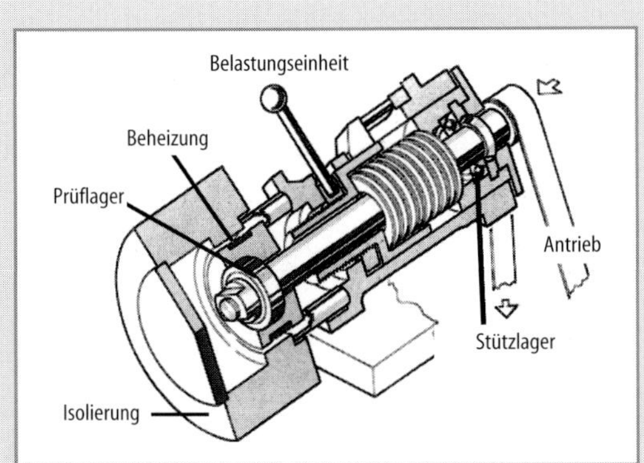

Abb. 7 FE9-Wälzlagerfett-Prüfgerät nach DIN 51821 (Prüflager 7206, F_{ax} = 1,5 kN, 6000 min^{-1}, ≤ 250 °C)

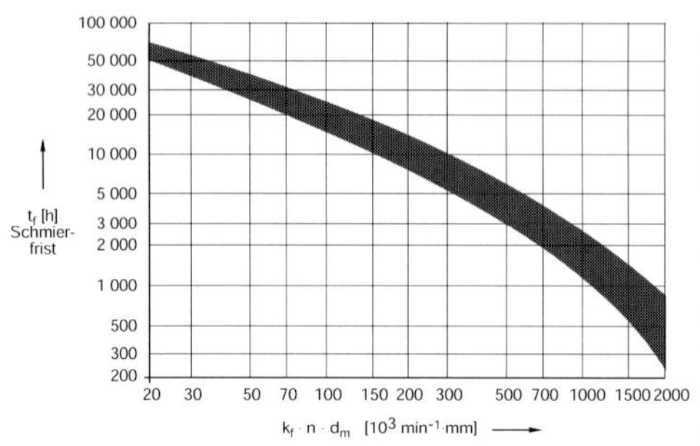

Lagerbauart		k_f
Rillenkugellager	einreihig	0,9...1,1
	zweireihig	1,5
Schrägkugellager	einreihig	1,6
	zweireihig	2
Spindellager	$\alpha = 15°$	0,75
	$\alpha = 25°$	0,9
Vierpunktlager		1,6
Pendelkugellager		1,3...1,6
Axial-Rillenkugellager		5...6
Axial-Schrägkugellager	zweireihig	1,4

Lagerbauart		k_f
Zylinderrollenlager	einreihig	3...3,5*)
	zweireihig	3,5
	vollrollig	25
Axial-Zylinderrollenlager		90
Nadellager		3,5
Kegelrollenlager		4
Tonnenlager		10
Pendelrollenlager ohne Borde ("E")		7...9
Pendelrollenlager mit Mittelbord		9...12

*) für radial und konstant axial belastete Lager; bei wechselnder Axiallast gilt $k_f = 2$

Abb. 8 Schmierfristen bei günstigen Umgebungsbedingungen (Fettgebrauchsdauer F_{10} für Standardlithiumfette nach DIN 51825 bei 70 °C)

Wird ein höherwertiges Fett mit anderem Verdicker oder synthetischem Grundöl eingesetzt, so kann die Fettgebrauchsdauer gegenüber einem Standardlithiumfett um ein Vielfaches höher sein. Die zur Abschätzung benötigte Fettgebrauchsdauer F_{10} kann mit Hilfe der FAG-FE9- oder der SKF-RoF-Prüfmaschinen bestimmt werden. Oft wird diese für die obere Gebrauchstemperatur ermittelt und mit Hilfe der 15°K-Regel auf die Einsatztemperatur extrapoliert. Die 15°K-Regel besagt, dass zwischen oberer Gebrauchstemperatur und meist ca. 70 °C sich bei einer Temperaturreduzierung um 15 °K die Gebrauchsdauer F_{10} um ca. 100 % (Berger 2002) erhöht. Ist eine Nachschmierung unvermeidlich, so sollten die Nachschmierintervalle sicherheitshalber 30-50 % kürzer als die Fettgebrauchsdauer F_{10} angesetzt werden.

Besondere Betriebsbedingungen

Neben der durch Belastung und Drehzahl hervorgerufene Beanspruchung eines Wälzlager, meist charakterisiert durch C/P und $n \cdot d_m$, richtet sich die Schmierstoffauswahl vermehrt nach den vorliegenden Betriebsbedingungen. Kritisch sind in diesem Zusammenhang neben extremen Lagertemperaturen Wasserzutritt und Schwingungen sowie oszillierende Bewegungen.

Korrosion

Kondenswasser, eindringender Kühlschmierstoff oder Druck- bzw. Spritzwasser können in Wälzlagern zu Korrosion führen (z. B. in Schienenfahrzeugen, Baumaschinen, Werkzeugmaschinen oder Windenergieanlagen). Die Korrosionsschutzwirkung von Fetten wird im Wälzlager i. Allg. mit Hilfe des SKF-Emcor-Verfahrens nach DIN 51802 überprüft (Abb. 9). Hierbei wird der Korrosi-

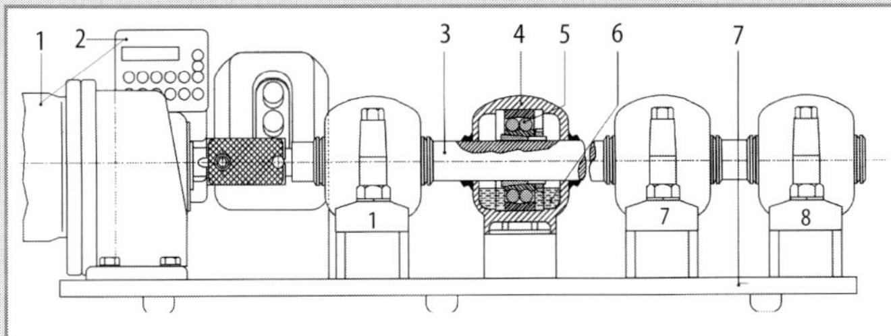

Abb. 9 SKF-Emcor-Prüfverfahren nach DIN 51802

onsschutz von Schmierfett unter Zugabe von gleichen massenmäßigen Anteilen destilliertem Wasser in Pendelkugellagern untersucht. Nach einem festgelegten Zyklus aus Lauf und Stillstand (ohne Belastung der Lager) wird der Korrosionsgrad der Laufbahnen beurteilt und entsprechend einer Mustervorlage bewertet.

Neben der Verwendung von reinem destilliertem Wasser kann bei diesem Prüfverfahren auch eine Lösung aus Wasser und einem Elektrolyten verwendet werden. In der Regel sind heutige Schmierfette mit Hilfe des Standard-Emcor-Testes hinsichtlich der Korrsionsschutzwirkung nicht gut differenzierbar. Eine Differenzierung von Fetten innerhalb kurzer Versuchszeiten ist besser mit Hilfe einer elektrolytischen Lösung möglich. Hierbei sollte die Lösung auf den jeweiligen Anwendungsfall abgestimmt sein.

Oszillierende Bewegung

Zur Beurteilung von Schmierfetten bei oszillierender Bewegung ist bisher nur ein Verfahren standardisiert. Im sog. Fafnir-Test (ASTM-D 4170) werden waagerecht eingebaute kleine Axial-Rillenkugellager (51203) oszillierend (Winkelausschlag 12°) bewegt. Nach Beendigung einer Prüfdauer von 24,5 h wird der Verschleiß der Lagerringe durch Wiegen gemessen. Ziel ist die Bewertung des Verschleißschutzes der Fette gegenüber Riffelbildung (false brinelling) im Wälzlager. Neben der Fafnir-Prüfmaschine eignet sich insbesondere auch das für oszillierende Bewegungen modifizierte Wälzlagerschmierstoff-Prüfgerät FE8 nach DIN 51819 zur Bewertung der Schutzeignung von Fetten gegenüber Riffelbildung. Untersuchungen (Thiede und Deters 1999) zeigen, dass Festschmierstoffe die Schmierung bei oszillierend bewegten Wälzlagern erheblich verbessern können. Neuere Entwicklungen mit reaktionswirksamen, weißen Festschmierstoffen übertreffen hier die klassischen Produkte noch deutlich (Thiede und Deters 1999).

Riffelbildung

Bei Wälzlagern, die selten rotieren, kann eine weitere spezielle Verschleißerscheinungsform des Schwingungsverschleißes (Stillstandsmarkierungen, Riffel) auftreten (z.B. bei selten drehenden Drehkränzen oder Radlagern beim Transport von Fahrzeugen). Die Stillstandsmarkierungen werden infolge dynamischer Lagerbelastungen im Stillstand aufgrund von Maschinenschwingungen oder der konstruktiven Ausführung erzeugt. Durch die dynamischen Lagerlasten tritt eine dynamische Relativbewegung im Hertzschen Kontaktbereich aufgrund elastischer und plastischer Deformationen auf. Hierbei kann dann eine Kombination der Schadensmechanismen Adhäsion, Abrasion, Oberflächenzerrüttung und tribochemischer Reaktion auftreten, welche zur Riffelbildung führt. Neben der reinen mechanischen Beanspruchung der Lager beschleunigt insbesondere Feuchtigkeit (mit und ohne Elektrolyt) die Riffelbildung.

Am Institut für Maschinenelemente und -gestaltung der RWTH Aachen (IME) wurde in Zusammenarbeit mit Hoesch Rothe Erde ein Prüfverfahren entwickelt (HRE-IME-Riffeltest), welches eine schnelle, praxisnahe Charakterisierung von Fetten hinsichtlich des Schadensmechanismus Riffelbildung unter Feuchtigkeitseinfluss ermöglicht. Hierbei werden die Prüflager (Vierpunktlager QJ 212.TVP) in einer Hydropulsanlage mit einer Axialkraft von ±70 kN (~3000 N/mm²) und einer Frequenz von 10 Hz wechselnd beansprucht. Die Wälzlagerelemente (Käfig, Außenring und Innenring) werden zueinander fixiert, damit keine rotatorische Relativbewegung zwischen Kugeln und Laufbahnen stattfindet. Die Riffelbildung kann damit reproduzierbar erzeugt werden. Während des Versuches wird ein kontinuierlicher Volumenstrom (5,7 ml/min) einer 1%igen NaCl-Lösung eingeleitet, welche das Prüflager durchläuft und in einem Tank aufgefangen wird. Nach 1 Mio. Lastwechseln können die Schmierfette eindeutig anhand der Riffeltiefe (0–40 µm) auf den Innenringen und aufgrund der korrosiv geschädigten Oberfläche klassifiziert werden.

Entwicklungstendenzen

Die Dimensionierung von in der schweren Mischreibung betriebener Wälzlager ist mit Hilfe der Ermüdungslebensdauerberechnung nach DIN ISO 281 bei auftretendem Verschleiß nicht möglich. Aktuelle Forschungsaktivitäten am Institut für Maschinenelemente und -gestaltung der RWTH Aachen konzentrieren sich deshalb darauf, eine schmierstoffabhängige Verschleißlebensdauerberechnung für Wälzlager zu erarbeiten. Im Forschungsvorhaben FVA 327 (Gold und van de Sandt 2002) wurden wesentliche Einflussgrößen auf den Wälzlagerverschleiß aufgezeigt und in ein Verschleißlebensdauermodell (s. Abb. 10) eingebracht. Der im FE8-Prüfgerät (s. Abb. 6) gewonnene Verschleißbetrag m^*_{W80h} fließt dabei neben weiteren aus dem Reibmoment gewonnenen Schmierstoffdaten als Kennwert für die Verschleißschutzeignung des Schmierstoffs ins Modell ein.

Da die meisten Wälzlagerschäden von der Oberfläche ausgehen, erhofft man sich von dünnen Oberflächenbeschichtungen (PVD, CVD) mit hohem Verschleißwiderstand eine deutliche Leistungssteigerung. Versuchsergebnisse mit den meist noch in der Entwicklungsphase befindlichen Schichtsystemen zeigen, dass auch schwerster adhäsiver Verschleiß durch geeignete Beschichtungen im

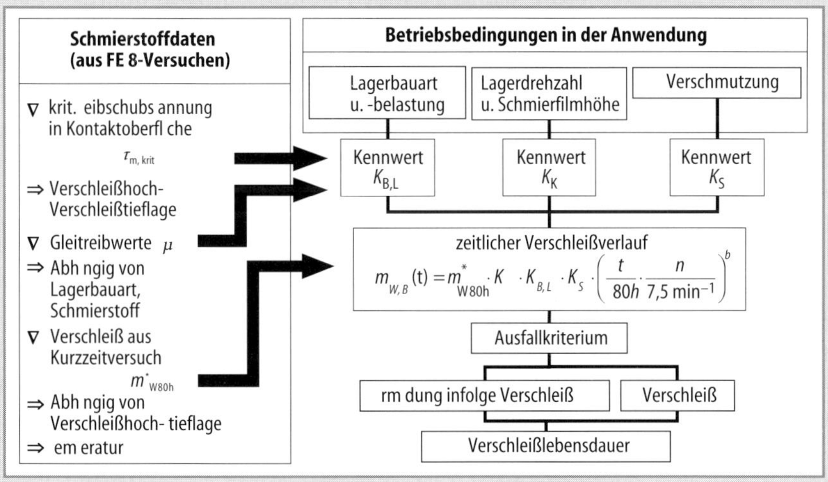

Abb. 10 Verschleißlebensdauermodell nach (Gold und van de Sandt 2002)

Wälzlager fast gänzlich verhindert werden kann (Gold et al. 2001; Wikström und Sjöström 2002). Bei kohlenstoffreichen Schichtsystemen reicht es oft aus, nur einen Wälzpartner zu beschichten. Durch Materialübertrag und einhergehende Oberflächenglättung wird auch der unbeschichtete Wälzpartner vor Verschleiß geschützt (s. Abb. 11). Entscheidend für den Einsatz von dünnen Beschichtungen in hochbelasteten Wälzlagern ist eine ausreichende Haftung zum Grundwerkstoff. Diese wird i. Allg. durch eine sehr dünne Zwischenschicht realisiert. Im Fall

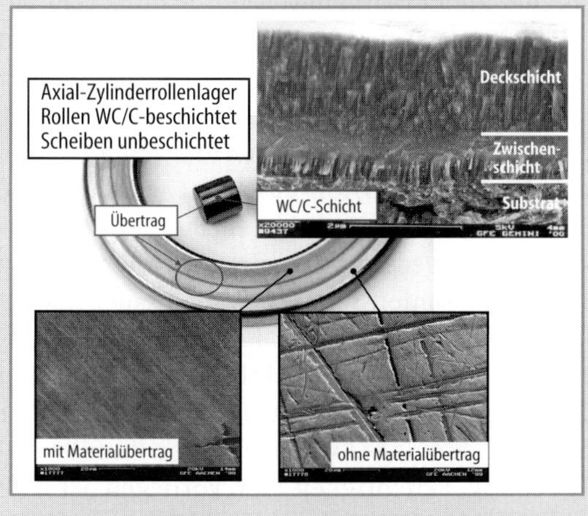

Abb. 11 Materialübertrag und Glättung im mit beschichteten Rollen betriebenen Wälzlager (FE8-Standarbedingungen: unadditiviertes Mineralöl FVA3, 80 h)

der in Abb. 11 gezeigten WC/C-Schicht handelt es sich um einen Multilayer aus Cr, Wolframcarbid und Kohlenwasserstoff (Cr-WC-CH).

Potential dieser Beschichtungen ist insbesondere bei extremen Umgebungsbedingungen wie z.B. hoher Anschmierungsgefahr, Trockenlauf oder Medienschmierung vorhanden. Auch der Einsatz von Hybrid- oder Keramiklagern ist in diesem Zusammenhang eine sehr leistungsfähige Alternative gegenüber konventionellen Wälzlagern, die sich immer mehr Anwendungen erschließt.

Neben der Erhöhung der Leistungsfähigkeit von Wälzlagern tritt auch die Forderung, dies umweltverträglich zu erreichen, mehr und mehr als neue Anforderung in den Vordergrund. Ein Forschungsschwerpunkt besteht deshalb darin, umweltverträgliche Schmierstoffe auf Basis nachwachsender Rohstoffe gezielt weiterzuentwickeln, damit sie eine leistungsfähige Alternative zu mineralölbasischen darstellen (NN 2000). Weitere Entwicklungsaktivitäten bei der Schmierstoffentwicklung zielen darauf ab, unter besonderen Betriebsbedingungen (Feuchtigkeit, extreme Temperaturen, oszillierende Bewegungen usw.) eine sichere Schmierung und hohe Fettgebrauchsdauern zu erreichen. Damit soll auch mit der Fettschmierung in Bereiche vorgedrungen werden, die bisher nur mit Ölschmierung beherrschbar waren. Neue Hochdrehzahlfette können z.B. mit konventionellen Spindellagern B72..C für Drehzahlkennwerte bis $2 \cdot 10^6$ mm/min und mit Hybridlagern H70..C bis $2{,}6 \cdot 10^6$ mm/min freigegeben werden (Karbacher 2002).

Zusammenfassung

Eine ungeeignete Schmierung zählt mit zu den Hauptausfallursachen von Wälzlagern. Es wird gezeigt, wie mit Hilfe neuer Berechnungsmethoden der Schmierstoff immer genauer erfasst wird. Bei der Berechnung der Ermüdungslebensdauer kann z.B. der Einfluss der Sauberkeit eines Schmierstoffs sehr genau in die Dimensionierung einfließen. Auch die Eignung eines synthetischen Schmierstoffs, einen trennenden Schmierfilm aufzubauen, kann berücksichtigt werden.

Ein Wälzlager erreicht die berechneten Ermüdungslebensdauern aber nur, wenn es ausreichend vor Verschleiß und Korrosion geschützt wird und die Schmierstoffgebrauchsdauer größer als die berechnete Ermüdungslebensdauer ist. Es hat sich in der Vergangenheit gezeigt, dass sich zur Überprüfung solcher Schmierstoffeigenschaften (Verschleißschutz, Fettgebrauchsdauer, Korrosionsschutz usw.) keine Modellprüfstände eignen. Eine mechanisch-dynamische Prüfung am Wälzlager selbst ist hier unverzichtbar. Die wichtigsten Prüfmethoden zur Überprüfung der Eignung eines Schmierstoffs für Wälzlager wurden vorgestellt. Speziell wenn besondere lagerungstechnische Randbedingungen wie z.B. oszillierende Bewegung, Feuchtigkeit usw. vorliegen, ist eine Schmierstoffprüfung unter entsprechenden Bedingungen im Wälzlager dringend angeraten.

Literatur

Berger T (2002) Ermittlung der theoretischen Fettgebrauchsdauer, VDI Tagung Fulda 2002, VDI-Berichte 1706

DIN ISO 281 Entwurf (2000) Wälzlager – Dynamische Tragzahlen und nominelle Lebensdauer – Lebensdauerbeiwert a DIN und Berechnung der erweiterten modifizierten nominellen Lebensdauer, August 2000

Engel L, Winter H (1979) Wälzlagerschäden, Antriebstechnik 18, Nr. 3, 1979, S. 71–74

Gold PW, Loos J, Aßmann C (2001) The wear resistance of PVD-coatings in roller bearings, 2nd International Conference „THE Coatings in Manufacturing Engineering", Hanover 2001, p. M4 1–10

Gold PW, van de Sandt N (2002) Ölkennwerte Wälzlagerverschleiß, Abschlussbericht FVA-Forschungsvorhaben Nr. 327, Heft 665, 2002

Heemskerk R (1980) EHD lubrication in rolling bearings – review of theory and influence on fatigue life Estratto da Tribologia e Lubrificazione n. 4

Johnson JL (1985) Contact Mechanics, Cambridge University Press 1985, ISBN 0 521 34796 3

Karbacher R (2002) Entwicklung und Prüfung eines neuen Hochleistungsfettes für hohe Drehzahlen, VDI Tagung Fulda 2002, VDI-Berichte 1706

Kühl R (1998) Ölabgabe bei tiefen und hohen Temperaturen – Einfluss auf den Temperatureinsatzbereich eines Schmierfettes in Wälzlagern, GfT-Tagung Göttingen 1998, Tagungsband

Loos J (2001) Leistungsfähige Wälzlager für umweltverträgliche Schmierstoffe durch PVD-Verschleißschutzschichten, Dissertation RWTH-Aachen

Neßlinger FW, Peeken H (1992) Langzeiteignung von Wälzlagerschmierstoffen – Prüfverfahren für die Langzeiteignung von Wälzlagerschmierstoffen mit Hilfe des im FVA-Vorhaben 31 I-III erarbeiteten Prüfsystems, Abschlussbericht FVA 31 IV, Heft 357, Forschungsvereinigung Antriebstechnik e. V.

N N (1993) Wälzlagerschmierung, GfT-Arbeitsblatt 3, Mai 1993

N N (2000) Umweltverträgliche Tribosysteme durch geeignete Werkstoffverbunde und Zwischenstoffe am Beispiel der Werkzeugmaschine, SFB 442, RWTH Aachen, Arbeits- und Ergebnisbericht

Peklenik J (1968) New developments in surface charaterization and measurements by means of random process analysis, Proc. Instn. Mech. Engrs., Vol.182 Part 3K (1967–1968) S. 108–126

Schmidt A (2002) Charakterisierung umweltverträglicher Schmierstoff-Werkstoff-Kombinationen mittels tribologischer Datenbanksysteme, Dissertation RWTH-Aachen

Schmidt U (1985) Die Schmierfilmbildung in elastohydrodynamisch beanspruchten Wälzkontakten unter Berücksichtigung der Oberflächenrauheit, Diss. Hannover

Thiede KU, Deters L (1999) Wirkung von Schmierstoffen bei langsamen oszillierenden Gleit- Wälzbewegungen, Abschlußbericht FVA-Forschungsvorhaben Nr. 315, Heft 585

Weck M (2002) Werkzeugmaschinen – Fertigungssysteme, Band 2, VDI-Verlag, Düsseldorf 2002

Wikström V, Sjöström H (2002) Diamond-like carbon coatings in Rolling Contacts, VDI Tagung, Fulda 2002, VDI Bericht Nr. 1706

Bildauswertendes Überwachungssystem in der Mensch-Roboter-Kooperation

Prof. Dr.-Ing. Wolfgang Adam
Dipl.-Math. techn. Oliver Schulz

»Sehende Steuerung ermöglicht dem Roboter, flexibel auf den Menschen zu reagieren.«

Wolfgang Adam

Oliver Schulz

Wolfgang Adam studierte Elektrotechnik, Fachrichtung Nachrichtentechnik, an der Technischen Universität Berlin und war von 1967–1973 als wissenschaftlicher Mitarbeiter am Institut für Werkzeugmaschinen und Fertigungstechnik (IWF) der TU Berlin tätig. 1973 promovierte er mit einer Arbeit zur DNC-Systemtechnik. Nach 3-jähriger Tätigkeit als Oberingenieur übernahm er die Stelle eines geschäftsführenden Oberingenieurs am neugegründeten Fraunhofer-Institut für Produktionsanlagen und Konstruktionstechnik (IPK) in Berlin. 1979 wurde er in die Leitung der Hauptabteilung Produktionsanlagen berufen und war in Nebentätigkeit Berater des Werksgruppenleiters der Kabelwerke der Siemens AG. 1986 wurde er Direktor des IPK-Bereichs Prozesstechnik und zugleich kommissarischer Leiter des Bereichs Steuerungstechnik. An der TU Berlin hielt er von 1985–1989 die Vorlesung Qualitätssicherung, später auch Gastvorlesungen in Chemnitz und Cottbus. Anfang 1997 erfolgte die Berufung zum Professor für das Fachgebiet Steuerungstechnik für Produktionsanlagen an die TU Berlin. Seit der Neustrukturierung des IPK ist Wolfgang Adam Direktor des Bereichs Sicherheits- und Prüftechnik. Mit Erreichen des 65. Lebensjahres ist er aus den Diensten der TU Berlin ausgeschieden, nimmt aber die Aufgaben eines Hochschullehrers bis zur Bestellung seines Nachfolgers weiter wahr.

Oliver Schulz studierte nach dem Abitur 1992 Technomathematik an der TU in Berlin. Im Hauptstudium spezialisierte er sich auf Wahrscheinlichkeitsrechnung und Statistik im mathematischen Bereich sowie die Bildverarbeitung und Mustererkennung im Nebenfach. Seit dem Diplom ist er Mitarbeiter und Projektleiter im Bereich Sicherheits- und Prüftechnik am Fraunhofer Institut für Produktionsanlagen und Konstruktionstechnik. Sein Ziel in naher Zukunft ist die Promotion auf dem Gebiet der visuellen Bewegungsanalyse insbesondere im industriellen Bereich.

Bildauswertendes Überwachungssystem in der Mensch-Roboter-Kooperation

Wolfgang Adam, Oliver Schulz

Einleitung

Über die letzten Jahrzehnte hat sich die automatische Montage von Werkstücken zu Baugruppen weit entwickelt. Man findet einen hohen Automatisierungsgrad dort, wo die Variantenvielfalt gering, die Handhabungs- und Fügeoperationen nicht sonderlich komplex und die Stückzahlen groß sind. Sind dagegen die zu montierenden Teile so beschaffen, dass zur Lösung der Aufgabe der technische Aufwand für die automatische Montageeinrichtung sehr hoch getrieben werden müsste, dann bietet sich als Alternative die manuelle Montage an. Der vom Fraunhofer-Institut für Produktionsanlagen und Konstruktionstechnik (IPK), Berlin, und vom Fraunhofer-Institut für Produktionstechnik und Automatisierung (IPA), Stuttgart, entwickelte Arbeitsplatz team@work, ein Arbeitsplatz für einen Werker (Abb. 1), der durch einen Industrieroboter in den Operationen unterstützt wird und dessen Arbeitsräume überlappen, versucht die Vorteile beider Vorgehensweisen zu verbinden.

Warum ist es vorteilhaft, Mensch und Roboter an einem Montagearbeitsplatz kooperativ tätig sein zu lassen? Von der Arbeitswissenschaft weiß man um die

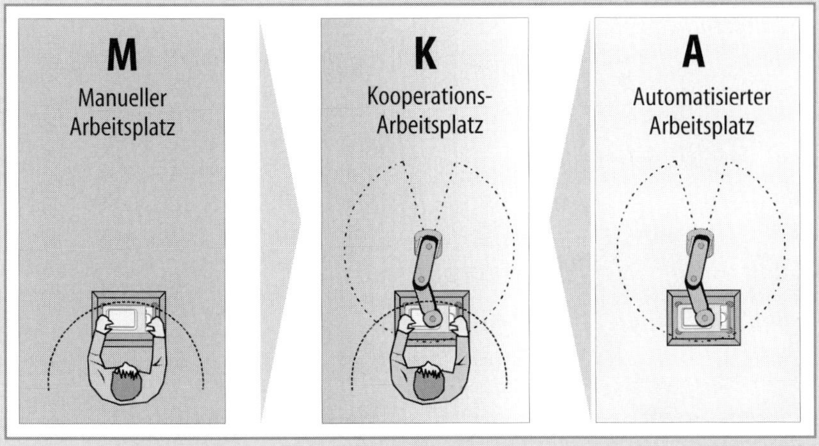

Abb. 1 Der Kooperationsarbeitsplatz als Zwischenlösung

ergonomische Eingeschränktheit eines Werkers. Zudem sind Verrichtungen oft auch gefährlich, weil das Bauteil zu warm oder scharfkantig ist oder das Gewicht kann vom Werker ohne technische Hilfe nicht gehandelt werden. Auch hat die Befähigung des Werkers, freihändig Objekte genau zu positionieren (Abb. 2), früh seine Grenzen. Monotone Arbeiten führen häufig zu Ermüdung, so dass die Qualität des Montageergebnisses nicht immer sichergestellt ist.

Genau hier liegen aber die Stärken des Roboters: Bewegungsabläufe und die Einstellung der Lage des Greifwerkzeugs sowie die Auslegung des Bewegungsraumes auf den Arbeitsplatz werden bereits bei der Auswahl des Roboters berücksichtigt und sind danach dauerhaft sichergestellt. Wenn sich nun die Stärken des Menschen, die insbesondere in einer flexiblen Reaktion auf unvorhersehbare Ereignisse zeigen, hierzu addieren, dann ist damit ein Montagearbeitsplatz möglich, bei dem die Arbeitsaufgabe in kurzer Zeit trainiert ist und bei dem Störungen rasch behoben sind. Derartige Mensch-Roboter-Arbeitsplätze sind bestens geeignet, variantenreiche Serien mit mittleren Stückzahlen wirtschaftlich zu montieren.

Bisher hatten derartige Arbeitsplätze aber das Handicap, dass die installierten Roboter gegenüber dem Werker abgeschottet werden mussten. Sicherheitszäune sorgen dafür, dass der Arbeitsraum des Roboters nicht betreten werden

Abb. 2 Der Kooperationsarbeitsplatz team@work

kann. Ist dies zu Wartungszwecken doch einmal nötig, dann muss das Gerät vollständig abgeschaltet werden.

Diese Sicherheit muss bei der Anlage team@work natürlich ebenfalls zu jeder Zeit gegeben sein. Da konventionelle Methoden wie Bewegungsmelder oder Lichtschranken schnell an ihre Grenzen stoßen würden, ist am IPK ein Bildverarbeitungssystem entwickelt worden, das Werker und Roboter ständig erfasst und mögliche Kollisionen vorherberechnet. Im gegebenen Fall wird der Roboter still gesetzt und erst wieder freigegeben, wenn die Kollisionsgefahr nicht mehr besteht.

Bildverarbeitung am Arbeitsplatz

Aufbau

Zur Überwachung des Arbeitsraums kommen Standardhardware wie hochfrequente Beleuchtung, CCD-Farbkameras sowie PCs zum Einsatz. Die Anordnung der Kameras ist in Abb. 3 besonders markiert.

Die Kameras befinden sich oberhalb des Werkers. Jede der drei Kameras deckt den gesamten Bereich ab, in dem Werker und Roboter kollidieren können.

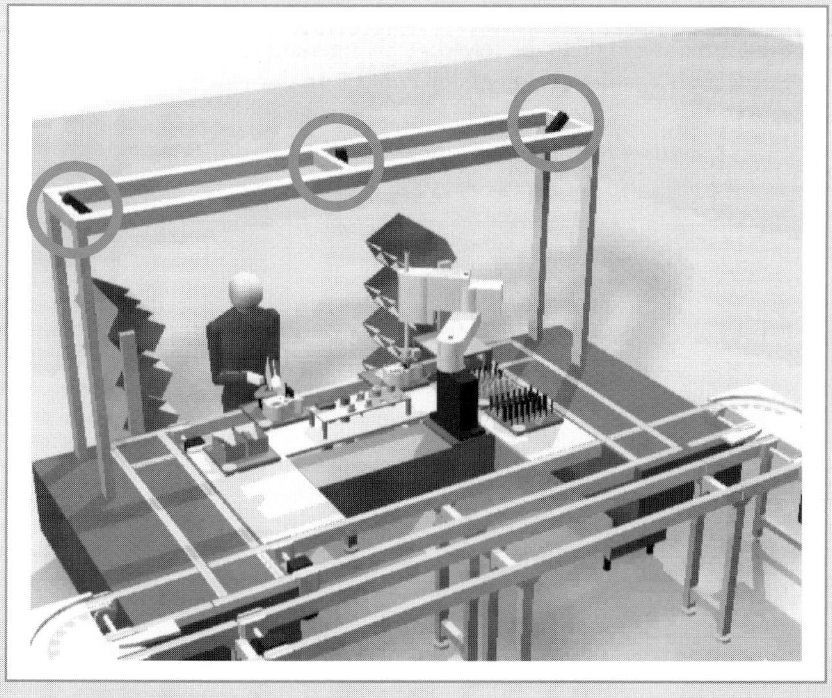

Abb. 3 Anordnung der Kameras beim Arbeitsplatz

Bei den Kameras handelt es sich um Progressive-Scan-Modelle, die Bilder im Vollbildmodus mit drei Byte pro Pixel Farbauflösung liefern. Bis zu 30 Bilder mit einer Auflösung von 640 × 480 Bildpunkten müssen in einem PC verarbeitet werden. Da das einen Datenstrom von etwa 26,4 MB/s bedeutet, ist es notwendig, jede Kamera an einem PC zu verwenden. Die drei Rechner arbeiten parallel und extrahieren 2-dimensionale Daten aus den Bildern. Relevante Bereiche sind dort, wo sich der Mensch bzw. seine Gliedmaßen befinden und dort, wo sich kinematische Glieder des Roboters befinden. Die Ergebnisse werden in einem weiteren Rechner gesammelt und dort in 3-dimensionale Darstellungen umgerechnet. Dadurch entsteht ein 3D-Modell der Szene, aus dem sich der Abstand des Menschen zum Roboter berechnen lässt. Anhand einiger Parameter wie Momentangeschwindigkeit der Interaktionspartner, Bremsverhalten des Roboters wird entschieden, ob und welche Roboterachse in ihrer Geschwindigkeit reduziert werden muss.

Übergang von 2D zu 3D

Um zuverlässige Aussagen über Abstände machen zu können, müssen die 2-dimensionalen Daten in den 3D-Raum umgerechnet werden. Dazu ist es notwendig, ein Objekt von mindestens zwei Orten aufzunehmen.

In Abb. 4 ist der räumliche Vorwärtsschnitt skizziert. Wird ein Punkt P auf zwei CCD-Chips abgebildet (P' und P"), so ist es bei bekannter Lage und Brennweite der Kameras möglich, die jeweilige Sichtgerade zu bestimmen. Dort, wo sich diese Geraden schneiden, liegt der Punkt P. In der Regel wird es aufgrund

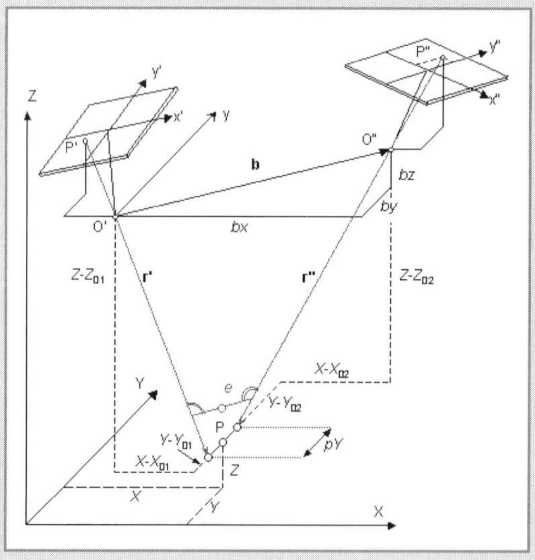

Abb. 4 Räumlicher Vorwärtsschnitt (Luhmann 2000)

von Ungenauigkeiten keinen exakten Schnittpunkt geben. Es wird daher der Punkt gesucht, der von beiden Geraden den kleinsten Abstand hat.

Detektion des Menschen und des Roboters

Die Detektion des Roboters ist theoretisch überflüssig, da die Positions-Daten in der Steuerung vorliegen. Um Redundanz zu schaffen, wird die Lage jedoch auch vom Bildverarbeitungssystem bestimmt und mit der in der Steuerung vorliegenden verglichen. Oberhalb des Roboters sind reflektierende Marken angebracht, die eine bestimmte Anordnung haben und leicht zu detektieren sind. Aufgrund der bekannten Kinematik des Roboters ist es so möglich, die Position einer Pinole schnell und robust zu bestimmen.

Beim Werker wurde bewusst darauf verzichtet, eine bestimmte Art von Kleidung vorauszusetzen. Die Detektion ist grundsätzlich zweistufig gelöst. Im ersten Schritt wird mittels einer Bewegungsanalyse bestimmt, wo sich etwas im Bild bewegt. Dabei bleibt dann der Werker, der Roboter und eventuell das Montageobjekt beziehungsweise sein Werkstückträger übrig. Im zweiten Schritt wird klassifiziert, was sich dort im Bild bewegt. Anhand einer Farb- und Texturanalyse kann so der Mensch vom Roboter unterschieden werden.

In Abb. 5 ist ein Livebild der mittleren Überwachungskamera zu sehen. Deutlich sind die Referenzpunkte auf dem Roboter zu erkennen. Rechts unten wurde das Bild von dem Überwachungsrechner auf die relevanten Informationen komprimiert. Man findet die vier Hände sowie die beiden Köpfe wieder. Da eine Hand den Roboter berührt, hat die Steuerung die Geschwindigkeit der Roboterachsen auf Null zurückgenommen. Anhand dieses Bildes lässt sich auch erkennen, dass die Farbbildverarbeitung keine Probleme mit unterschiedlichen Hauttypen hat. Der Werker in dem dunkleren Hemd hat eine deutlich dunklere Hautfarbe als der andere. Somit muss das System nicht notwendigerweise auf bestimmte Individuen trainiert werden. Es ist sogar ein Wechsel im laufenden Arbeitsgang möglich.

Fazit

Der automatischen Bildverarbeitung gelingt es mehr und mehr traditionelle Sicherheitsvorrichtungen zu ersetzen. Der Vorteil liegt in der kostengünstigen Hardware sowie der leichten Integrierbarkeit in bestehende Anlagen. Bei team@work ist es so möglich, 3D-Koordinaten von Mensch und Maschine zu bestimmen. Damit müssen Bewegungsbereiche von Robotern nicht mehr komplett abgeschirmt werden, sondern können sogar von Menschen betreten werden. So lassen sich spezielle Fähigkeiten von Mensch und Maschine optimal miteinander kombinieren.

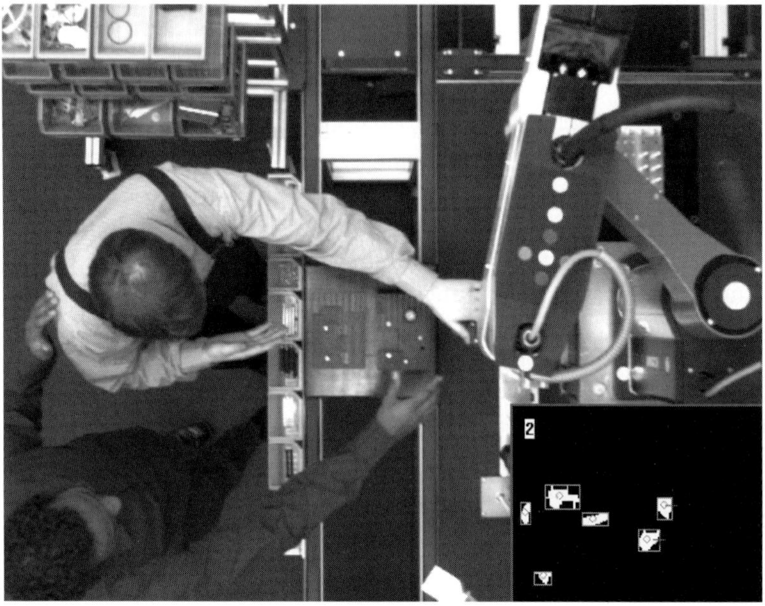

Abb. 5 Livebild und Ergebnisbild

Literatur

Luhmann T (2000) Nahbereichsphotogrammetrie, Wichmann-Verlag, Heidelberg

Integrierte Entwicklung und Gestaltung einer virtuellen, multimodalen Benutzungsschnittstelle in der autonomen Produktion

Prof. Dr.-Ing. Dipl.-Wirt.-Ing.
Holger Luczak
Dipl.-Ing. Ralph Reuth
Dipl.-Infor. Alexander Künzer

»Mentale Kompatibilität als Gestaltungsleitfaden in der Entwicklung von Benutzungsschnittstellen für die Produktion von morgen.«

HOLGER LUCZAK

RALPH REUTH

ALEXANDER KÜNZER

Holger Luczak absolvierte das Studium für Wirtschaftsingenieurwesen und Maschinenbau an der TH Darmstadt. Nach mehrjähriger Tätigkeit als wissenschaftlicher Mitarbeiter promovierte er 1974 am Institut für Arbeitswissenschaft der TH Darmstadt zum Dr.-Ing., wo er sich 1977 auch habilitierte. Von 1977–1983 war er ordentlicher Professor für Produktionstechnik mit Schwerpunkt Arbeits- und Betriebswissenschaft an der Universität Bremen; dort gründete er den Fachbereich Produktionstechnik sowie das Institut für Betriebstechnik und angewandte Arbeitswissenschaft. Er stand von 1983–1992 als geschäftsführender Direktor dem Institut für Arbeitswissenschaft der TU Berlin vor und übernahm außerdem die Lehrtätigkeit als ordentlicher Professor im Fachbereich Konstruktion und Fertigung. Seit April 1992 ist Holger Luczak Lehrstuhlinhaber und Direktor des Instituts für Arbeitswissenschaft der RWTH Aachen sowie geschäftsführender Direktor des Forschungsinstituts für Rationalisierung e.V. an der RWTH Aachen.

Ralph Reuth absolvierte im Jahr 1998 das Studium für Maschinenbau mit Vertiefungsrichtung Wärmetechnik an der RWTH Aachen. Studienbegleitend arbeitete er ca. 2,5 Jahre als studentische Hilfskraft bei der FEV-Motorentechnik in Aachen in der Sparte Prozessrechnung und Simulation. Danach erfolgte ein Wechsel als wissenschaftlicher Mitarbeiter an das Institut und den Lehrstuhl für Arbeitswissenschaft in der Forschungsgruppe „Benutzerzentrierte Gestaltung von Informations- und Kommunikations-Systemen".

Alexander Künzer studierte an der RWTH Aachen. Nach längerer Tätigkeit in der Softwareindustrie wechselte er Anfang 2000 an das Institut für Arbeitswissenschaft (IAW) der RWTH Aachen. Dort ist er in der Forschungsgruppe „Benutzerzentrierte Gestaltung von Informations- und Kommunikationssystemen" tätig. Seine Forschungsschwerpunkte liegen in der Mensch-Rechner-Interaktion, insbesondere in der Gestaltung adaptiver Benutzungsoberflächen.

Integrierte Entwicklung und Gestaltung einer virtuellen, multimodalen Benutzungsschnittstelle in der autonomen Produktion

Holger Luczak, Ralph Reuth, Alexander Künzer

Einleitung

Autonome Produktionszellen (APZ) stellen ein noch junges, zelluläres computergestütztes Produktionskonzept der Zukunft dar und befinden sich im Rahmen des Sonderforschungsbereiches 368 derzeit noch im Entwicklungsstadium (Pfeifer et al. 2000). Dabei sollen APZ in die Lage versetzt werden, komplexe Bearbeitungsprozesse mit einem maximalen Grad an Selbständigkeit über einen längeren Zeitraum hinweg zuverlässig und störungsfrei durchzuführen, um geänderten Marktanforderungen und individuellen Kundenwünschen gerecht zu werden. Dieser grundlegend neue Ansatz für die Konstruktion und Auslegung von hoch automatisierten Produktionsanlagen stellt neue Ansprüche an übergreifende Steuerungs- und Planungsaufgaben, aber auch an spezielle Teilfunktionalitäten an der Maschine. Dem daraus resultierenden Automatisierungsproblem soll durch eine gesteigerte Autonomie begegnet werden. Autonomie umfasst dabei (Pfeifer u. Sack 2001): (1) verstärkte Integration von Teilfunktionalitäten, (2) Störungstoleranz durch intelligente Sensorik und Aktorik und (3) ein benutzerzentriertes Systemdesign. Bezogen auf das zugrunde liegende Konzept von APZ wird die Rolle des Menschen als flexibler Regler, der über ausgezeichnete Problemlöse-, Lern- und Kommunikationsfähigkeiten verfügt, innerhalb eines zu steuernden Arbeitssystems ausdrücklich betont (vgl. Rasmussen 2000). In diesem Zusammenhang soll der Mensch durch neuartige und innovative Benutzungsschnittstellen der virtuellen Realität unterstützt werden, die ihm eine effektive und effiziente Aufgabenbewältigung ermöglichen. Die Kombination mit einer Sprachein- und -ausgabemöglichkeit ermöglicht ein schnelles und intuitives Benutzungskonzept. Dies wird durch die Forschungsarbeiten von Weck u. Hoymann (2001) eindrucksvoll belegt. Die dabei gewonnen Erkenntnisse liefern einen wichtigen Beitrag zur Gestaltung von Maschinensteuerungsoberflächen in der flexiblen Fertigung. Bezogen auf das Paradigma der überwachenden Prozessregelung in hochautomatisierten Fertigungs- und Produktionssystemen bildet somit die Benutzungsschnittstelle das vermittelnde Glied zwischen Mensch und Prozess. Die Art und Weise der Interaktion wird dabei wesentlich von der Qualität der Benutzungsschnittstelle beeinflusst.

In diesem Kontext wird eine multimodale Benutzungsschnittstelle ACTIVE-UI (Autonomous Production Cells‘ Mutimodal and Adaptive – User Interface) bzgl. der Technologie des 3D-Laserschweißen entwickelt, die dem Benutzer einen möglichst transparenten, unabhängigen Vollzug seiner definierten Tätigkeiten vor Ort ermöglichen soll. Die Verwendung von Metaphern unterstützt den Facharbeiter dabei, sein Wissen aus dem Gegenstandsbereich in einer „virtuellen Produktionszelle“ effektiv und effizient anzuwenden.

Vorgehensweise

Aus ergonomischer Sicht ist bei der Gestaltung der Benutzungsschnittstelle darauf zu achten, dass der Benutzer bei seiner täglichen Arbeit adäquat unterstützt wird. In der heutigen Zeit werden in diesem Zusammenhang zur Zielerreichung eine Vielzahl an Begriffen, wie z.B. mentale Kompatibilät, Aufgabenangemessenheit, Usability etc. genannt. Ausgehend davon wird folglich eine stark benutzerzentrierte Entwicklung von Benutzungsschnittstellen gefordert. Eine effektive Softwaregestaltung ist aber nicht ohne vorherige sorgfältige Analyse des betroffenen Arbeitssystems möglich. Die im Rahmen der Forschungsarbeiten verwendete Methode einer objektorientierten Systementwicklung folgt einem evolutionären, iterativen Vorgehensmodell. Kennzeichnend für dieses Vorgehensmodell ist die Gliederung der Entwicklungsaktivitäten in kleinere Einheiten sowie die koordinierte Verzahnung von Aktivitäten unterschiedlicher Detaillierungsebenen. Diese Vorgehensweise spiegelt sich abstrahiert in dem „Spiralmodell“ zur Softwareentwicklung, bestehend aus den Phasen Analyse, Konzeption, Implementierung und operativer Einsatz wider, die im Weiteren zur Gliederung des Beitrags verwendet werden.

Aufgabenanalyse

Aus softwareergonomischer Sicht ist eine aufgaben- und benutzerorientierte Herangehensweise gefordert, die stärker die Anforderungen und Bedürfnisse der Anwender berücksichtigt. In diesem Zusammenhang ist die Aufgabenanalyse „a crucial step in evaluating and designing systems“ (Luczak u. Stahl 2000). Die eigentliche Aufgabe kann dabei als das Zusammenwirken von Mensch und Arbeits- bzw. Betriebsmitteln definiert werden, um einen Arbeitsgegenstand von einem Anfangs- in einen Endzustand zu transformieren. Bei der dynamischen Betrachtungsweise steht die zeitliche Gliederung der Aufgaben mit Hilfe von Vorgänger-Nachfolger-Relationen im Vordergrund. Hierzu werden i.d.R. gerichtete Graphen verwendet. Ein gerichteter Graph besteht aus einer Menge von Knoten und einer Menge von gerichteten Kanten, wobei beim Zeichnen die Knoten i.d.R. als Kästen und die Kanten als Pfeile dargestellt werden. Aus der Vielzahl der verschiedenen in der Literatur existierenden Modellierungsmethoden wurden gefärbte Petri-Netze (Jensen 1997) als Synthese aus Zustands- und Ereignisorientierung ausgewählt. Auf dieser methodischen Grundlage konnte somit ein graphenbasiertes Aufgabenmodell erstellt werden, das im Sinne eines Aktivitätennetzes bei der späteren Strukturierung der Dialoggestaltung von ACTIVE-UI Eingang fand.

Das entwickelte Aufgabenmodell enthält alle notwendigen Schritte zur weitgehend selbständigen Fertigung komplexer Bauteile innerhalb der APZ, wie Prozess-, Operations- und Spannplanung, Einrichten, Fertigen etc. Die Erstellung des Aufgabenmodells erfolgte im Rahmen einer partizipativen Aufgabenanalyse auf der Basis von mehreren strukturierten Fachgruppengesprächen von jeweils 2-stündiger Dauer. Das resultierende Aufgabenmodell umfasste in Anlehnung an die Petri-Netz Notation 28 Stellen, 43 Transitionen und 91 Kanten. Bei der Modellierung wurde bewusst darauf Rücksicht genommen, nur den logisch-stringenten Steuerfluss, also die reine Aufgabenabfolge, einschließlich Iterationen und optionalen Bearbeitungsstrategien, zu modellieren, um die Übersichtlichkeit des Netzgraphen zu bewahren. Im Weiteren wurde zu jeder identifizierten Aufgabe eine detaillierte Aufgabenbeschreibung mit den notwendigen Informations- und Objektflüssen und Schnittstellen zu anderen Aufgaben angefertigt, so dass alle Entwickler ein gemeinsames Bild bzw. „mentales Modell" der APZ entwickeln konnten.

Abbildung 1 zeigt einen exemplarischen Ausschnitt des entwickelten Aufgabenmodells. Die dargestellten Aufgabenelemente stellen einen Teil des Planungsprozesses in APZ dar. Zu Beginn muss der APZ-Facharbeiter alle notwendigen Features des zu fertigenden Werkstücks, d.h. den Verlauf der Schweißnaht, bestimmen. Features können als technische Elemente aufgefasst werden, welche die Charakteristiken eines beschränkten Produktbereichs vollständig beschreiben. Ein Feature verbindet alle die Geometrie betreffenden Informationen mit einer semantischen Komponente, d.h. technologische Attribute (z.B. Achsgeschwindigkeit, Leistungsparameter, Drahtvorschub etc. an

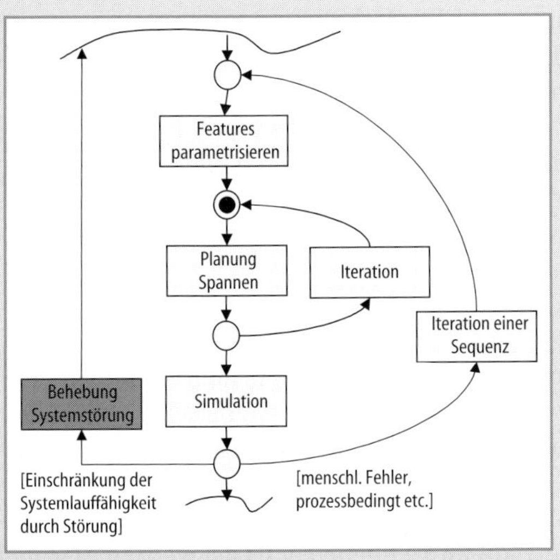

Abb. 1 Ausschnitt des entwickelten Aufgabenmodells für das 3D-Laserschweißen

der Stelle X). Diese beiden Aspekte, Form und Semantik, werden dann in einer mental-kompatiblen „Einheit" zusammengefasst. Sobald die Aufgabe der Parametrisierung der Features abgeschlossen ist, wird die Marke (Schwarzer Punkt in Abb. 1) weitergeschoben, um die Aufgabe der Spannplanung zu initiieren. An dieser Stelle muss der Facharbeiter ein notwendiges Spannsystem auswählen, die Spannpunkte bestimmen, notwendige Spannkräfte berechnen etc. Abschließend erfolgt eine Simulation des geplanten Prozesses, z.B. zur Überprüfung von Kollisionen des Laser-Bearbeitungskopfes mit dem Spannsystem. Zusätzlich sind in der Abbildung noch iterative Vorgehensweisen dargestellt. Die Art der Iteration kann dabei in prozessbedingt und menschbedingt, d.h. Wiederholungen durch menschliche Fehler, unterschieden werden.

Gestaltungskonzept

Gestaltung der Applikationsebene

Für eine angemessene Hinterlegung der bereits vorgestellten Gestaltungsziele in APZ wurde das metaphorische Prinzip gewählt und eine Benutzungsschnittstelle geschaffen, die sich an der Metapher einer virtuellen Produktionszelle orientiert. Diese virtuelle Produktionszelle beinhaltet idealer Weise alle in der Anforderungsanalyse enthaltenen Aufgaben, die einen direkten Benutzerzugang erfordern. Mit Hilfe der Produktionszellenmetapher wurde eine invariante informatorische Struktur geschaffen, die es dem Benutzer ermöglicht, seine Ziele und Prioritäten effizient und effektiv umsetzen zu können und Vorwissen aus dem Gegenstandsbereich der Werkstatt weiter verwenden bzw. aktiv erweitern zu können. Nach Hutchins (1989) handelt es sich hierbei um eine sog. Modellwelt, die sich aufgrund des untersuchten Aufgabenzusammenhangs primär an der physischen Form und physischen Funktion orientiert. Hinsichtlich der semantischen Struktur vom Benutzer manipulierbarer Objekte wurde ein Klassendiagramm in Form der Unified Modeling Language erarbeitet, welches die Grundlage für die software-technische Implementierung bildete. Mit Bezug auf das Verhalten der Benutzungsschnittstelle auf der Applikationsebene wurde das bereits vorgestellte Aufgabenmodell des 3D-Laserschweißens verwendet.

Gestaltung der Dialogebene

Auf der Dialogebene wurde die direkte Manipulation als primäre Dialogart ausgewählt. Auf diese Weise bleibt die räumlich-zeitliche Signalschleife erhalten, und der Benutzer kann das regelbasierte Verhalten als dominante Regulationsebene für Zustandsänderungen der Objekte verwenden. Die räumlich-zeitliche Handhabung der Objekte selbst wird dagegen durch fertigkeitsbasierte Leistungen hinterlegt, wodurch höhere kognitive Ebenen entlastet werden. Darüber hinaus wurden verbale und deiktische Dialogarten sowie elektronische Formulare für die Parametrisierung z.B. der Auftragsplanung abgebildet. Menüs wurden durchgängig in Form von Schaltflächen (Button Panels) konzipiert, damit beispielsweise die Reihenfolge der Arbeitsschritte oder das dynamische Displayverhalten beeinflussbar ist.

Das entwickelte Dialogmodell besteht im Sinne eines Zustandsautomaten nach Horrocks (1999) zum derzeitigen Zeitpunkt aus 5 direkt manipulativen Subdisplays, wobei durch die Verwendung eines modularen Aufbaus weitere aufgabenbezogene Sichtweisen hinzugefügt werden können:

1. Das Übersichtsdisplay „Laseranlage" dient primär zum Einrichten der Maschine und der Parametrisierung der Sensorik und arbeitet lediglich mit eingebetteten Symbolen für die Sensoren und mit einem Symbol des zu produzierenden Teils. Für das Übersichtsdisplay ist zu beachten, dass das Einrichten der Maschine und die Parametrisierung der Sensoren parallel erfolgen kann.
2. Das Detaildisplay „Aufträge" enthält alle Aufträge, die aus der zentralen Auftragsplanung an die APZ weiterdelegiert wird. An dieser Stelle können alle notwendigen Planungsprozesse für die spätere Fertigung und die Handhabung (Greifen, Transportieren und Spannen) spezifiziert werden.
3. Das Detaildisplay „Detailansicht" gibt die geometrischen Verhältnisse des zu schweißenden Bauteils exakt wieder und dient einer Simulation, mitlaufenden Bearbeitungsvisualisierung und Prozessdiagnose. In diesem Subdisplay können beliebige Segmente der virtuellen Schweißbahn direkt selektiert werden, und es werden die korrespondierenden Sensorwerte (Soll und Ist) in Form eines elektronischen Formulars mit Grafen dargestellt.
4. Das Detaildisplay „Greifen" besteht im Wesentlichen aus dem Messbereich, in dem die Bereitstellung der Bleche im halbsortierten Zustand erfolgt. Die Identifikation und die Lage-/Winkelbestimmung der Halbzeuge erfolgt vollautomatisch und wird dem Benutzer durch die visuelle Repräsentation der Halbzeuge rückgemeldet. Dies soll den Benutzer bei der Auswahl eines geeigneten Greifers zur Positionierung der Bleche unterstützen. Anschließend erfolgt die Positionierung der Greifpunkte auf dem Halbzeug durch den Benutzer.
5. Das Detaildisplay „Spannbereich" ist aufgrund des derzeitigen Entwicklungsstands nur konzeptionell auf Basis der Aufgabenanalyse erstellt und noch nicht softwaretechnisch realisiert worden. Dabei sollen dem Benutzer in dieser Ansicht die auftretenden Spannkräfte und Abweichungen der Bauteilkontur von der Sollkontur visuell verdeutlicht werden.

Der resultierende Aufbau von ACTIVE-UI für das Gesamtdisplay ist in Abb. 2 dargestellt. Hierin zeigen sich unterschiedliche Funktionsbereiche. Bei der Auslegung der Bildschirmoberfläche wurde bewusst auf den möglichen Einsatz einer Touchscreen-Bedienung im Werkstattbereich geachtet. Die Kopfzeilen und die Navigationsleisten lassen sich an beliebigen Stellen am Rand des Anzeigebereichs andocken, um den jeweiligen Arbeitspräferenzen der Facharbeiter im Sinne einer vertrauten Bedienungsumgebung entgegenzukommen. Dabei

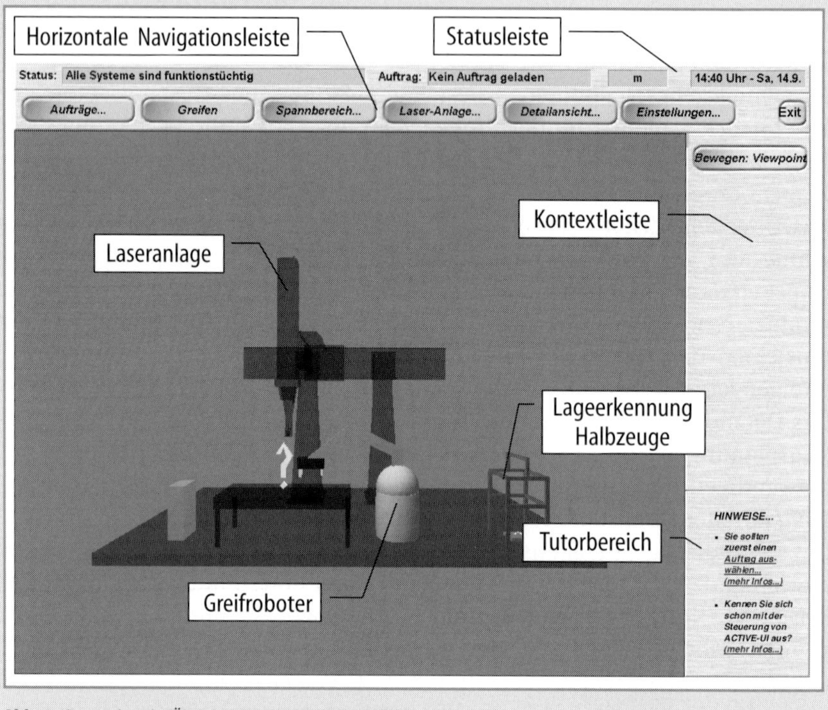

Abb. 2 Screenshot der Übersichtsansicht von ACTIVE-UI

enthält die Kopfzeile eine festgelegte Auswahl an Prozessinformationen. Neben dem aktuell geladenen Auftrag werden auch aktuelle Zustandsmeldungen der APZ dem Benutzer in Form einer Aufmerksamkeitsoberfläche angeboten.

Die horizontale Navigationsleiste dient der schnellen Auswahl der Ansicht in ACTIVE-UI. Ein Wechseln der Ansicht ist i.d.R. jederzeit – auch während laufender Prozesse – möglich, damit der Benutzer Informationen zu allen Bereichen der APZ ohne Einschränkungen abfragen kann, die er zur Erfüllung seiner Aufgaben benötigt. Daneben kann er die globalen Einstellungen von ACTIVE-UI aufrufen, um die Benutzungsoberfläche explizit zu adaptieren.

Die vertikale Navigationsleiste besteht aus drei Bereichen:

a) der Kontextleiste, in welcher die kontextrelevanten Funktionen bzw. Informationen zur aktuellen Ansicht bereitgestellt werden
b) dem Steuerbereich für eine optionale Steuerung der virtuellen Welt, in welcher der aktiv zu bewegende Gegenstand selektiert werden kann bzw. die Zuordnung der optionalen Eingabegeräte für den Bediener angezeigt wird sowie
c) einem adaptiven Tutorbereich, der im Sinne eines Interface-Agenten den Benutzer – prozessbegleitend – in seinen Tätigkeiten beobachtet, analysiert und darauf basierend entsprechend seiner Kenntnisstände zielorientiert unterstützen soll.

Gestaltung der Interaktionsebene

Die Mensch-Rechner Interaktion für ACTIVE-UI basiert auf einer Zweihandbenutzung für die oben beschriebenen Displayzustände. Da der Werkstatteinsatz hohe Anforderungen an die Robustheit der Eingabegeräte stellt und aus Sicht der Benutzer wegen der einfachen Auge-Hand-Koordination auch das Display als Eingabemedium verwendet werden sollte, wurde eine Kombination von Lichtgriffel und Joystick gewählt. Das derzeitige Design von ACTIVE-UI lässt aber auch die Verwendung eines Touchscreens zu, womit der Lichtgriffel ggf. substituiert werden kann. Die Zeigegesten werden dabei durch den Lichtgriffel unterstützt, wogegen die Bewegung in der virtuellen Welt durch einen Joystick mit sechs Freiheitsgraden erfolgt. Alphanummerische Symbole, bspw. zur Parametrisierung der Sensorik, können sowohl mit der Tastatur als auch mündlich eingegeben werden. Für die mündliche Eingabe steht eine diskrete Spracherkennung zur Verfügung.

Implementierung des Gestaltungskonzepts

Die softwaretechnische Basis von ACTIVE-UI wird von einem verteilten mehrschichtigen Objektmodell gebildet (s. Abb. 3). ACTIVE-UI ist die zentrale Benutzungsschnittstelle zur Steuerung der APZ, welche die wichtigen Module in einer 3D-Sicht zusammenfasst. Die Umsetzung der Ablauflogik für die „virtuelle Produktionszelle" wurde mit Hilfe der Programmiersprache Delphi durchge-

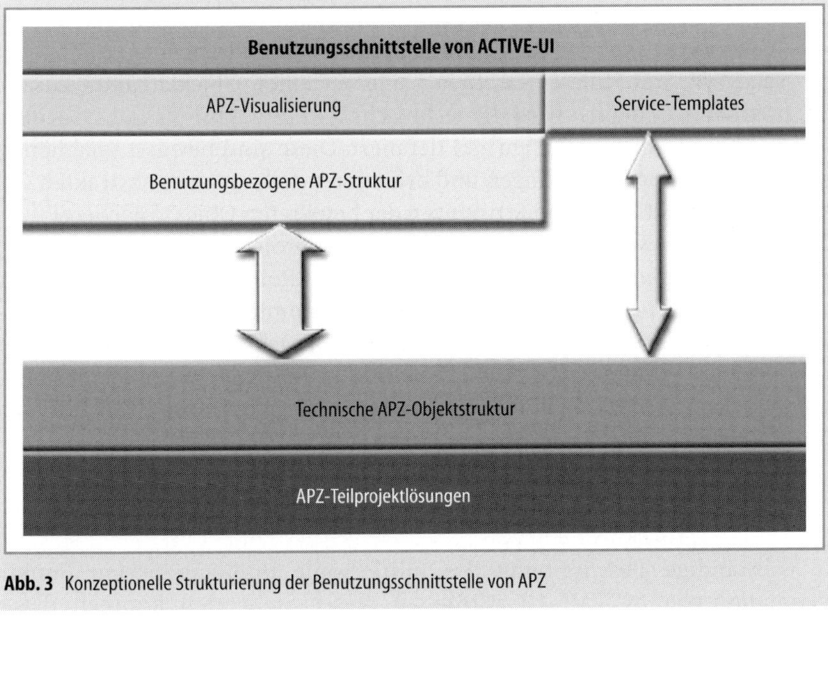

Abb. 3 Konzeptionelle Strukturierung der Benutzungsschnittstelle von APZ

führt, die eine effiziente Gestaltung der Benutzerebene erlaubt. Die zeitkritische APZ-Visualisierung ist weitgehend produktunabhängig unter C++ entwickelt. Momentan wird intern das VR-Entwicklungssystem „WorldToolkit“ von Sense8 eingesetzt, allerdings ist ein Wechsel auf andere Bibliotheken mit recht geringem Aufwand möglich. Die sichtbaren 3D-Bestandteile der APZ wurden aus Konstruktionszeichnungen übernommen und aus Gründen der Darstellung geringfügig vereinfacht, damit die größtmögliche Erwartungskonformität der Benutzer gewährleistet ist. Die 3D-Repräsentationen der Werkstücke werden aus einer angebundenen Produktdatenbank entnommen, in welcher die CAD-Modelle des Entwicklungsvorgangs abgelegt und in ein darstellbares Format konvertiert werden. Parallel zur APZ-Visualisierung kann unter Verwendung von sog. Service-Templates direkt auf spezifische Eigenschaften der Teilprojektlösungen, d.h. technische Systemsteuerungsmöglichkeiten, zugegriffen werden.

Die APZ-Visualisierung greift auf die benutzungsbezogene APZ-Struktur zu, die eine „Spiegelwelt“ der gesamten APZ darstellt und somit den tatsächlichen Verhältnissen in der APZ entspricht. Durch diese interne Repräsentation kann sich die Entwicklung eng an die natürlichen Prozessbeschreibungen halten und so die Umsetzung erleichtern.

Die technische APZ-Struktur orientiert sich stark an den technischen Funktionalitäten und Bereichen in APZ. Abstrakt gesehen stellt sie eine auf diesen Bereichen aufsetzende externe Schnittstelledefinition dar. Da jeder Bereich (Greifen, Spannen, Schweißen) unterschiedliche Anforderungen an Betriebssysteme, Echtzeitverhalten, Hardware etc. hat, muss an dieser Stelle eine Plattform- und Sprachunabhängigkeit gewährleistet sein. Dies wird durch die Verwendung von CORBA erzielt. CORBA (Common Object Request Broker Architecture) ist eine herstellerunabhängige Architektur und Infrastruktur, die es Computeranwendungen unterschiedlichster Programmiersprachen und Plattformen ermöglicht, über Netzwerke mit Hilfe einer offenen und verteilten Objektstruktur zusammen zu arbeiten. Folglich wird die technische APZ-Struktur als IDL-Spezifikation (Interface Definition Language) definiert. Diese sind bewusst unabhängig von den APZ-Teilprojektlösungen und orientieren sich an einer abstrakten Objektsicht, die Funktionen und Strukturen der beteiligten Objekte wiedergibt.

Die Basis des Konzepts bilden die APZ-Teilprojektlösungen. Auf dieser Ebene sind die individuellen Maschinen- bzw. Robotersteuerungsprozeduren angesiedelt. Hier finden sich diverse Programmierparadigmen (Objekt-/Funktionsorientiert), Programmiersysteme (VB, Delphi, C++ etc.) und Betriebssysteme (Windows, Unix etc.) die sich aus den unterschiedlichen Aufgaben, etwa der Berechnung von Spannkräften oder Generierung von Produktplänen ergeben.

Fallbeispiel: Planung des Greifvorgangs

Die vollständige Beschreibung des mittlerweile implementierten Funktionsumfangs von ACTIVE-UI würde an dieser Stelle den Rahmen dieses

Beitrags übersteigen. Daher soll die Planung eines Greifauftrags in APZ exemplarisch beschrieben werden, da dieser Bereich gerade in der flexiblen Fertigung bei kleinen, geometrisch stark variierenden Werkstücken von besonderem Interesse ist. Die dazu notwendigen Interaktionssequenzen sind in Abb. 4 dargestellt. Zunächst muss in der Liste der zu bearbeitenden Aufträge ein Auftrag ausgewählt werden (Zustand A). Die Auftragliste wird durch einen CORBA-basierten Methodenaufruf bei der übergeordneten Planungsebene bereitgestellt. In dieser Ansicht ist jeder Auftrag durch seinen Start- und Endtermin, seine Priorität und seinen Bearbeitungsstatus beschrieben. Im nächsten Schritt (Zustand B) können die Auftragattribute entsprechend der aktuellen Kapazitäts- und Terminplanung bestimmt bzw. modifiziert werden. In dieser Ansicht werden alle notwendigen Prozessschritte in Form von Teilaufträgen bereitgestellt. Die Reihenfolge der Teilaufträge wird durch die technologischen Prozesse in APZ determiniert. In diesem Sinne wird in ACTIVE-UI zwischen drei Typen von Teilaufträgen unterschieden: (1) Greifenteilauftrag, (2) Spannenteilauftrag und (3) Schweißteilauftrag. Bezogen auf das angestrebte Szenario der Greifpunktpositionierung wird folglich ein Greifenteilauftrag ausgewählt. In der folgenden Ansicht (Zustand C) wird zunächst aus einer Werkstücktypendatenbank eine Liste aller verfügbarer Halbzeuge generiert. Bezogen auf die Schweißaufgabe wird dann ein Halbzeug ausgewählt, welches auf dem Spanntisch abgelegt werden soll. Als nächstes muss ein geeigneter Greifer bestimmt werden. Zurzeit sind in ACTIVE-UI zwei verschiedene Greifer softwaretechnisch hinterlegt: (1) ein Saugpunktgreifer für den pneumatischen Transport von Metallblechen und (2) ein Dreipunktgreifer für kompakte Halbzeuge. In unserem Beispiel wurde der Saugpunktgreifer ausgewählt. Der Saugpunktgreifer verfügt über drei unabhängig ansteuerbare Greiffinger, die in ihrer Position und der Greiffingerlänge variiert werden können. Als nächstes müssen die Greifpunkte bestimmt werden (Zustände D–F). Zu diesem Zweck werden der gewählte Greifer und das Halbzeug in die Anwendung geladen. In diesem Subdisplay hat der Benutzer die Möglichkeit, die gesamte Szene oder auch nur den Greifer selbst mit Hilfe einer Space-Mouse zu manipulieren, um eine gewünschte Position zu erreichen. Nachdem der Greifer über dem Halbzeug positioniert worden ist, erscheint bei Kontakt mit dem Halbzeug ein Kegel als zusätzliches Positionierungshilfsmittel (Zustand E). Der Kegel soll den Benutzer in der Art und Weise unterstützen, dass er den maximalen Bereich angibt, innerhalb dessen sich jeder Greiffinger befinden darf. Befindet sich der Greiffinger außerhalb des dargestellten Bereichs, kann der pneumatische Kraftschluss nicht garantiert werden und das Blech folglich nicht angehoben werden. Zusätzlich wird der Benutzer an dieser Stelle noch durch eine Farbcodierung unterstützt: **(rot, Zustand E)** Greiffingermittelachse außerhalb des Toleranzbereichs und **(grün, Zustand F)** Greiffingermittelachse innerhalb des Toleranzbereichs. Die Positionierung und Ausrichtung der Greiffinger kann sowohl manuell durch die Verwendung von Space-Mouse und Lichtgriffel erfolgen, als auch automatisch. Im Automatikmodus wird die Greiffingermittelachse an die Kegelmittelachse über einen Berechnungsalgorithmus stetig angenähert. Dieser Modus wurde in unserem Beispielszenario aktiviert.

Durch die sukzessiv Fixierung eines jeden Greiffingers kann somit die endgültige Greiferlage bestimmt werden. Die Fixierung auf dem Halbzeug entscheidet auch darüber, ob über den Greiffinger angesaugt wird oder nicht. Es ist ja durchaus denkbar, dass für den Transport eines Blechs nur einer oder zwei der drei Greiffinger benötigt werden. Die endgültige Greiferlage muss dann gespeichert werden und steht später bei der autonomen Fertigung des Schweißauftrags zur Verfügung. Die in Abb. 4 dargestellten Zylinder unterhalb der Greiffinger sollen die räumliche Orientierung innerhalb der Anwendung erleichtern.

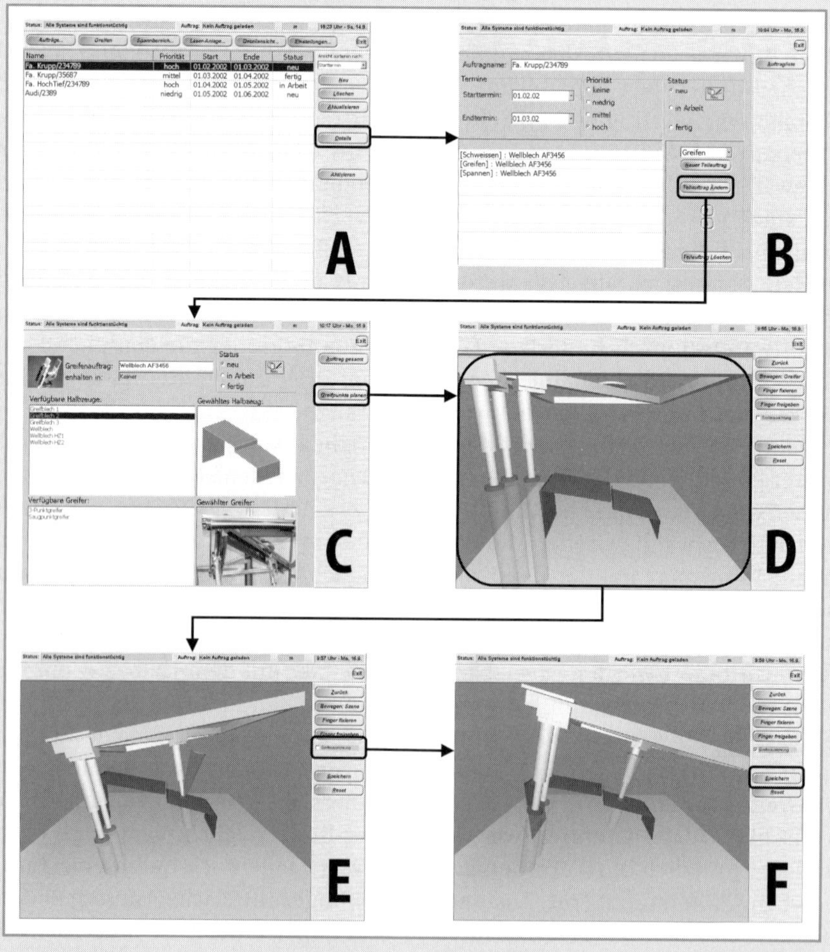

Abb. 4 Planungssequenz für die Greiffingerpositionierung; Zustand A: Auftragsliste; Zustand B: Ausgewählter Auftrag mit Übersicht seiner Teilaufträge; Zustand C: Teilauftrag Greifen; Zustände D-F: Ablauf der Greiffingerpositionierung.

Bei der Verwendung von stereoskopischen Monitoren oder von Shutter-Brillen erübrigt sich dies allerdings.

Evaluation von ACTIVE-UI

Abschließend wurde geprüft, inwiefern die ergriffenen Gestaltungsmaßnahmen von ACTIVE-UI die Benutzbarkeit der Software beeinflussen. Zu diesem Zweck wurde bereits im Jahr 1999 eine umfangreiche empirische Benutzbarkeitsuntersuchung von ACTIVE-UI durchgeführt, um das gewählte Gestaltungskonzept im Sinne eines iterativen Softwareentwicklungsprozesses schon frühzeitig auf seine arbeitsfördernde Effekte hin bewerten und beurteilen zu können (vgl. Schlick et al. 2000). Als Untersuchungsaspekte wurden die Kriterien der ISO 9241/10 herangezogen: Aufgabenangemessenheit, Selbstbeschreibungsfähigkeit, Erwartungskonformität und Steuerbarkeit. Insgesamt nahmen neun Versuchspersonen an der Untersuchung teil. Alle Versuchspersonen verfügten über eine technische bzw. ingenieurwissenschaftliche Ausbildung im Bereich der 3D-Laserschweißtechnik. Die Dauer der Versuchsdurchführung lag jeweils bei ca. 100 min. Es wurde ein Versuchsaufbau auf der Basis einer Laboruntersuchung gewählt, bei dem die Versuchspersonen ACTIVE-UI selbst benutzten und ausgewählte Interaktionsaufgaben mit Hilfe eines standardisierten Fragebogens vom Versuchsleiter gestellt wurden. Die Handlungen und Äußerungen der Versuchspersonen wurden mittels einer Videokamera aufgezeichnet und einer späteren Videoanalyse unterzogen. Darüber hinaus wurden die Eingabeaktivitäten der Versuchspersonen mitlaufend in einer Logdatei protokolliert. Bezogen auf das Kriterium der Aufgabenangemessenheit waren alle Versuchspersonen in Lage, einen vorgegebenen Fertigungsauftrag von der Sensorparametrisierung bis zur Qualitätskontrolle auszuführen (Planungsfunktionalitäten waren zum damaligen Zeitpunkt noch nicht implementiert). Die Selbstbeschreibungsfähigkeit der verwendeten Objekte und Eigenschaften in ACTIVE-UI lag bei angemessenen 79 %. Bei der Untersuchung der Steuerbarkeit wurde ein gemittelter Erfüllungsgrad von 93 % ermittelt. Hinsichtlich der Erwartungskonformität wurde über sämtliche Probanden im statistischen Mittel ein Erfüllungsgrad von 78 % ermittelt. Als logische Konsequenz der Untersuchungsergebnisse scheint das gewählte metaphorische Gestaltungskonzept von ACTIVE-UI die Repräsentation eines mentalen Modells beim Facharbeiter zu bilden bzw. zu fördern. Die Aktualisierung und Anpassung des mentalen Modells wird wesentlich durch die Bereitstellung von kontextsensitiven Systemrückmeldungen und Fehlerhinweisen gefördert. Eine kürzlich durchgeführte Untersuchung des Detaildisplays „Greiffingerpositionierung" führte zu ähnlichen Ergebnissen (Reuth et al. 2001). Abschließend bleibt somit festzuhalten, dass die Gestaltungsziele von ACTIVE-UI weitgehend erreicht wurden.

Zusammenfassung und Ausblick

Der Beitrag stellt einen Ansatz zur modellbasierten Gestaltung einer multimodalen Benutzungsschnittstelle für das thermische Bearbeitungsverfahren 3D-Laserschweißen dar. Den Schwerpunkt der Betrachtung bildet die Unterstützung des Facharbeiters in seiner Informationsverarbeitung und Leistungsfähigkeit in Autonomen Produktionszellen. Dazu wurde zunächst eine dezidierte Aufgabenanalyse auf der Basis von gefärbten Petri-Netzen durchgeführt. Die identifizierten Aufgaben wurden mit Hilfe von Kompositions- und Dekompositionsmethoden zu einem Aufgabenmodell zusammengefasst. Das entwickelte Aufgabenmodell diente als methodische Richtschnur für den softwareergonomischen Gestaltungsprozess. Dabei teilt sich das Gestaltungskonzept auf die folgenden drei Stufen auf: Applikations-, Dialog- und Interaktionsebene. Hierbei wurde für die Applikationsebene das metaphorische Prinzip gewählt, welches sich an der Metapher einer virtuellen Produktionszelle orientiert. Die Dialog- und Interaktionsebene wurde multimodal, direktmanipulativ und echtzeitfähig hinterlegt. Aus technologischer Sicht existieren im Sonderforschungsbereich 368 unterschiedliche heterogene software-technische Lösungen zur Steuerung der verschiedenen technischen Prozesse. Daher wurde für die prototypische Realisierung das Konzept einer verteilten, mehrschichtigen Objektstruktur gewählt, die mittels CORBA implementiert wurde.

ACTIVE-UI kann somit als ein wichtiger weiterer Schritt in Richtung der „virtuellen" Produktion angesehen werden. Die stetige Weiterentwicklung der technologischen Fertigungsprozesse, neuartige softwaretechnischen Möglichkeiten speziell im Bereich der grafischen Darstellung und auch die zunehmenden Rechnerleistungen eröffnen dem Benutzungsschnittstellenentwickler völlig neue Dimensionen. So ist in naher Zukunft davon auszugehen, dass auch gerade im Bereich der industriellen Produktion und Fertigung verstärkt Techniken der Augmented Reality zum Tragen kommen werden. Die bis heute bestehenden Probleme des Trackings, d.h. die genaue Überlagerung von Realität und „Illusion", ist in diesem Sinne dann auch nur eine Frage der Zeit. Diese Trends haben Weck et al. (2002) folgerichtig aufgegriffen, um gerade in diesem Bereich den Weg für neue Formen der Mensch-Rechner-Interaktion in der industriellen Fertigung aufzuzeigen. Bezogen auf die Weiterentwicklung von ACTIVE-UI bedeutet dies konkret, dass das derzeitige Gestaltungskonzept um den Aspekt Visualisierung durch unterschiedliche Darstellungsmedien und -techniken (PDAs, HMDs, Panel-PC etc.) ergänzt werden sollte.

Danksagung

Die Arbeiten werden von der Deutschen Forschungsgemeinschaft innerhalb des Sonderforschungsbereichs 368 „Autonome Produktionszellen" gefördert.

Literatur

Horrocks I (1999) Constructing the User Interface with Statecharts. Addison Wesley

Hutchins E (1989) Metaphors for Interface Design. In Taylor M; Neel F; Bouhwhuis, D. (Hrsg.): The Structure of Multimodal Dialogue. Amsterdam: Elsevier Science

Jensen K (1997) Coloured Petri Nets. Basic Concepts, Analysis Methods and Practical Use. Vol. 1. Second edition. Berlin: Springer

Luczak H, Stahl J (2000) Task Analysis. In: International Encyclopedia of Ergonomics and Human Factors, Hrsg.: Karwowski, W. Taylor & Francis, London

Pfeifer T, Sack D, Stemmer M, Orth A (2000) Sensor/Actuator Network – The Nervous System Of A New Production Concept: The Autonomous Production Cells, Congresso Brasileiro de Automática, Florianópolis, Brasil

Pfeifer T, Sack D (2001) Sensor/Actuator Network – A Nervous System for the Autonomous Production Cells, In: Sensors & Systems, 6, (Journal), Moskau.

Rasmussen J (2000) Human factors in a dynamic Information Society: where are we heading. In: Ergonomics, Vol. 43 (7), S. 869–879

Reuth R, Künzer A, Boldt T, Luczak H (2001) Modellbasierte Gestaltung einer multimodalen Benutzungsschnittstelle zur Unterstützung von Greif- und Spannprozessen beim 3D-Laserschweißen. In: 4. Berliner Werkstatt Mensch-Maschine-Systeme Bedienen und Verstehen

Schlick C, Reuth R, Luczak H (2000) Virtual Reality User Interface for Autonomous Production. In: Camarinha-Matos, L. M.; Afsarmanesh, H.; Erbe, H. (Hrsg.): Fourth IFIP/IEEE International Conference on Information Technology for Balanced Automation Systems in Manufacture and Transportation. Boston: Kluwer

Weck M, Hoymann H (2001) Sprachbedienung an Werkzeugmaschinen. In: wt Werkstattstechnik online 91 (2001) H.9, Düsseldorf, S. 545–548

Weck M, Wolf J, Possel-Dölken F, Hoymann H, Lescher M, Kahmen A (2002) Autonome Produktionszellen – Durch Autonomie in der Bearbeitungszelle die virtuell optimierte Produktion realisieren. In: wt Werkstattstechnik online 92 (2002) H.5, Düsseldorf, S. 200–204

Vom Teleservice zu e-Maintenance-Lösungen

Prof. Dr.-Ing. Eckart Uhlmann

»Maschinen und Anlagen werden zukünftig über integrierte intelligente Diagnose- und Überwachungssysteme verfügen, die gleichzeitig Informationen für die automatische Ermittlung des zustandsorientierten Wartungsbedarfs in übergeordneten e-Maintenance-Lösungen liefern.«

ECKART UHLMANN

Eckart Uhlmann studierte Maschinenbau an der Technischen Universität Berlin und war von 1986–1994 Mitarbeiter und Oberingenieur im Bereich Fertigungstechnik am Institut für Werkzeugmaschinen und Fabrikbetrieb (IWF) der TU Berlin. Dort promovierte er 1993 bei Prof. Günter Spur zum Thema „Tiefschleifen hochfester keramischer Werkstoffe".

Anschließend war Eckart Uhlmann in verantwortlichen Positionen im Bereich der Forschung, Entwicklung und Anwendungstechnik in der Firmengruppe Hermes Schleifmittel GmbH & Co., Hamburg, tätig und seit 1995 auch Prokurist bei diesem Unternehmen.

Am 1. September 1997 übernahm Eckart Uhlmann die Leitung des Fachgebiets Werkzeugmaschinen und Fertigungstechnik am Institut für Werkzeugmaschinen und Fabrikbetrieb (IWF) der TU Berlin im Produktionstechnischen Zentrum Berlin sowie die Leitung des Instituts für Produktionsanlagen und Konstruktionstechnik (IPK) der Fraunhofer-Gesellschaft.

Vom Teleservice zu e-Maintenance-Lösungen

Eckart Uhlmann

Integrierte Prozessüberwachung und Diagnose

Die hohe Komplexität von Maschinen und Anlagen in der automatisierten Produktion erfordert geeignete Maßnahmen und Systeme zur Sicherstellung ihrer Verfügbarkeit. Das rechtzeitige Erkennen von kritischen Anlagen- und Prozesszuständen muss durch entsprechende Überwachungs- und Diagnosesysteme gewährleistet werden. Aufgabe dieser Systeme ist es, basierend auf der Erfassung des Ist-Zustands und dessen Analyse, Aussagen über den Zustand des Prozesses oder der Maschine zu generieren. Durch Anwendung geeigneter Überwachungsstrategien können Veränderungen dieser Zustände erkannt und klassifiziert werden. Ziel ist das frühzeitige Erkennen von sich anbahnenden oder auftretenden Störungen, um durch präventive Maßnahmen oder Störungsbehebung weiteren Maschinenschaden, Ausschuss oder Stillstandszeiten zu vermeiden. Die Fähigkeit zur Prozessüberwachung und Maschinendiagnose ist aus Anwendersicht eine der Hauptforderungen an künftige Generationen von Produktionsmaschinen. Hierfür sind integrierte Diagnose- und Überwachungsfunktionen bereitzustellen, die in der Maschinenabnahme, im Betrieb und im Störfall genutzt werden können.

Die steigende Leistungsfähigkeit der Steuerungen im Hinblick auf deren Hard- und Softwarevoraussetzungen und die zunehmende Offenheit der Systeme ermöglichen neben der erhöhten Produktivität und Genauigkeit die Integration von intelligenten Funktionen. Diese gehen über die bekannten bearbeitungstypischen Funktionen und die Unterstützung bei der Bedienung und Programmierung weit hinaus; sie optimieren und überwachen die Maschine und den Bearbeitungsprozess. In die Steuerung integrierte Diagnosesysteme lassen Rückschlüsse auf den Maschinenzustand zu und erlauben die Fehlerfrüherkennung. Überwachungssysteme stellen den Verschleiß und Bruch von Werkzeugen fest und sichern damit die Verfügbarkeit der Anlage (Spur et al. 1993).

Bei spanenden Werkzeugmaschinen ist die Überwachung des Zerspanungsprozesses und das Erkennen von Werkzeugverschleiß sowie Werkzeugbruch durch entsprechende Systeme eine wichtige Voraussetzung zur Sicherung von Produktivität und Anlagenverfügbarkeit. Die hierfür realisierten Lösungen sind

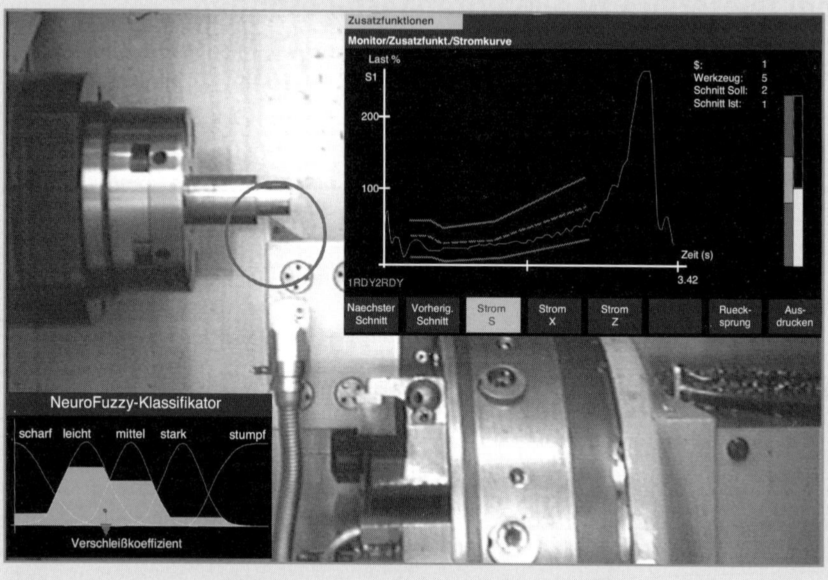

Abb. 1 Steuerungsintegrierte Werkzeugverschleiß- und Werkzeugbruchüberwachung

zum einen bestimmt durch die Entwicklung der Sensortechnik und zum anderen durch die Möglichkeiten, die offene Steuerungssysteme bieten. So können heute neben den sensorbasierten Überwachungsgeräten mit der Erfassung von Kraft- oder Körperschallsignalen am Werkzeug neue steuerungsintegrierte sensorlose Überwachungslösungen angeboten werden (Abb. 1). Diese nutzen die verfügbaren Motorsignale von Antriebsachsen und Spindeln der Maschine und sind als reine Softwarelösung in die Steuerung von Werkzeugmaschinen implementiert (Suwalski 1999).

In Ergänzung zur Prozessüberwachung kann, ebenso basierend auf den verfügbaren Antriebssignalen, eine Diagnose von elektromechanischen Komponenten durchgeführt werden (Krüger et al. 1993). Eine derartige Diagnose liefert quantitative Informationen über den Zustand dieser Komponenten. Mechanische Führungen, Spindeln, Antriebe und Lager können so auf einfache Weise überwacht werden. Die durch signalgestützte oder modellbasierte Diagnoseverfahren ermittelten Kenngrößen bilden Muster und können als Basis für die Bestimmung von Fehlern und Ursachen dienen (Krüger 1999). Der Vorteil der sensorlosen antriebsbasierten Diagnose liegt darin, dass sie, in PC-basierte Steuerungen integriert, Intelligenz für die Eigendiagnosefähigkeit der Maschine bereitstellt. Neben den klassischen Methoden bietet die Anwendung von neuen Verfahren der Analyse nichtlinearer dynamischer Systeme (Uhlmann et al. 1999) das Potenzial zur Leistungssteigerung (Abb. 2).

Neben diesen an Maschinen und Anlagen lokal bereitgestellten Möglichkeiten der Überwachung und Diagnose besteht der Bedarf zur Fernanbindung im

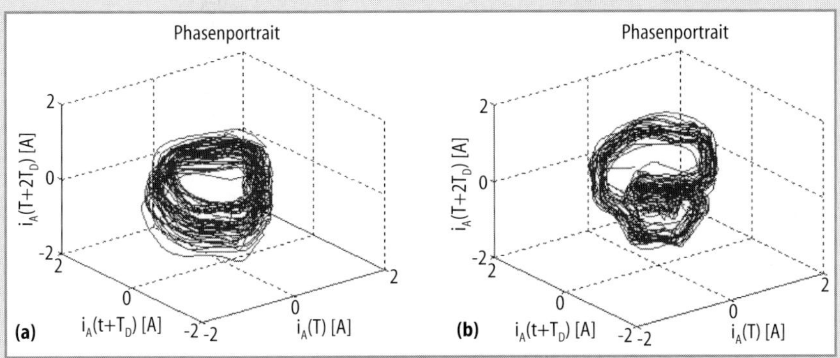

Abb. 2a,b Phasenraumdarstellung des Antriebsstroms einer Vorschubachse bei Schädigung der Kugelrollmutter bei Bewegung in **a** positiver und **b** negativer Achsrichtung

Rahmen verteilter Serviceunterstützung. Dies beginnt bei der Fernüberwachung und der automatischen Benachrichtigung von Servicemitarbeitern im Störungsfall und reicht bis zur Bereitstellung von begleitenden Diensten für die zyklische Zustandsdiagnose der Maschine und darauf basierender Wartungsplanung.

Anlagenhersteller werden Dienstleister

Service stellt im Maschinen- und Anlagenbau in immer stärkerem Maße einen entscheidenden Erfolgsfaktor dar. Neben dem klassischen technischen Kundendienst werden Hersteller von Produktionsanlagen, Robotern und Werkzeugmaschinen zukünftig ein wachsendes Spektrum produkt- und produktionsbegleitender Dienstleistungen anbieten (Abb. 3). Sie können so den Anwender bei der Planung, der schnellen Inbetriebnahme, dem reibungslosen Betrieb, der Wartung und dem Umbau von Maschinen und Anlagen unterstützen. Moderne Informations- und Kommunikationstechnik sowie Internet- und Web-Technologien ermöglichen heute neue Formen von elektronischen Dienstleistungen (Hohwieler 1998). Ein Kennzeichen dieser Dienste ist die Abwicklung des Dienstleistungsprozesses über eine Kommunikationsplattform, wodurch sie weltweit fast ohne Mehrkosten angeboten werden können.

Eine nachhaltige Kundenzufriedenheit hängt nicht allein von der Leistungsfähigkeit und Zuverlässigkeit der technischen Produkte ab, sondern auch in hohem Maße von der Qualität des Service. Vom technischen Kundendienst wird erwartet, dass er schnell und zuverlässig auf Probleme reagiert und mit dazu beiträgt, die Verfügbarkeit der Anlagen vor Ort zu sichern.

Die Forderungen der Anwender gehen dahin, dass diese Serviceleistungen mit garantierten Reaktionszeiten weltweit angeboten und erbracht werden müssen. Innerhalb von nur zehn Jahren hat sich der Anteil der Maschinenbauunternehmen, die ihren Kunden definierte Verfügbarkeiten garantieren, von 22 auf 44 %

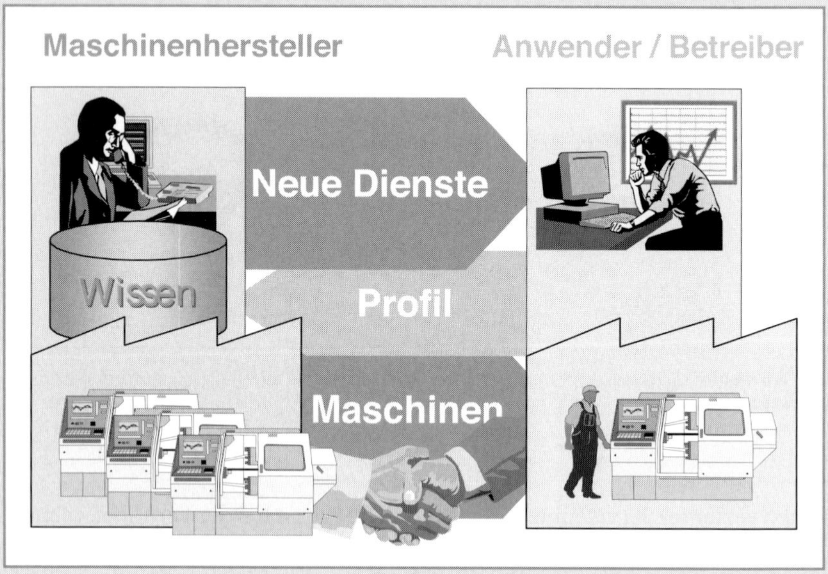

Abb. 3 Wandel vom „dienstleistenden Produzenten" zum „produzierenden Dienstleister"

verdoppelt. Der Anteil der Unternehmen, die sich zu einer Einhaltung kurzer Reaktionszeiten verpflichten, liegt mittlerweile bei 83 %. Die wenigsten Unternehmen können sich allerdings ein weltumspannendes Servicenetz leisten, das diesen hohen Anforderungen gerecht wird. Die Präsenz vor Ort stellt für die überwiegend mittelständischen deutschen Maschinen- und Anlagenhersteller eine finanzielle und personelle Herausforderung dar. Da die Wachstumsmärkte des deutschen Maschinen- und Anlagenbaus außerhalb des näheren europäischen Umfelds liegen, ist mit einer zukünftigen Verschärfung dieser Situation zu rechnen.

Durch die fortschreitende Entwicklung der Informations- und Kommunikationstechnologie ergeben sich jedoch immer bessere Möglichkeiten, den Kunden über den gesamten Produktlebenszyklus ganzheitlich zu unterstützen. Die Informations- und Kommunikationstechnologie ermöglicht eine Verbesserung der Leistungsfähigkeit und der Qualität des Kundenservice. Sie „automatisiert" die Schnittstellen zwischen Unternehmen und ihren Kunden und trägt zudem zur Erhöhung der Schnelligkeit und der Zuverlässigkeit der Dienstleistungserbringung bei.

Noch liegt die Anwendung elektronisch erbrachter industrieller Dienstleistungen vor allem im Teleservice. Die wesentlichen Anwendungsgebiete betreffen die Telediagnose (Ferndiagnose) und Telewartung (Fernwartung) (Berger et al. 1998; Menevidis 1997). Das Hauptziel besteht darin, die Kosten zur Behebung von eingetretenen Störungen zu minimieren, wobei die Einsparungen dadurch

Abb. 4 Fernunterstützung bei Störfällen durch Teleservice

erreicht werden, dass das Servicepersonal nicht unbedingt vor Ort sein muss (Abb. 4). Der Hauptvorteil für den Anlagenbetreiber liegt dabei in der Reduzierung von Maschinenstillstandszeiten.

Beim herkömmlichen Teleservice, mit dem Schwerpunkt auf Telediagnose und Telewartung, findet die Kontaktaufnahme zwischen Hersteller und Betreiber nur in Störfällen statt. Die Betreiber profitieren i.d.R. selten vom reichhaltigen Know-how des Herstellers. Informationen aus dem Betrieb können vom Hersteller noch nicht zur kontinuierlichen Produktverbesserung genutzt werden. Diese Potentiale werden beim klassischen Teleservice also nicht ausgeschöpft.

Der moderne Service geht über das Bisherige weit hinaus. Nicht nur der reaktive Teleservice zur Unterstützung bei akuten Störfällen, sondern auch erweiterte proaktive kooperative Services werden zukünftig im Zentrum umfassender Dienstangebote stehen. Sie helfen dem Anwender, eine Anlage optimiert zu betreiben und erhöhen deren wirtschaftlichen Nutzen. Service wird heute als Dienstleistung verstanden, die dem Nutzer nicht nur bei Problemen hilft, sondern mit dazu beiträgt, einen optimalen technischen, zeitlichen und wirtschaftlichen Nutzen zu erreichen. Heute wird Teleservice noch als Unterstützung des Kundendienstes durch Informations- und Kommunikations-Komponenten und -Dienste eingeführt. Der erweiterte Teleservice jedoch ermöglicht die Installation und Inbetriebnahme von Maschinen und Anlagen, die Behebung von Störfällen, die Übertragung neuer Softwareversionen sowie die Ersatzteilbestellung, um hier nur einige Beispiele zu nennen. Zum Teil können die Kunden ihre Dienstleistungen selbst konfigurieren und personalisieren. Dabei gehen die Grenzen zwischen klassischem Service, Teleservice und internetbasierten Angeboten zunehmend ineinander über. Künftig wird Teleservice auch in der Prozessunterstützung und der Kundenberatung neue Einsatzfelder finden. Dieser erweiterte Teleservice wird häufig auch als e-Service für Anlagen bezeichnet.

Dienstangebote für die Zustandsdiagnose und Wartung

Zur Erbringung elektronischer industrieller Dienstleistungen werden eine ganze Reihe von Basis- und Schlüsseltechnologien benötigt. Hierzu gehören die Informations- und Kommunikationstechnologien, Multimedia, Virtual Reality und Data-Mining. Grundlagen für die Entwicklung und Umsetzung derartiger neuer elektronischer Dienstleistungen wurden im Fraunhofer-Forschungsprojekt „e-Industrial Services" in Zusammenarbeit mit neun Industriepartnern erarbeitet. Mit den beteiligten Unternehmen aus dem Maschinen- und Anlagenbau wurden individuelle Servicekonzepte entwickelt, konkrete prototypische Dienste konzipiert und in ersten Applikationsbeispielen umgesetzt.

So ermöglicht das realisierte Dienstangebot e-Maintenance die Analyse und Prognose des Verschleißzustandes von Anlagenkomponenten und die umfassende Unterstützung des Anwenders in der darauf basierenden Planung und Durchführung anlagenspezifisch erforderlicher Serviceaktivitäten (Abb. 5). Der Anwender kann die sich ergänzenden elektronischen Dienste
- Condition Monitoring für die Zustandsanalyse,
- Service Book für die Wartungsplanung und
- Maintenance Assistance mit Wartungsanleitungen

nutzen, die für ihn unter einem Zugang erreichbar sind.

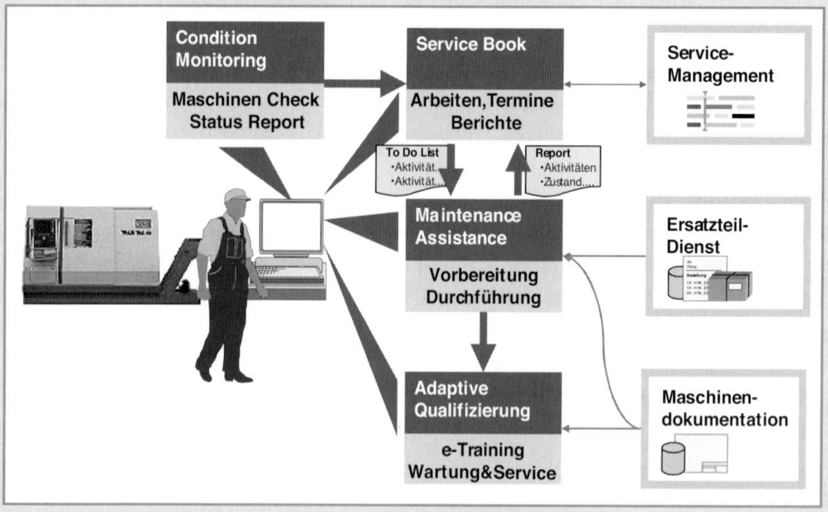

Abb. 5 Elektronische Dienste für die Unterstützung von Wartung und Instandhaltung

Die Instandhaltung soll zustandsorientiert und zeitnah nach der Entstehung eines Fehlers durchgeführt werden. Dies wird durch die Überwachung der verfügbarkeitsrelevanten, verschleißintensiven Maschinenteile über geeignete Signale und Sensorik realisiert. Dadurch kann der situationsbezogene Anlagenzustand diagnostiziert und die Planbarkeit der Wartungsmaßnahmen oder Reparaturdienstleistungen verbessert werden.

Dem Anwender wird damit eine anlagenbezogene technische Unterstützung bei der Vorbereitung und Durchführung fälliger Service-Arbeiten geboten. Die Vorgabe durchzuführender Wartungsmaßnahmen basiert auf den standardmäßig laut Wartungsplan vorgeschriebenen Arbeiten sowie auf der Einschätzung des aktuellen Zustands von Komponenten. Unterschiedliche Nutzung und Beanspruchung von Maschinen und die daraus resultierenden individuellen Belastungsprofile beim Anwender führen zu stark voneinander abweichendem Verschleißverhalten der gleichen Anlagen bei verschiedenen Kunden. Eine reine Ausrichtung der Wartungsintervalle an Betriebsstundenzählern berücksichtigt dieses einsatzbedingte Verschleißverhalten nicht. Die entwickelte Zustandsbeurteilung basiert sowohl auf einem Belastungsprofil, das mit während des Betriebs an der Anlage kontinuierlich aufgezeichneten Zustandsinformationen erstellt wird, als auch auf der Auswertung von Kenngrößen für einzelne Komponenten, die durch gezieltes Prüfen ermittelt werden. Aus diesen Zustands- und Belastungswerten wird die resultierende Restnutzungsdauer einzelner Komponenten geschätzt. Unter Fortschreibung des aufgezeichneten Belastungsverlaufs kann die zukünftige Verschleißentwicklung prognostiziert und so aus den ermittelten Zustandsinformationen Empfehlungen für die Planung von Wartungs- und Instandsetzungsmaßnahmen abgeleitet werden (Abb. 6). Voraussetzung hierfür ist die Möglichkeit, an der Anlage relevante Signalgrößen aufzuzeichnen und diese über das Internet zur Auswertung an den beim Maschinenhersteller installierten Dienst zu transferieren. Die Ergebnisse werden dort in der Datenbank gespeichert, für den Kunden online aufbereitet und im Web-Browser angezeigt.

Neben den genannten Kerndiensten kann der Nutzer auf weitere Dienste zur Unterstützung bei Servicearbeiten an der Anlage zurückgreifen. Dazu gehören eine vorbereitende oder begleitende Qualifizierung für spezielle Arbeiten sowie der Zugriff auf den elektronischen Ersatzteildienst mit Bestellservice. Ebenso kann der Kunde über die vom Anlagenhersteller bereitgestellte elektronische Maschinendokumentation verfügen (Graupner u. Hohwieler 2002).

Der Anlagenbetreiber profitiert durch den kostengünstigen und optimalen Betrieb seiner Anlage. Durch die Dienste wird er in die Lage versetzt, den Zustand seiner Anlage im Hinblick auf ihre Beanspruchung und die damit einhergehende Verschleißentwicklung zu beurteilen. Dies ist eine wichtige Voraussetzung, um Wartungsmaßnahmen entsprechend dem Zustand der Maschine einzuplanen und damit ihre Verfügbarkeit und Produktivität sicherzustellen. Der Hersteller steigert die Attraktivität seines Produkts, verstärkt die Kundenbindung und erschließt neue Geschäftsfelder. Das Wissen über das Einsatzprofil seiner Anlagen kann er in die Weiterentwicklung seiner Produkte einfließen lassen.

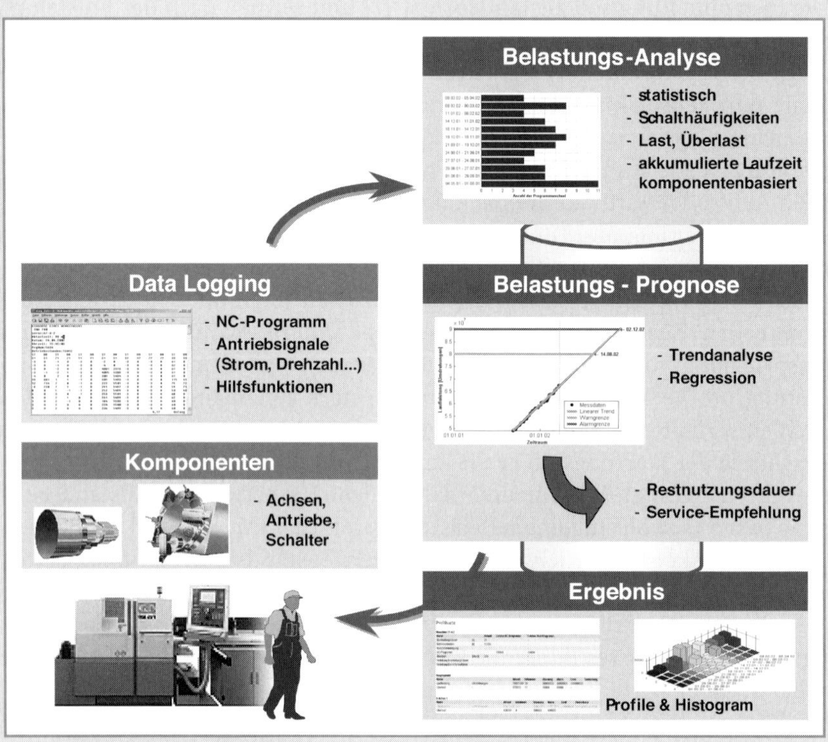

Abb. 6 Ermittlung des Belastungsprofils und Verfügbarkeitsprognose

Serviceplattform für die Abwicklung von Diensten

Zur Unterstützung des Dienstabwicklungsprozesses wurde im Rahmen des Forschungsprojektes „e-Industrial Services" am Fraunhofer IPK eine Serviceplattform entwickelt. Durch ihren modularen Charakter kann, wie aus einem Baukasten, in der Dienstentwicklung auf sichere und getestete Software-Komponenten für die elektronische Diensterbringung zurückgegriffen werden (Hohwieler u. Berger 2001). Neben der Vertrags- und Nutzerverwaltung sind dies Komponenten für die strukturierte Erfassung und Auswertung von Nutzerangaben, zur Benachrichtigung von Anwendern über verschiedene Kommunikationsmedien und die verschlüsselte Übertragung von Daten vom Kunden zum Dienstleister (Abb. 7). Eine weitere wichtige Komponente ist ein konfigurierbares Content-Management System. Dieses ermöglicht zum einen den Aufbau eines Internet-Portals, zum anderen schafft es die Möglichkeit der Online-Verwaltung und Aktualisierung von Informationen.

Darunter fallen Produktinformationen genauso wie Handbücher, Archive für Auswertungsergebnisse oder Schulungsanleitungen. Zur Authentifizierung kann

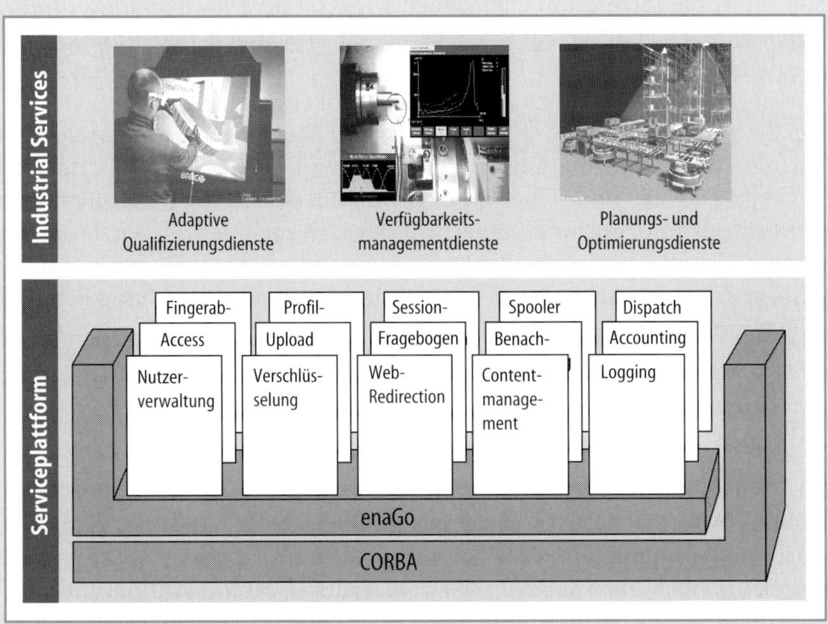

Abb. 7 Komponenten der Serviceplattform und Dienstapplikationen

neben dem üblichen Nutzernamen und Passwort auch auf Fingerabdrucksysteme zurückgegriffen werden.

Ein wichtiges Element bei der Realisierung der Serviceplattform war der Verzicht auf eine Neuimplementierung bestehender Funktionalitäten. Für die Realisierung wurden daher ausschließlich Systeme integriert, die bereits am Markt verfügbar waren. Falls möglich, wurde auf public-domain Software zurückgegriffen, was sich positiv auf die Systemsoftwarekosten auswirkt. Dabei ergaben sich flexible Schnittstellen zwischen den einzelnen Teilsystemen, die einen Austausch einzelner Komponenten durch Systeme nach Kundenvorgabe ermöglichen.

Mit der aufgezeigten Lösung steht bereits heute eine technische Plattform für die sichere Durchführung von elektronischen Dienstleistungen zur Verfügung. Aktuell erfolgt die Umsetzung der beschriebenen Dienstleistungen mit ersten Pilotkunden, die einen wesentlichen Beitrag in der konkreten Gestaltung und Definition weiterer Anforderungen leisten. Die Prototypen, die unter dem Einsatz der Serviceplattform realisiert wurden, können bereits heute im Internet genutzt werden.

Ausblick

Maschinen und Anlagen werden zukünftig verstärkt in vernetzter Weise in die informationstechnische Prozesskette einzubinden sein. In e-Manufacturing-

Lösungen ist die Integration aller Informationen und Entscheidungsprozesse, des Datenflusses von der Fabrikebene bis zu Maschinen und Prozessen als konsequente Anbindung der Produktion an den Business-Bereich angestrebt (Uhlmann 2002). Die Kommunikationsmöglichkeiten moderner Steuerungen bieten die Voraussetzung für die Integration der Maschinen- und Prozessebene in übergeordnete Informationssysteme basierend auf Standard-Plattformen. Werkzeugmaschinen und Steuerungen entwickeln sich zu Informationsträgern, die in Echtzeit Informationen innerhalb des Unternehmens bereitstellen, die dann von überall abrufbar sind. Maschinen werden über integrierte Systeme zur Überwachung, Diagnose und Selbstoptimierung verfügen. Zusätzlich können im Internet bereitgestellte Mehrwertdienste genutzt werden, zu denen auch Lösungen für die Instandhaltung gehören.

Literatur

Berger, R.; Krüger, J.; Neubert, A. (1998) Internet-basierter Teleservice. Industriemanagement 14, S. 70–75

Graupner, T.-D.; Hohwieler, E. (2002) Service-Scheckheft für die Maschine. Computer und Automation 10, S. 26–30

Hohwieler, E. (1998) Internet-Zugang an Steuerungen für Produktionsunterstützung und Teleservice. In: Krause, F.-L. (Hrsg) Innovative Produktionstechnik. Hanser, München, S. 505–518

Hohwieler, E.; Berger, R. (2001) New Services for Production Sector. In: Proceedings of the 6th IFAC Symposium on Cost Oriented Automation am 8./9.10.2001 in Berlin

Krüger, J.; Suwalski, P.; Wehmeyer, K. (1993) Model based diagnoses of CNC machine axes. In: Proceedings of the International Congress of Condition Monitoring and Diagnostic Engineering Management COMADEM '93 vom 21.–23.7.1993 in Bristol/UK

Krüger, J. (1999) Methoden zur Verbesserung der Fehlererkennung an Antriebsstrecken. Dissertation. Reihe: Berichte aus dem Produktionstechnischen Zentrum Berlin. Fraunhofer IRB Verlag, Stuttgart. Zugl. Techn. Univ. Berlin

Menevidis, Z. (1997) Konfigurierbares, multimediales Fernbetreuungssystem für rechnergestützte Fertigungseinrichtungen. Dissertation. Fraunhofer-Institut für Produktionsanlagen und Konstruktionstechnik, IPK Berlin. Zugl. Techn. Univ. Berlin

Spur, G.; Krüger, J.; Suwalski, I. (1993) Sensorlose Werkzeugüberwachung für die CNC-Drehbearbeitung. ZwF 88/4, S. 173–175

Suwalski, P. (1999) Steuerungsintegriertes Prozessüberwachungssystem für Drehmaschinen. Dissertation. Reihe: Berichte aus dem Produktionstechnischen Zentrum Berlin. Fraunhofer IRB Verlag, Stuttgart. Zugl. Techn. Univ. Berlin

Uhlmann, E. (2002) Wandel der Produktion durch informationstechnische Vernetzung. In: Tagungsband zum Kongress Maintenance 2010, Euroforum am 28.10.2002 in Berlin

Uhlmann, E.; Hohwieler, E.; Becker, F. (1999) New Structures and Methods for Control-Integrated Process Supervision. In Proceedings of the Second International Workshop on Intelligent Manufacturing Systems 1999 von 22.–24.9.1999 in Leuven/Belgien)

Aerodynamische Hochgeschwindigkeits-zuführtechnik

Prof. Dr.-Ing. Dr.-Ing. E.h.
Hans-Peter Wiendahl
Dipl.-Ing. Andreas Rybarczyk

»Neue Impulse in der Zuführtechnik durch fehlertolerante, aerodynamische Wirkprinzipien.«

Hans-Peter Wiendahl

Andreas Rybarczyk

Hans-Peter Wiendahl studierte Maschinenbau an der RWTH Aachen und am MIT, Cambridge/Mass., USA. Nach der Promotion und Habilitation an der RWTH Aachen war er als Leiter der Planung und anschließend als technischer Leiter der Sparte Papiermaschinen der Escher Wyss GmbH, Ravensburg, tätig. Seit 1979 ist er Geschäftsführender Leiter des Instituts für Fabrikanlagen der Universität Hannover.

Andreas Rybarczyk studierte Maschinenbau an der Universität Hannover. Seit 1999 ist er als wissenschaftlicher Mitarbeiter am Institut für Fabrikanlagen tätig mit den Schwerpunkten Handhabungstechnik und Zuführtechnik.

Aerodynamische Hochgeschwindigkeitszuführtechnik

Hans-Peter Wiendahl, Andreas Rybarczyk

Einleitung

Die meisten Werkstücke befinden sich während der Herstellung in einer definierten Lage. Diese wird jedoch nach der Bearbeitung aufgrund der Kosten für die Magazinierung meist wieder aufgegeben und die Teile werden als Schüttgut transportiert. Die Werkstücke müssen folglich wieder aus dem ungeordneten Zustand in jene Orientierung und Position gebracht werden, die vom nachfolgenden Prozess benötigt wird (Warneke 1992). Dies ist die Aufgabe der Zuführtechnik. Speziell für Hochgeschwindigkeitsmontageanlagen mit Leistungen über 150 Stück/min steht derzeit jedoch häufig keine geeignete Zuführtechnologie zur Verfügung. Diese Lücke soll durch ein neu entwickeltes Verfahren geschlossen werden. Die aerodynamische Zuführtechnik nutzt Luftströmungen, um die Werkstücke zu vereinzeln und in eine definierte Orientierung zu bringen. Ein einfaches Beispiel hierfür ist ein Luftkissen, auf dem sich Werkstücke verhalten wie ein Schiff auf dem Wasser und sich mit dem Schwerpunkt nach unten orientieren. Neben diesem Verfahren wurden am Institut für Fabrikanlagen und Logistik weitere Wirkprinzipien entwickelt, die unterschiedliche Werkstückmerkmale zur Vereinzelung oder Orientierung nutzen. Die aerodynamischen Verfahren zeichnen sich durch hohe Geschwindigkeit, geringe Störanfälligkeit und hohe Flexibilität aus.

Konventionelle Zuführtechnologien

Der in den Sechziger Jahren entwickelte Vibrationswendelförderer (VWF) wird heute noch in 80 % aller Anwendungen für die Vereinzelung und Orientierung von Teilen eingesetzt. Diese Systeme haben sich bei einfachen Werkstücken aufgrund ihres robusten Verhaltens bewährt und sind in vielen Bereichen der hochautomatisierten Produktion unabdingbar. Ihr wesentlicher Vorteil ist die kompakte Bauart, da sowohl die Teilespeicherung als auch -vereinzelung und -orientierung in einem Gerät durchgeführt werden. Problematisch wird ihr Einsatz bei komplexen Werkstücken, die nicht aus simplen geometrischen Formen bestehen. In der Regel handelt es sich bei jedem VWF um eine Sonderkonstruktion, die im Grundaufbau zwar allgemeinen Konstruktionsregeln entspricht, deren Funktion aber im Detail nur experimentell ermittelt werden kann. Grund hierfür ist u.a. der Transport durch den sog. Mikrowurf, der nur schwer zu berechnen oder zu simulieren ist. Durch das chaotische Verhalten der Werkstücke beim Mikrowurf können z.B. Änderungen der Umgebungstemperatur oder der Luftfeuchtigkeit die Funktionsfähigkeit des Systems erheblich beeinflussen. Die Störanfälligkeit der Systeme resultiert weiterhin aus der Verwendung von Schikanen, die falsch liegende Teile abweisen und zurück in das Haufwerk geben. Häufig verklemmen sich Werkstücke in diesen Schikanen und müssen manuell entstört werden. Die passive Orientierung d.h. die Rückführung falsch sortierter Teile in das Haufwerk ist gleichzeitig der Grund für die begrenzte Geschwindigkeit.

Neben den Schwingförderern werden zunehmend Bilderkennungssysteme für „intelligente" Zuführsysteme eingesetzt. Eines der innovativsten Verfahren in der Zuführtechnik wäre es, die Werkstücke aus einem Haufwerk durch den automatisierten „Griff in die Kiste" zu vereinzeln und gleichzeitig zu orientieren. Obwohl schon seit langer Zeit Forschungen und Entwicklungen in diesem Bereich betrieben werden, konnte bisher lediglich die grundsätzliche Machbarkeit nachgewiesen werden. Der hohe sensorische, rechnerische und aktorische Aufwand, selbst bei der Handhabung einfacher Teile, beschränkt die Anwendung diese Systeme derzeit auf einzelne Systeme.

Realität sind heute demgegenüber Kombinationen von mechanischer Vereinzelung, Bilderkennungssystem und Handhabungssystem. Hierbei verzichtet man auf die dreidimensionale Erkennung und nutzt stattdessen eine mechanische Vorvereinzelung. Die Werkstücke werden mit Hilfe z.B. eines Stufenförderers vereinzelt und auf einem Transportband in den Sichtbereich eines Bildverarbeitungssystems transportiert. Liegen die Teile vereinzelt auf einem Transportband, können die äußeren Konturen des Werkstücks eindeutig durch ein Bildverarbeitungssystem erkannt werden. Die Teile, die sich in einer für die Montage günstigen Position befinden, werden durch den Roboter unter Berücksichtigung der Informationen des Bildverarbeitungssystems gegriffen und weiterverarbeitet. Systeme dieser Art werden inzwischen von unterschiedlichen Anbietern wie Adept oder Afag als Standardlösung angeboten. Nachteil hierbei ist die begrenzte Geschwindigkeit, sowie die Komplexität der eingesetzten Technologie (Hesse 1992; Müller-Kramp 1992; Rockland 1994).

Aerodynamische Zuführverfahren

Basierend auf den Erkenntnissen über die Schwachstellen konventioneller Zuführtechniken wurden am Institut für Fabrikanlagen und Logistik seit 1997 aerodynamische Zuführverfahren entwickelt, welche das Potenzial bieten, die Anforderungen in Bezug auf Flexibilität, Störungsunempfindlichkeit und Geschwindigkeit zu erfüllen. Das Spektrum der entwickelten Verfahren reicht von aerodynamischen Vereinzelungen über passive bis hin zu aktiven Orientierungsverfahren. Bei den passiven Verfahren werden falsch liegende Teile durch Ordnungseinheiten abgewiesen und zurück ins Haufwerk befördert, in einem aktiven Verfahren werden dagegen alle Teile in die gewünschte Lage gebracht. Da speziell im Bereich der Hochgeschwindigkeitzufürsysteme derzeit keine generell nutzbare, alternative Technologie zur Verfügung steht, wurde der Schwerpunkt der Forschungsarbeiten auf die schnellen, aktiven Verfahren gelegt. Gemeinsam ist allen aerodynamischen Verfahren die ausschließliche oder unterstützende Nutzung von Luftströmungen zur Vereinzelung, zum Transport oder zur Orientierung der Werkstücke.

Aerodynamische Vereinzelung

Bei der Vereinzelung von Werkstücken werden diese aus einem Haufwerk separiert und als Strang an das nachfolgende System abgegeben. Die Orientierung ist hierbei noch beliebig, wichtig ist nur ein ausreichender Abstand zwischen den einzelnen Teilen. Neben unterschiedlichen Arten von Bunkersystemen werden zur Vereinzelung häufig mechanische Zentrifugen eingesetzt. Hierbei werden die Werkstücke mit Hilfe eines rotierenden Innenrings durch die Zentrifugalkräfte auf einen ebenfalls rotierenden Außenring, und von dort durch einen Auslass befördert. Die mechanischen Systeme sind jedoch nicht für alle Arten von Werkstücken geeignet. Speziell bei kleinen oder zum Verklemmen neigenden Teilen treten häufig Störungen auf.

Eine Alternative stellt hier die aerodynamische Zentrifuge dar. Die Funktionsweise ähnelt dem mechanischen System, nur dass hierbei die Bewegung der Werkstücke ausschließlich durch Luftströmungen erfolgt. Der Aufbau ist in Abb. 1 dargestellt. In einem Zylinder wird die Luft durch einen Ventilator zum Rotieren gebracht. Der Luftstrom wirkt auf die am Boden liegenden Werkstücke und bringt diese in eine rotierende Bewegung. Die auf die Teile wirkenden Zentrifugalkräfte drücken die Werkstücke dabei gegen die Zylinderwand. An dieser Wand

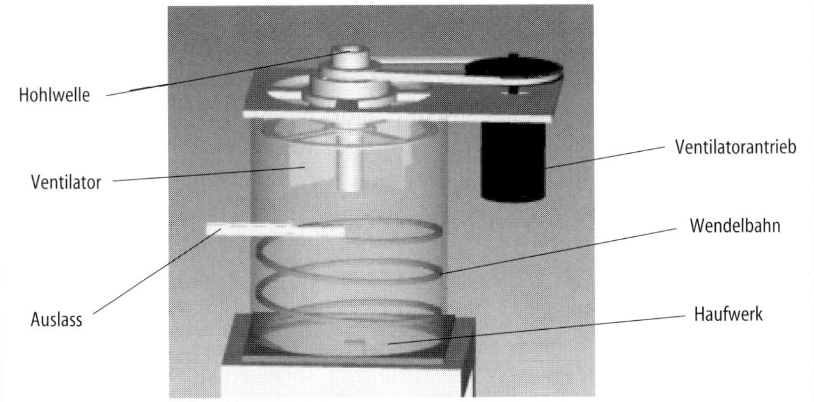

Abb. 1 Aerodynamische Zentrifuge (Prinzip)

ist eine spiralförmige, der Teilebreite entsprechend dimensionierte Wendel befestigt, auf der die Werkstücke nach oben transportiert werden. Am oberen Ende der Transportstrecke ist ein Ausgang für die jeweilige Teilegröße vorgesehen, an dem die Werkstücke das System vereinzelt verlassen. Die Befüllung erfolgt durch eine Hohlwelle, die gleichzeitig als Antrieb für den Ventilator dient.

Ein besonderer Vorteil dieses Verfahrens liegt in der geringen Gefahr des Verklemmens von Werkstücken. Wenn sich mehrere, zusammenhängende oder aufeinander liegende Teile auf der Wendel befinden, müssen diese nicht mit Hilfe von mechanischen Schikanen abgewiesen werden, sondern fallen aufgrund des höheren Luftwiderstands und der höheren Wandreibung zurück in das Haufwerk. Ein weiterer Vorteil bei diesem Verfahren ist die Vereinzelung der Werkstücke in Vorzugslagen. Abhängig von der Form und anderen Eigenschaften werden die Werkstücke in bestimmten Orientierungen hauptsächlich durch die Luftströmung bewegt und überwiegend in dieser Lage auf der Wendel transportiert. Bei Untersuchungen mit unterschiedlichen Werkstücken konnten dadurch über 80 % der Werkstücke in einer Lage vereinzelt werden.

Die besondere Herausforderung bei der Realisierung einer aerodynamischen Zentrifuge liegt in der Erzeugung einer geeigneten, rotierenden Luftströmung. Dafür ist zunächst einmal die konstruktive Gestaltung des Ventilators und des Zylinders wichtig. Die gleichmäßige Strömung wird in der Realität jedoch durch den Auslass am Ende der Wendel und durch die Hohlwelle für die Teileversorgung beeinflusst. Es entsteht zusätzlich zur rotierenden eine axiale Luftströmung, die den Werkstücktransport erheblich stören kann. Durch Gestaltung des Bodens der Zentrifuge und durch Positionierung der Hohlwelle kann dieser Effekt jedoch reduziert werden. Weiterhin muss die Geschwindigkeit der Luftströmung an die jeweilige Füllmenge und das momentane Werkstückverhalten angepasst werden. Das ist erforderlich, da die Werkstück in Ruhelage, also im unbewegten Haufwerk am Boden der Zentrifuge, eine starke Luftströmung benötigen, um in Bewegung zu kommen. Sobald die Werkstücke jedoch in Bewegung sind, muss die Leistung reduziert werden, um ein chaotisches Verhalten zu verhindern. In Versuchen hat sich eine Steuerung der Leistung anhand der Ausbringung des Systems bewährt. Der Mengenstrom der vereinzelten Teile wird gemessen und zur Regelung des Ventilators genutzt.

Die aerodynamische Zentrifuge wurde bisher mit unterschiedlichen Werktücken getestet. Dabei konnten sehr hoher Geschwindigkeiten von bis zu 1000 Stück/min auch mit sehr komplexen oder zur Verwirrung neigenden Teilen erzielt werden.

Aerodynamische Orientierung

Bei einem aktiven aerodynamischen Verfahren sorgt ein gleichmäßiges Strömungsfeld für eine aktive Orientierung der Werkstücke. Jedes Teil wird aus einer beliebigen Position heraus durch den Luftstrom gezwungen, die gewünschte Orientierung einzunehmen. Hierzu ist im Idealfall keine zusätzliche Sensorik notwendig, die den Prozess verlangsamen und fehleranfällig machen könnte. Zur aerodynamischen Orientierung von Werkstücken können drei grundsätzliche Wirkprinzipien unterschieden werden. Die Verfahren sind klassifiziert in Luftkissensysteme, bei denen die Orientierung auf einer flächigen Luftströmung erfolgt, und speziellen Luftströmungen zur Orientierung in axialer oder radialer Richtung (Abb. 2).

Auf einem flächigen Luftkissen können Werkstücke durch Nutzung des c_W-Wertes oder der Schwerpunktlage ausgerichtet und somit orientiert werden. Bei mittigem Schwerpunkt und lageabhängigem c_W-Wert nimmt das Werkstück, frei auf dem Luftkissen schwebend, dabei die Orientierung entsprechend dem maximalen Luftwiderstand ein. Wenn sich dagegen der Schwerpunkt nicht in der geometrischen Mitte befindet und der c_W-Wert unabhängig von der Lage ist, wird das Werkstück mit dem Schwerpunkt an der tiefsten Stelle orientiert. Diese einfachen physikalischen Effekte sind zwar leicht zu erklären, deren Nutzung in der Zuführtechnik stellt jedoch besondere Anforderungen an den Aufbau. Zunächst einmal muss eine gerichtete, flächige Luftströmung erzeugt werden, die nur einen geringen Anteil an Turbulenzen aufweisen darf. Hierfür ist die Nutzung von Druckluft prinzipiell schlecht geeignet, besser ist die dezentrale Erzeugung der Luftströmung mit Hilfe von Lüftern oder Gebläsen. Die Luft muss mit Hilfe von strömungstechnischen Elementen homogenisiert und gerichtet werden. Weiterhin müssen Geschwindigkeit und Form der Strömung noch an das Werkstück angepasst werden. Letztendlich sind Maßnahmen zur Dämpfung der Werkstückbewegung vorzusehen.

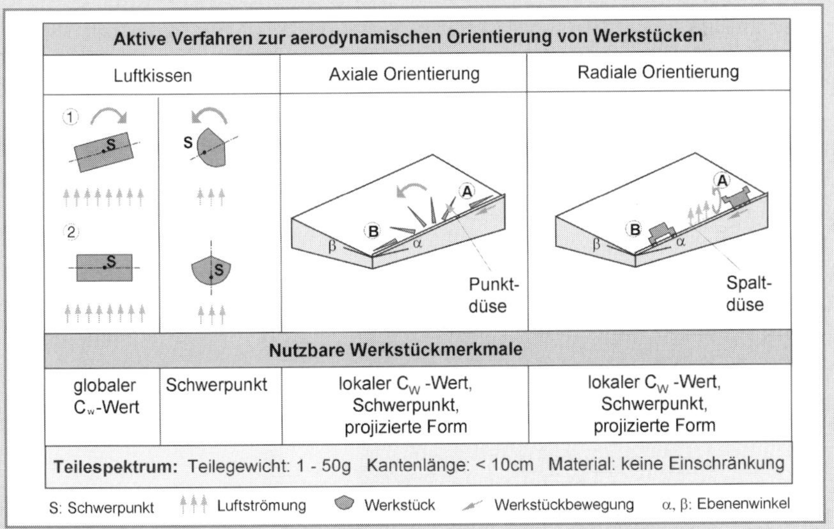

Abb. 2 Verfahren zur aerodynamischen Orientierung

Die Methoden zur axialen und radialen Orientierung sind ebenfalls in Abb. 2 dargestellt. Bei der axialen Orientierung erfolgt die Ausrichtung des Werkstückes über eine Achse senkrecht zur Transportrichtung, bei der radialen Orientierung über die Achse parallel zur Transportrichtung. In beiden Fällen rutscht das Werkstück eine um zwei Achsen geneigte schiefe Ebene herunter und passiert dabei eine Luftströmung. Die Strömung fließt kontinuierlich, also unabhängig von der Werkstücklage. Die Werkstücke liegen vor dem Passieren der Luftströmung jeweils mindestens in zwei möglichen Orientierungen (A und B in Abb. 2) vor. Beim Passieren der Luftströmung wird eine der Lagen (A) aufgrund des jeweils genutzten Effekts gedreht, das Werkstück in der anderen Lage passiert die Luftströmung ohne Schwenk. Als Ergebnis wird die Anzahl der möglichen Orientierungen des Werkstücks reduziert. Durch den Einsatz von mehreren aerodynamischen Verfahren hintereinander oder durch die Kombination mit anderen Zuführtechniken können hiermit alle Werkstücke, unabhängig von ihrer ursprünglichen Orientierung, in die gewünschte Lage gebracht werden. Die Anzahl der erforderlichen Schritte hängt von der Anzahl der möglichen Werkstücklagen ab. Sowohl die axiale als auch die radiale Orientierung kann unter Ausnutzung von lokalen c_W-Werten, der Schwerpunktlage oder der projizierten Fläche des Werkstückes erfolgen. Ein Beispiel für die axiale Orientierung ist in Abb. 3 dargestellt (Lorenz 1999).

Offene Systeme ermöglichen höchste Verfügbarkeiten

Je nach Eigenschaften der Werkstücke oder gewünschter Orientierung können durch die aerodynamischen Verfahren nicht in jedem Fall 100 % der Werkstücke in die korrekte Lage gebracht werden. Gründe hierfür können nur schwach aus-

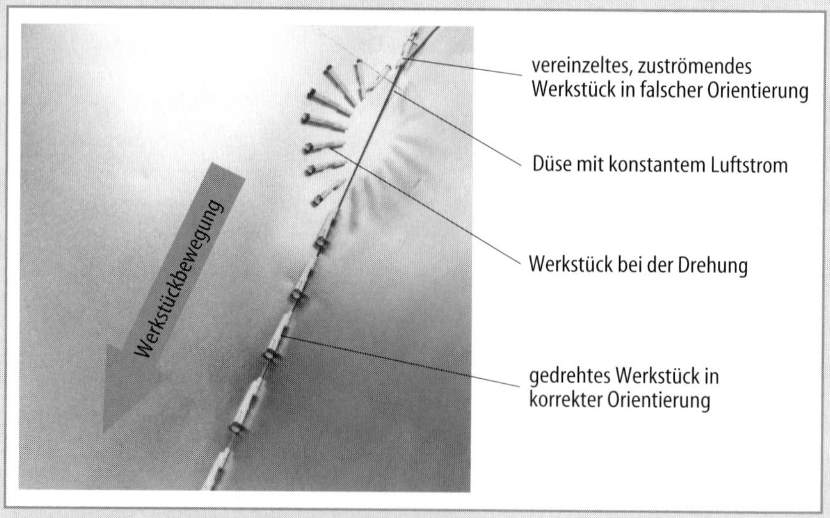

Abb. 3 Werkstück bei der axialen Orientierung

geprägte Merkmale (z. B. geringe Asymmetrie des Schwerpunktes), unzureichend vereinzelte und aneinander liegende Werkstücke oder Qualitätsmängel sein. Dies führt aufgrund der offenen Systemgestaltung zwar nicht zum Verklemmen, jedoch könnten Werkstücke in falscher Orientierung das System verlassen. Dies wiederum würde zu Störungen an der nachfolgenden Montageanlage führen. Aus diesem Grund ist es erforderlich, eine 100%ige Kontrolle aller Werkstücke vor der Übergabe an das nachfolgende Montagesystem durchzuführen. Diese Kontrolle kann sowohl passiv, z. B. durch Schikanen mit den bereits beschriebenen Schwachstellen, oder flexibel mit Hilfe eines optischen Sensorsystems erfolgen. Mit dem optischen System kann sowohl die Orientierung als auch die Qualität jedes einzelnen Werkstückes geprüft werden und eine Anpassung an andere Werkstücke ist problemlos möglich. Für die Prüfung reicht eine einfache Zeilenkamera aus, da das zu prüfende Werkstück in einer definierten Lage und Entfernung an der Kamera vorbeitransportiert wird und Konturinformationen i. Allg. für die Prüfung ausreichen. Nach der Kontrolle werden die Gutteile in der korrekten Orientierung an das nachfolgende Produktionssystem übergeben und der Rest durch Luftdüsen aus dem Teilestrom entfernt. Eine besondere Herausforderung stellt jedoch die Geschwindigkeit der Werkstücke dar. Für die optische Analyse und Auswertung jedes Werkstückes stehen bei einer Systemleistung von 500 Stück/min weniger als 50 ms Rechenzeit zur Verfügung. In dieser Zeit muss die Entscheidung getroffen werden, ob die Qualität und Orientierung in Ordnung ist, oder nicht. Für die vom IFA realisierten Systeme wurde die Checkbox der Firma Festo eingesetzt. Hiermit konnten selbst bei Zuführung von komplexen Spritzgussteilen in einer Geschwindigkeit von 650 Stück/min alle Teile geprüft und mit Hilfe eines Hochgeschwindigkeit-Magnetventils (ebenfalls von der Firma Festo) die Schlechtteile aus dem Teilefluss aussortiert werden.

Potenziale der aerodynamischen Verfahren

In aerodynamischen Zuführeinrichtungen wird das Orientieren von Werkstücken nicht mit Schikanen oder mechanischen Einrichtungen, sondern durch Luftströmungen herbeigeführt. Die offene Bauweise dieser Systeme sowie das Fehlen von mechanischen Schikanen schließt von vornherein ein Verklemmen der Teile aus. Die Systeme können im Idealfall störungstolerant realisiert werden. Durch die aktive Orientierung, bei der jedes Werkstück durch Anströmung aus einer beliebigen Position heraus gezwungen wird, eine gewünschte Ausrichtung einzunehmen, ermöglichen diese Systeme hohe Prozessgeschwindigkeiten. Vom IFA wurden bereits Systeme realisiert, die bei komplexen Bauteilen Geschwindigkeiten von über 550 Stück/min und bei einfachen Geometrien Geschwindigkeiten bis zu 1000 Stück/min erreichen. Je nach Werkstück und erforderlicher Orientierung wurden durch die aerodynamischen Verfahren zwischen 85 % und 100 % der vereinzelten Werkstücke, unabhängig von der ursprünglichen Lage, in eine definierte Orientierung gebracht. So bieten aerodynamische Verfahren grundsätzlich das Potenzial:

- einer hohen Funktions- und Teileflexibilität,
- einer höheren Prozessgeschwindigkeit,
- sinkender Investitionskosten,
- einer gesteigerten Verfügbarkeit und
- eines breiten Anwenderspektrums.

Bei den Betriebskosten kann insgesamt eine positive Bilanz für die aerodynamischen Zuführverfahren erwartet werden. Die Verwendung des herkömmlichen Druckluftnetzes ist im Verhältnis zu rein mechanischen Verfahren relativ teuer. Da bei den aerodynamischen Verfahren aber z.B. zur Erzeugung von flächigen Strömungen dezentrale Lüfter oder Gebläse genutzt werden und sonst nur geringe Luftmengen z.B. für Luftdüsen benötigt werden, sind die Betriebskosten der Systeme oftmals akzeptabel. Zudem können hierdurch Verfahren realisiert werden, die eine wesentlich höhere Verfügbarkeit besitzen und somit für das gesamte Montagesystem eine deutlich günstigere betriebswirtschaftliche Gesamtbilanz erreichen. Der mechanische Aufbau der Verfahren ist grundsätzlich einfacher als bei komplexen elektromechanischen Handhabungssystemen. Daher sind sowohl die Investitionen als auch die Ausfallmöglichkeiten sehr gering. Durch die hohe Flexibilität der Verfahren lassen sich einfache, standardisierte Module einsetzen, die nur noch für die Zuführung des jeweiligen Werkstückes parametriert werden müssen.

Ein wesentlicher Bestandteil der Module sind die Düsen zur Erzeugung der benötigten Luftströmungen. Um eine maximale Flexibilität der Module zu ermöglichen, wurden hierfür spezielle Matrixdüsen entwickelt, mit denen die Erzeugung von werkstückspezifischen Luftströmungen ohne mechanische Änderungen möglich ist (Abb. 4).

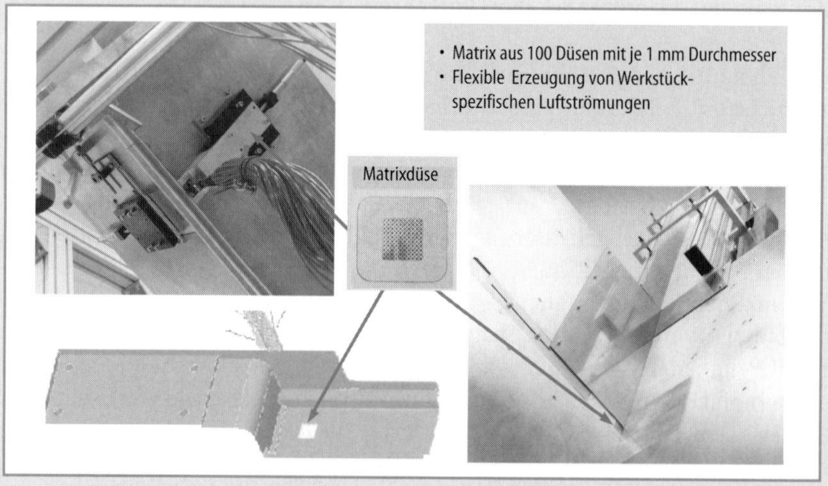

Abb. 4 Matrixdüse zur Erzeugung von werkstückspezifischen Luftströmungen

Systematische Parametrisierung aerodynamischer Verfahren

Neben dem Einsatz von Sensorik zur Ergebniskontrolle wird bei aerodynamischen Systemen auch der eigentliche Orientierungsprozess kontrolliert. Dies geschieht hauptsächlich zur Parametrierung des Systems, kann aber auch zur kontinuierlichen Optimierung des Systems im Betrieb eingesetzt werden. Jeder aerodynamische Ordnungsprozess wird durch eine Anzahl von Parametern beeinflusst. Ein Luftkissensystem z.B. besteht aus einem standardisierten Modul mit mehreren, getrennt steuerbaren Strömungsfeldern, wobei die Strömung selber durch unterschiedliche Verfahren gerichtet werden kann. Das gesamte Luftkissen ist zudem um zwei Achsen schräg angestellt. Es ergeben sich in der Summe über 10 Faktoren pro Verfahren, die auf das jeweilige Werkstück eingestellt werden müssen. Um für ein neues Werkstück den Einfluss aller Parameter auf den Orientierungsprozess bzw. den optimalen Betriebspunkt zu ermitteln, kann eine manuelle Einstellung erfolgen. Da die Prozesse i.Allg. sehr robust sind, ist eine manuelle Optimierung oftmals bereits anhand der Kenntnisse über die Wirkzusammenhänge möglich.

Ein wesentlich eleganterer Ansatz besteht darin, nicht die eigentlichen Parameter zu untersuchen, sondern das Augenmerk auf den Prozess, in diesem Fall die Bewegung des Werkstückes, zu richten. Die Bewegung wird dafür zunächst mit Hilfe einer Hochgeschwindigkeitskamera aufgenommen und die Aufnahmen werden dann mit Hilfe eines Bildverarbeitungssystems analysiert. Hierbei wird die Lage des Werkstückes in jedem Einzelbild als Koordinaten und Winkel berechnet und in einer Tabelle ausgegeben. Anhand dieser Daten kann dann eine Bewertung der Werkstückbewegung erfolgen. Ist z.B. die Schwingung des Werkstücks zu groß, wird durch die Veränderung eines Anstellwinkels die Dämpfung erhöht. Mit diesem Vorgehen lässt sich in kurzer Zeit der optimale Betriebspunkt des Systems für geeignete Werkstücke ermitteln. Dies bewirkt eine erhebliche Verkürzung bei der Entwicklung von Zuführsystemen.

Kombination mehrere Verfahren zu einem Zuführsystem

Ein wesentliches Merkmal der entwickelten aerodynamischen Verfahren ist die Aufteilung des Ordnungsprozesses in mehrere Einzelschritte, verteilt auf aerodynamische Module. In jedem dieser Module wird der Ordnungsgrad des Werkstückes erhöht, bis am Ende nur noch vereinzelte Werkstücke in ausgewählten Werkstücklagen vorhanden sind. Die Module sind über Schnittstellen miteinander verbunden. Diese Schnittstellen müssen als Voraussetzung der aerodynamischen Verfahren die sichere Übergabe der ausgerichteten Werkstücke zwischen den Modulen in definierter Werkstückgeschwindigkeit ermöglichen. Neben den Schnittstellen zwischen den Modulen ist auch die Schnittstelle zwischen der Zuführtechnik und der Produktionsanlage von erheblicher Bedeutung. Hier müssen die Werkstücke für die Übergabe an ein Handhabungsgerät in einem Puffer bereitgestellt werden, um die kontinuierliche Entnahme durch ein Handhabungssystem

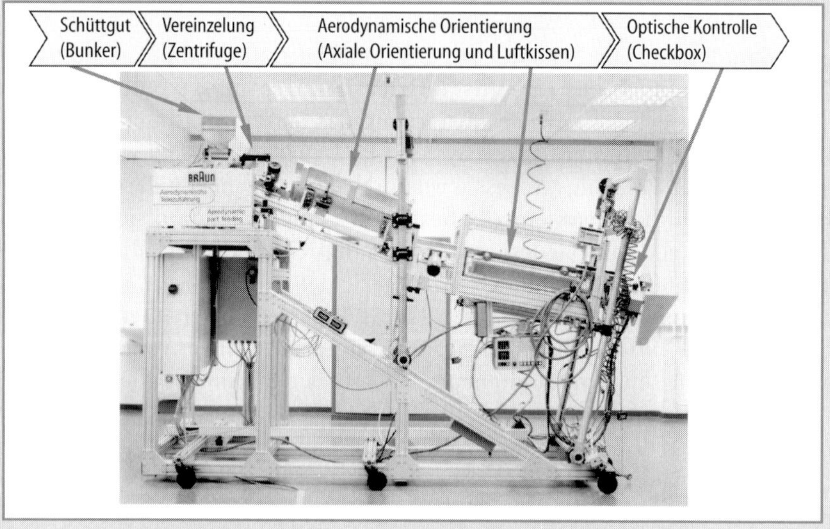

Abb. 5 Gesamtsystem zur aerodynamischen Orientierung (Laborausführung)

zu ermöglichen. Dieser Wechsel vom störungstoleranten offenen System in ein geschlossenes System mit fester mechanischer Führung erfordert Kontrollmechanismen zur Überwachung und ggf. die Möglichkeit der Entstörung an dieser Stelle. Am IFA wurden nach der Entwicklung von Methoden bereits Konzepte für die Gestaltung eines kompletten Zuführsystems entwickelt und in Zusammenarbeit mit einem Unternehmen der Konsumgüterindustrie als Anwender realisiert (Abb. 5). Zahlreiche Untersuchungen und Tests haben dabei die hohe Verfügbarkeit und Funktionsfähigkeit der entwickelten Methoden bestätigt.

Literatur

Hesse S (1992) Atlas der modernen Handhabungstechnik. Hoppenstedt Technik Tabellen Verlag, Darmstadt

Lorenz B (1999) Aerodynamische Zufürtechnik. Fortschritt-Berichte VDI, Reihe 2, Fertigungstechnik, VDI Verlag, Düsseldorf

Müller-Kramp T (1992) Flexibles Ordnen von Werkstücken. Fortschritt-Berichte VDI, Reihe 2,Fertigungstechnik, VDI-Verlag, Düsseldorf

Rockland M (1994) Flexibilisierung der automatischen Teilebereitstellung in Montageanlagen, Forschungsberichte Springer-Verlag, Berlin, Heidelberg

Warneke HJ (1992) Die fraktale Fabrik – Revolution in der Unternehmenskultur. Rowohlt Taschenbuch Verlag

Simulation

Die digitale Simulation für den Entwurf der Werkzeugmaschine

Prof. Dr.-Ing. habil.
Knut Großmann

»Es gibt nichts Praktischeres als eine gute Theorie.«

Knut Großmann

Knut Großmann erlangte 1967 die Hochschulreife sowie den Facharbeiterabschluss als Dreher. Von 1967–1971 studierte er an der Technischen Universität Dresden, Fakultät Maschinenwesen, in der Fachrichtung Werkzeugmaschinenkonstruktion und schloss das Studium mit Hauptprüfung und Diplom ab. Es folgte ein Forschungsstudium an der selben Bildungseinrichtung, das mit Einreichung der Dissertationsschrift beendet wurde. 1976 promovierte er zum Thema „Ein Beitrag zur Modellierung und Berechnung für die dynamische Analyse von Werkzeugmaschinen-Strukturen". Von 1974–1978 war er wissenschaftlicher Mitarbeiter am Institut für Werkzeugmaschinen der TU Dresden. Von 1978–1990 schloss sich eine Tätigkeit als Mitarbeiter und Sachgebietsleiter in Forschung und Entwicklung bei Mikromat Dresden an. 1991 erfolgte die Habilitation zum Thema „Dynamische Verhaltensanalyse an spanenden Werkzeugmaschinen". In den Jahren 1991–1999 war er Geschäftsführer der ITI Gesellschaft für ingenieurtechnische Informationsverarbeitung mbH in Dresden. 1994 wurde Knut Großmann zum Leiter des Lehrstuhls für Werkzeugmaschinenkonstruktion (LWM) der TU Dresden berufen. Er ist Direktor des Instituts für Werkzeugmaschinen und Steuerungstechnik (IWM) der Technischen Universität Dresden.

Die digitale Simulation für den Entwurf der Werkzeugmaschine

Knut Großmann

Konstruktion als Funktionsgestaltung unter Verhaltenskriterien

Die Konstruktion als optimale Gestaltung funktionsbezogener Eigenschaften zu begreifen ist ebenso wichtig wie alt. Das Zitat von *J. Leupold* aus dem Jahr 1724 (Spur 1991) ist von ungebrochener Aktualität:

„... *Sollen alle Künste und Maschinen, ... in einen deutlichen Riß, nach allen nötigen Stellungen, Teilen und besonderen Stücken, nach akkuratem Maßstab gezeichnet, und soviel als möglich, deutlich beschrieben, und nach der Theorie berechnet werden. Will bei jeder Maschine, so genau als möglich, die Kraft berechnen, und was hingegen vor Effekt erfolget, oder was die Maschine jetzo tut, und nach denen Prinzipiis oder Theorie tun sollte. Woraus alsdann zu ersehen sein wird, wie weit die Maschine das ihre tut, ob wie viel dahero zu verbessern übrig ist. Hierbei sollen alle mechanischen und physikalischen Fundamente und Ursachen, so wohl des Effekts als der Fehler, durch Experimenta und Risse deutlich erklähret werden, die Berechnung, sowohl geometrisch als mechanisch, oder wie es am allerdeutlichsten fället, Anweisung getan werden, wo und wie man einige Verbesserungen hoffet* ...“

Abbildung 1 interpretiert den zitierten Text für heutige Entwicklungen mit aktuellen Aufgaben, Abläufen, Werkzeugen und Methoden. Es ist faszinierend, wie selbstverständlich sich Inhalte und Formulierungen der heutigen modellgestützten wie experimentellen Verhaltensanalyse von Werkzeugmaschinen in diese damals mit Tiefe und Weitblick beschriebenen Forderungen einordnen.

Aachener Schule der Verhaltensanalyse an Werkzeugmaschinen

Die im Leupold´schen Sinne im Rahmen von Entwurf und Optimierung der Werkzeugmaschine betriebene Verhaltensanalyse bildete bereits in den 50er und 60er Jahren eine der zentralen Forschungslinien am WZL unter *H. Opitz*. Die damals wie heute im Mittelpunkt stehende Steigerung von Produktivität und Genauigkeit fokussierte die Arbeiten auf die Verbesserung der statischen und dynamischen Steifigkeit, insbesondere mit dem Ziel erhöhter Leistungsauslastung. Neben der systematischen Untersuchung und Berechnung des

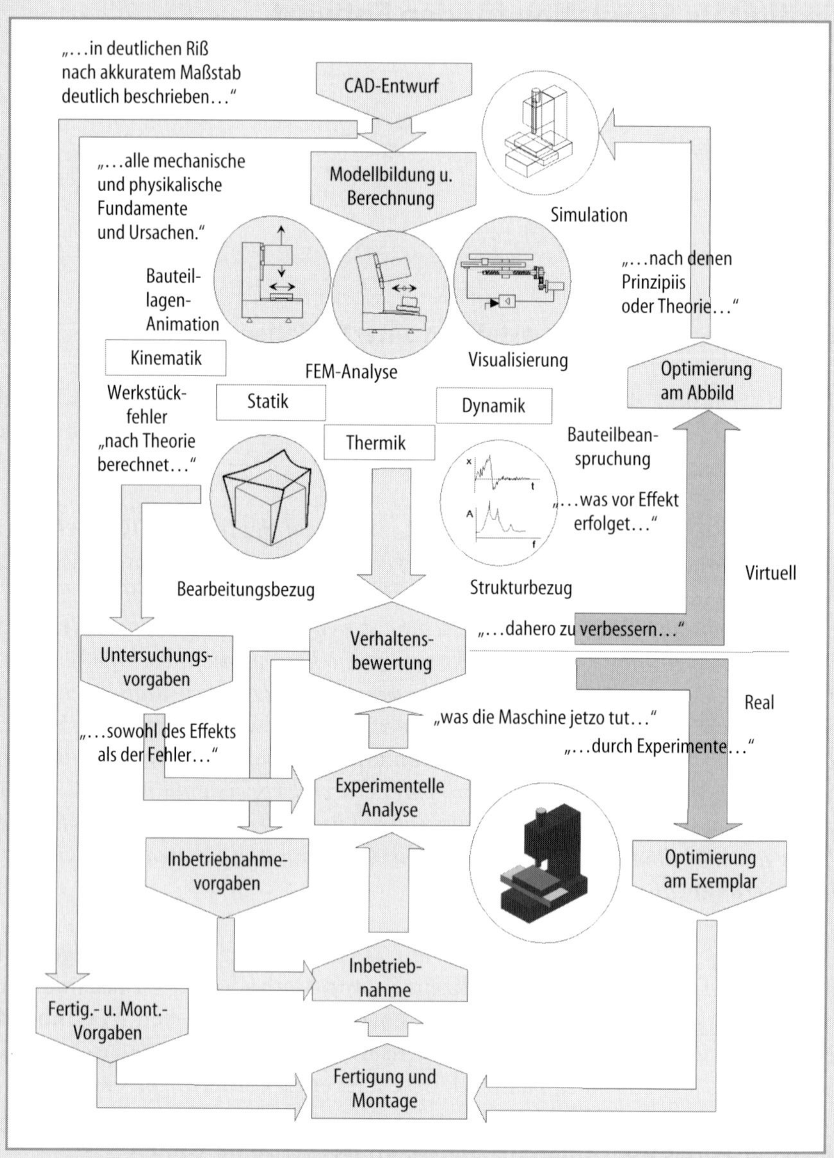

Abb. 1 Modellgestützte und experimentelle Verhaltensanalyse im Rahmen des konstruktiven Entwicklungsprozesses

gestaltungsabhängigen Nachgiebigkeitsverhaltens von Hauptspindelsystemen (Honrath 1960; Döpper 1969) Gestellbaugruppen (Dreyer 1966; Döpper 1969) und Gesamtmaschinen (Umbach 1963) wurden daher intensiv die Einflussgrößen und Zusammenhänge bezüglich der dynamischen Stabilität der Zerspanung analysiert (Dregger 1966; Bernardi 1969). Für die dazu erforderlichen experimentellen Untersuchungen musste die anspruchsvolle dynamische Messtechnik und -methodik in eigener Forschung entwickelt werden (Rehling 1965; Pfeifer 1968; Weck 1969).

Diese erste Phase experimenteller und analytischer Untersuchungen zum statischen und dynamischen Verhalten von Baugruppen, Maschinenstrukturen und Zerspanungsprozessen lag im Wesentlichen vor der Anwendungsmöglichkeit von Digitalrechnern und verbot somit den Gebrauch komplexerer Modellvorstellungen zur Problemlösung.

Die zusammenfassende Arbeit von *M. Weck* zum Thema „Dynamisches Verhalten spanender Werkzeugmaschinen – Einflussgrößen, Beurteilungsverfahren, Messtechnik" (Weck 1971) verdichtet den Erkenntnisstand dieser Phase und stützt den Beginn eines neuen Abschnittes der Verhaltensanalyse an Werkzeugmaschinen. Nun werden – zunächst auf Großrechnern und nachfolgend auf PC-Technik – Rechenleistungen und Programmierkomfort verfügbar, deren Einsatz es ermöglicht, sowohl Modelldaten als auch Messdaten großen Umfanges komplex zu verarbeiten.

Es belegt den strategischen Weitblick von *Manfred Weck*, dass er von Beginn der Übernahme des Lehrstuhls für Werkzeugmaschinen am WZL zielstrebig und umfassend die wissenschaftliche Durchdringung der Werkzeugmaschinenentwicklung mit den auf die modernste Rechentechnik gestützten Methoden der Modellanalyse und Messdatenverarbeitung vorangetrieben hat. Dabei hat er einerseits diese Entwicklungen mit höchstem Anspruch geführt und andererseits mit Nachdruck die Umsetzung erreichter Ergebnisse in die Praxis gefördert. Aus der Vielzahl möglicher Beispiele sei hier angeführt:

Im Bereich der Maschinenuntersuchung und -bewertung wurde die *Experimentelle Schwachstellenanalyse* systematisch entwickelt und in diesem Rahmen die Experimentelle Modalanalyse zum industriell einsetzbaren Versuchs- und Analysestandard aufbereitet (Weck 1971; Teipel 1977; Prößler 1980; Eckstein 1987).

Mit der Bezeichnung *Rechnergestützter Entwurf* verbindet sich für Verhaltensanalyse und Werkzeugmaschinenentwicklung eine zentrale Themenstellung. Sichtet man die dazu über mehrere Jahrzehnte von *M. Weck* geführten Aachener Arbeiten, lassen sich vier charakteristische Phasen erkennen:

In der ersten Phase erfolgte die Erschließung strukturmechanischer Modellierungs- und Berechnungsverfahren – von der Balkenabstraktion bis zur FEM mit Volumenelementen – für die numerische Nachrechnung und Analyse des statischen und dynamischen Nachgiebigkeitsverhaltens von Baugruppen und Strukturen der Werkzeugmaschine (Noppen 1973; Finke 1977; Heimann 1977), einschließlich der Bereitstellung dafür erforderlicher Modellparameter (Groth 1972; Petuelli 1983).

Die Arbeitsschwerpunkte der zweiten Phase waren wesentlich beeinflusst durch die Diskrepanz zwischen potenziellen Möglichkeiten der zunehmend verfügbaren „Kleinrechner" und noch fehlender kommerzieller Software zur Strukturanalyse bei der Werkzeugmaschinenentwicklung. Konsequent anwendungsorientiert wurden zu dieser Zeit in Aachen Modellierungs- und Berechnungsgrundlagen zur rechnergestützten Verhaltensanalyse für den sich abzeichnenden breiten PC-Einsatz aufbereitet (Dieckhans 1979) und über den *Aachener Softwarepool* der Industrie verfügbar gemacht.

Die dritte Phase orientierte – über die Nachrechnung und Schwachstellenanalyse hinausgehend – auf die Optimierung des mechanischen Verhaltens von Bauteilen und Strukturen der Werkzeugmaschine (Förtsch 1988; Kölsch 1992; Spangers 1994), wobei zudem die Integration von Gestaltung und Berechnung zur Aufgabe gestellt wurde (Rochlitz 1988; Heckmann 1992). Die überzeugenden Ergebnisse dieses Abschnittes verdichten sich sowohl in der CAD-FEM-verknüpften *Topologieoptimierung* als auch im *Integrierten Konstrukteursarbeitsplatz* (Weck et al. 2002).

In der vierten und gegenwärtig aktuellen Phase wird die Realisierung der *Virtuellen Werkzeugmaschine* verfolgt. Dabei geht es um das ganzheitliche und aufgabenrelevante Abbild von Maschinenstruktur, Antriebssystemen, Steuerung und Regelung sowie Prozessverhalten in gekoppelten, simulationsfähigen Modellen zur Beschreibung und Optimierung des produktivitäts- und genauigkeitsrelevanten Betriebsverhaltens (Weck et al. 2002).

Abbildung 2 veranschaulicht stark vereinfacht und schematisch die erläuterte Entwicklung der „Aachener Schule“ der Verhaltensanalyse an Werkzeugmaschinen in ihrer zeitlichen und thematischen Zuordnung.

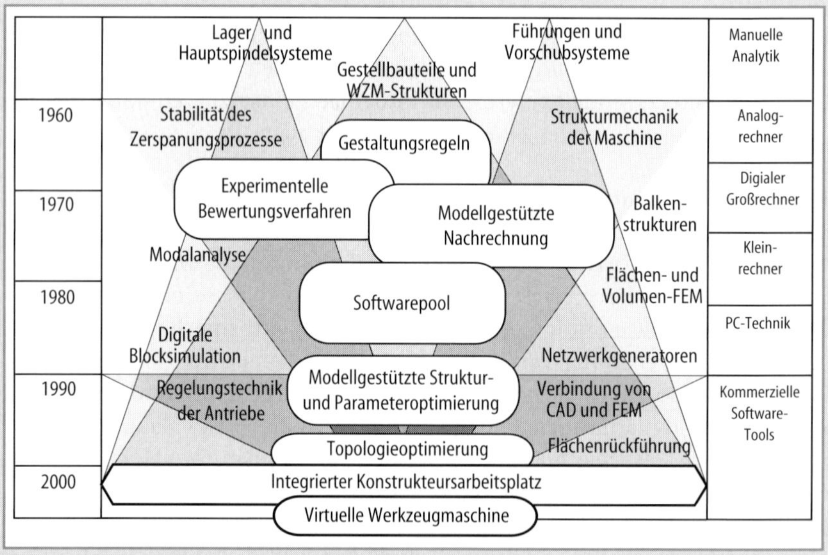

Abb. 2 Hauptphasen und -linien der am WZL betriebenen Forschung zur Verhaltensanalyse an Werkzeugmaschinen

Um die inhaltliche Problematik der Realisierung der Virtuellen Werkzeugmaschine – wie sie am WZL (Weck et al. 2001), aber auch an anderen Forschungseinrichtungen (Pritschow und Croon 2002; Reinhart et al. 2000; Denkena et al. 2001; Großmann 1998), gegenwärtig in Bearbeitung ist – näher zu charakterisieren sowie die daraus resultierenden Aufgaben zu veranschaulichen, folgen zunächst einige Anmerkungen zum Verhältnis von Linearer Strukturanalyse und Digitaler Simulation.

Lineare Strukturanalyse und Digitale Simulation

Die *Finite-Elemente-Methode* hat sich zur Bestimmung der statischen und dynamischen Eigenschaften der Gesamtstruktur von Werkzeugmaschinen heute nicht nur schlechthin durchgesetzt, sondern umfassende industrielle Anwendung gefunden. Es erfolgt praktisch keine ernsthafte Maschinenentwicklung mehr ohne Einsatz der FEM. Sie liefert nicht nur das Spannungs-, Verformungs- und Eigenschwingungsverhalten für den Geometrieentwurf der mechanischen Bauteile und Strukturen, sondern bildet auch die Grundlage für Struktur- und Topologieoptimierung.

Dabei müssen allerdings die Anwendungs- und Aussagegrenzen derartiger Linearer Strukturanalyse beachtet werden:

1. Die FEM-gestützte, linearelastische Berechnung und Optimierung der mechanischen Werkzeugmaschinenstruktur liefert zunächst nur die Eigenschaften eben dieses Modellumfanges. Das heißt, nichtlineare Einflüsse oder gar rückgekoppelte Wirkungen der Dynamik der Vorschubantriebe oder des Zerspanungsprozesses bleiben unberücksichtigt und
2. Die FEM-Berechnungsergebnisse beziehen sich auf die im Modell definierten Last- und Randbedingungen. Für einen konkreten Modellzustand bedeutet dies zunächst die Festlegung eines diskreten (möglichst repräsentativen) Lastfalles sowie einer diskreten (möglichst repräsentativen) Bauteilkonfiguration. Das heißt, Aussagen unter sich zeitlich verändernden Lastrichtungen oder Lastangriffsorten sowie sich zeitlich verlagernden – und damit die aktuelle Modellstruktur verändernden – Baugruppen sind nicht möglich.

Die fertigungstechnische Verwirklichung höherer Vorschubgeschwindigkeiten und steigender Schnittleistungen ist an die Beherrschung der Bahngenauigkeit und die Sicherung der Prozessstabilität gebunden. Die im Rahmen der Entwicklung entsprechend geeigneter hochdynamischer Werkzeugmaschinen entstehenden neuen Anforderungen an die Maschinen- und Prozessoptimierung machen aufgrund der dynamischen Wechselwirkungen im Gesamtsystem die Berücksichtigung oben genannter Einflüsse für die Verhaltensanalyse zwingend erforderlich. Damit sind Modellierungs- und Berechnungsgrundlagen zur Beschreibung des nichtlinearen Zeitverhaltens für die Vorschubantriebe und Zerspanungsprozesse anzuwenden, wie sie die Digitale Simulation grundsätzlich verfügbar macht.

Die *Digitale Simulation* – verstanden als zeitschrittweise numerische Integration nichtlinearer differential-algebraischer Gleichungssysteme – findet zur Verhaltensanalyse an Werkzeugmaschinen in zweierlei Form mit zugehörigen, unterschiedlichen spezifischen Software-Tools Anwendung:

1. Signalflussorientierte Simulation, sog. *digitale Blocksimulation* (DBS), der Vorschubantriebe einschließlich der Ansteuerung und Regelung sowie des nichtlinearen Zerspanungsprozessverhaltens mit ersetzenden Modellen.
2. *Mehrkörper-Simulation* (MKS) der Bewegungsdynamik von zumeist Starrkörper-Modellen der entsprechend der kinematischen Struktur zueinander bewegten Baugruppen.

Die im Zusammenhang mit der Analyse der Systemdynamik von Werkzeugmaschinen interessierenden gegenwärtigen Anwendungsgrenzen der Digitalen Simulation zeigen sich für DBS und MKS spezifisch:

1. Aufgrund ihrer Signalorientierung verfügt die DBS über keine der FEM adäquaten Beschreibungsmöglichkeiten zur Abbildung der räumlichen Strukturmechanik. Zudem erweist sich die Berechnung umfangreicher linear-elastischer Verhaltenszusammenhänge in der Lösungsumgebung nichtlinearer Simulation als äußerst ineffektiv.
2. MKS-Systeme sind vorrangig auf die Beschreibung und Analyse der Bewegungsdynamik von in Drehgelenken gekoppelten Starrkörpern ausgelegt. Die Berücksichtigung von Schubgelenken, Koppelelastizitäten oder elastischen Bauteilreaktionen sind mit zusätzlichen Voraussetzungen und einschränkenden Bedingungen verbunden, welche die Anwendung an Werkzeugmaschinen i. Allg. beschreibungs- oder lösungsseitig problematisch werden lassen.
3. Die an den Algorithmen der Mehrkörperdynamik orientierte Lösungsumgebung der MKS erlaubt keine direkte Einbindung signalflussorientierter Modellbeschreibungen, weshalb MKS- und DBS-Modellbestandteile gemeinsam und in ihrer Rückwirkung nur über die synchronisierte Co-Simulation der zugehörigen Simulatoren berechnet werden können.

Mit der vorgenannten Charakteristik von Linearer Strukturanalyse (FEM) und Digitaler Simulation (DBS, MKS) begründen sich die zur Zeit verfolgten Strategien zur Systemanalyse der gekoppelten Struktur- und Antriebsdynamik an Werkzeugmaschinen, wie sie mit Abb. 3 schematisch zusammengestellt sind.

1. Ersetzende Berücksichtigung der Vorschubantriebe im FE-Modell der Maschine, wozu die Regler soweit linearisiert und vereinfacht werden, bis sich die Vorschubantriebe als PT2-Übertragungsglieder vereinfachen lassen und deren Parameter als mechanische Ersatzparameter über entsprechende Steifigkeiten, Dämpfungen und Trägheiten in das FE-Modell eingebunden werden (Arndt 2002; Weck et al. 2001; Berkemer und Knorr 2002).

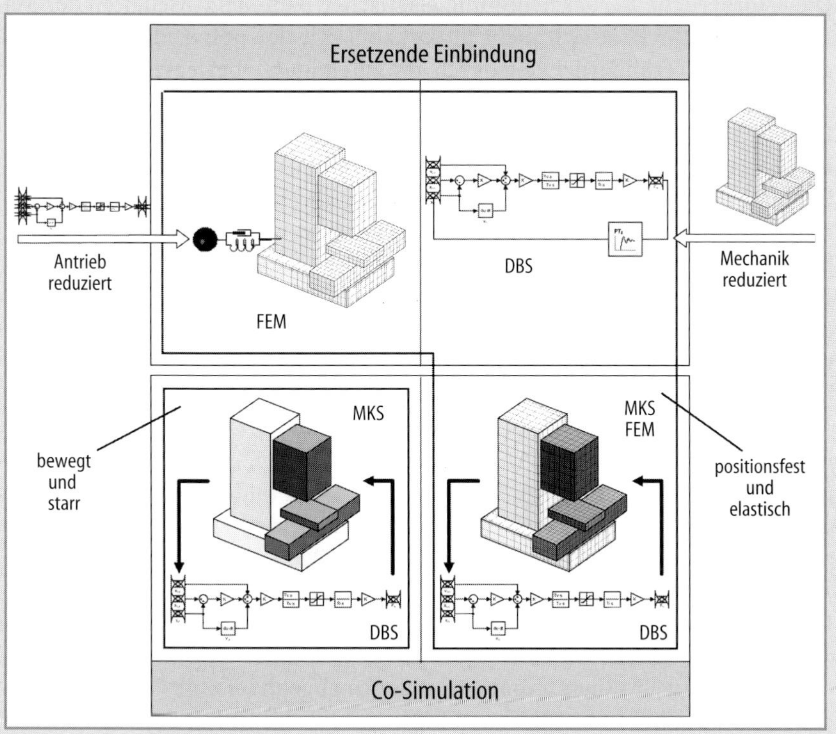

Abb. 3 Aktuell praktizierte Vorgehensweisen zur Abbildung der Wechselwirkungen von Struktur- und Antriebsdynamik

2. Ersetzende Berücksichtigung der Maschine in der digitalen Blocksimulation der Vorschubantriebe, wozu das – bspw. FEM-berechnete – strukturdynamische Maschinenverhalten durch ein Verfahren zur Koordinaten- und Ordnungsreduktion auf einen äquivalenten diskreten Mehrmassenschwinger abgebildet und innerhalb der DBS beschrieben wird (Müller 2001; Reinhart et al. 2001; Spangers 1994; Großmann und Mühl 2002).
3. Co-Simulation von MKS und DBS durch synchronisierten Datenaustausch zwischen den Simulatoren (Bewegungsgrößen von MKS zu DBS und Lastgrößen von DBS zu MKS), wobei die Einzelkörper starr (Pritschow et al. 1999) bzw. elastisch (Weck et al. 2001; Großmann und Mühl 2002), jedoch in beiden Fällen mit definierten und über dem Simulationslauf unveränderlichen Koppelkoordinaten, berücksichtigt werden.

Prozessgerecht bewegte und beanspruchte Virtuelle Werkzeugmaschine

Die gegenwärtig existierenden Defizite auf dem Weg zur Simulation der prozessgerecht bewegten und beanspruchten Werkzeugmaschine lassen sich wie folgt zusammenfassen:

1. Die erforderliche Berücksichtigung elastischer Bauteileigenschaften der Maschinenstruktur lässt sich nicht praktikabel mit der notwendig abzubildenden Strukturveränderlichkeit durch die zueinander bewegten Baugruppen verbinden.
2. Die bei der Abbildung der Maschinenstruktur mit überwiegendem Anteil entstehenden linearelastischen Modellbestandteile lassen sich in der für die Simulation des Gesamtsystems zwingend anzuwendenden nichtlinearen Beschreibungs- und Lösungsumgebung nicht bzw. nicht ausreichend effizient behandeln.
3. Die in Anwendung befindlichen Modellierungsformen und Lösungsalgorithmen für die Simulation der Zerspanungsprozesse sind hinsichtlich ihrer geometrischen Randbedingungen und des Rechenzeitbedarfs für eine Einbindung in die Simulation des Gesamtsystems ungeeignet.

Folgend sollen für diese drei Problemkreise die zur Zeit am IWM der TU Dresden verfolgten Lösungsansätze skizziert werden. Abbildung 4 veranschaulicht das prinzipielle Vorgehen zur Lösung der ersten beiden Probleme am Beispiel eines mittels Gantry-Antrieb bewegten Querträgers, auf dem eine Bearbeitungseinheit verfährt.

Die linear-elastische Strukturdynamik des Querträgers wird im Modell zur Digitalen Blocksimulation mit dem Objekt „Modales Ersatzsystem“ (MES) (Großmann 1991; Großmann und Arndt 2000) abgebildet. Zur Parametrierung dieses Objektes werden für die freie FEM-Struktur des Querträgers die unteren Eigenfrequenzen mit den zugehörigen Schwingungsformen bis zu einer vorgegebenen Grenzfrequenz berechnet. Anschließend werden daraus für die relevanten Moden und für die hinsichtlich Lasteinleitung, Strukturkopplung und Analyse interessierenden physikalischen Koordinaten die Modalmatrix sowie die Modalparameter ermittelt.

Die zur Abbildung der prozessgerechten Bewegung der Bearbeitungseinheit auf dem Querträger erforderliche positionsabhängige Strukturkoordinaten-Kopplung der betreffenden Modellobjekte erfolgt mit dem Objekt „Positionsgesteuertes Koppelelement“ (PKE) (Großmann und Arndt 2000). Dabei werden für die in der aktuellen Lagezuordnung überdeckten Koppelkoordinaten mittels positionsgesteuerter Koppelsteifigkeiten bidirektional Bewegungs- und Belastungsgrößen transformiert.

Eine für die DBS beschreibungs- und lösungsgerechte Modellierung von Zerspanungsprozessen wird auf der Grundlage diskretisierter Durchdringungsberechnungen zwischen jeweils aktueller Werkstück- und Werkzeug-Geometrie und -Lage realisierbar. Abbildung 5 zeigt dazu das prinzipielle Vorgehen am Beispiel eines Fräsprozesses.

Ähnlich wie in (Weinert und Zabel 2000) werden die Geometrien von Werkstückoberfläche und Werkzeugeinhüllender in einer Werkstück- bzw. Werkzeugmatrix diskretisiert. Diese Matrizen sind durch entsprechend äquidistante Unterteilung der beiden die Bezugsebene aufspannenden Raumabmessungen

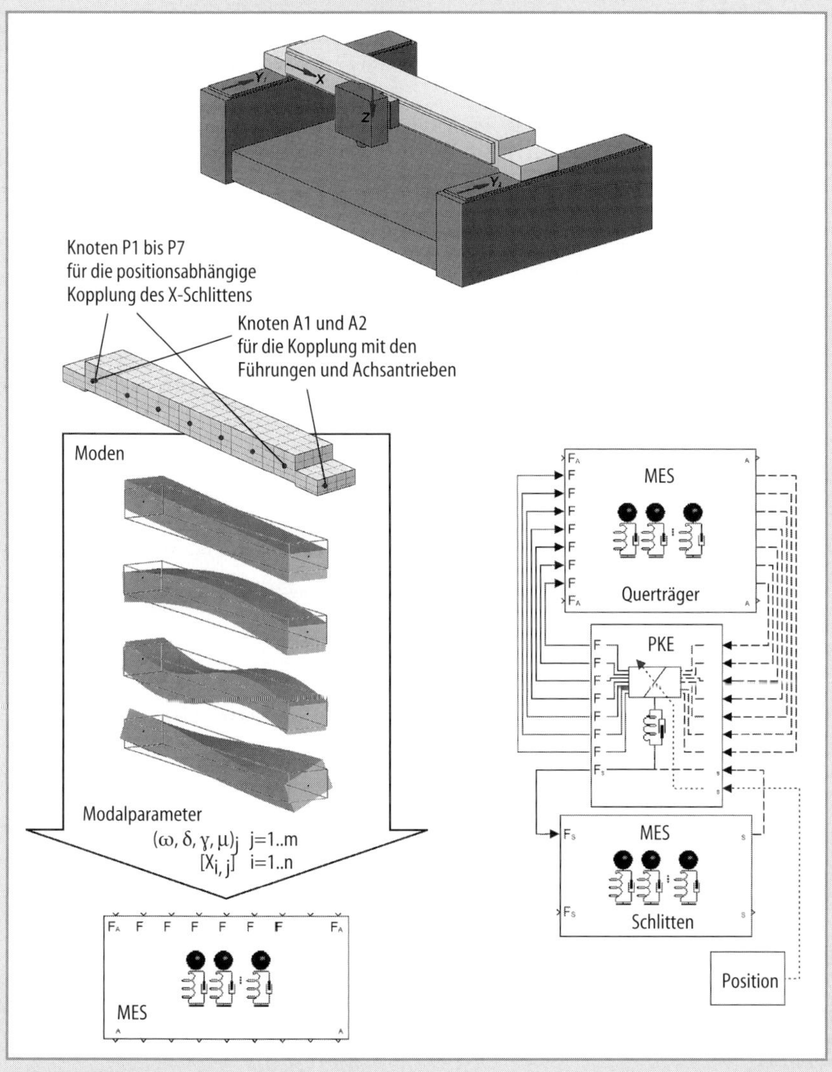

Abb. 4 Prinzipielles Vorgehen zur Abbildung von Strukturdynamik und Baugruppenbewegung in der Digitalen Blocksimulation

(Länge und Tiefe) indiziert und speichern als „Stäbchenlängen" die dritte Dimension (Höhe). Die der Relativbewegung zwischen Werkstück und Werkzeug entsprechende geometrische Durchdringung lässt sich dann über eine „Bewegung" der Matrizenwerte darstellen. Durch schrittweise Subtraktion beider Matrizen erhält man mit der „Schnittmatrix" die zerspanten diskreten „Stäbchenlängen", aus denen wiederum über Winkelbeziehungen diskrete Spanungsdicken berechenbar sind. Nunmehr sind übliche Zerspankraftgesetze (z. B. nach

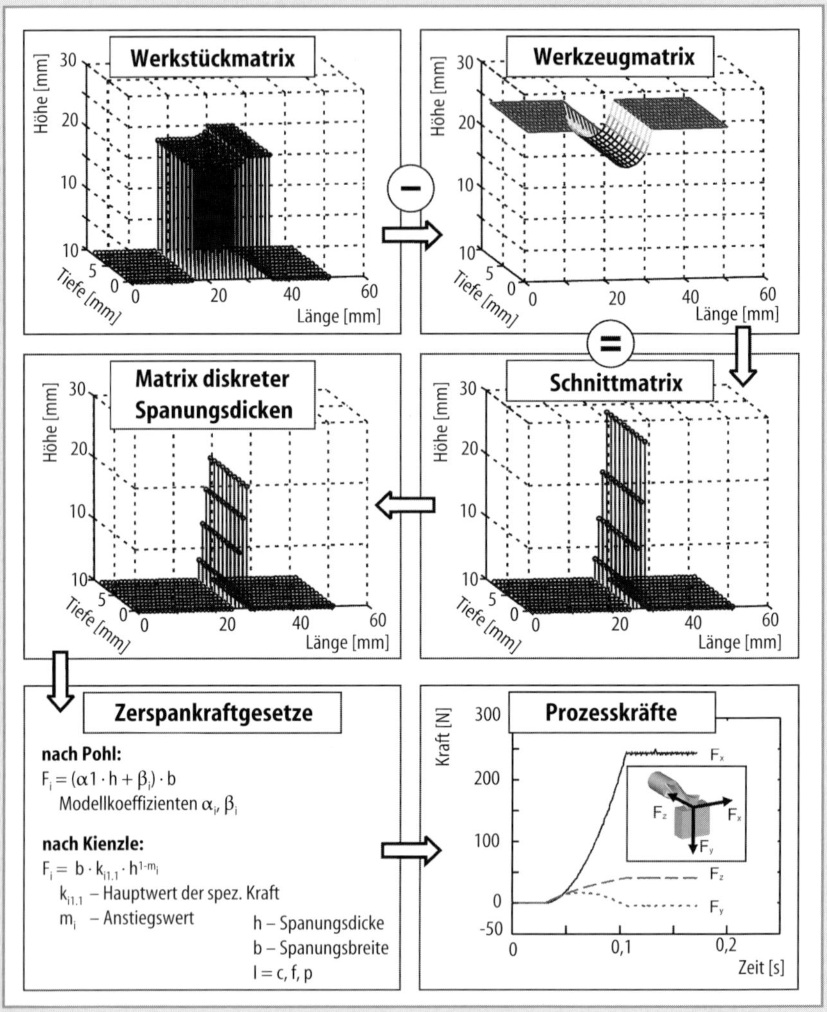

Abb. 5 Prinzipielles Vorgehen zur Abbildung des Zerspanungsprozesses für die Einbindung in die Digitale Blocksimulation

Pohl oder Kienzle) anwendbar, welche Schnitt-, Vorschub- und Passivkräfte als Funktion der Spanungsdicke liefern.

Abschließend demonstriert Abb. 6 schematisch den allgemeinen Grundaufbau eines vollständig in der Umgebung der Digitalen Blocksimulation (z.B. MATLAB/SIMULINK) beschreibbaren Systemmodells für die prozessgerecht bewegte und beanspruchte Virtuelle Werkzeugmaschine.

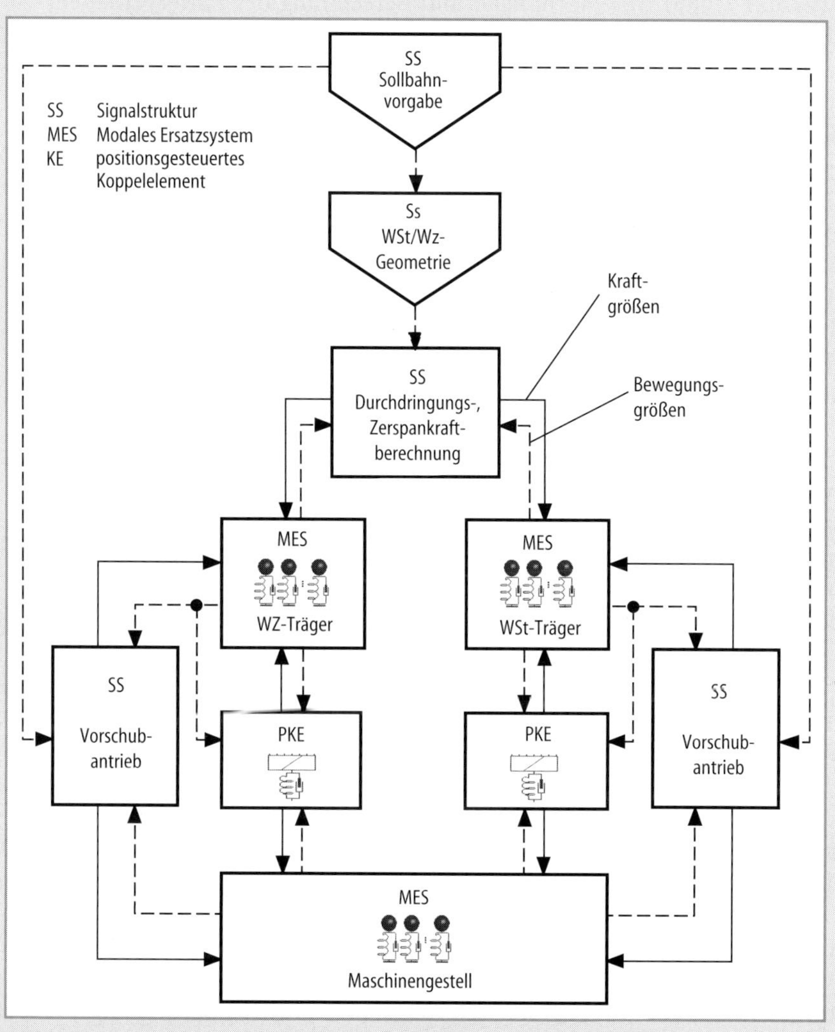

Abb. 6 Schematischer Aufbau eines DBS-Systemmodells für die prozessgerecht bewegte und beanspruchte Virtuelle Werkzeugmaschine

Literatur

Arndt H (2002) Auslegung und Bewertung von Vorschubantrieben mit Spindel-Mutter-Systemen. Fortschritt-Berichte VDI, Reihe 1, Band 345, VDI Verlag, Düsseldorf

Berkemer J, Knorr M (2002) Gekoppelte Simulation von Maschinendynamik und Antriebsregelung bei lineargetriebenen Werkzeugmaschinen. wt-Werkstattstechnik 5

Bernardi F (1969) Untersuchungen und Berechnung des Ratterverhaltens von Dreh- und Fräsmaschinen. Dissertation RWTH Aachen

Denkena B, Liu Z, Volkwein G, Gose H (2001) Simulation mechatronischer Systeme. Integrierte Virtuelle Produktentstehung (iViP), Fortschrittbericht

Dieckhans N (1979) Kleinrechnereinsatz für Berechnungsaufgaben im Konstruktionsbereich – Berechnung von Werkzeugmaschinen. Dissertation RWTH Aachen

Döpper W (1969) Ein Beitrag zur Berechnung von Maschinenelementen und Gestellbauteilen von Werkzeugmaschinen mit Digitalrechnerprogrammen. Dissertation RWTH Aachen

Dregger EU (1966) Untersuchung des instabilen und stabilen Fräsprozesses. Dissertation RWTH Aachen

Dreyer WF (1966) Über die Steifigkeit von Werkzeugmaschinenständern und vergleichende Untersuchungen an Modellen. Dissertation RWTH Aachen

Eckstein R (1987) Beurteilung der statischen Last-Verformungseigenschaften von Werkzeugmaschinen mit Hilfe der quasistatischen Messtechnik. Dissertation RWTH Aachen

Finke R (1977) Berechnung des dynamischen Verhaltens von Werkzeugmaschinen. Dissertation RWTH Aachen

Förtsch F (1988) Entwicklung und Anwendung von Methoden zur Optimierung des mechanischen Verhaltens von Bauteilen. Dissertation RWTH Aachen

Großmann K (1991) Dynamische Verhaltensanalyse an spanenden Werkzeugmaschinen. Habilitation TU Dresden

Großmann K (1998) Die Virtuelle Werkzeugmaschine – Erschließung von Produktivitäts- und Genauigkeitsreserven. In: Krause FL, Uhlmann E (Hrsg) Innovative Produktionstechnik. Carl Hanser Verlag, München Wien

Großmann K, Arndt H (2000) Simulation lagegeregelter Vorschubachsen. (Vortrag auf der Dresdner Tagung Simulation im Maschinenbau, 24./25.02.2000,Tagungsband)

Großmann K, Mühl A (2002) Simulation and Realization of Adaptive Control Constraint in Path Grinding. Production Engineering IX/1

Großmann K, Mühl A (2002) Auf dem Weg zum virtuellen Zerspanungsprozess. (Vortrag auf dem 4. Dresdner WZM-Fachseminar, Tagungsband)

Groth WH (1972) Die Dämpfung in verspannten Fugen und Arbeitsführungen von Werkzeugmaschinen. Dissertation RWTH Aachen

Heckmann A (1992) Zerlegungs- und Vernetzungsverfahren für die automatische Finite-Elemente-Modellierung. Dissertation RWTH Aachen

Heimann A (1977) Anwendung der Methode finiter Elemente bei der Berechnung und Auslegung von Gestellbaugruppen. Dissertation RWTH Aachen

Honrath K (1960) Über die Starrheit von Werkzeugmaschinenspindeln und deren Lagerungen. Dissertation RWTH Aachen

Kölsch G (1992) Diskrete Optimierungsverfahren zur Lösung konstruktiver Problemstellungen im Werkzeugmaschinenbau. Dissertation RWTH Aachen

Müller R (2001) Mechatronik-Codesign: Schneller zur Maschine – schneller auf den Markt. (Vortrag auf dem 10. Produktionstechnischen Kolloquium, Berlin, Tagungsband)

Noppen R (1973) Berechnung der Elastizitätseigenschaften von Maschinenbauteilen nach der Methode der finiten Elemente. Dissertation RWTH Aachen

Petuelli G (1983) Theoretische und experimentelle Bestimmung der Steifigkeits- und Dämpfungseigenschaften normalbelasteter Fügestellen. Dissertation RWTH Aachen

Pfeifer T (1968) Berührungsloser elektromagnetischer Schwingungserreger für dynamische Untersuchungen an Werkzeugmaschinen. Dissertation RWTH Aachen

Pritschow G, Schmid J, McCormac SE (1999) Ein integriertes Simulationssystem für Werkzeugmaschinen und Roboter. ZWF Zeitschrift für wirtschaftlichen Fabrikbetrieb 9

Pritschow G, Croon N (2002) Wege zur virtuellen Werkzeugmaschine – Verschiedene Betrachtungsweisen und Modellierungsansätze. wt-Werkstatttechnik 5

Prößler EK (1980) Experimentell-rechnerische Analyse von Maschinenschwingungen – Wege zur gezielten Verbesserung des dynamischen Verhaltens von Werkzeugmaschinen. Dissertation RWTH Aachen

Rehling E (1965) Entwicklung und Anwendung elektrohydraulischer Wechselkrafterreger zur Untersuchung von Werkzeugmaschinen. Dissertation RWTH Aachen

Reinhart G, Meinlschmidt J, Weißenberger M (2000) Optimierung von Werkzeugmaschinen am virtuellen Maschinenprototyp – Innovative Simulationsmethoden zur Entwicklung hochproduktiver Werkzeugmaschinen. ZWF Zeitschrift für wirtschaftlichen Fabrikbetrieb 11

Reinhart G, Oertli T, Zeller W (2001) Auslegung von NC-Antrieben unter Berücksichtigung strukturdynamischer und prozessbedingter Wechselwirkungen. VDI-Berichte Nr. 1630, VDI Verlag, Düsseldorf

Rochlitz T (1988) Graphisch-interaktive Idealisierung von CAD-Geometrie zur Kopplung an die FE-Strukturberechnung. Dissertation RWTH Aachen

Schlecht B, Gutt S (2002) Mehrkörpersimulation von Triebsträngen in Windenergieanlagen. Antriebstechnik 8

Spangers W (1994) Entwicklung und Anwendung von Verfahren zur 3D-Gestaltoptimierung dickwandiger, massiver Bauteile. Dissertation RWTH Aachen

Spur G (1991) Vom Wandel der industriellen Welt durch Werkzeugmaschinen. Carl Hanser Verlag, München Wien

Teipel K (1977) Beurteilung der dynamischen Nachgiebigkeit spanender Werkzeugmaschinen. Dissertation RWTH Aachen

Umbach R (1963) Dynamische Versteifung von Werkzeugmaschinen durch gedämpfte Hilfsmassensysteme. Dissertation RWTH Aachen

Weck M (1969) Analyse linearer Systeme mit Hilfe der Spektraldichtemessung und ihre Anwendung bei dynamischen Werkzeugmaschinenuntersuchungen unter Arbeitsbedingungen. Dissertation RWTH Aachen

Weck M (1971) Dynamisches Verhalten spanender Werkzeugmaschinen – Einflussgrößen, Beurteilungsverfahren, Messtechnik. Habilitation RWTH Aachen

Weck M, Queins M, Brecher C (2001) Kopplung von Antriebs- und Strukturdynamiksimulation in Werkzeugmaschinen. VDI-Berichte Nr. 1630, VDI Verlag, Düsseldorf

Weck M, et al. (2002) Effiziente Entwicklung von Werkzeugmaschinen – Mit virtuellen Prototypen direkt zum marktfähigen Produkt. Wettbewerbsfaktor Produktionstechnik: Aachener Perspektiven (Vortrag auf dem AWK '02, 6./7.06.2002, Aachen, Tagungsband)

Weinert K, Zabel A (2000) Design and Application of an Adaptive Milling Simulation for Optimizing Feed-Rates in Three Axis Milling. Production Engineering VII/2

An Integrated Virtual Engineering Environment for Machine Tools

Prof.dr.h.c.ir. Hendrik Van Brussel
Ir. Wim Symens

»An integrated virtual engineering framework is proposed for simultaneous optimisation of the structure and the controller of machine tools.«

HENDRIK VAN BRUSSEL

WIN SYMENS

Hendrik Van Brussel is full professor in mechatronics and automation at the Faculty of Engineering, Katholieke Universiteit Leuven (K.U.Leuven), Belgium, and Chairman of its Department of Mechanical Engineering. He received his B. Sc ME (Technisch Ingenieur) degree from Hoger Technisch Instituut, Oostende, Belgium, in 1965 and his M. Sc. EE (Burgerlijk Ingenieur) and PhD degrees from K.U.Leuven, Belgium, in 1968 and 1971 respectively. From 1971–1973 he was active in Bandung, Indonesia, establishing a Metal Industries Development Centre and as an associate professor at Institut Teknologi Bandung.
He was a pioneer in robotics research in Europe and an active promoter of the mechatronics idea as a new paradigm in machine design. He has published more than 200 papers on different aspects of robotics, mechatronics and flexible automation. His present research interest is also shifting towards holonic manufacturing systems, behaviour based robots, and micro and precision engineering, including microrobotics.

Hendrik Van Brussel is Fellow of SME and IEEE and in 1994 he received a honorary doctor degree from the "Politehnica" University in Bucarest, Romania and from Rheinisch-Westfälische Technische Hochschule (RWTH), Aachen, Germany. He is a Member of the Royal Flemish Academy of Belgium for Sciences and Fine Arts and past Vice-President of CIRP (International Institution for Production Engineering Research).

Wim Symens received the degree in mechanical engineering from the Katholieke Universiteit (K.U.) Leuven, Belgium, in 1999. He is currently pursuing the Ph.D. degree at the same university.

His research interests include motion and vibration control, nonlinear system analysis and control, and mechatronics.

An Integrated Virtual Engineering Environment for Machine Tools

Hendrik Van Brussel, Wim Symens

Introduction

High-speed machine tools ask for small settling times and overshoots of the tool motions, and hence light-weight moving parts and high-performance control systems. To obtain such high performance, the classical rule of thumb that the control bandwidth should be less than half of the first structural eigenfrequency of the machine cannot be adhered to anymore. Moreover a direct coupling between the dynamics of the motion controller and the structure has to be considered in the control design. A concurrent design of both structure and controller therefore seems to be the most natural design method, in contrast to the classical sequential design approach where the controller is designed starting from a finalized structural design. Such a concurrent design method demands for a virtual prototyping environment (Bianchi et al. 1996; Van Brussel 1996) that incorporates both structure and control system optimisation in a completely integrated manner.

Van Brussel et al. (Van Brussel 1996; Van Brussel et al. 2001) extend this concept of mechatronic design and incorporate also the conceptual design phase into the virtual prototyping environment. In this case the global design can be divided in two phases (Fig. 1): a conceptual design phase in which a preliminary model is obtained, starting from specifications in terms of number of axes, work volume, static and dynamic stifness, and a detailed design phase in which the preliminary design, consisting of both structural and controller components, is further detailed based on available components from suppliers and a more detailed analysis of the structural and controller components. This detailed integrated machine model, describing the dynamic behaviour of the mechanical structure and that of the control system, is used to perform mechatronic simulations and optimisations.

This paper focuses on the mechatronic simulation and optimisation, in which a detailed mechanical structure is coupled with a high-performance digital controller. The intention is not to develop a new simulation environment, but to use commercial software packages and to couple these to obtain an integrated virtual prototyping environment. Two strategies for implementing the connection between the structural dynamics and the controller dynamics are possible:

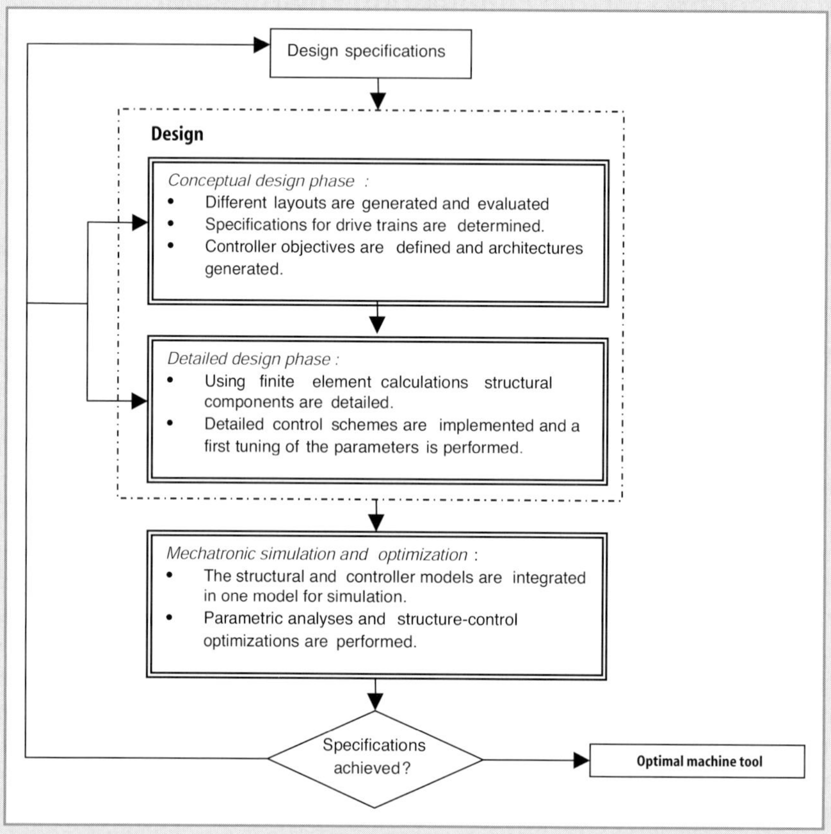

Fig. 1 Mechatronic design scheme for machine tools: starting from specifications in the conceptual design phase a preliminary model is derived; this model is further detailed in the detailed design phase. The outcome of the detailed design phase is an integrated structure-control model that can be used to perform mechatronic simulations

an indirect and a direct coupling. In the indirect coupling, information of the mechanical structure such as resonance frequencies and mode shapes is used to design the controller and the impact of this controller on the structure is checked afterwards. This loop is repeated until a satisfactory performance is obtained. When a direct coupling is implemented, forces and displacements are exchanged between the different models and time simulations can be performed on the integrated model. The indirect coupling is more easy to implement than the direct one, but has the disadvantage that some non-linear effects in the model cannot be analysed. Two case studies are described in this paper that illustrate the use of the indirect and direct coupling approaches.

An Integrated Mechatronic Design Environment

The high accelerations together with the high controller bandwidths required for present-day machine tools are likely to excite the vibration modes of the machine structure. Based on these observations research activities at PMA/ KULeuven aim at investigating the interaction between the structural and controller dynamics of machine tools. The idea is to incorporate the structural and controller models of the machine into one simulation scheme allowing to take structure-control interactions into consideration in the simulations (Van Brussel et al. 2001; Reinhart und Weissenberger 1999). Figure 2 shows this integration schematically.

Structural flexibilties are mostly modeled and investigated through finite element packages (such as MSC/Nastran), whereas controllers are designed in mathematical software packages (such as Matlab®). Smooth connection between these software packages is currently not available and has therefore to be implemented manually. This connection can be considered at a direct or an indirect level, as described in the introduction. The indirect coupling is easier to implement but has the disadvantages that the influence of non-linearities in the model, such as Coulomb friction, on the global behaviour of the integrated model are hard to analyse. For these analyses, real-time simulations are indispensable and a direct connection between the software modules has to be considered. Instead of combining different commercial software packages, another possibility is to develop a new simulation environment in which both structural and controller components can be modeled. Such an approach is presented in (Brüls et al. 2002).

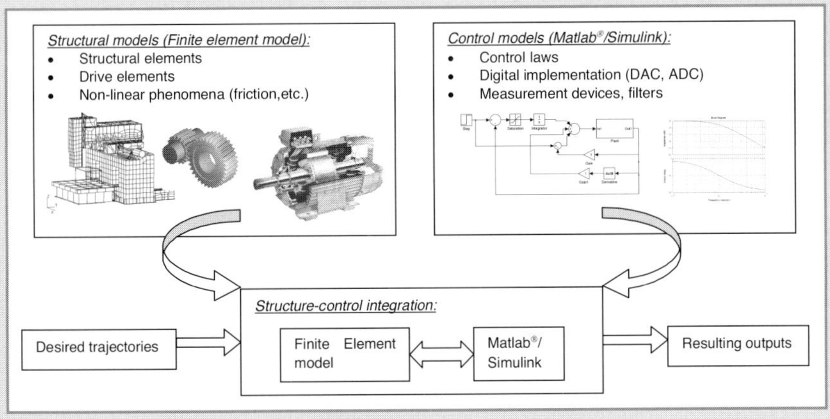

Fig. 2 Integration of structural and controller models

Integrated Structure-Controller Design of a Three-Axis Milling Machine: Indirect Connection

This section aims at improving the performance of the machine of Fig. 3, not only by using complicated control algorithms, but by also modifying some structural parameters along with the controller variables. The main problem with this integrated structure-control design and optimisation approach is the excessive computation time, which grows exponentially with the number of structural design variables. Therefore, an indirect optimisation strategy should be adopted. Such a strategy, based on a physical approximate dynamic model (ADM) of the machine, is elaborated here. For the sake of brevity, the discussion is restricted to the optimisation of the X-axis drive chain and controller. Figure 4 shows the flowchart for the proposed indirect strategy.

In a first step the finite element model is reduced to a low-order physical model, consisting of three masses, connected by two parallel spring-damper combinations. A motivation for this model can be found in (De Fonseca 2000). Figure 5 shows an overview of the proposed reduction method. First the structural components of the model are represented by their respective component modal stiffness and mass matrices, k_i and m_i, and by their component mode vectors Ψ_i. These quantities are obtained using a component mode synthesis method which is extensively described in references (De Fonseca 2000; De Fonseca et al. 1998a, b). These reduced components are then assembled based on the position of the tool in the workspace. Using a dedicated MSC/Nastran DMAP-alter programme, the reduced mass, stiffness and damping matrices can be obtained in an ASCII file which can be read by Matlab®. A last reduction is performed in Matlab®, based on the Hankel norm approximation method.

The reduced ADM is connected with a traditionally designed controller and an initial optimisation is performed. Upon convergence of the approximate optimisation problem, the improved structural and controller design vari-

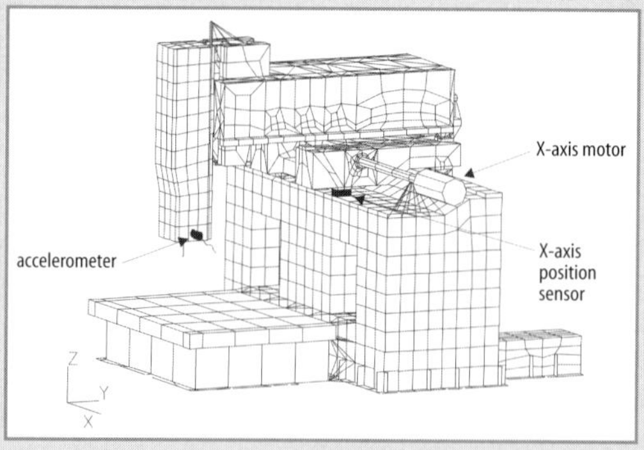

Fig. 3 Finite element model of the machine tool

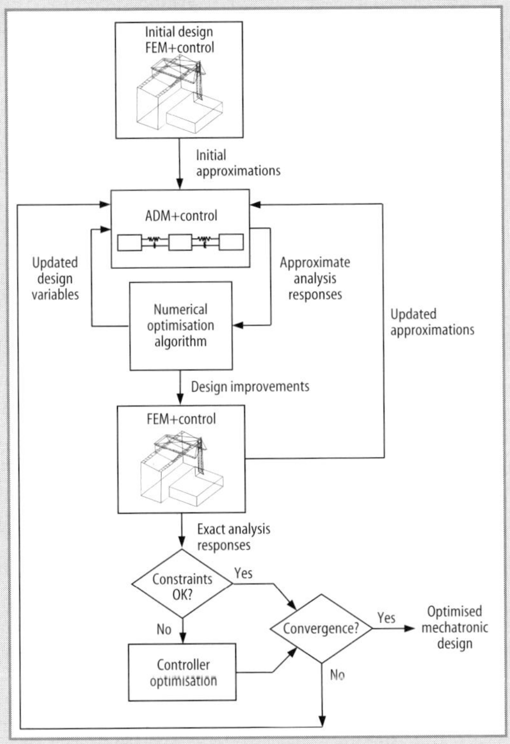

Fig. 4 Flowchart of the proposed indirect strategy for the optimisation of mechatronic systems

ables are used to construct a new integrated structure-control analysis model in which the structural part is the updated finite element model, instead of the lumped parameter system which is only used as design model. Discrepancies between the responses of the approximate and the exact closed-loop system may cause violation of particular constraints. If a constraint is violated, the design is brought back into the feasible design space by performing a new optimisation of the controller parameters on the exact structural model. If all constraints are satisfied for the exact responses, the convergence of the entire optimisation process is checked. If the termination criterion is not fulfilled, a new design cycle is started with a new approximate optimisation process, based on an updated approximate model.

The structural parameters in this optimisation are the normalized motor size (l_x), the normalized radius of the ball screw (r_x) and the normalized lead of the ball screw (p_x). As controller scheme, a PI controller is chosen in the optimisation. Several constraints such as maximum motor torque, ball screw maximum speed and bearing lifetime are specified to limit the design space (De Fonseca

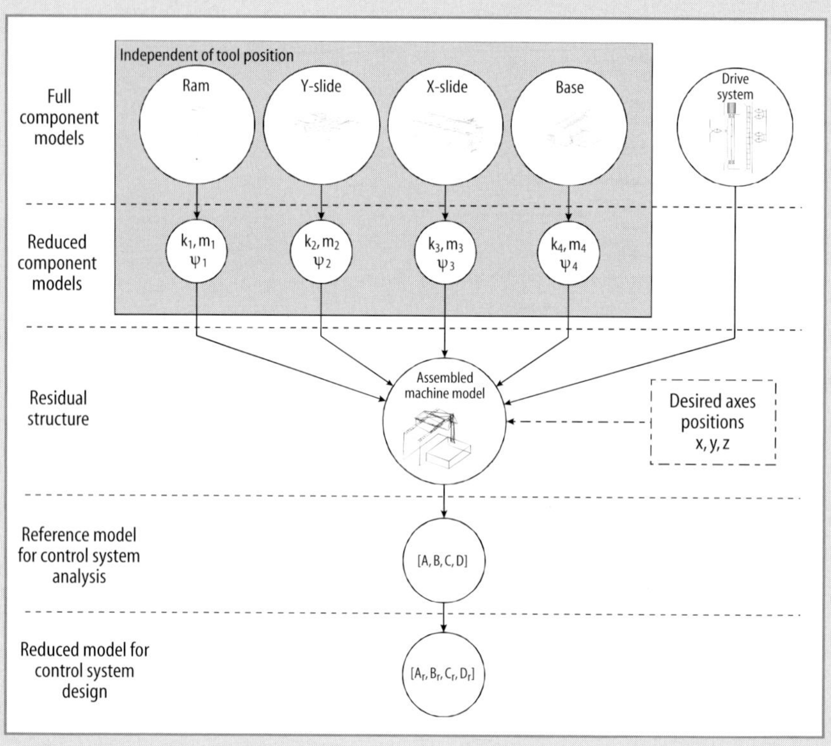

Fig. 5 Overview of the proposed reduction method

2000). The used objective function in the optimisation is the weighted sum of the tracking error and motor torque input for a desired simultaneous linear displacement of the three axes over a distance of 10 cm with a maximum constant acceleration of 15 m/s^2. This trajectory is applied at the eight extreme positions of the tool within the work space. It would be more interesting to use the mean settling time and the mean overshoot of the tool in the objective function, but as the settling time is a discontinuous function of the design variables, this measure is not a suitable objective function in an optimisation process.

Figure 6 shows the evolution of the objective over the design cycles in the optimisation process. Convergence is achieved after 25 iterations. The corresponding evolution of the structural and controller design variables is shown in Fig. 7 and the corresponding settling time and overshoot is shown in Fig. 8. These figures show that a considerable reduction of both quantities can be obtained using the structure-control optimisation. More extended discussion on the results of this optimisation can be found in (De Fonseca 2000; De Fonseca et al. 1999a).

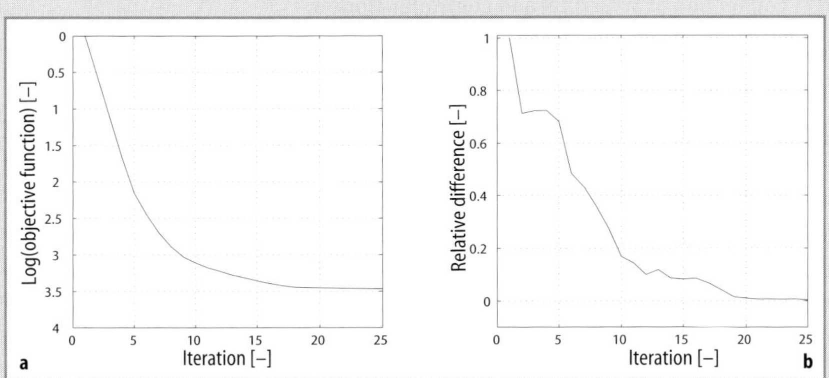

Fig. 6a,b Evolution of the logarithm of the normalized objective function **a** and of the termination criterion over the subsequent design cycles **b**

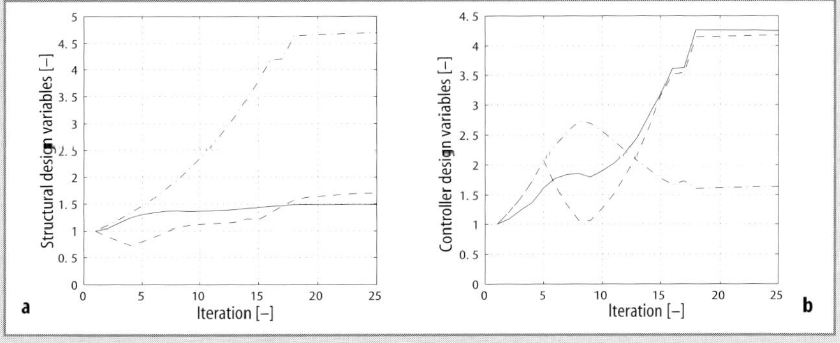

Fig. 7a,b Evolution of the design variables. **a** Structural (I_x in solid line, r_x in dashed line, p_x in dashed-dotted line), **b** controller (P_{vel} in solid line, I_{vel} in dashed line, P_{pos} in dashed-dotted line)

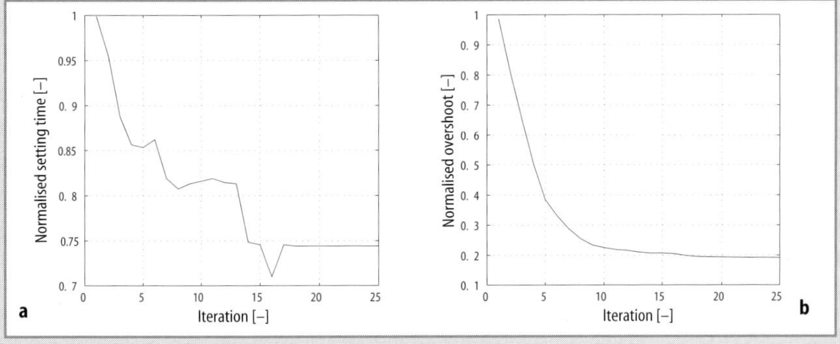

Fig. 8a,b Evolution of the mean settling time **a** and of the mean overshoot **b**

Direct Connection of Structural and Controller Models

The case study considered in the previous example is based on a finite-element model in MSC/Nastran. This finite element package does not allow to impose motion trajectories on the model and therefore a direct coupling between the structural and controller software is not interesting to consider. Moreover it is not possible to include non-linear effects into the structural modeling. To overcome these problems, other software tools have to be used. Several multi-body software packages (DADS, ADAMS) allow to include flexible elements into the model, but to the knowledge of the authors none of these packages is sufficiently matured in modeling and simulating motions with flexible elements. On the other hand, there are some finite-element packages which incorporate motions in their simulation libraries. One of these is Samcef/Mecano. This finite-element tool is used here to model a machine tool and a direct link is implemented with a controller designed in Matlab®/Simulink. Using Matlab®/RTW, C-code of the controller is generated and is incorporated as a user element in Samcef/Mecano. As the finite-element model is parameterised (and through the C-code generated by Matlab®/RTW also the controller parameters can be parameterised) this model can be used to perform a structure-control optimisation using a standard optimisation tool. For this optimisation Boss/Quattro, which has a user-friendly graphical user interface, is used.

This section describes an academic example of the control of a flexible beam using the presented software tools. The intention is not to perform a dedicated optimisation but to test the connection of the different software packages. The feasibility study concentrates on a test set-up consisting of a linear motor and a flexible beam mounted perpendicularly on the motor slide. (Fig. 9) (De Fonseca et al. 1999a,b; Van Den Braembussche et al. 1998a,b, Van Den Braembussche 1998). The goal is to make the end-point of the beam follow a prescribed trajectory. To damp the vibrations of the beam, the linear motor actuator can be used, or an extra actuator can be added to the end-point of the beam (Van Den Braembussche et al. 1998a,b; Van Brussel and Symens 2002). This set-up is modeled in Samcef/MECANO using rigid masses and beam elements. Initially a PID motor motion controller with saturated I-action is implemented in Matlab®/Simulink. As the integrating action is saturated, it is only active near the desired position, improving the step response significantly. The saturation of the I-action, together with a saturation of the motor force, introduces non-linearities in the simulation and optimisation process. To optimise the controller values the systems response to a step position trajectory together with a step disturbance force at the motor input are considered. The objective is to minimise the settling time with a restriction on the overshoot of the system. As already marked in the previous section, the settling time is a discontinuous function of the controller parameters and therefore not suited as objective for the optimisation. The objective function is therefore replaced by the Integrated Time Square Error (ITSE) which reduces the contribution of the large initial error to the value of the per-

Fig. 9 Flexible beam driven by linear motor

formance (Dorf and Bishop 1998). Boss/Quattro is used to perform a parameter analysis of this system. For a given range of the controller parameters P, I and D the ITSE objective function is calculated.

Figure 10 shows examples of the obtained ITSE performance. The objective function has no well-defined minimum in the parameter space and therefore the optimisation will find and optimum on one of the boundaries. This is shown in Fig. 11, which gives the evolution of the controller parameters as a function of the number of iterations. The response of the position of the motor and the tool acceleration to a position step input of 0.5 m at 0.1 s and a disturbance step input of 1N at 1.01 s for the system with the optimal controller values is shown in Fig. 12. The figure shows that a good step response is obtained but that the tool acceleration is poorly damped. As outlined in the first case study this originates from the low complexity of the PID controller. A PD controller is therefore added to a shaker at the end-tip of the beam. After implementing this PD controller significant damping is added to the tool acceleration as shown in Fig. 13.

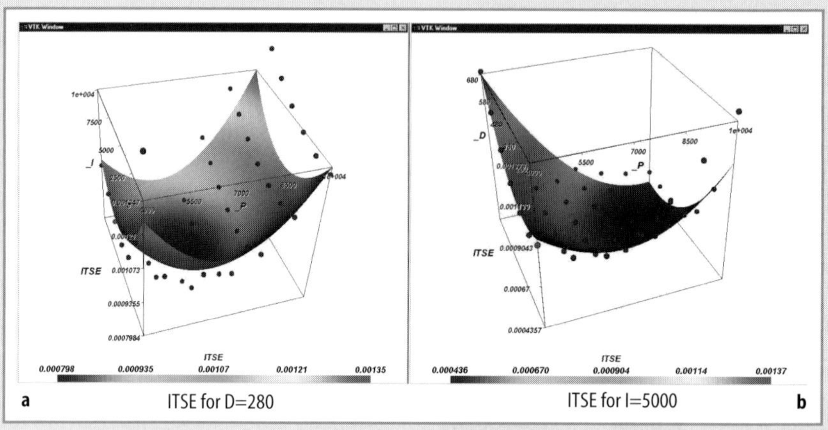

Fig. 10a,b Parameter analysis of ITSE for D=280 (**a**) and I=5000 (**b**)

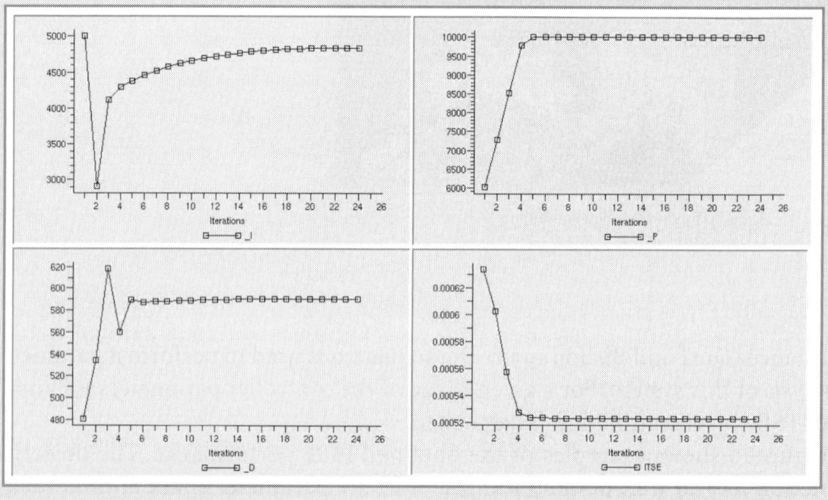

Fig. 11 Evolution of the design variables

Although the presented test case has an academic background it clearly demonstrates the usefulness of the coupling between the software packages Samcef/Mecano, Matlab®/Simulink and BossQuattro. In further research the finite element model of a realistic machine tool will be used to perform the mechatronic simulations.

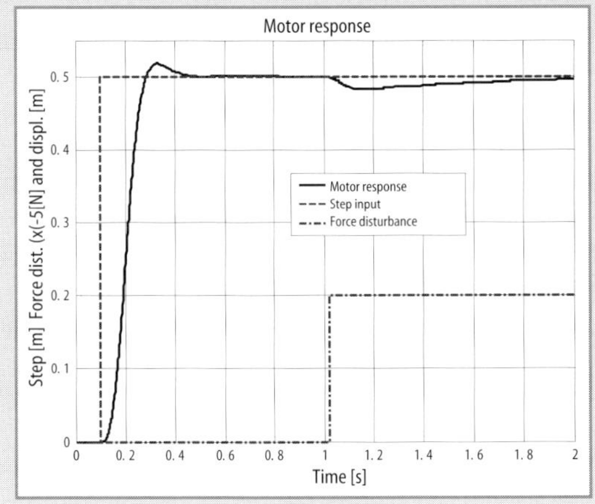

Fig. 12 Motor positon [m] (solid) for a step position input at 0.1s (dashed) and a step disturbance input at 1.01s (dashed-dot)

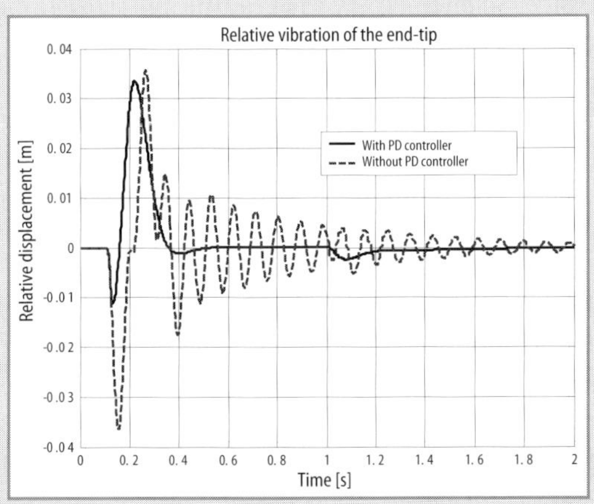

Fig. 13 Relative end-tip displacement [m] for a step position input and a step disturbance force input for the system with (solid) and without (dashed) PD vibration controller

Conclusions

In this paper, the connection between design tools for the structural design of machine tools and for the controllers of these machine tools has been presented. For the structural design two finite element packages are considered: MSC/Nastran and Samcef/Mecano. The controllers are designed using Matlab®/ Sumulink. The connection of these design tools is necessary if high performance machine tools need to be designed, as there is a strong interaction between the structural and controller dynamics of such machines. This strong interconnection demands for a concurrent design of both structural and controller elements.

The case studies show the relevance of combining the structural and controller design in a concurrent engineering framework. Work is still under way in which the direct coupling of the second case study is further extended to more practical machine tool models. The virtual environment will be used to investigate the influence of non-linearities, present in the model, on the performance of the machine and to test the performance of non-linear control strategies for machine tools.

Acknowledegements

W. Symens is a Research Assistant of the Fund for Scientific Research – Flanders (Belgium) (F.W.O.). The scientific responsibility is assumed by its authors. This work was supported in part by the MECOMAT Growth project: GRD1-2000-25270 and by the Belgian program of Interuniversity Poles of Attraction by the Belgian State, Prime Minister's Office, Science Policy Programming (IUAP).

References

Bianchi G, Paolucci F, Van Den Braembussche P, Van Brussel H, (1996) Toward virtual engineering in machine tool design, Annals of the CIRP, 45/1:381–384

Brüls O, Duysinx P, Golinval J-C (2002) An adaptation of the newmark scheme for the integrated simulation of mechatronic systems, Proc. of the 6th International Conference on Motion and Control, MOVIC, Japan

De Fonseca P (2000) Simulation and optimization of the dynamic behavior of mechatronic systems, PhD thesis Katholieke Universiteit Leuven

De Fonseca P, Van Brussel H, Sas P (1998a) The use of component mode synthesis techniques in the design and the optimization of mechatronic systems, Proc. of 2nd Int. Conf. on Integrated Design and Manufacturing in Mechanical Engineering, IDMME '98, 377–384

De Fonseca P, Van Brussel H, Sas P (1998b) Dynamic model reduction of a flexible three-axis milling machine,Proc. of 23th International Noise and Vibration Engineering Conference, ISMA 23, Leuven, 1:185–194

De Fonseca P, Van Brussel H, Sas P (1999a) Integrated structure-control design of a three-axis milling machine, ASME Design Engineering Technical Conferences DETC 99, with MOVIC 99, Las Vegas

De Fonseca P, Van Brussel H, Sas P (1999b) Motion and vibration control of a flexible structure, Proc. of 17th International Modal Analysis Conference, IMAC XVII, Kissimmee, 302–308

Dorf RC, Bishop RH (1998) Modern Control Systems, Addison-Wesley

Reinhart G, Weissenberger M, (1999) Multi-body simulation of machine tools as mechatronic systems for optimization of motion dynamics in the design process, Proc. 1999 IEEE/ASME Int. Conf on Advanced Intelligent Mechatronics AIM99,Atlanta, USA, 605–610

Van Brussel H (1996) Mechatronics-A powerful concurrent engineering framework, IEEE/ASME Trans. Mechatronics, 1/2:127-136

Van Brussel H, Sas P, Németh I, De Fonseca P, Van den Braembussche P (2001) Towards a Mechatronic Compiler, IEEE/ASME Transactions on Mechatronics, 6/1:90–105

Van Brussel H, Symens W (2002) Vibration and motion control of mechatronic systems, ACOMEN 02, Liège

Van Den Braembussche P (1998) Robust Motion Control of High-Performance Machine tools with Linear Motors, PhD, Faculteit Toegepaste Wetenschappen, PMA, KULeuven

Van Den Braembussche P, De Fonseca P, Van Brussel H, Sas P (1998a) Active control of machine tool flexibility, 4th International Conference on Motion and Vibration Control, MOVIC, Zurich, 751–756

Van Den Braembussche P, Swevers J, Van Brussel H (1998b) Control of the 6tructural flexibility of a machine tool, Proc. of International Seminar on Improving Machine Tool Performance, San Sebastian, 1:339–350

Simulation des Herstellprozesses von PKW-Fahrwerkfedern

DR.-ING. HARTMUT SALJÉ

»Prozess-Simulation hilft, Entwicklungszeiten zu verkürzen und optimales Produktdesign zu generieren.«

HARTMUT SALJÉ

Hartmut Saljé studierte Maschinenbau an der Technischen Universität Braunschweig, Fachrichtung Fertigungstechnik und machte 1981 sein Diplom. Ab Dezember 1981 war er wissenschaftlicher Mitarbeiter am Lehrstuhl für Werkzeugmaschinen (WZL) der RWTH-Aachen unter Leitung von Prof. Manfred Weck mit Promotion zum Dr.-Ing. im September 1987. Während seiner Assistententätigkeit und als Oberingenieur der Abteilung „Getriebetechnik" am WZL führte er wissenschaftliche Arbeiten auf dem Gebiet der Verzahnungstechnologie und entsprechender Fertigungsverfahren durch. Von 1989–1991 kam er industriellen Tätigkeiten in der Fa. Freudenberg/Weinheim Sparte „Dichtungen und Formteile" nach und war Mitarbeiter in der Hauptabteilung Unternehmensplanung der Mannesmann AG/Düsseldorf. Anschließend trat er in die Fa. Muhr und Bender KG als Projektmanager für ein neues Werk in Weißensee/Thüringen ein und wurde später Werkleiter. Ab 1998 übernahm er die Leitung der strategischen Geschäftseinheit Fahrwerkfedern mit Verantwortung für die Produktionsstandorte in Deutschland, Tschechien und Italien.

Simulation des Herstellprozesses von PKW-Fahrwerkfedern

Hartmut Saljé

Die Aufgabe

Die über 100 Jahre währende Fortschreibung der automobilen Entwicklung – als Folge des nach wie vor global steigenden Mobilitätsdranges – erfordert Kraftfahrzeuge, die so ausgestattet sind, dass das individuelle Fahren auf den frei gewählten, teilweise recht unterschiedlich ausgebauten Fahrstrecken den hohen Fahransprüchen gerecht wird. Die Fahreigenschaften der betrachteten Fahrzeuge werden daher nicht nur nach einfachen Sicherheits- und Komfortkriterien, sondern auch bzgl. weiterreichender Performance- und Handlingeigenschaften beurteilt.

Die Erfüllung dieser Forderung macht den Einsatz federnder und dämpfender Bauelemente zwischen Fahrwerk und Fahrzeugaufbau notwendig. Diese müssen einerseits fahrbahnerregte Stöße, Störungen und Schwingungen weitgehend von der Fahrgastzelle fernhalten und andererseits eine optimale Bodenhaftung und Traktion der Räder in allen – auch grenzwertigen – fahrdynamischen Zuständen des Fahrzeugs gewährleisten.

Der Einsatz dieser Bauelemente wird neben ihren physikalischen Eigenschaften zur Realisierung oben aufgeführter Merkmale durch ihre Kosten bzw. Wirtschaftlichkeit, ihre Größe infolge der Bauraumrestriktionen am Fahrzeug, ihre Ausfallsicherheit bzw. Wartungsfreiheit sowie ihre Entsorgungssicherheit bestimmt. Als federnde Elemente sind besondere Schraubendruckfedern aus Stahl geeignet, da sie aufgrund der aufgeführten Anforderungen in Summe die größten Vorteile aufweisen.

Die prozesssichere Herstellung derartiger Federn bedingt aufgrund der komplexen Fertigungsfolge einen besonderen Aufwand. Dieser ist darin begründet, dass hier nicht eine einfache Technologie vorliegt, welche leicht überprüfbar und mit wenigen eindeutigen physikalischen Größen zu beschreiben und damit zu regeln ist. Aufgrund der hohen geforderten Festigkeiten des Federdrahtmaterials mit über 2100 MPa ist eine Wärmebehandlung (Vergüteprozess) des Federdrahtes unumgänglich. Idealerweise wird dieser Prozessschritt vor der Formgebung durchgeführt. Nach dem „Kaltwickeln" der Feder auf NC-Automaten erfolgen die Prozessschritte „Spannungsarmglühen", elastoplastische Kalibiervorgänge sowie Kugelstrahlprozesse, um der Feder die geforderten Eigenschaften bzgl. Lebensdauer, Setzeigenschaften sowie Federkennlinie abzugewinnen (Neubrand und Brandt 2003). Die dem Formgebungsschritt „Kaltwickeln" nachgeschalteten Technologien dienen insbesondere dem Abbau von Zugeigenspannungen im Material bzw. dem Aufbau von Druckeigenspannungen auf der hochbelasteten Drahtoberfläche.

Alle aufgeführten Fertigungsschritte mit gezielten Eigenspannungsveränderungen bewirken elastoplastische Deformationen an dem eingesetzten, höchstfesten Stahl und haben naturgemäß Rückwirkungen auf die ursprüngliche geometrische Form der Feder beim Wickeln.

Es muss also Ziel sein, auf der Basis der vorgegebenen Konstruktionsdaten des Fahrwerks in Form einer Vorausberechnung die Geometriedaten optimaler PKW-Federn zu berechnen, den NC-Datensatz für den formgebenden Wickelprozess zu generieren sowie die nachfolgenden Prozessparameter zu definieren.

Die technische Lösung

Historie der Feder

Die Feder ist neben Hebel und Rad eines der ältesten Maschinenelemente. Erste Federelemente aus Holz in Tierfallen werden auf 4000–3000 v. Chr. datiert. Biegefedern – gerade und gewunden aus Bronze als Gewandnadel – sind um 1400 v. Chr. nachgewiesen (Draht 1999).

Blattfedern, auch geschichtet – ähnlich einer PKW-Blattfeder – findet man um 800–1400 n. Chr. an Armbrust-Geschützen. Leonardo da Vinci – wer sollte es sonst gewesen sein – konstruiert als erster eine Schraubendruckfeder mit rundem Drahtquerschnitt für den Einsatz in einem Radschloss (Abb. 1). Mit Fortschritt der Technik, insbesondere auch mit Verbesserung der eingesetzten (Stahl-)Materialien haben sich bis heute die unterschiedlichsten Federformen und Einsatzfälle weiterentwickelt (Draht 1999).

Als die ersten Motorwagen zusammengeschraubt wurden, hielten sich die Erbauer an den Stand der Technik zu damaliger Zeit und orientierten sich am Kutschenvorbild mit „Vollelliptikfeder" (Abb. 2) (mot 1991). Die erste Schraubenfeder als Fahrzeugfeder im heutigen Sinne wurde von Gottlieb Daimler 1892 eingesetzt. In seinem „Patent-Motorwagen" von 1885 arbeitete allerdings noch eine „Vollelliptikfeder". Diese entspricht zwei „spiegelbildlich" aufeinandergesetzten und gewölbten Blattfederpaketen, wie man sie heute als einfaches Blattfederelement noch von alten PKW-Achskonstruktionen kennt.

Von der Erfindung des Motorwagens bis in die 40er-Jahre des letzten Jahrhunderts haben sich die Radführungen, Achskonstruktionen, Feder- und Stabilisatorelemente in viele Richtungen entwickelt. In Abhängigkeit des jeweiligen Fahrwerkkonzeptes waren jedoch insbesondere Blattfedersysteme und Drehstabsysteme maßgebend (mot 1991).

Der heutige, nahezu 100 % dominante Einsatz der Schraubenfeder – sowohl an Vorder- als auch an Hinterachsen – ist zusammenfassend auf folgenden Sachzusammenhängen begründet.

Abb. 1 Leonardo da Vinci; Radschlossfeder als Fotomontage mit einer PKW-Fahrwerkfeder

Im Gegensatz zu einem Blattfederpaket hat eine Schraubenfeder keine Reibung; in Kombination mit einer ausgeklügelten Radführungskinematik und einem Wankausgleich (Stabilisatortechnik) lassen sich technisch hochwertige und raumsparende Hinterachskonstruktionen sowohl für Heck- als auch für Frontantrieb kostengünstig realisieren.

Der Einsatz von Schraubenfedern an der Vorderachse ist durch die geniale Erfindung von Earl S. Mac Pherson hervorgerufen. Der Amerikaner erhielt 1953 das Patent für sein „McPherson-Federbein", welches bzgl. Komforteigenschaften, Bauraumanforderungen und Kosten allen bisherigen Systemen überlegen war. Paradoxerweise wurde das Federbeinkonzept vorwiegend in Europa und Japan genutzt und durch den Siegeszug des Frontantriebs auch noch massiv weiterentwickelt (z.B. negativer Lenkrollenradius; Einsatz im PKW Audi 80, 1972).

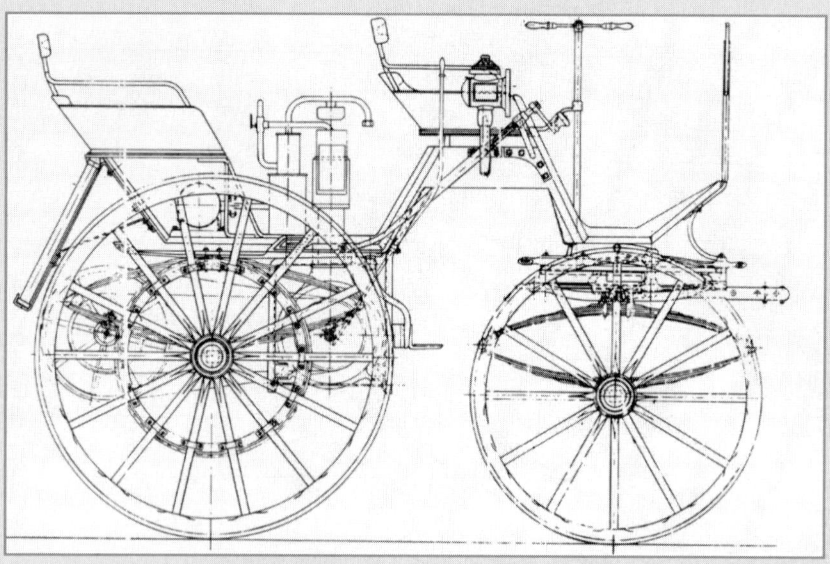

Abb. 2 Anfänge des Automobils mit Vollelliptikfeder; Gottlieb Daimlers Patent-Motorwagen von 1885

Eine weitere Komfortverbesserung am McPherson-Federbein ist durch eine Optimierung der Federkraftlinien im Federbein realisiert. Ziel ist hier, den im Federinneren angeordneten Stoßdämpferkolben (Abb. 8) querkraftfrei arbeiten zu lassen. Dies garantiert insbesondere bei kleinen Auslenkungen und „Stuckerbewegungen" ein sauberes Ansprechen und Einlenken des Federsystems, da der sonst mögliche „Stick-Slip-Effekt", welcher Fahrbahnstöße ungefiltert als Bewegung an die Karosse bzw. Fahrgäste weiterleiten würde, nicht auftritt.

Designentwicklung und Technologievorgabe für PKW-Fahrwerksfedern durch Vorausberechnung und Simulation

Die geforderten Fahrwerkabstimmungen moderner PKW erfordern den Einsatz besonderer Hochleistungsfedern aus Stahl, wobei die Anforderungen und Toleranzen bezüglich Einhaltung der Federkennlinie, Maßhaltigkeit der Federgeometrie (Freigang/Berührungsfreiheit), einer statistisch abgesicherten Schwingfestigkeit (Lebensdauer), ihrer Kriech- bzw. Setzeigenschaften sowie ihres geringen Gewichts als äußerst hoch einzustufen sind. Abbildung 3 zeigt den möglichen Ablauf zur Ermittlung bzw. Vorgabe der notwendigen Schraubenfedergeometrie.

Ausgehend vom Lastenheft des Kunden wird unter Berücksichtigung der Einfederbedingungen am Fahrzeug das Federdesign bestimmt. Wesentliche Beurteilungskriterien sind geforderte Federkraft und Federrate, die notwendi-

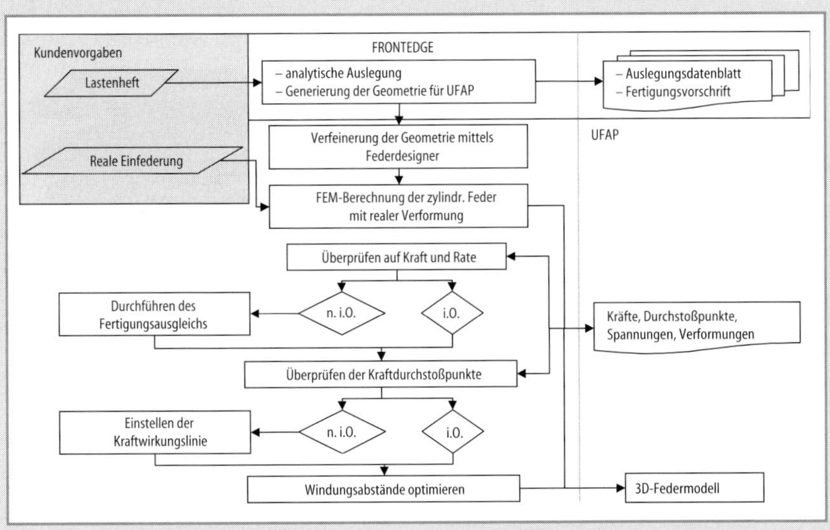

Abb. 3 Virtueller Entwicklungsprozess: vom Lastenheft des Kunden zum 3D-Federmodell (Neubrand und Brandt 2003)

ge, nicht rotationssymmetrische Generierung der Federkraftmittellinie, (s. auch Abb. 8) sowie der geforderte Bauraum. Zusätzliche Kriterien wie Nichteinhaltung der Windungsfreiheit sind KO-Kriterien, da in diesem Fall Federwindungen während des Einfederns aufeinanderschlagen und Geräuschprobleme sowie Oberflächenbeschädigungen hervorrufen würden (Abb. 4). Zum allgemeinen Verständnis sei nochmals hinzugefügt, dass die starke S-förmige Mittellinie dazu dient, unter minimalen Platzanforderungen eine 100 % sichere Seitenkraftfreiheit der Dämpferkolbenstange zu garantieren, was wiederum ein sensibles Ansprechen und Einlenken des Federbeins zur Folge hat und vom Fahrer als deutliche Komfortverbesserung aufgenommen wird.

Abbildung 5 zeigt die enormen Unterschiede zwischen herkömmlicher Berechnung und dem Simulationsergebnis. Nur die höherwertige Berechnungsmethode lässt eine Bestimmung der Kraftwirkungslinie der Feder zu. Die erhaltenen Geometriedaten ermöglichen einen wesentlich schnelleren Serieneinsatz, da die hier vorgestellten Iterationsschleifen ansonsten in der Realität physikalisch hätten durchlaufen werden müssen.

Gleichfalls lassen sich die resultierenden Beanspruchungen und Verformungen darstellen. Abbildung 6 zeigt die gute Übereinstimmung zwischen Rechnung und Messung.

Durch die S-förmige Gestalt der Feder können lokale Spannungsspitzen in einzelnen Windungsabschnitten generiert werden, sie lassen sich bereits in der Auslegungsphase bewerten und korrigieren. Auch hier wird eine erhebliche Verkürzung der Entwicklungszeit möglich, große Überraschungen bei der Ein-

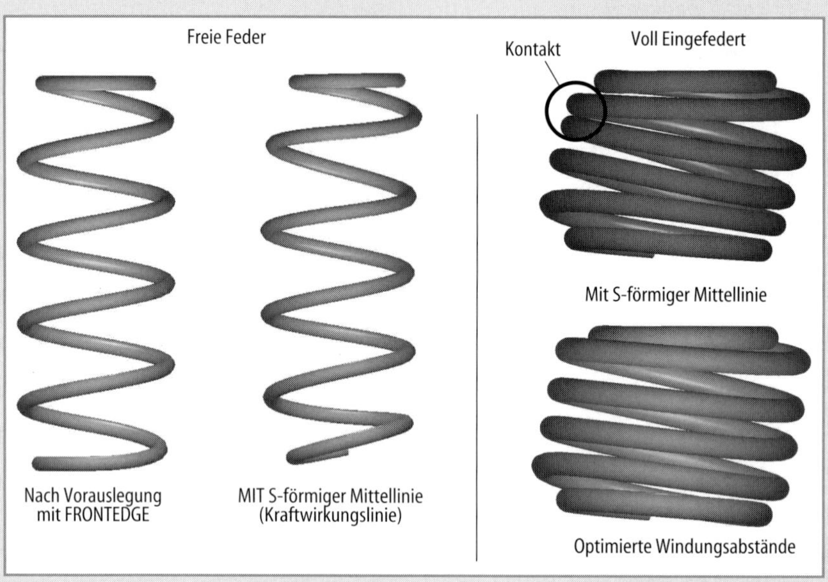

Abb. 4 Geometrieentwicklung des fertigen Federdesigns

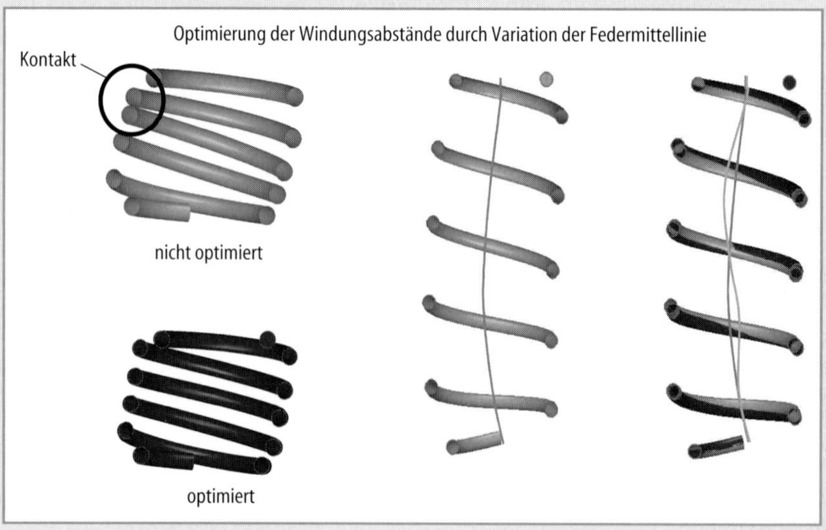

Abb. 5 Entwicklung optimaler Windungsabstände und entsprechender Kraftwirkungslinie

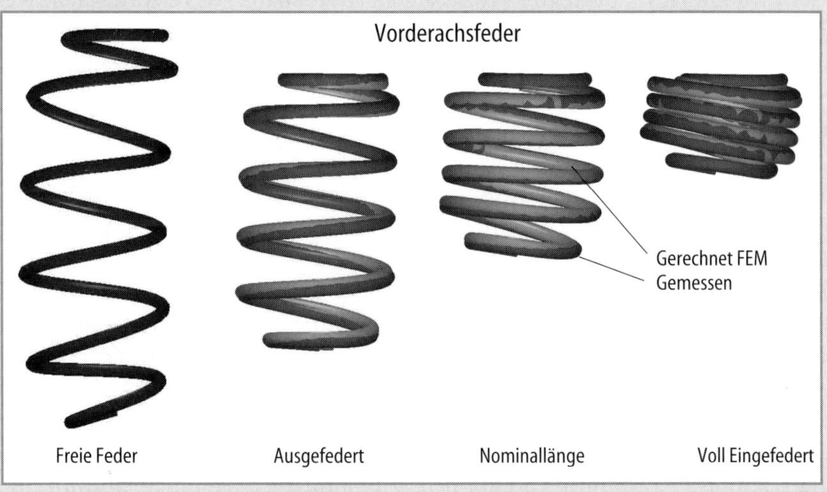

Abb. 6 Validierung der FEM-Methode mit gemessenen Werten bei unterschiedlichen Einfederungen

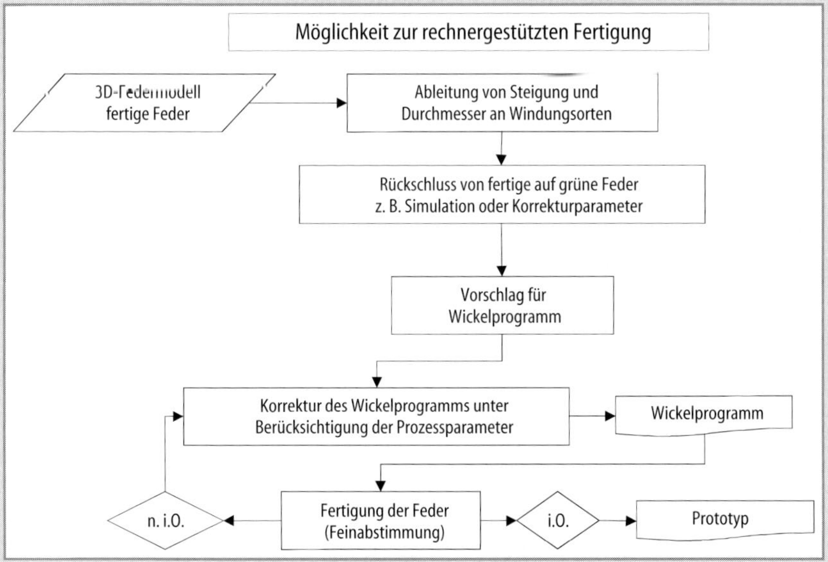

Abb. 7 Virtueller Entwicklungs- und Produktionsprozess von Schraubenfedern; Gesamtablauf

haltung der geforderten Lebensdauerwerte der Feder sind üblicherweise nicht zu erwarten.

Einen Ausblick zur Weiterentwicklung der vorgestellten Optimierungsstrategie zeigt Abb. 7. Ausgehend vom beschriebenen 3-D-Federmodell der einbaufertigen

Feder wird mit Hilfe abgelegter Prozessdaten (Datenbank) das erforderliche NC-Wickelprogramm der Feder als Vorschlag generiert. Hierbei ist nach Fertigstellung des Prototyps gegebenenfalls noch eine Feinabstimmung notwendig.

Das Produkt

Abbildung 8 zeigt die Auswirkung einer Federoptimierung im McPherson-Federbein für den Einsatz in einer neuen Fahrwerksabstimmung (Neubrand und Brandt 2003).

Die Abbildung verdeutlicht die erforderliche räumliche Lage der Kraftwirkungslinie der Achsfeder im Federbein. Durch die s-förmige Ausprägung der Federmittellinie wird eine zur Dämpferachse schräg liegende Kraftwirkungslinie erzeugt. Sie bewirkt die notwendige Kompensation der seitlich auftretenden Reaktionskraft im Federbein. Durch den querkraftfreien Betrieb des Dämpferelementes ist ein optimales dynamisches Ansprechverhalten der Systemgruppe Feder/Dämpfer garantiert. Abbildung 9 zeigt eine durchgeführte Optimierung an einem realen Federbein.

Neben der bereits aufgeführten Funktionsverbesserung gemäß Abb. 8 kann hier durch ein spannungsoptimiertes Design gemäß Abschnitt „Designentwicklung und Technologievorgabe für PKW-Fahrwerksfedern durch Vorausberechnung und Simulation“ das Federgewicht erheblich reduziert werden. Die Feder-

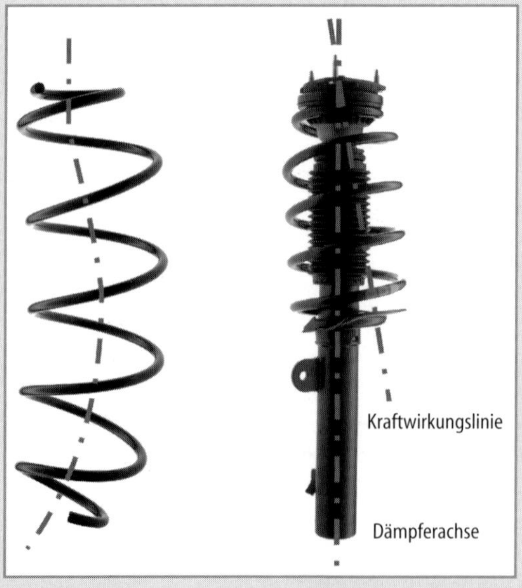

Abb. 8 Funktionsprinzip zur Wirkungsweise einer querkraftfreien Stoßdämpferfunktion im McPherson-Federbein.

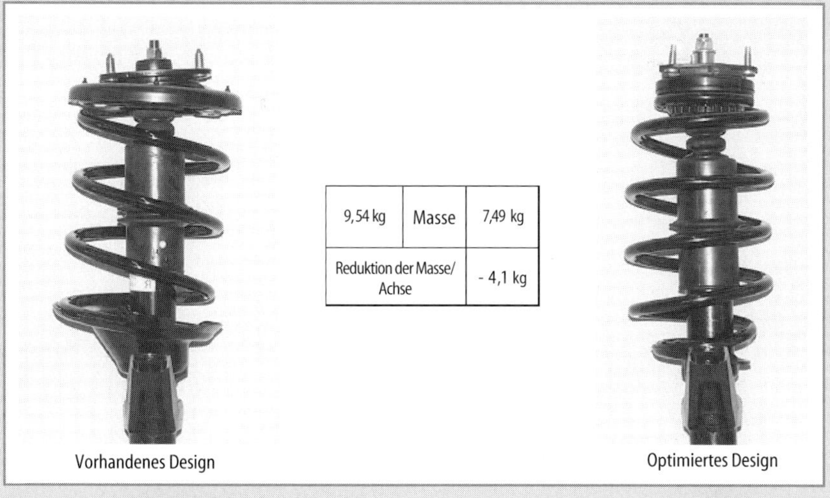

Abb. 9 Optimiertes McPherson-Federbein

geometrie lässt wesentlich kleinere Federteller zu, so dass das Gesamtgewicht pro Federbein um mehr als 2 kg reduziert wird. Für die betrachtete Fahrzeugachse bedeutet dies eine gesamte Gewichtsersparnis von mehr als 4 kg bei verbesserten technischen Daten bzgl. Federkomfort und Bauraumanforderungen.

Literatur

Neubrand J, Brandt R (2003) Optimierung des Designs und Simulation des Fertigungsprozesses von PKW-Schraubenfedern; Mubea-Tec-Day; 14./15. Mai 2003 in Erfurt

Zur Geschichte der Federn; Sonderausgabe „Draht“ 6/1999; Sonderteil zum 50. Jahrgang; Verlag Meisenbach GmbH, Bamberg

mot spezial; Sonderausgabe „Alles über das Fahrwerk“ Vereinigte Motorenverlage GmbH & Co KG, Stuttgart, SH 04/91 001

Organisation

System Design and Complexity

Prof. Dr. Nam P. Suh

»The purpose of this article is to review how we can use the axiomatic design theory, and the theory a derivative, the complexity theory, as the basis of system design.«

NAM P. SUH

Nam P. Suh was educated at Buckingham, Browne and Nichols School (1955), MIT (S.B., 1959, and S.M., 1961) and Carnegie-Mellon University (Ph.D., 1964). Prior to joining the MIT faculty, Professor Suh was with the University of South Carolina (1965–1969), USM Corporation (1961–1965), and Guild Plastics, Inc. (1958–1960, part-time). He has been on the MIT faculty since 1970. During this period he was the Founding Director of the MIT Laboratory for Manufacturing and Productivity (1977–1984). He was also the Founder and Director of the MIT-Industry Polymer Processing Program (1973–1984), Head of the Mechanics and Material Division of the Mechanical Engineering Department (1975–1977), and a member of the Engineering Council of MIT (1980–1984 and 1991–2001). During his tenure (1991–2001) as the Head of the Department of Mechanical Engineering at MIT, the Department was engaged in redefining the discipline of mechanical engineering for the era of information and biology revolution. His goal was to transform the mechanical engineering discipline from that of a largely physics based one into one that is based on physics, information, biology, and design science.

System Design and Complexity

Nam P. Suh

Introduction

The ultimate outcome of engineering is the creation of engineered systems. Engineered systems are designed to perform a certain set of desired functions. Machine tools, software systems that run manufacturing systems, space shuttles, computers, and automobiles are examples of systems that are designed to fulfill certain functions. Even human beings creating these engineered products are systems; consisting of small systems such as neurons and large systems such as brains. What is common about all these systems is that they all perform a set of functions using physical entities or elements. In the past, systems have been created by trial-and-error, and lots of testing to refine the system and eliminate malfunctions. They improved the design learning from failures. Nature has had billions of years to eliminate the things that do not work. Our goal is to create engineered systems based on theories and methodologies so that the long-time consuming and costly processes can be reduced.

A system may be defined as an assembly of hardware and software that performs a required set of functions within a given set of constraints. Systems are becoming increasingly complicated because they are expected to perform more functions than ever before. These systems are also required to process a large amount of information. Hardware, found in engineered systems, is becoming more abundant as it becomes smaller physically. In most cases, these systems must deal with a larger number of functions to a greater precision than ever before. This increases "complexity". Because there are too many permutations and combinations, traditional empirical approaches to system design cannot deal with this increased complexity. Furthermore, a system fails when a small component or a line of software code fails to perform properly because of poor design. A system must be designed in a way so that all parts of the system function without failure. Systems should also be designed to be robust so that they perform their functions even when external conditions randomly change.

One of the most important and difficult tasks in system design is the determination of the functional requirements (FRs) that the system must perform. Initially, we have to state the highest-level FRs, which are the overarching goals for the system to achieve to satisfy the customer needs. Through a series of decomposition by zigzagging between the functional domain and the physical domain, we develop the details of design, which are defined by a set of design parameters (DPs) that can be implemented to achieve the highest-level functional goals. The decomposition process ends at the leaf level DPs, which are the lowest level DPs that can be implemented without further design.

During the mapping of the functional domain to the physical domain, the design must satisfy two axioms: the independence axiom and the information axiom. Many machines, systems, software, and materials were designed in this way, some of which are given in books on axiomatic design. One example, given in Suh (2001), is the chemical mechanical planarization (CMP) machine, which was designed and manufactured by four inexperienced graduate students at MIT in less than two years. These students designed and built the machine in a fraction of time and cost that would have been spent by an industrial firm. In addition, their machine is better than a commercial machine in terms of its performance. This indicates that the power of a systematic approach to design is that it avoids the creation of problems that require costly debugging and trial-and-error.

System design is invariably related to complexity. In axiomatic design, complexity is defined as the measure of uncertainty in achieving the FRs within their allowable tolerance or accuracy. According to this definition, if a given system achieves a desired set of FRs only some of the time, the complexity increases. The complexity is not related to the number of parts or the lines of software code, but to the uncertainty associated with achieving the FRs. A complexity theory, derived from the design axioms, indicates that there are four different kinds of complexities that have important implications on system design. The four complexities are the following: time-independent real complexity, time-independent imaginary complexity, time-dependent combinatorial complexity and time-dependent periodic complexity (Suh 1990). Each one of these complexities has important implications on system design (Suh 1990, 2001, 1999; Suh and Lee 2002). It is interesting to note that the complexity theory may even apply to biological systems (Suh and Lee 2002).

The purpose of this paper is to further explore the relationship between the system design and complexity in terms of the complexity theory and the axiomatic design theory.

Review of the Axiomatic Design Theory and Complexity Theory

System design based on axiomatic design theory and the complexity theory (a result of the axiomatic design theory) will be reviewed first before discussing their applications to system design. We will then consider the application of these theories on manufacturing systems.

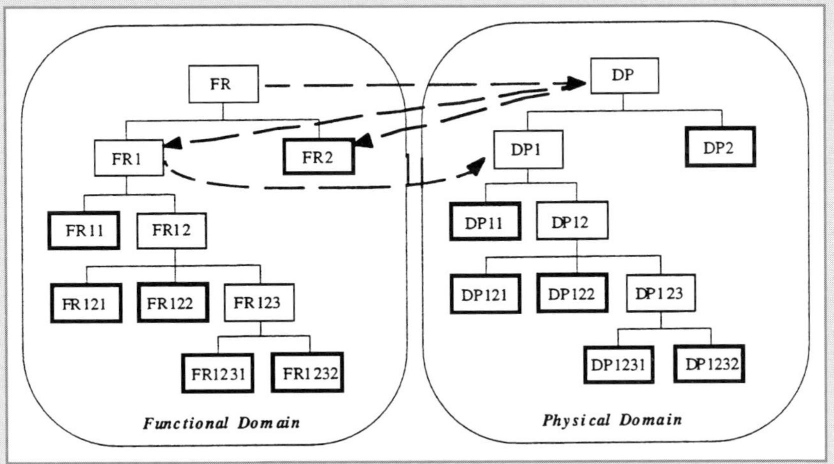

Fig. 1 Zigzagging to decompose FRs and DPs in the Functional and the Physical Domains and to create the FR and DP hierarchies. Boxes with thick lines represent "leaves" that do not require further decomposition

Axiomatic Design Theory for Systems

Axiomatic Design (AD) theory provides a systematic way of generating good designs by noting that design (or synthesis) involves mapping from the functional domain to the physical domain and then from the physical domain to the process domain. The first step in the design of systems is to develop a set of FRs based on the assessment of customer needs. Next, we have to conceptualize a design and determine the design parameters (DPs) that satisfy the FRs. According to AD theory all the good designs must satisfy two design axioms, the Independence Axiom and the Information Axiom. The Independence Axiom states that the FRs at a given level of hierarchy of a system (not DPs) must always remain independent from each other. The Information Axiom states that the information, which is a logarithmic function of the inverse of the probability of achieving FRs, must be minimized.

The functional domains are characterized by a set of functional requirements (FRs) and the physical domain is characterized by a set of design parameters (DPs). These FRs and DPs must be decomposed to the leaf-level to relate the higher-level FRs to the lowest-level DPs by decomposing in zigzagging manner between the two domains as shown in Fig. 1. Although not shown, a similar mapping and zigzagging is done between the physical domain and the process domain, which is characterized by process variables (PVs).

a The Independence Axiom

In order to satisfy the Independence Axiom, the relationship between the FR- and the DP-vectors, represented by a matrix (called the design matrix), must be diagonal or triangular. The relationship between these FRs and DPs is given by the following design equation:

$$\{FRs\} = A\{DPs\}$$

$$[A] = \begin{vmatrix} A_{11}A_{12}A_{13}\ \ldots \\ A_{21}A_{22}A_{23}\ldots \\ A_{31}A_{32}A_{33}\ldots \\ \ldots\ldots\ldots\ldots\ldots \end{vmatrix} \tag{1}$$

where the vectors {FRs} and {DPs} are related to each other through the design matrix [A].

This type of system with a diagonal design matrix is called an *uncoupled* system. If the system is represented by a triangular matrix, the DPs must be changed according to the sequence given by the triangular matrix. This type of design is called a *decoupled* design. All other designs that do not satisfy the independence of functions are called *coupled* designs.

Uncoupled and decoupled systems do satisfy the Independence Axiom, but the coupled system does not. From a mathematical point of view, even for a coupled system, there is a unique mathematical solution, but this kind of coupled system is not robust when there are random variations in the system, since all FRs are affected by all the variations and changes of the DPs and the design elements (i.e., A_{11}, etc).

b The Information Axiom

Most FRs have a finite allowable tolerance, called the design range, associated with them. The larger the design range, the more robust the system is. The DPs chosen to satisfy the FRs may have a random variation associated with them. As a result, most physical and biological systems have a certain probability distribution for FRs, called the system range. Figure 2 shows the design range and system range schematically. When the system range is fully inside the design range (Fig. 3), the FR is always fully satisfied, whereas when the system range overlaps the design range only partially (Fig. 2), there is a finite probability that the FR may not be satisfied. When the system range is not fully inside the design range, even the performance of an uncoupled design can become very complicated when there are many FRs that must be satisfied simultaneously. If the design has several layers of decomposition (as in the case of biological cells), the system

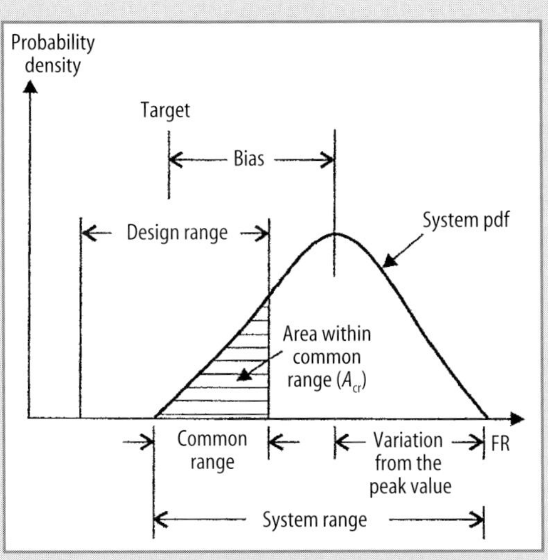

Fig. 2 Probability density function of a functional requirement (FR). The design range is the allowable tolerance of the FR and the system range is the actual variation of the FR. The system is performing at an acceptable level only when the system range and the design range overlap, this is called the common range

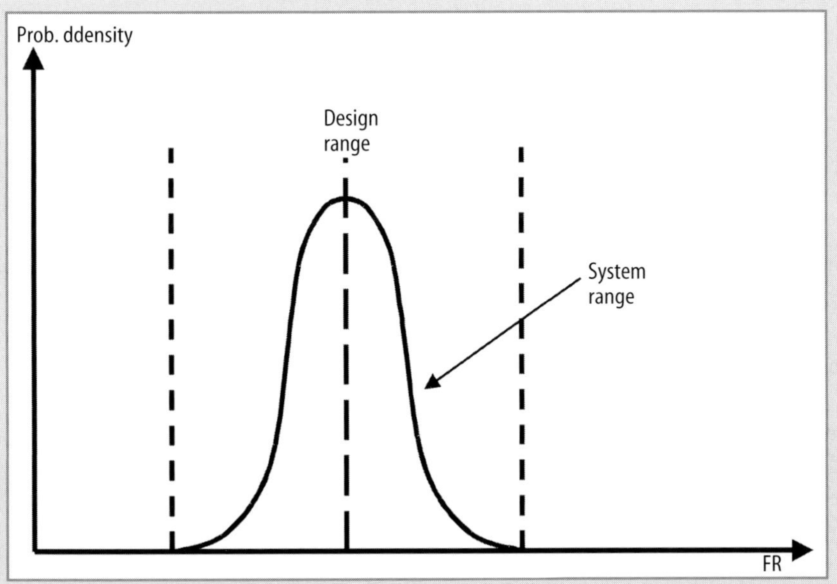

Fig. 3 The system range of the FR is inside the design range. Therefore, the system always satisfies the required functions. In a biological system, this means that the desired function (e.g., cell) can be fulfilled by the system. If the system is an uncoupled or decoupled system, the system can respond to random variations and keep the functions within an allowable limit

performance cannot be easily predicted because of the real complexity discussed in the next section.

Information content is defined as the measurement of the probability of successfully satisfying the FRs. If the system pdf (new abbreviation pdf = probability density function) for a given FR_i is denoted as p_s (FR_i), then the probability of P_i satisfying FR_i is given by

$$P_i(dr^l \leq FR_i \leq dr^u) = \int_{dr^l}^{dr^u} p_s(FR_i)d(FR_i) \tag{2}$$

where dr^l and dr^u are the lower and upper limits of the design range, respectively. The information I_i is defined in terms of the probability P_i of satisfying a given FR_i as

$$I_i = -\log_2 P_i \tag{3}$$

In the general case of m FRs, the information content for the entire system I_{sys} is

$$I_{sys} = -\log_2 P_{\{m\}} \tag{4}$$

where $P_{\{m\}}$ is the joint probability when all m FRs are satisfied.

When all FRs are statistically independent, as is the case for an uncoupled design, $P_{\{m\}}$ is equal to a product P_i as ΠP_i. Therefore, I_{sys} may be expressed as

$$I_{sys} = \sum_{i=1}^{m} I_i = -\sum_{i=1}^{m} \log_2 P_i \tag{5}$$

For a decoupled design,

$$I_{sys} = -\sum \log_2 P_{i|\{j\}} \qquad \{j\} = \{1,2,\ldots,i-1\} \tag{6}$$

where $P_{i|\{j\}}$ is the conditional probability that FR_i is satisfied given that $\{FR\}_{j=1,\ldots,j-1}$ are also satisfied.

Complexity Theory for Systems

Based on axiomatic design and other observations, a complexity theory has been advanced. To eliminate the confusion created by random discussions that have taken place around the meaning of the word "complexity", in this complexity theory, complexity is defined as

"Complexity is defined as the measure of uncertainty in achieving the FRs."

In some cases, the uncertainty is equal to the information content, which is a consequence of the Information Axiom. However, in some decoupled designs, the complexity cannot be captured by the information content. Furthermore, the information content may be a time-varying function, depending on the system design. These points are very important in understanding system behavior and designing systems.

The complexity theory states that there are the four following kinds of complexities:

1. Time-independent real complexity
2. Time-independent imaginary complexity
3. Time-dependent combinatorial complexity
4. Time-dependent periodic complexity

Each one of these complexities will be reviewed and its implications will be discussed.

a Time-independent real complexity

When a system behaves in a way so that the probability density of the system range cannot be inside the design range (see Fig. 3), there is a finite uncertainty that the FR cannot be satisfied. In this case, the real complexity of the system, CR, is equal to the information content I_{sys} as

$$C_R = I_{sys} \tag{7}$$

In the case of designing manufacturing systems, if the outcome of the system design involves some uncertainty, the task appears to be "complex". As uncertainty increases, the complexity increases. This type of complexity is called the Time-independent real complexity. The time-independent real complexity is a measure of the difficulties involved in achieving a task (i.e., FRs within the desired accuracy). A task is complex, when there is no assurance that it can be achieved 100 % of the time. With time-dependent real complexity, we cannot automate manufacturing systems, since some of the parts will be outside of the allowable tolerance.

To eliminate the time-independent real complexity of engineered systems, the system must be designed by creating uncoupled or decoupled designs so that FRs can be satisfied within the specified accuracy. The real complexity tends to increase when the allowable tolerance, i.e., the design range, is made smaller since the system may not be able to produce products that are within the design range at all times.

b Time-independent imaginary complexity

Time-independent imaginary complexity is a complexity that is not real, but exists because of our lack of understanding or ignorance about the system architecture and system behavior. Time-independent imaginary complexity exists in a decoupled system with a triangular matrix. Such a system yields the desired functions only when the physical parameters are changed in the correct sequence. Since the number of combinations (of a square matrix[1]) is given by the m factorial where m is the number of FRs, the probability of achieving the FRs of a decoupled system, P_{sys}, is given by

$$P_{sys} = \frac{1}{m!} \tag{8}$$

The real information content of the system is zero if the system range of all FRs is inside the design range. However, if we do not have the design matrix established, we have to try many different combinations although the real information content is zero. In this case, the maximum imaginary complexity is given by

$$C_I = \log_2 m! \tag{9}$$

When m is 7, m! is 5040. Therefore, unless we know the system design equation with the exact sequence of FRs, it will be difficult to achieve the FRs by trial and error. As a consequence, the system appears to be very complex because of the large uncertainty in attaining the FRs.

Time-independent imaginary complexity exists only in a decoupled system, the system with a triangular matrix. When the system is uncoupled, there is no imaginary complexity because the FRs can be satisfied in any order. When the system is coupled, it is difficult to satisfy the FRs when there is a random variation of DPs. Therefore, if the FRs of the system cannot be satisfied, it is because of the real complexity.

When we do not completely understand a system, we often deal with imaginary complexity. Imaginary complexity is a function of our lack of understanding in the details of the system architecture and behavior. We find that many companies waste a great deal of time because of the imaginary complexity they have created.

c Time-dependent combinatorial complexity

A system can have a time-dependent combinatorial complexity when the system range changes as a function of time. The system range shown in Fig. 3 was independent of time, but in some cases, the system range may change as a function of time as shown in Fig. 4. If the system range drifts away from the design range with time, the system performance cannot be predicted with certainty. In some cases, the system may eventually behave chaotically with a totally unpredictable outcome. Manufacturing systems cannot produce at the highest throughput rate when the system is configured as a time-dependent combinatorial system, as will be shown later.

---

1 In an ideal system, the number of DPs is the same as the number of FRs. When the number of FRs is greater than the number of DPs, the system is a coupled system. When the number of FRs is less than the number of DPs, the system is redundant. In the case of the redundant system, it can be reduced to a combination of a square matrix and non-square matrix (Suh 2001).

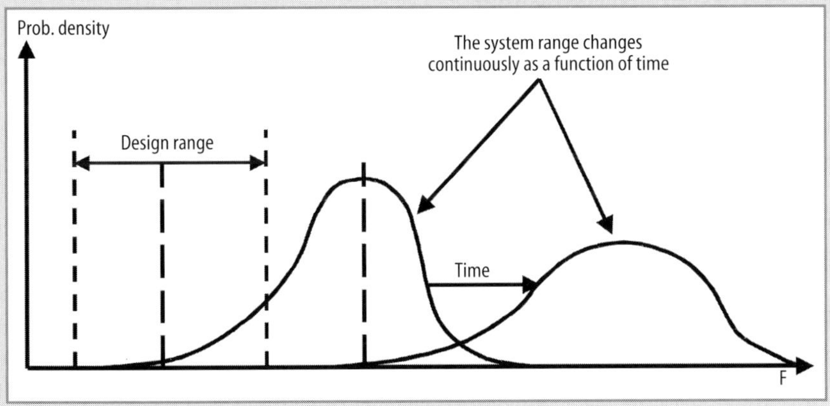

Fig. 4 The system range is changing as a function of time. In this case, the information content and complexity of satisfying the FR increases and may eventually lead to chaos. If a manufacturing system behaves this way the system is likely to break down or not have a highest throughput rate

The basic cause for the time-dependent combinatorial complexity is that the number of possible combinations in satisfying the FRs increases as a function of time (a sort of bifurcation problem) because subsequent events depend on the prior-made decisions. For example, consider the problem of scheduling airlines. Although the airlines' carefully planned schedules work well, when there is a major storm in Chicago, which may happen in January, the airplanes that were to arrive in and leave from Chicago cannot operate according to their schedule. In fact, some flights may be canceled. Eventually, this weather in Chicago affects the flight schedules at all the airports that are connected either indirectly or directly to Chicago. For example, the airplane from Chicago may not arrive in Boston, which in turn affects the flight from Boston to Atlanta, and so on. As a result of the bad weather in Chicago, there will be increasing uncertainty in dispatching aircraft by major airlines as a function of time. This is an example of time-dependent combinatorial complexity.

There may be many causes of time-dependent combinatorial in a biological system. If one may speculate, time-dependent combinatorial complexity in biological systems may be due to such causes as

1. Increasing magnitude of the off-diagonal element that overwhelms the effect of the main diagonal element, which causes the loss of the ability to control a given FR.
2. Inability to reinitiate the cycle of the system.
3. The dysfunction of certain DPs due to degradation as a function of time, which lead to other DPs taking over the primary control of unintended functions, eventually creating coupling and increasing the real complexity.
4. Continual change of the manufacturing system due to the existence of a series of bifurcation points.

Time-dependent periodic complexity

Time-dependent periodic complexity can be understood if we go back to the airline-scheduling problem caused by the occurrence of a major storm in Chicago. Although the airline-scheduling problem becomes worse with time, because of the cascading effect of airlines having to make decisions on the deployment of available airplanes, the airline typically recovers from the fiasco by the next day, since most airplanes do not fly at night and therefore, they can reinitialize the schedule next morning starting at 6 am.

As shown in the following section, if manufacturing systems are reinitialized when a given FR repeats itself, we can maximize the productivity (Suh 1990, 2001). For example, consider a manufacturing system (designated as A) that consists of many different process modules and that can process 100 parts an hour. The finished parts from A are then sent to manufacturing system B for further processing. Manufacturing system B can process 200 parts an hour. Manufacturing systems A and B are to be clustered together so as to have a continuous processing of a given part without interruption. What would be the throughput rate of the combined cluster of A and B? We would expect that the cluster should produce 100 parts an hour, corresponding to the slowest manufacturing system. However, unless the system is designed to have a time-dependent periodic complexity, the actual production rate may be much less than 100 parts an hour.

It can be shown that the maximum productivity of the cluster can be obtained if we reinitialize the manufacturing system when a key FR is repeated (Suh and Lee 2002). In other words, introduce a periodic re-initialization to the system's operation to obtain the best sequence of the robot motion deterministically. In the case of the cluster, we may reinitialize the system when the robot of system B picks up a part from system A. The re-initialization should occur based on a functional periodicity, not temporal periodicity. Re-initialization is possible, because at the time of the re-initialization, we know for how long each one of the parts in various modules of A and B must be processed further to finish the process, because we know the total processing time and at what time the part was put into the module. Based on the state of each part within the manufacturing system, we can determine the best robot motion and eliminate the uncertainty and thus the complexity of each cycle.

One important conclusion of this theory is that the complexity is greatly reduced when a system with time-dependent combinatorial complexity is transformed into a system with time-dependent periodic complexity. If we leave the system with time-dependent combinatorial complexity alone, then eventually the system fails as the number of combinations continue to increase and eventually fail to operate by going into a chaotic state.

The axiomatic design theory and the complexity theory can be applied to many systems, including engineered systems of all kinds and perhaps even biological systems. In the next section, the manufacturing system design will be used to illustrate the application of the theories to the design of engineered systems.

Design of Manufacturing System with Time-Dependent Periodic Complexity

Axiomatic Design of Engineered Systems

The design of a manufacturing system for discrete parts based on axiomatic design was presented in an earlier publication (Suh et al. 1998). This publication showed how the highest-level FR of a manufacturing system, i.e., the maximization of the return of investment (ROI), can be achieved by decomposing it to the most detailed level of system design. It presented a decoupled design of a manufacturing system, showing how the highest level FRs and DPs can be decomposed to the lowest-level, i.e., leaf-level, FRs and DPs that can be implemented to satisfy the highest FRs. It also showed the system architecture and the flow diagram for the manufacturing system. The flow diagram can be used for many different purposes such as development of a detailed implementation plan, diagnosis of failure, and the assessment of the impact made on the rest of the system when certain FRs or DPs at any level are changed. The details of the axiomatic design can be found in Suh (2001). The basic steps of axiomatic design are the following:

1. Define the FRs the system must satisfy
2. Conceptualize a solution
3. Determine the DPs that can satisfy FRs
4. Write down the design equation and design matrix to determine if the design is either uncoupled or decoupled
5. Decompose the FRs and DPs if the design done to this stage satisfies the Independence Axiom
6. When the design is completed by going down to the leaf-level design, check the full matrix to be sure that coupling has not been introduced inadvertently
7. Be sure that we are not wasting time and money by working on imaginary problems
8. Create system architecture and flow diagrams
9. Check the system ranges of FRs to be sure that complexity is not introduced
10. Check to be sure that the system design does not have time-dependent combinatorial complexity.

Complexity Theory and System Design

The complexity theory, which is based on axiomatic design theory, provides a set of guidelines in designing systems. Some of the guidelines are as follows:

1. If the system is not designed according to axiomatic design theory and the entire decomposition process is not clearly documented by writing design equations and constructing the full design matrix, a great deal of effort and money may be wasted because of time-independent imaginary complexity.

2. A system should not be made to have time-dependent combinatorial complexity.
3. If a system has time-dependent combinatorial complexity, attempts should be made to change it into a time-dependent periodic complexity problem.
4. To make a system robust, time-dependent real complexity should be eliminated by making certain that the system range is always inside the design range.

Guideline (c) states that a system should be made to have time-dependent periodic complexity rather than time-dependent combinatorial complexity. Many systems will perform reliably and faster, if the system has a *functional periodicity*. Based on this observation, we can attempt to increase the productivity of a manufacturing system by changing a system that has time-dependent combinatorial complexity into a system with time-dependent periodic complexity (Suh and Lee 2002). Shortly, we will illustrate how a simple system consisting of sub-system X and sub-system Y, which are physically connected to each other to form a cluster so as to make an integrated manufacturing system, can be changed to have a periodic complexity. More details of this problem are given in Suh and Lee (2002)[2].

When two different subsystems with two different throughput rates are joined together in a cluster, they must be integrated in a way to maximise the productivity of the combined system. Both subsystems have many physical modules[3] to process a part by subjecting it to a variety of different processes each requiring different process times. In addition, although the nominal processing times are set for each subsystem, the throughput rates of each subsystem vary from the set values because of the stochastic factors. When the last operation in subsystem X is completed, the part must be taken immediately by a robot of subsystem Y for the first operation in subsystem Y without much time delay. This problem is a sub-set of scheduling and process planning tasks, one of the well-known issues in manufacturing. There are many methodologies that have been advanced to address this issue, including group technology, first-in first-out, etc. However, many of these methodologies are ad hoc without the basic principles that guide the design and planning processes.

Consider a manufacturing system that consists of two sub-systems. The subsystems consist of ten or more "process modules". The nominal throughput rate of subsystem X is α and that of subsystem Y is β. If $\alpha < \beta$, then the maximum throughput rate of the total system should be equal to α. Similarly, if $\alpha > \beta$, the maximum throughput rate of the system should be equal to β. When $\alpha \approx \beta$, the maximum rate of the system should be nearly equal to α or β. However, it is difficult to attain these theoretical maximum throughput rates due to many factors

[2] This example is based on the keynote lecture presented at the CIRP International Seminar on Manufacturing Systems, May 14, 2002, Seoul, Korea. A paper based on this keynote lecture is being considered for publication in a journal.

[3] A process module may be regarded as an independent machine.

such as the random variation in the process times, the conflict in scheduling the pick-up time for the robots, and constraints imposed on the system operations.

The "process modules" in subsystems will complete their processes at different times for two reasons: the part arrives in each machine at different times and their process times are different. There will also be inevitable random variations in the process times of individual modules in the subsystems. Furthermore, some of these parts will be finished nearly at the same time, waiting to be picked up by the robot for the next operation. Depending on which part is first picked by the robot, the subsequent pattern of the part flow and the subsequent schedule of the robot motion will be different. Each one of the decision points is a bifurcation point. The number of possible combinations for flow paths of the product and for the robot motion will increase with the number of such decisions made. Thus, the system has a time-dependent combinatorial complexity.

An integrated system with a time-dependent combinatorial complexity cannot have the maximum theoretical throughput rate. For such a system to have the maximum productivity, it must be transformed into a system with time-dependent periodic complexity. The reduction of the system complexity through the transformation of the system complexity[4] increases the productivity. To create a system with time-dependent periodic complexity in the presence of random variations and other stochastic factors, we introduce the concept of "re-initialisation". Re-initialisation requires the following: (1) existence of a period in which all the functions are repeated, (2) at the beginning of each period, establishment of new initial conditions, and (3) determination of the shortest cycle time for the entire process beginning at the newly established initial conditions. The period begins when a key function reinitialises the system.

General Formulation of a Scheduling Problem and Functional Periodicity[5]

If subsystem X consists of N processes with process times P_i and if the time to transport the part from module to module is a constant given by t_p, then the total time required to process a part, W, is given by

$$W = \sum_{i=1}^{N} (P_i + q_i) + (N+1)t_p \tag{10}$$

where q_i is the "buffer" time that may be inserted to prevent placing concurrent demand on the robot transport. In steady state, the total number of the parts that can be processed in a unit time, n, is given by

$$n = 1/t_s \tag{11}$$

[4] This is equivalent to introducing rhythm and harmony in composing music.

[5] This section is from Suh and Lee (2002).

where t_s is the sending period, i.e., the time between the feeding of the parts into the first module. Equation (12) represents the case where there is no delay in removing the finished part from the first module. The actual sending period t_s^a is given by

$$t_s^a = t_s + q_0 \tag{12}$$

where q_o is the buffer time for the first module. Then t_s in Eq. (12) must be replaced with t_s^a in determining the throughput rate.

The minimum sending time, $(t_s)_{min}$, is equal to the process time of the bottleneck process P_b plus the associated transport time. If all q's are allowed to have none zero values (as well as zero values), then we can always make the sending period equal to $(t_s)_{min}$. This problem was solved to schedule the robots in a semiconductor processing machine that had scheduling conflicts (Suh and Lee 2002; Oh 1999). When all the processes must be tightly controlled so that all q's (i.e., $q_1, \ldots, q_N$), except q_o, must be equal to zero, then we need to determine the actual sending period that will yield the highest throughput rate. In this case, the sending period may be longer than $(t_s)_{min}$. Then the maximum throughput rate can be obtained by determining a set of the sending times t_s^a, corresponding to a set of values of q_o, that can process the parts without creating any scheduling conflicts (Suh and Lee 2002; Oh 1999).

When process times vary randomly for a variety of reasons, the processing time for a part is given by

$$W = \sum_{i=1}^{N} (P_i + q_i + \delta P_i) + (N+1) \cdot t_p \tag{13}$$

where δP_i is the random variation of process time P_i. In the presence of random variations in process times, the beginning of each new period must coincide with the recurrence of a key function in the functional space rather than a key event in temporal space. The maximum throughput rate when such variations are present can be solved by means of "re-initialization" when a key reference function recurs, which determines the "functional periodicity".

A functional periodicity exists, if given process sequences and times, a fixed set of FRs is defined per period. For example,

Process: $LL_{IN} \Rightarrow P_1 \Rightarrow P_2 \Rightarrow \ldots \Rightarrow P_N \Rightarrow LL_{OUT}$
Process Module: $LL_{IN} \Rightarrow \{C_1\} \Rightarrow \{C_2\} \Rightarrow \ldots \Rightarrow \{C_N\} \Rightarrow LL_{OUT}$

where LL_{IN} and LL_{OUT} are the input and output stages, respectively. $S_i = \{C_i\}$ is called a stage. A stage may consist of one or more identical process modules to meet the target throughput requirement. Some short processes require only one chamber, e.g. $S_{short} = \{C_{short}\}$, whereas long processes need two or more chambers, e.g. $S_{long} = \{C_{long,1}, C_{long,2}, C_{long,3}\}$.

Functional requirements for part-transfer are then,

$$
\begin{aligned}
&\{\text{Transfer a part from } LL_{IN} \text{ to } S_1\} &&= \{FR_0\}\\
&\{\text{Transfer a part from } S_1 \text{ to } S_2\} &&= \{FR_1\}\\
&\{\quad : \quad\} && \{\ :\ \}\\
&\{\text{Transfer a part from } S_N \text{ to } LL_{OUT}\} &&= \{FR_N\}
\end{aligned}
$$

Define $u_i(t)$;

$$
u_i(t) = \begin{cases} 0 & \text{if } t \le t^*, \\ 1 & \text{if } t \ge t^* \end{cases}
$$

where t^* is the time in which FR_i is achieved.

Then, within one period, the function state, FR, should change from the initial state to the final (completion) state, i.e.

Function state vector: $FR\ (t) = \{u_0(t), u_1(t), \ldots, u_N(t)\}$

$$
\begin{aligned}
FR\ (0) &= \{0, \quad 0, \quad \ldots, \quad 0\}\\
FR\ (T) &= \{1, \quad 1, \quad \ldots, \quad 1\}
\end{aligned}
$$

The period is defined by the time (or sequence of events in discrete case) between FR(0) and FR(T), where T is the length of the period. T is not fixed, i.e. not a constant, since it is determined by the FR cycle.

We can designate FR_k as the re-initializing FR. If R is to be the remaining time for each process module at the beginning of the period, then FR(0) is mapped to R as

$$
\begin{aligned}
R &= \{R_0, R_1, \ldots, R_{k-1}, R_k, R_{k+1}, \ldots, R_N\}\\
&= \{R_0, R1, \ldots, R_{k-1}, T, \ R_{k+1}, \ldots, R_N\}
\end{aligned}
$$

$R_k = T$, by the definition, is the functional period, the exact value of which is unknown a priori due to variations in the process times. The problem may be formulated as

Find $R + q = \{R_0+q_0, R_1+q_1, \ldots, R_{k-1}+q_{k-1}, T, R_{k+1}+q_{k+1}, \ldots, R_N+q_N\}$
subject to
– $|(R_i+q_i) - (R_j+q_j)| > \delta$
– additional constraints if necessarywhere δ is the temporal clearance for successive transports (or minimum time for transport).

This problem has been solved for a hypothetical manufacturing problem (Suh et al. 1998), which showed that the manufacturing system can be made to have a functional periodicity and that a system with a time-dependent combinatorial complexity can be transformed into a system with a time-dependent periodic complexity.

Concluding Remarks

To design a system, we must first understand the customer's needs. Based on these needs, the functional requirements the system must satisfy should be specified. Then, a series of mapping and decomposition the DPs and FRs should be established. At each stage of decomposition, we must be certain that the Independence Axiom is satisfied and the information content is minimized as per the Information Axiom. Many systems have been designed based on the methodology based on axiomatic design, including software systems, machines, manufacturing systems, materials, processing techniques, and products.

The complexity theory provides a broad set of guidelines to the system designer. The complexity theory states that there are four different kinds of complexities: time-independent real complexity, time-independent imaginary complexity, time-dependent combinatorial complexity, and time-dependent periodic complexity. Designed systems will satisfy the customer needs the best if all four of these complexities can be eliminated. For example, the transformation of time-dependent combinatorial complexity into time-dependent periodic complexity will reduce the complexity associated with changing states.

Sometimes, a system is constructed by integrating various subsystems. One aspect of system integration requires a coordination of various machines and subsystems with varying process or cycle times. In order to maximize the productivity and reliability of such a system, *periodicity* must be introduced by re-initializing the subsystems on a periodic functional interval and by eliminating scheduling conflicts through the introduction of decouplers. This is equivalent to changing a time-dependent combinatorial complexity problem into a time-dependent periodic complexity problem, which increases predictability of system performance and productivity.

Literatur

Suh NP (1997) Design of Systems, CIRP Annals, Volume 46, No.1, January, 1997, pp. 75-80

Suh NP (1990) The Principles of Design, Oxford University Press, New York

Suh NP (2001) Axiomatic Design: Advances and Applications, Oxford University Press

Suh NP (1999) A Theory of Complexity, Periodicity, and Design Axioms, Research in Engineering Design, Vol. 11, pp 116-131

Suh NP, Lee TS (2002) Reduction of Complexity in System Integration through Re-initialization, International Manufacturing Systems Seminar, CIRP, Seoul, Korea

Suh NP (2002) System Design Perspective in Understanding Cellular Complexity, Presentation at a Conference on "Towards Computational Models of a Mammalian Cell: The Neuron", New York Academy of Sciences

Suh NP, Cochran D, Lima P (1998) Manufacturing System Design, CIRP Annals, Vol. 47, No.2

Suh NP, Lee T (2002) Reduction of Complexity of Manufacturing Systems through the Creation of Time-Dependent Periodic Complexity from Time-

Dependent Combinatorial Comlexity, Proceedings of the CIRP International Seminar on Manufacturing Systems, Seoul, Korea

Oh HL (1999) Reducing Complexity of Wafer Flow to Improve Quality and Throughput in a Single-Wafer Cluster Tool, in IEEE/CPMT International Electronics Manufacturing Technology Symposium

Oh HL, Lee T (2000) A Synchronous Algorithm to Reduce Complexity in Wafer Flow, Presented at The First International Conference on Axiomatic Design. Cambridge, MA

Reconfigurable Machine Tools

Prof. Dr. Yoram Koren

»Reconfigurable machine tools (RMT), which are analysed in this article, are important components of reconfigurable manufacturing systems (RMS) – systems that are designed to be altered and upgraded in order to cope with unexpected market changes.«

YORAM KOREN

Yorem Koren's earlier significant contributions have been in the field of machine control. His pioneering research on real-time interpolation and adaptive control methodologies in the seventies paved the way for the creation of machine tool control as a research field and an education discipline. More recently, Professor Koren has been recognised as the founder and world-wide intellectual leader of a new scientific discipline, reconfigurable manufacturing systems (RMS). These systems are designed to cope with unexpected market changes by being open-ended, so that they can be altered and upgraded rather than replaced.
Yorem Koren has published over 240 refereed-papers and three books in the automated manufacturing field. His books have been translated into Japanese, French and Chinese, have won two prestigious awards, and are used as text-books at universities around the world. He holds 10 U.S. patents in flexible automation RMS disciplines, robotics, and machine control.

Yorem Koren is a FELLOW of both the Society of Manufacturing Engineers (SME) and the American Society of Mechanical Engineers (ASME). He is also a Senior Member of IEEE, and holds the rank of Active Member of CIRP. He received several awards including the 1984 "Merchant Textbook Award" given by SME for Koren's book Computer Control of Manufacturing Systems, and the 1999 "William T. Ennor Manufacturing Technology Award" – the top manufacturing award of ASME International.

Reconfigurable Machine Tools

YORAM KOREN

Introduction

The need and rationale for reconfigurable manufacturing systems are driven by the changing manufacturing environment characterized by aggressive competition on a global scale, and a pressure to increase productivity. Because of this global competition manufacturers are facing market conditions characterized by (i) short windows of opportunity for introduction of new products whose lifetime will be shorter, and (ii) large fluctuations in product demand. The consequent requirement from the manufacturing system is that the system should be designed for a rapid change in terms of its functionality (new products) and throughput capacity (changing demand) (Koren et al. 1999).

With the trend towards a shorter product lifetime, it is not economical to build a manufacturing system that will produce a single product just for a short period of time. This situation requires a change in the system design focus – the manufacturing system should be designed to produce a *product family* rather than a single product, and produce a mix of the family at high productivity. Current manufacturing systems, that are mainly dominated by dedicated and flexible systems, are not able to meet these requirements as explained below.

Dedicated manufacturing lines (DML), or transfer lines, are based on fixed automation machines and produce a company's core products or parts at high-volume. Each dedicated line is typically designed to produce a single part (e.g., specific engine block) at high production rate. When the volume is high, the cost per part is relatively low. Therefore, DMLs are cost effective as long as demand matches the line supply. Of course, producing product variety is impossible with a DML, and therefore their role in modern manufacturing is decaying.

Flexible manufacturing systems (FMS) consist of computer numerically controlled (CNC) machines and other programmable automation and can produce a variety of products on the same system (Koren 1983). Despite this advantage, however, our survey shows that flexible systems have not been widely adopted, and many of the manufacturers that bought FMSs are not pleased with their performance. Drawbacks of FMSs are that they require more expensive machines than DMLs, and because of the single-tool operation of CNC machines, the production rate of FMSs is very small compared with their DMLs counterparts.

The high cost of FMS is one of the major reasons for the low level of acceptance or satisfaction with FMS. Why is FMS expensive? Unlike DML stations, *CNC machines are not designed around the part.* Rather, general purpose CNCs are built before the manufacturer selects machines and before process planning is undertaken to adapt the machines and the process to the part. Since the specific application is not known to the builder, the flexible systems and machines are constructed with all possible functionality built in. This creates capital waste.

A cost-effective response to market forces requires a new manufacturing approach that combines the high productivity achieved by the simultaneous operation of cutting tools, as in DML, with the high flexibility of FMS. This is achieved by designing systems according to two principles:

- Design of a system and its machines for *adjustable resources* – additional machines, spindles, and axes, or changeable tool magazine (This enables adjustment of machine functionality as the product changes and adjustment of system capacity, i. e., scalability, as the market changes).
- Design of a manufacturing system around the *part family*, with the customized flexibility required for producing all parts of this part family.

The main components of RMS are CNC machines and Reconfigurable Machine Tools (RMTs) – a new type of machine with a changeable structure that allows adjustment of its resources (e.g., adding a second spindle unit, or changing the spindle cutting angle). The cost-effectiveness of RMT is achieved through:

- Adjustable resources that enable machine scalability in response to market demands and system adaptability to new products.
- Customized flexibility that is designed around a part family and supports simultaneous operating tools (as in a dedicated station) on a CNC-type machine.

If the system and its machines are not designed at the outset for reconfigurability, the reconfiguration process will prove lengthy and impractical. Enabling technologies that are the cornerstones for reconfiguration are discussed below.

Enabling Technologies for Reconfiguration

The common denominator for existing dedicated and flexible systems is their use of fixed hardware and fixed software. For example, only part programs can be changed on CNC machines, but not the software architecture or the control algorithms. Therefore, these systems, including CNC and FMS, are static systems and are not reconfigurable. During the last few years, however, two technologies that are necessary enablers for reconfiguration have emerged: in software, modular, open-architecture controls that aim at allowing reconfiguration of the controller (Pritschow et al. 2001); and in machine hardware, modular machine tools that aim at offering the customer more machine options. These emerging technologies show a trend toward the design of systems with *reconfigurable hardware* and *reconfigurable software*, as depicted in Fig. 1.

The reconfigurable hardware and software are necessary but insufficient conditions for a true RMS. The core of the RMS paradigm is an approach to reconfiguration based on system design combined with the simultaneous design of open-architecture reconfigurable controllers with reconfigurable modular machines that can be designed by synthesis of motion-modules. The ultimate goal of RMS is to utilize a systems approach in the design of the manufacturing process that allows simultaneous reconfiguration of (1) the entire system, (2) the machine hardware, and (3) the control software. The RMS paradigm will also create a new generation of reconfigurable machines that allow reconfigurations to achieve cost-effective scalability.

Unlike existing manufacturing systems that utilize fixed hardware and fixed software (e.g., CNC and FMS), the RMS is designed through the use of reconfigurable hardware and software. With such design, the system *capacity and functionality* are not fixed but *change over time* in response to market demand. Both the reconfigurable systems and the reconfigurable machines must be designed at the outset to be reconfigurable, and must be created by using basic hardware and software modules that can be integrated quickly through the use of designated interfaces.

Key Characteristics. Reconfigurable systems and reconfigurable machines must be designed at the outset to be reconfigurable, and must be created by using hardware and software modules that can be integrated quickly and reliably; otherwise, the reconfiguration process will be both lengthy and impractical. Achieving this design goal requires a RMS and a RMT that possess the key characteristics listed in Fig. 2.

	Fixed Machine Hardware	**Reconfigurable Hardware**
No Software	Manual Machines, Dedicated Manufacturing Lines	
Fixed Control Software	CNC machines, Robots, Flexible Manufacturing Systems	**Modular, Reconfigurable Machines**
Reconfigurable Software	**Modular, Reconfigurable Open-Architecture Controller**	
System configuration rules ⇒		**RMS**

Fig. 1 Classes of manufacturing systems. RMS design not only combines reconfigurable hardware with reconfigurable software, but also includes systems perspective

Modularity – the compartmentalization of operational functions and requirements into quantifiable units that can be manipulated between alternate production schemes to achieve the most optimal arrangement to fit a given set of needs.

Integrability – the ability to integrate modules rapidly and precisely by a set of mechanical, informational, and control interfaces that enable integration and communication.

Customization – the ability to adapt the customized (non-general) flexibility of new production systems and machines to meet new requirements within a family of similar products.

Scalability – the ability to easily change production capacity by rearranging an existing manufacturing system and/or changing the production capacity of reconfigurable components (e.g. machines) within that system.

Convertibility – the ability to easily transform the functionality of existing systems, machines, and controls to suit new production requirements.

Diagnosibility – the ability to automatically read the current state of a system and controls so as to detect and diagnose the root-cause of defects, and subsequently correct operational defects quickly.

Fig. 2 Key characteristics

Modularity, integrability, and diagnosability reduce the reconfiguration time and effort; customization, scalability, and convertibility reduce cost. Therefore, these key RMS/RMT characteristics determine the ease and cost of reconfigurability of manufacturing systems. *A system or machine that possesses these key characteristics has a high level of reconfigurability.*

Reconfigurable Machines

The RMS paradigm for machine tool design is to provide exactly the capacity and functionality needed, exactly when it is needed at the machine level. The core engineering method needed for machine-level design is a method for systematic design of modular and reconfigurable machines. The machine design method should utilize a library of machine modules each can provide a fundamental motion. This mathematical approach may generate new types of machines – reconfigurable machine tools.

Reconfigurable machine tools are machines whose structures can be changed to provide either alternative functionality or upgradeable capacity on demand (Koren and Kota 1999). The RMT can be either returned to its original state, or further modified to provide yet other new functionality or production capacity as needed. There are two basic objectives in RMT design. These objectives are (1) to increase the production rate for the machine by adding machining devices (...exactly the capacity needed), and (2) adapt the functionality of the machine by changing its geometry to fit the production of a new member of a family of parts (...exactly the functionality needed). Accordingly, these two types of RMTs are depicted in Fig. 3.

Fig. 3 Capacity-changing RMT (left) and functionality-changing RMT (right)

The RMT paradigm is driven primarily by economic considerations. Rather than build a multi-spindle dedicated machine, a manufacturer should be able to initially purchase a single-spindle CNC machine and then add spindles to it and cut several parts at the same time, when market demand justifies the investment (Adjustable Capacity RMT). Also, rather than invest in a highly complex, general-purpose CNC machine tool, it is more economical to have a simpler machine with enough functionality to produce just a part family without buying a lot of extra unused functionality (Adjustable Functionality RMT). Purchasing just the capacity and functionality needed to produce a part family gives RMTs an economic advantage.

RMTs are designed around the common characteristics of part families. While there might be major differences between various engine cylinder heads, for example, the basic configuration of all of them is quite similar. An RMT can therefore be designed to perform the necessary machining operations on all the members of the part family with reconfiguration of the machine tool itself. That means that the RMT can cost-effectively produce a whole family of parts, even part styles that haven't been called for yet, with equal precision and reliability (Landers et al. 2001).

A library of machine design modules supports the design of RMTs. Each of these modules, including fixturing, x-y slides, tool changers, spindles, and columns performs specific machining and motion or functions. The library includes a database compiled of each module to record (in a matrix format) its performance characteristics, physical requirements, control parameters, and operational capabilities. This library of machining functions provides a basis for our RMT design methodology, by which components can be matched over a reconfigurable structure. One result of the RMT design methodology is novel machines based on innovative new components that are being developed and tested at the RMS Engineering Center.

In conclusion, the new generation of RMTs is a resource that aid in coping with the changes in product variation and volume in a cost-effective way. Effective utilization of RMTs enhances productivity and increase the profit margin of the manufacturer.

Arch-Type Reconfigurable Machine Tool

The Arch-Type RMT is an experimental prototype machine that is designed to demonstrate a basic concept of reconfigurable machine tools: The machine is designed around a part family of parts with inclined surfaces, rather than building a general-purpose CNC and adapt the part to the machine. This concept should not only decrease cost, but also enhance reliability since it reduces the number of active axes-of-motion during machining.

The arch-type RMT is designed to machine parts with inclined surfaces (Fig. 4). It is able to mill and drill on inclined faces in discrete angular positions from -15° to 45°. The machine is designed to reconfigure its cutting and milling angles to fit the angle of the surface, namely, to adapt the machine to the part. The center of reconfiguration is the tool tip on the part itself, rather than a pivot on the machine column – a concept that disable effective configuration. In addition, there is also a possibility to reconfigure spindles of different power.

This Arch-type RMT– a functionality change RMT – is one of the prototype RMTs that are being tested in the ERC/RMS laboratory at the University of Michigan. It is shown in Fig. 5 with the spindle at 15°.

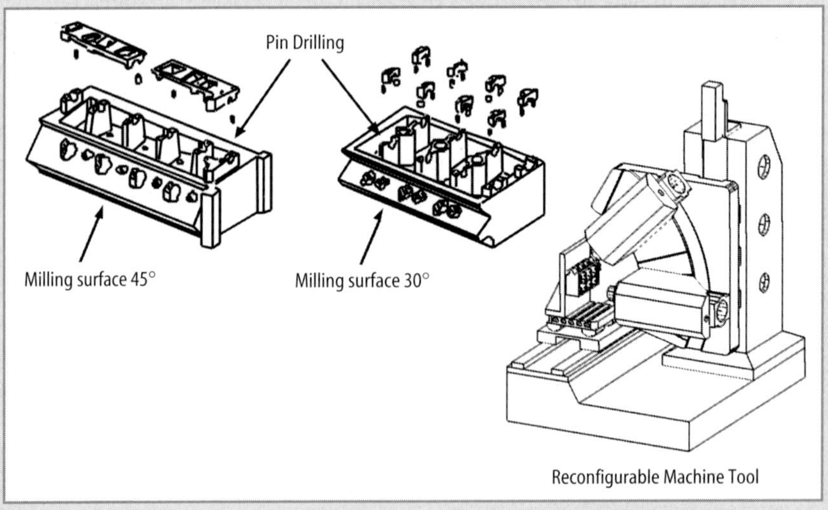

Fig. 4 One type of functionality-changing RMT designed to machine inlclined surfaces

Fig. 5 Functionality-changing RMT prototype

Nevertheless, the machine was not designed to fit an industrial environment. It was rather designed to function in the ERC testbed as an experimental, prototype machine. We believe that the industry will apply the general concept of the machine, but will use different designs that depend upon the special needs of each industry. Below is a list of advantages of the arch-type machine compared to other machines with the same functionality, and a list of benefits that the ERC will achieve by having this machine.

1. The RMT is a 3 degrees-of-freedom (DoFs) machine tool, with non-orthogonal axes, and with additional arch-type passive degree of freedom for reconfiguration, which is not active during the machining process. Despite having only 3 DoFs it can machine parts with inclined surfaces. In comparison, the conventional method to machine this type of parts requires 4- or 5-axis machine, or a fixture with one DoF.
2. Compared with other machines with the same functions, the proposed machine has a superior kinematic. The workpiece is at the center of the arch, and therefore, when moving from point to point the axial motions are shorter and with a resolution which is independent of the radius of the arch. By comparison, in conventional pivot-type rotary axes, the position resolution of the cutting tool is proportional to the radius and the individual axial motions when moving the tool from point to point are much larger.

Benefits of Building the Arch-Type Machine

1. An Original Machine – An Outcome of Original Research. The RMT is very unique machine, which reflects the RMS philosophy and vision. Its unique kinematic structure, which is focused around the part, is resulted in from the design methodology of the ERC.

2. Providing an Opportunity to Test Theory versus Practice. The arch-type RMT is a prototype for testing the new RMT design methodology (as shown in Fig. 6), which includes not only generation of kinematics, but also the design and analysis of the machine dynamics. The only way to test the validity of the theory is by building a prototype.

In addition, there is a need to evaluate experimentally and to understand analytically other topics that are related to the reconfiguration process. Among the relevant topics are: the study of machine repeatability due to the reconfiguration process, the sources of angular and linear positioning errors, methods to eliminate backlash in mechanical elements, and improved methods for bearing pre-loading. In summary, in order to evaluate the possibility of building industrial machines based on reconfiguration concepts it is necessary to build this prototype.

3. Machine Tool Metrology. The calibration process of the RMT during the assembly of the machine is more challenging than that of a conventional machine due to angular positioning errors of the spindle axis. The ERC is currently developing a novel method for the calibration of the RMT as well as new optical sensors embedded in the machine structure. This method and the sensors may be applied to commercial machine tools to enhance their precision.

4. Control. The control of the machine will be designed in open-architecture environment. This will enable us to integrate real-time machine diagnostics that can be studied for plant implementation. The conventional CNC control for orthogonal axes does not fit this machine. A new control strategy that can control non-orthogonal machines with a changing position of the spindle axis

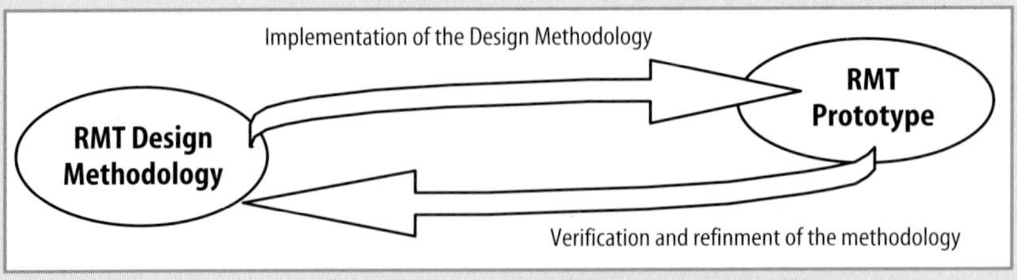

Fig. 6 Cross relationships between the RMT design methodology and the prototype

was developed by ERC researchers and showed excellent results in simulations. The machine will enable to validate this novel control methodology.

5. Spindle Research. A research is carried on adapting spindle performance to process changes. The requirements of this research were taken into consideration in the RMT design, and the RMT will be used as a platform for experimental validation of the spindle improvements invented in this project.

6. Educational Benefits. The RMT will serve as an educational tool to present and teach the concept of machine tool reconfiguration and system integration. There is no other machine that may describe and demonstrate the concept. The RMT enables students to undertake practical projects in machine tool design. We believe that the RMT will serve many "generations" ERC graduate students as a valuable research platform.

Conclusions

Global economic competition and rapid social and technological changes have forced manufacturers to face a new economic objective: manufacturing responsiveness. To respond to these challenges a new type of manufacturing system, a Reconfigurable Manufacturing System, is needed (Bollinger 1998). Design for Reconfigurability is recently emerging as an important new trend in designing processes. One component of reconfigurable systems is the Reconfigurable Machine Tool (RMT). There are two basic classes of RMT – reconfigurable capacity and reconfigurable functionality. A RMT with reconfigurable capacity must be modular. However, modularity is not a necessary condition for a reconfigurable functionality RMT, as was shown with the Arch-Type RMT. RMSs and RMTs are quite different than the current manufacturing systems and equipment in that they are designed at the outset with adjustable resources in order to provide exactly the capacity and functionality that are needed, exactly when needed.

References

Bollinger J et al. (1998) Visionary Manufacturing Challenges for 2020. National Research Council Report, National Academy Press, Washington, D.C.

Koren Y (1983) Computer Control of Manufacturing Systems, McGraw-Hill, New York, NY

Koren Y, Jovane F, Heisel U, Moriwaki T, Pritschow G, Ulsoy G, van Brussel H (1999) "Reconfigurable Manufacturing Systems". A Keynote paper. CIRP Annals, Vol. 48, No. 2, pp. 6–12

Koren Y, Kota S (1999) Reconfigurable Machine Tools. U.S. Patent 5,943,750

Landers R, Min BK, Koren Y (2001) Reconfigurable Machine Tools. CIRP Annals, Vol. 49, No. 1

Pritschow G, Altintas Y, Jovane F, Koren Y, van Brussel H, Weck M (2001) Open-Controller Architecture – Past, Present, and Future. A Keynote paper. CIRP Annals, Vol. 50, No. 2, pp. 463–470

Acknowledgments

The author is pleased to acknowledge the financial support of the National Science Foundation (Grant # EEC-9529125), and the assistance from the many members (from both industry and academia) of the Engineering Research Center for Reconfigurable Manufacturing Systems.

Autonome Produktionszellen: Ein Weg zur Emanzipation der Produktion

Prof. em.
Dr.-Ing. Dipl.-Wirt. Ing.
Dr. h.c. mult., Prof. h.c.
Emeritus Walter Eversheim
Prof. Dr.-Ing. Dipl.-Wirt. Ing.
Günther Schuh
Dipl.-Ing. Dipl.-Wirt. Ing.
Ingo Fricker

»Zunehmende Diskontinuität der Nachfrage macht die Emanzipation der Produktion erforderlich.«

Walter Eversheim

Günther Schuh

Ingo Fricker

Walter Eversheim studierte Maschinenbau an der RWTH Aachen. Anschließend war er am Werkzeugmaschinenlabor (WZL) als wissenschaftlicher Mitarbeiter und später nach seiner Promotion 1965 als Oberingenieur tätig. Von 1969 bis 1973 hatte er leitende Positionen in namhaften Großunternehmen inne. Von 1973 bis 2002 war er Inhaber des Lehrstuhls für Produktionssystematik. Seit 1980 Leiter der Abteilung Planung und Organisation des Fraunhofer-Instituts für Produktionstechnologie (IPT), Aachen. Seit 1989 ständiger Gastprofessor und Direktoriumsmitglied des Instituts für Technologiemanagement (ITM) der Universität St. Gallen (HSG). Zwischen 1990 und 2002 war er Direktoriumsmitglied des Forschungsinstituts für Rationalisierung (FIR), Aachen. Seit 1974 ist er Mitglied der International Institution for Production Engineering Research (CIRP) sowie der Wissenschaftliche Gesellschaft für Produktionstechnik (WGP). 1988 erhielt er den Landesverdienstorden des Landes Nordrhein-Westfalen. 1992 verlieh ihm die Universität Trondheim, Norwegen, die Ehrendoktorwürde. Seit 1992 ist er Honorarprofessor der Tianjin-Universität, China. 1996 wurde ihm die „Paul-Harris-Medaille" (Rotary) verliehen. 1997 wurde ihm die Herwart-Opitz-Ehrenmedaille durch die VDI-Gesellschaft „Produktionstechnik" (VDI-ADB) verliehen. Seit 1997 ist er Vorsitzender des Direktoriums der Gesellschaft für die Verleihung des Internationalen Karlspreises zu Aachen e.V. 2000 erhielt er die Ehrendoktorwürde of Economic Sciences (Dr. oec. h.c.) der Universität St. Gallen (HSG). Seit 2000 ist er Honorarprofessor an der Huazhong-Universität in Wuhan, China. Seit 2002 berät er Siemens beim Aufbau der „Center for Knowledge Interchange" an der RWTH Aachen und der TU München.

Günther Schuh studierte Maschinenbau und Betriebswirtschaftslehre an der RWTH Aachen. Anschließend war er am Werkzeugmaschinenlabor (WZL) im Bereich Produktionssystematik als wissenschaftlicher Mitarbeiter und später als Oberingenieur tätig. 1990 ging er an die Universität St. Gallen (HSG) wo er 1993 Professor für betriebswirtschaftliches Produktionsmanagement und Mitglied am Institut für Technologiemanagement wurde. Er ist Gründer der GPS Firmengruppe in Würselen, St. Gallen und Atlanta. Seit 2002 ist er Inhaber des Lehrstuhls für Produktionssystematik an der RWTH Aachen und Mitglied im Direktorium des WZL und des Fraunhofer IPT in Aachen. Prof. Schuh wurden die Borchers-Plakette der RWTH (1989) sowie die Otto-Kienzle-Gedenkmünze der Wissenschaftlichen Gesellschaft für Produktionstechnik (1991) verliehen.

Ingo Fricker studierte Maschinenbau und Wirtschaftswissenschaften an der RWTH Aachen. Seit 1999 arbeitet er als wissenschaftlicher Mitarbeiter am Lehrstuhl für Produktionssystematik in der Gruppe Kooperationsmanagement.

Autonome Produktionszellen: Ein Weg zur Emanzipation der Produktion

WALTER EVERSHEIM, GÜNTHER SCHUH, INGO FRICKER

Zu den prägenden Entwicklungen in der Produktion gehören der Taylorismus und die Lean Production (Shingo 1992, Ohno 1993). Ursache der Lean Production war der Wunsch nach individuelleren Produkten sowie die erheblich erweiterte Flexibilität der Produktion. Hatte bis dato die Beherrschung der Produktionstechnik und -abläufe in der industriellen Produktion den Hauptanteil an der wettbewerbsrelevanten Differenzierung, so suchen Unternehmen den Erfolg heute stärker in Produkt-Markt-Innovationen als in der eigenen Wertschöpfung. Die eigene Produktion hat für Original Equipment Manufacturer relativ an Bedeutung verloren. Produktion wird vermehrt die Aufgabe von Komponentenlieferanten und Lohnfertigern. Die Lohnfertiger und -monteure stehen nun vor dem verschärften Dilemma zwischen hinreichender Spezialisierung und auskömmlicher qualitativer und quantitativer Auslastung. An der Schwelle zum 21. Jh. stellt sich die Frage, ob Produktionssysteme angesichts der Volatilität der Märkte nicht abermals vor einer grundlegenden Umwälzung stehen. Konkreter: Muss die Antwort auf die Diskontinuität der Märkte mehr Autonomie und eine Emanzipation der Produktion sein?

Diskontinuität und disjunkte Zyklizität

Ausgangspunkt für diese Hypothese ist die Beobachtung, dass zahlreiche Märkte zunehmend diskontinuierliches Verhalten aufweisen und es fraglich ist, ob Produktionssysteme herkömmlichen Zuschnitts in der Lage sind, der Volatilität zu entsprechen. Dies ist jedoch Grundvoraussetzung, damit das Produktionssystem resp. das Gesamtsystem Unternehmung entsprechend Erkenntnisse der Managementkybernetik als lebensfähiges System bestehen kann (Beer 1962).

Die Diskontinuität bezeichnet dabei die Kombination aus der Radikalität eines eintretenden Wandels verbunden mit der Spontaneität des Auftretens der Veränderung. Das der Diskontinuität unterworfene System kann sich dabei sowohl in den es beschreibenden Variablen als auch in den Zusammenhängen der Variablen verändern (Schuh et al. 2000). Es ist in seinem Verhalten mittelfristig nicht vorhersagbar. Die Planbarkeit geht verloren.

Ursächlich für das Auftreten diskontinuierlicher Märkte ist die Zunahme der Veränderlichkeit des Nachfragerverhaltens. Und dies sowohl bzgl. der Nachfragemenge eines betroffenen Produkts als auch der Art des Produkts. Kontinuierlich vorhersehbares Verhalten wandelt sich dabei zunehmend in ein Nachfragerverhalten, dessen Ausprägung von einer hohen Volatilität bzw. Zyklizität bis hin zur Diskontinuität gekennzeichnet ist.

In wirtschaftlicher Hinsicht sind an der Volatilität bzw. der Diskontinuität des Nachfragerverhaltens vor allem zwei Aspekte problematisch. Hält sich die Volatilität der Nachfrage in gewissen moderaten Grenzen, so kann durch Mengen- und Technologieflexibilisierung der eigenen Produktionseinrichtungen eine hinreichende Flexibilität des Produktionssystems gegenüber der Nachfrage gewährleistet werden. Dies wird im Allgemeinen jedoch auf Kosten der Auslastung erkauft. Konkret entstehen die Kosten durch zu geringe Laufzeiten der Maschinen (quantitative Auslastung), z. B. bei fehlender Nachfrage, oder durch eine zu geringe Wertschöpfung (qualitative Auslastung), z. B. im Fall der Fertigung kleiner Bauteile auf vergleichsweise großen Maschinen.

Zeigt das Nachfragerverhalten dagegen diskontinuierliches Verhalten, d.h. liegt die Nachfrage außerhalb des Flexibilitätskorridors des Produktionssystems, so steigt das Risiko eintretender Opportunitätskosten für nicht befriedigte Nachfrage (zeitweises Verlassen des Flexibilitätskorridors) oder von Fehlinvestitionen (dauerhafte Änderung des Nachfragerverhaltens).

Der Grund hierfür: Im klassischen Fall wird das Produktionssystem parallel zum Produkt auf der Basis der Marktforschung für einen prognostizierten Bedarf entwickelt. Für eine gewisse, begrenzte Schwankung der Nachfrage werden die Kapazitäten des Produktionssystems ausgelegt und schließlich angeschafft. Durch die zunehmende Diskontinuität des Nachfragerverhaltens steigt jedoch die Wahrscheinlichkeit, dass sich der aktuelle Bedarf aus dem Angebotsbereich des Unternehmens herausbewegt. Die Starrheit des Produktionssystems bzw. der Investitionen erlaubt die Befriedigung des Bedarfs nur bis zu einer gewissen Flexibilitätsgrenze mit der Folge, dass ein neues System auf der Basis einer weiteren Prognose geplant werden muss, ohne dass das erste Produktionssystem die dem Investitionsentscheid zugrunde liegenden Ziele erreicht hat. Zumal auch diese zweite Prognose nicht frei von der Problematik des diskontinuierlichen Nachfragerverhaltens ist (Abb. 1, Schuh et al. 1998).

Konstatiert man nun, dass der herkömmliche Ansatz einer verknüpften Planung von Produkt und Produktionssystemen in diskontinuierlichen Märkten zwangsläufig zu unbefriedigenden Ergebnissen führen muss, so stellt sich die Frage, warum beide Planungsprozesse überhaupt verknüpft sein müssen und ob nicht vielmehr in der Entkoppelung der Entwicklung des Produktionssystems von der Entwicklung des Produkts ein Ansatz zur effizienten Bearbeitung diskontinuierlicher Märkte liegt (disjunkte Zyklizität). Dieses wollen wir im Weiteren als Emanzipation der Produktion bezeichnen und als vorausgesetzt annehmen.

Letztlich führt diese Entkoppelung zu einem Markt für Produktion. Das geschilderte Dilemma zwischen hinreichender Spezialisierung und auskömmlicher Auslastung wird dadurch vorerst jedoch nicht gelöst. Vielmehr liegt die

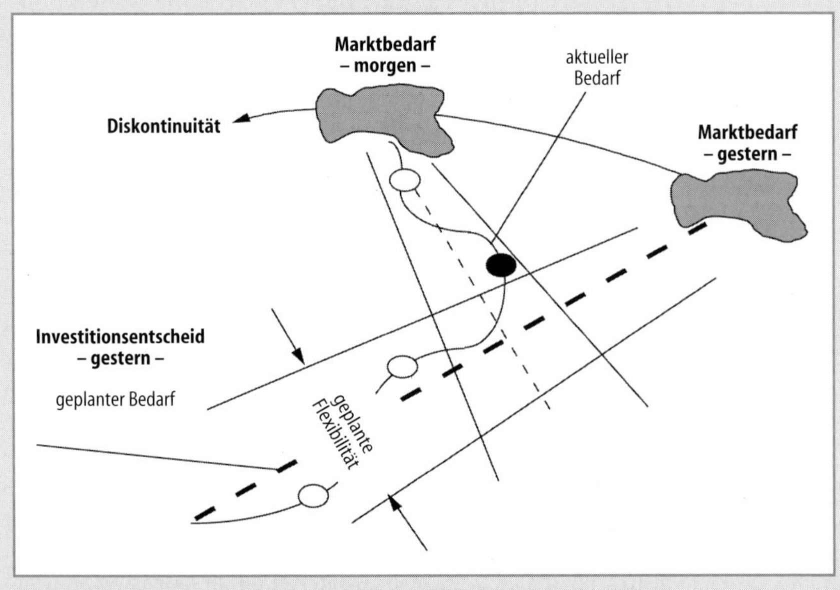

Abb. 1 Fehlbarkeit prognostizierter Nachfrage bei diskontinuierlichem Nachfrageverhalten

Lösung des Dilemmas in der Ausprägung der Entitäten des Marktes für Produktion. Eine Lösungsmöglichkeit besteht darin, dass die Entitäten des Marktes selbst nicht ebenso stark mit dem Spezialisierungs-/Auslastungsdilemma betroffen sind, wie es das gekoppelte Produktionssystem war, sondern der Aspekt der Spezialisierung überwiegt. Die Flexibilitäts-/Kapazitätsfrage kann dann über die Anzahl verfügbarer ähnlich spezialisierter Entitäten gelöst werden. Implizit ergibt sich hieraus auch die Forderung nach kleineren Entitäten.

Auf diese Weise wäre die Voraussetzung geschaffen, um durch Auswahl und Vernetzung differenzierter Entitäten in ausreichender Anzahl Produktentwicklern zur Herstellung eines Produkts eine passgenaue Lösung an Funktionen und Kapazitäten anzubieten. Diskontinuierliches Nachfragerverhalten, das ggf. mit der Änderung des Produkts einhergeht, kann durch eine Rekonfiguration des Produktionsnetzes entsprochen werden. Auf diese Weise gelingt es schließlich entsprechend der Forderung des kybernetischen Managments, durch die Diskontinuität verursachten unvorhersehbaren Umweltvarietät, i.S. der disorganized complexity nach Weaver (Weaver 1948), durch Konfiguration ein Produktionssystem mit ausreichender Beherrschungsvarietät gegenüberzustellen.

Das Konzept der Autonomen Produktionszellen stellt einen möglichen Ansatz dar, um einen Markt für Produktion zu realisieren und starre konventionelle Produktionssysteme durch viele, spezialisierte, selbstständige und vernetzt arbeitende Produktionsdienstleister zu ersetzen. Der Zusammenschluss der Produktionsdienstleister zur Herstellung eines Produkts erfolgt entsprechend der Vorgehensweise der „Virtuellen Fabrik". Dabei agieren die Produktionsdienstleister selbstständig als Profit-Center am Markt, bauen ihre spezifische Kompetenz auf und bringen diese gezielt in das auf Anfrage emergierende Produktionsnetz ein. Die Entwicklung ihrer Kompetenzen verläuft unabhängig vom einzelnen Produktlebenszyklus und orientiert sich an der Nachfrage Fertigungskompetenz.

Die Autonome Produktionszelle in der Rolle des Produktionsdienstleisters

Für die Umsetzung der Emanzipation der Produktion durch Autonome Produktionszellen müssen zwei wesentliche Voraussetzungen erfüllt sein (Abb. 2). Dies ist zum Einen die Wirtschaftlichkeit des gesamten Konstrukts, die durch geringe Transaktionskosten sowie interne Effizienz gesichert werden kann. Letztere liegt insbesondere in der Beherrschung spezialisierter, robuster Prozesse zu geringen Prozesskosten. Wobei es das Ziel ist, dass die Kosten für die Produktion sowohl absolut unter den Produktionskosten des traditionellen Systems liegen als auch das Risiko der Kostenabweichung, z.B. durch Opportunitätskosten, gesenkt wird. Zum Anderen spielt für die technische Umsetzbarkeit die Kollaborationsfähigkeit eine zentrale Rolle. Dabei geht es darum, durch Offenheit und Verfügbarkeit von Ressourcendaten eine schnelle Konfiguration und einen effizienten Betrieb des Produktionsnetzes zu ermöglichen sowie die hierfür anfallenden Transaktionskosten gering zu halten.

Die interne Effizienz erreicht die Autonome Produktionszelle durch die Nutzung wirtschaftlicher Hebelwirkungen: der Economies of Scale, Scope, Speed

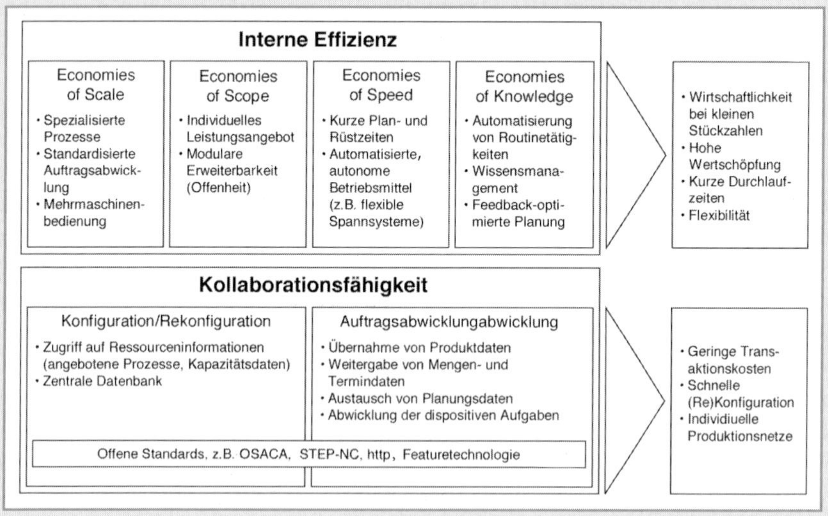

Abb. 2 Die Autonome Produktionszelle als Produktionsdienstleister

und Knowledge auf unterschiedlichen Ebenen des Zellenmanagements. Robuste autonome Ressourcen, Automation und ein durchgängiges Planungssystem ermöglichen die Steigerung der Produktivität über die Leistungsfähigkeit üblicher hierarchischer Produktionssysteme hinaus.

Im Zentrum der Autonomen Produktionszelle steht der Mensch. Hier vor allem der hoch qualifizierte und motivierte Facharbeiter, der eigenverantwortlich und ohne hierarchische Kontrolle die Produktion plant und abwickelt. Er plant dabei mit Hilfe eines auf seine Anforderungen ausgelegten Planungssystems sowohl Kapazitäten als auch Prozesse, Technologieparameter sowie dispositive Aufgaben in einer Mehrmaschinenbedienung. Ziel hierbei ist die integrierte Planung und Ausführung der Produktion maschinennah durch den Werker. Kurze Planungszeiten, schnelle und effiziente Reaktionen auf Störungen sowie eine hohe Flexibilität gegenüber Änderungen können so durch Autonome Produktionszellen erreicht werden (Michalas 2002).

Die Grundlage des APZ-Planungssystems bildet das Datenmanagement. Aufbauend auf einem Objekt-orientierten Datenmodell ermöglicht es mittels Internettechnologie, die redundanzfreie Speicherung der Planungs- und Steuerungsdaten sowie den Zugriff aller Planungssysteme, die den autonomen Betrieb der Zelle erst erlauben (Eversheim et al. 1998). Ferner begünstigt die Objekt-orientierung die Weiterentwicklung der Zelle, indem neue Ressourcen leicht in das Planungssystem integriert werden können.

Die Economies of Scale erreicht die Autonome Produktionszelle auf der Ebene der Prozesse. Da jede Zelle nur eine begrenzte Anzahl an Prozessen anbietet, ergeben sich für den Betrieb der Zelle sehr bald die Vorteile einer Spezialisierung und der Standardisierung der Prozesse, wie erste Anwendungen des Konzeptes Autonomer Produktionszellen, z.B. im Werkzeugbau, zeigen (Senden 2002). Gleichzeitig bildet die Zelle durch die Spezialisierung ein einzigartiges Fähigkeitsprofil aus, mit dem sie sich am Markt für Produktion von anderen Zellen differenzieren kann (Economies of Scope).

Die erforderliche Geschwindigkeit (Economies of Speed) in der Abwicklung der Aufträge erreicht die Autonome Produktionszelle durch das Konzept der maschinennahen Planung. Dabei wird erst kurz vor Beginn des Fertigungslaufes mit der Planung der Prozesse begonnen, so dass die Verfügbarkeit der Ressourcen berücksichtigt werden kann. Die geringe Validität der Planungsergebnisse bei herkömmlicher Planung, die weiter im Vorfeld der Produktion stattfindet, wird hierdurch vermieden. Die erforderliche Anpassung der Planungsergebnisse entfällt. Gleichzeitig unterstützt das APZ-Planungssystem den Werker systematisch. Es entbindet ihn von Routinetätigkeiten, wie der Kalkulation von Bearbeitungszeiten, der Bahnplanung oder der NC-Programm-Erstellung etc. Vielmehr arbeitet der Werker gezielt Wert schöpfend auf der Grundlage seines Erfahrungswissens, indem er neben der Abwicklung der Aufträge Entscheidungsstrategien entwirft, wie z.B. durch Konfiguration von Entscheidungstabellen oder Optimierungsalgorithmen des Planungssystems (Eversheim et al. 2002a). Im Zusammenspiel mit den für die Autonome Produktionszelle entwickelten flexiblen Rüstsystemen lassen sich so die indirekten Tätigkeiten minimieren und auch sehr geringe Stückzahlen noch wirtschaftlich herstellen.

Nicht zuletzt wegen der Fokussierung auf den Bediener der Autonomen Produktionszelle nimmt das Wissensmanagement (Economies of Knowledge) eine zentrale Rolle innerhalb des Zellen-Managements ein (Eversheim et al. 2001). Zur Unterstützung des Lernens erfolgt das Wissensmanagement auf mehreren Ebenen durch systematisierte Feedbackschleifen, z.B. zur Dokumentation von Maschinenstörungen, für Prozessplanung bzw. -controlling, zur Optimierung von NC-Programmen sowie zur Auswahl optimaler Bearbeitungsparameter (Eversheim, et al 2002b). Insgesamt können so vielfältige Lernprozesse unterstützt und zur Steigerung der internen Effizienz genutzt werden.

Die Kollaborationsfähigkeit stellt die zweite Voraussetzung für die Vernetzung Autonomer Produktionszellen zu Produktionsnetzen dar. Ziele der Kollaborationsfähigkeit sind die schnelle Konfiguration zu Produktionsnetzen sowie eine möglichst reibungslose Abwicklung der Fertigung über die Zellen hinweg. In der Konfigurationsphase muss zunächst ein Abgleich zwischen dem herzustellenden Produkt und den angebotenen Funktionen bzw. Dienstleistungen der Autonomen Produktionszellen erfolgen. Aus technischer Sicht sind hier zunächst Informationen über die Art und Kapazität der angebotenen Ressourcen erforderlich, bevor in einem zweiten Schritt über den Zusammenschluss verhandelt werden kann. Kollaborationsfähigkeit in der Abwicklungsphase stellt dagegen Anforderungen an den Austausch von Produktdaten als Ausgangspunkt für die Planung und an den Austausch von Planungsdaten, wie z.B. Terminen und Mengen, NC-Programmen oder Kapazitätsdaten zur Koordination der Leistungserstellung.

Ein bewährter Ansatz zur Umsetzung der Kollaborationsfähigkeit ist die Nutzung allgemeiner und offener Standards. Auch in der Entwicklung der Autonomen Produktionszelle spielen derartige Standards eine wesentliche Rolle. So basieren bspw. die Steuerung auf dem OSACA-Standard (Open System Architecture for Controls within Automation Systems), die NC-Programmierung auf den Standard STEP-NC (Standard for Exchange of Product Model Data) und die Datenstrukturen der Planungsdaten werden auf der Basis der STEP-konformen Modellierungssprache EXPRESS-G erzeugt und zentral auf einer Datenbank abgelegt. Zudem erfolgt die Kommunikation der Elemente des Planungssystems untereinander mittels des Internet-Standards http (hypertext transfer protocol). Die Planung, ausgehend von den Produktdaten bis zum fertigen NC-Programm, erfolgt durchgängig durch Einsatz der Featuretechnologie, so dass auch über Featuretechnologie eine Schnittstelle für die Integration gegeben ist. Damit besitzt die Autonome Produktionszelle eine hohe Kollaborationsfähigkeit, da die für die Anbahnung erforderlichen Daten über eine Internet-Anfrage von der zentralen Datenbank abgerufen werden können. Darüber hinaus bieten Featuretechnologie sowie die verwendeten Standards ein hohes Potenzial für eine effiziente Abwicklung der kollaborativen Auftragsabwicklung im Produktionsnetzwerk.

Software-Agenten konfigurieren das Produktionsnetz

Nachdem nun die Emanzipation der Produktion als Hypothese für die Bearbeitung diskontinuierlicher Märkte abgeleitet wurde und Autonomen Produktionszellen aufgrund ihrer internen Effizienz und Kollaborationsfähigkeit gewissermaßen als mögliche Keimzellen emanzipierter Produktionsnetze identifiziert wurden, ist im Folgenden zu klären, wie ein entsprechendes Netz konfiguriert und betrieben werden kann. Aufgrund der starken Analogie (Vernetzung selbstständiger Entitäten, Projekt bezogene Auftragsabwicklung etc.) des entworfenen Ansatzes zum Konzept der „Virtuellen Fabrik" (Schuh 1998), liegt es nahe, den Lebenszyklus des emanzipierten Produktionsnetzes entsprechend der Vier-Phasen-Einteilung nach Schuh zu diskutieren (Abb. 3).

In Phase 1 „Vermarktung/Akquisition" des Lebenszyklus der „Virtuellen Fabrik" werden, verkürzt dargestellt, die Kompetenzen der Netzwerkpartner zur Wahrnehmung einer Marktchance gepoolt, ein einheitliches Auftreten nach außen definiert und der Kunde akquiriert. Inhaltlich erfolgt dieser Schritt auch im hier beschriebenen Entwurf, jedoch mit dem Unterschied, dass die Entwicklung des Produkts und die Vermarktung durch den Produktentwickler durchgeführt werden, d.h. nicht in der Bilanzhülle der Autonomen Produktionszellen liegt. Ein weiterer Unterschied ist, dass im Gegensatz zur „Virtuellen Fabrik" das Produkt in Datenform am Ende dieser Phase für den Fall der emanzipierten Produktion bereits vorliegt.

In Phase 2 „Aufbau" werden für die „Virtuelle Fabrik" die geeigneten Partnerunternehmen zu einem stabilen Netzwerk zusammengeschlossen. Für die

Virtuelle Fabrik	Emanzipierte Produktion
Phase 1: Vermarktung/Akquisition • Aufbau des Kompetenzpools • Analyse von Marktchancen • Akquisition des Kunden	Produktentwicklung • Analyse der Marktchance • Entwicklung des Produktes durch vermarktenden Produktentwickler
Phase 2: Aufbau • Auswahl der erforderlichen Kompetenzträger • Zusammenschluss der Partnerunternehmen zur virtuellen Fabrik • Bildung der Corporate Identity	Aufbau/Rekonfiguration • Identifikation der zur Produktion des Produktes erforderlichen Pools Autonomer Produktionszellen • Verhandlung Produktentwickler und Autonome Produktionszellen • Selektion und Konfiguration des Produktionsnetzes
Phase 3: Abwicklung • Entwicklung des Produktes • Herstellung des Produktes • Vertrieb des Produktes	Abwicklung • Herstellung des Produktes • Vertrieb des Produktes durch Produktentwickler
Phase 4: Auflösung	Auflösung

Abb. 3 Lebenszyklus der emanzipierten Produktion

emanzipierte Produktion erfolgen in dieser Phase die Suche nach geeigneten Autonomen Produktionszellen sowie die Verhandlung und Selektion der Zellen und somit die Konfiguration des emanzipierten Produktionsnetzes. An dieser Stelle entsteht im Fall der emanzipierten Produktion ein erheblich größerer Aufwand der Datenbeschaffung und Auswertung, da die betrachteten Entitäten wesentlich kleiner und zahlreicher sind als im Fall der „Virtuellen Fabrik" und zudem die Granularität der Daten feiner ist. Würde dieser Aufwand, wie im Fall der „Virtuellen Fabrik" mit hohem personellen Einsatz verbunden sein, würden sich so erhebliche Transaktionskosten ergeben. Aufgrund der Kollaborationsfähigkeit der Autonomen Produktionszellen (Internettechnologie, zentrale Daten, offenes Ressourcendatenmodell, Feature-Technologie) lässt sich dieser Aufwand jedoch durch den Einsatz von Software-Agenten erheblich senken. Dies geschieht, indem aus den vorliegenden Produktdaten die erforderlichen Fertigungsfeature abgeleitet werden, ähnlich wie dies z. B. bei der Prozessplanung in der Autonomen Produktionszelle geschieht. Anfrage-Agenten erfragen dann für diese Fertigungsfeature entsprechende unverbindliche Angebote in den Zellen. Aus diesen unverbindlichen Anfrageergebnissen werden in einem weiteren Schritt in Frage kommende Zellen selektiert und konkrete Anfragen an diese formuliert. Schließlich werden über eine Internet-Auktion mit den Zellen die verbindlichen Zusagen verhandelt.

Phase 3 „Auftragsabwicklung" besteht in Falle der „Virtuellen Fabrik" aus der Entwicklung und der Produktion des Produkts. Im Gegensatz dazu beschränkt sich diese Phase für die emanzipierte Produktion auf die Produktion des Produkts. Die erforderlichen Transaktionen führen die Autonomen Produktionszellen dabei in diesem Schritt mittels ihrer Kommunikationsmöglichkeiten und Distributionsfertigkeiten, wie z. B. Logistikfunktionen, selbstständig durch. Nach Beendigung dieser Phase schließt sich die 4. Phase an, die in beiden Fällen mit der Auflösung des Verbundes endet.

Ausblick

Die zunehmende Diskontinuität des Nachfragerverhaltens kann nur unzureichend durch den vorwärts gerichteten Planungs- und Realisierungsprozess herkömmlicher Produktionssysteme aufgefangen werden. Vorteilhafter gestalten sich Systeme, die weitgehend unabhängig von der Produktentwicklung ihr Produktions-Know-how entwickeln. Aus dem Pool dieser spezialisierten und flexiblen Einheiten entsteht das Produktionsnetz auf Anfrage. Die Fähigkeit, aus individuellen Stärken spontan und nicht durch Planung vorweggenommen ein Produktionsnetz zu schaffen bezeichnet eine Eigenschaft dieses Netzes, welches es grundlegend von den herkömmlichen Produktionssystemen unterscheidet: Emergenz. Sie ist neben Effizienz und Effektivität der Zellen die Eigenschaft Autonomer Produktionszellen, die die Emanzipation der Produktion ermöglicht.

Literatur

Beer S (1962) Kybernetik und Management, S. Fischer Verlag, Hamburg

Eversheim W; Klocke F; Hagemann F; Kopner A Michalas N (2000) Knowledge Management Concept for Production Planning, in: International Journal of Production Engineering and Computers, Bd. 4, H. 5, S. 19–24

Eversheim W; Bremer C; Haufe A; Spennemann F (1998) Resource information management in autonomous production cells and virtual enterprises, in: Proceedings Garston : EPSRC, S. 149–156

Eversheim W; Fricker I; Hagemann F, Michalas N (2002) Evaluation Method for Manufacturing Process Chains in Decentralized Production, In: Proceedings of the 1st CIRP (UK) International Seminar on 'Digital Enterprise Technology', Durham, U.K.

Eversheim W; Koschig M; Michalas N (2001) Knowledge-based Technology Data Management; In: Proceedings of the 34th CIRP International Seminar on Manufacturing Systems, Athens, Greece, May 16th–18th

Michalas N (2002) Flexibilität und Robustheit durch Autonomie – Management von Autonomen Produktionszellen, in: Tools, H. 1, S. 6–7

Ohno T (1993) Das Toyota-Produktionssystem, Campus Verlag, Frankfurt/Main, New York

Schuh G; Friedli Th; Kunz P (2002) Diskontinuitäten auf dem Weg zur Produktion der Zukunft, in: Industrie Management, H. 5, S. 23–29

Schuh G.; Millarg K.; Göransson Å. (1998) Virtuelle Fabrik : neue Marktchancen durch dynamische Netzwerke, Carl Hanser Verlag, München/Wien

Senden A. (2002) Mit Kompetenz-Zentren zum Erfolg, Autonome Produktionszellen bei der Freudenberg KG, in: Tools, H. 1, S. 16–17

Shingo S. (1992) Das Erfolgsgeheimnis der Toyota-Produktion, Verlag moderne Industrie, Landsberg/Lech

Weaver W. (1948) Science and Complexity, in American Scientist, Jg. 36, S. 536–544

Die agile Produktion

Prof. Dr.-Ing. Dr. h.c.
Dr.-Ing. E.h. Joachim Milberg

»Erfolgreiche Unternehmen „innovieren" auf allen Ebenen.«

JOACHIM MILBERG

Joachim Milberg absolvierte nach einer Ausbildung zum Maschinenschlosser von 1962–1969 das Maschinenbaustudium mit der Fachrichtung Fertigungstechnik in Bielefeld und Berlin. Er war dann zwei Jahre als wissenschaftlicher Assistent im Institut für Werkzeugmaschinen und Fertigungstechnik der TU Berlin beschäftigt, wo er 1972 promovierte. Anschließend war er bis 1978 als leitender Angestellter der Gildemeister AG tätig. 1981 wechselte er als Ordinarius für Werkzeugmaschinen und Betriebswissenschaften an die Technische Universität München. 1993 trat er als Produktionsvorstand in die BMW AG ein, wo er 1999 den Vorsitz des Vorstands übernahm. Seit Mai 2002 ist er Mitglied des Aufsichtsrats der BMW AG.

Die agile Produktion

Joachim Milberg

Einleitung

Entwicklung, Produktion und Vertrieb – aus diesem operativen Dreiklang besteht im Allgemeinen ein Unternehmen. Produktion ist, wie hieran zu sehen ist, einerseits nur *ein* Unternehmensbestandteil, andererseits jedoch ein sehr wichtiges Glied in der gesamten Wertschöpfungskette auch hinsichtlich der strategischen Ausrichtung eines Unternehmens.

Bevor nun die besondere Bedeutung der Produktion für ein Unternehmen zu vertiefen ist, gilt es zunächst auf die Herausforderungen einzugehen, denen sich ein Unternehmen als Ganzes im internationalen Wettbewerb zu stellen hat.

Im ersten Gliederungsschritt geht es um die zunehmende Bedeutung von Netzwerken als unternehmerischen Erfolgsfaktor und um die Auswirkungen, die die neuen, netzwerkartigen Umfeldbedingungen auf die Unternehmen haben. Davon ausgehend werden in einem zweiten Schritt die speziellen Anforderungen an eine agile Produktion abgeleitet. Dabei geht es vor allem um Schnelligkeit und Flexibilität sowohl hinsichtlich interner Unternehmensstrukturen und Markt- und Kundenorientierung als auch bei der Zusammenarbeit mit externen Partnern. Exemplarisch wird dabei auf den Weg der BMW Group in der Produktion eingegangen.

In einem weiteren Schritt gilt es zu erläutern, dass das agile Unternehmen auch einen Wandel in der Unternehmensführung hin zu mehr Mitarbeiterorientierung vollziehen muss.

Anliegen dieses Beitrages ist es aufzuzeigen, dass der bisher durchaus gängige mechanistische Modellansatz für das Verhalten eines Unternehmens und insbesondere auch für die Produktion ausgedient hat. Das bessere Zusammenwirken von Menschen-Organisation-Technik in Netzwerken muss immer mehr in den Mittelpunkt erfolgreicher Unternehmenspolitik rücken.

Das AAA-Unternehmen im Netzwerk

Netzwerke als unternehmerischer Erfolgsfaktor

Unternehmenspolitik ist nie Selbstzweck, sondern immer Mittel zum Erfolg. Was aber ist die Messlatte für eine Unternehmenspolitik, die sich „erfolgreich" nennen darf?

Erfolgreiche Unternehmenspolitik ist mehrdimensional, sie muss eine Vielzahl von Interessen und Einflüssen gleichermaßen berücksichtigen. Dabei sind insbesondere zwei verbundene Netzwerke näher zu betrachten: das Stakeholder-Netzwerk sowie das Wettbewerbs-Netzwerk.

Zum Stakeholder-Netzwerk sind die Kunden, die Mitarbeiter, die Anteilseigner sowie die Gesellschaft und die Politik zu rechnen.

Eine wichtige Messgröße für Erfolg von Unternehmen ist die Zufriedenheit der Kunden. Nur Kunden, die ihre Produkte begehren, schaffen Arbeitsplätze und deshalb ist der zufriedene Kunde ihr wirklicher Arbeitgeber.

Eine entscheidende Interessengruppe bilden die Mitarbeiter. Kompetenz und Fähigkeiten des Unternehmens werden durch sie in Verbindung mit richtiger Führung, Organisation und Technik bestimmt. Produkte und technische Hilfsmittel lassen sich leicht kopieren; die Mitarbeiter, die diese Produkte und die zu ihrer Erstellung notwendigen Prozesse gestalten sowie die dazu gehörende Unternehmenskultur leben, jedoch nicht. Die Mitarbeiter sind ein entscheidender Erfolgfaktor.

Eine weitere Interessengruppe, die gerade bei uns in Deutschland in den letzten Jahren erheblich an Bedeutung gewonnen hat, sind die Shareholder. Ein Kerngedanke des Shareholder-Value-Konzepts ist die Konzentration auf die international vergleichbare Rentabilität des eingesetzten Kapitals. Dabei muss allerdings hinzugefügt werden, dass aus meiner Sicht eine nur von finanziellen und kurzfristigen Gesichtspunkten bestimmte Diskussion um den Unternehmenswert keinen dauerhaften und verantwortungsvollen Shareholder-Value schafft und deshalb viel zu kurz greift.

Eine zunehmend wichtigere Interessengruppe ist in der Gesellschaft und der Politik – also der Öffentlichkeit – zu sehen. Sie fordert von den Unternehmen verantwortliches Handeln in allen sie betreffenden Fragen – sei es in der Beschäftigungspolitik oder sei es etwa in der Umweltpolitik. Diese „kritische" Öffentlichkeit stellt Fragen nach der Ethik und der Moral, die unternehmerisches Handeln bestimmen.

Eine erfolgreiche Unternehmenspolitik hat nun die Interessen von Kunden, Mitarbeitern, Anteilseignern sowie der Gesellschaft und Politik gleichermaßen zu berücksichtigen. Das ausgleichende Spiel all dieser Interessengruppen wird über den Erfolg oder Misserfolg einer Unternehmenspolitik entscheiden. Das Unternehmen mit dem besten Ruf wird die besten Mitarbeiter haben, die – optimal geführt – faszinierende Produkte entwickeln, herstellen und vermarkten. Zufriedene Kunden werden dann die Basis für profitables Wachstum sein.

Ein zweites Netzwerk ist das Wettbewerbs-Netzwerk: das der Wettbewerber, Lieferanten, Komplementäre – und auch wieder der Kunden.

Der Kunde stellt dabei das Bindeglied zwischen beiden Netzwerken dar, denn um ihn bemühen sich alle Wettbewerber. Die Wettbewerber konkurrieren um die Kunden, sie können gleichzeitig jedoch auch Kooperationspartner, Lieferanten oder Komplementäre sein.

Insbesondere das mit den Lieferanten abgestimmte Kompetenz-, Innovations-, Liefer- und Leistungsnetzwerk wird zum bedeutenden Faktor. Zulieferer sind heute keine reinen Auftragsabwickler mehr. Sie sind vielmehr verantwortliche Partner im Netzwerk und als Modul- und Systemlieferanten bei Projekten von Anfang an dabei. Sie realisieren damit einen beträchtlichen Anteil der Innovation und der Wertschöpfung für das Gesamtprodukt.

Komplementärprodukte und Komplementärleistungen wie beispielsweise Versicherungs- und Finanzdienstleistungen können wichtige Verstärkungs- und Unterstützungseffekte für das Kerngeschäft haben. Ein entscheidender Ansatz hierfür ist die gemeinsame Nutzung der Kundenbasis. Komplementärprodukte und Komplementärleistungen können aus der eigenen Leistungsstruktur des Unternehmens stammen oder in Zusammenarbeit mit Kooperationspartnern erbracht werden.

Die Erfolgsposition eines Unternehmens definiert sich also zunehmend als das Leistungsergebnis eines umfassenden Netzwerkes, das aus Interessen- und Einflussgruppen einerseits und externen Partnern andererseits besteht.

Allerdings sind diese Netzwerke keine statischen Gebilde. Im Gegenteil: Sie sind permanenten, dynamischen Änderungen unterworfen. Diese Netzwerke weisen aufgrund der Vielfalt der Wechselwirkungen und Veränderungen seiner Protagonisten ein zunehmend komplexes Systemverhalten auf.

Diese Komplexität multipliziert sich zudem durch die Mehrdimensionalität, die dem einzelnen Partner oftmals innewohnt: Ein Mitarbeiter kann beispielsweise gleichzeitig auch Kunde, Gewerkschaftsfunktionär, Aktionär und Politiker sein – in einer Person. Dementsprechend unterliegen sowohl die Rahmenbedingungen als auch das Umfeld unternehmerischen Handelns einem permanenten Wandel. Begriffe wie Globalisierung, Informations-, Wissens- und Postindustrielle Gesellschaft umschreiben diesen Wandel nur annähernd.

Das AAA-Unternehmen

Deshalb ist es die Aufgabe der Unternehmenspolitik, geeignete Veränderungsprozesse voranzutreiben, um in diesem vernetzten dynamischen Umfeld weiterhin erfolgreich agieren zu können.

Ohne Weiterentwicklung gibt es keine Stabilität: Es muss etwas geschehen, damit es so bleibt, wie es ist. Jedes Unternehmen muss darauf ausgerichtet sein, zu seiner Umwelt eine stabile und positive Beziehung zu erhalten. Auf der anderen Seite bilden sich in jedem Unternehmen innere Strukturen heraus, die die Tendenz haben, konstant zu bleiben. Verändert sich nun die Umwelt und will das Unternehmen seine Beziehung zu eben dieser Umwelt konstant halten, so ergibt sich gleichsam die Notwendigkeit zur Veränderung, um Stabilität zu erreichen.

Die geeignete Strategie hierfür wird nicht der dauernde Versuch sein, die Zukunft immer genauer vorherzusagen, um immer genauer planen zu können. Anstatt immer genauer planen zu wollen, wird es zusätzlich darauf ankommen, die Fähigkeit auszubauen, sich schnell auf Veränderungen einstellen zu können und sich selbst zu verändern. Nur so gelingt es, die eigene Wettbewerbsfähigkeit zu erhalten und auszubauen. Erfolgreiche Unternehmenspolitik ist also immer mehr auch Veränderungsmanagement.

Wettbewerbsfähiger werden wir nur durch mehr Leistung. Das gilt gleichermaßen für unseren Standort wie für die Unternehmen. Eine Leistungssteigerung, die gleichzeitig auch mehr Arbeitsplätze schafft, ist an unserem Standort meines Erachtens nur durch innovatives Wachstum möglich. Nur innovatives Wachstum – also Wachstum über Innovationen, Wachstum durch das Schaffen von etwas originär Neuem – führt im Gegensatz zum Wachstum allein durch Produktivitätssteigerung zu einer Vergrößerung des Gesamtmarktvolumens.

Die Schlüsselfigur ist hier der dynamische Unternehmer, der „Entrepreneur", wie ihn Joseph Schumpeter klassisch beschrieben hat. Die Funktion des Unternehmers, so sagt Schumpeter, besteht darin, das Unternehmen ständig zu reformieren oder zu revolutionieren. Innovation ist dabei von entscheidender Bedeutung. Denn Innovation ist Veränderung, ist Weiterentwicklung, ist Zukunftssicherung.

Innovationen für nachhaltigen Erfolg

Innovationen sind – auch hier ist eine Anleihe bei Schumpeter nützlich – neue Kombinationen, die sich erfolgreich am Markt durchsetzen. Schumpeter nennt fünf Möglichkeiten, wie dies geschehen kann:

1. neue Produkte oder Produkte mit neuen Qualitätsmerkmalen, die er Produktinnovationen nennt,
2. neue Produktionsprozesse, auch Prozessinnovationen genannt,
3. den Zugang zu neuen Märkten,
4. die Entdeckung und Verwertung von neuen Rohstoffen und neuen Technologien sowie
5. die Einführung neuer Organisationsstrukturen.

„Aus Alt mach' Neu", das ist für Schumpeter, verkürzt gesprochen, die Definition von Innovation und Unternehmertum. Oder anders gesagt: Innovation ist alles, was mehr Kunden und damit mehr Arbeitsplätze bringt. Denn der Kunde entscheidet letztlich, was Innovationen sind.

Im Sinne dieser Definition dürfen Innovationen keinesfalls nur auf Produkte oder Technik beschränkt werden. Innovationen müssen breit angelegt sein und gehen deshalb weit über Produkte oder Technik hinaus.

Sie betreffen alle Aspekte unternehmerischen Handelns. Erfolgreiche Unternehmen „innovieren" deshalb auf allen Ebenen. Es geht um innovative Prozesse und Strukturen. Es geht um das innovative Unternehmen schlechthin, denn sonst gibt es auf Dauer auch keine innovativen Produkte. Innovationen sind damit die Basis für nachhaltiges, profitables Wachstum. Neue Technologien, neue Produkte und neue Produktionsprozesse sind also entscheidende Stellhebel der Ökonomie. Damit kommt auch der Produktion große Bedeutung zu.

Flexibilität als Wettbewerbsvorteil

Der Wettbewerb um Innovationen ist immer auch ein Zeitwettbewerb. Ein innovatives Unternehmen muss nicht nur erfinderisch, sondern vor allem auch schnell sein. Deshalb reicht es auch nicht, das richtige zu tun – man muss es auch schneller als die anderen tun.

Erfolgreiche Unternehmen werden deshalb künftig noch mehr als zuvor an den drei As ausgerichtet sein müssen: agil, antizipativ und adaptiv. Dies betrifft die Organisation, die Technik und die Führung gleichermaßen.

Agilität steht für Schnelligkeit, Beweglichkeit und Flexibilität – für kurze Reaktionszeiten auch bei unerwarteten Hindernissen. Selbst mit der besten Strategie kann man nicht alles vorhersehen. Entscheidend ist, dass man in solchen Situationen die eigenen Ziele im Auge behält und die jeweilige Situation flexibel meistert.

Antizipativ zu sein, bedeutet vorausschauendes Handeln. Man muss einen Blick für Situationen haben und diese in den Gesamtzusammenhang einordnen können. Vor allem sollte man auf Grundlage der eigenen Erfahrungen ein Gespür dafür entwickeln, wie sich die aktuelle Situation (Technologien, Märkte, Wettbewerber) weiterentwickeln wird, um diese Entwicklung aktiv mitzugestalten.

Adaptiv zu sein bedeutet Anpassungsfähigkeit, Lernbereitschaft und Lernfähigkeit. Hier geht es um das Lernen von anderen, aber auch um das Lernen aus eigenen Fehlern – und zwar individuell, aber insbesondere kollektiv als gesamte Organisation.

Die Ausrichtung auf diese drei As – Agilität, Antizipation und Adaption – gilt umso mehr, weil der zu beobachtende Wettbewerbstrend heute zunehmend in Richtung „Hypercompetition" geht – getreu dem Satz: „It is not enough to succeed, others must fail."

Auf dem Markt ist zu beobachten, dass Wettbewerber in sehr viel stärkerem Ausmaß als früher auch mit Störtaktiken arbeiten, um die bestehenden Wettbewerbskräfte zum eigenen Nutzen zu verändern. Es geht einerseits um den Ausbau der Fähigkeit, mit Innovationen, Flexibilität und Schnelligkeit eigene Überraschungsangriffe auszuführen. Andererseits geht es um die Weiterentwicklung der Fähigkeit zu flexiblen und schnellen Gegenreaktionen auf Überraschungsangriffe des Wettbewerbs.

Flexibilität als Zukunftssicherung

Neben der Sicherung des Wettbewerbsvorteils hat das Thema Flexibilität für erfolgreiche Unternehmen noch eine andere wichtige strategische Bedeutung.

Flexibilität ist auch als Versicherung für die Unwägbarkeiten der Zukunft notwendig. Nicht zuletzt der Niedergang der ehemaligen sozialistischen Staaten hat es uns vor Augen geführt: Es gilt Abschied zu nehmen vom Paradigma der totalen Planbarkeit. Friedrich Dürrenmatt hat es auf den Punkt gebracht, als er sagte: „Je genauer man plant, desto härter trifft einen der Zufall."

Seit der Aufgabe des Mythos von der totalen Planbarkeit unternehmerischer Prozesse gilt es, wesentlich flexiblere Methoden und Instrumente zu finden, die an die Stelle alter rein mechanistischer Konzepte treten müssen. Es gilt Instrumente zu finden und zu beherrschen, die Unternehmen sowohl eine langfristige strategische Ausrichtung als auch ein Höchstmaß an flexibler Anpassung geben.

Die Evolutionsgeschichte der Natur lehrt uns, dass nicht zwangsläufig der Größte überlebt, sondern der Flexibelste und Anpassungsfähigste. Nicht umsonst hat die Libelle den Dinosaurier überlebt!

Genau deshalb brauchen erfolgreiche Unternehmen neue Schlüsselfähigkeiten, um in verschiedenen – Dürrenmatt würde sagen – „zufälligen" Szenarien erfolgreich handeln zu können: die Fähigkeit zur schnellen Aktion, zur schnellen Reaktion und zur schnellen Anpassung. Das AAA-Unternehmen – das agile, antizipative und adaptive Unternehmen – besitzt diese Fähigkeiten. Um es mit den Worten von Louis Pasteur zu sagen: „Der Zufall belohnt nur den vorbereiteten Geist."

Die agile Produktion

Diese zukunftsweisenden Herausforderungen an die Unternehmensentwicklung – Agilität, Antizipation und Adaption und das Agieren in Netzwerken – müssen sich selbstverständlich auch in den einzelnen Unternehmensteilen selbstähnlich wiederfinden, wenn sie für den Unternehmenserfolg volle Wirkung entfalten sollen.

Es geht um optimale Leistungsstrukturen eines Unternehmens.

Ein strategischer Punkt ist, ob man auf eine eher monolithische oder eher netzwerkartige Unternehmens- und Leistungsstruktur setzt. Aus meiner Sicht gilt es hier, die Netzwerkstrukturen weiter zu verfolgen, weil netzwerkartige Strukturen den Weg zum AAA-Unternehmen besser unterstützen.

Was bedeutet das für die Produktion eines Unternehmens? Wie sieht das System aus, das diese mehrdimensionalen und auf den ersten Blick z. T. widersprüchlichen Anforderungen bestmöglich erfüllt?

Das Produktionssystem der Zukunft beherrscht die Mehrdimensionalität aus Flexibilität und Komplexität und schafft durch Agilität neue Handlungsspielräume.

Ziel ist die Verfügbarkeit eines breiten Spektrums technologischer, prozessualer und organisatorischer Möglichkeiten. Es geht also letztlich um den Aufbau eines schnellen Innovationsnetzwerkes, das die eigenen Ressourcen, die der Lieferanten, von Instituten und das Verhalten der Wettbewerber und der Kunden berücksichtigt.

Das bedeutet schnelle Kernprozesse und atmungsfähige Kapazitäten verbunden mit vernetzten Arbeits- und Informationsstrukturen – wobei der wichtigste Erfolgsfaktor die Mitarbeiter sein werden, die diese Strukturen gestalten und diese Prozesse mit Leben erfüllen. Das gilt gleichermaßen für die inneren Strukturen wie für die Vernetzung mit externen Partnern.

Interne Flexibilität: Schnelle Kernprozesse und atmungsfähige Strukturen

Optimale Leistungsstrukturen, das Anpassungsvermögen und die Innovationskraft eines Unternehmens sind zunächst in enger Verbindung zu sehen mit der Fähigkeit, intern über schnelle und flexible Kernprozesse zu verfügen. Vorsprünge bei innovativen Produktmerkmalen sind heute vielfach nur noch von temporärer Natur. Häufig vergehen bei einem Vorsprung nur wenige Monate, bis der Wettbewerb nachzieht. Entscheidend ist also, intern schnell und flexibel auf neue technologische Trends und Veränderungen im Markt reagieren zu können.

Dabei geht es vor allem um das Verkürzen der Reaktionszeiten. Es kommt darauf an, erstens schneller vom Forschungsergebnis zum Produktkonzept, zweitens schneller vom Produktkonzept zum Produkt und drittens schneller von der Bestellung zur Lieferung zu kommen.

Die Verkürzung der Reaktionszeiten wird vor allem durch die Beschleunigung von zwei grundlegenden Kern-Prozessen erreicht: der Produktentstehung und dem Abwickeln des Kundenauftrags.

Diese beiden Abläufe sind auch Beispiele für schnelle Kernprozesse, die aus naheliegenden Gründen beispielhaft anhand der BMW Group erläutert werden. Diese Kernprozesse richten das gesamte Unternehmen auf die erweiterten und sich schnell ändernden Anforderungen des Marktes und des Umfelds aus.

Dabei geht es darum, „Time to market" und „Time to customer" zu verkürzen.

Produktentstehungsprozess PEP

Ein wesentlicher Faktor für „Time to market" ist der Prozess der Produktentstehung – bei der BMW Group PEP genannt: Kürzere Zeiten bei der Serienentwicklung, weniger Einmalaufwand, reduzierte Herstellkosten, ein schnelleres Hochfahren auf die maximale Kapazität des Werkes beim Neuanlauf eines Produktes und reife Prozesse als Voraussetzung für Qualität, Schnelligkeit und Effizienz sind hier die Stichworte.

Besonders zu beachten ist dabei, dass einerseits immer individuellere Kundenwünsche für eine zunehmende Komplexität sorgen. Die zunehmende Individualisierung bietet andererseits aber auch alle Chancen einer offensiven Produktpolitik. Für die Produktion bedeutet die wachsende Modellvielfalt gleichzeitig jedoch auch immense technologische Herausforderungen: Produktionsflexibilität und Komplexitätsbeherrschung in hohem Maß. Die Herausforderung für Automobilunternehmen wie die BMW Group lautet: Individuell wie die Kleinserie – produktiv wie die Großserie.

Wo schnelle Innovation das Ziel der täglichen Arbeit darstellt, unterliegen auch die Methoden einem ständigen Wandel. So rasant wie die Produkte wandelt sich auch die Arbeitswelt der Entwickler sowie der Ingenieure der Planung und der Produktion. Dieser Wandel besteht in der immer weiter zunehmenden Nutzung von CAx-Methoden: Computer Aided Design, -Styling, -Engineering, -Manufacturing, -Quality – kaum ein Bereich, der nicht versucht, mit Computerunterstützung schneller, flexibler und kostengünstiger seine Aufgaben zu lösen.

Das Ziel heißt, die Anzahl der im Entwicklungsprozess eingesetzten Prototypen zu reduzieren. Zukünftig wird das Fahrzeug in der gesamten Entwicklungsphase mehr und mehr in der „virtuellen Realität" existieren. Angefangen von der realitätsgetreuen dreidimensionalen Darstellung des Designs über die Konstruktion der Bauteile bis zur Erprobung einzelner Funktionen sollen sämtliche Entwicklungsschritte mehr und mehr in der Welt des Computers stattfinden. Statt wie bisher mehrere Millionen Testkilometer in aller Welt auf Versuchsfahrten zu absolvieren, wird das Fahrzeug in digitaler Form entwicklungsbegleitend im Computer geprüft und ausführlich „probegefahren".

Die gleichen Ansätze werden parallel zur Entwicklung des Produktes bei der Planung der Fertigungsbereiche und der Logistik realisiert. Der digitale Prototyp dient als Basis für die digitale Fabrik, in der in der virtuellen Welt Fertigungs-, Montage- und Logistikprozesse geplant und optimiert werden, um das reale Hochfahren auf die maximale Kapazität des Werkes in der kürzest möglichen Zeit sicher zu erreichen.

Beim Produktentstehungsprozess geht es also um das optimale Zusammenwirken von Entwicklung und Produktion.

Kundenorientierter Vertriebs- und Produktionsprozess KOVP

Der zweite wichtige Prozess, den es zu beherrschen gilt, ist die Abwicklung des Kundenauftrages. Hier geht es um „Time to customer" und um das Zusammenspiel von Produktion und Vertrieb.

Der strategische Ansatz der BMW Group für das Beherrschen komplexer Prozesse in Produktion und Vertrieb ist der „Kundenorientierte Vertriebs- und Produktionsprozess" KOVP. Mit KOVP optimiert das Unternehmen die Prozesskette von der Bestellung durch den Kunden bis zur Auslieferung durch einen durchgängigen und gemeinsamen Ansatz zwischen Produktion, Logistik und Vertrieb.

Das Ziel von KOVP lautet, jedem Kunden sein maßgeschneidertes BMW Fahrzeug termintreu zum vereinbarten Zeitpunkt zu liefern. Diese Terminzusagen können heute bei der Bestellung eines Neuwagens dank Online-Ordering in Sekundenschnelle gemacht werden. Die wichtigsten Aufgabenstellungen bei der Umsetzung dieses Ansatzes sind:

- Technologisch flexible Prozesse und Einrichtungen in Rohbau, Lackiererei und Montage in Verbindung mit flexiblen Kapazitäten.
- Entsprechende Prozesse für die interne Logistik, die kunden- bzw. vertriebsorientierte Logistik sowie die Zuliefererlogistik.
- Eine dritte Aufgabenstellung bezieht sich auf die Produktstruktur, nämlich die Variantenbildung erst möglichst spät im Ablauf vornehmen zu müssen.

Die Reduzierung der internen Durchlaufzeit bei der Produktion eines neuen Automobils hat zwei ganz wesentliche Vorteile: Erstens können heute bereits zahlreiche Änderungswünsche der Kunden noch sechs Tage vor Produktionsbeginn berücksichtigt werden. Das bedeutet einen Quantensprung in der Änderungsflexibilität und zweitens kommt es damit zu insgesamt kürzeren Lieferzeiten. Das hat geringere Bestände zur Folge und übt einen günstigen Einfluss auf Erlösschmälerungen aus. Die Basis dafür ist ein entsprechend ausbalanciertes Paket aus Fertigungs- und Logistikprozessen, Arbeitszeitregelungen sowie einer geeigneten Produktstruktur.

Mit KOVP kann die BMW Group zukünftig noch schneller und flexibler auf Entwicklungen des Marktes und Wünsche der Kunden eingehen. Das Prinzip ist: Die Wünsche des Kunden für das individuelle Automobil bestimmen den Prozess, nicht nur das von uns geplante Fahrzeug. Zugleich ist die Anpassungsfähigkeit von Produktion und Logistik an Marktschwankungen gewährleistet.

Das übergeordnete Ziel dieser beispielhaft genannten schnellen Kernprozesse PEP und KOVP lautet: flexible, atmungsfähige Strukturen, sowohl auf der Leistungs- als auch auf der Kostenseite, zur Absicherung gegen Unwägbarkeiten der Zukunft.

Das ist nur erreichbar durch eine Vernetzung der Arbeitsstrukturen und durch atmungsfähige Kapazitäten.

Atmungsfähigkeit und Flexibilität des internationalen Produktionsverbundes der BMW Group

Zum internationalen Produktionsnetzwerk der BMW Group zählen zur Zeit acht Produktionsstätten für Rolls-Royce, BMW und MINI Automobile, drei Motorenwerke und vier Fertigungsstandorte u.a. für Komponenten.

Hinzu kommen acht CKD-Montagewerke für BMW Automobile in acht Ländern, die überwiegend in Kooperation mit externen Partnern betrieben werden.

Die einzelnen Standorte kooperieren in einem weltweiten Produktions- und Planungsverbund intensiv miteinander. Gleichzeitig zeichnen sich diese Werke durch flexible Werkebelegung mit verschiedenen Modellen, flexible Arbeitszeiten und flexible Logistik aus.

Mit alledem beherrscht das Produktionssystem der BMW Group nicht nur die hoch komplexen Abläufe des Automobilbaus in einem feinen Netzwerk, sondern das Produktionssystem der BMW Group ist damit in der Lage, sich schnell und flexibel an Marktschwankungen und individuelle Kundenwünsche anzupassen.

Jedes Werk baut mindestens zwei Modelle, wobei ein Modell teilweise in zwei Werken gebaut wird. Dadurch ist eine Kapazitätsverschiebung – ein Transfer von Arbeit – zwischen den Werken und den Modellen ohne weiteres möglich.

Durch Arbeitszeitkonten und über 300 Arbeitszeitmodelle ist eine flexible Anpassung der Produktion an Marktschwankungen möglich. Hier geht es um den Transfer von Zeit.

Dank dreier Automobil-Produktionswerke in Bayern im Radius von 50 km ist ein flexibler Personaleinsatz möglich. Dies erlaubt den Transfer von Mitarbeitern.

Produktion und Logistik sowie die Zulieferer sind ebenfalls auf diese Flexibilität eingestellt. Es ist diese Flexibilität und Agilität in Produktion und Logistik, die der BMW Group eine optimale Kundenversorgung ermöglicht.

Die agile Produktion ist also eine wichtige Drehscheibe zwischen Entwicklung und Vertrieb im Sinne der Nutzung von Chancen für neue Produkte bzw. Varianten und der kurzfristigen Nutzung von Marktchancen. Das führt tendenziell zu mehr Volumen und damit zu einer Verbesserung der Kapazitätsauslastung und zu einer höheren Produktivität.

Wie das Produktionssystem der BMW Group auf die Herausforderungen nach Individualität, Innovation und Zeitwettbewerb einerseits sowie Qualität und Produktivität andererseits im internen und externen Netzwerk begegnet, ist damit beschrieben.

Ein kleines Wortspiel betreibend, seien hier die zentralen Merkmale noch einmal zusammengefasst:

- Qualität ist das A und **O**
- **P**roduktivität als Maßstab der Effizienz
- **T**ime to market and time to customer – Agilität = Schnelligkeit + Flexibilität
- **I**nnovation bei Prozessen, Technologien, Organisation
- **M**arktorientierung durch Individualität und Flexibilität
- **U**mwelt- und Umfeldorientierung
- **M**itarbeiterorientierung als Basis.

Dabei geht es nicht um das entweder - oder, sondern um das sowohl als auch. Es geht nicht um die Optimierung von Einzeldisziplinen, sondern um das Gesamt**optimum.**

Das Ziel ist ehrgeizig: Qualität, Produktivität und Prozesssicherheit bei hoher Änderungsflexibilität zu verbessern. Darin unterscheidet sich Agilität von Flexibilität. Denn die der Flexibilität zugesprochene Anpassungsfähigkeit wird um die Zeitdimension ergänzt.

Produktionsstrategie ist Teil der Unternehmensstrategie und damit ein Teil der Wettbewerbsstrategie. Sie muss mehrdimensional im Spannungsfeld zwischen Menschen, Organisation und Technik einerseits und des Marktes andererseits

gesehen werden. Denn nur wenn die Produktion die komplexen Anforderungen des Marktes befriedigen kann, wird das Unternehmen erfolgreich agieren können. Die Komplexität des Marktes wird durch
- zunehmende Individualisierung der Kundenwünsche,
- Innovationsdruck,
- schnellere Reaktionsfähigkeit und
- die gebotene Globalisierung der Unternehmensaktivitäten definiert.

Wettbewerbsvorteile werden dadurch entscheidend von der Produktionsstrategie mitbestimmt. Das Produktionssystem der Zukunft beherrscht eben die Mehrdimensionalität aus Flexibilität und Komplexität und schafft durch Agilität neue Handlungsspielräume.

Höchste Qualität und Produktivität bedeuten aber auch, alle Möglichkeiten der Technik auszunutzen. Und zwar gesamtheitlich im Rahmen des optimalen „Dreiklangs" Mensch – Organisation –Technik, nicht isoliert als Selbstzweck. Immer wieder fällt aber auf, dass sich die Diskussion auf eindimensionale Strategien beschränkt.

Wer die Problemlösung auf einzelne Felder verkürzt, verkennt, dass sich jede Entscheidung zwangsläufig auf das Gesamtsystem auswirkt.

Komplexität und Individualität einerseits und die Forderungen nach Produktivität und Qualität andererseits machen innovative Automatisierung und Technisierung notwendig. Basis hierfür müssen beherrschte organisatorische und technologische Prozesse sein.

Hier schließt sich der Kreis zur selbstlernenden Organisation. Die Ansprüche an die Menschen, die diese Produktion planen und betreiben, werden größer. P. Drucker spricht deshalb auch von einer Entwicklung zum Wissensarbeiter. Produktion wird damit selbst zum „Dienstleistungsbetrieb".

Mitarbeiterorientierung

Wie ist dieses Ziel optimal zu erreichen? Eben durch das agile Zusammenwirken von Mensch – Organisation – Technik. Das bedeutet: Unsere Systeme müssen offen, dialog- und reaktionsfähig bleiben, kurz: wandlungsfähig sein. Und das betrifft zuallererst uns Menschen. Wir müssen offen bleiben. Wir müssen unsere Organisationen reaktions- und lernfähig halten.

Strukturen bestimmen Verhalten. Das Verhalten der Führung eines Unternehmens bestimmt aber letztlich auch dessen Strukturen. Also kann Veränderung von Strukturen nur durch Verhaltensänderung der Führung erreicht werden. Dezentrale und prozessorientierte Organisationsstrukturen verbunden mit einer autonomen und selbstlernenden Verhaltensweise sind ein ehrgeiziges Ziel, das jedem Einzelnen viel abverlangt.

Aber das Optimum und die *drei* As einer zukunftsorientierten Unternehmensführung sind auch nicht mit einer top-down-orientierten mechanistischen Führung und Organisation zu erreichen. Unternehmensentwicklung muss vielmehr als ein offener Prozess in einem Netzwerk aus Organismen gesehen werden – mit gleichzeitigen Top-down- und Bottom-up-Prozessen.

Karl Poppers Begriff der offenen Gesellschaft beruht ganz wesentlich auf der Erkenntnis, dass wir weniger eine wissende als eine lernende Weltgesellschaft sind. August von Hayek spricht vom „Wettbewerb als Entdeckungsverfahren".

Die entscheidenden Weichen werden dabei auf der Verhaltensebene gestellt – und das ist Führungsaufgabe. Die entscheidende Frage lautet: Wie groß ist der Veränderungswille und die Veränderungsfähigkeit der Führungsmannschaft und der Mitarbeiter?

Den Mitarbeitern kommt also in Bezug auf den Erfolg eines Unternehmens eine entscheidende Rolle zu. So ist jede Strategie am Ende des Tages nur so erfolgreich, wie sie von den Mitarbeiterinnen und Mitarbeitern umgesetzt wird. Es kommt daher besonders darauf an, Mitarbeiterinnen und Mitarbeiter so einzubeziehen, dass sie auch eigenständig im Sinne des Unternehmens handeln können.

Denn nur, wenn die Mitarbeiterinnen und Mitarbeiter wissen, wo es hingehen soll und woran sie gemessen werden, können und werden sie erfolgreich agieren.

Der Prozess einer ständig notwendigen Anpassung an veränderte Umfeldbedingungen setzt aber die konkrete Veränderung von Einstellungen und Verhaltensweisen bei allen Beteiligten voraus. Diese Anpassungs- und Veränderungsbereitschaft findet aber ihren Ausdruck in der Unternehmenskultur und damit in der Fähigkeit einer Organisation zum kollektiven Lernen.

Die Bewältigung der anstehenden Aufgaben kann nur dann erfolgreich gelingen, wenn

- alle Mitarbeiterinnen und Mitarbeiter von sich aus an der Weiterentwicklung des Unternehmens mitwirken,
- Werte, Zielvorstellungen und Visionen gemeinsam entwickelt und vertreten werden und
- die Unternehmenskultur und die konkreten organisatorischen Rahmenbedingungen im Unternehmen eine derartige Mitwirkung auch erlauben.

Das zusammen wiederum erfordert, dass im Unternehmen eine Vertrauens- und nicht eine Misstrauenskultur herrscht.

Der Mensch und die Freisetzung seiner schöpferischen Fähigkeiten rücken in den Mittelpunkt von Organisation und Technik und nicht umgekehrt.

Wenn dieser Satz wirklich ernst gemeint ist, dann erfordert dies auch eine Relativierung des Paradigmas vom heute häufig noch vorherrschenden mechanistischen Weltbild der Unternehmensführung. Ein Unternehmen und insbesondere auch die Produktion darf nicht als Maschine oder Mechanismus gesehen werden. Das Unternehmen muss vielmehr als ein lebendiger Organismus begriffen werden, dem da Muskeln wachsen, wo es notwendig ist!

Wir haben die fast paradox anmutende Situation, dass sich Unternehmen permanent ändern müssen, um die Stabilität ihrer Beziehungen zu ihrer relevanten

Umwelt zu erhalten und die Umwelt ändert sich relativ schnell, vielleicht nicht in Deutschland, aber weltweit. Gleichzeitig müssen sie es aber schaffen, bei aller Veränderung ihre identitätsgebenden inneren Strukturen und Werte zu bewahren.

Diesen Widerspruch von Veränderung und Bewahrung zu leben und in der Balance zu halten, ist ein beständiger Anspruch an die Führungsmannschaft.

Die Veränderung von Organisationsstrukturen und -abläufen muss zunehmend ein aktiver Prozess des Systems selbst werden und darf nicht eine passive, sozusagen „erlittene" Fremdbestimmung sein. Die Gesamtorganisation muss so gestaltet sein, dass Subsysteme sich – dauerhaft oder vorübergehend – selbst organisieren können. Ohne Zweifel benötigt jede Organisation dafür ein Ordnungsprinzip. Es geht darum, das kleinste, sozusagen hierarchisch niedrigste Systemelement in der gesamten Organisation selbstähnlich abzubilden: Also z.B. die Gruppe in der gesamten Produktions- und Unternehmensorganisation.

Grundvoraussetzung für den Erfolg einer solchen Organisation ist es, dass die Menschen sich selbst wie die organisatorische Einheit, der sie angehören, als Element eines Ganzen verstehen, das System kennen und den Erfolg des Gesamtsystems vor den Erfolg des eigenen Systems stellen. Die wichtigste Voraussetzung dafür ist, dass die Mitarbeiter gleiche Ziel- und Wertvorstellungen teilen – also eine konsistente Unternehmenskultur vorhanden ist. Diese wiederum erfordert eine mitarbeiterorientierte Führung, die Werte- und Zielorientierung als Ordnungsprinzip konsequent durchsetzt.

Diese gemeinsame Zielorientierung kann aber in der Industrie nicht gelingen, solange ein Subsystem, also z.B. eine Abteilung, als erfolgreich gelten kann, ohne dass dies zum Erfolg des Gesamterfolgs des Systems, also des Unternehmens, sichtbar beiträgt. Aber genau das lassen die klassischen Organisationsformen zu, weil sie nicht an den Prozessketten im Unternehmen, sondern an der Art der zu erfüllenden Teilaufgaben orientiert sind.

Innovation, Komplexität und Agilität können, wie gesagt, jedoch nicht mit einer solchen mechanistischen, top-down orientierten Führung und Organisation beherrscht werden. Es gilt vielmehr die Mitarbeiter aufzufordern, verstärkt mit Blick auf die Anforderungen Verantwortung zu übernehmen. Man muss aber auch bereit sein, ihnen diese Verantwortung zu übertragen. Dezentralisierung und Eigenverantwortung sind die Zielsetzungen, d.h. Umkehr der Fremd- zur Eigensteuerung.

Führen mit Zielvereinbarungen

Die Frage, die sich nach den bisherigen Ausführungen stellt, ist, durch welche Führungsinstrumente und durch welches Führungsverhalten lassen sich die erkannten Ziele und die sich daraus ergebenden Veränderungsprozesse am besten unterstützen.

Dabei spielen natürlich auch die mentale Verfassung und die bestehenden Antriebskräfte in der Mannschaft eine große Rolle. Die Frage ist: Wie „ticken" die Mitarbeiter und wofür kämpfen sie? So sind aus meiner Sicht die BMW Mitarbeiter kompetent, ehrgeizig und erfolgsorientiert, und zwar ehrgeizig für sich selbst aber auch kollektiv für das Unternehmen.

Vor diesem Hintergrund hat die Führungsmannschaft des BMW Produktionsressorts ihren Zielvereinbarungsprozess entwickelt: nämlich ambitionierte Ziele „entwickeln" bzw. „vereinbaren" und dann über die Methoden reden, die die Erreichung der Ziele unterstützen können und nicht das „Hineindrücken" bestimmter Methoden.

Der Zielvereinbarungsprozess wurde in vier Schritten entwickelt und erarbeitet.

In einem gemeinsamen Meinungsbildungs-, Diskussions- und Arbeitsprozess hat die Führungsmannschaft des Produktionsressort 1994 ein Zielsystem mit Durchbruchszielen und einen Prozess der Zielvereinbarung und des Umgehens erarbeitet. Dieses war ein offener, kein methodengetriebener Prozess.

Der erste Schritt war die Erarbeitung eines gemeinsamen Selbstverständnisses für die BMW-Produktion. Die besondere Stärke des BMW-Produktionssystems besteht ja – wie ausgeführt – darin, die teilweise konkurrierenden Ziele Qualität, Flexibilität, Produktivität, Umfeldorientierung und Mitarbeiterorientierung gesamtheitlich optimal auf die spezifischen BMW-Belange abzustimmen und einer permanenten Verbesserung zu unterwerfen.

Der zweite Schritt war die Erarbeitung der Zielfelder und der Ausprägung der einzelnen Zielgrößen, die Erarbeitung der Messgrößen und der Messsysteme. – Leitsatz: „Was man nicht messen kann, kann man auch nicht regeln."

Der Zielvereinbarungsprozess, der bei BMW eingeführt wurde, hat fünf Zielfelder: *Qualität, Flexibilität, Produktivität, Mitarbeiterorientierung, Umfeldorientierung.*

Der dritte Schritt betrifft die Erarbeitung und Festlegung des Zielvereinbarungsprozesses: In der BMW Group wurde der Zielvereinbarungsprozess über drei Ebenen installiert: Er erfolgt im Gespräch zwischen Ressortleiter, Leiter der jeweils nachgeordneten Funktionseinheit sowie der nächsten Ebene. Der Prozess läuft top *down* und *bottom up*. Die Führungs- und operativen Ebenen (in der Produktion z.B. der Meister) formulieren kompatible nachprüfbare Unterziele und belegen diese mit Aktivitäten und Maßnahmen.

Wenn die Kaskade der Zielfelder, Ziele und Maßnahmen mit dem 3-Ebenen *Zielvereinbarungs*prozess verbunden wird, dann wird gleichzeitig auch ein gut strukturierter Kommunikationsprozess etabliert.

Ziele immer über 3 Ebenen zu vereinbaren, die jeweils kaskadenartig überlappt sind, bedeutet strukturiertes *Involvement* aller betroffenen Mitarbeiter hinsichtlich Strategie, Ziele und Maßnahmen. Besonders wichtig ist dabei die Beraterfunktion der jeweils 3. Ebene. Denn hier wird deutlich: Nur wenn die Mitarbeiter wissen, wo es hingehen soll und auch woran sie gemessen werden, können und werden sie sich erfolgreich engagieren.

Beim vierten Schritt geht es um Klärung der Frage, wie man mit den Zielvereinbarungs- und Zielerreichungsprozess auf der Verhaltensebene umgehen will.

Der Zielvereinbarungsprozess erfolgt offen, im Dialog und konsensorientiert. Die Zielerreichung wird in regelmäßigen Reviews in Form gemeinsamer Gespräche verfolgt. Wesentliche Zielabweichungen und mögliche Gegenmaßnahmen werden von den Verantwortlichen eigenständig und unaufgefordert eingebracht. Es gilt das Prinzip der Selbstanzeige.

Das Erreichen der vereinbarten Ziele bzw. das Einhalten der Spielregeln hat Relevanz für das persönliche Portfolio. Führen mit Zielvereinbarungen:
- heißt Ziele vereinbaren, nicht Wege.
- heißt die Verantwortung für das Erreichen der Ziele und die Wahl der richtigen Wege an die Stellen zu verlagern, an denen sie bestens aufgehoben sind – vor Ort, dezentral.
- setzt gegenseitiges Vertrauen voraus, also eine Vertrauenskultur.

Beides – mehr Verantwortung und mehr Vertrauen – haben aber auch eine Verhaltenskonsequenz, das sog. Selbstanzeigeprinzip: mehr Offenheit und Ehrlichkeit, aber auch mehr Konsequenz, weil man Vertrauen nur einmal zerstören kann.

Es bedeutet: Rechtzeitiges Aufzeigen von Umständen, die eine Zielvereinbarung unmöglich machen. Und zwar zu einem möglichst frühen Zeitpunkt, so dass Korrekturmaßnahmen noch möglich sind.

Es geht ums „Verändern, ums Mitdenken und Gestalten". Ziel ist es, von einer Arbeit auf Anweisung hin zu einer Arbeit in selbständigen Gruppen mit festgelegten Kompetenzen und Verantwortlichkeiten zu kommen. Das bedeutet mehr Eigensteuerung und weniger Fremdsteuerung.

Mit Freiräumen lassen sich Arbeitsstrukturen schaffen, die sicherstellen, dass sich Teams als Prozesseigentümer begreifen und erleben können. Es wird nicht hierarchie- und funktionsorientiert, sondern team- und kompetenzorientiert gearbeitet.

Meine Erfahrungen bei der BMW Group zeigen: Zielvereinbarungen sind das geeignete Instrument zur Führung einer agilen Produktion, und darüber hinaus zur Führung eines agilen, antizipativen und adaptiven Unternehmens. Denn die Zukunft muss gestaltet werden, und das ist ein offener Prozess. Sie wird dabei vielleicht nicht so, wie wir sie uns wünschen, aber sicher so, wie wir sie machen.

Anwendungen

Flexible Produktionstechnik für die Großserie – heute und morgen

Dr. Ing. Hinrich Stave

»Die Maschine der Zukunft ist konzeptionell so gut durchdacht, dass sie einfach ist. Produktivität und Zuverlässigkeit werden durch intelligenten Einsatz von Hochleistungskomponenten und -werkstoffen erreicht.«

HINRICH STAVE

Hinrich Stave war nach dem Maschinenbau-Studium in Aachen als wissenschaftlicher Mitarbeiter und später als Oberingenieur am Laboratorium für Werkzeugmaschinen und Betriebslehre (WZL) der RWTH Aachen tätig. Anschließend wurde er Konstruktionsleiter bei der Hüller Hille GmbH in Witten. Später wechselte er zu den Grob-Werken.

Flexible Produktionstechnik für die Großserie – heute und morgen

Hinrich Stave

Einleitung

Dieser Beitrag beschäftigt sich mit spanenden Fertigungssystemen für die Großserie, wie sie vorzugsweise in der Motoren-, Getriebe- und Fahrwerksfertigung der Automobilindustrie und von deren Zulieferern eingesetzt werden. Er soll aus Sicht eines Anlagenherstellers einige Erfahrungen beschreiben, Entwicklungstendenzen aufzeigen und versuchen, der Hochschulforschung Anregungen für künftige Ziele zu geben.

Neues entsteht, wo Bestehendes in Frage gestellt wird. Deshalb ist es die Aufgabe aller, die in Forschung und Entwicklung tätig sind, den eingeschlagenen Weg regelmäßig in Frage zu stellen, und dabei durchaus einmal Zusammenhänge zu vereinfachen, um ein Ziel herauszuarbeiten und den Fluss der Ideen anzuregen. Solche Vereinfachungen sind auch im Folgenden gemacht, sie sind als Anregung zum Weiterdenken gedacht, nicht als Abwertung der Arbeit anderer.

Kernaufgaben und Randbedingungen

Philosophisch betrachtet ist es unbefriedigend, wertvolle Werkstoffe zu Spänen zu zerteilen. Dementsprechend ist es Kernaufgabe einer Werkzeugmaschine im hier betrachteten Anwendungsgebiet, diejenigen Maße, Oberflächen und Formelemente spanend herzustellen, die sich mit ur- oder umformenden Verfahren nicht oder nicht wirtschaftlich erzeugen lassen. Dementsprechend liegt der Schwerpunkt bei der Feinbearbeitung durch Fräsen, Bohren, Reiben und Gewinden. Dagegen spielt Schruppbearbeitung mit großen Aufmaßen in der Großserienfertigung – zumindest bei der dominierenden Leichtmetallbearbeitung – eine geringere Rolle.

Im Kern ist es nach wie vor der Span, weswegen die Maschine gekauft wird, und dementsprechend gilt nach wie vor der Satz:

„*Was teuer ist, muss Späne machen*“.

Die zweite Erkenntnis, an die hier erinnert werden soll, lautet:

„*Was genial ist, ist einfach*“.

Niemand kauft ein Bearbeitungszentrum, weil es Sensoren hat oder einen Internetanschluss. Der Kunde will Späne machen, rund um die Uhr und immer häufiger rund um den Globus. Daraus folgt, dass immer weniger Zeit für Wartung und Störungsbehebung zur Verfügung steht. Weiterhin muss für alle Teilsysteme der Maschine weltweit, also in verschiedenen Sprach- und Zeitzonen, ein kompetenter Kundendienst zur Verfügung gestellt werden.

Beides sind Gründe, die Zahl und Komplexität der Teilsysteme nicht unnötig zu erhöhen. Primäres Ziel der Entwicklung muss es sein, Arbeitsgeschwindigkeit, Qualität und Zuverlässigkeit durch ein gut durchdachtes – im Sinne von einfaches – Anlagen- und Maschinenkonzept sowie hochwertige Komponenten zu steigern. Wichtige Voraussetzung für hochwertige Komponenten sind hochwertige Werkstoffe und das Wissen, sie optimal einzusetzen.

Systemkonzepte

Das klassische Fertigungsmittel der Großserienfertigung ist die Transferstraße. Die Forderungen nach größerer Typenflexibilität (Fertigung unterschiedlicher Werkstückvarianten), Skalierbarkeit (gradueller Auf- und Abbau der Fertigungskapazität) und die Verkürzung der Entwicklungszeiten (simultane Entwicklung von Produkt und Fertigungssystem) haben dazu geführt, dass vermehrt Bearbeitungszentren (BAZ) eingesetzt werden. Der Einsatz von Sondermaschinen konzentriert sich auf den Teil des Bearbeitungsumfangs, in dem mit Sicherheit nur wenig Flexibilität gefordert wird, und auf Bearbeitungen mit übergroßen oder sehr komplexen (z.B. aussteuerbaren) Werkzeugen.

Im ersten Ansatz verstößt das BAZ mit automatischem Werkzeugwechsel gegen den Grundsatz der Einfachheit, denn die Maschine und die dazugehörige Verkettung sind wesentlich komplexer als eine Transferstraßenstation mit anteiligem Transferantrieb. Zudem waren die BAZ bisher vergleichsweise langsam, so dass die große Zahl der Maschinen das Fertigungssystem logistisch unübersichtlich machte (Rückverfolgbarkeit der Werkstücke, Werkzeugfluss, Instandhaltungsplanung etc.). Beides schlägt sich in deutlich höheren Anforderungen an die Qualifikation des Bedienungs- und Instandhaltungspersonals nieder (Stave 2002).

Die Wettbewerbsfähigkeit der BAZ wird laufend gesteigert, indem die Maschinen schneller gemacht werden. So sind heute Span-zu-Span-Zeiten von rund 2,5 s auch mit hochwertigen, für die Großserienfertigung geeigneten Maschinen erreichbar. Es lässt sich jedoch zeigen, dass bei der Geschwindigkeitssteigerung von Einspindlern bereits heute der asymptotisch verlaufende Grenzbereich des Zusatznutzens erreicht worden ist, weitere Steigerungen bringen nur noch unterproportionalen Vorteil (Stave 2001).

Der große Durchbruch wurde erst durch den Einsatz von Zweispindlern erzielt (Abb. 1). Der Zweispindler verdoppelt die Produktivität gegenüber dem Einspindler und macht das System durch die geringere Maschinenzahl kompakter und übersichtlicher. Er stellt den Entwickler jedoch vor die Aufgabe, eine zweite Spindel in die Maschine zu integrieren, diese exakt parallel zu bewegen, und das Stichmaß spindel- und vorrichtungsseitig exakt einzuhalten. Zur Lösung wurde bei der in Abb. 2 gezeigten Maschine konsequent der gerade Weg

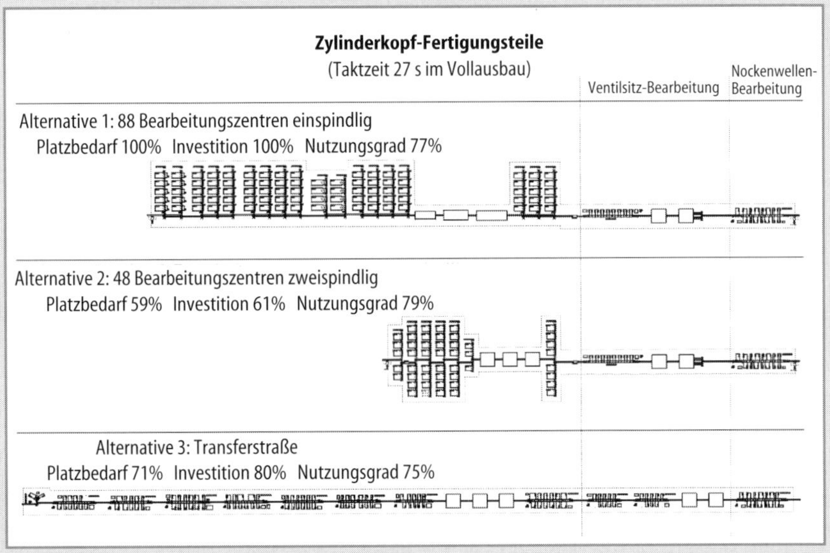

Abb. 1 Vergleich von ein- und zweispindeligen BAZ mit einer Transferstraße für gleiche Fertigungsaufgabe

der Einfachheit beschritten: alle für die Genauigkeit verantwortlichen Bauteile sind entweder durch einen Kühlwasserkreislauf temperiert oder durch eine Edelstahlverkleidung von der Span- und Kühlschmiermittelwärme isoliert. Damit kann auf Sensoren, Achsen und Regelkreise zur Stichmaßkorrektur verzichtet werden. Ein durchdachtes Baukastensystem mit unterschiedlichen Tischbaugruppen und Spindeln bei sonst größter Vereinheitlichung der Abläufe und Baugruppen vereinfacht Betrieb und Instandhaltung.

Die Zweispindler haben den weiteren Vorteil, dass die meisten Baugruppen der Maschine wie Steuerung, Hydraulik, Schmierung, Kühlung etc. von zwei Spindeln gemeinsam genutzt werden. Bei gemeinsam genutzten Systemen kann man einen höheren technischen Aufwand treiben, ohne die Wirtschaftlichkeit der Maschine zu beeinträchtigen. Deshalb bieten die Zweispindler ideale Voraussetzungen, Achsanordnung und Verkleidung für die Trocken- oder MMS-Bearbeitung zu optimieren. So besitzt die gezeigte Maschine zwei Schwenkrundtische, die nicht nur die parallele Fünfachsbearbeitung mit zwei Spindeln erlauben, sondern auch das Ausleeren beliebiger trocken bearbeiteter Werkstücke.

Nach dem Erfolg der Zweispindler wäre der nächste logische Schritt, die Spindelanzahl pro Maschine weiter zu erhöhen (Drei- oder Vierspindler). Diesem wirtschaftlich interessanten Ansatz sind jedoch gewisse Grenzen dadurch gesetzt, dass mit der Zahl der Spindeln auch die Zahl der geometrischen Bedingungen wächst, die werkstück- und vorrichtungsseitig einzuhalten sind. Dadurch entsteht ein Zielkonflikt mit der Forderung nach flexibler Einsetzbarkeit der Maschine.

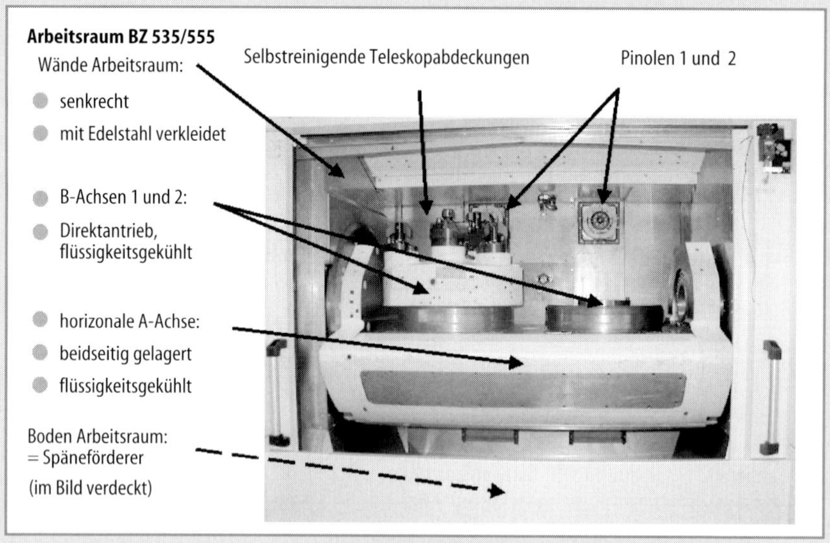

Abb. 2 Zweispindeliges Bearbeitungszentrum für Trockenbearbeitung in fünf Achsen, mit thermischer Stabilisierung der Gestellbauteile

Entwicklungsbedarf für Maschinenkomponenten

Die Produktionstechnik verdankt viel der in Deutschland engen Zusammenarbeit von Industrie und Hochschulen. Der Verfasser hat jedoch den Eindruck, dass mancher Forscher gerne der Faszination von Sensoren, Regelalgorithmen und modularen Softwarepaketen erliegt. Dies ist aber nur eine Seite des Fortschritts im Maschinenbau. Deshalb seien im folgenden einige aus der industriellen Praxis geborene Anregungen für Forschungsprojekte zu nur scheinbar banaleren Themen gegeben.

Motorspindeln

Lange Zeit waren die Spindellager die Sorgenkinder der Hochgeschwindigkeitsbearbeitung, und viel Forschungsarbeit fließt bis heute in Systeme zur Lagerüberwachung und Schadensfrüherkennung. Wegen der stark instationären Einsatzbedingungen ist dies eine schwierige und bis heute noch nicht befriedigend gelöste Aufgabe. Die Systeme verstoßen gegen beide der eingangs genannten Leitsätze: sie machen keine Späne und sie sind in der Bedienung alles andere als einfach.

Der andere Weg ist, die Leistungsgrenzen der Lager durch bessere Werkstoffe (Keramik und Cronidur-Stahl), bessere Dichtungen, bessere Schmierstoffe und vermutlich auch bessere Geometrie hinauszuschieben. Dies war ein voller Erfolg, wir erreichen heute Drehzahlen und Lagerstandzeiten, von denen man vor einigen Jahren nur geträumt hat.

Spindelausfälle sind deshalb nur noch selten durch Mangelschmierung oder Ermüdung bedingt. Eine wichtige Ursache sind Kollisionsschäden durch Fehlbedienungen oder Programmfehler. Auch Kollisionssensoren ist der Durchbruch bis heute versagt geblieben. Der bessere Ansatz sind 3D-Simulationssysteme für NC-Programme. Schon mehrere Anwender haben nachweisen können, dass die Zahl der Spindelausfälle durch den Einsatz der Programmsimulation deutlich reduziert wurde. Überdies hat man den Vorteil, dass neue Programme mit weniger Maschinenstillstandszeit eingefahren werden können. Beide Beispiele stehen für den dritten Leitsatz, an den hier erinnert sei:

„Fehlervermeidung statt Fehlererkennung"

Wie kann man auf diesem Wege weitergehen?
- Ein wichtiger Punkt ist der aus thermischen Gründen erforderliche Längenausgleich an der hinteren Lagerstelle der Motorspindeln. Gleit- und Kugelbüchsen sind aufwendige Lösungen, mit denen sich radiale Spielfreiheit und axiale Verschieblichkeit nur schwer verbinden lassen. Erfolgversprechender erscheinen Zylinderrollenlager, mit denen sich auch die bei mehrspindeligen Maschinen wichtige Koaxialität von Spindelwelle und Spindelgehäuse genauer einhalten lässt. Die Herausforderung für die Forschung sollte es sein, die Spieleinstellung dieser Lager zu vereinfachen, beispielsweise durch nachgiebigere Elemente im Lager.
- Eine häufig unterschätzte Baugruppe ist das automatische Werkzeugspann system in den Motorspindeln: eine moderne Maschine macht pro Tag 2000 Werkzeugwechsel und mehr. Um wie gefordert Späne machen zu können, muss der Spann- und Lösevorgang im Bereich von hundertstel Sekunden zuverlässig ablaufen, und das Spannsystem sollte möglichst kompakt sein, um eine kurze und steife Motorspindel bauen zu können. Weiterhin muss es für immer höhere Drehzahlen auswuchtbar sein.
- Statistisch fähige Prozesse setzen voraus, dass die Schnittstelle zwischen Werkzeug und Spindel zuverlässig saubergehalten wird. Auch hier gibt es viele Ansätze für Fehlersensoriken, aber nur wenig Einsatz für das Hauptziel: die Entfernung der Späne. Ist es denkbar, die Schnittstelle einmal unter strömungstechnischen Gesichtspunkten zu betrachten, ähnlich wie die Motorenbauer die Gas- und Kraftstoffbewegungen im Brennraum optimieren?
- Auf das Problem der Kühlmittel-Drehzuführungen wird später noch eingegangen.

Antriebe

Motoren und Übertragungselemente

Bei den Direktantrieben für Motorspindeln, Rund- und Linearachsen gibt es eine große Zahl auch mittelständischer Hersteller, die hohe Entwicklungskompetenz im Elektromaschinenbau mit großer Produktflexibilität verbinden.

Ungedeckten Forschungsbedarf sieht der Verfasser bei der Abdichtung von Linearmotoren gegen Späne und chemisch aggressive Kühlschmiermittel. Hier würden bessere Lösungen neue Perspektiven bei Motoranordnung und Achskonfiguration, Maschinenmontage und -wartung sowie neue Einsatzfelder bei der Stahl- und Gussbearbeitung eröffnen.

Bei größeren Schlittenmassen und bei schwerkraftbelasteten Achsen wird der Kugelrollspindelantrieb auch in Zukunft eine interessante Alternative zum Direktantrieb sein. Ein Innovationsschub bei Kugelrollspindeln setzt voraus:
- kinematische Optimierung insbesondere der Umlenkungen
- Materialforschung: Auswahl optimaler Werkstoffe für Wälzkörper, Spindel, Mutter, Umlenkungen und ggfs. Wälzkörperkäfig.
- Tribologie und Dichtungstechnik: die heutigen Abstreifer vermögen es nur unvollkommen, das Eindringen von Schmutz und den Austrag von Schmiermittel zu verhindern. Ersteres begrenzt die Lebensdauer, zweites wird mit dem Trend zur Trockenbearbeitung immer weniger akzeptabel.

Auf allen genannten Gebieten könnten die Hochschulen wertvolle Beiträge liefern, insbesondere vor dem Hintergrund, dass die Komplexität der Probleme die Möglichkeiten vieler Kugelrollspindelhersteller übersteigt.

Umrichter und Steuerungstechnik

Mit den Direktantrieben hat die installierte Antriebsleistung der Maschinen zugenommen, was zu immer größeren Schaltschränken führt. Entwicklungsansatz könnte sein, die Umrichter durch höhere Zwischenkreisspannungen zu verkleinern und sie mit Wasser zu kühlen. Höhere Spannungen erfordern bessere Isolationswerkstoffe, erneut eine Herausforderung für die Materialforschung.

Zusätzlich kann man bereits heute rotatorische Achsen mit dezentralen Antrieben versehen, um Schrankplatz zu sparen und den Schrankaufbau unabhängiger von der Variantenkonfiguration zu machen. Für eine breitere Anwendung sollten diese Antriebe aber kompakter werden.

Ein weiteres Feld mit Forschungspotential ist die Selbstoptimierung der Antriebe bei Inbetriebnahme und zur Anpassung an last-, lage- und reibungsabhängige Änderungen der Regelstrecke. Maschinenhersteller und Betreiber haben das Problem, dass in dichter Folge neue Hard- und Softwarestände mit immer neuen Funktionen erscheinen, die von Konstrukteuren, Inbetriebnehmern, Instandhaltern und Bedienern verstanden und weltweit über die gesamte Lebensdauer der Maschine betreut werden müssen. Für das Personal des Maschinenherstellers multipliziert sich dieses Problem mit der Zahl der auf Kundenwunsch zu liefernden Steuerungen.

Messsysteme

Der Traum des Werkzeugmaschinenbauers ist ein in sechs Freiheitsgraden absolut messendes System zwischen Werkzeug und Werkstück. Er ist wegen der hohen Genauigkeitsanforderungen und der schwierigen Umgebungsbedingungen im Arbeitsraum bis heute unerfüllt. Idealerweise müßte ein solches System im Lageregeltakt arbeiten und außer dem Lage- auch ein hochwertiges Geschwindigkeitssignal für Direktantriebe zur Verfügung stellen.

Ein Etappenziel auf dem Wege dorthin wäre ein Messsystem für Rundachsen, das sich anwendungsspezifisch auf scheibenförmige Bauteile des Tisches aufbringen lässt, gegenüber Verschmutzung (auch durch Schmierstoffe), Magnetfeldern und mechanischer Beanspruchung während der Montage unempfindlich ist und sich leicht justieren lässt. Auch hier besteht die Forderung nach absoluter Codierung und einer Auflösung, die hochwertige Geschwindigkeitssignale liefert.

Dichtungstechnik, Schmierung

In den vorigen Abschnitten wurde mehrmals angerissen, welche Bedeutung die Dichtungstechnik für eine Werkzeugmaschine (und viele andere) hat. Lager, Führungen, Linear- und Ringmotoren, hydraulische Drehverteiler, Kühlschmiermittel-Drehzuführungen, Messsysteme, Kugelrollspindeln, Ritzel-Zahnstange-Antriebe etc. sind Baugruppen, deren Leistungspotential in vielen Fällen mangels geeigneter Dichtungen nicht ausgeschöpft werden kann.

Wie viele Bibliotheken sind gefüllt mit Dissertationen über Systeme zur Früherkennung von Schäden, die mit besseren Dichtungen zu verhindern wären? Und wie viele Dissertationen gibt es zur Dichtungstechnik? Der Verfasser hat den Eindruck, dass der Bedarf für Hochleistungsdichtungen in den Hochschulen – von wenigen Ausnahmen abgesehen – bei weitem unterschätzt wird.

Der Trend zur Trockenbearbeitung (hierunter sei im Folgenden auch die mit Minimalmengenschmierung verstanden) verschärft die Anforderungen an die Dichtungen weiter:
- Die (Not-) Schmierwirkung des Kühlschmierstoffes fehlt, die abrasive Wirkung der Späne wirkt sich deutlicher aus.
- Schmierstoffaustrag aus Antrieben und Führungen wird noch weniger akzeptiert als heute, weil er zum Anhaften von Spänen an die Maschine oder zum Verunreinigen der trocken zu entsorgenden Späne führt.
- Spüleinrichtungen sind nicht mehr möglich, deshalb sind vagabundierende Späne außerhalb des Arbeitsraumes durch Dichtungen (dichte Späneschutzabdeckungen) zu vermeiden.

Ergänzend zu besseren Dichtungen sollten Führungen, Antriebselemente und Lager so weiterentwickelt werden, dass sie mit weniger, idealerweise ganz ohne Schmierstoff auskommen. Schmierstoff-Wechselintervalle sollten mindestens ein Jahr betragen, idealerweise sollte der Schmierstoff für ein ca. 8–12-jähriges Maschinenleben ausreichen.

Werkzeugtechnologie

Die Optimierung von Werkzeugen, Schneidstoffen und Schnittbedingungen sind noch immer von einer empirischen Vorgehensweise geprägt. Als weitere Erschwernis kommt hinzu, dass im Zuge der Globalisierung die Rohteile von einer größeren Zahl von Gießereien stammen, so dass mit größeren Chargenunterschieden zu rechnen ist.

Aus Sicht eines Unternehmens, das komplette Fertigungssysteme einschließlich Prozess anbietet und liefert, bestehen folgende Wünsche an die Entwicklung:
- Genauere Prognose von Schnittdaten, Leistungsbedarf und Standmengen in der Angebots- und in der Projektabwicklungsphase mit den Zielen
  - Präzisere Angebotserstellung
  - Verkürzte Einfahrzeit für den Bearbeitungsprozess
- Berücksichtigung von Werkstoffverbunden (z.B. Aluminium mit Eingussteilen aus Grauguss, Sintermetall und/oder Magnesium)
- Verfahren, um den Einfluss des Werkstückstoffes zu beschreiben und zulässige Toleranzen mit Lieferanten und Kunden vereinbaren zu können.

Dem Verfasser ist bewusst, dass noch viel Grundlagenforschung erforderlich ist, um für die Praxis deutliche Fortschritte zu erzielen.

Trockenbearbeitung

Hinsichtlich der Maschinentechnik, Werkzeuge, Schmierung und Späneentsorgung gibt es eine Vielzahl von Entwicklungen mit z.T. schon beeindruckenden Ergebnissen. So zeigt Abb. 3 ein derzeit im Aufbau befindliches flexibles Fertigungssystem zur Trockenbearbeitung von Kupplungs- und Getriebegehäusen. Es besteht aus 10 zweispindeligen BAZ, Waschmaschine, Lecktest- und Montagestationen sowie der zugehörigen Verkettung.

Für die künftige Weiterentwicklung auf Komponentenebene wurden bereits Anforderungen an Dichtungen und Schmierung genannt. Als noch weitgehend ungelöst erscheint dem Verfasser die Beherrschung des thermischen Verzugs bei großen Werkstücken.

Den thermisch bedingten Werkstückverformungen lässt sich mit den Ansätzen
- Minimierung und/oder
- Erfassung und Kompensation

begegnen. Die Minimierung als der zu bevorzugende direkte Weg könnte durch Temperierung, Werkzeuge mit minimierter Wärmeeinbringung und/oder Optimierung der Bearbeitungsfolge geschehen. Dazu wäre es hilfreich, genaue und dennoch mit geringem Aufwand anwendbare Berechnungsverfahren zu haben. Hier ist noch ein weites Feld für einfache, praxistaugliche Lösungen.

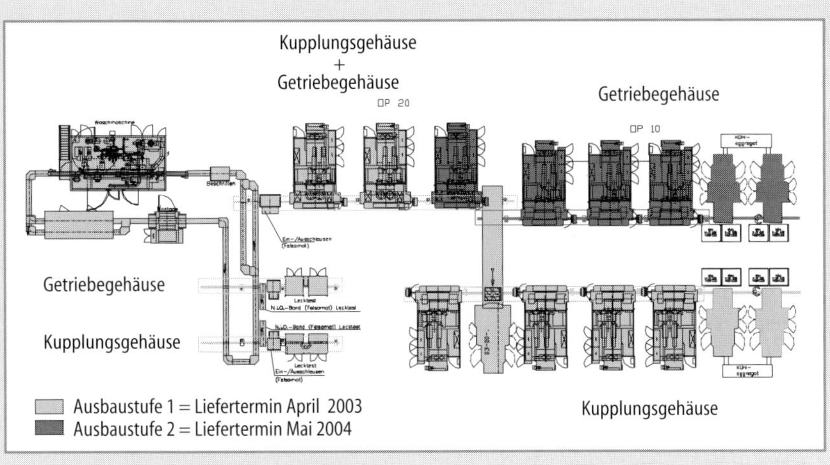

Abb. 3 Flexibles Fertigungssystem zur Trockenbearbeitung von Kupplungs- und Getriebegehäusen in Großserie

Gedanken zur Ausbildung

Wer einen technischen Beruf ergreifen will, bevorzugt in der Schule oft die mathematisch-naturwissenschaftlichen Fächer. Dabei wird unterschätzt, welchen Wert Fremdsprachenkenntnisse im technischen Bereich auch außerhalb des Vertriebes haben. Komplexe kundenspezifische Anlagen erfordern auch nach Auftragserhalt eine Vielzahl von technischen Abklärungen mit dem Kunden oder mit ausländischen Lieferanten. In diese Gespräche werden die zuständigen Mitarbeiter aus Entwicklung, Konstruktion, Montage, Qualitätssicherung, Dokumentation und Kundendienst direkt einbezogen.

Wer die Sprache des Kunden spricht, hat einen immensen psychologischen und praktischen Vorteil. Idealerweise gibt es in den genannten Abteilungen mehrere Mitarbeiter, die jeweils unterschiedliche Fremdsprachen beherrschen. Das setzt voraus, dass an den Schulen eine breitere Palette lebender Sprachen gelehrt wird, und dabei sollten wir neben den traditionellen Angeboten wie Französisch und Spanisch auch an asiatische Sprachen denken, bspw. Mandarin oder Japanisch.

Natur- und Geisteswissenschaften kann man auch in späteren Lebensjahren lernen, Sprachen kaum.

Literatur

Stave H (2001) Bearbeitungszentren für die flexible Großserienfertigung prismatischer Teile. In: Neugebauer, R. (Hrsg) Offensivkonzepte wirtschaftlicher Produktionstechnik. Verlag Wissenschaftliche Scripten, Zwickau, S 201–216

Stave H (2002) Modulare Betriebsmittel zur Sicherung der Wandlungsfähigkeit? In: Eversheim W. Konzepte für zukunftsfähige Fabriken, Aditec, Aachen

Der Berg geht zum Propheten – oder die Maschine zum Werkstück

Prof. Dr.-Ing. Dr.-Ing.
E.h. mult. Hans Kurt Tönshoff
Prof. Dr.-Ing. Berend Denkena
Dipl.-Ing. Hans-Christian Möhring

»Die hybridkinematische Bearbeitungseinheit DUMBO – eine transportable Werkzeugmaschine ermöglicht eine flexible Prozesskette im reaktionsschnellen Einsatz.«

Hans Kurt Tönshoff

Berend Denkena

Hans-Christian Möhring

Hans Kurt Tönshoff ist ordentlicher Professor für Fertigungstechnik und Spanende Werkzeugmaschinen und ehemaliger Direktor des gleichnamigen Instituts an der Universität Hannover. Nach einem Studium des Maschinenbaus und der Promotion war er in der Konstruktion, Fertigung und Geschäftsführung im Werkzeugmaschinenbau tätig. 1970 erhielt er einen Ruf an die Universität Hannover auf den genannten Lehrstuhl. Seine Hauptarbeitsgebiete liegen in der Fertigungstechnik, im Werkzeugmaschinenbau und der Fabrikautomatisierung. Professor Tönshoff wurde am 30.09.2002 emeritiert.

Berend Denkena hat im Anschluss an seine Schlosserlehre in Hannover Maschinenbau und Betriebswirtschaft studiert. Von 1987 an war er wissenschaftlicher Mitarbeiter am Institut für Fertigungstechnik und spanende Werkzeugmaschinen (IFW) der Universität Hannover und erhielt dort 1992 seinen Doktortitel. Anschließend wechselte er in die Werkzeugmaschinensparte von THYSSEN Industrie AG in Ludwigsburg und Bremen. Ab 1993 arbeitete er als Leiter Systems Analysis and Standards Engineering bei THYSSEN Production Systems in den Vereinigten Staaten. 1995 übernahm er bei der THYSSEN-Tochter HÜLLER HILLE in Ludwigsburg die Leitung der mechanischen Werkzeugmaschinen-Entwicklung. Ab 1996 wirkte er bei GILDEMEISTER Drehmaschinen, wo er den Bereich Entwicklung und Konstruktion führte. Zum 1. Oktober 2001 wurde Herr Dr. Denkena berufen als Leiter des Instituts für Fertigungstechnik und Werkzeugmaschinen der Universität Hannover als Nachfolger von Herrn Prof. em. Dr.-Ing. Dr.-Ing. E. h. mult. Hans Kurt Tönshoff.

Hans-Christian Möhring ist seit März 2000 wissenschaftlicher Mitarbeiter am Institut für Fertigungstechnik und Werkzeugmaschinen (IFW) der Universität Hannover. Insbesondere beschäftigt er sich mit der Analyse parallel- und hybridkinematischer Maschinenstrukturen und der Weiterentwicklung der transportablen Bearbeitungseinheit. Im Juli 2002 übernahm er die Leitung der Abteilung Prozessdatenverarbeitung des IFW. Seit Oktober 2002 leitet er den Bereich Maschinen und Steuerungen dieses Instituts

Der Berg geht zum Propheten – oder die Maschine zum Werkstück

Hans Kurt Tönshoff, Berend Denkena, Hans-Christian Möhring

Einleitung

Ur- oder Umformwerkzeuge für die Serienfertigung können hohe Werte darstellen. Die zur Karosserieherstellung eines PKW notwendigen Tiefzieh- und Stanzwerkzeuge bedeuten ein Investment von mehreren Millionen Euro. Die Herstellkosten für das Spritzgusswerkzeug eines Stoßfängers betragen mehrere Hunderttausend Euro. Es ist daher verständlich, dass derartige Ur- oder Umformwerkzeuge nicht mehrfach vorgehalten werden, sondern dass sie im Falle eines Schadens oder unzulässigen Verschleißes repariert werden (Abb. 1).

Bei unvorhergesehenem Ausfall ist dann höchste Eile geboten. Die Wiederaufbereitung ist mit Anlagenstillstand verbunden. Die Pressenstraßen oder Gießanlagen haben extreme Stundensätze. Die Lieferfähigkeit muss in engen Zeitgrenzen gewährleistet sein. Gerade im Karosseriebau kommt neuerdings erschwerend hinzu, dass die Anforderungen an die Form- und Maßgenauigkeit der einzelnen Komponenten stark wachsen. Das hat technologische, funktionale und ästhetische Gründe. Die Nutzung von neuen Fügeverfahren wie dem

Abb. 1 Schaden aufgrund eines Fremdkörpers

Laserbahnschweißen oder dem Clintschen setzt enge Toleranzen voraus. Weitere Anforderungen an den Komfort und an Verbrauchsminimierung auch bei hohen Fahrgeschwindigkeiten und die Forderung nach einer möglichst geschlossenen und gefälligen Außenhaut einer Karosserie führen zu extrem geringen Spalt- und Koppelgeometrien. Dieser Trend wird zugleich überlagert vom Einsatz zunehmend fester Bleche, deren Verarbeitung zusätzliche Probleme für die Werkzeuggestaltung und -belastung mit sich bringt. Die makro- und mikrogeometrischen Anforderungen an die Werkzeuge und ihre Funktionsflächen führen dazu, dass ein weitgehend manuelles Ausbessern beschädigter oder verschlissener Gravuren nicht mehr genügt. Eine maschinelle Bearbeitung setzt jedoch erheblichen zeitlichen und finanziellen Aufwand voraus. Die voluminösen und schweren Werkzeuge müssen aus den Prozessanlagen ausgebaut und zur nächsten – i. d. R. aber entfernten – Bearbeitungsmaschine transportiert werden. Sie sind dort aufzuspannen und ihre Referenzlage in Bezug auf die Einspannung in der Pressanlage ist zu identifizieren. Dann erfolgt die Bearbeitung in mehreren Schritten, nämlich i. d. R. der Vorbearbeitung, dem Materialauffüllen, und der Schrupp- und Schlichtbearbeitung der Fertigform (Tönshoff et al. 1999). Das ist eine so aufwändige Prozedur, dass sie trotz der an sich durch die besonderen Anforderungen gegebene Notwendigkeit bis heute nur selten akzeptiert wird. Trotz der qualitativen und finanziellen Nachteile werden Werkzeuge manuell repariert (Abb. 2). Hier setzt nun ein neuer Ansatz ein, der dadurch gekenn-

Abb. 2 Reparatur von Umformwerkzeugen (Quelle: IFW)

zeichnet ist, dass das große und schwere Werkzeug nicht zur Bearbeitungsmaschine, sondern umgekehrt eine Bearbeitungseinheit zum Werkzeug gebracht wird.

Die Wiederherstellung der Werkzeugkontur ist im Wesentlichen in drei Phasen unterteilt. Zunächst wird im Bereich der Schadenstelle ein genügend großes Materialvolumen spanend entfernt. Anschließend erfolgt der Auftrag neuen Materials mit Hilfe eines geeigneten Schweißverfahrens. In einem letzten Schritt wird die komplexe Freiformgeometrie durch spanende Bearbeitung wieder hergestellt. Besondere Bedeutung kommt dabei den Übergangsstellen zu den alten intakten Flächenbereichen zu. Handelt es sich um ein Werkzeug für Blechteile im Außenhautbereich (CLASS-A-Flächen) so ist theoretisch die Reproduktion krümmungsstetiger Übergangsflächen erforderlich.

Mit dem am IFW Hannover entwickelten Maschinensystem DUMBO soll eine Flexibilisierung der automatisierten, reaktionsschnellen Instandsetzung großer Umformwerkzeuge erreicht werden (Tönshoff et al. 2001). Ziel ist die deutliche Reduzierung bisheriger Reparaturaufwände und -kosten und eine Minimierung manueller Bearbeitung. Dies soll im wesentlichen dadurch erreicht werden, dass die Maschine mit geringem Aufwand zu dem zu bearbeitenden Werkzeug transportiert wird und dort die gesamte Reparatur übernimmt. Hierzu ist es erforderlich, dass alle notwendigen Bearbeitungsverfahren in die Maschine integriert werden.

Die transportable Bearbeitungseinheit

Um eine möglichst flexible Einsatzfähigkeit zu gewährleisten, wurden bei der Maschinenentwicklung eine Reihe spezifischer Anforderungen berücksichtigt:
- Die Maschine soll leicht transportierbar sein.
- Die Arbeitsraumgröße soll für die Bearbeitung der häufigsten Schäden an Umformwerkzeugen ausreichend sein.
- Die Maschinenabmessungen sollen mit Rücksicht auf die Transportfähigkeit möglichst klein sein.
- Die Bearbeitung soll möglichst nahe an der Produktionslinie stattfinden können.
- Die Maschine muss eine 5-achsige Bearbeitung komplexer Freiformflächen ermöglichen.

Es wurde ein Konzept gewählt, bei dem die Maschine um das zu bearbeitende Werkzeug herum positioniert werden kann. Die Aufstellung richtet sich dabei nach der Lage der Schadenstelle im Werkzeug. Um einen Kraftschluss zwischen Werkzeug und Maschine zu gewährleisten, kommen modulare Verbindungselemente zum Einsatz.

Die transportable Bearbeitungseinheit besteht aus einer hybridkinematischen Maschinenstruktur, d.h. einer Kombination aus seriellem und parallelkinematischem Achsaufbau (Abb. 3).

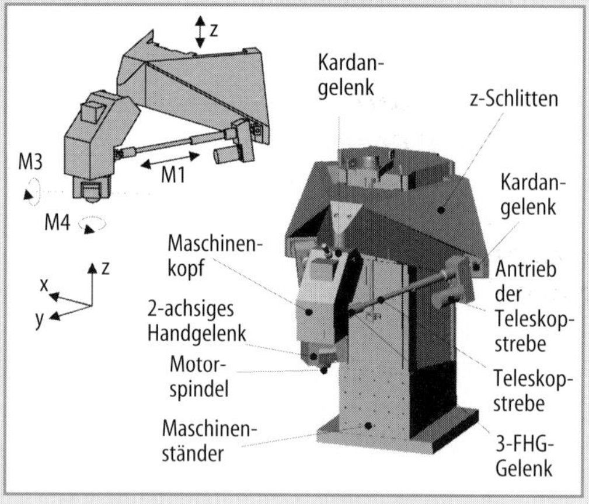

Abb. 3 Bearbeitungseinheit mit hybrider Kinematik (Quelle: IFW)

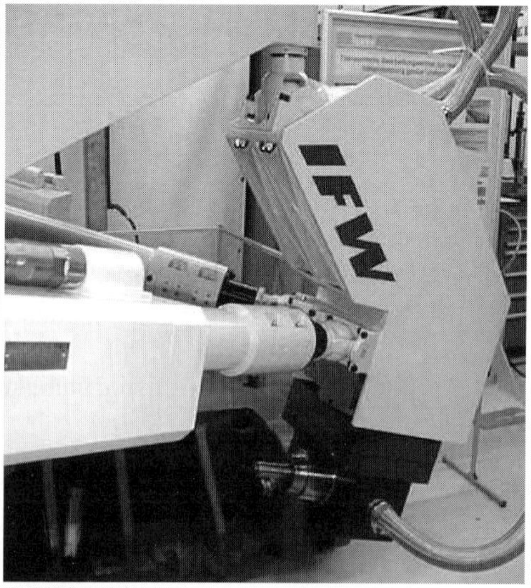

Abb. 4 Aufhängung des Maschinenkopfs

Durch einen vertikal verfahrbaren z-Schlitten wird der parallelkinematische Maschinenteil getragen. Dieser setzt sich aus einem kardanisch aufgehängten Maschinenkopf und zwei längenveränderlichen Streben zusammen. Die Strebenankopplung erfolgt ständerseitig über Kardangelenke. Kopfseitig ist jeweils ein zusätzliches Drehgelenk in die Streben integriert (Abb. 4).

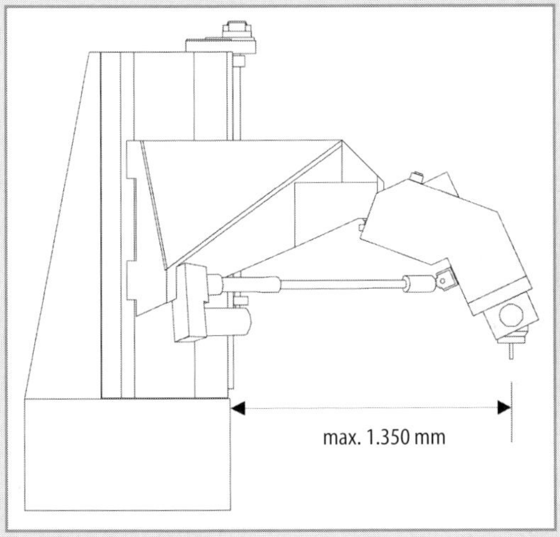

Abb. 5 Maximaler Abstand des TCP (Quelle: IFW)

Durch eine Veränderung der Strebenlängen und gleichzeitige Ausgleichsbewegungen des z-Schlittens lässt sich der Maschinenkopf in der x-y-Ebene bewegen. Der Kopf wiederum trägt ein serielles zweiachsiges Handgelenk, in das eine Hochfrequenz-Motorspindel integriert ist. Die Handgelenkachsen ermöglichen ein Schwenken der Spindel um ± 180° in der ersten und ± 95° in der zweiten Drehachse. Die Gesamtstruktur der Bearbeitungseinheit weist somit die Fähigkeit zur 5-achsigen Bearbeitung auf. Mit der integrierten Hochfrequenz-Motorspindel sind Drehzahlen von bis zu 30.000 min^{-1} (bei 9 kW) und damit eine Bearbeitung im HSC-Bereich möglich.

Die relativ leichte aber dennoch steife parallelkinematische Konstruktion erlaubt ein weites Auskragen des überhängenden Maschinenteils. Dadurch kann ein maximaler Abstand zwischen TCP und Maschinenständer von 1350 mm bei vertikaler Spindelorientierung erreicht werden (Abb. 5).

Die transportable Bearbeitungseinheit lässt sich um das zu reparierende Werkzeug herum positionieren, je nachdem, wo sich die Beschädigung befindet. Infolgedessen darf der Arbeitsraum der Maschine sehr viel kleiner sein als das Werkzeug selbst. Aufgrund der kinematischen Struktur weist die Einheit einen komplexen Arbeitsraum auf, der sich aus allen erreichbaren Posen des Werkzeuges ergibt (Abb. 6). Die in Abb. 6 zu sehende Oberflächenstruktur ergibt sich aus dem zur Berechnung verwendeten Raster, in der Realität sind die begrenzenden Ränder glatt. Innerhalb des komplexen Arbeitsraumes ist der größtmögliche würfelförmige Arbeitsraum bei vertikaler Spindelorientierung dargestellt, der als eine der Optimierungsgrößen während der Maschinenentwicklung diente.

Bei der realisierten Bearbeitungseinheit besitzt dieser Würfel eine Kantenlänge von ca. 480 mm. Grundsätzlich können die Arbeitsräume paralleler Kine-

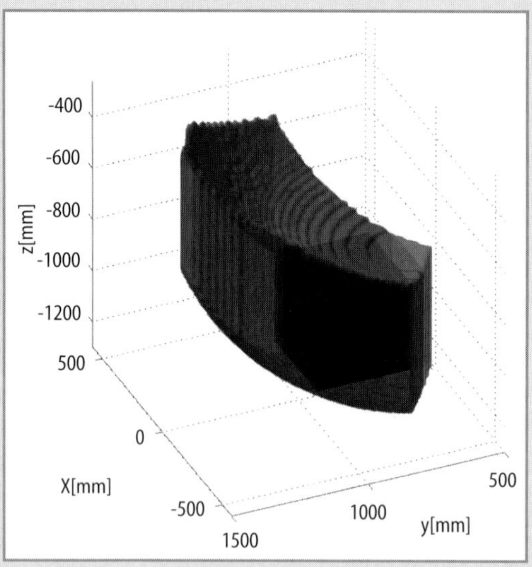

Abb. 6 Arbeitsraum der Bearbeitungseinheit bei senkrechter Spindel (Quelle: IFW)

matiken durch folgende Einflussfaktoren begrenzt werden (Weck und Giesler 1998):
- maximale Verfahrwege der Maschinenachsen
- Kollision von Maschinenelementen,
- zulässige Winkel der passiven Gelenke,
- singuläre Stellungen der Kinematik.

Bei der transportablen Bearbeitungseinheit wird der Arbeitsraum durch die minimalen Längen der Teleskopstreben, die zulässigen Winkel des Zentralkardans und die zulässigen Winkel der Gelenke zwischen den Streben und dem Maschinenkopf begrenzt.

Einsatzverhalten der Bearbeitungseinheit

Im Hinblick auf eine automatisierte Bearbeitung von Freiformflächen mit dem Ziel der Minimierung manueller Nacharbeiten, ist die erreichbare Genauigkeit der wichtigste Aspekt bei der Beurteilung des Einsatzverhaltens. Die zur Umrechnung der kartesischen Basiskoordinaten in die Maschinenkoordinaten erforderlichen Transformationsalgorithmen wurden in den Steuerungskern implementiert. Die Berechnungen basieren auf den Positionen der Maschinenachsen und den Geometriedaten der Struktur. Infolge fertigungs- und montagebedingter geometrischer Fehler kommt es zu Abweichungen der tatsächlichen Posen von den Referenzposen, die durch die Steuerung vorgegeben werden.

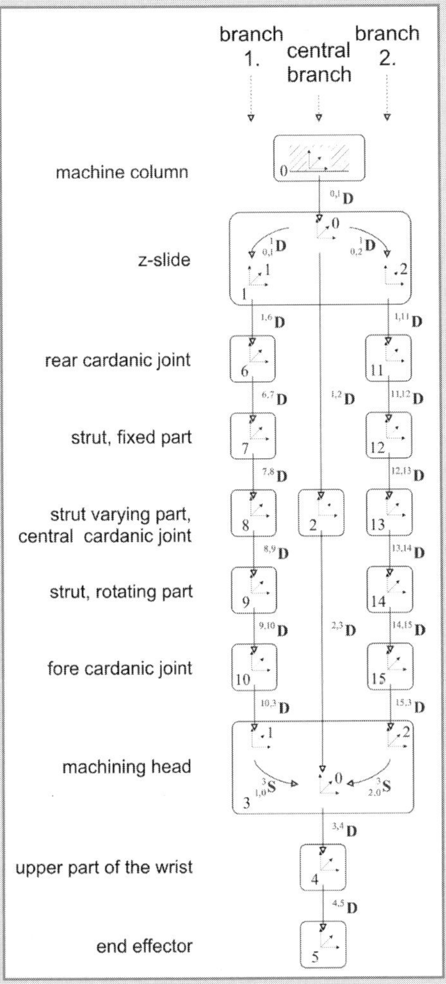

Abb. 7 Erweitertes geometrisches Modell der Maschinenstruktur von DUMBO (Quelle: IFW)

Bei parallel- und hybridkinematischen Strukturen zeichnen sich die Einflüsse geometrischer Fehler durch eine hohe Nichtlinearität und Abhängigkeit von der Position im Arbeitsraum aus (Weck und Staimer 2000, 2002; Tlusty et al. 1999; Pritschow 2000; Tönshoff et al. 2000). Um akzeptable Bearbeitungsgenauigkeiten zu erzielen, ist eine Kalibrierung erforderlich. Dazu wird ein in (Tönshoff et al.2000) beschriebener parametrischer Ansatz verfolgt, der auf der Verwendung von Denavit-Hartenberg-Matrizen zur Abbildung der Maschinenstruktur basiert. Mögliche Fehler der Maschinengeometrie werden als direkte Einflussparameter bei der Poseberechnung berücksichtigt. Für die Bearbeitungseinheit ergibt sich der in Abb. 7 dargestellte Graph.

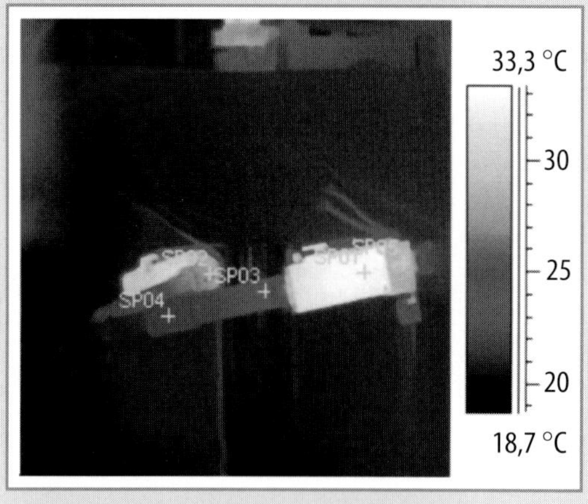

Abb. 8 Thermografische Messungen (Quelle: IFW)

Angefangen vom z-Schlitten wird die parallelkinematische Struktur in drei serielle Zweige aufgeteilt, die sich am Maschinenkopf wiedertreffen. Jedes kinematische Glied trägt ein Koordinatensystem. Die Transformationsberechnungen zwischen den einzelnen Koordinatensystemen folgen der einfachen bzw. einer erweiterten DH-Konvention, wobei mögliche geometrische Fehler als DH-Parameter berücksichtigt werden. In diesem Fall ergeben sich 84 Parameter zur vollständigen Strukturbeschreibung.

Weitere genauigkeitsbestimmende Eigenschaften werden durch das statische, dynamische und thermische Lastverhalten der Maschine beschrieben (Weck 1992). Dem thermischen Verhalten kommt dabei eine besondere Bedeutung zu, da die Maschine im kalten Zustand an das Werkstück gebracht wird und direkt mit der Bearbeitung beginnen soll (Denkena 2002). Insbesondere die ersten Prozessschritte werden somit von der Aufheizung der Maschine beeinflusst. Um eine Kompensation der thermischen Effekte zu ermöglichen, werden sowohl theoretische als auch messtechnische Analysen durchgeführt (Abb. 8).

Referenzierung

Um die Bearbeitung einer beschädigten Werkzeugoberfläche zu ermöglichen, muss diese im kartesischen Basiskoordinatensystem (BKS) beschrieben werden. Dazu ist die vollständige Position und Orientierung des Werkstücks in allen sechs Freiheitsgraden zu ermitteln. Eine weitere Schwierigkeit besteht darin, die intakte Oberflächengeometrie im Umkreis der Beschädigung und die ehemalige Sollgeometrie an der Schadensstelle zu identifizieren bzw. zu definieren. Da von vielen Umformwerkzeugen keine CAD-Daten vorhanden sind, müssen auch die intakten Bereiche des Werkzeuges neu erfasst werden. Selbst wenn entsprechende Daten zur Verfügung stehen, so geben diese nicht die durch Deformationsvor-

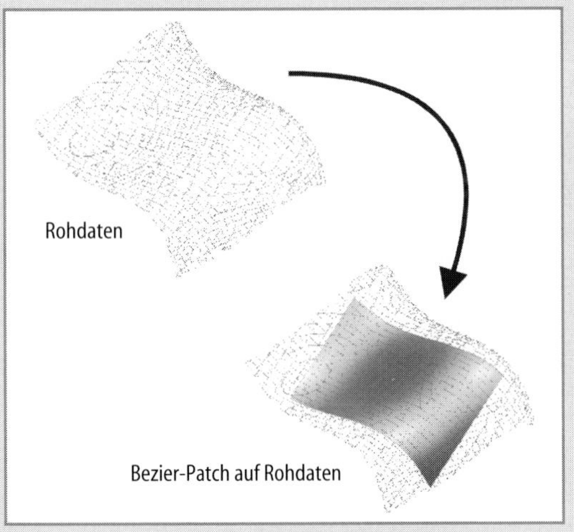

Abb. 9 Patch-Generierung auf Rohdaten (Quelle: IFW)

gänge während der Umformprozesse und Einarbeitungskorrekturen veränderte, gegenwärtige Geometrie wieder. Um diese Informationslücke zu schließen, wird der interessierende Oberflächenbereich mit Hilfe der Maschine digitalisiert. Zur Erfassung der Geometrie können mechanische Taster oder optische Scanner eingesetzt werden (Weinert und Friedhoff 1996). Diese liefern geordnete Punktgitter bzw. ungeordnete Punktwolken. Besonders bei schwierigen Konturen ist die Auflösung des Verfahrens ein entscheidender Faktor mit unmittelbaren Auswirkungen auf das spätere Reparaturergebnis. Ausgehend von solchen Punktmengen kann mit Hilfe qualifizierter Softwaresysteme eine mathematische Rekonstruktion der Oberflächen erfolgen. Als Ergebnis wird eine Beschreibung durch Spline-Funktionen, NURBS oder Beziers erreicht (Hoppe 1992; Steger 1995; Li 1997). Am IFW wird ein Softwaresystem eingesetzt, welches abhängig von der Komplexität eines Flächenbereiches eine angepasste Anzahl von Bezier-Patches unterschiedlicher Ordnung auf den vorhandenen Punktdaten generiert (Abb. 9). Diese mathematische Flächenbeschreibung kann in CAD-Systeme übertragen und dort weiterverarbeitet werden. Den letzten Schritt bildet die Erzeugung von NC-Code mit Hilfe geeigneter CAM-Module.

Um die Werkzeugoberfläche wiederherstellen zu können, muss die Sollgeometrie im Bereich der Beschädigung bekannt sein. An der Schadensstelle selbst und in einem gewissen Randbereich um die Schadensstelle liefert die Digitalisierung keine brauchbaren Daten. Am IFW werden unterschiedliche Ansätze verfolgt, mit denen solche „fehlenden" Flächensegmente ersetzt und beschrieben werden könnten. Ein erster Ansatz basiert auf der Approximation der fehlenden Geometrie mit Hilfe geometrischer Randbedingungen, die sich aus den umliegenden, bekannten Flächensegmenten gewinnen lassen. Als solche kommen die Positions-, Tangenten- und Krümmungsstetigkeit an den begrenzenden Rändern in Frage.

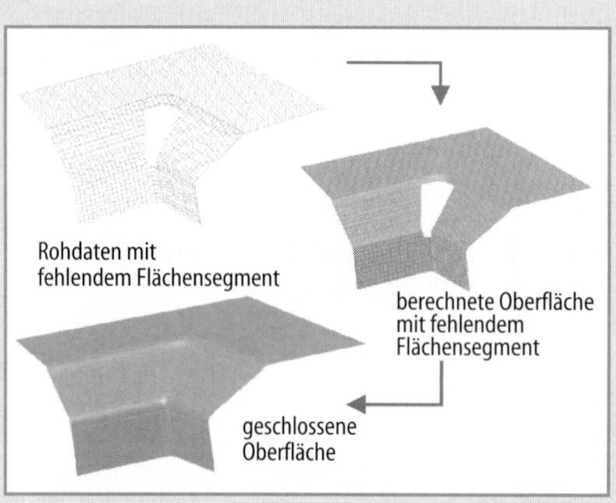

Abb. 10 Approximation fehlender Flächensegmente (Quelle: IFW)

Diese Vorgehensweise wird allerdings nur dann zielführend sein, wenn das fehlende Flächenelement einen stetigen Übergang zwischen den umgebenden Flächenelementen bildet (Abb. 10). Treten innerhalb der fehlenden Fläche Konturelemente auf, die nicht aus der Umgebung hervorgehen (Sprünge, Absätze, Sicken, Taschen, Beulen etc.), so kann dieser Ansatz nicht verwendet werden. Es sind zusätzliche Geometrieinformationen erforderlich, aus denen mit Hilfe unterschiedlicher Strategien (z.B. Profilkurven) eine Rekonstruktion der Sollkontur abgeleitet werden kann.

Zusammenfassung und Ausblick

Die automatisierte Instandsetzung großer Umformwerkzeuge stellt hohe Anforderungen an die Flexibilität der Bearbeitungsmaschine. Da die zur Reparatur erforderliche Unterbrechung der Produktion erhebliche Kosten verursacht, ist eine reaktionsschnelle Aufnahme der Instandsetzungsprozesse unbedingt erforderlich.

Mit der am IFW entwickelten transportablen Bearbeitungseinheit DUMBO soll eine flexible, reaktionsschnelle Instandsetzung großer Umformwerkzeuge in größtmöglicher Nähe zur Fertigungsanlage realisiert werden. Die speziell entwickelte Maschine besteht aus einer hybridkinematischen Achsstruktur und erlaubt die 5-achsige Bearbeitung komplexer Freiformflächen im HSC-Bereich. Die Referenzierung des zu reparierenden Werkzeugs und der Bearbeitungseinheit erfolgt mit Hilfe der Reverse-Engineering-Methode. Es werden verschiedene Ansätze zur Gewinnung der Geometrieinformationen im beschädigten Oberflächenbereich des Werkzeugs untersucht.

Um die vollständige Reparaturprozesskette durchführen zu können, ist im Weiteren die Integration eines Systems zum Auftragschweißen vorgesehen. Im Anschluss an die prototypische Realisierung des Gesamt-Instandsetzungskonzepts sollen die entwickelte Maschine und die benötigten Hard- und Softwaresysteme in einer praxistauglichen und anwendungsfreundlichen Systemlösung zusammengefasst werden.

Literatur

Denkena B, Tönshoff HK, Günther G, Möhring HC (2002) Modelling of error effects on the new hybrid kinematic DUMBO-structure. Proceedings of the 2002 CIRP parallel kinematic machines – International Conference, Chemnitz, 2002, 639–653

Hoppe H (1992) Surface reconstruction from unorganized points. Computer Graphics, 26/2: 71–78

Li A (1997) Beiträge zur Flächenmodellierung und Flächenbearbeitung. Shaker Verlag, Aachen

Pritschow G (2000) Neue Wege für Parallelkinematikkonzepte. Tagungsband Stuttgarter Impulse, Stuttgart, 2000, 96–114

Steger W (1995) Neue Methoden der intelligenten Verarbeitung von 3D-Messdaten. Intelligente Produktions-systeme, Solid Freeform Machining, 195–203

Tlusty J, Ziegert J, Ridgeway S (1999) Fundamental Comparison of the use of serial and parallel kinematics for machine tools. Annals of the CIRP, 1999, 48/1: 351

Tönshoff HK, Grendel H, Schmidt A (1999) Parallel kinematics structures for advanced manufacturing systems. International Conference on Quality Management, 13.–15.01.1999, Stellenbosch, Südafrika.

Tönshoff HK, Günther G, Grendel H (2000) Influence of manufacturing and assembly errors on the pose accuracy of hybrid kinematics. Proceedings of the 2000 parallel kinematic machines – International Conference, Ann Arbor, Michigan, USA, 255–262

Tönshoff HK, Schmidt A, Möhring HC, Günther G, Lübbers E (2001) Transportable machining unit with hybrid kinematic structure for flexible maintenance of large metal forming tools. 34th CIRP INTERNATIONAL SEMINAR ON MANUFACTURING SYSTEMS, Athen, Griechenland, 16.–18. Mai 2001, 7–10

Weck M (1992) Werkzeugmaschinen Fertigungssysteme, Band 4, Messtechnische Untersuchung und Beurteilung. VDI Verlag, 4. Auf., 1992

Weck M, Giesler M (1998) Parallel Kinematics for Machine Tools. Production Engineering Vol. V/2 (1998)

Weck M, Staimer D (2000) Accuracy issues of parallel kinematic machine tools: Compensation and calibration. Proceedings of the 2000 parallel kinematic machines – International Conference, Ann Arbor, Michigan, USA, 35–41

Weck M, Staimer D (2002) Parallel Kinematic Machine Tools – Current State and Future Potentials. Annals of the CIRP, Vol. 51/2/2002, S. 671–683

Weinert K, Friedhoff J (1996) Intelligente Verfahren zur Berechnung von Flächeninformationen aus 3D-Digitalisierdaten für die Flächenrekonstruktion und HSC-Bearbeitung. Konferenz-Einzelbericht: RPD, International Conference on Rapid Product Development, Stuttgart, 1996, 143–152

Parallelkinematiken – selbstoptimierende und wandelbare Maschinenstrukturen

Prof. Dr.-Ing. habil. Prof. E.h.
Dr.-Ing. E.h. Reimund Neugebauer

»Höchste Dynamik in Werkzeugmaschinen durch Parallelstrukturen und redundante Achsen.«

REIMUND NEUGEBAUER

Reimund Neugebauer studierte Werkzeugmaschinenkonstruktion an der TU Dresden. Von 1979–1984 war er als wissenschaftlicher Mitarbeiter und Oberassistent an der TU Dresden tätig und promovierte dort 1984. Nach leitender Tätigkeit bei Umformtechnik ERFURT und seiner Habilitation wurde er 1989 als Hochschullehrer an die TU Dresden berufen. Seit 1992 ist er geschäftsführender Institutsleiter des Fraunhofer-Instituts für Werkzeugmaschinen und Umformtechnik in Chemnitz. 1995 wurde zum Ordinarius für Werkzeugmaschinen an die TU Chemnitz berufen und seit 2000 ist er geschäftsführender Direktor des Universitätsinstitutes für Werkzeugmaschinen und Produktionsprozesse. Reimund Neugebauer ist Mitglied der Arbeitsgemeinschaft Umformtechnik (AGU), Mitglied der Wissenschaftlichen Gesellschaft für Produktionstechnik e.V. (WGP), Korrespondierendes Mitglied der Internationalen Forschungsgemeinschaft für Mechanische Produktionstechnik (CIRP) und Präsident des Industrievereins Sachsen 1828 e. V.

Parallelkinematiken – selbstoptimierende und wandelbare Maschinenstrukturen

Reimund Neugebauer

Einführung

Die Nutzungsdauer des Investitionsgutes Werkzeugmaschine ist heute sehr viel größer als der Lebenszyklus der damit gefertigten Produkte. Enorm ist die Erwartung an die Prozesssicherheit bei hohen Anforderungen an die Bearbeitungsqualität, -geschwindigkeit und -genauigkeit. Zwingend wird dadurch eine Erhöhung der potentiellen Funktionalität der Maschine. Ein reine Addition zusätzlicher Komponenten schafft dabei einen zusätzlichen Funktionsvorrat, der aber nicht durchgängig benötigt wird und somit die Maschine unnötig verteuert. Besser geeignet ist das Konzept der Selbstoptimierung, d.h. Maschinen und Komponenten, deren wandelbare strukturelle Anordnung und/oder deren variablen strukturmechanischen Eigenschaften eine flexible Reaktion an sich ändernde Anforderungsprofile ermöglichen. Ziel ist eine kostensenkende Funktionsverdichtung bei einem gleichzeitigen Gewinn an Flexibilität und technologischer Qualität. Die Werkzeugmaschine soll in der Lage sein, selbstständig ihre Maschineneigenschaften in Abhängigkeit von der jeweiligen Bearbeitungsaufgabe optimal an die technologischen Parameter anzupassen.

Ein dabei vorrangig zu lösendes Problem liegt in der gleichzeitigen Optimierung der statischen und der dynamischen Steifigkeit von Werkzeugmaschinen. Besonders kritisch werden diese Verhältnisse für Maschinen mit großen Arbeitsräumen. Aus physikalischen Gründen stehen die Optimierungskriterien im Widerspruch zueinander. Aus mechanischen Ähnlichkeitsbetrachtungen ergibt sich, dass große Maschinen kleinere Eigenfrequenzen haben müssen als kleine Maschinen, also dynamisch ungünstiger sind. Des Weiteren ermöglicht das verbesserte Masse-Leistungs-Verhältnis von Linear-Direktantrieben zwar höhere Achsbeschleunigungen, dies aber nur unter ungünstigen Wirkungsgraden.

Eine Erhöhung der statischen Steifigkeit ist bei einer optimal kraftflussgerechten Konstruktion nur durch eine Querschnittsvergrößerung zu erreichen. Die damit verbundene Massevergrößerung begrenzt die dynamischen Eigenschaften. Ein Möglichkeit diesen Widerspruch aufzulösen, ist die Nutzung der Adaptronik. Sie bietet ein hervorragendes Lösungspotenzial zur Strukturoptimierung. Durch die Implementierung adaptiver Strukturfunktionen kann eine

Anpassung an wechselnde operationelle Bedingungen durch kontinuierlichen Eingriff in die strukturdynamischen Eigenschaften ermöglicht werden.

Der mit klassischen Maschinenstrukturen, d.h. in jede Richtung wirkt ein Antrieb, notwendige Kompromiss zwischen erreichbarer Dynamik und Maschinengröße kann wesentlich verbessert werden, wenn kombinierte, sich überlagernde Antriebssysteme eingesetzt werden. Charakteristisch für diese Lösungen ist, dass Antriebe mit großen Verfahrwegen und schlechter Dynamik kombiniert werden mit kleinen hochdynamischen Antrieben.

Mögliche Ansätze, über deren Umsetzung hier berichtet werden soll, sind schnelle Bearbeitungsköpfe an großen Vorschubeinheiten, die Verbesserung der Dynamik tragender Hauptachsen oder – mit ganz anderer Zielrichtung auch als Beispiel für eine adaptronische Baugruppe – Piezoausgleichsantriebe. Neben einer Verbesserung der Eigenfrequenzen kann hier gleichzeitig eine elektronische Dämpfung erreicht werden.

Das Grundprinzip besteht darin, hohe Dynamik auf ein Minimum zu bewegender Massen zu beschränken.

Gemeinsames Strukturprinzip sind redundante Achsen, einem auch in der Natur weitverbreiteten Prinzip. Dieser Möglichkeiten der gesteuerten Dynamikentfaltung von Vorschubachsen ist daher ein einführender Abschnitt gewidmet.

Strukturkonzepte mit Redundanz

Als Redundanz wird oft das mehrfache Vorhandensein gleichartiger Informationen oder Geräte bezeichnet. Indirekt werden damit auch negativ besetzte Begriffe wie Mehraufwand und Leistungsverlust verbunden. Hauptanwendungen des Prinzips liegen derzeit vor allem in der Sicherheits- und der Nachrichtentechnik.

Dem Vorbild Natur folgend, können durch redundante Anordnungen neue Funktionsräume erschlossen werden, wenn die Funktionselemente nicht mehr ausschließlich gleichartig und gleichzeitig in rein paralleler Anordnung agieren. Redundante Strukturkonzepte für Werkzeugmaschinen nutzen daher vor allem die Addition von Information und Funktionalitäten durch für die Grundfunktion entbehrliche (und damit redundante) zusätzliche aktive Elemente. Die Funktionsräume der eingefügten Elemente überlappen sich dabei i. Allg. nur teilweise, gleichzeitig unterscheiden sich die Eigenschaftsprofile von Grund- und Zusatzelement. Sinnvoll ist dieser Ansatz zur Strukturauslegung dann, wenn den u. U. höheren Kosten durch Mehraufwand bei Entwicklung und Realisierung deutliche Vorteile bei Eigenschaften und Funktionalitäten entgegenstehen. In (Kock 1998) werden drei Formen von Redundanz unterschieden:

1. Sensorredundanz
2. Kinematische Redundanz
3. Antriebsredundanz

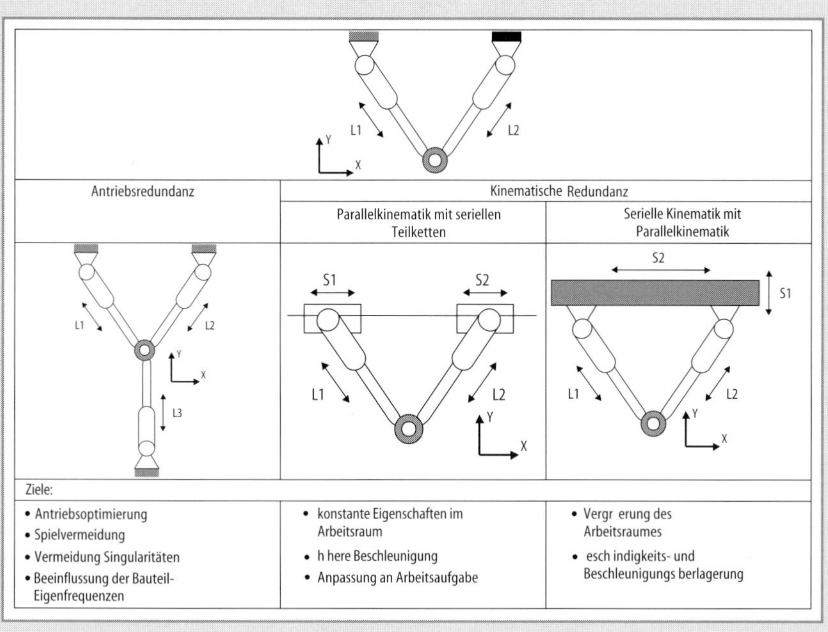

Abb. 1 Redundanzen mit Parallelkinematiken am Beispiel Bipod

Die parallele und damit redundante Nutzung von Sensoren mit unterschiedlichen Prinzipien ermöglicht einen deutlichen Gewinn an Informationsdichte und wird in Verbindung mit intelligenter Datenauswertung zunehmend bei der Überwachung komplexer Prozesse eingesetzt. Beim Einsatz in einer Werkzeugmaschine besteht der Vorteil in der Genauigkeitsverbesserung durch zusätzliche Messsysteme (z.B. Kraftsensoren), der Vereinfachung der Koordinatentransformation bei Parallelkinematiken (Messsysteme in den Gelenken) oder, wie in (Pritschow et al. 2002) beschrieben, in der Möglichkeit der strukturellen Verbesserung des Antriebsregelkreises.

Das gemeinsame Merkmal von kinematischer Redundanz und Antriebsredundanz ist (Abb. 1), dass die Summe der angetriebenen Freiheitsgrade größer ist als der Freiheitsgrad der Arbeitsplattform. Solche Systeme versprechen eine Vielzahl von neuen Möglichkeiten zur Auslegung einer Werkzeugmaschine. Auch bisherige Defizite bei der Nutzung von Parallelkinematiken können damit gelöst und deren Einsatzprofil erweitert werden.

Bei Strukturen mit Antriebsredundanz können innerhalb des Arbeitsraums gleiche Kräfte an der Arbeitsplattform durch unterschiedliche Kräfte in den Antrieben realisiert werden. Damit sind Lösungen für eine innere Vorspannung des Systems möglich.

Im Gegensatz dazu ist die kinematische Redundanz dadurch gekennzeichnet, dass die gleiche Position und Orientierung, Geschwindigkeit oder Beschleunigung der Arbeitsplattform durch unterschiedliche Stellungen, Geschwindigkeiten oder Beschleunigungen der Antriebe, d.h. durch eine innere Bewegung der kinematischen Kette, realisiert werden kann. In (Reboulet et al. 1992) wird z.B. die Verbesserung des Beschleunigungsverhaltens einer vollparallelen Struktur mit kinematischer Redundanz beschrieben.

Nutzung von Redundanz in der Strukturauslegung von Parallelkinematiken

Vier wesentliche Aspekte prägen die bisherige Nutzung von Redundanz in der Strukturauslegung von Parallelkinematiken:
- die Erweiterung des Arbeitsraums
- die Nutzung zusätzlicher Achsen, um qualitativ herausragende Eigenschaften einer Parallelkinematik im gesamten Arbeitsraum verfügbar zu machen bzw. Schwachstellen zu vermeiden
- die Erhöhung der Dynamik für die tragende Hauptachse bei der 5-Achs-Bearbeitung in großen Arbeitsräumen
- der Einsatz von hybriden Antriebssystemen zur Verbesserung der statischen und dynamischen Maschineneigenschaften – entweder als Ausgleichsantrieb oder als Element zur aktiven Dämpfung.

Diese Strukturkonzepte erfordern eine adäquate Berücksichtigung der neuen Funktionalitäten in der Steuerung. Die Änderungen reichen von der Gestaltung des „Look Ahead" bis zu Fragen der Bahngenerierung. Hier ist auch eine Veränderung der klassischen Aufgabenteilung von Steuerung und CAM-Programm zukünftig verstärkt zu diskutieren. Die Kernfrage liegt dabei im Zeitpunkt der Berücksichtigung der Bewegungsaufteilung, d.h. der Umsetzung der 5-Achs-Programmierung der Bewegung Tool-Centre-Points in die Steuerung der einzelnen Antriebsachsen.

Ein Beispiel der dabei erforderlichen Steuerungsfunktionalitäten ist die Optimierung der Bewegungsaufteilung zwischen den seriellen Achsen der Grundkinematik und der Parallelkinematik einer Bearbeitungseinheit. Kriterien dafür sind
- Minimierung der dynamischen Belastungen (Ruck und Beschleunigung) der Grundstruktur und die
- Erhöhung der effektiven Bearbeitungsgeschwindigkeit.

Berücksichtigt werden müssen der
- begrenzte Arbeitsraum der Parallelkinematik und
- die dynamischen Eigenschaften der Grund- und der Bearbeitungskinematik.

Ziel ist, dass die Grunddynamik der seriellen Achsen die Bewegungen der hochdynamischen Bearbeitungseinheit optimal unterstützt. Für den Fall, dass die Bearbeitungsgeschwindigkeit hauptsächlich durch die Eigenschaften der Bearbeitungskinematik (s. nachfolgenden Abschnitt) bestimmt wird, ist die

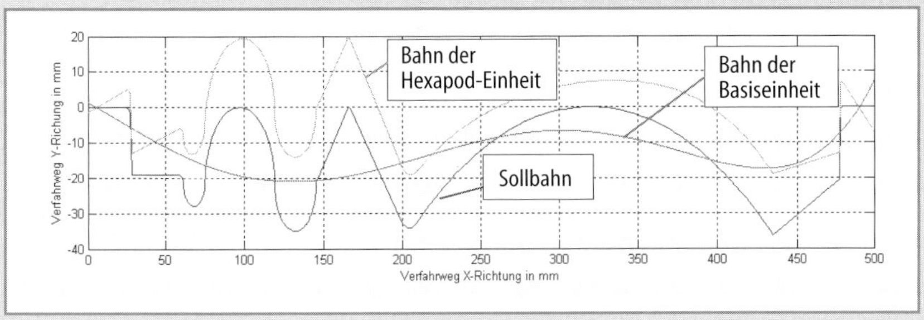

Abb. 2 Bewegungsaufteilung

Glättung der Soll-Bahn durch eine harmonische Grundbewegung eine Möglichkeit der Bewegungsaufteilung zwischen der weniger dynamischen seriellen Achse und der hochdynamischen Parallelkinematik (Abb. 2). Die Belastung der hochdynamischen Bearbeitungseinheit wird minimiert, die Maßhaltigkeit und die Oberflächenqualität verbessern sich.

Ein weiteres, sehr effektives, Konzept ist die Reduzierung des Funktionsraums der Parallelkinematik auf die Beschleunigungsphasen einer Grundkinematik, deren erreichbare Achsgeschwindigkeit bereits den Prozessanforderungen entspricht. Der Arbeitsraum der Parallelkinematik gleicht in diesem Fall nur die aufgrund seiner eigenen endlichen Beschleunigung auftretenden Wegdifferenzen aus. Eine grobe Abschätzung der erreichbaren Beschleunigung für die Gesamtmaschine ist für verschiedene Konfigurationen von Grundmaschine und Parametern der Parallelkinematik als „Bewegungssatellit" in Tabelle 1 (Krabbes 2002) zusammengestellt.

Tabelle 1. Erreichbare Beschleunigungen und erforderlicher Arbeitsraum der Parallelkinematik beim Konzept der Beschleunigungsüberlagerung

Portal		**PKM -Satellit**		**Maschine**		**Arbeitsraum PKM**
a [m/s²]	**v [m/s]**	**a [m/s²]**	**v [m/s]**	**a [m/s²]**	**v [m/s]**	**s [m]**
1	0,5	5	0,5	6	0,5	0,2
1	0,5	10	0,5	11	0,5	0,225
0,5	0,5	5	0,5	5,5	0,5	0,45
0,5	0,5	10	0,5	10,5	0,5	0,475

Redundante Hybridkinematik für große Arbeitsräume

Die heutigen Maschinenstrukturen für Maschinen im Werkzeug- und Formenbau sind das Ergebnis jahrzehntelanger intensiver Forschungs- und Entwicklungsarbeiten. Aufgrund der Werkstückgeometrie und -masse sind im Zusammenhang mit höheren Anforderungen, z.B. aus der Hochgeschwindigkeitsbearbeitung bzw. 5-Achs-Simultanbearbeitung, hinsichtlich Produktivität, Wirtschaftlichkeit und Flexibilität für die Bearbeitung im Großwerkzeug- und Formenbau nur Maschinenkonzepte realistisch, bei denen alle Achsbewegungen im Werkzeug liegen.

Stand der Technik sind dabei Gabelköpfe oder Schrägachsenköpfe. Neben den Vorteilen solcher Köpfe (große Schwenkwinkel für die 5-Seiten-Bearbeitung, große Steifigkeit) treten mit zunehmender Verbreitung der 5-Achs-Bearbeitung aber auch die Nachteile in den Vordergrund. Insbesondere wären zu nennen:
- die Komplexität (Schleifringe, Drehdurchführungen, Getriebestufen) und
- das Gewicht

konventioneller 2-Achsen-Köpfe.

Für die Finish-Bearbeitung wurde daher speziell eine Tripod-Bearbeitungseinheit konzipiert. Vorteil hier ist ein sehr gutes kinematisches Übertragungsverhalten beim Zusammenwirken der A- und C- Achse. Aufgrund der Belastungscharakteristik der Streben (einachsige Biegung, siehe auch Abb. 7) und damit einer flachen Bauform konnten für diese Bearbeitungseinheit erstmals Linearantriebe in einer Parallelkinematik zur Fräs-Bearbeitung implementiert werden (Abb. 3).

Vorteil ist der Wegfall vieler mechanischer Übertragungselemente und die höhere Dynamik. Die Linearantriebe wurden als Doppel-Stator-Anordnung gestaltet.

Die Idee der Kombination von seriellen Kinematiken und Parallelkinematiken als „zweistufige Konstruktionen für höchste Dynamik“ wurde bereits in (Neugebauer et al. 2000a und b) beschrieben und ein Maschinenkonzept, welches diese Idee umsetzt, wird derzeit am Fraunhofer IWU aufgebaut (Abb. 4).

Im Ergebnis dieser Forschungs- und Entwicklungsarbeiten zeigte sich, dass die Optimierung der Bearbeitungseinheit, insbesondere die Entwicklung hochdynamischer Bearbeitungsköpfe dazu führt, dass nicht wie in der Vergangenheit die rotatorischen Achsen eine effektive 5-Achs-Simultan-Bearbeitung behindern, sondern die begrenzte Dynamik der längsten Hauptachse der limitierende Faktor wird. Damit wird eine Aufteilung der dort ablaufenden Bewegungsvorgänge sinnfällig. Gleichzeitig besteht im Großwerkzeug- und Formenbau die Anforderung, die Bearbeitungszeit drastisch dadurch zu verkürzen, dass die Schrupp- und die Schlichtbearbeitung der Werkstücke in einer Aufspannung erfolgen soll. Die Aufteilung, in ihren Eigenschaften hochspezialisierten Bearbeitungseinheiten, erhöht die Investitionskosten. Ziel zukünftiger Entwicklungen muss daher eine in ihren Eigenschaften prozessvariable, d.h. selbstoptimierende, Einheit

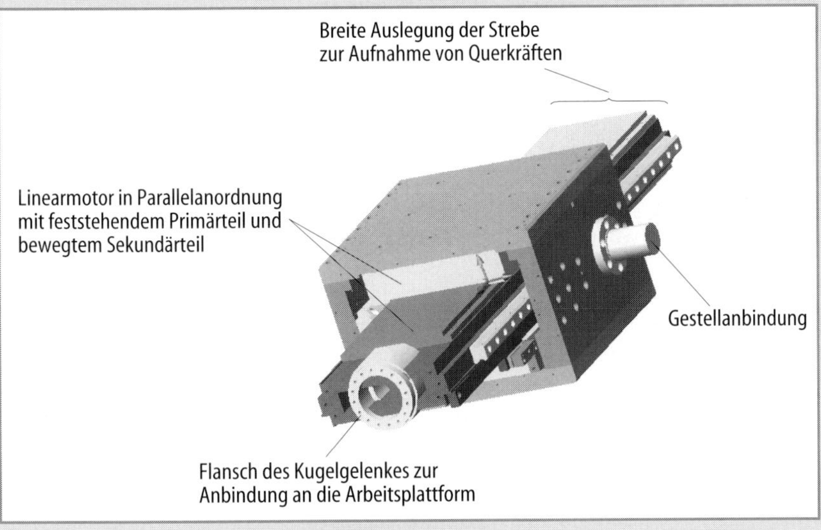

Abb. 3 Konstruktive Lösung einer Tripod-Strebe mit Linearmotoren

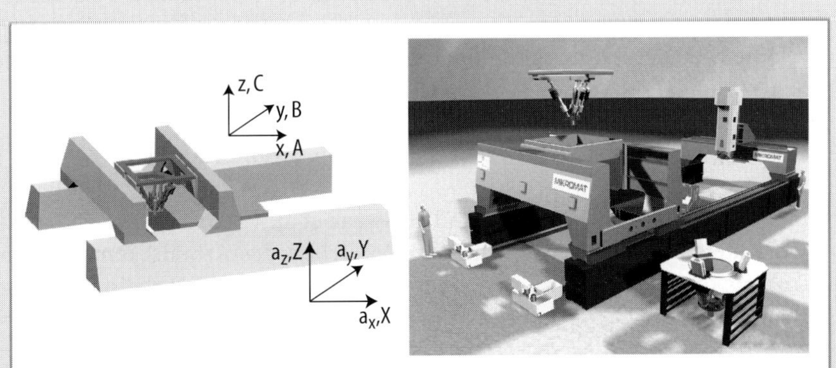

Abb. 4 Maschinenkonzept Dynapod

sein. Konsequenz dieser Überlegungen ist das Maschinenkonzept Scherenkinematik (Abb. 5) mit einem Realisierungshorizont in den nächsten drei Jahren. Die Vorteile dieses Systems sind zusammengefasst:
- annähernd konstante Steifigkeit im Arbeitsraum,
- Möglichkeit, den Mechanismus elektronisch zu verspannen,
- Optimierungsmöglichkeiten (Steifigkeit, Antriebsleistung, etc.) durch redundante Antriebe,
- einfache Möglichkeit, die Lage der Arbeitsplattform direkt zu messen,

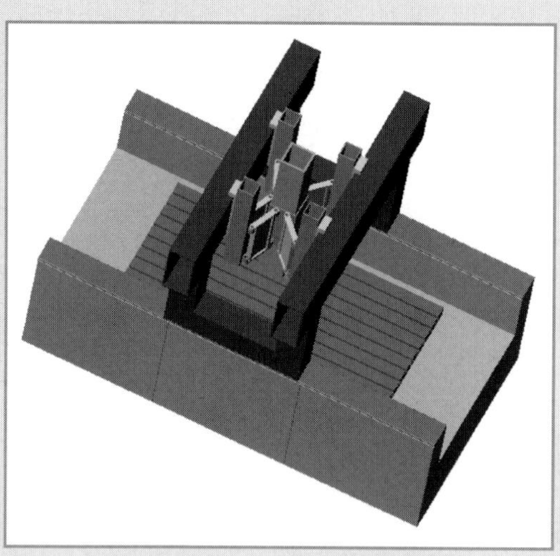

Abb. 5 Scherenkinematik

- Einbringung weiterer Messsysteme denkbar,
- durch Einbringung von Dämpfungselementen kann das dynamische Verhalten verbessert werden,
- durch die Gleichgestaltung der Koppeln ist ein thermosymmetrischer Aufbau realisiert.

Realisierung von 90°-Schwenkwinkel mit einer 5-Streben-Kinematik

Die in Neugebauer et al. (2002a) und Schwaar et al. (2002) beschriebene 5-Streben-Kinematik kann in bestimmten Bereichen des Arbeitsraumes einen Schwenkwinkel von 90° realisieren. In anderen Bereichen des Arbeitsraums ist in Abhängigkeit des Ortes und der Schwenkrichtung ein hoher Steifigkeitsverlust zu verzeichnen.

Weiterhin sind einige Schwenkbereiche aufgrund von Kollision nicht zulässig (vgl. Abb. 6, links). Die dargestellten Achsen sind sin[C]* sin[A] und cos[C]* sin[A]. Ein Punkt im Diagramm entspricht der Projektion der Spitze eines entsprechend gedrehten Einheitsvektors [0,0,1] (z-Vektor) auf die Darstellungsebene x, y.

Um das Potenzial des großen Schwenkwinkels für eine 5-Seiten-Bearbeitung zu nutzen, wurde die Tischachse als Drehachse ausgeführt. Damit kann das Werkstück immer so gedreht werden, dass ein Schwenken der Hauptspindel um 90° in jeder gewünschten Richtung möglich ist. An die Tischachse selbst werden keine besonderen dynamischen Anforderungen gestellt, da die Stabkinematik grundsätzlich Bewegungen in allen 5-Achsen ermöglicht. Abbildung 6 rechts zeigt das Konzept für die technische Umsetzung.

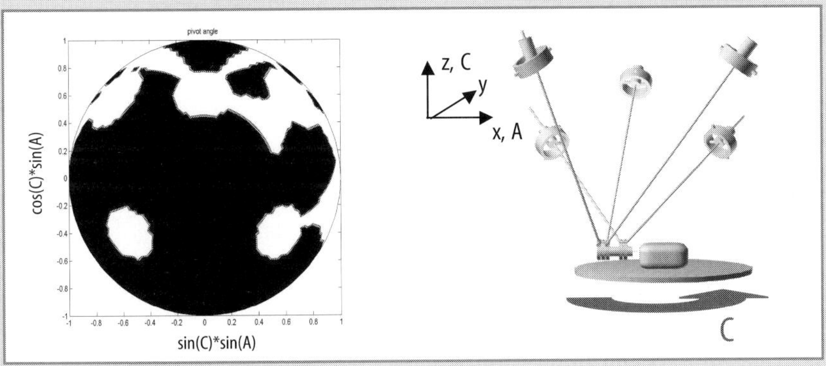

Abb. 6 5-Streben-Kinematik mit redundanter C-Achse

Hybride Antriebsstrukturen

Die strukturellen Vorteile von Parallelkinematiken für hochdynamische Bewegung sind unbestritten. Die zu bewegende Masse wird im Wesentlichen vom Aufbau der Endeffektorplattform bestimmt. Alle Antriebe können, müssen aber nicht gleichartig ausgelegt werden. In der Mehrzahl der Anwendungen kommen als Vorschubeinheiten leistungsfähige Lineareinheiten oder auch Direktantriebe zum Einsatz. Die Genauigkeit von Maschinen mit parallelkinematischen Antriebskonzepten wird maßgeblich von den Baugruppen Gelenk und Vorschubeinheit bestimmt. Statische (außer bei Hexapoden) und dynamische Biege- und Torsionsbelastungen beschränken den Schlankheitsgrad der Stabgeometrie und damit die Kollisionsfreiräume der Strebenanordnungen. Die Volumenvergrößerung zur Erhöhung der Steifigkeit bewirkt auch immer eine Massezunahme und damit ein schlechteres dynamisches Verhalten.

Wird eine x,y,z-Bewegung eines Bearbeitungskopfes (Fräßpindel, Laserkopf) über eine Tripodanordnung realisiert, tritt bei äußeren Störkräften und -momenten Torsionsbelastungen in den Streben auf (Abb. 7).

FE-Simulationen der Steifigkeitsverteilung einer Tripod-Struktur mit längenkonstanten Streben weist z.B. einen minimalen Wert von 28 N/µm auf (Abb. 8 und 9). Eine Erhöhung der Steifigkeit der Streben allein verändert diesen Wert aufgrund der dann weiterhin begrenzenden Gelenksteifigkeit nur auf 49 N/µm. Gleichzeitig würden sich dabei die Abmessungen einer am Fußpunkt bewegten längenveränderlichen Strebe von einem Durchmesser von 125 mm und einer Wanddicke von 15 mm auf einen Durchmesser von 450 mm und 40 mm Wanddicke ändern. Das bedeutet aber auch eine Verzehnfachung der Masse bei gleicher Strebenlänge. Damit wird der Einsatz einer aktiven Torsionskompensation sinnfällig, die die Gesamtdeformation im Vorschubstrang ausgleicht und damit eine hohe effektive Steifigkeit herstellt, ohne wesentlich Abmessungen und Masse der Streben zu erhöhen.

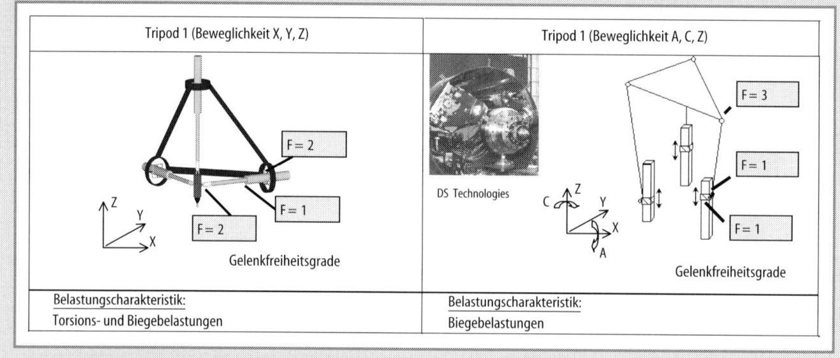

Abb. 7 Belastungscharakteristik bei Tripod-Strukturen

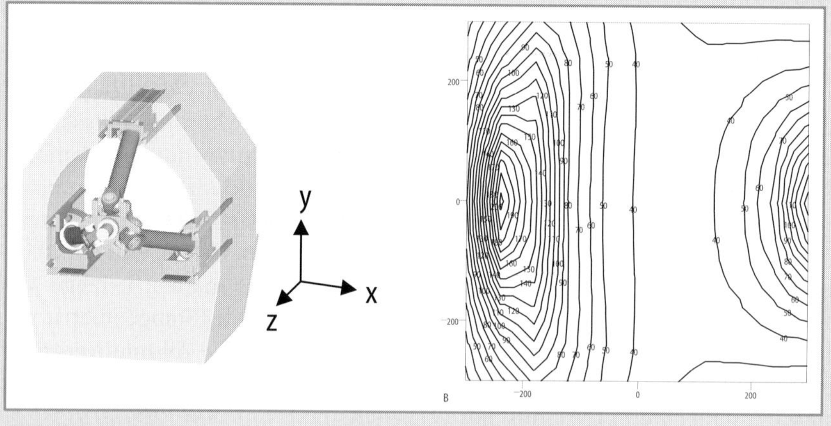

Abb. 8 Steifigkeitsverurteilung einer Tripod-Struktur – Steifigkeit in x-Richtung in der x-y-Ebene

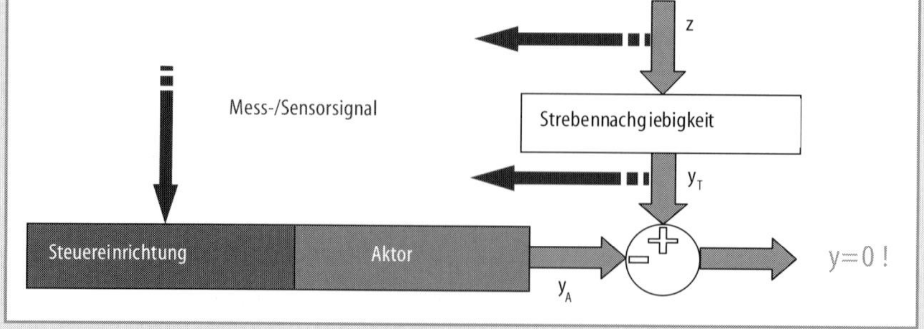

Abb. 9 Prinzip der aktorischen Kompensation einer Torsiondeformation

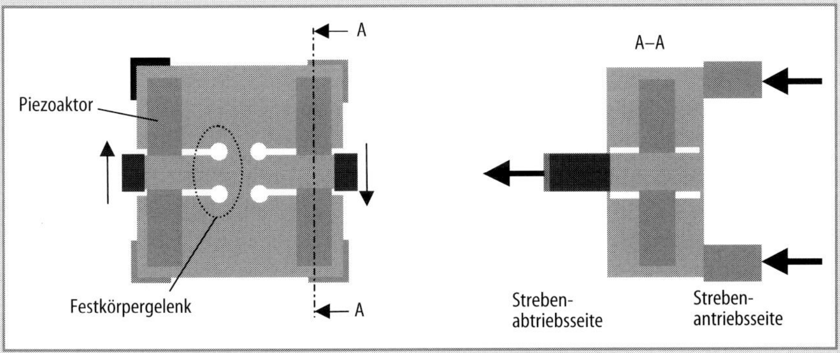

Abb. 10 Prinzipdarstellung der Sensor-Aktor-Einheit

Diese aktiven Kompensations- und Dämpfungselemente bilden mit den Vorschubantrieben eine hybride Antriebsstruktur (Neugebauer et al. 2001; Neugebauer et al. 2002b; Schwaar et al. 1999). Der Ausgleichsantrieb arbeitet autonom, er misst und korrigiert die auftretende Torsionsdeformation unabhängig von den die Lage der Endeffektorplattform im Arbeitsraum einstellenden Vorschubeinheiten. Die Basis sind Aktoren aus Multifunktionswerkstoffen, die durch eine angepasste Systemtechnik (Ansteuerung mit Information und Leistung; Regelung) zu autonomen intelligenten Funktionselementen werden.

Für die Kompensation der Torsionsverlagerung y_T ist eine aktorische Gegenbewegung y_A erforderlich. Diese ist über eine Steuereinrichtung so einzustellen, dass in Abhängigkeit vom jeweils wirkenden äußeren Torsionsmoment (Störgröße z) die resultierende Torsionsbewegung y stets zu Null wird. Hierzu ist die sensorische Erfassung der Störgröße z selbst oder der Torsionsverlagerung y_T notwendig.

Den Kern der realisierten Sensor-Aktor-Einheit bilden resistive sensorische Komponenten zur Erfassung der Torsionsdeformation und Niedervolt-Piezostacks zur Realisierung der aktorischen Funktion.

In der Prinzipdarstellung (Abb. 10) sind vier Piezostapelaktoren in einem Grundkörper angeordnet. Die Ansteuerung hat so zu erfolgen, dass der linke obere und der rechte untere Aktor sowie der rechte obere und der linke untere Aktor jeweils gleichsinnig angesteuert werden (Abb. 10, links). Das hat z.B. zur Folge, dass der in der Mitte geteilte Balken links nach oben und rechts nach unten bewegt wird. Eine Umkehr des Richtungssinns der Bewegung erfolgt bei Umkehrung der Ansteuerung. Die Auslenkung wird über die zur Mitte orientierten Materialaussparungen, hier durch Bohrungen realisiert, die Festkörpergelenke darstellen. Diese Gelenke erlauben eine Umwandlung (kleiner) translatorischer Aktorbewegungen in rotatorische Bewegungen im mrad-Bereich. Wird der Grundkörper in der dargestellten Weise zwischen Strebenantriebs- und -abtriebsseite befestigt, kann die lineare Strebenbewegung mit der Torsionskompensationsbewegung überlagert werden.

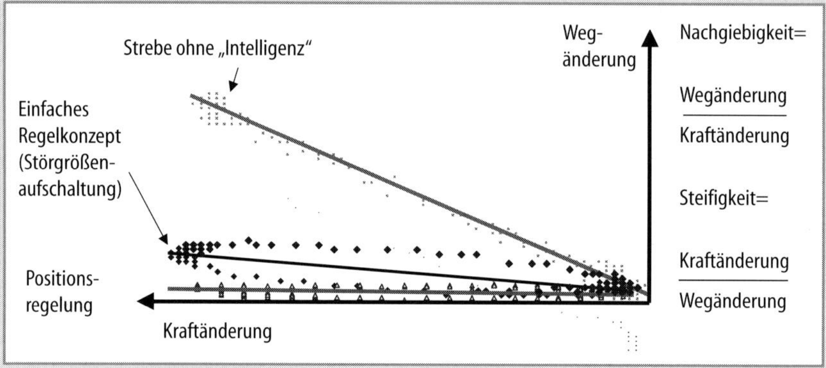

Abb. 11 Ergebnisse der Torsionskompensation

Das optimale Betriebsverhalten von Sensor-Aktor-Einheiten ist nur durch das Zusammenspiel von konstruktiver, mechanischer Ausführung, geeigneter Gewinnung von Messsignalen und angepasster Aktoranordnung und -ansteuerung zu erreichen. Ein wesentlicher Aspekt ist die Umsetzung der hardwareseitigen Voraussetzungen in einem geeigneten Regelungskonzept.

Mit einer reinen Störgrößenaufschaltung, die hinsichtlich der Umsetzung den geringsten Aufwand bereitet und durch ihre einfache Struktur auch die höchsten dynamischen Reserven bietet, lassen sich die piezoaktorische Gegenbewegung und auch die im Aktormaterial begründeten piezoelektrischen Effekte Hysterese und Drift nicht kompensieren. Die Genauigkeit der Torsionsgegenbewegung ist daher begrenzt. Durch eine Variante mit sensorischer Erfassung und Regelung der piezoaktorischen Bewegung können die unerwünschten Effekte weitestgehend kompensiert werden.

Experimentelle Ergebnisse weisen die prinzipielle Eignung des Konzepts nach. Mit einer als Versuchsanordnung realisierten adaptive Strebe konnten Torsionssteifigkeitserhöhungen gegenüber der herkömmlichen Strebe um das 7-fache bei einem einfachen Regelungskonzept mit Störgrößenaufschaltung und um das 40-fache bei Berücksichtigung des Aktorzustands im Regelalgorithmus erreicht werden (Abb. 11).

Ein wesentliches Manko beim Einsatz von Piezoaktoren in intelligenten Sensor-Aktor-Einheiten ist der geringe zu Verfügung stehende Stellweg. Um diese Begrenzung aufzuheben, wurde für den Torsionsausgleichsantrieb ein modulares Konzept entwickelt. Werden mehrere der Sensor-Aktor-Einheiten in axialer Richtung gekoppelt, addieren die sich in der Einzelstufe erreichbaren Stellwege. Neben der Realisierung größerer Stellwege zum Ausgleich sehr torsionsweicher Strukturen können diese zusätzlichen Achsen auch Aufgaben im Bereich der Feinstpositionierung der Endeffektorplattform übernehmen (Abb. 12).

Würde es gelingen, eine unendlich große effektive Torsionssteifigkeit zu erreichen, könnte, wie die dann resultierende Steifigkeitsverteilung in Abb. 13

Abb. 12 Modularer Torsionsausgleichsantrieb mit 3 Sensor-Aktor-Einheiten

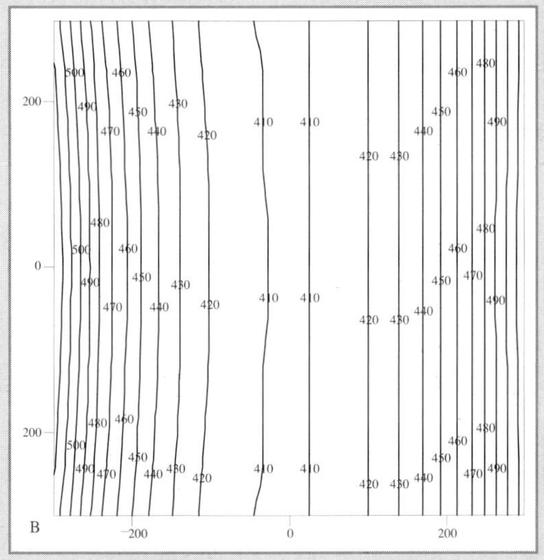

Abb. 13 Steifigkeitsverteilung in x-Richtung der x,y-Ebene eines Tripoden bei der Annahme unendlicher effektiver Torsionssteifigkeit der Streben

zeigt, die Steifigkeit in der x,y-Ebene der Beispielkonfiguration für einen Tripod von 28 N/µm auf 410 N/µm vergrößert werden. Gleichzeitig würde sich die Eigenfrequenz von 20 Hz auf Werte > 100 Hz erhöhen.

Adaptronische Komponenten für selbstoptimierende Werkzeugmaschinen

Mit dem dargestellten Beispiel konnte gezeigt werden, dass man in der Lage ist, durch adaptronische Baugruppen, die Systemeigenschaften von Werkzeugmaschinen wesentlich zu verbessern. Besonders naheliegend ist die Anwendung in Strukturen, bei denen durch äußere Randbedingungen der Spielraum für eine passive Optimierung eingeschränkt ist. Die schlanken Streben von Parallelkinematiken gehören dazu.

Eine weitere Herausforderung auf diesem Gebiet ist die Unterdrückung der Auswirkungen parasitärer Querschwingungen der Streben. Hier verfolgen die Forschungsarbeiten am Fraunhofer-Institut für Werkzeugmaschinen und Umformtechnik derzeit zwei Richtungen. Zum einen ist es die Schwingungsentkopplung auf der Basis eines aktiven Interfaces mit Piezostapelaktoren. Zum anderen wird versucht, durch den Einsatz verteilter Patches aus Piezofasern auf der Strebe eine dynamische Formkontrolle zu erreichen. Letztere Lösung eignet sich insbesondere für den Einsatz auf längenkonstanten Streben.

Zur Darstellung der vielfältigen Möglichkeiten der Wirkung adaptronischer Komponenten an Werkzeugmaschinen wird derzeit der Versuchsträger 3Pod (Abb. 14) aufgebaut. Die Tripod-Struktur besteht aus verschiedenen derzeit in Parallelkinematiken eingesetzten Vorschubeinheiten. Neben einer längenveränderlichen Strebe mit Rollengewindetrieb und Zahnriemenantrieb und einer Strebe mit einer durch einen Hohlwellenmotor direkt angetriebenen Mutter, kommt eine längenkonstante Strebe mit linearem Direktantrieb für den Fußpunkt zum Einsatz. Hier soll insbesondere eine weitere Variante einer hybriden Antriebsstruktur, die aktive Dämpfung zur Impulsentkopplung, eingesetzt werden, um die Anregung des Maschinengestells durch hochdynamische Antriebe zu unterdrücken.

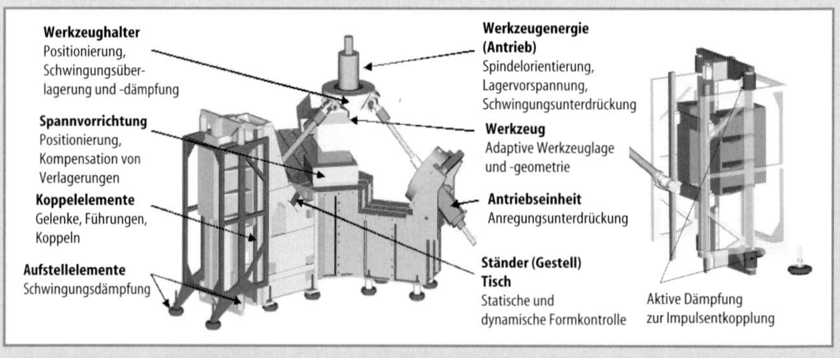

Abb. 14 Versuchsstand 3Pod zur Erprobung adaptronischer Komponenten

Literatur

Kock S (1998) Regelungsstrategien für Parallelroboter mit redundanten Antrieben. VDI Berichte 1427, VDI-Verlag

Krabbes M (2002) Task Report im EU-Projekt G1RD-CT-1999-00150 „Mach-21"

Neugebauer R, Hochmuth C, Ihlenfeldt St, Wieland F (2000a) Das Erodieren substituieren, Form + Werkzeug, Carl Hanser Verlag, München

Neugebauer R, Ihlenfeldt St, Kirchner J, Adam H (2000b) Redundante Hybridkinematik für den Großwerkzeug- und Formenbau, 2. Chemnitzer Parallelkinematik-Seminar: Arbeitsgenauigkeit von Parallelkinematiken. S. 153–168, Verlag Wissenschaftliche Scripten, Zwickau

Neugebauer R, Drossel WG, Schubert A, Roscher HJ (2001) Potenziale von Adaptronik und Mikrotechnik für den Maschinenbau 3. Chemnitzer Produktionstechnisches Kolloquium. Tagungsband S. 363–380, Chemnitz

Neugebauer R, Schwaar M, Ihlenfeldt St, Pritschow G, Eppler C (2002a) New Approaches to Machine Structures to Overcome the Limits of Classical Parallel Structures; CIRP General Assembly, San Sebastian

Neugebauer R, Drossel WG, Ihlenfeldt S, Roscher HJ (2002b) Hybrid Struts with Smart Piezoactuators for High Dynamic Parallel Kinematics. In Wahl, F.-M. u. Krefft, M. Hrsg.: First International Colloquium Collaborative Research Centre 562 – Robotic Systems for Handling and Assembly. Fortschritte in der Robotik Band 7, Shaker Verlag Aachen

Pritschow G, Eppler C, Garber T (2002) Influence of the Dynamic Stiffness on the Accuracy of PKM. 3rd Chemnitz Parallel Kinematics Seminar, Verlag Wissenschaftliche Scripten, Zwickau

Reboulet C, Lambert C, Nombrail N (1992) A Parallel Redundant Manipulator. SPEED-R-Man and its Control. ISRAM 1992 International Symposium on Robotics and Manufacturing, Santa-Fe, N.M., p. 285–291

Schwaar M, Kirchner J, Neugebauer R (1999) Patent DE 1999 03 613.6 Tripod-Lagerungseinrichtung und Verfahren zur Torsionskompensation

Schwaar M, Jaehnert T, Ihlenfeldt S (2002) Mechatronic Design, Experimental Property Analysis and Machining Strategies for a 5-Strut-PKM. 3rd Chemnitz Parallel Kinematics Seminar, Verlag Wissenschaftliche Scripten, Zwickau

High Speed Manufacturing

Dr.-Ing. Hans-Henning Winkler
Dr.-Ing. Dirk Prust

»Mit minimalen Verlusten zur effektiven Produktion.«

Hans-Henning Winkler

Dirk Prust

Hans-Henning Winkler studierte bis 1967 Maschinenbau an der Technischen Universität Berlin. Von 1967–1973 war er im Laboratorium für Werkzeugmaschinen und Betriebslehre der RWTH Aachen als wissenschaftlicher Angestellter am Lehrstuhl für Werkzeugmaschinen tätig. 1973 promovierte er an der RWTH Aachen. Von 1973–1978 war er in der Produktentwicklung und dem Vertrieb der Deckel AG München tätig. Seit 1978 ist er bei der Chiron-Werke GmbH & Co. KG Tuttlingen tätig, anfangs als technischer Leiter, später als Geschäftsführer.

Dirk Prust studierte bis 1993 Maschinenbau an der Rheinisch-Westfälischen Technischen Hochschule (RWTH) Aachen. Von 1993–1998 war er im Laboratorium für Werkzeugmaschinen und Betriebslehre der RWTH Aachen als wissenschaftlicher Angestellter am Lehrstuhl für Werkzeugmaschinen tätig. 2000 promovierte er an der RWTH Aachen. Von 1998–2002 arbeitete er bei der Chiron-Werke GmbH & Co. KG Tuttlingen als Leiter der Komponentenentwicklung, später als Leiter der Forschung und Entwicklung. Seit 2003 ist er dort stellvertretender Geschäftsführer.

High Speed Manufacturing

Hans-Henning Winkler, Dirk Prust

Einleitung

Im Spannungsfeld des internationalen Wettbewerbs steigen die Anforderungen an Produktionsanlagen stetig hinsichtlich ihrer Effizienz. Sowohl die produktiven als auch die unproduktiven Anteile der Belegungszeit von Produktionseinrichtungen stehen dadurch im Fokus von permanenten Optimierungen. Obwohl heutige Produktionsmaschinen eine technische Verfügbarkeit von über 98 % aufweisen, liegt die Effektivität von Einzelmaschinen nicht selten unter 80 %, bei Mehrmaschinensystemen oft bei nur 50 % (Uni-Hannover 2003). Da übliche Mehrmaschinensysteme im Wesentlichen aus Maschinen mit relativ hoher Einzelproduktivität bestehen, liegt die Vermutung nahe, dass die Art der Verkettung die Verluste verursacht.

Grundsätzlich kann zwischen den produktiven und den unproduktiven Belegungszeitanteilen unterschieden werden. Per Definition tragen neben der Hauptzeit auch Rüst-, Neben- sowie Verteilzeiten zur Produktivität bei. Allerdings entspricht dieser sachlich korrekten Zuordnung das aktuelle Verständnis immer weniger, nach welchem allein die Wertschöpfung am Werkstück als produktiv verstanden wird. So wie die eigentliche Wertschöpfung ausschließlich in der Hauptzeit erbracht wird, erfüllt auch die Maschine ihre Primärfunktion nur innerhalb dieser Zeitspanne. Alle übrigen Zeitanteile, welche die Wertschöpfung unterbrechen, bedeuten demnach Verlust. Während dieser Zeiten führt die Maschine nur Sekundärfunktionen aus (Abb. 1).

Daraus abgeleitet bestehen zwei Ansatzpunkte zur Effizienz- oder Produktivitätssteigerung, die wertschöpfende Leistung zu maximieren und die nicht wertschöpfenden Verluste zu minimieren.

Maximieren der Leistung aus wertschöpfenden Prozessen

High Performance Cutting

Durch die Entwicklung neuer Substrate und Werkzeuggeometrien wird die Leistung des Zerspanprozesses stetig gesteigert. Die Zuführung von Kühlmittel mit 150 bar Hochdruck durch den Werkzeugschaft bis an die Werkzeugschneide

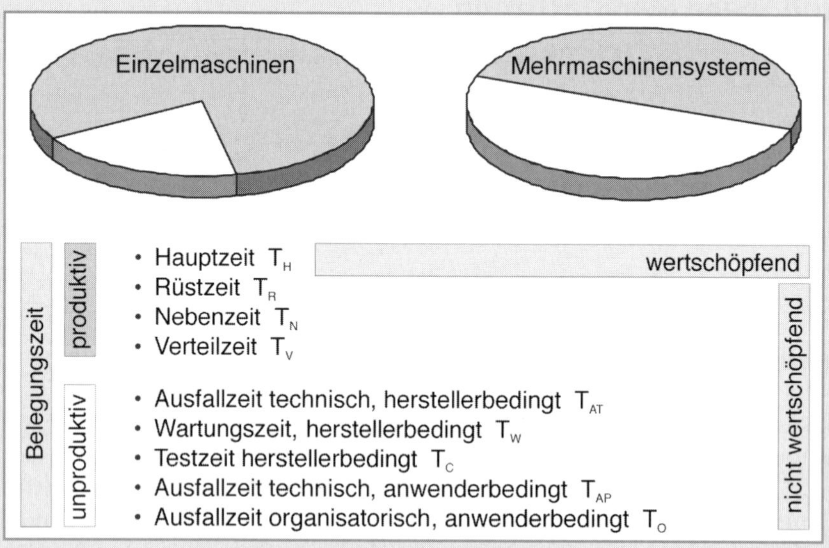

Abb. 1 Wertschöpfung in Produktionsanlagen

unterstützt dabei den Abfluss der Späne aus den Freiräumen im Werkzeug insbesondere bei tiefen Bohrungen mit kleinem Durchmesser in unnachahmlicher Weise.

Mit der Entwicklung und Anwendung der Trockenbearbeitung sowie der Minimalmengenschmierung wurden zuerst die Möglichkeiten des High Speed Cuttings (HSC), dann aber auch des High Performance Cuttings (HPC) entdeckt. Während bei der Nassbearbeitung die Späne durch das Kühlmittel sehr schnell abkühlen und so einer permanenten Aufhärtung unterliegen, bleibt bei der Trockenbearbeitung der wesentliche Teil der Umformarbeit in Form von Wärme im Span gebunden und wird mit ihm abgeführt (Abb. 2). Ohne die Aufhärtung sinken sowohl die erforderlichen Momente an der Werkzeugspindel als auch die Vorschubkräfte. Bei vergleichbarer Werkzeugbelastung erlaubt diese Technologie im Umkehrschluss deutlich höhere Vorschübe und damit extreme Zeitspanvolumina. Die Werkzeuge werden hierbei mit konventionellen Drehzahlen betrieben und zeichnen sich darüber hinaus infolge der „weichen“ Spanbildung durch einen höheren Standweg aus. Mit minimaler Ölnebelschmierung wird der Spanabfluss in den vergrößerten Spanräumen unterstützt. Dabei erfordert die Zuleitung des feinen Ölnebels durch die Spindel und das Werkzeug ein besonderes Know How.

Prozessparameter wie die Vorschubkraft oder das Drehmoment ändern sich beim High Performance Cutting ständig im Verlauf einer Bearbeitung. Mit der Erfassung dieser Parameter während der Zerspanung und einer adaptiven Rege-

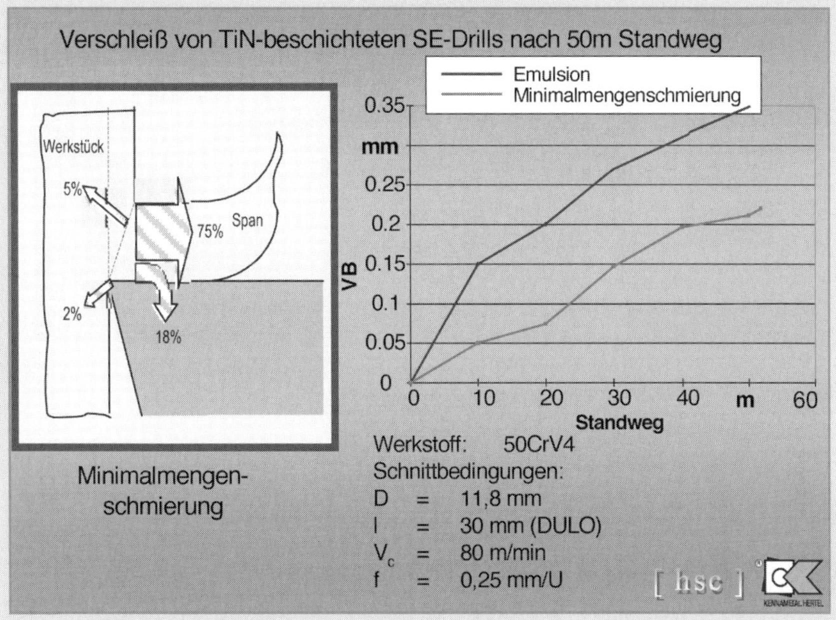

Abb. 2 Spanbildung und Standweg bei der Nass- und HPC-Bearbeitung

lung, wie beispielsweise des Vorschubs, stehen weitere Rationalisierungspotenziale der Hauptzeit in Aussicht. Intelligente Spindelkonstruktionen mit Sensorik und Aktorik bilden dazu eine wichtige Voraussetzung.

Doppelte Ausbringung

Eine sehr effektive Variante der Hauptzeitoptimierung ist die Anwendung von Mehrspindelmaschinen. Mehrere parallel angeordnete Spindeln werden von gemeinsamen Vorschubachsen der Maschine synchron bewegt, um mehrere, parallel aufgespannte Werkstücke gleichzeitig zu bearbeiten. Nach diesem Prinzip hat sich die Doppelspindelmaschine als bester Kompromiss zwischen Maschinenkosten und Prozessfähigkeit bei hohen Qualitätsansprüchen bewährt. Die einfache Formel lautet: Die doppelte Anzahl Werkstücke innerhalb der gleichen Zeit (Abb. 3). Variationen mit bspw. zwei mal zwei Werkstücken führen zwar nicht zu einer weiteren Verdoppelung der Ausbringung, allerdings besticht das Prinzip mit einer hervorragenden Effizienz. Das weitere Werkstückpaar beansprucht weder Werkzeugwechselzeiten, noch Mehraufwendungen für die Maschine oder die angeschlossene Peripherie bis hin zur Stellfläche.

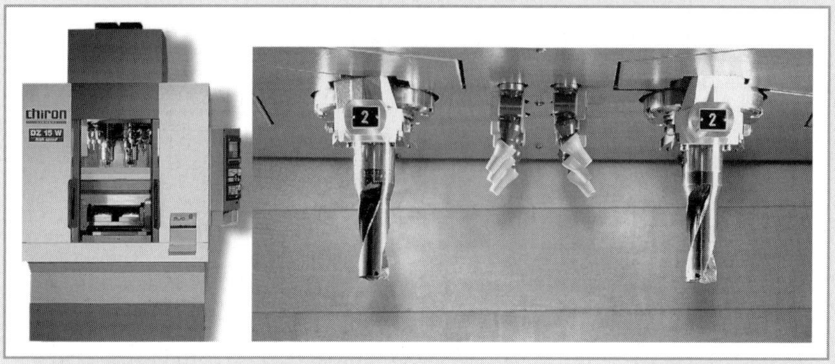

Abb. 3 Doppelte Ausbringung in gleicher Zeit

Minimieren der Verluste aus nicht wertschöpfenden Prozessen

Höchste Maschinenverfügbarkeit

Während die meisten nicht wertschöpfenden Prozesse immerhin noch in irgendeiner Weise zur gesamten Produktivität beitragen, schränken Maschinenstillstände die Effektivität einer Produktionsanlage eindeutig ein.

Geplante Maschinenstillstände entstehen im einfachsten Fall bereits durch den Austausch der Werkzeuge, nachdem diese ihren Standweg erreicht haben. Mit einer Tool-Ident-Box kann der Werkzeugaustausch sehr effizient gestaltet werden. Dazu stellt der Maschineneinrichter das verbrauchte in die rote und das neue Werkzeug in die grüne Aufnahme der Box. Über die integrierte Ident-Chip-Leseeinheit erkennt die Steuerung sofort, welches Werkzeug entnommen wird und welches dafür in den selben Magazinplatz eingelegt wird, selbstverständlich inklusive Aktualisierung aller Werkzeugkorrekturen. Der Austausch ist innerhalb von Sekunden ohne jeglichen Eingabeaufwand erledigt (Abb. 4).

Andere geplante Maschinenstillstände entstehen durch Reinigungs- und Wartungsaufwände. Wenn übliche Reinigungs- und Wartungsarbeiten von etwa acht Stunden pro Woche im Dreischichtbetrieb nur auf die Hälfte reduziert werden, entspricht das einer Effizienzsteigerung von ganzen drei Prozent. Voraussetzung für geringste Wartungsaufwände ist beispielsweise die Eignung der Maschine für den Betrieb mit ungeölter Luft. Neben der geringeren Störanfälligkeit der Komponenten entfällt die Überwachung und die Befüllung der pneumatischen Systeme mit Öl. Andere Komponenten wie die Linearführungen oder die Kugelgewindetriebe sind mit Dauerschmierelementen ausgeführt.

Mit steilen und glatten Flächen ohne Angriffsmöglichkeit für Späneansammlungen wird in echten Produktionsmaschinen praktisch eine Selbstreinigung erreicht, welche einen störungsfreien Betrieb zulässt. Mit der Nassbearbeitung

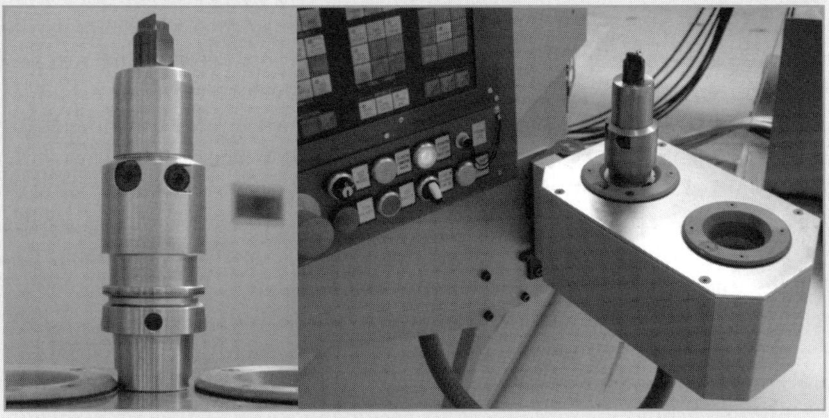

Abb. 4 Tool-Ident-Box für schnellen, fehlerfreien Werkzeugaustausch

Abb. 5 Wartungs- und reinigungsarmer Arbeitsraum einer Produktionsmaschine

sind ausreichende Möglichkeiten der Arbeitsraumspülung gegeben, so dass Reinigungsvorgänge auf visuelle Kontrollen reduziert sind (Abb. 5).

Als Folge ihrer hohen Produktivität werden Produktionsmaschinen zwangsläufig mit höherer Leistungsdichte und sehr nahe an den technischen Leistungsgrenzen betrieben. Um gleichzeitig eine hohe Verfügbarkeit und damit eine entsprechende Effektivität zu gewährleisten, müssen die Maschinen über ein einfaches Design und eine Prozess- und Funktionsüberwachung verfügen. Mit einem einfachen Design ist eine gute Funktionstransparenz verbunden. Im Störungsfall kann der Bediener sofort die Funktion und die Störungsursache erkennen; ein hervorragendes Beispiel dafür ist der Korbwechsler, der im Abschnitt „Schneller Wechsel von Werkzeugen" genauer beschrieben wird. Darüber hinaus garantiert ein intelligentes Störungsmanagement die Wiederaufnahme der Produktion innerhalb kürzester Zeit. So wird das Freifahren aus Störungssituationen und die Herstellung definierter Betriebszustände von der intelligenten Software unterstützt.

Damit es erst gar nicht zu Störungen kommt, verfügen moderne Produktionsmaschinen über eine permanente Zustandsüberwachung und Selbstdiagnose. Eine Internetverbindung ermöglicht die Ferndiagnose und so die Untersuchung von Störungen oder die Anpassung der Maschinensoftware vom Herstellerwerk aus. Die Nutzung solcher Möglichkeiten senkt Verluste durch ungeplante Stillstandzeiten erheblich, weil die Fehlerdiagnose oder gar die Behebung ohne Anreise eines Servicetechnikers erfolgen kann. Ist doch noch eine Reparatur vor Ort erforderlich, wird Dank der vorangegangenen Analyse der Techniker mit der passenden Qualifikation, den richtigen Ersatzteilen und allen notwendigen Unterlagen erscheinen. Ein Maschinenstillstand wird so leicht um 50 % reduziert, ein unschätzbarer Beschleuniger für die Verfügbarkeit der Maschine.

Fast Ramp Up

Das Umrüsten einer Produktionsmaschine oder -linie auf neue Werkstücke ist oft mit extremen Verlusten an Effektivität verbunden, weil die Anlagen nicht entsprechend auf solche Vorgänge vorbereitet sind. Um allzu große Stillstandzeiten zu vermeiden, müssen die Maschine und die Vorrichtungen eine gewisse Umrüstflexibilität aufweisen.

Vorrichtungsseitig sollten zumindest Referenzbohrungen oder Referenzkanten ein schnelles Ausrichten in der Maschine zulassen. Aufnahmesysteme wie Quicklocator oder Nullpunktspannung erfordern kein Ausrichten und ermöglichen einen zügigen Beginn der Bearbeitung (Abb. 6). Hydraulische Anschlüsse werden über Schnellkupplungen adaptiert, so dass das hydraulische System nicht entlüftet werden muss. Ein Vorrichtungschip speichert alle erforderlichen Nullpunktkorrekturen und gibt diese an die Maschinensteuerung weiter.

Maschinenseitig kommt durch die Unterbrechung der Bearbeitung nicht nur infolge von Umrüstarbeiten, sondern auch durch Arbeitsunterbrechungen das thermische Verhalten voll zum Tragen. Mit immer weiter steigender Leistungsdichte der Maschinen steigt selbstverständlich auch die Verlustleistungsdichte, welche in Form von Wärme in Erscheinung tritt. Langes Warmfahren der Maschine in stabile thermische Bereiche bedeutet eventuell täglich hohe Effizienzverluste.

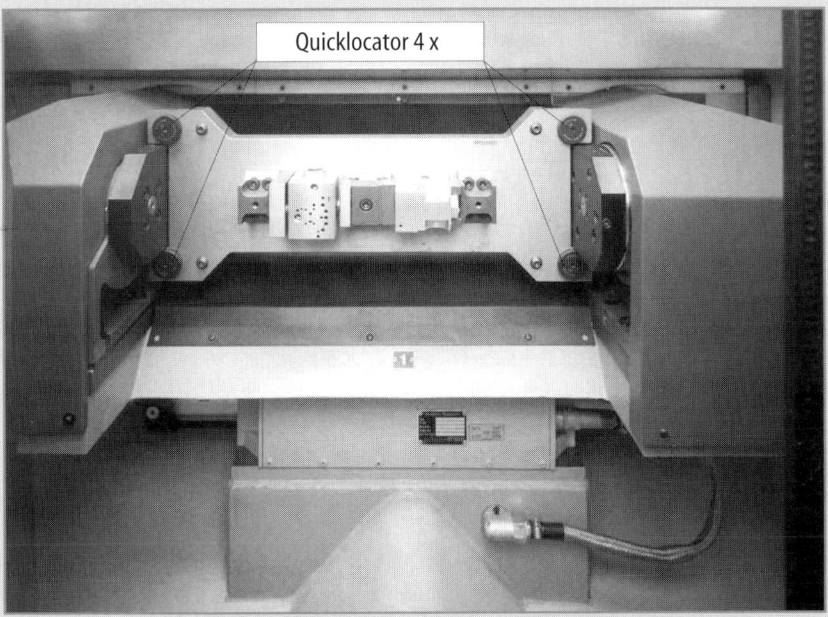

Abb. 6 Schnelles, genaues Wechseln einer Wiegenvorrichtung über Quicklocator

Thermische Kompensationsverfahren sind daher unabdingbar, um solche Perioden zu vermeiden. Die indirekte thermische Kompensation basiert auf gemessenen Temperaturen, welche in ein erfahrungsgemäßes Verhältnis zur Verlagerung gesetzt werden. Der eindeutige Vorteil dieses Verfahrens ist, dass der Kompensationswert jederzeit errechnet werden kann, ohne dass es Zeit kostet. Der thermisch bedingte Fehler wird um bis zu 80 % reduziert. Genauer sind Systeme im Arbeitsraum wie Messtaster, Toolsetter oder Laser, weil sie einen direkten, geometrischen Bezug zwischen Werkzeug und Werkstück bzw. Tisch herstellen (Abb. 7). Mit dem Laser oder Toolsetter können Werkzeugbruch, thermische Verlagerung und die Werkzeuglängen bestimmt werden. Die Anwendung derartiger Systeme kostet allerdings Zeit, welche sich durch geschickte Messstrategien erheblich reduzieren lässt. Dabei verfolgt die Maschinensteuerung die Historie der Messwerte und verlängert abhängig von der Konstanz der Werte die Messintervalle, wodurch der Verlust infolge dieses nicht wertschöpfenden Prozesses erheblich reduziert wird.

100 Prozent Qualität

Eine hohe Genauigkeit sichert die Effektivität der Produktionsmaschine; ohne ausreichende Genauigkeit fallen Ausschussteile an, welche einen unmittelbaren Verlust an Wertschöpfung bedeuten. Darüber hinaus schränkt eine mangelhafte

Abb. 7 Lasermesssystem für Werkzeugvermessung und Bruchkontrolle

Stabilität der Genauigkeit, z.B. durch erforderliche Warmlaufphasen, die Nutzungsdauer der Maschine erheblich ein.

Ein stabiles Verhalten beginnt bereits an der Werkzeugschnittstelle. Der Hohlschaftkegel hat diesbezüglich erhebliche Vorteile gegenüber dem älteren Steilkegel. Mit seiner Plananlage sichert der HSK konstante Bedingungen in Bezug auf die Werkzeuglänge ab Spindelnase. Im Gegensatz dazu lässt der Steilkegel mit steigender Spindeltemperatur, infolge hoher Drehzahlen oder hoher Axialkräfte ein Nachsetzen in die Spindel zu. Für 100 %ige Qualität ist oftmals eine Werkzeugbruchkontrolle oder die Schneidenvermessung mit einem Lasermesssystem erforderlich (Abb. 7). Bei dieser Gelegenheit wird direkt der Wärmegang der ganzen Maschine kompensiert. Dieser wird zumindest in Hochleistungsanlagen durch die Wasserkühlung der Hauptspindel und durch die Konstanthaltung der Kühlschmiermitteltemperatur reduziert. Das fehlerfreie Positionieren der Vorschubachsen wird mit Glasmaßstäben und deren Linearität mit einer Lasermessung sichergestellt.

Darüber hinaus erfordert die Werkstückspannung eine besondere Aufmerksamkeit. Bereits kleine Späne zwischen Werkstück und der Auflagefläche entscheiden über Ausschuss oder Toleranzhaltigkeit. Auflagekontrollen und Spanerüberwachungen sichern auf der Werkstückseite eine hohe Prozessfähigkeit ab. 100 % Qualität vermeidet nicht nur den Verlust von Wertschöpfung durch Ausschuss, sondern auch den Aufwand für 100 % Kontrolle.

Fertig in einer Aufspannung

Die Fertigstellung in einer Aufspannung beinhaltet sicherlich auch einen Genauigkeitsaspekt, wichtiger ist jedoch die Einsparung an Liegezeit, Logistik oder Aufwand für weitere Produktionseinrichtungen. In den meisten Fällen gelingt dies mit einem fünfachsigen Bearbeitungszentrum (Abb. 8). Neben der Planscheibe sind Aufspannflächen für die Vorbearbeitung der Auflagepunkte vorgesehen.

Eine der effizientesten Methoden der automatisierten Produktion ist die Stangenbearbeitung. Mit dem Multi-Profile-System MPS werden Profile oder Stangen im Durchlauf zwischen zwei Rundachsen bearbeitet. Die linke der beiden realisiert mit einer unterbauten Linearachse den Profilvorschub. Das Profil wird dabei wahlweise zwischen den Rundachsen durch Fräsen abgetrennt oder hinter der rechten Rundachse abgesägt. Im Durchlaufverfahren lassen sich auch sehr lange Teile segmentweise bearbeiten.

Die Bearbeitung von sechs Seiten markiert die Spitze der Flexibilität. Weitere Rationalisierungseffekte in punkto Fertigbearbeitung werden in dem Bearbeitungszentrum nach Abb. 9 mit der Kombination von Fertigungsverfahren in

Abb. 8 Zweiachsen-Schwenkeinheit mit Nullpunktspannsystem

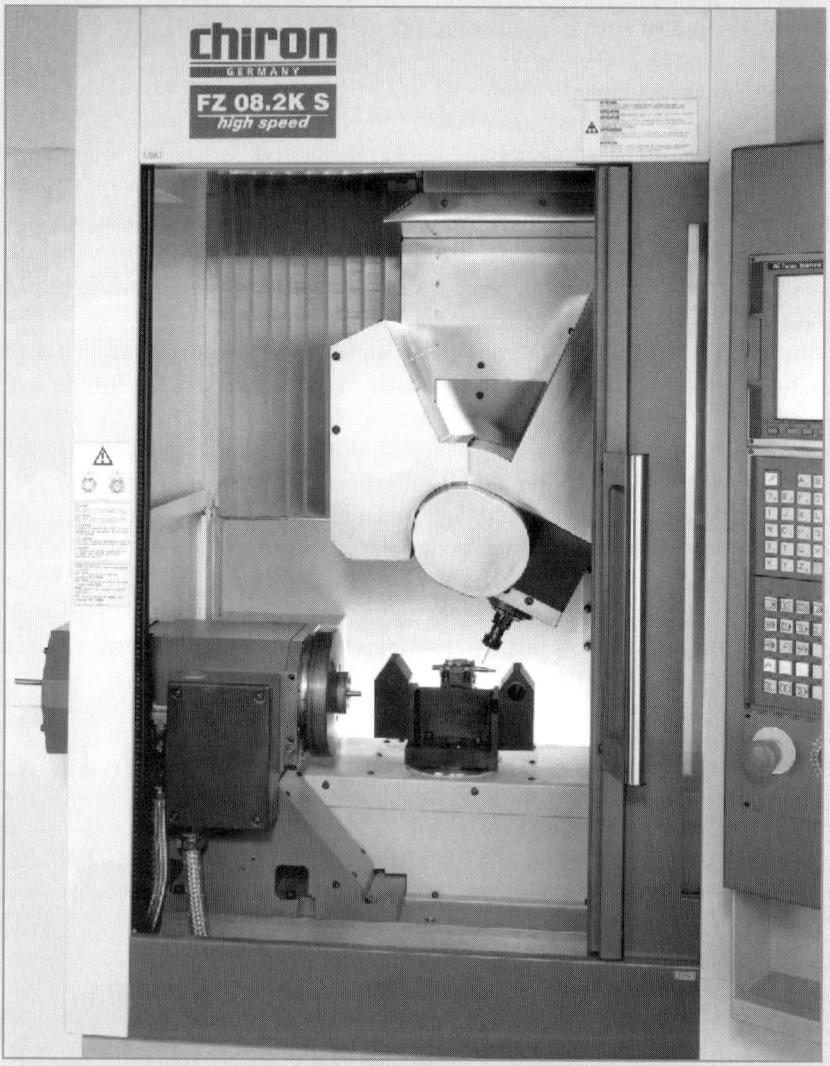

Abb. 9 Sechs-Seiten-Bearbeitung in Kombination mit Fräs- und Drehbearbeitung

einer Maschine erreicht. Ein wesentlicher Bestandteil dieses Konzepts ist die schwenkbare Werkzeugspindel in Verbindung mit einer fest installierten Drehspindel mit Stangendurchlass auf dem Maschinentisch. In die Werkzeugspindel können über das Kettenmagazin Fräs- und Bohrwerkzeuge für Bearbeitungen am stehenden, freien Stangenende eingewechselt werden. Die Drehspindel kann während solcher Operationen in beliebiger Drehlage wie ein NC-Rundtisch über ein direktes Messsystem positioniert und geklemmt werden. Die Rundtischfunktion und die Schwenkkopfspindel ermöglichen so Bohrungen und Flächen in jeder räumlichen Winkellage.

Ebenso sind über das Kettenmagazin Drehstähle oder Bohrstangen mit der üblichen Geschwindigkeit in die Werkzeugspindel einzuwechseln, um dann an der drehenden Stange mit stehenden Werkzeugen Außen- und Innenkonturen herzustellen. Über eine Linear- und Wenderachse wird ein Spannfutter in Position gebracht, um die bearbeitete Stange beim Abtrennen mit der Hauptspindel und einem Sägeblatt aus dem Kettenmagazin in 90°-Position zu halten. Die Wenderachse ermöglicht abschließend die Bearbeitung der Trennfläche in allen Winkellagen. Von sechs Seiten fertig bearbeitete Teile verlassen die Maschine über ein kompaktes Handling. Durch die Integration der Dreh- und Fräsbearbeitung in eine Maschine werden Verluste durch nicht wertschöpfende Logistikprozesse vollständig eleminiert.

Schneller Wechsel von Werkstücken

Mit entscheidend für die Effektivität einer Produktionszelle ist der schnelle Wechsel der Werkstücke. Beim manuellen Beladen der Maschine können bereits Verluste durch eine mangelhafte Ergonomie verursacht werden. Insbesondere, wenn die Hauptzeit durch das Beladen unterbrochen ist, zählt jede Sekunde. Diese kann schon infolge einer falschen Einlegehöhe verloren gehen. Gleich mehrere wertvolle Sekunden lassen sich durch ein einfaches Entnahmehandling bei jedem Werkstück gewinnen (Abb. 10). Mit Ablauf des Bearbeitungsprogramms öffnen automatisch die Türen, die Teilespannung wird gelöst und das Entnahmehandling hebt die Fertigteile aus der Vorrichtung. Der Bediener kann im gleichen Moment die neuen Teile in die Vorrichtung einlegen und quasi auf dem Rückweg die Fertigteile mitnehmen. Ein kurzer Impuls am Walkswitch genügt, um das Schließen der Automatiktüren sowie der Teilespannung und die Wiederaufnahme der Bearbeitung auszulösen. Die Differenz zur üblichen Vorgehensweise, zunächst Fertigteile zu entnehmen und danach neue Teile zu holen, ist reiner Gewinn an Effizienz. Die Zeiteinsparung ist oft so deutlich, dass ein Bediener dann zwei oder mehr Maschinen beladen kann.

Praktisch ohne Unterbrechung der Hauptzeit lassen sich Maschinen mit getrenntem Arbeits- und Beladefeld betreiben. Im Anwendungsbereich mittlerer Werkstückgrößen tauscht der Werkstückwechseltisch Fertigteile gegen Rohteile innerhalb von nur 2 s mitsamt der Vorrichtung aus (Abb. 11). Während die Maschine schon wieder produziert hat der Bediener ausreichend Zeit, die Werkstücke auszutauschen. Neben der hohen Produktivität verbirgt sich hinter diesem Konzept ein weiterer Vorteil. Unterschiedliche Aufspannungen derselben Werkstücke lassen sich in einer Maschine realisieren. Bei großen Werkstücken wechselt nicht das Werkstück, sondern die Maschine das Arbeitsfeld. Angewendet in einer Langbettmaschine, findet die Bearbeitung dann im Pendelfeldbetrieb abwechselnd in den zwei Arbeitsraumhälften statt.

Abb. 10 Entnahmehandling für Lenkgehäuse, die Vorrichtung ist frei für Rohteile

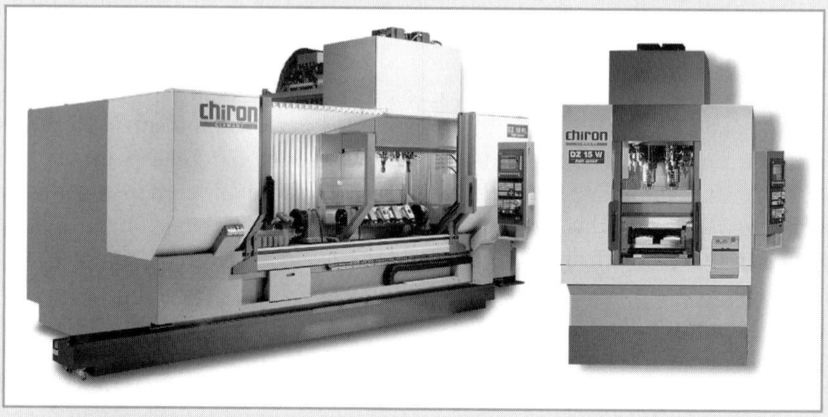

Abb. 11 Hauptzeitparalleles Beladen mit der Langbett- oder Kompaktmaschine

Schneller Wechsel von Werkzeugen

Die Unterbrechung der Wertschöpfung bedeutet einen Verlust, welcher in keinem anderen Augenblick so offensichtlich ist wie während des Werkzeug-

Abb. 12 Korbwechsler mit zentrisch angeordneter Hauptspindel

wechsels. Aus diesem Grund stehen oft schnelle Werkzeugwechsel und Maschinenachsen, welche bei vielen Werkzeugwechselkonzepten entscheidend sind, im Fokus von Leistungsvergleichen und infolge dessen auch im Fokus der Maschinenentwicklungen.

Für den schnellsten Werkzeugwechsel ist das Konzept entscheidend. Beim Korbwechsler sind die Werkzeuge rund um die Arbeitsspindel angeordnet und fahren so stets in allen Achsen mit der Maschine mit (Abb. 12). Auf diese Weise sind die Werkzeuge jederzeit zum Wechsel verfügbar, kürzer kann die Distanz zwischen Spindel und Wechsler nicht sein, noch dazu für alle Werkzeuge gleich. Das bedeutet auch, dass jeder Werkzeugwechsel nur 0,5 s dauert, egal in welcher Reihenfolge die Werkzeuge angewählt werden oder wie lange sie im Eingriff sind; Mindestbereitstellzeiten existieren nicht. Einzigartig ist auch die funktionale Redundanz. Jedes Werkzeug verfügt über einen eigenständigen, voll funktionsfähigen Wechselarm. Damit sorgt eine Störung nicht für den Stillstand der ganzen Maschine, sondern betrifft nur einen Arm. Das jeweilige Werkzeug wird in einen anderen Platz gelegt und die Produktion fortgesetzt; ein unschätzbarer Vorteil für die Maschinenverfügbarkeit.

Mit innovativen Hauptspindelantrieben in Synchrontechnik werden die Werkzeuge in derart kurzer Zeit verzögert und beschleunigt, dass die Span-zu-Span-Zeit bei 1800 oder 20.000 U/min kaum unterschiedlich ist.

Schnelle Maschinenachsen – kurze Positionierzeiten

Ebenso offensichtlich wie beim Werkzeugwechsel ist die Unterbrechung der Wertschöpfung durch Positioniervorgänge der Maschine. Schnelle Vorschubachsen sind daher ein wichtiger Bestandteil einer effizienten Produktion. Auf

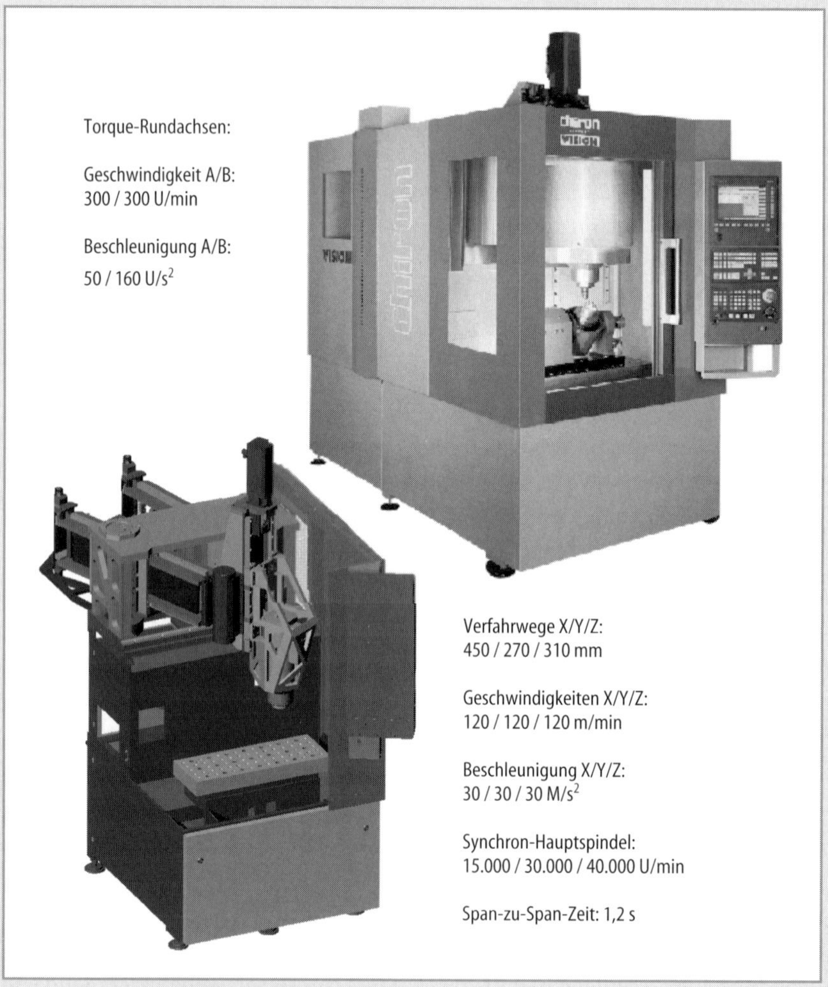

Abb. 13 Superkompaktes Parallelkinematikzentrum mit Linearantriebstechnik

kurzen Wegstrecken ist aber weder die maximale Geschwindigkeit noch die Beschleunigungsfähigkeit schneller Antriebe nutzbar. Vielmehr besteht ein solcher Positioniervorgang lediglich aus dem Aufbauen der Beschleunigung und noch weit bevor sie ihr Maximum erreicht hat, setzt schon wieder die Verzögerung ein. Diese sog. Ruckphasen sind nicht durch die Leistungsfähigkeit der Antriebe begrenzt, sondern durch das was die Mechanik der Maschine mit tolerierbaren Verformungen, also Bahnabweichungen umsetzen kann. Die Ruckfähigkeit konventioneller Maschinenkonzepte ist deutlich begrenzt gegenüber innovativen Parallelkinematiken (Abb. 13). Diese sind infolge der direkten Kraftführung zwischen Maschinengestell und Spindelkopf sehr viel besser in der Lage, das Potenzial linearer Direktantriebe umzusetzen.

Mit der Erkenntnis, dass hybride Kinematiken als Kombination aus paralleler und serieller Anordnung nur über genau so viele Achsen wie Freiheitsgrade verfügen müssen, sind auch kompakte Maschinenbauformen möglich. Die Relation von Arbeitsraum zu Maschinenvolumen ist absolut vergleichbar mit modernen Maschinen konventioneller Bauweise. Das Optimum von Steifigkeit und minimaler bewegter Masse wird hier durch die intensive Anwendung von Simulationstechniken wie Topologieoptimierung und Finite Elemente Methode in der frühen Entwicklungsphase erreicht. Der Erfolg sind blitzschnelle Positioniervorgänge. Sie reduzieren die Verluste aus nicht wertschöpfenden Prozessen erheblich.

Über ihre hohe Dynamik hinaus haben Direktantriebe den eindeutigen Vorteil der Verschleißfreiheit. Gerade in konventionellen Rundachsen mit Schneckenantrieb, besonders im interpolierenden Betrieb drängt sich dieser Vorteil auf. Im Gegensatz zu Kugelgewindespindeln in Linearachsen wälzen Schneckengetriebe nicht ab, sondern gleiten prinzipbedingt, noch dazu auf weichen Werkstoffen, ab. Ein Verschleiß ist hier unabdingbar und rechtfertigt Torqueantriebe schon allein wegen der eleminierten Maschinenstillstände.

Literatur

Uni-Hannover (2003) Anlagen und Anlagenbetriebsoptimierung, www.iq.Uni-Hannover.de/Vorlesung/Download/IH/IH6.pdf

Entwicklung einer Werkzeugmaschine für die 5-achsige Hochleistungszerspanung großer Strukturbauteile im Flugzeugbau

Dr.-Ing. Norbert Hennes
Dr.-Ing. Christian Brecher

»Hybride Kinematiken garantieren eine hohe Produktivität für die Hochleistungszerspanung von Flugzeugbauteilen.«

NORBERT HENNES

CHRISTIAN BRECHER

Norbert Hennes studierte von 1985–1992 Maschinenbau, Fachrichtung Fertigungstechnik, an der RWTH Aachen. Nach seinem Studium war er als wissenschaftlicher Mitarbeiter am Lehrstuhl für Werkzeugmaschinen von Prof. Weck an der RWTH Aachen beschäftigt und leitete dort von 1996–1998 die Abteilung Maschinentechnik als Oberingenieur. Seine Promotion zum Dr.-Ing. konnte er Ende 1998 am WZL erfolgreich abschließen. Nach seiner Hochschullaufbahn wechselte er als Bereichsleiter Entwicklung zum Werkzeugmaschinenhersteller DS Technologie Werkzeugmaschinenbau GmbH in Mönchengladbach. Im Juli 2002 wurde er bei DST für den Bereich Technik als Geschäftsführer bestellt.

Christian Brecher studierte von 1990–1995 Maschinenbau, Fachrichtung Fertigungstechnik an der RWTH Aachen. Nach seinem Studium war er als wissenschaftlicher Mitarbeiter am Lehrstuhl für Werkzeugmaschinen von Prof. Weck an der RWTH Aachen beschäftigt und leitete dort von 1999–2001 die Abteilung Maschinentechnik als Oberingenieur. Seine Promotion zum Dr.-Ing. konnte er 2002 am WZL erfolgreich abschließen. Nach seiner Hochschullaufbahn wechselte er zunächst für einen Zeitraum von drei Monaten als wissenschaftlicher Berater zur Firma EADS Militärflugzeuge GmbH in Augsburg, bevor er als Bereichsleiter Entwicklung zum Werkzeugmaschinenhersteller DS Technologie Werkzeugmaschinenbau GmbH in Mönchengladbach wechselte. Seit Juli 2002 ist er bei DST als Bereichsleiter Konstruktion und Entwicklung tätig.

Entwicklung einer Werkzeugmaschine für die 5-achsige Hochleistungszerspanung großer Strukturbauteile im Flugzeugbau

Norbert Hennes, Christian Brecher

Einleitung

Die stetig steigenden Anforderungen im Flugzeugbau stellen immer anspruchsvollere Aufgaben an die Bearbeitungstechnologien sowie die einzusetzenden Werkzeugmaschinen. Von der Flugzeugindustrie wird zudem in den nächsten zehn Jahren eine Verdoppelung der Passagier-Flugkilometer prognostiziert. Dieser Beitrag stellt die Anforderungen sowie die einzelnen Entwicklungsschritte für eine neuartige Werkzeugmaschine mit Parallelkinematik zusammen, deren Entwicklung in enger Kooperation mit dem WZL der RWTH Aachen durchgeführt wurde.

Anforderungen an moderne 5-Achs-Hochleistungsfräszentren zur Bearbeitung großer Strukturbauteile

In der Flugzeugindustrie hat sich in den letzten Jahren das Prinzip der Integralbauweise mehr und mehr durchgesetzt. Die Grundidee der Integralbauweise besteht darin, nicht mehr wie früher ein großes Strukturbauteil aus vielen kleinen Einzelteilen zusammenzufügen, sondern vielmehr aus einem monolithischen Rohteil herauszuarbeiten. Hierdurch ergeben sich einerseits im Herstellprozess erhebliche Einsparpotentiale durch Verkürzung der Durchlaufzeit und der Logistikkette, andererseits lassen sich durch die Integralbauweise die spezifischen Bauteilgewichte erheblich reduzieren, was gerade im Flugzeugbau von höchster Wichtigkeit ist.

Als Werkstoff für Integralbauteile kommen i. d. R. hochfeste Aluminium Knetlegierungen zum Einsatz, wobei das Ausgangsmaterial häufig plattenförmig ist, mit Plattendicken zwischen 60 bis max. 300 mm. Neben den plattenförmigen Bauteilen gibt es ebenfalls eine Vielzahl langer, schlanker Profile, die im Bereich der Flügel (sog. Stringer oder Spars) oder auch im Bereich der Rumpfsegmente (z. B. Träger für den Flugzeugboden) verbaut werden. Die Bauteilgrößen dieser Integralbauteile reichen von einigen 100 Millimetern bis zu Längen von ca. 30 m. Gemeinsam ist bei allen Integralbauteilen der hohe Zerspanungsgrad, der i. d. R. bei über 80 % des Rohteilvolumens liegt. Bei neueren Konstruktion aus dem Bereich des Militärflugzeugbaus werden Zerspanungsgrade von 95 % erreicht;

bei Rohteilabmessungen von ca. 2000 mm × 1200 mm x 120 mm liegt das Fertiggewicht bei nur noch ca. 17 kg. Durch die zunehmende Anwendung leistungsfähiger Konstruktionshilfsmittel im Flugzeugbau (3-D-CAD, FEM-Simulation etc.) sind die Konstrukteure in der Lage, die Festigkeitsgrenzen der Werkstoffe immer besser auszunutzen und damit die Bauteilgewichte noch weiter zu reduzieren. Hierbei entstehen jedoch zunehmend komplexere Bauteilgeometrien, so dass der Anteil der 5-Achs-Bearbeitung stark zunimmt. Im Militärflugzeugbau liegt der Anteil der 5-Achsen-Bearbeitung bei bis zu 80 % der Gesamtzerspanung. Es ist damit zu rechnen, dass sich dieser Trend zur 5-Achsen-Bearbeitung auch im Zivilflugzeugbau durchsetzen wird und der Bedarf nach 5-Achsen-Hochleistungsfräszentren in den nächsten Jahren entsprechend stark steigt.

Aufgrund der Bauteilgrößen kommen im Bereich der 5-Achsen-Großteilebearbeitung nur Maschinenkonzepte in Frage, bei denen alle Achsbewegungen auf der Werkzeugseite liegen. Um maximal erforderliche Schwenkwinkel von +/– 40° erreichen zu können, werden bei herkömmlichen Maschinenkonzepten i. d. R. Gabelköpfe oder Schrägachsenköpfe mit einer A/C- oder B/C-Kinematik eingesetzt.

Wie die Bewertung in Abb. 1 verdeutlicht, haben konventionelle 2-Achsen-Köpfe in Gabel- oder Schrägachsenbauweise den Vorteil, dass große Schwenkwinkel erreicht werden können, so dass mit diesen Köpfen eine komplette 5-Seiten-Bearbeitung möglich ist. Weiterhin lassen sich mit diesen Köpfen i. d. R. recht hohe Steifigkeiten und große Schwenkgeschwindigkeiten bzw. Schwenkbeschleunigungen in den einzelnen Achsen erreichen. Deutliche Nachteile haben diese Köpfe jedoch bzgl. der Positioniergeschwindigkeit, des Gewichts und der notwendigen Ausgleichsbewegungen, die die Maschinengrundachsen beim Schwenken der Rundachsen ausführen müssen. Außerdem ist der Aufbau der Köpfe sehr komplex, da alle Medien zur Versorgung der Frässpindel und der Achsantriebe i. d. R. über Schleifringe und Drehdurchführungen durch die Rundachsen geführt werden müssen. So sind z. B. zur Versorgung einer Hochgeschwindigkeits-Motorspindel nicht weniger als 22 Medienleitungen erforderlich. Alle diese Drehdurchführungen und Schleifringe sind häufig Ursache für den Ausfall der Köpfe und stellen die wesentliche Schwachstelle bzgl. der Zuverlässigkeit dieser Kopfkonstruktionen dar.

Obschon, wie in Abb. 1 dargestellt, die Schwenkgeschwindigkeiten bzw. die Schwenkbeschleunigungen der Rundachsen bei konventionellen Kopfkonstruktionen recht hohe Werte erreichen, ist das Positionierverhalten der Rundachsen im Zusammenwirken sehr langsam.

Die Ursache für dieses Verhalten ist im seriellen Aufbau der Köpfe zu sehen. In Abb. 2 ist exemplarisch die erforderliche Schwenkgeschwindigkeit der C-Achse eines Schrägachsenkopfes dargestellt, wenn am Werkzeug eine kombinierte Schwenkbewegung um die x-Achse (A-Achse) und um die y-Achse (B-Achse) erforderlich ist, was bei der 5-Achsen-Bearbeitung ja permanent gefordert wird. Aufgrund des kinematischen Konzeptes ergibt sich im Bereich der 0°-Stellung des Werkzeuges eine Polstelle für die Bewegung der C-Achse, da in dieser Positi-

Gabelkopf und Schrägachsenkopf

	Gabelkopf	Schrägachsenkopf
Schwenkwinkel	++	++
Winkelbeschleunigung	+-	+-
Winkelgeschwindigkeit	+	+
Positionsgeschwindigkeit	-	--
Gewicht	--	--
Steifigkeit	+-	++
Komplexität	-	--
Genauigkeit	+	+-
Schwenklänge	--	+-
Geometrische Ausrichtung	--	+-

Abb. 1 Bewertung konventioneller 2-Achsen-Köpfe

on alle möglichen Stellungen der C-Achse nicht zu einer Änderung am Werkzeug führen. Wird aber das Werkzeug nur leicht aus dieser Grundstellung herausbewegt, so sind zum Teil erhebliche Bewegungen der C-Achse erforderlich, um die richtige Position des Werkzeuges zu erreichen. Wie das Beispiel in Abb. 2 zeigt, muss die Drehbewegung der C-Achse ca. 60 mal schneller erfolgen, als die geforderte Schwenkbewegung am Werkzeug. Solch hohe Schwenkgeschwindigkeiten (im Beispiel ca. 800 U/min in der C-Achse für 13,3 U/min = 80°/s um die A- bzw. B-Achse des Werkzeugs) sind nicht erreichbar. Moderne Gabelköpfe oder Schrägachsenköpfe erreichen max. Schwenkgeschwindigkeiten von ca. 20 U/min.

Selbst wenn die Rundachsen in der Lage wären, die kinematisch erforderlichen Schwenkgeschwindigkeiten zu erreichen, würde das zu absurden Geschwindigkeiten in den Linearachsen führen, die die Ausgleichsbewegungen machen müssen. So ergäbe sich für das gezeigte Beispiel eine erforderliche Geschwindigkeit der Linearachsen von ca. 20 m/s, wenn man für den Radius zwischen Drehachse

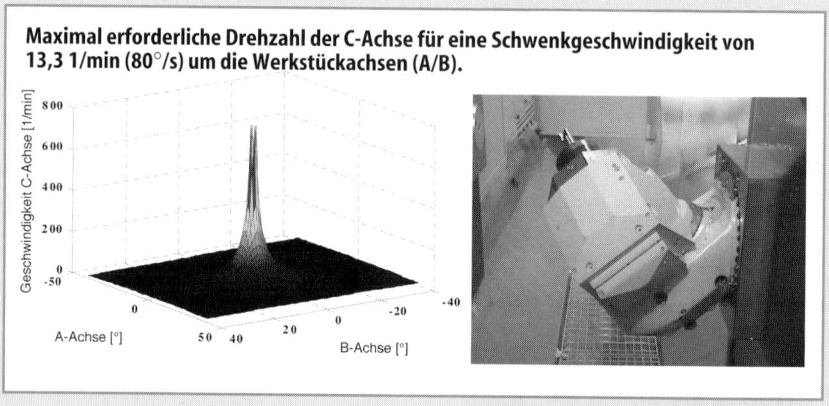

Abb. 2 Kinematisches Übertragungsverhalten eines Schrägachsenkopfes mit A/C-Kinematik

der C-Achse und Werkzeugspitze 250 mm ansetzt; der Wert der notwendigen Kreisbeschleunigung wäre dann 1750 m/s^2.

Da solche Geschwindigkeits- und Beschleunigungsprofile weder von der Mechanik der Werkzeugmaschine noch von der Steuerung beherrschbar sind, bremst die Steuerung die Achsen soweit ab, bis alle Achsen in der Lage sind, der Bewegung zu folgen. Dieses Verhalten führt teilweise dazu, dass die Linearachsen quasi auf der Stelle verharren, während die Rundachsen drehen. Dadurch aber wird der Vorschub an der Schneide zum Teil bis auf den Wert Null zurückgenommen, was in Folge zu Freischneidungen und hoher lokaler Wärmeeinbringung (Hot-Spots, Dwell-Marks) am Werkstück führt.

Die Fa. DS-Technologie führte in den vergangenen Jahren intensive Gespräche mit den Fachleuten der Flugzeugindustrie, um deren Anforderungen an eine 5-Achsen-Bearbeitungsmaschine der Zukunft in einem Lastenheft bzw. einer Maschinenspezifikation zu verdichten. Die Kernforderungen sind in Abb. 3 mit Beispielen von Integralbauteilen zusammengefasst.

Vor dem Hintergrund, dass die erforderlichen Schwenkwinkel maximal +/– 40° bei einer Werkstückdicke bis zu max. 300 mm betragen, entwickelte DS-Technologie ein neuartiges Kopfkonzept, das den Forderungen nach höchster Bearbeitungsgeschwindigkeit, hoher Bauteilqualität und höchster Zuverlässigkeit Rechnung trägt.

Wie in Abb. 4 erkennbar, handelt es sich bei dem neuen Kopf um eine Parallelkinematik mit drei steuerbaren Freiheitsgraden. Diese Freiheitsgrade sind die Bewegung in z-Richtung sowie Schwenkbewegungen um die A- und B-Achse. Zur Bewegungserzeugung sind in einem rohrförmigen Trägergehäuse drei Linearmodule untergebracht, auf denen sich Vorschubschlitten parallel zur z-Achse bewegen. An jedem dieser Schlitten ist jeweils mittels eines Walzengelenks (1 Freiheitsgrad) ein Dreieckslenker angebracht. An der anderen Seite trägt jeder

Hohe Verfahrgeschwindigkeiten:	50m/min (lineare Achsen)
Hohe Beschleunigungsfähigkeit:	1 g in allen Achsen
Hohe Rundachsengeschwindigkeit:	80°/s
Hohe Rundachsenbeschleunigung:	$\geq 685°/s^2$
Palettengröße:	$x \geq 2m$, $y \geq 1{,}5–2$ m
Plattendicke:	< 300 mm
Schwenkwinkel:	±40° A/B-Achse bei 300 mm z-Verschiebung
Hauptspindel:	75 kW, 24–27.0001/min (Steckspindel)
Werkzeugmagazin:	≥ 100 Werkzeuge

weiterhin optimierte Späneentsorgung, höchste Verfügbarkeit, hoher Anteil an Standardkomponenten, horizontale Werkstückbeladung, horizontale Spindeleinbaulage, wartungsfreundlich

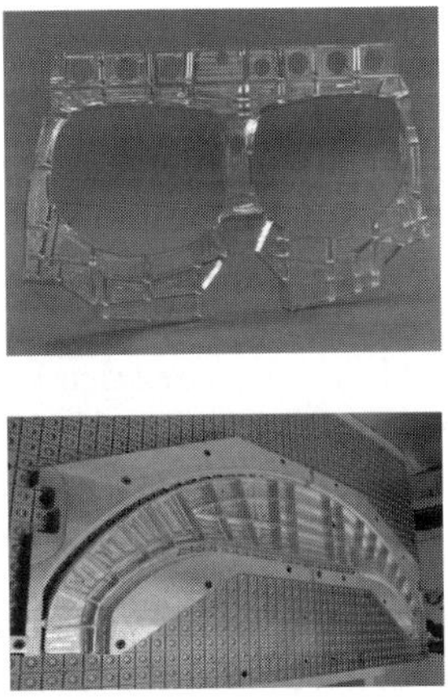

Abb. 3 Maschinenspezifikation für eine zukunftsweisende 5-Achsen-Bearbeitung

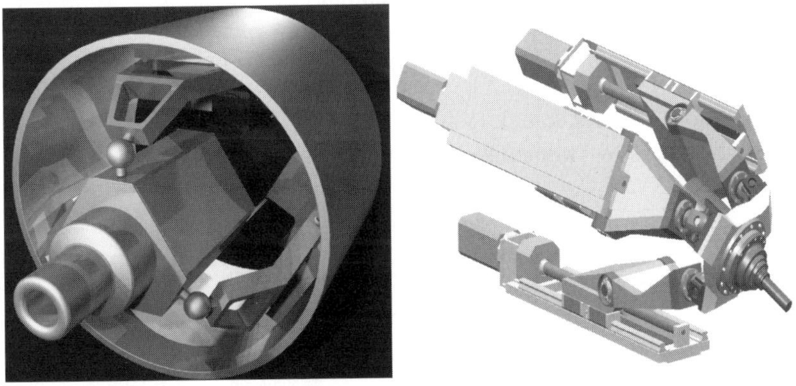

Abb. 4 Konzept des 3-Achsen-Kopfes Sprint-Z3

Dreieckslenker ein Universalgelenk (3 Freiheitsgrade), das die Verbindung zur Trägerplattform (Spindelplattform) herstellt. Bewegt man nun alle Schlitten gleichsam in z-Richtung, so bewegt sich die Spindelplattform ebenfalls in z-Richtung, ohne aber eine Schwenkbewegung durchzuführen. Überlagert man nun eine zusätzliche Translation der z-Schlitten untereinander, so lässt sich zusätzlich zu dieser z-Bewegung eine Schwenkbewegung um die A- und/oder B-Achse durchführen.

Entwurf und Optimierung des Sprint-Z3-Kopfes

Der Entwurf einer Parallelkinematik stellt an den Werkzeugmaschinenkonstrukteur gänzlich andere Anforderungen, als die, die er von konventionellen Maschinenkonzepten her kennt. Der Entwurf und die Optimierung einer solchen Kinematik ist ohne moderne Softwaretools praktisch nicht möglich, da eine Vielzahl unterschiedlicher und voneinander abhängiger Parameter die Lösung beeinflussen.

In Abb. 5 sind neben den Konstruktionsparametern ebenfalls die eingesetzten Softwaretools sowie die durchgeführten Arbeiten zusammengefasst.

Während der Entwurfs- und Optimierungsphase arbeitete DS-Technologie sehr eng mit dem WZL, Lehrstuhl für Werkzeugmaschinen der RWTH Aachen, zusammen. Die Arbeiten des WZL beinhalteten alle Untersuchungen zur Kinematik, zur Kinetostatik und zur Strukturmechanik des neuen Kopfes. Auch die Herleitung der mathematischen Algorithmen zur Steuerung des Kopfes wurden von den Mitarbeitern von Prof. Weck erarbeitet. Es ist hervorzuheben, dass die wesentlichen Arbeiten bis hin zur Detaillierung durch die enge Zusammenarbeit innerhalb von vier Monaten abgeschlossen waren, was neben dem großen Engagement der Beteiligten nur durch den Einsatz moderner Designwerkzeuge zu erreichen war. Zeitparallel erfolgte die Umsetzung der mathematischen Algorithmen in die Steuerung durch die Fa. Siemens. Die Steuerung der Maschine erfolgt mit einer Siemens 840 D.

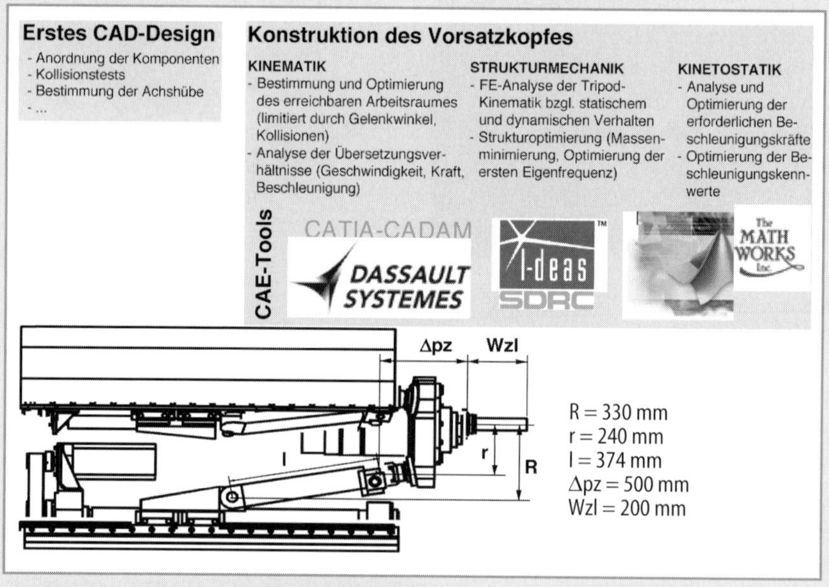

Abb. 5 Designparameter und eingesetzte Softwaretools beim Entwurf des Sprint-Z3-Kopfes

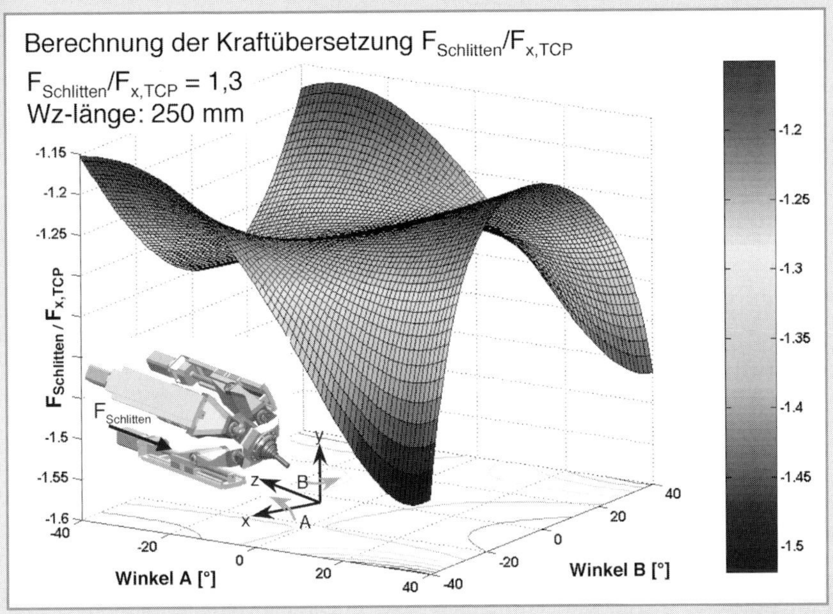

Abb. 6 Kraftübersetzung des Sprint-Z3-Kopfes

Die Vielzahl der durchgeführten Untersuchungen können an dieser Stelle nicht explizit dargestellt werden; beispielhaft ist in den Abb. 6 und 7 die Kraftübersetzung zwischen Tool-Center-Point und dem Vorschubschlitten sowie die Ergebnisse der Finite-Elemente-Berechnung und der Orientierungswinkelbereich der neuen Kinematik dargestellt.

Wie in Abb. 6 dargestellt, ergibt sich im Mittel eine Kraftübersetzung zwischen Tool-Center-Point und dem dargestellten Vorschubschlitten der Kinematik von 1,3. Zu den Rändern des Arbeitsraumes, die durch die eingesetzte Steuerung gesperrt sind, werden Übersetzungsverhältnisse von ca. 1,5 erreicht. Dementsprechend muss der Vorschubantrieb im Mittel 1,3 mal mehr Kraft aufwenden, um die geforderte Kraft in x-Richtung realisieren zu können. Eine Vielzahl dieser Untersuchungen waren für die entsprechende Antriebsauslegung der drei z-Module erforderlich.

In Abb. 7 ist der Orientierungswinkelbereich der Parallelkinematik sowie das Finite-Elemente-Modell mit den Ergebnissen der statischen Steifigkeit in den drei Koordinatenrichtungen dargestellt. Die Forderung des Pflichtenheftes von +/- 40° kann dabei uneingeschränkt erfüllt werden. Der maximale Schwenkwinkel der Kinematik beträgt +/- 45°, der bei heute ausgelieferten Maschinensystemen zur Verfügung steht.

In Abb. 8 ist der prinzipielle mechanische Aufbau des Kopfes dargestellt. Für die Vorschubbewegung der z-Module wurde auf bewährte Technik zurückgegriffen. Die z-Schlitten werden jeweils über eine Kugelrollspindel angetrieben und durch

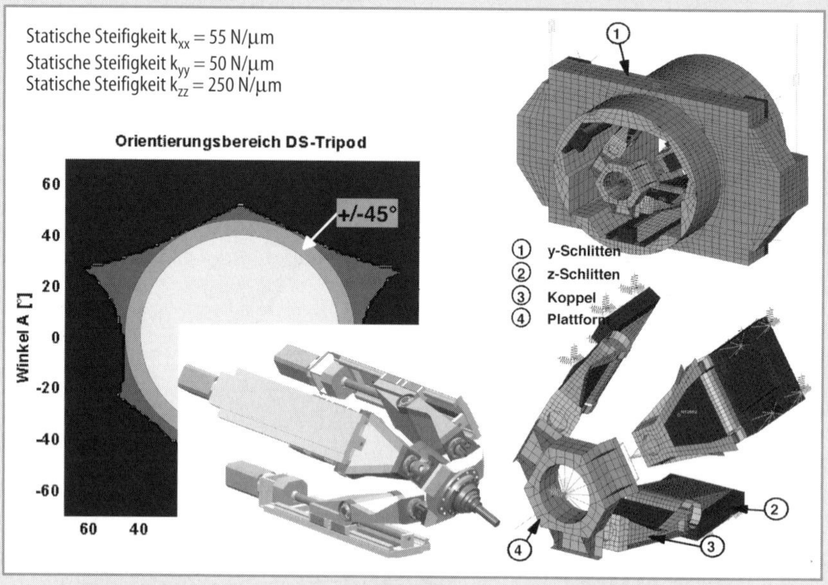

Abb. 7 Orientierungswinkelbereich und Finite-Elemente-Modell des Sprint-Z3-Kopfes

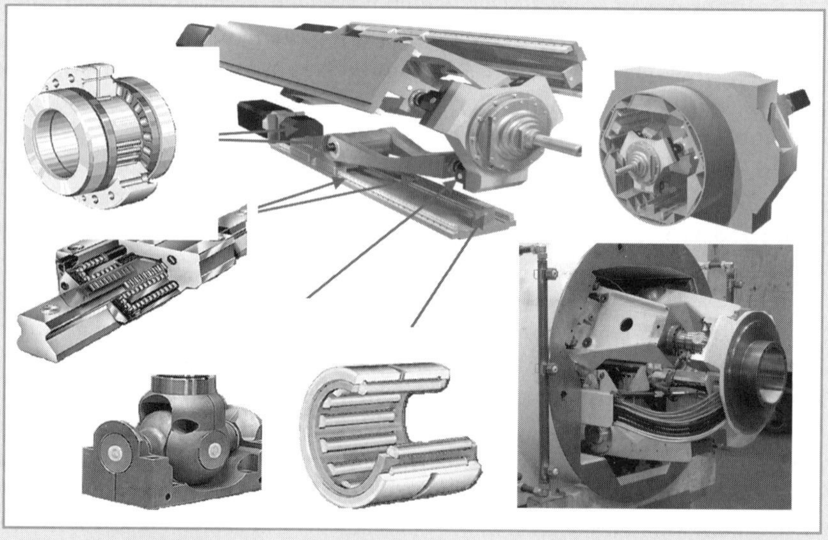

Abb. 8 Mechanischer Aufbau des Sprint-Z3-Kopfes

rofilschienenwälzführungen geführt. Das Walzengelenk der Dreieckslenker ist nit ZARF-Lagern der Fa. INA realisiert und bei den Universalgelenken wurde ebenfalls auf ein Standardprodukt der Fa. INA zurückgegriffen. Diese Universalgelenke sind aus vorgespannten Axial- und Radial-Nadellagern aufgebaut, die aufgrund einer Lebensdauerfettschmierung vollkommen wartungsfrei arbeiten; das gilt auch bezüglich der ZARF-Lager, die als Walzengelenke Verwendung finden. Die Positionsmessung erfolgt mit absolut messenden Linearmaßstäben und als Antriebe kommen wassergekühlte Servomotore zum Einsatz.

Es wird deutlich, dass der Kopf in seinem mechanischen Aufbau nur aus erprobten Standardelementen besteht. Da alle Bewegungen lediglich auf Linearbewegungen der drei z-Module beruhen, sind keinerlei Schleifringe oder Drehdurchführungen erforderlich; hierdurch erreicht der Kopf ein Höchstmaß an Robustheit und Zuverlässigkeit.

Vergleicht man die Einheit bezüglich ihres Gewichts mit der Einheit einer konventionellen 5-Achs-Fräsmaschine mit Gabelkopf oder Schrägachsenkopf, ergibt sich eine Gewichtsreduzierung um mehr als 50 %. Erreicht werden konnte diese deutliche Gewichtsreduzierung durch das neue kinematische Konzept einerseits und durch eine Stahlleichtbaukonstruktion andererseits, die auf Grundlage intensiver Finite-Elemente-Optimierungen erarbeitet wurde. Die in den Kopf integrierte Motorspindel liefert heute eine Zerspanleistung von 80 KW. Die maximale Drehzahl beträgt 30.000 U/min und das maximale Moment 46 Nm. Als Werkzeugschnittstelle kommt ein HSK 63A zum Einsatz. Die Motorspindel kann mittels Schnellkupplungen innerhalb weniger Stunden gewechselt werden. Der z-Hub des Kopfes beträgt max. 670 mm, womit die Forderung des Pflichtenheftes noch übertroffen wurden. Die Schwenkgeschwindigkeit von 80°/s wird in allen Winkelstellungen erreicht, ohne das hierbei in den Linearachsen eine Ausgleichsbewegung von mehr als 50 m/min erforderlich ist.

Maschinensystem zur Bearbeitung großer Strukturbauteile

Auf Grundlage des neuen 3-Achsen-Kopfes Sprint-Z3 wurde von der Fa. DS-Technologie eine komplett neue Maschinenbaureihe mit dem Namen ECOSPEED entwickelt. Der Grundsatz des Konzepts besteht darin, dass alle Achsen auf der Werkzeugseite konzentriert sind; das Werkstück steht still (Abb. 9).

Durch die horizontal angeordnete Werkstückspindel ist der Spänefluss optimal, was in Anbetracht der immensen Spanmengen (bis zu 100 l/min Spanvolumen während der Schruppbearbeitung) von enormer Wichtigkeit ist. Für die Abdeckung der Maschine wurde gemeinsam mit dem Partner Eitec eine Abdeckung aus Aluminiumprofilen entwickelt, die wie ein Vorhang die komplette Maschinenstruktur zum Arbeitsraum hin abdeckt. Eine solche Abdeckung mit einer Höhe von 4,5 m und einem Verfahrweg von bis zu 7 m ist bislang einzigartig. Abgesehen vom optimalen Spänefluss bietet diese Abdeckung aufgrund ihres geringen Gewichtes einen ruhigen Lauf und minimale Rückwirkungen auf die Maschinenstruktur bei hohen Beschleunigungen.

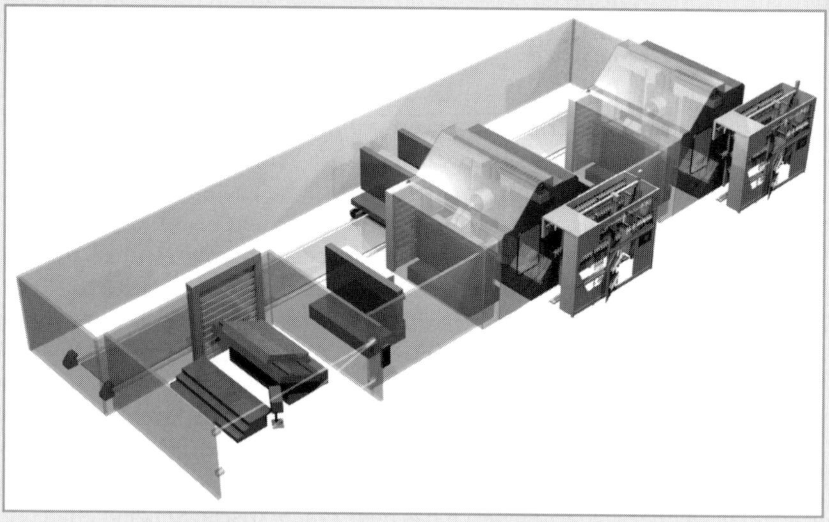

Abb. 9 Maschinenkonzept zur 5-Achsen-Bearbeitung großer Strukturbauteile

Die Werkstücke werden mittels Vakuumplatten auf Paletten gespannt und über ein Schienentransportsystem in den Arbeitsraum gefördert. An einer Schwenkstation werden die Paletten von der Vertikalen in die Horizontale geschwenkt, damit der Maschinenbediener einfach und ergonomisch die Werkstücke rüsten kann. Das Werkzeugmagazin erlaubt die Bevorratung von bis zu 160 Werkzeugen an der Maschine. Sind für die Herstellung von seitlichen Bohrungen (z.B. Nietlöcher) Winkelköpfe erforderlich, so können auch diese aus dem Werkzeugmagazin automatisch in die Spindel eingewechselt werden. Betrieben wird die Anlage wahlweise mit Minimalmengenschmierung (Trockenbearbeitung) oder aber konventionell mit Kühlschmierstoff. Bei ausgelieferten Anlagen handelt es sich jeweils überwiegend um Systeme von zwei miteinander verketteten Maschinen, jedoch sind auch Einzelmaschinenlösungen mit Schwenkstation an der Maschine im Programm.

Gemäß Pflichtenheft wurde die Maschine so konzipiert, dass in allen translatorischen Achsen (x, y, z) Geschwindigkeiten von 50 m/min und Beschleunigungen von 1 g erreicht werden können. Aufgrund der Maschinengröße (y-Verfahrweg 2,5 m und x-Verfahrweg > 3,5 m) wurde für die x-Achse ein Führungs- bzw. Antriebssystem in Gantrybauweise gewählt. Aufgrund der großen Verfahrlänge scheidet ein Kugelgewindetrieb als Antriebsvariante aus. Die Ausführung des x-Antriebs mit linearen Direktantrieben ist aufgrund der hohen erforderlichen Antriebskräfte und der daraus resultierenden Baugröße und Anzahl der Linearmotoren sowohl von den Investitionskosten als auch von den Betriebskosten her (Anschlussleistung der Maschine) indiskutabel. Daher fiel die Wahl des Antriebssystems auf ein Zahnstange-Ritzel-System. Aufgrund der hohen Ver-

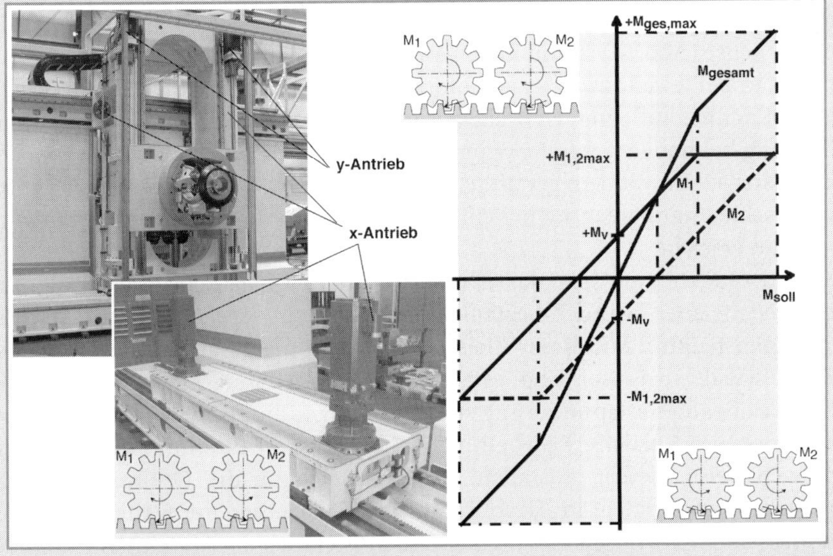

Abb. 10 Antrieb der x-Achse mit elektrisch verspannten Ritzeln

fahrgeschwindigkeit kommt jedoch kein mechanisch verspannter Zahnstangenantrieb zum Einsatz, vielmehr wurde eine Lösung mit elektrisch verspanntem „Getriebe" gewählt (Abb. 10).

Die Wirkungsweise dieses Antriebssystems besteht darin, dass die Ritzel jeweils direkt, von einem Servomotor mit einem zwischengeschalteten Übersetzungsgetriebe angetrieben, in die Zahnstange eingreifen. Dabei sind die Motoren als Master und Slave miteinander gekoppelt, so dass über einen Drehmomentenausgleichsregler ein Verspannmoment zwischen den beiden Zahneingriffen aufgebaut werden kann. Befindet sich die Achse z. B. im normalen Vorschub oder im Stillstand, bei dem keine hohe Beschleunigung abverlangt wird, sind die Räder gegeneinander verspannt. Wird ein höheres Beschleunigungsmoment verlangt, wechselt das getriebene Ritzel seine Flankenanlage und beginnt ebenfalls zu treiben. Das Verspannmoment wird so gewählt, dass beim Flankenwechsel bereits ausreichend viel Druck auf der treibenden Flanke aufgebaut ist, so dass beim Flankenwechsel keine Lose entsteht.

Insgesamt sind in der x-Achse vier Antriebe installiert, von denen jeweils zwei als Master/Slave-Verband wirken, die dann wiederum mit dem anderen Master/Slave-Verband im Gantry-Betrieb operieren. Mit diesem Antriebskonzept lässt sich einerseits die geforderte Beschleunigung von 1 g realisieren, andererseits ergibt sich eine hohe Achssteifigkeit und damit eine hervorragende Bahntreue auch bei hoher Dynamik. Der mechanische Aufbau des x-Achsen-Antriebs ist denkbar einfach und besteht nur aus Standardkomponenten. Hierdurch wird sowohl dem Anspruch höchster Zuverlässigkeit Rechnung getragen, als auch der Aufwand für Wartungsarbeiten minimiert.

Die y-Achse (Abb. 10) ist mit Kugelgewindetrieben in Gantry-Anordnung ausgeführt, wobei jeweils zwei Servomotoren eine Spindel antreiben. Durch dieses Konzept konnte auf einen Gewichtsausgleich verzichtet werden, der nach aller Erfahrung bei hohen Achsgeschwindigkeiten und Achsbeschleunigung Probleme bereiten kann. Mit dem gewählten Antriebskonzept wird auch in der y-Achse eine Beschleunigung von 1 g bei einer maximalen Verfahrgeschwindigkeit von 50 m/min erreicht.

Grundvoraussetzung für das Erreichen einer hohen Achsbeschleunigung ist eine steife aber dennoch bezüglich der bewegten Massen möglichst leichte Maschinenstruktur. Mit dieser Zielsetzung wurde die gesamte Basismaschine (ebenso wie der 3-Achsen-Kopf selbst) mit Hilfe der Finite-Elemente-Methode optimiert. Bei dieser Optimierung standen weniger die statischen Steifigkeiten im Vordergrund, da die Bearbeitungskräfte bei der Aluminiumbearbeitung vergleichsweise niedrig ausfallen. Vielmehr erfolgte die Optimierung der dynamischen Steifigkeit im Hinblick auf die Verformung der Struktur infolge der Massenkräfte bei Beschleunigung und hinsichtlich der Maschineneigenfrequenzen bezüglich deren Rückwirkung auf die Vorschubantriebe. Eine weitere Zielsetzung bei der Optimierung bestand darin, den Maschinenaufbau und die Schweißkonstruktionen (Verrippung) möglichst fertigungs- und montagegerecht zu gestalten.

Praxiseinsatz

Das beschriebene Maschinensystem wurde erstmals gemeinsam mit dem Kunden EADS Deutschland Militärflugzeuge GmbH, Werk Augsburg, konzipiert. Nach erfolgreicher Durchführung der Voruntersuchungen erteilte EADS Augsburg der Fa. DS-Technologie den Auftrag zur Lieferung von 2 Systemen mit je 2 Maschinen, wie in Abb. 9 dargestellt. Derzeit befinden sich insgesamt 15 Maschinensysteme weltweit in Produktion, zwei weitere sind derzeit bei DS Technologie im Aufbau. Einen Blick auf die erste Anlage während der Endmontage im Werk EADS Augsburg zeigt Abb. 11.

Nach vollständiger Montage ist die Maschine komplett eingehaust, so dass die Anlage dem neuesten Stand der Technik bzgl. Maschinensicherheit (Blechdicken der Einhausung) sowie der Arbeitsraumabsaugung (Anforderung bzgl. Trockenbearbeitung) genügt. Gut zu erkennen ist auch der Arbeitsraum mit der Rolloabdeckung, wodurch die Späne aus dem Arbeitsraum direkt in den Späneförderer abgeführt werden (die Montageöffnungen am Spindelkasten werden mit Abdeckblechen verschlossen).

Seit der Übergabe der beiden Maschinen an die Produktion produziert der Kunde EADS in vier Schichten rund um die Uhr. Die erzielten Oberflächen und die Maßhaltigkeit der Bauteile sind von hervorragender Qualität, bei deutlich reduzierten Bearbeitungszeiten. Die Verfügbarkeit der Anlage liegt nach Aussa-

Abb. 11 Ansicht des Maschinensystems während der Endmontage

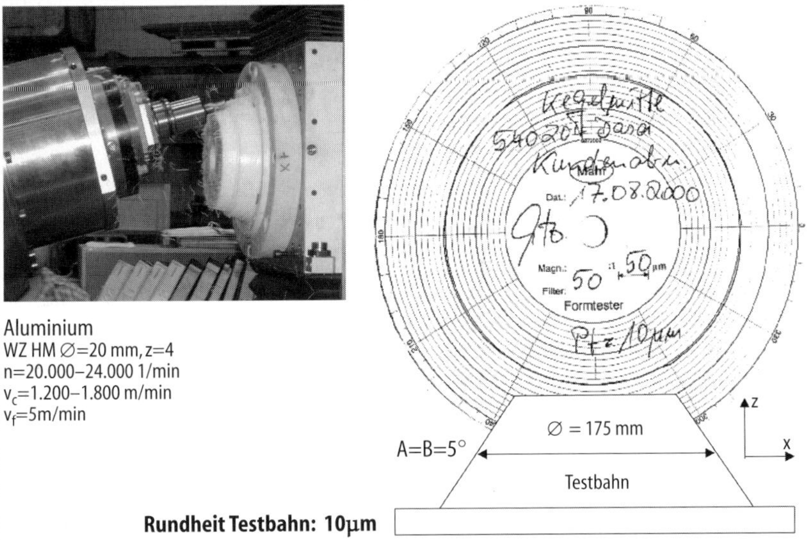

Abb. 12 Ergebnis des 5-Achsen-Kegeltests

gen des Kunden bei über 98 %. Einen Auszug aus der Genauigkeit der neu entwickelten Maschine mit parallelkinematischem Vorsatzkopf zeigt Abb. 12. Hier werden am angestellten Kegel im Raum (A = B = 5°) Rundheiten im Abwälzprozess von 10 µm erzielt.

Zusammenfassung

Die zielgerichtete Entwicklung der Werkzeugmaschine mit Parallelkinematik ECOSPEED für die 5-achsige Hochleistungszerspanung von Flugzeugintegralbauteilen aus Aluminium zeigt gegenüber konventionellen Lösungen nachfolgend aufgeführte Vorteile auf.

Die Parallelkinematik zeigt eine deutliche Steigerung der Positioniergeschwindigkeiten bei einem Minimum an bewegten Massen. Durch die Verwendung von Standardkomponenten sowie die deutliche Reduktion der Komplexität kann eine sehr hohe Verfügbarkeit garantiert werden. Die hohe Produktivität sowie Genauigkeit konnte im Praxiseinsatz verifiziert werden.

Druck: Saladruck Berlin
Verarbeitung: Stürtz AG, Würzburg